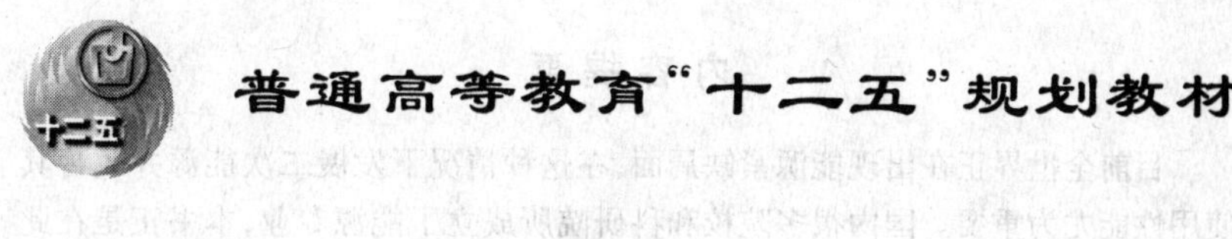

新能源导论

王明华　李在元　代克化　编著

北京
冶金工业出版社
2014

内 容 提 要

目前全世界正在出现能源紧缺局面,在这种情况下发展二次能源并改善其使用性能尤为重要。国内很多院校和科研院所成立了能源专业,本书正是在此背景下并依据东北大学“十二五”规划教材的要求撰写的。

本书分两部分,第一部分阐述了化学电源的一般知识以及常规化学电源的组成、结构、性能和最新的生产工艺;第二部分介绍了一些新兴能源,如太阳能、海洋能、生物质能、地热能、风能和核能的利用方法和生产工艺。

本书除可作高等院校能源与动力工程专业教材外还可供从事与能源相关的材料生产、科研、应用等方面的专业技术人员参考阅读。

图书在版编目(CIP)数据

新能源导论/王明华,李在元,代克化编著.—北京:冶金工业出版社,2014.5

普通高等教育“十二五”规划教材

ISBN 978-7-5024-6555-1

Ⅰ.①新… Ⅱ.①王… ②李… ③代… Ⅲ.①新能源—高等学校—教材 Ⅳ.①TK01

中国版本图书馆 CIP 数据核字(2014)第 083204 号

出 版 人　谭学余
地　　址　北京北河沿大街嵩祝院北巷 39 号,邮编 100009
电　　话　(010)64027926　电子信箱　yjcbs@cnmip.com.cn
责任编辑　杨盈园　贾怡雯　美术编辑　吕欣童　版式设计　孙跃红
责任校对　王永欣　责任印制　李玉山
ISBN 978-7-5024-6555-1
冶金工业出版社出版发行;各地新华书店经销;北京百善印刷厂印刷
2014 年 5 月第 1 版,2014 年 5 月第 1 次印刷
787mm×1092mm　1/16;21.5 印张;517 千字;333 页
46.00 元

冶金工业出版社投稿电话:(010)64027932　投稿信箱:tougao@cnmip.com.cn
冶金工业出版社发行部　电话:(010)64044283　传真:(010)64027893
冶金书店　地址:北京东四西大街 46 号(100010)　电话:(010)65289081(兼传真)

前　言

人类社会的经济发展在很大程度上依赖于对能源的利用程度，但随着经济的迅猛发展，可利用的能源正日益减少，有些能源的利用还带来了环境污染。为此，科学地利用已开发的能源并开发清洁的新能源已成为全世界相关科技工作者的共同任务。本书正是在这种背景下，为了满足教学需求而编写的。

本书分两部分共15章。化学电源部分包括化学电源的基础知识、锌锰干电池、金属-空气电池、锌银电池、镍氢电池、镍镉电池、铅酸电池、燃料电池以及锂离子电池；在铅酸电池中增加了水平铅酸电池和减轻环境污染的铅酸电池回收工艺，在燃料电池中增加了直接碳燃料电池。物理能源部分包括太阳能电池、海洋能、生物质能、地热能、风能和核能。本书在编写过程中力求展示最新的研究进展，结合实际应用，突出科学性和技术性。

本书的第1章至第8章、第10章由东北大学王明华编写；第9章由代克化编写；第11章至第15章由李在元编写。在此对本书编写过程中提供了大量帮助的研究生宫振宇、王凤栾、倪剑文、韩志佳和吴连凤，以及本书中参考文献的作译者，表示衷心感谢。本书的出版得到了东北大学的资助，在此也深表谢意。

由于科学知识发展日新月异，编者时间仓促，书中难免有不妥之处，恳请读者给予批评指正。

编　者

2013年9月

目　录

1　化学电源的基础知识

1.1　化学电源定义、组成和表示方法

化学电源是一种直接把化学能转化为电能的装置，习惯上将其称为电池。化学电源把氧化反应（嵌入过程）与还原反应（脱嵌过程）分隔在不同的区域进行，发生氧化-还原反应的电池，电子在外电路做功。

化学电源的组成包含五个部分：正极、负极、电解质（液）、隔膜（隔板）和容器。其中最重要的是正、负极和电解质三个部分，它们是一个电池的基本组成。图 1-1 为锌锰干电池的结构。

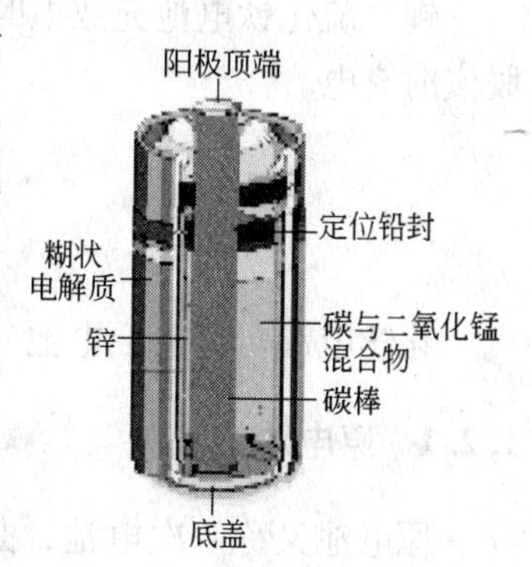

图 1-1　锌锰干电池的结构

电池符号的书写方式为负极在前，正极在后。例如，锌锰干电池可表示为：(-)Zn|NH_4Cl-$ZnCl_2$|MnO_2(C)(+)

铅酸蓄电池可表示为：(-)Pb|H_2SO_4|PbO_2(+)

锌银电池可表示为：(-)Zn|KOH|AgO(+)

电极是由活性物质、导电骨架和添加剂组成。活性物质是在化学电源中发生化学变化产生电能的物质，如锌锰干电池中的 MnO_2和 Zn，铅酸蓄电池中的 PbO_2和 Pb，银锌电池中的 AgO(Ag_2O) 和 Zn，氢氧燃料电池中的 H_2和 O_2。对活性物质的要求如下：(1) 正极活性物质越正，负极活性物质越负，电池电动势越高；(2) 活性物质电化学活性越高，反应速度越快，放电电流密度越大，一般制成多孔电极使真实表面积增大，降低电化学极化；(3) 活性物质的电化当量（指在电化学过程中电极上通过单位电量时，电极反应形成产物的理论重量）低，电池质量就小；(4) 活性物质在电解液中的稳定性好，自溶速度小；(5) 活性物质的自身导电性好，电池内阻小；(6) 资源丰富，价格低廉，便于制造。

电解质（液）也是决定电池性能的重要因素，一般由溶质、溶剂和添加剂或由这些物质固化成的固体组成。电解质（液）的作用：(1) 在活性物质接触面形成双电层，建立电极电位；(2) 保证正负极间的离子导电作用；(3) 参与电池反应。有的电解液参与电池反应被消耗掉，有的不参与电池反应。

对电解质（液）的要求如下：(1) 电导率高，电导率高可以降低电池内阻，提高放电率；(2) 化学成分稳定，挥发性好，可长期贮存；(3) 正负极活性物质在电解液中能长期保持稳定；(4) 使用方便。

隔膜的组成有单一材料也有复合材料，有单层也有多层，根据不同类型的电池来决定。隔膜的作用如下：(1) 隔膜通过离子的能力越大越好，这样离子的导通性好，电池的内阻就小；(2) 隔膜应是电子导电的绝缘体，并能阻挡从电极上脱落下来的活性物质颗粒

或枝晶的生长；(3) 能抗电解液腐蚀，在电解液中有化学稳定性，并能耐电极活性物质的氧化还原作用；(4) 具有一定的机械强度和抗弯曲的能力；(5) 价格低廉，资源丰富。

电池反应不一定是氧化还原反应，在铅酸蓄电池中，放电时，负极发生氧化反应：

$$Pb+HSO_4^- \longrightarrow PbSO_4+H^++2e$$

正极发生还原反应：

$$PbO_2+3H^++HSO_4^-+2e \longrightarrow PbSO_4+2H_2O$$

充放电时的总反应为：

$$Pb+PbO_2+2H_2SO_4 \underset{充电}{\overset{放电}{\rightleftharpoons}} 2PbSO_4+2H_2O$$

而锂二硫化钛电池充放电时发生的反应可表示为：

$$x Li+TiS_2 \underset{充电}{\overset{放电}{\rightleftharpoons}} Li_xTiS_2$$

锂二硫化钛电池充放电时的反应是以“嵌入-脱嵌”的方式进行，锂离子嵌入时放电，脱嵌时充电。

1.2 化学电源的分类

化学电源可分为原电池、蓄电池、贮备电池和燃料电池等。

1.2.1 原电池

原电池又称一次电池，是指放电后不能用充电方法使其复原的一类电池，如锌锰干电池。

1.2.2 蓄电池

蓄电池又称二次电池，凡可用充电方法使活性物质复原后再放电，并能多次充电和放电的电池称为蓄电池。如铅蓄电池、镉镍电池、锌银电池等。这类电池实际上是一个电化学能量储存装置。

1.2.3 贮备电池

贮备电池是为长期保存而设计的，一般以干燥状态保存，在工作时采取适当措施将其“激活”进入工作状态。如：镁-氯化银电池，在用海水或淡水激活后，进入工作状态，发生下列反应：

$$Mg+2AgCl \longrightarrow MgCl_2+2Ag$$

1.2.4 燃料电池

燃料电池一般指用天然燃料或易于从天然燃料得到的物质，如氢、甲醇、煤气等作为负极活性物质，以空气中的氧或纯氧作为正极活性物质的化学电源。只要不断输入正、负极活性物质，电池就可能较长时间地工作下去，所以又称为连续电池，其中比较典型的是氢氧燃料电池。

1.2.5 其他分类方法

（1）按照电池中电解液的酸碱性可以分为酸性电池，碱性电池和中性电池。（2）按照电池的某些特征可分为高容量电池、高功率电池、免维护电池、圆柱形电池、纽扣电池、一次电池和二次电池。（3）按照转化电能的能量形式分类可分为化学电池、太阳能电池和温差电池。常见的化学电池包括：伏打电池、干电池、碱性电池、铅蓄电池、银锌纽扣电池、锂电池和燃料电池等。

1.3 化学电源的发展

（1）一次电池。一次电池是指不能进行充电的电池。一次电池的发展经历了三个阶段：第一阶段是糊式电池；第二阶段是纸板电池；第三阶段是碱性电池。

（2）二次电池。二次电池是指能反复充电的电池。二次电池的发展也经历了三个阶段：第一阶段是镉镍电池，由于镉镍电池有毒性，第二阶段又发展了镍氢电池，之后在第三阶段发展了高容量的锂离子电池及燃料电池。

化学电源的应用广泛，小到日常的生活，如手机、钟表，大到电动汽车、航天（“神六”）、海底潜艇技术。未来的电池将朝着环保、体积小、重量轻、容量大、可反复充放电的方向发展。

1.4 化学电源的主要性能

化学电池的主要性能包括电性能和储存性能。这两方面的性能是电池设计者、制造者和使用者在设计、制造和选择电池时都要重点考虑的。

1.4.1 电性能

1.4.1.1 电池的电压

（1）开路电压。开路电压是指没有电流通过时电池电极之间的电位差，取决于正负极材料的本性、电解质和温度，而与电池的几何结构和尺寸大小无关，一般用高内阻的电压表来测量。一般电池标有额定电压，额定电压又称公称电压，是指电池开路电压的最低值（保证值）。如锌锰干电池的额定电压为1.5V，就是说保证它的开路电压不小于1.5V。

（2）中点电压。中点电压又称中心电压，是指电池放电期间的平均电压。

（3）终止电压。终止电压是指低于此电压，电池实际已经放不出电的电压，其大小视负载的使用要求不同而定。大电流的情况下，可降低终止电压；小电流的情况下，可提高终止电压。

（4）充电电压。充电电压是仅对二次电池而言的，指电池充电时的端电压。恒流充电，充电电压随充电时间延长而逐渐增大；恒压充电，充电电压随充电时间延长而逐渐减小。

1.4.1.2 电池的容量

电池的电容量简称容量，是指在一定的放电条件下，即在一定温度和放电电流下，它所能放出的电量。在恒电流放电情况下，容量(Q)= 工作电流(I)×工作时间(t)，常用安培小时表示（A·h或mA·h）。

在恒电阻放电的条件下，电容量常以电池从开始放电到终止电压所能维持的时间来表示。影响容量的因素主要是正负极上活性物质的数量及其电化学当量、电池的制造工艺、放电条件（放电电流的大小，放电温度的高低等）。额定容量是工厂里电池产品的指标，指在规定的工作条件（一定的放电电流和温度等）下，该电池所能保证放出的电容量。电池的实际电容量要比额定容量大10%~20%。

放电率是指电池放电电流的大小。放电率(h)= 额定容量(A·h)/放电电流(A)，即规定了某一电池的放电率，也就规定了它的放电电流。C/10表示额定容量为10A·h的电池，如以10h的放电率放电，其放电电流为1A；如以5h放电率的电流放电，则其放电电流为2A。放电率表示的时间越短，所用的放电电流越大；反之，越长，所用的放电电流越小。C/5为低倍率，C/5~1C为中倍率，1C~22C为高倍率。

还有一种方式用xIt表示放电电流，其中x表示百分数，It表示电池容量，单位为A。

1.4.1.3 电池的内阻

电池的内阻指电流通过电池时所受到的阻力，包括欧姆内阻和极化内阻两部分。

欧姆内阻包括电解液的电阻、隔膜的电阻和电极材料的电阻等。欧姆内阻除了与电解液的性质、浓度、温度，隔膜材料的性质、厚度、孔率、孔径，电极材料及其结构有关外，还与电池的尺寸、装配和结构有关。降低欧姆内阻的措施包括缩短正负极间的距离，增加隔膜离子导电能力，使用高导电率的电解液，提高活性物质的导电性，保持两电极间的电流均匀分布。

电池的极化是指在有电流通过时，电极电位偏离它在外电流为零时的电极电位的现象。降低极化内阻的措施包括制造工艺上使用多孔电极，降低真实的电流密度（提高电极表面积）和尽量选择具有高交换电流密度的活性物质。

电池内阻的测量有两种方法：交流法和直流法。交流法是充电态的电池在1.0kHz时，测量1~5s内的电压有效值V_a和电流有效值I_a，交流内阻值为：$R_{ac}=V_a/I_a$（Ω）。直流法是充电态的电池，以0.5ItA（I_1）恒流持续放电，在放电至10s末时，记录负载下电压V_1，然后立即转变电流以10ItA（I_2）电流、并在负载下恒流持续放电，在放电至3s末时，记录测量电压V_2。电池的直流内阻$R_{dc}=(V_1-V_2)/(I_2-I_1)$（Ω）。

由于存在内阻，电池的工作电压总是小于电池的开路电压。

大电流放电的电池，要求其内阻很小；小电流放电的电池，内阻大一点也可以。

1.4.1.4 电池的放电曲线

放电曲线就是电池的工作电压随放电时间发生变化的曲线。工作电压为纵坐标，放电时间为横坐标。由放电曲线可以确定放电的终止电压和平均工作电压，可以计算出电池的电容量、电能量和电功率，进一步测出电池的质量和体积后，就可算出电池的比能量和比功率。放电曲线反映了放电过程中电池工作电压的变化情况，曲线平稳，表示放电过程中工作电压的变化较小，电池性能较好。

由图1-2可见，同一个电池在不同的放电电流下所得出的额定容量不同。假设电池的容量是10A·h，以0.6C倍率也就是6A放电时，只能持续1h，能够放出的电量仅为6A×

1h=6A·h。而以 0.05C 倍率也就是 0.5A 放电时，能持续 20h，放出电量 0.5A×20h=10A·h。

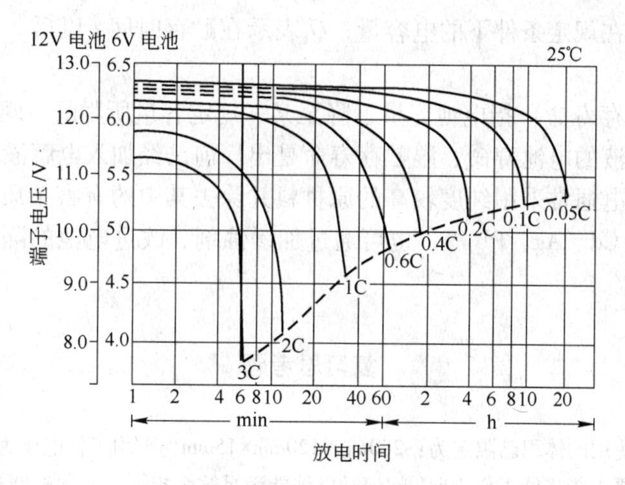

图 1-2 某蓄电池的放电曲线

1.4.1.5 电池的比能量和比功率

比能量是电池单位质量或单位体积时所能输出的电能。质量比能量的单位为 W·h/kg，体积比能量的单位为 W·h/dm^3。电池的比能量和平均工作电压与放电条件有关。

电池的功率是指在一定的放电条件下，电池在单位时间内所能输出的能量。电池单位质量或单位体积时的功率称为比功率。如果一个电池的比功率较大，则表示在单位时间内，单位质量或单位体积放出的能量较多，即表示该电池可以用较大的电流放电。

1.4.1.6 蓄电池的充、放电寿命

蓄电池的好坏通过比功率、比能量和使用寿命来表征。使用寿命是在一定的放电条件下，能经受多少次充电与放电，电容量降至某一规定值。

周期指经受一次充电和放电称的时间。周期越长，表示电池充放寿命越长，电池的充放电性能越好。放电深度是指电池放出的容量占额定容量的百分数。使用周期与放电深度、温度和充放电率有关，减小放电深度，蓄电池的使用周期可以明显延长。

影响循环寿命的主要原因：(1) 电极活性物质的表面积随充放电次数增加而减小，工作电流密度上升，极化增大，引起温升，容量就降低；(2) 电极上活性物质脱落或转移影响放电容量并导致短路；(3) 电极材料随充放电次数增加，腐蚀和钝化也增加，影响放电容量；(4) 电池内部产生枝晶引起短路；(5) 活性物质随充放电次数增加，晶型改变导致活性降低；(6) 隔膜破坏。

1.4.2 化学电源的贮存性能

电池的自放电是指在贮存期间，电池没有与外界相连接，虽然没有放出电能，但是在电池内部却不断地进行自发反应，使电容量逐渐下降，这种现象通常称之为电池的自放电。自放电用单位时间内容量减少的百分数来表示。

$$自放电=\frac{Q_0-Q_t}{Q_0 t}\times 100\%$$

Q_0是指新制的电池在规定条件下的电容量；Q_t表示在贮存时间 t 以后，在同样的放电条件下的电容量。

搁置寿命（贮存寿命）指电池容量下降至某一规定容量所用的时间。干贮存寿命是在使用时才加入电解液的电池寿命，湿贮存寿命是出厂前已经加入电解液的电池寿命。

减小电池自放电通常采用纯度较高的原材料并除去其中的有害杂质，在负极中加入氢过电位高的金属如 Cd、Ag、Pb 等，也可通过加缓蚀剂，改进电池的隔膜，降低贮存温度等措施来减小。

复习思考题

1-1 某仪器上的电源使用的体积已限定为：260mm×120mm×15mm，平均工作电压为 12.00V，最大工作电流为 400mA，并要求能连续工作 10h，问何种电池能满足这个指标（必须查阅相关资料）？

1-2 某仪器上使用的电源要求平均电压为 20V，工作电流为 30A，工作时间为 10 天。已知锌银电池组的质量比能量可达 80W · h/kg，如果使用锌银电池组，则其质量有多大？

2 锌锰干电池

2.1 概 述

1868 年法国工程师乔治-勒克兰社制作了第一个锌锰湿电池，从此锌锰电池开始迅速被开发并商业化应用，至今已有 145 年的历史。锌锰电池发展经过了漫长的演变，开始时使用电解液，后来发展成水溶液—糊状物，现在使用的是纸板浆层/有机材料复合膜。导电材料也由开始的石墨粉发展成为乙炔黑，乙炔黑是由乙炔分解而成，比石墨粉具有更高的电导率和纯度，能防止由于杂质引起的电池自放电。

锌锰干电池的电池符号如下：

$$(-)Zn|NH_4Cl\text{-}ZnCl_2|\ MnO_2(C)(+)$$

正极是用二氧化锰、石墨粉、乙炔黑、氯化铵和氯化锌等混合物压制而成。负极用锌板，电解质以氯化铵、氯化锌为主要成分。

电池结构有圆筒式（需要放电电流较大或工作电压不太高，见图 2-1）和叠层式（需要较高的工作电压而工作电流较小，见图 2-2）两种类型，叠层式电池是为了提高电池体积比容量并避免圆筒式电池串联组合的麻烦而发展起来的一种锌锰干电池的改型，其原材料、工作原理和电性能与圆筒式电池相同。

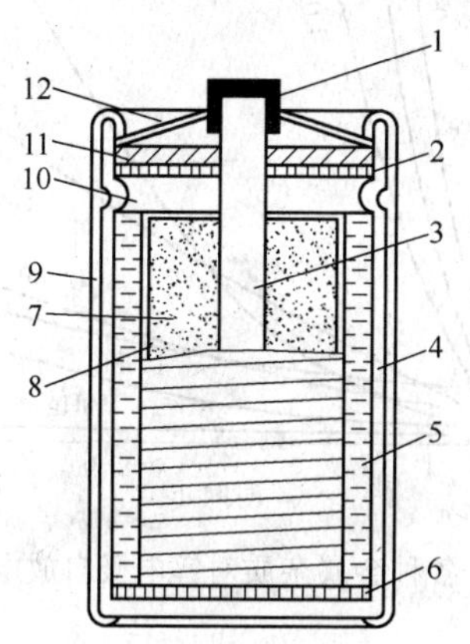

图 2-1 圆筒式锌锰干电池

1—铜帽；2—垫圈；3—炭棒；4—锌筒；
5—电解液+淀粉；6—垫片；7—正极炭包；8—棉纸；
9—硬纸壳；10—空气室；11—封口剂；12—胶纸盖

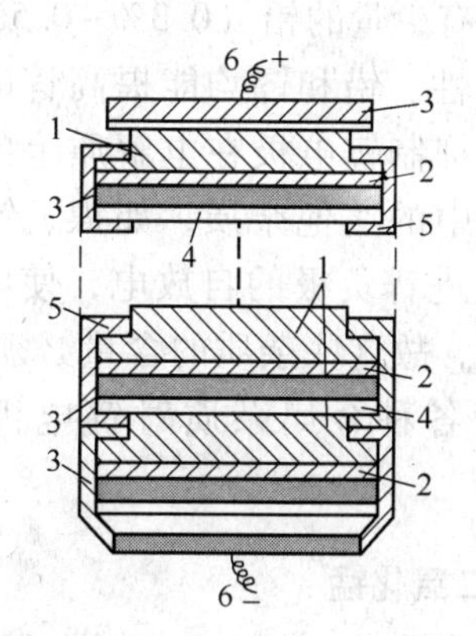

图 2-2 叠层式锌锰干电池

1—炭饼；2—浆层纸；3—锌片；4—导电膜；
5—塑料套；6—导线

锌锰干电池的开路电压随正极二氧化锰的不同（天然二氧化锰，电解二氧化锰）以及贮存时间的长短而改变，一般在 1.50~1.80V 之间。

正极反应：　　$MnO_2+H_2O+e^- \longrightarrow MnO(OH)+OH^-$

副反应的结果产生 NH_3 和 $Zn(OH)_2$：

$$NH_4^+ + OH^- \longrightarrow NH_3 + H_2O$$

$$Zn^{2+} + 2OH^- \longrightarrow Zn(OH)_2$$

锌负极的放电反应：

$$Zn \longrightarrow Zn^{2+} + 2e^-$$

$$Zn + 2NH_4Cl \longrightarrow Zn(NH_3)_2Cl_2 + 2H^+ + 2e^-$$

锌锰干电池放电时总的反应：

$$Zn + 2MnO_2 + 2NH_4Cl \longrightarrow 2MnO(OH) + Zn(NH_3)_2Cl_2$$

放电过程中的副反应：

$$ZnCl_2 + 4Zn(OH)_2 \longrightarrow ZnCl_2 + 4Zn(OH)_2$$

$$Zn(OH)_2 + 2MnO(OH) \longrightarrow ZnO \cdot Mn_2O_3 + 2H_2O$$

圆筒式电池采用纸板浆层隔膜代替电糊层隔膜后，不仅可以节省大量的面粉和淀粉，并且由于纸板浆层隔膜较薄（0.10~0.20mm），而浆糊层厚（2.5~3.5mm），因而在体积相同的电池内正极电芯的体积可以增加，活性物质用量增多，电池容量随之提高。

2.2　锌锰干电池的主要原材料

2.2.1　锌皮

锌是电池的负极材料，在圆筒式电池中，锌还兼做电池的容器和负极的引电体。在锌皮中含有少量的镉（0.2%~0.3%）能提高其强度；含有少量的铅（0.3%~0.5%）则能改善其延展性。铅和镉均能提高锌电极上的氢过电位，抑制锌电极在电解质上的自放电反应。锌皮中的其他杂质，如镍、铁和铜等能显著地促进锌负极的自放电，使电池内不断产生氢气，故这些杂质的含量必须严格控制，图 2-3 为各种金属杂质对锌电极自放电的影响。

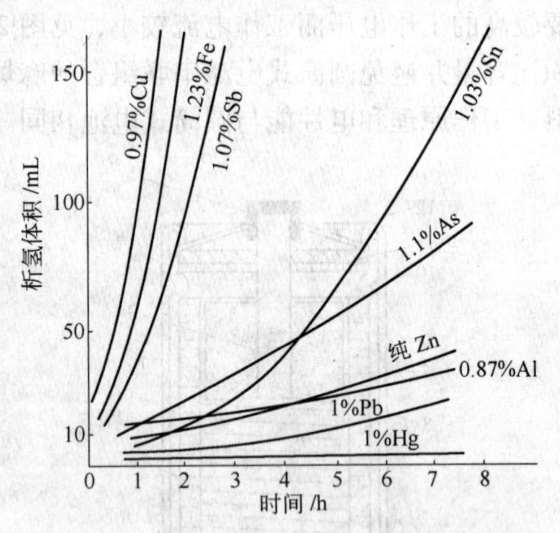

图 2-3　各种金属杂质对锌电极自放电的影响

2.2.2　二氧化锰

二氧化锰的类型有 4 种，分别为天然锰粉、电解锰粉、活化锰粉和化学锰粉。表 2-1 为不同来源的 γ-MnO_2 的物理性能。

表 2-1　不同来源的 γ-MnO_2 的物理性能

类　别	比表面积/$m^2 \cdot g^{-1}$	密度/$g \cdot cm^{-3}$	松装密度/$g \cdot cm^{-3}$	杂　质
天然 MnO_2	7~22	4.2~4.7	1.3~1.8	20%左右
化学 MnO_2	30~90	2.8~3.2	0.8~1.3	含少量碱金属
电解 MnO_2	28~43	4.8	1.7~1.8	很少

鉴定锰粉除了采用X射线分析晶型，化学分析二氧化锰的含量，还应做成电池试样进行放电试验。

电解二氧化锰是由电解硫酸锰溶液制得，二价锰离子在阳极上氧化生成二氧化锰。

$$Mn^{2+}+2H_2O \longrightarrow MnO_2+4H^{+}+2e^{-}$$

电解锰粉的优点是纯度高，有害杂质少，电化学活性好，采用电解锰粉是提高锌锰干电池电容量的有效方法。

活化锰粉是将含二氧化锰较低的锰粉，通过化学处理提高其二氧化锰含量及化学活性，使之适合于电池生产的要求。化学锰粉是使用化学方法制得的二氧化锰，纯度高，性能与电解二氧化锰接近。

2.2.3 氯化铵

氯化铵是白色结晶体，易溶于水，溶解过程中要吸收热量，浓度为18.7%时，其水溶液有最低冰点为-16℃。选择氯化铵作为电解质是因为其水溶液具有良好的导电性，其比电导最高。氯化铵也容易制成纯品，价格还很便宜。氯化铵水解产生氢离子。正极电芯中有了氯化铵，可使正极区的pH值在放电过程中的变化减小，使电极电位的下降减慢。

2.2.4 氯化锌

添加氯化锌的作用有以下几点：（1）加速电糊的凝固；（2）氯化锌具有吸水性，可以防止电池内水分的挥发和电糊的干涸；（3）水解产生氢离子，调节正极电芯中的酸度，减缓放电过程中正极电位的下降速度；（4）减轻氯化铵沿筒壁的上爬和防止电糊的腐烂变质；（5）在电解液中，可以降低电解液的冰点，改善电池的低温性能，提高锌离子浓度，能减缓贮存期内锌皮的腐蚀。

2.2.5 氯化汞

氯化汞又名升汞，容易升华，白色针状结晶，剧毒。加入氯化汞是为了抑制锌皮的腐蚀。升汞在水中的溶解度较小。电解液加入升汞后，Hg^{2+}被锌置换出来，在锌皮表面形成一薄层锌汞齐，而氢气在锌汞齐上析出的过电位较高，所以，汞齐能抑制锌皮的腐蚀。某些金属杂质，如铁和铬，它们在汞中的溶解度极小，即使采取了汞齐化措施也无明显效果。

氯化汞还能防止电糊的发霉。目前在电解液中加升汞的量一般不超过0.3%，用量过多会使锌皮变脆。锌锰干电池是使用最多的民用电池，我国每年用于生产锌锰干电池消耗的升汞有几十吨之多，对环境的危害严重，研究代汞缓蚀剂已经刻不容缓了。

我国规定大气中汞蒸气浓度不能大于$10^{-7}g/cm^3$，车间标准为不大于$10^{-5}g/cm^3$，一些发达国家已不允许再生产含汞锌锰干电池了。

2.2.6 石墨粉和乙炔黑

石墨粉和乙炔黑都是组成电池正极的重要原料。石墨粉具有良好的导电性，它不直接参加电极反应，但容易黏附在二氧化锰的表面上，使其具有导电性，有助于二氧化锰进行电化学反应。乙炔黑是由乙炔气热分解制得。离子非常小，约在0.05~0.30μm之间。除了具有良好的电子导电性以外，还具有较好的吸附能力，能较好的吸收电解液，提高二氧化锰的利用率。还能吸收放电过程中正极区产生的氨气。

2.2.7 面粉和淀粉

面粉和淀粉的通式为（$C_6H_{10}O_5$）$_x$，其化学成分相近，分子成分和淀粉团的结构各不相同。都是具有支链的链状高分子化合物，糊化后淀粉团解体，分子相互交织在一起而形成立体的网状结构，把电解液包在其中，使其能导电，同时又大大降低电解液的流动性并能起到隔膜的作用。

2.3 锌锰干电池的主要性能

2.3.1 开路电压

开路电压只能用电极的稳定电位表示。所以锌锰干电池的开路电压是两极稳定电位之差：

$$V_{开}=\varphi_{MnO_2}^{稳}-\varphi_{Zn}^{稳}$$

式中，右边两项分别为二氧化锰和锌电极的稳定电位，与材料的纯度、电化学活性、电极的加工工艺、电池温度及电解液的组成有关。尤其对于有多种晶型的二氧化锰，不同的产地及制造方法，其性能也有差异。所以正极没有固定的稳定电位值，可在 0.7~1.0V 之间变化，锌电极的稳定电位变化范围较小，大约在-0.80V 左右，故锌锰干电池的开路电压在 1.5~1.8V 之间。从表 2-2 中可以看出电池开路电压 $V_{开}$ 与温度的关系。

表 2-2 电池 $V_{开}$ 随温度的变化

温度/℃	+20	+10	0	-10	-20	-30	-40
开路电压/V	1.540	1.537	1.533	1.523	1.512	1.508	1.503

2.3.2 欧姆内阻

锌锰干电池的内阻比较大，未放电的 R20 电池（即 1 号电池），欧姆内阻可达 0.2~0.5Ω。电池的尺寸越小，其欧姆内阻越大，而且随着放电的进行，由于生成的一些沉淀物（如 $Zn(NH_3)_2Cl_2$、$Zn(OH)Cl$、$ZnO\cdot Mn_2O_3$等），覆盖了电极表面，欧姆内阻逐渐增大。表 2-3 为糊式 R20 电池欧姆内阻的分布情况。

表 2-3 糊式 R20 电池欧姆内阻的分布情况

项　目	锌电极	电解液层/mm	电芯	炭棒	合计
电阻/Ω	微小	0.05	0.08	0.09	0.22
占总电阻/%	微小	22.8	36.4	40.8	100

2.3.3 工作电压

工作电压可表示为：

$$V=\varphi_{+}-\varphi_{-}-IR$$

图 2-4 为锌锰电池放电电压和放电时间的关系，不同的曲线代表不同的放电电阻。电池放电时，正极和负极的电位均要发生变化，这是因为产生了电化学极化和浓度极化的结果。锌锰干电池具有恢复特性，当电池以间歇放电方式进行放电时，电压可以得到恢复。从图 2-5 中可以看出电池工作，电压逐渐下降，休息时，电压又有所回升。其中的原因是间歇期间电解液中的离子进行扩散，降低了浓差极化，二氧化锰本身具有恢复特性，因此，间歇放电放出的容量要比连续放电放出的容量高得多。

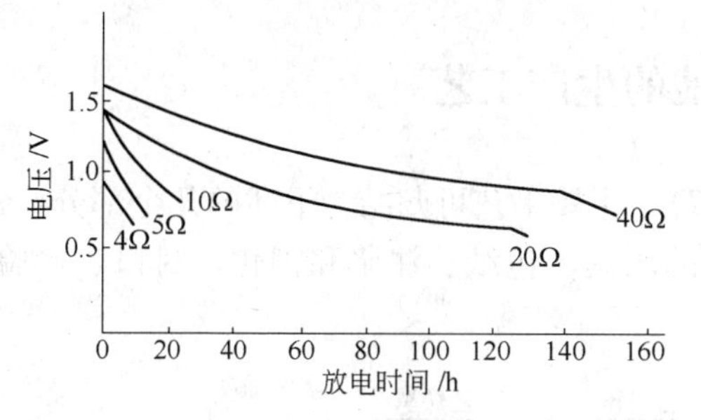

图 2-4　锌锰电池放电电压和放电时间的关系

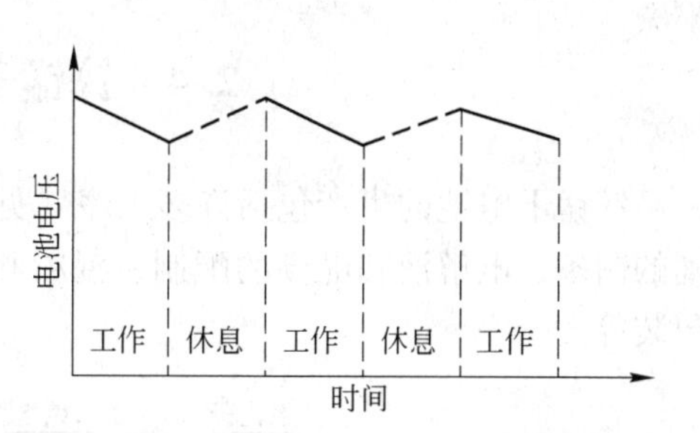

图 2-5　锌锰电池电压和间歇工作时间的关系

2.3.4　容量及其影响因素

锌锰干电池的理论比能量为 232W·h/kg，因为正负极活性物质未能得到充分利用，还有一些不直接参加反应的惰性物质，实际比能量约为 55W·h/kg，远远小于理论值。放电制度对锌锰干电池的容量也有很大影响，如放电电流的大小，放电环境的温度，放电方式。放电电流较大及连续放电都能降低电池的容量。反之，间歇放电及小电流放电，电池放出的容量较高。放电环境的温度较高时，放出的容量较高，若放电环境的温度较低时，放出的容量较低。活化二氧化锰晶体类型有 α，β，γ，ε，ρ，δ 等多种形态，其中 γ-MnO_2 给出的容量较多，因为其他晶型的氧化锰均为非整比化合物，故晶胞参数中的 b 值为非确定值。图 2-6 为 MnO_2 不同晶型结构示意图。表 2-4 为不同氧化锰的晶型、晶系和单位晶胞尺寸。

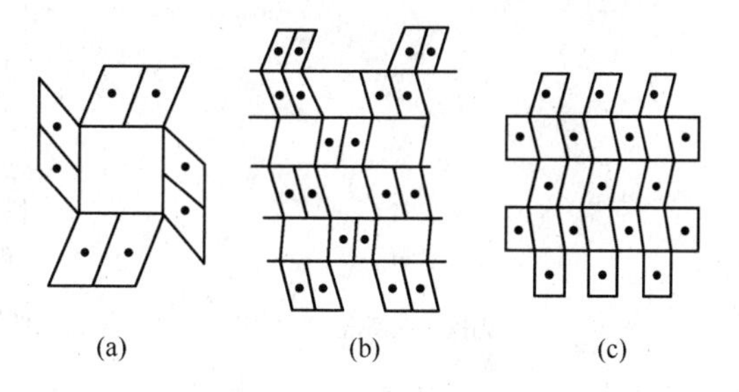

图 2-6　MnO_2 不同晶型结构示意图

（a）α-MnO_2 是双链结构，即（2×2）隧道结构；

（b）γ-MnO_2 是双链与单链互生的结构，即（1×1）和（2×2）隧道结构；

（c）β-MnO_2 是单链结构或（1×1）隧道结构

表 2-4　不同氧化锰的晶型、晶系和单位晶胞尺寸

变体名称	晶　系	单位晶胞尺寸 a、b、c/nm
α-MnO_2	四方晶系	0.9815，……，0.2845
β-MnO_2	四方晶系	0.4388，……，0.2865
γ-MnO_2	斜方晶系	0.932，0.445，0.285
ε-MnO_2	六方晶系	0.279，……，0.441

锰粉的颗粒度对容量也有影响。颗粒越细，分散度及孔率越高，增加了与液相相接触的面积，使真实电流密度下降。同时，利于液相及固相中质子的扩散，对提高容量有利；但如果过细，反而降低电池的容量。

锌锰干电池在高温及潮湿的环境下贮存，电池的自放电较为严重。如果电池密封不好，水分蒸发，电解液干涸，不能工作，空气中的氧会进入电池加剧电池的自放电。因自放电而产生的氢气积累到一定程度会产生气胀现象，产生漏液，自放电主要是负极锌的腐蚀引起。

2.4 锌锰干电池的生产工艺

锌锰干电池的生产包括许多工序（见图2-7），主要工艺可归结为下述的几个部分：锌桶的制备、电解液和电糊的配制、混粉和正极的压制、包纸、注浆和糊化、封口、检验、包装等。

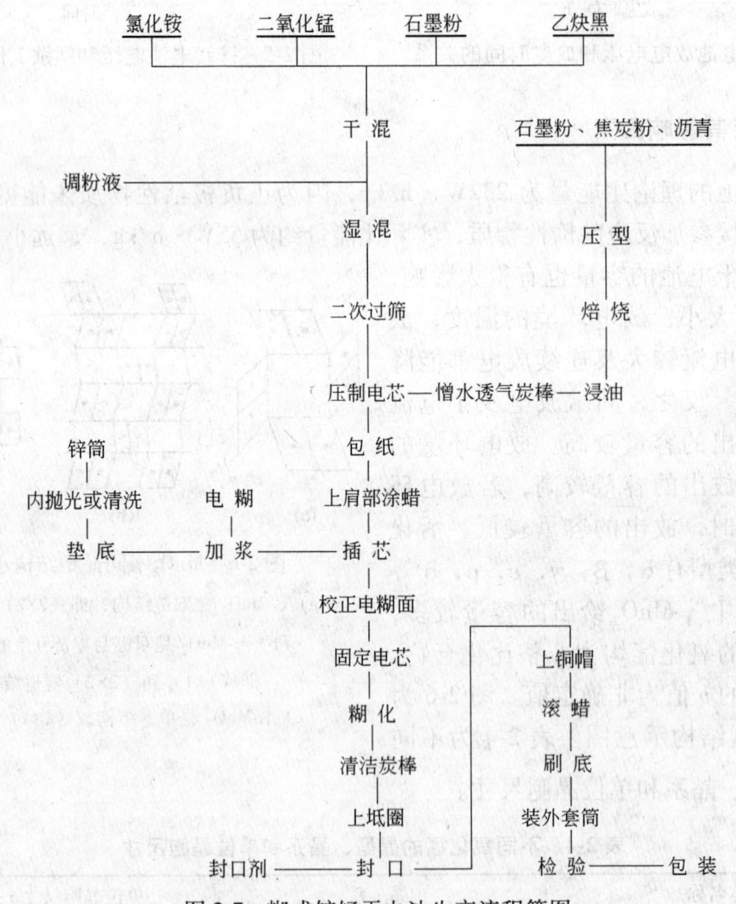

图2-7 糊式锌锰干电池生产流程简图

2.4.1 正极的配方、混粉和压制

在制造电池时，必须对具体情况作具体分析，注意原料的选择和配比。在不影响炭包

（机械电芯）强度的情况下，应使炭包保持最大限度的水分。电解锰粉属于γ型结构，它的晶体缺陷多，电化学活性好，适用于大电流连续放电。采用不同的锰粉和电解锰粉搭配，放电效果和产品的稳定性都能得到提高。

（1）锰粉和石墨粉、乙炔黑的比例问题。石墨粉和乙炔黑多，则电池内阻较小，短路电流较大；反之，内阻较大，短路电流较小。如果是大电流连续放电，可考虑相应提高石墨粉和乙炔黑的含量；如果是用于小电流间歇放电，则应适当增加锰粉的比例，以提高电池的电容量。

（2）混料的均匀性。混料的均匀性直接影响正负极活性物质能否充分利用。均匀混料是电池容量均匀的前提。粉料的干湿要适当，太干了不易成型，太湿了又易挤出电液。在粉料的搁置期间，要防止吸潮或水分蒸发。

压制电芯时，要求电芯上下粗细一致，炭棒和电芯接触良好。

2.4.2　电解液和电糊的配制、电糊的糊化

氯化铵纯度一般很高，必须重视纯化工作和控制酸度。

氯化锌溶液的纯化处理：在氯化锌溶液中投入锌皮边角料，将重金属杂质置换出来，直至再投入锌皮，其表面不再出现重金属杂质的黑斑点和发生氢气为止。

溶液中 Fe^{2+} 的去除：一般用氧化剂 H_2O_2 或 $KMnO_4$ 等，使 Fe^{2+} 全部氧化成 Fe^{3+}，调整溶液的 pH=5.0 左右时，后者便成为 $Fe(OH)_3$ 沉淀下来。

2.5　锌锰干电池可能出现的问题

2.5.1　锌皮腐蚀和电池的气胀问题

锌锰干电池在使用或贮存过程中，锌皮会遭到腐蚀，甚至会穿孔冒浆，或是表现为电池变形，底部鼓起，炭棒及盖子上升等现象。

由局部电池引起的腐蚀，电化学体系可表示为：

$$Zn|电解质|H^+（金属杂质或 C）$$

因为氢在纯锌上的析出过电位较高，即腐蚀电池的阴极反应阻力较大，所以纯锌在电解质中的腐蚀很缓慢。但当纯锌上有着电位较锌更正，并且氢在其上析出的过电位较低的金属杂质，如铁、镍、铜等时，腐蚀速度大大加快。如果腐蚀产生的氢气在电池内部发散不出去，就发生气胀现象。

电池若封口不严密，空气中的氧气进入电池，则将发生氧去极化的腐蚀反应：

阴极反应：
$$\frac{1}{2}O_2+2H^++2e^-\longrightarrow H_2O$$

阳极反应：
$$Zn\longrightarrow Zn^{2+}+2e^-$$

防止锌皮腐蚀和电池气胀问题的措施：（1）采用高纯度的锌皮，并进行汞齐化，提高其氢过电位，抑制腐蚀反应的进行。（2）配制电解液时，将重金属杂质尽可能的除掉，严格控制溶液的酸度。最好在电糊中加入新的缓蚀剂。（3）严密封口，防止空气进入。（4）采用“透气炭棒”解决了电池封口要严密和电池要能透气的矛盾。炭棒是由石墨粉、焦炭

粉和沥青三种原料组成，其中沥青的含量占25%~30%。在高温焙烧后，沥青挥发造成的毛细孔所占体积约为炭棒的10%左右，电池内部的气体可通过这些毛细孔逸出。但同时，电芯中的电解液也会通过毛细孔沿着炭棒上升，从而将炭棒上的铜帽烂坏。为避免电解液上升，可将炭棒浸憎水性物质，得到透气不渗液的炭棒：用含10%凡士林的汽油液浸渍炭棒，汽油挥发，憎水性的凡士林就留在炭棒内部毛细孔的表面上，这样炭棒就有了透气不渗液的性质，电池的气胀问题就彻底解决了。

2.5.2 铜帽腐蚀问题

铜帽（铝铜帽）腐蚀：铜帽发绿实质为铜帽被腐蚀，生成了二价铜的化合物呈现出了绿色。产生该问题的原因有以下几种：

（1）在铜帽和炭棒之间存在着氯化铵、氯化锌等，就形成了一个腐蚀电池，其电化学体系为：

$$(-)\ \text{黄铜（或镍）}\mid ZnCl_2\text{-}NH_4Cl \mid \text{空气中的}\ O_2\ \text{（炭棒）}\ (+)$$

阳极：

$$Cu+Cl^- \longrightarrow CuCl+e^-$$

或

$$Ni \longrightarrow Ni^{2+}+2e^-$$

阴极：

$$O_2+2H_2O+4e^- \longrightarrow 4OH^-\ \text{（中性或碱性介质中）}$$

或

$$O_2+4H_2O+4e^- \longrightarrow 2H_2O\ \text{（酸性介质中）}$$

CuCl在空气中不稳定，易被氧化成二价铜的化合物，而呈现绿色：

$$2CuCl+\frac{1}{2}O_2+H_2O \longrightarrow Cu(OH)_2CuCl_2$$

（2）如炭棒头上沾有正极电芯粉，它和铜帽相接触，就形成了另一种腐蚀电池：

$$(-)\text{黄铜（或 Ni）}\mid NH_4Cl\text{-}ZnCl_2 \mid MnO_2(C)\,(+)$$

在生产上，为了避免发生绿铜帽，总要将炭棒头刷拭干净。

（3）铜帽与含有CO_2的潮湿空气相接触，则可能生成碱式碳酸铜，所组成的腐蚀微电池可表示如下：

$$(-)\ \text{黄铜（或 Ni）}\mid H_2CO_3 \mid O_2(C)\,(+)$$

铜帽腐蚀产生了Cu^{2+}，同时铜帽上又发生了氧的还原，使得铜帽上的薄液膜层pH值增大，在CO_3^{2-}离子存在的情况下，发生下列的反应生成碱式碳酸铜：

$$2Cu^{2+}+CO_3^{2-}+2OH^- \longrightarrow Cu_2(OH)_2CO_3$$

（4）封口沥青没有与炭棒紧密结合。内部的电液沿缝隙爬上来到达铜帽上形成第一种情况的腐蚀电池而使它发绿，因此要保证封口严密。

（5）同期炭棒处理的不合要求，电解液仍能沿着炭棒内的毛细孔渗透到炭棒上，形成腐蚀电池，引起铜帽发绿。

2.5.3 出水冒浆问题

出水冒浆是指锌锰干电池在贮存和使用过程中，特别是大电流连续放电时，因锌筒烂穿或封口层破裂，电池内部的电液、电糊向外渗出的现象。电液中的氯化铵和氯化锌有较强的腐蚀性，往往使电筒、收音机、仪器仪表等烂坏，给用户造成损失。

出水冒浆现象的观察：用没有封口的电池，通过2Ω电阻连续放电，并将电池倒置于玻璃漏斗中，在其下面用一量筒收集放电过程中漏出的电液，试验中可以观察到电池内会不断地渗出液体来。放电后可分析出电芯中水分的含量是降低的。影响出水冒浆问题的因素：(1) 正极电芯配方不同，出水冒浆的数量不同。例如：调粉液用31.9%的纯氯化锌的纸板浆层电池（R20），在20h内渗出2mL液体，而正极电芯中氯化铵含量较高的纸板浆层电池在相同的时间内，渗出的液体约有7mL之多。(2) 电芯中乙炔黑含量较高的电池，其出水冒浆的数量较少。(3) 隔膜材料和处理方法不一样，对电芯的出水冒浆也有明显的影响。(4) 调粉液采用较高浓度的氯化锌溶液，可以减轻电池的出水冒浆（减轻水合氯离子向锌负极的扩散）。(5) 提高锌皮的厚度。通过提高锌皮厚度，保证放电完后不发生锌皮穿孔。(6) 加固外包装，保证封口严密，也能有效降低电池出水冒浆的比例。

2.6 纸板电池简介

纸板电池的产生背景：由于糊式锌锰干电池只适用于小电流间歇放电，不能满足日益发展起来的用电器具的要求，即要求电池具有体积大、容量大、大电流放电，连续使用时间长等。纸板电池以及碱性锌锰干电池就是在这种客观需求的情况下发展起来的廉价原电池。

纸板电池是将涂有浆糊的纸代替浆糊层，这种浆层纸薄，约为0.10~0.20mm，将隔离层厚度减小至1/10以下，使正极活性物质的量增加了约30%。其优点包括以下几点：(1) 纸板电池比糊式电池具有更大的比容量，可提高放电容量30%以上。(2) 隔离层减薄，极间距缩小，电池内阻降低，有利于提高放电电流，延长电池的使用时间。(3) 通过增大乙炔黑的含量来增大电池的含水量，提高了电池的孔隙率，同时也提高了二氧化锰的利用率。(4) 生产工序少，不需要大量使用面粉、淀粉，节省了粮食。

纸板电池的种类：(1) 氯化铵型纸板电池，其电解质和糊式电池相同，主要是氯化铵。它具有电容量高，放电时间长等特点，可以做成高容量电池（如R20C）。(2) 氯化锌型纸板电池，其电解质主要是氯化锌，以及少量氯化铵。它可以大电流放电，适合连续放电使用，可做成高功率电池（如R20P）。

纸板电池的浆层纸是用纸基体在其一面或两面涂敷上一定的浆料经烘干而成。厚度约为糊层的7%左右。浆层纸的质量要求：(1) 能很好地将正负极分开，防止正负极短路。(2) 有亲液性和保液能力，离子导电性良好。(3) 具有良好的化学稳定性，能经受住电液pH值的变化，并在氧化剂、还原剂的作用下不发生任何变化。(4) 具有一定的机械强度（包括干强度和湿强度）和韧性。(5) 浆纸层有一定的缓蚀能力，能减轻负极锌的自放电。

纸板电池与糊式电池制造工艺的差别：(1) 使用不透气炭棒。由于纸板电池正极中导电组分乙炔黑比例增加，二氧化锰相对比例下降，电芯含水量增多，而浆纸层保液量有一定限度，如果水分通过炭棒微孔散失，必将引起电池性能下降。(2) 纸板电池的密封要求更高，特别是对氯化锌型纸板电池，放电时要消耗水，密封性的好坏直接影响到电池的容量和贮存、防漏等性能。

2.7 锌锰干电池的型号和命名方法

锌锰干电池的型号标志法是以字母“R”代表圆筒式单体电池，“F”（fold）代表叠层式单体电池。字母后面紧接着的数字代表单体电池的大小。例如R6、F15分别表示小型的圆筒式和小型的叠层式单体电池。

组合电池的型号表示方法：在单体电池型号前面加上数字表示串联的只数。例如：30R20表示30只R20电池串联的组合电池，其额定电压为1.50×30=45V。6F100-2表示由两组用6只F100型单体电池串联的电池并联起来的组合电池，其额定电压为6×1.50=9V。

将用于加热灯丝的电池称甲电（A电）；而用作极板电源的电池称为乙电（B电）。

锌锰电池是按照IEC（International Electrotechnical Commission）1987年关于电池的规定命名的：

R：圆柱形电池

F：扁形电池

S：方形或矩形的电池

在字母后面的序号表示同一外形，但不同规格。在序号之后有时加上C、P或S

C：高容量

P：高功率

S：普通型

在命名前加注L，表示电池为碱性电池。

常用电池的型号命名与标志如表2-5所示。

表2-5 常用电池的型号与标志

电　池	IEC型号	美国型号	日本型号	直径/mm	高度/mm	中国传统称法
普通锌锰电池	R03	AAA	UM-4	10.5	44.5	7号电池
	R6	AA	UM-3	14.5	50.5	5号电池
	R14	C	UM-2	26.2	50	2号电池
	R20	D	UM-1	34.2	61.5	1号电池
碱性锌锰电池	LR03	AAA	AM-4	10.5	44.5	7号碱性电池
	LR6	AA	AM-3	14.5	50.5	5号碱性电池
	LR14	C	AM-2	26.2	50	2号碱性电池
	LR20	D	AM-1	34.2	61.5	1号碱性电池

复习思考题

2-1 如何分别采取措施降低锌锰干电池的锌皮腐蚀、铜帽腐蚀、气胀问题和出水冒浆问题？（简答）

2-2 纸板电池对纸板的质量有什么要求？

3　金属-空气电池

3.1 概　　述

金属-空气电池是以电极电位较负的金属如镁、铝、锌、汞、铁等作负极，以空气中的氧或纯氧作正极的活性物质。金属-空气电池电解质溶液一般采用碱性电解质水溶液，如果采用电极电位更负的锂、钠、钙等作负极，因为它们可以和水反应，所以只能采用非水的有机电解质如耐酚固体电解质或无机电解质如 $LiBF_4$盐溶液等。

金属-空气电池的主要特点：

（1）比能量高。由于空气电极所用活性物质是空气中的氧，它是用之不竭的，理论上正极的容量是无限的，加之活性物质在电池之外，使空气电池的理论比能量比一般金属氧化物电极大得多，金属空气电池的理论比能量一般都在 1000W·h/kg 以上，实际比能量在 100W·h/kg 以上，属于高能化学电源，表 3-1 列出了部分金属-空气电池的性能。

表 3-1　部分金属-空气电池的性能

电　池	E_0/V	$V_{开}$/V	$V_{实}$/V	$W_{理}$/W·h·kg^{-1}	$W_{实}$/W·h·kg^{-1}	备　注
镁-空气	3.09	1.60	1.30（10mA/cm^2）	3910	110~130	
铝-空气	2.07	1.70	1.2~1.3（30mA/cm^2）	2290	200	
二次镉-空气	1.21	0.98	0.75（5 小时率）	496	67~72（100%深放）	寿命 500 次
二次铁-空气	1.28	1.05	0.7~0.9（2 小时率）	1220~1840	132~154（65%深放）	寿命 200 次
密封二次锌-氧	1.65	—	1.30	1840	132	寿命 200 次
锌-空气	1.65	1.45	1.30（17mA/cm^2）	1350	143~440	未含外壳
锌-氧	1.65	1.48~1.50	1.25（54mA/cm^2）	1084	165~400	未含外壳

（2）价格便宜。锌-空气电池不采用昂贵的贵金属作电极，构成电池的材料均为常见的材料，所以价格便宜。

（3）性能稳定。特别是锌-空气电池采用粉状多孔锌电极和碱性电液后，可以在很高的电流密度下工作，如果采用纯氧代替空气，放电性能还可以大幅度提高。根据理论计算，可使电流密度提高约 20 倍。

金属-空气电池也存在缺点。第一，电池不能密封，易造成电液干涸及上涨，影响到电池的容量和寿命，如果采用碱性电液还容易发生碳酸盐化，增加电池的内阻，影响放电。第二，湿贮存性能差，因为电池中的空气扩散到负极会加快负极的自放电。第三，采用多孔锌作负极，需要汞齐化，汞不仅危害工人健康而且污染环境，需要非汞缓蚀剂取代。前已述及，锌-空气电池在金属-空气电池系列中是研究最多且已广泛应用的一种电池，近20年来围绕二次锌-空气电池科学家们做了大量的研究。日本三洋公司已制出大容量的二次锌-空气电池，采用空气和电液受力循环的办法，研制出电压为125V容量为560A·h的牵引车用的锌-空气电池。据报道已在车辆上应用，其放电电流密度可达80mA/cm^2，最高可达130mA/cm^2。法国及日本的一些公司采用循环锌浆的办法制成锌-空气二次电池，活性物质的恢复在电池外部进行，其实际比能量达115W·h/kg。

3.2 锌-空气电池

锌空气电池的发展大致经历了四个阶段：(1) 早在19世纪初，空气电极就有报道。但直到1878年，采用镀铂炭电极代替勒克朗谢电池中的阳极二氧化锰，才真正制成第一个空气电池。但当时采用的是微酸性电解质，电极性能极低，因而限制了锌空气电池的使用范围。(2) 1932年，海斯（Heise）和舒梅歇尔（Schumacher）制成了碱性锌空气电池。它以汞齐化锌作为负极，经石蜡防水处理的多孔碳作为正极，20%的氢氧化钠水溶液作为电解质，使放电电流有了大幅提高，电流密度可达到7~10mA/cm^2。这种锌空气电池具有较高能量密度，但输出功率较低，主要用于铁路信号灯和航标灯的电源。(3) 20世纪60年代，由于燃料电池研究的需要，高性能的气体电极被成功研制。这种新型气体扩散电极具有良好的气/液/固三相结构，放电电流密度达到100mA/cm^2，从而使高功率锌空气电池得以实现。1977年，小型高性能的扣式锌空气电池已成功进行商业化生产，并广泛用于助听器的电源。(4) 近年来，随着气体扩散电极理论的进一步完善，以及催化剂的制备和气体电极制造工艺的发展，使电极性能进一步提高，电流密度可达到200~300mA/cm^2，甚至有些达到500mA/cm^2；同时，对锌空气电池气体管理的研究（如水、二氧化碳等），提高了锌空气电池的环境适应能力，为大功率锌空气电池的产品化开发提供了技术保障，同时也使各种锌空气电池体系逐渐走向商品化。

根据放电率的不同，锌-空气电池可以应用于不同的场合。中、小电流密度下工作可用于铁路信号、无线电通讯、航标灯、农用黑光灯等的电源。大电流密度工作可用作车辆动力源。采用化学电源作车辆动力源具有无噪声、无废气排放等优点，因此，开发锌-空气电池用于汽车有较好的前景。它还可以代替成本很高的锌-银电池用于国防，如用于鱼雷、导弹等。对于小电流长寿命工作的扣式锌-空气电池，可用于手表、助听器以及计算器等物品。

3.2.1 锌-空气电池的反应与电动势

图3-1所示为锌-空气电池结构原理图。图中可以看出锌空气电池主要由空气电极、锌电极、隔膜及电解质组成。空气电极提供催化氧还原反应的场所，空气中的氧首先通过空气电极的透气层扩散到催化层，然后再在催化剂与电解液的界面上发生电化学还原反应。同时，锌在阳极进行电化学氧化反应，从而在外电路产生电流。由于催化电极

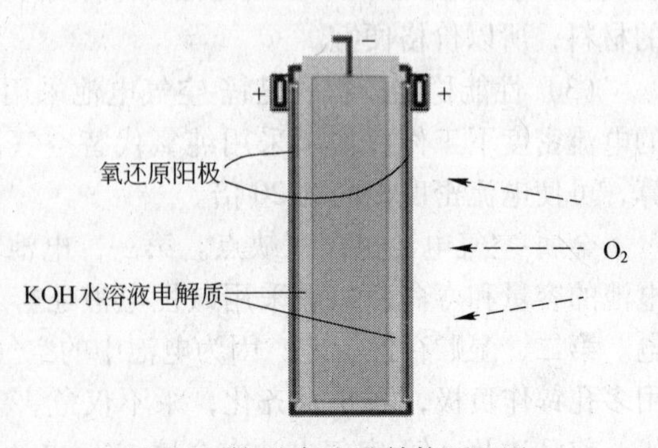

图3-1 锌-空气电池结构原理图

自身并不在反应时消耗，锌-空气电池所具备的高比容量是通过增加锌负极的量来实现的。由此可见，锌-空气电池对负极来说是贮能器，它决定了电池的输出容量；而对正极来说，实质上起着能量转换器的作用，它决定了电池的功率输出能力。

锌-空气电池的表达式为：

$$(-)Zn|KOH|O_2(空气)(+)$$

电池放电时负极的反应为：

$$Zn-2e^- \longrightarrow Zn^{2+}$$

$$Zn^{2+}+2OH^- \longrightarrow ZnO+H_2O \quad \phi^{\ominus}=-1.245V$$

$$Zn-2e^-+2OH^- \longrightarrow ZnO+H_2O$$

正极的反应为：$$\frac{1}{2}O_2+2e^-+H_2O \longrightarrow 2OH^- \quad \phi^{\ominus}=+0.401V$$

电池反应：$$Zn+\frac{1}{2}O_2 \longrightarrow ZnO \quad E^{\ominus}=1.646V$$

如果认为电极处于可逆平衡时，按电极反应可以导出：

$$E=\phi_{(+),平}-\phi_{(-),平}$$

$$=+0.401+\frac{RT}{2F}\ln\frac{P_{O_2}^{1/2}}{a_{OH}^2}-\left(-1.245+\frac{RT}{2F}\ln\frac{1}{a_{OH^-}^2}\right)$$

$$=1.646+\frac{RT}{2F}\ln P_{O_2}^{1/2} \tag{3-1}$$

其中，$R=8.314$ 为气体常数，$T=298K$，为热力学温度，$F=96500$ 为法拉第常数，P 为电池中的氧分压，单位为 Pa。

由式（3-1）可见，锌-空气电池在碱性介质中，其电动势 E 除了与电极本性有关外，还与电池的温度和空气中氧的分压有关。空气中 $P_{O_2}=21.28kPa$，代入式（3-1）可算出碱性锌-空气电池的电动势 $E=1.636V$。由于氧电极不是建立的 $\phi_平$ 而是稳定电位 $\phi_稳$，一般 $\phi_稳$ 比 $\phi_平$ 约负 200mV。所以，碱性锌-空气电池的开路电压并不等于电动势，其值约为 1.4V 左右。且随放电条件的变化，电池的工作电压波动在 1.0~1.2V 之间。

3.2.2 氧的还原反应

3.2.2.1 氧电极的特点

氧电极反应式：$$O_2+4e^-+2H_2O \longrightarrow 4OH^-$$

氧电极的特点如下：（1）氧电极的电极过程不仅是一个复杂的 4 电子过程，而且反应随着电极材料和反应条件的不同而不同，因而科学家们针对不同的反应机理提出相应的控制步骤。很多实验发现，反应过程中有中间产物出现，如过氧化氢、中间价态的含氧化合物或金属氧化物等。（2）氧电极的可逆性很小，在碱性溶液中，氧在贵金属上的交换电流密度很小，其 J_0 值为 10^{-9}~10^{-10} A/cm^2，这比在同一金属上氢的交换电流密度（$J_0=10^{-3}$ A/cm^2）小 6~7 个数量级。这就给平衡条件下研究氧电极造成困难，因为电液中微量杂质的存在，在电极上形成的电流密度都可能超过氧的还原电流密度。（3）由于氧的电极电位较正，在酸性介质中 $\phi_{标}$ 为 1.23V，在碱性介质中 $\phi_{标}$ 为 0.401V，使多数金属不能作为电极材料。因为这些材料的表面会因吸附氧或含氧离子，甚至生成金属氧化物层，改变了表面状态，影响对电极过程的研究，且重现性较差。

由于上述原因，氧的电极过程机理众说纷纭，而且各有各的实验依据，直到带环的旋转圆盘电极的出现，才给氧电极的研究提供了重要的手段。在一般情况下氧电极难以建立平衡。勃克里士等人提出“杂质理论”，认为氧电极建立的是混合电位，其共轭过程是杂质的氧化，造成氧电极的电位偏离了平衡电极电位。他们用电解的办法将溶液严格提纯后，在 Pt 电极上测得了氧的平衡电极电位，但氧电极的稳定电极电位依然随时间而变化；蒋振宗等人则认为平衡电极电位难以建立是因为没有按 4 电子反应进行，而是按 2 电子进行阴极还原，生成中间产物过氧化氢，他提出用改进催化剂的办法，使氧直接按 4 电子反应进行，选用了半导体氧化物（$La_{0.5}Sr_{0.5}CoO_3$）作催化剂，测得氧电极的稳定电位与理论平衡电极电位十分接近。实际上同时进行 4 电子反应的概率非常小，一般来说这不是基元反应，如果这类催化剂在其他性能方面满足要求的话，将使锌-空气的能换效率大大提高。

3.2.2.2 氧还原的反应机理

空气中的氧在电极参加还原时，首先要通过扩散溶解进入溶液，然后在液相中扩散电极表面进行化学吸附，最后进行电化学的还原，这个过程可简要表示如下：

$$O_2 \xrightarrow{溶解} O_{2,溶} \xrightarrow{化学吸附} O_{2,吸} \xrightarrow{电化学还原} 4OH^-$$

氧参加电极还原的过程包括了许多串联过程，也包括同时进行的并联过程。大量的研究表明，氧电极的反应机理不仅随实验条件的不同而不同，而且差异很大，还与使用电极材料的表面状态、电液的浓度、放电电流密度的大小以及使用材料的不同而不同。

在大多数情况下，金属表面有无氧化物的覆盖层，对氧的还原速度影响较大。当有氧化物覆盖时，将对氧的还原起阻碍作用。实验发现，在同一极化电位 0.85V（相对于标准氢电极）下，没有氧化物的铂电极上氧的还原速度比有氧化物的铂电极快 100 倍左右。在银电极上，当 KOH 的浓度由 0.1mol/L 变为 8.5mol/L 时，在相同过电位下，其电流密度可以增加近 40 倍，且极化曲线的斜率发生明显的变化。当电极材料与电液浓度相同时，放电电流密度不同，对氧的还原速度影响明显，其反应机理也不同。塞拉等人发现，在同一浓度的碱液中，经过预还原处理的银电极上，高电流密度放电的极化曲线与低电流密度不同，被认为可能是控制步骤发生了改变。

采用不同的电材料，对氧的还原速度影响就更大，如氧在 Pt 和 Ag 上要比在 Hg 上快得多。众多的影响因素说明了氧还原的复杂性，已提出的氧还原的反应过程达 10 多种，当控制步骤不同时，已提出的可能的反应机理有 50 多种方案。目前还不能作出统一的解释，只能对某些实验规律作一些介绍。根据是否生成中间产物 H_2O_2 可以将氧还原的反应过程分成两大类。

(1) 有中间产物 H_2O_2 生成的反应过程。在酸性溶液中，氧在发生电化学还原时，氧分子首先接受 2 个电子还原成中间产物 H_2O_2，然后通过进一步还原或化学催化分解生成水，其反应式如下：

$$O_2+2e^-+2H^+ \longrightarrow H_2O_2 \tag{3-2}$$

$$H_2O_2+2e^-+2H^+ \longrightarrow 2H_2O \tag{3-3}$$

或

$$H_2O_2 \longrightarrow \frac{1}{2}O_2\uparrow+H_2O \tag{3-4}$$

在碱性溶液中，随同参加氧的还原反应的物质是水，最终产物是 OH^- 离子，中间产物是过氧化氢离子，对应反应式如下：

$$O_2+2e^-+H_2O \longrightarrow HO_2^-+OH^- \tag{3-5}$$

$$HO_2^-+2e^-+H_2O \longrightarrow 3OH^- \tag{3-6}$$

或

$$HO_2^- \longrightarrow \frac{1}{2}O_2\uparrow+OH^- \tag{3-7}$$

（2）不生成中间产物 H_2O_2 的反应过程。氧在发生电化学还原时，氧分子首先在电极表面吸附，形成吸附氧或在表面生成氧化物或氢氧化物，然后进行阴极还原，对应的反应式如下：

$$O_2+2M \longrightarrow 2MO_{吸} \tag{3-8}$$

在酸性溶液中

$$2MO_{吸}+4e^-+4H^+ \longrightarrow 2H_2O+2M \tag{3-9}$$

在碱性溶液中

$$2MO_{吸}+4e^-+2H_2O \longrightarrow 4OH^-+2M \tag{3-10}$$

或者生成氢氧化物，

$$\frac{1}{2}O_2+H_2O+M \longrightarrow M(OH)_2 \tag{3-11}$$

$$M(OH)_2+2e^- \longrightarrow 2OH^-+M \tag{3-12}$$

当氧发生阴极还原时，大多数情况下溶液中都发现有 H_2O_2 或 HO_2^- 离子存在。台维斯等人用同位素技术证明，氧分子在接受 2 个电子还原为 H_2O_2 时，氧分子的双键并不断裂，这一步是完全可逆的。但 H_2O_2 或 HO_2^- 离子要进一步还原时，受到很大的阻力，需要很高的能量使氧分子的双键断裂，所以，反应必须在高的过电位下才能进行。因此，人们认为控制氧的还原过程的速度，关键是中间产物的进一步还原，或者说是氧双键的断裂。对于不通过过氧化物中间产物的机理，近年来随着半导体催化剂的研究得到了很大的发展，在某些活性炭上也发现了类似的情况。

3.2.3 气体扩散电极

以气体为活性物质的电极与以固体或液体为活性物质的电极不同，它在反应时是在气、固、液三相的界面处发生，缺任何一相都不能实现电化学过程。气体反应的消耗以及产物的疏散都需要扩散来实现，所以，扩散是气体电极的重要问题。对于氧电极来讲，由于其交换电流密度很小，它在电化学还原时遇到的阻力很大，这一方面需要采取合适的催化剂来减少电化学极化，另一方面要改进电极的结构，使之形成更多的三相界面，有利于气体的反应和扩散。

对于全部浸入电液的氧电极，可以计算其极限电流密度。氧在水中的溶解度很小，约为 10^{-4}mol/L，气体的扩散系数 $D=10^{-9}m^2/s$，如果电液不搅拌，电极附近扩散层的厚度 $\delta=10^{-4}m$，根据极限电流密度公式可求出扩散电流

$$i_d=-\frac{nFdc}{dl}=0.386\text{mA/cm}^2$$

这样的小电流密度，其实用价值不大，因此，气体扩散电极被提出。

3.2.3.1 气体扩散电极的特点

气体扩散电极的理论基础是“薄液膜”理论：威尔将长为1.2m，外表面积为2.4cm^{2}的圆筒状镀铂黑氢电极（内表面用绝缘材料覆盖）浸没在物质的量浓度为8mol/L的H_2SO_4中，使氢电极阳极极化，控制电极电位为0.4V。发现在氢饱和的静止溶液中，阳极电流不到0.1mA，将铂黑电极从溶液中升起，当电极上端提出溶液3mm左右时，发现阳极电流大增，若继续升高，电流不再增加反而缓慢下降，如图3-2所示。

实验表明在半浸没电极上只有高出液面2~3mm那一段可以最有效地进行气体电极反应。用显微镜观察，发现这段电极表面存在着薄液膜，它可以用图3-3来解释。图中列出了几条线路，每条线路都反映了气相中的氢经液相扩散到电极表面吸附并发生氧化反应，反应产物H^+离子又由液相扩散（包括电迁移）从表面到溶液深处。从各线所经的总路程看，在电极有薄液膜的地方（距液面2~3mm的区域内），路程最短，因此，电极有薄液膜的地方成为半浸没电极最有效的反应区。从扩散动力学求极限电流密度的公式分析，由于薄液膜层的扩散距离与全没式液层的扩散距离相比大大减小，故极限电流密度大大增加，这就是具有薄液膜层的气体扩散电极的基本特点。

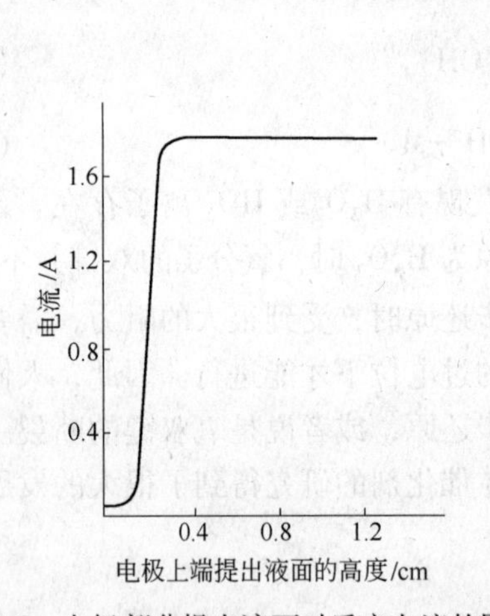

图3-2 电极部分提出液面对反应电流的影响

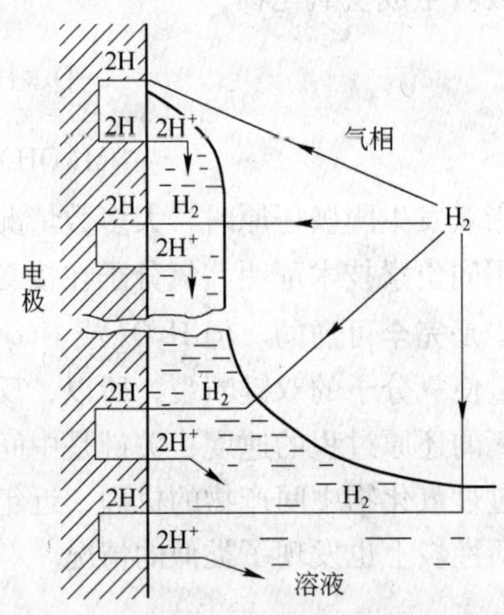

图3-3 半浸没电极上的各种反应途径

为了使气体扩散电极具有大量的薄液膜层，即电极含较多的三相界面，历史上人们想了很多办法，如控制气体压力、采用双孔结构、控制微隔膜孔径等，但比较有效的办法是在电极组分中加入憎水剂，使气体在常压下即可反应，也就是憎水型气体扩散电极。

3.2.3.2 憎水型气体扩散电极

（1）微孔电极的毛细力。适用的气体电极是一个微孔微电极，电极的一侧为气体，另一侧为液体，如图3-4所示。

由于电极中有大小不同的微孔，液体对微孔必然要产生毛细力P'，其大小为：

$$P'=\frac{2\sigma\cos\theta}{r} \tag{3-13}$$

式中，σ 为液体表面张力；r 为微孔半径；θ 为液体对电极的润湿接触角。

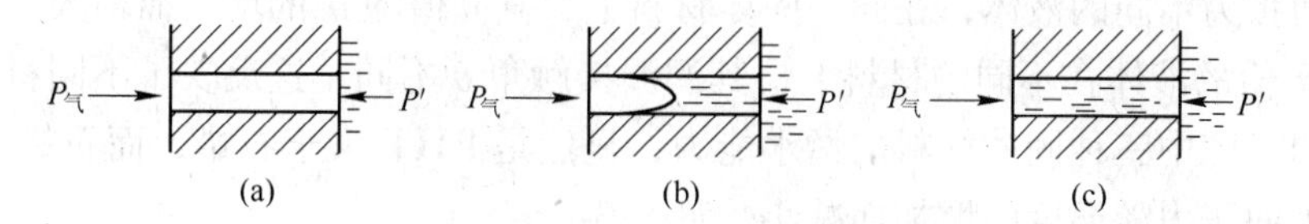

图 3-4　气体电极的毛细力与气体压力的示意图

（a）$P_{气}>P'$；（b）$P_{气}\geqslant P'$；（c）$P_{气}<P'$

由式（3-13）可知，毛细力 P'的大小，在温度、电液浓度和电极材料确定的情况下，与微孔半径的大小成反比，即微孔越小，毛细力越大。显然，如果薄液层在微孔中建立，那么气体的压力 $P_{气}$ 一定等于或略大于毛细力 P'（图 3-4 中（b）图）；若 $P_{气}>P'$，将会把电液全部赶出微孔，称为“干涸”（图 3-4 中（a）图）；若 $P_{气}<P'$，在毛细力的作用下，电液将微孔充满，称为“淹死”（图 3-4 中（c）图）。显然，后两种情况都不能在微孔中有效地建立三相界面和薄液层，但是，这种通过控制电极孔径大小的办法，操作起来很不方便。

（2）亲水物质与憎水物质。由物理学可知，任何一种液体对任一固体的润湿程度的大小可以通过润湿接触角 θ 来表示。润湿接触角是指通过气、固、液三相的交界点作液滴的切线 OP 与液、固界面 ON（包括液体在内）之间的夹角，如图 3-5 所示。

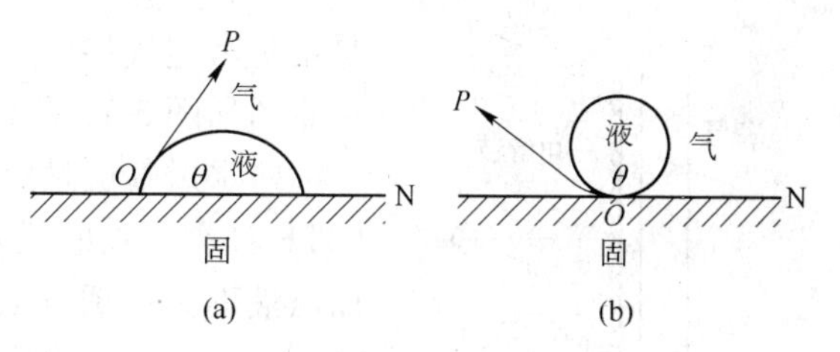

图 3-5　液体和固体之间的润湿角

（a）$\theta<90°$；（b）$\theta>90°$

$\theta=0°$为完全润湿，$\theta=180°$为完全不润湿，这是两种极端的情况，在一般情况下 $0°<\theta<180°$，通常我们把 $\theta>90°$的物质称为憎水物质，如石蜡、聚乙烯（PE）、聚四氟乙烯（PTFE）等，$\theta<90°$的物质称为亲水物质，如玻璃、石棉、金属等。显然，同一固体在不同的液体上，其润湿角不同，反之，不同的固体在同一液体上其润湿角也不同。

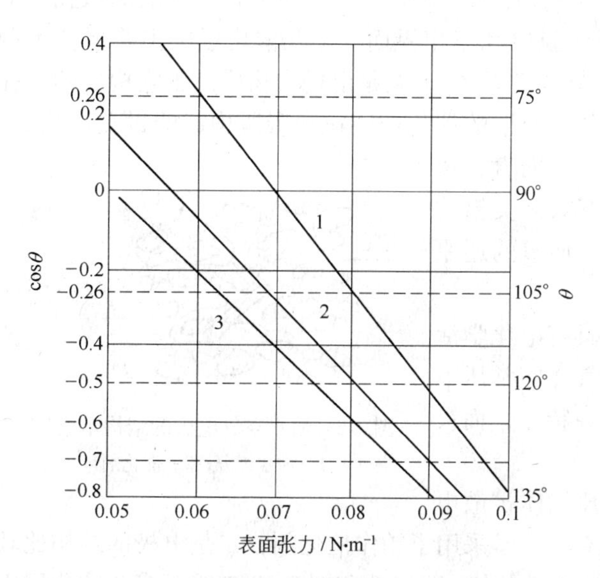

图 3-6　润湿角与表面张力的关系

1—聚乙烯；2—石蜡；3—聚四氟乙烯

润湿角的大小是由固体及液体的性质所决定的，液体的在于主要通过其表面张力，不同的液体其表面张力不同，同一液体浓度不同，温度不同，其表面张力也不同。图 3-6 列出了部分有机材料与表面张力不同的液体接触时，其润湿角 θ 与表面张力 σ 之间的关系。由图 3-6 可见，表面张力不同的液体，在同一固体材料上，其 θ 值随 σ 的增大而增大，同时也可看出，同一 σ 值的液体在不同的材料上，其润湿接触角 θ 不同，这反映了不同材料的亲憎水的能力不同。图中三种固体材料的憎水能力，显然是 PTFE 大于石蜡，而石蜡又大于 PE。

水的表面张力随温度的增加而减小，见表 3-2。

由表 3-3 可见，碱液浓度增加其表面张力增大。在锌-空气电池中使用 KOH 的浓度是 7~8mol/L，其 σ 值约为 0.09N/m，此时碱液与 PE 接触时其润湿角 θ 为 130°，如与 PTFE 接触时，其 θ 值为 145°，可见，PTFE 的憎水能力较 PE 大，因此，PTFE 作为气体扩散电极的憎水材料而广泛地被采用，由于 PTFE 价格较贵，也有选用聚乙烯作憎水剂的。

表 3-2　水的表面张力随温度的变化

温度/℃	0	10	20	30	40	50	60
$\sigma/\times10^{-3}$N · m^{-1}	75.64	74.32	72.75	71.18	69.56	67.91	66.18

表 3-3　25℃时不同浓度 KOH 溶液的 σ

KOH 浓度/mol · L^{-1}	1.0	4.5	7.1	8.5	10.0
表面张力 $\sigma/\times10^{-3}$N · m^{-1}	75	80	93	98	100

（3）憎水型气体扩散电极的结构。憎水型空气扩散电极是由防水透气层和多孔催化层加导电网所组成，这种电极的示意图如图 3-7 所示。

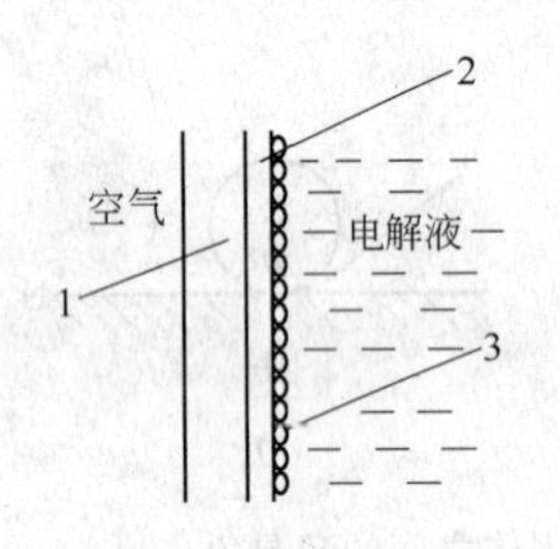

图 3-7　憎水型气体扩散电极的示意图
1—防水透气层；2—催化层；3—导电网

防水透气层是由憎水物质 PTFE 所组成的多孔结构，由于 PTFE 具有很强的憎水性，此层只允许气体源输入电极内部，而碱液不会从透气层中渗漏出来，一是由于透气层中微孔孔径较大，毛细力很小，二是由于透气层憎水性强。

多孔催化层是由碳和 PTFE 以及催化剂所组成，其中碳与催化剂是亲水物质。PTFE 的憎水性使多孔催化层的微孔中形成大量的薄液膜层和三相界面。多孔催化层中主要包括了两种结构，一个是“干区”，它是由憎水物质及由它构成的气孔所组成，一个是“湿区”，它是由电液及被润湿的催化剂团粒和碳所构成的微孔所构成。在这些微孔中，直径小的微孔被液体充满，而直径稍大一些的则是被润湿，这两区的微孔相互犬牙交错的形成互连的网络，其结构如图 3-8 所示。而氧的还原反应则是在有薄液膜的微孔壁上进行。

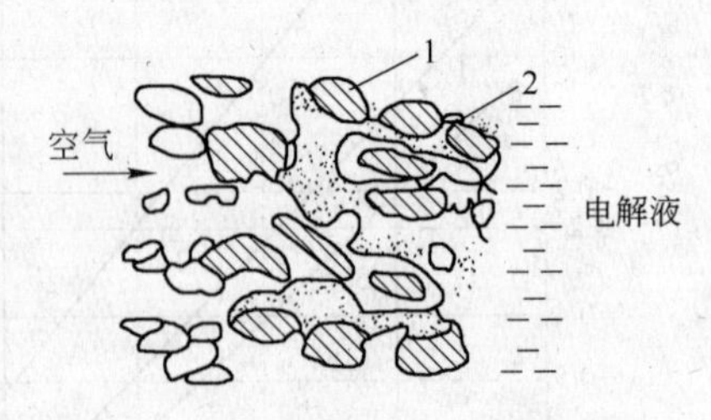

图 3-8　憎水空气电极的结构示意图
1—憎水组分；2—催化剂

含聚四氟乙烯的气体由于扩散电极具有电化学活性高，能在大电流下工作而极化较小，气体在常压下工作寿命较长，电极轻而薄，比能量大等特点，而被广泛使用。

（4）聚四氟乙烯的最佳用量。PTFE 气体扩散电极具有较高的电化学活性，其主要原因有：一是采用了铂作催化剂；二是电极的结构比较合理，性能优良，多孔催化层中 PTFE 的用量最佳。图 3-9 和图 3-10 表明了多孔催化层中不同 PTFE 用量对电极性能的影响。

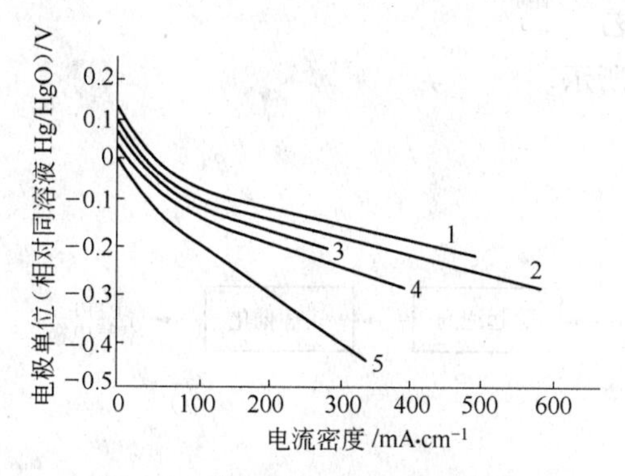

图 3-9 催化层中不同 PTFE 用量的电极的极化曲线

1—20%PTFE；2—30%PTFE；3—15%PTFE；4—40%PTFE；5—5%PTFE

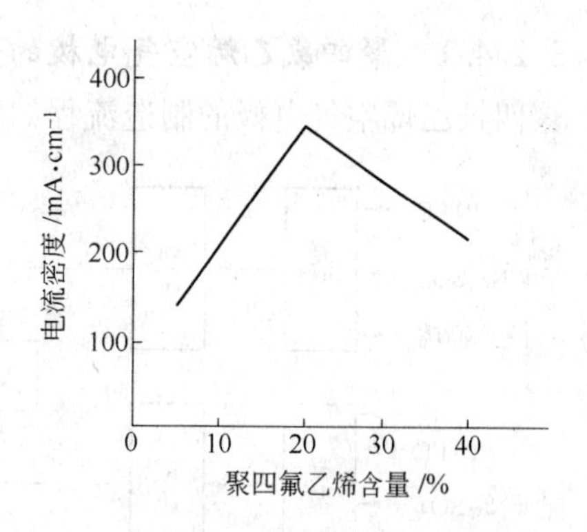

图 3-10 PTFE 不同用量与电极电流密度的关系，电极极化电位为 0.2V

（相对于 HgO/Hg 电极）

由图 3-9 和图 3-10 可以看出，在多孔催化层中，PTFE 的用量不同，电极的性能不同，当 PTFE 的用量在 20%时，电极的性能最好并具有最高值。这是因为催化层中加入 PTFE 的多少从两个方面影响到电极的性能，一是影响欧姆电阻，由于 PTFE 为非金属材料，其用量增加，电极的电阻增大，同时 PTFE 用量的增加，又使多孔催化层中的液孔减少，使液相的电阻增大，这两种情况均使电池的欧姆电阻增大，影响电池放电。二是催化层中 PTFE 用量增加，又使气孔数增多，又有利于气体的扩散，可以减轻气相的浓差极化，又有利于电池的放电。这两方面的影响是相反的，当 PTFE 用量不足时由于后面的因素起制约作用使电极性能下降，相反，PTFE 用量超过最佳值时，前面的因素起制约作用，故存在一个最佳用量，在此用量下电池有最佳的性能。这个最佳工艺参数应根据使用的电极的情况以及电池应用的场合通过实验来加以确定。

对于高电流密度使用的锌-空气电池，气体扩散是主要矛盾，应适当增加 PTFE 的用量，对于低电流密度使用的电池，则应适当减少 PTFE 的用量。由上分析可见，聚四氟乙烯的作用在于改变了多孔催化层中气孔和液孔的分布，即通过改变气体扩散电极的结构来影响电极性能。

3.2.4 锌-空气电池的制造

锌-空气电池有中性锌-空气电池（采用 NH_4Cl 电液）和碱性锌-空气电池（采用 KOH 电液）之分。在结构上有筒形、纽扣形和矩形之别。供氧方式上分外氧式和内氧式。前者指将正极直接暴露在空气中，后者是空气通过某种渠道进入正极。按激活方式分，有空气激活、电液激活和水激活。不同的碱性锌-空气电池结构不同，使用电流密度不同，其制造工艺也不完全一样，其制造工艺还在不断发展之中。憎水型空气电极较多地采用 PTFE 作憎水剂，因为它憎水性高，在 390℃以下非常稳定，与其他化学物质不发生任何作用，但价格高，主要用于制造高功率使用的锌-空气电池，也可以制成薄型的高性能、长寿命的电池。对于中小电流使用的锌-空气电池，憎水剂也可以采用价格便宜的 PE，PE 的憎水能力小于 PTFE，且在 130℃左右熔化，耐碱，但能溶于某些有机溶剂之中。

3.2.4.1 聚四氟乙烯空气电极的制造工艺

聚四氟乙烯空气电极的制造流程如图 3-11 所示。

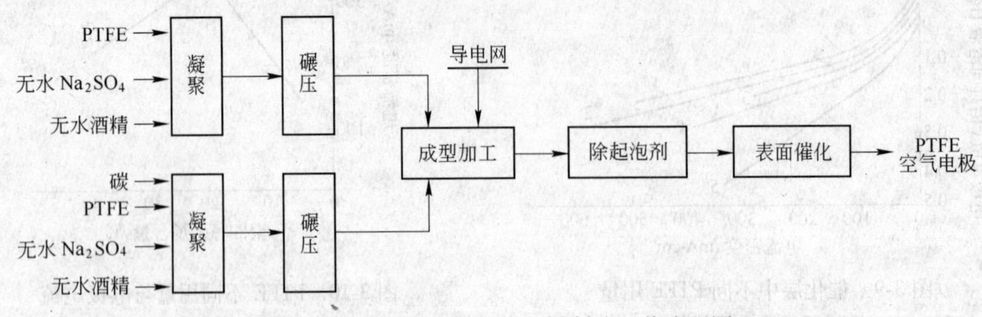

图 3-11 聚四氟乙烯空气电极制造工艺流程图

(1) 防水透气层的制备。防水透气层的制造通过凝聚和碾压两个工序来完成，制备材料主要有 PTFE 乳液与无水 Na_2SO_4。

1) 凝聚。将经粉碎过的 400 目的无水 Na_2SO_4 粉末用适量的无水酒精调稀，在不断搅拌下逐步滴入含 60% 的 PTFE 乳液，无水 Na_2SO_4 起造孔的作用，它与 PTFE 的比例一般为 1 : 1。也可根据放电电流密度的大小来调节，在大电流放电时，耗氧多，要求膜透气性高，发孔剂比例应适当高一些。反之，小电流工作时发孔剂比例适当小一些。滴完所需的 PTFE 后，继续搅拌数分钟，使 Na_2SO_4 在酒精中均匀分布，然后在水浴中加热搅拌直到 PTFE 与 Na_2SO_4 凝聚在一起。当酒精呈清液时停止加热，将凝聚物分离，用酒精洗涤数次除去 PTFE 中的表面活性物质，否则将影响 PTFE 的憎水性。

2) 碾压。将上述凝聚物在双辊碾压机上经过反复地碾压，使 PTFE 逐渐纤维化，最后成为柔软而有韧性的薄膜，调节双辊的间距可得厚度为 0.2mm 的薄膜，即防水透气层，其中所含 Na_2SO_4 在电极成型后除去。

(2) 多孔催化层的制备。多孔催化层同样经过凝聚与碾压两个工序来制备。

1) 凝聚。将活性炭与经粉碎过的 400 目的无水 Na_2SO_4 按约 2 : 1 的比例混合，加入适量无水酒精调匀，将聚四氟乙烯乳液缓慢加入，加入量为活性炭的 15%~20%，并不断搅拌，然后在水浴中加热，直到两种物质全部凝聚，同样将凝聚物分离后用酒精清洗将表面活性物质除去。

2) 碾压。将凝聚物放到对辊机上反复碾压使 PTFE 纤维化，最后制成厚度为 0.3mm 左右的黑色催化层膜。

(3) 电极成型。将上述两种薄膜合在一起，在黑膜上放置镀银的铜网作骨架，在 30MPa 的压力下加压成型，成型后的电极放进蒸馏水中加热，使 Na_2SO_4 溶解，直至溶液中无 SO_4^{2-} 离子为止，最后极片在 80~100℃ 下加热烘干，裁成所需的尺寸。

(4) 表面催化。空气电极通常使用银作为催化剂，一般是通过还原银盐得到。其做法是在催化层一侧的表面，均匀地涂上 $AgNO_3$ 溶液，待其自然干燥后，再重复 3~4 遍，然后用 40% 的肼溶液涂上，使之在电极多孔催化层内进行还原，其还原的反应式如下：

$$2AgNO_3+2N_2H_4\cdot H_2O \longrightarrow 2AgO+2NH_4NO_3+N_2+2H_2O$$

还原时的温度和还原剂加入的速度对催化剂的活性有一定的影响。还原时的温度低，加入还原剂的速度快，生成的催化剂的颗粒较细，其表面积大，活性高。除了用肼作还原剂外，也可用其他还原剂如甲醛、硼氢化钾等。

电极表面催化除上述液相还原法外，还有其他方法，如热分解法等。

对于小电流工作的空气电极，也可采用聚乙烯作憎水物质，但制造工艺与用 PTFE 不同，若采用 PTFE，制备空气电极时也可先对制成的两种薄膜去气孔剂，然后在导电网上加压成型，由于活性炭对 H_2O_2 的分解也具有催化作用，因此可以不再另加催化剂。

除了银可作为空气电极的催化剂以外，还可采用铂、氧化锰以及复合催化剂，如 Ag-Ni，Ag-Co 和 Ag-Hg 等，不过 Pt 太贵，汞有毒，最好不用。

3.2.4.2 锌负极的制备

锌-空气电池的锌负极制备与锌-氧化银电池的锌负极制法相同。常采用蒸馏锌粉和电解锌粉作为负极原料（中性锌-空气电池用锌皮），有不同的成型方法，如压成式、涂膏式、黏结式和电沉积式等。对要求放电电流不大时常采用操作方便的压成式或涂膏式；若要求短时间、高电流密度放电，常采用电沉积式，因为这种方式的锌负极活性高。

电沉积制备锌负极的工艺条件：(1) 电沉积式一般采用高纯锌片作阴极，以镍网作不溶性阳极，电液为 45%的 KOH 加 35g/L 的 ZnO。为了获得比表面积高的海绵状锌粉，电沉积过程在极限电流密度内进行。电沉积的电流密度为 0.15A/cm^2，槽压 3.8V 左右，槽温控制在 20~35℃。(2) 为了降低锌粉的自放电，可在电解液中加少量过电位高的铅盐，如 $Pb(Ac)_2$，使铅与锌共沉积，这样的锌电极自放电小，同时铅离子的加入使电液变得比较稳定，不易生成比表面积小的锌粉。(3) 电沉积后所得的海绵状锌粉连同阴极基板一起进行水洗至中性，再用蒸馏水浸洗、酒精浸泡，最后放在模具中加压，压力视电极的孔率要求而定，加压后的电极经真空干燥后待用。

然而，电沉积法由于消耗电能较多，应用受到限制。

3.2.4.3 锌-空气电池的装配

一次锌-空气电池的类型较多，下面仅以矩形结构的电池为例介绍其装配，图 3-12 是其结构图。图中正极是聚四氟乙烯的空气电极。负极由锌粉压制而成并加入一定量的缓蚀剂，缓蚀剂目前一般仍采取汞齐化。锌负极外包隔膜材料数层，根据不同的使用条件隔膜材料可选用维尼龙纸、石棉纸和水化纤维膜等。电池顶部没有空气室，这样可防止电液液面上涨，还可减少因自放电使电池内部压力增大的问题。两片正极中间放入负极，正极防水透气层均靠外，正负极间的距离为 1~2mm。

电液为相对密度等于 1.33 的 KOH 溶液，由于碱性锌-空气电池反应时不消耗碱，电液用量能够保证导电即可，即刚好使锌负极淹没为宜，电池盖上有小孔以便使自放电产生的气体逸出。电池用塑料框架做外壳，将正负极镶嵌在框中，或将通过注塑固定制成的电池用塑料袋密封，以防止电池在使用前与空气接触，容量降低。

3.2.5 锌-空气电池的电性能

锌-空气电池的开路电压为 1.45V，工作电压为 0.9~1.30V，每月自放电 0.2%~1%，放电温度范围-20~40℃，理论比能量（不计氧）为 1341W·h/kg，实际比能量为理论比能量的 1/4~1/3，是目前使用的电池中比能量最高的。它的质量比能量约是铅酸蓄电池的 10 倍，是各类干电池的 5~8 倍，是锌-银蓄电池的 2~3 倍，各种电池的比能量如图 3-13

所示，从图 3-13 可见，锌-空气电池的实际体积比能量也是最高的。

由于活性物质空气是在电池之外，而且取之不尽，所以，空气电极的容量是无限的，故锌-空气电池的容量主要取决于锌负极。采用催化剂和改进结构的空气电极在放电时极化性能比较稳定，故锌-空气电池的放电曲线比较平稳。图 3-14～图 3-17 分别列出了平板形锌-空气电池的放电曲线以及温度、供气量和不同孔径、孔数外套对放电曲线的影响。

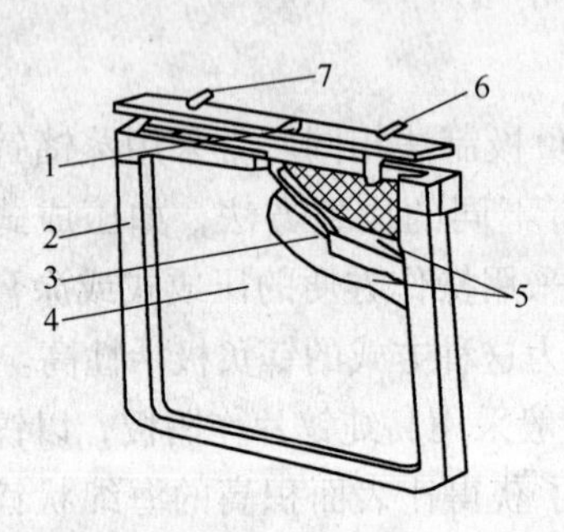

图 3-12 矩形结构的一次锌-空气电池

1—注液孔（透气孔）；2—外壳；3—负极；4—正极；5—隔膜；6—正极导线；7—负极导线

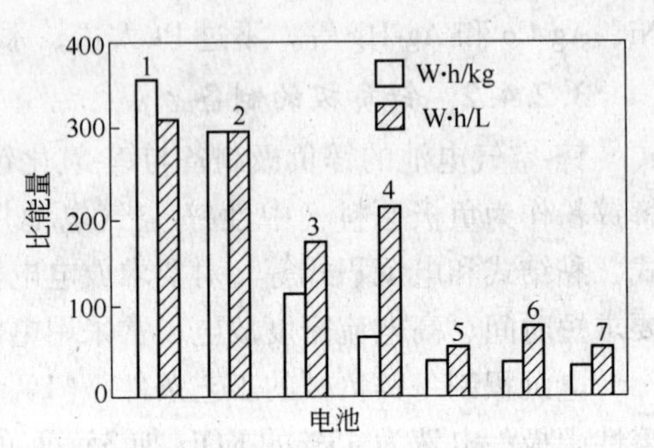

图 3-13 各种电池比能量的比较

1—锌-空气电池；2—燃料电池；3—锌-银电池；4—碱性锌-锰电池；5—锌-锰干电池；6—镉-镍电池；7—铅酸电池

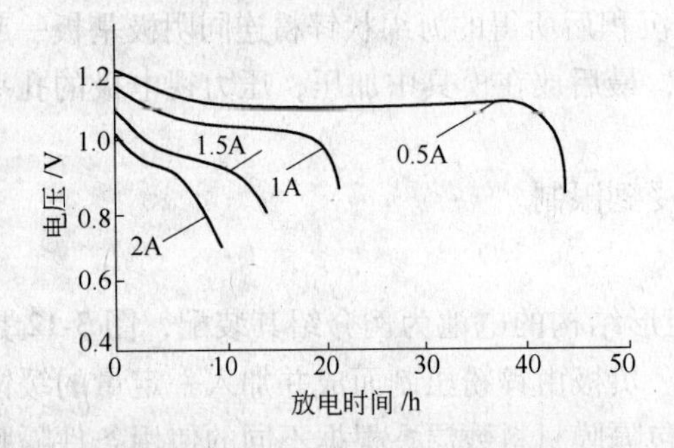

图 3-14 不同放电电流下，平板形双电池式锌-空气电池的放电曲线

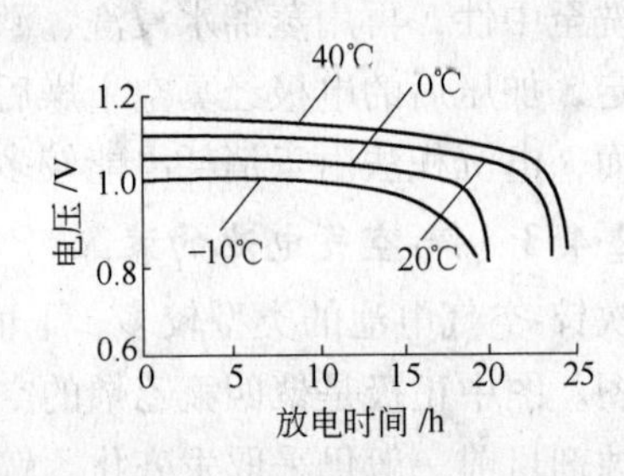

图 3-15 20A · h 锌-空气电池在不同温度下的放电曲线（放电电流为 1A）

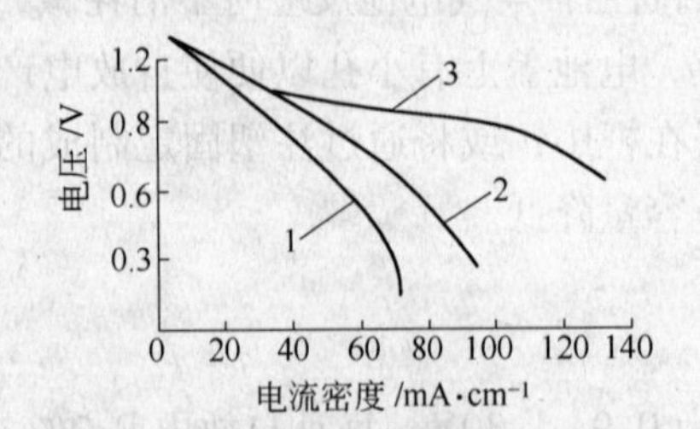

图 3-16 不同供气量时，锌-空气电池的伏安曲线

1—限制供气量；2—供气量过剩；3—强制通风

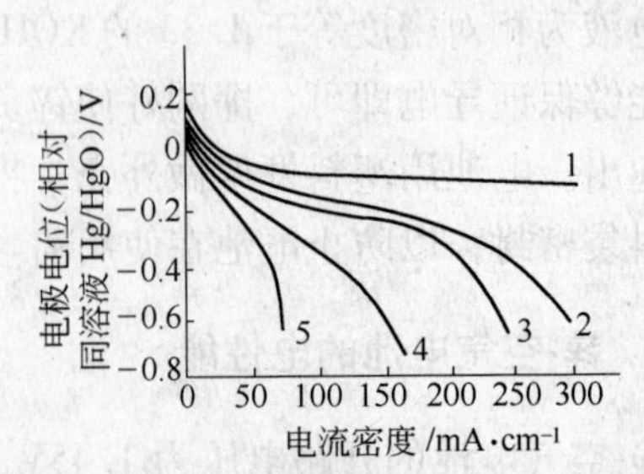

图 3-17 带有不同孔径、孔数外套的空气电极的极化曲线

1—不带外套；2—*d*3，32 孔；3—*d*3，16 孔；4—*d*1，32 孔；5—*d*1，16 孔

3.2.6 锌-空气电池的贮存性能

锌-空气电池在未使用前，电池是用塑料袋密封的，它与空气和水汽隔绝。一旦电池开始使用后，电池的湿贮存性能将明显下降，造成这种现象的原因除正常自放电外，还有下列因素：

（1）空气中氧的进入加速锌的腐蚀。当防水透气层中的氧溶入溶液后扩散到负极将发生下列自放电反应：

$$Zn-2e^{-}+2OH^{-}\longrightarrow ZnO+H_2O \tag{3-14}$$

$$\frac{1}{2}O_2+2e^{-}+H_2O\longrightarrow 2OH^{-} \tag{3-15}$$

自放电总反应为：

$$Zn+\frac{1}{2}O_2\longrightarrow ZnO \tag{3-16}$$

（2）湿度的影响。湿度对锌-空气电池的影响主要体现在水蒸气在电池与环境之间的转移上，这是影响使用寿命的重要因素。当气候干燥时，空气相对湿度较低，而电池中水蒸气较高，当空气中水分低于60%时，将引起电池水分的损失，水分过分减少会增大电液的浓度，造成维持正常放电的水量不足，最后使电池失效。当气候潮湿，空气相对含水量较高，当湿度大于60%时，电池中水分增加，使电液浓度降低，导电能力减小，同时水分增大又可能使空气电极的催化层被淹没，降低电化学活性，也使电池失效。对于特殊工作条件的电池，在设计时应考虑水分转移的补偿问题。

（3）碳酸盐化的影响。由于空气中含有0.04%的CO_2，它们与电池中的碱液接触时，将按下式生成$KHCO_3$和K_2CO_3，使碱液碳酸盐化。

$$CO_2+KOH\longrightarrow KHCO_3 \tag{3-17}$$

$$CO_2+2KOH\longrightarrow K_2CO_3+H_2O \tag{3-18}$$

被碳酸盐化的碱液液面，水蒸气的分压增大，水的蒸发加快，当环境温度较低时，碳酸盐可能在多孔催化层与防水透气层之间结晶，破坏电极结构，使电极寿命提前结束。此外锌-空气电池与锌-银电池一样也存在着“冒汗”问题，同样影响到电池贮存性能和使用寿命。

3.2.7 二次锌-空气电池

靠充电的方式实现活性物质的恢复，对锌-空气电池而言需要考虑三个问题。一是充电时正极碳上将有氧生成，由于生成的新生氧活性高，可能会使碳电极发生氧化，同时与锌接触使锌发生氧化；二是充电时正极的电极电位较正，可能使正极中催化剂发生阳极溶解，使电极的结构受到破坏；三是充电时锌负极会出现锌枝晶及变形下沉等与二次锌-银电池相同的问题，因此，靠常规充电办法实现可充是困难的。

要实现锌-空气电池的可充，关键是充电方法既要使活性物质再生，又不要使电极的结构发生破坏。人们在研究中提出很多办法，如采用第三电极、混合电极、机械再充及循环活性物质等，其中机械再充及循环活性物质的方法较好，下面简要介绍这两种方法。

（1）机械再充。机械再充实际上是采用更换锌电极的办法。当电池使用完后，将备用的锌电极换上，这种办法在实际中已经使用，它适于野外工作用电的场合。为使更换锌负极简便，将制成的锌负极放到36%的KOH溶液中浸泡，然后干燥，在极板微孔中留下固体的KOH，均匀分布在电极中。KOH能加强电极的强度，易于机械更换，还有利于电池的活化，需要活化时把水加入电池中，无需再加电液。

这种电池的缺点是需要带足备用的锌负极及水或电液，对更换下来的锌负极需要回收处理，一般这种电池可再充50~100次。

（2）循环活性物质。这种办法是将锌粉与电液按一定的比例搅拌成浆液，用泵将其通入电池内部，反应所生成的氧化锌随浆液流动到电池外部再还原，经处理后再送入电池，图3-18为循环法锌-空气电池流程图。

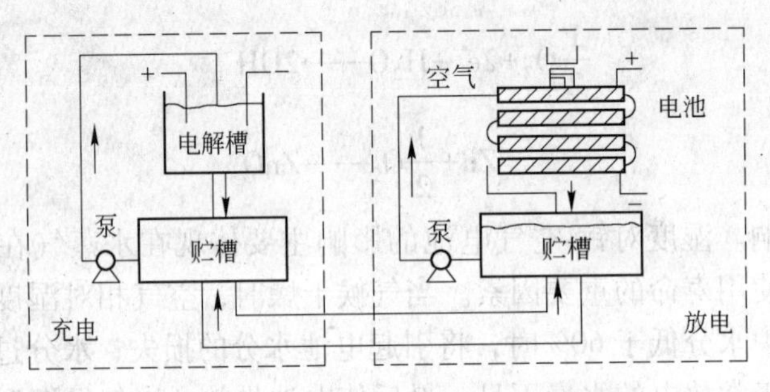

图3-18　循环法锌-空气电池流程图

图中锌-空气电池为管状结构，外层为聚四氟乙烯空气电极，采用石棉隔膜。电池工作时，将浆液高速输入管中，锌粉颗粒与导电网接触时进行反应，生成ZnO随浆液流到电池外部的电解槽，电解还原后再输入电池循环使用。

此法的优点是可避开空气电极在光电时的氧化及锌的枝晶等问题。采用这种流动电液还有利于减轻锌负极的极化，提高电流密度。由于充电在电池外部进行，因此可实现快速还原，这种电池被推荐作电动车用电源。该电池的实际比能量可达150W · h/kg左右。

尽管实现锌-空气电池直接充电难度很大，但仍有少量研究者在研究。主要思路是想寻找一种电极材料来代替碳电极，材料本身既对氧的氧化还原反应有催化作用，又能防止充电时电极材料的氧化，最有希望成为这种材料的是含有过渡元素的复合物。对于锌负极的枝晶问题，可以通过选用新的隔膜材料来解决，要求其具有耐碱、抗氢化、能阻止枝晶穿透等性能，可以考虑采用复合隔膜，如丙烯酸接枝聚乙烯膜和无机隔膜等。同时还要控制充电电压，防止过充电，因为过充电时负极有氢气生成，正极有氧气生成，如果氢气、氧气组成的混合气体达到爆炸极限范围，又遇到明火有可能发生爆炸。总之，要想实现锌-空气电池直接充电，还有大量的工作要做。

3.3　锌-氧电池

采用纯氧代替空气中的氧所构成的锌-氧电池，具有比能量大、极化小、能高速率放电等优点，还可克服锌-空气电池由于不能密封所带来的电解液碳酸化、贮存性能较差以及碱液上爬、干涸等缺点。

锌-氧电池主要在航天和海下作动力电池。锌-氧电池是密封的，作为一次电池它需要供氧系统。氧贮存在高压容器中，约占电池质量的10%~15%。如果不计算氧容器的质量，其输出比能量是锌-银电池的2倍多；若考虑氧容器的质量，其输出比能量是锌-银电池的一倍半。

锌-氧电池的正极是采用聚四氟乙烯憎水电极，为了降低极化可采用高效的催化剂，如Pt、Pd催化剂或Ag·Hg复合催化剂。负极可采用高活性的电沉积锌电极，锌-氧电池的比能量实际可达到300~500W·h/kg，是目前电池中实际比能量最高的。

锌-氧电池在放电时，由于内阻所产生的焦耳热可以使电液的温度升高，特别是在大电流放电时，快速的升温有时可使电解液沸腾。温度升高虽然可以减轻极化、提高电池的工作电压，但是会造成电液的大量蒸发，影响电池的正常工作，因此，对于高速率放电的锌-氧电池必须考虑电池的散热问题，可以加入散热片或水冷系统。对于激活式锌-氧电池还必须考虑激活系统。

3.4 镁-空气电池

3.4.1 概况及反应

前已述及，任何电极电位较负的金属与空气电极相配对都可以构成相应的金属-空气电池。镁的电极电位较负、电化学当量较小，用它与空气电极配对可以组成镁-空气电池。在这里主要是讲镁电极的电化学性能，用它与其他正极相配对还可组成一系列的镁电池。

镁的电化学当量为0.454g/(A·h)，在碱性溶液中的$\phi^0=-2.69V$。镁-空气电池的理论比能量为3910W·h/kg，是锌-空气电池的3倍。镁-空气电池的负极是镁，正极为空气中的氧，电解质是KOH溶液，也可以用中性的电解质溶液。

碱性溶液的镁-空气电池放电时反应如下：

负极 $$Mg-2e^-+2OH^-\longrightarrow Mg(OH)_2 \tag{3-19}$$

正极 $$\frac{1}{2}O_2+2e^-+2H_2O\longrightarrow 2OH^- \tag{3-20}$$

电池反应 $$Mg+H_2O+\frac{1}{2}O_2\longrightarrow Mg(OH)_2 \tag{3-21}$$

电池的电动势

$$E=\phi_+^{\ominus}-\phi_-^{\ominus}=+0.401-(-2.690)=3.091V$$

由于镁的电化学当量很小，电池电动势很高，故其理论比能量很高，但在碱性介质中易钝化，其实际比能量比理论值低很多。

3.4.2 镁电极的电极电位与钝化

在碱液中镁电极的电极电位$\phi^0=-2.690V$，但实际所测值却要正得多，表3-4列出了不同介质中镁、铝、锌三种电极的电极电位值。

由表3-4可见，镁电极与铝电极一样，无论在什么介质中，其实际所测电位都要比对应的ϕ^0值正很多，而锌电极则相差不大。

造成镁电极和铝电极的电极电位偏差大的主要原因有两点：一是电极的表面板钝化；二是在介质中发生了腐蚀。而钝化和腐蚀哪个是主要因素需实验证实，如果是电极钝化生成钝化膜引起的，可通过 SiC 擦去电极表面的钝化膜层，若此时电极的电位变负则是由钝化引起的，否则是腐蚀引起的，实验结果列于表 3-5 中。

表 3-4 不同介质中镁、铝、锌的电极电位

电极	ϕ^0/V		实测电极电位（相对于标准氢电极）/V							
	酸性	碱性	酸性介质		中性介质			碱性介质		
			HCl	HNO_3	NaCl	Na_2SO_4	$Na_2Cr_2O_4$	NaOH	NH_4OH	饱和 $Ca(OH)_2$
镁	-2.363	-2.690	-1.34	-1.15	-1.38	-1.41	-0.62	-1.13	-1.09	-0.61
铝	-1.663	-2.229	-0.46	-0.15	-0.52	-0.16	-0.37	-1.16	-0.46	-1.20
锌	-0.763	-1.245	-0.80	-0.72	-0.72	-0.85	-0.33	-1.17	-1.16	-1.06

注：电液浓度除已标浓度外，其余均为 1mol/L。

表 3-5 用 SiC 摩擦电极后实测电极电位值 （V）

电极	酸性介质 0.1mol/L HNO_3		酸性介质 0.1mol/L HCl		中性介质 3% NaCl		碱性介质 0.1mol/L NaOH	
	不摩擦	摩擦	不摩擦	摩擦	不摩擦	摩擦	不摩擦	摩擦
镁	-1.270	-1.220	-1.622	-1.596	-1.418	-1.500	-1.086	-1.484
铝	-0.320	-0.804	-0.493	-0.916	-0.577	-1.221	-1.403	-1.386
锌	-0.688	-0.643	-0.769	-0.752	-0.772	-0.818	-1.126	-1.123

由表 3-5 可见，镁电极在酸性及中性介质中，电极摩擦前后电极电位变化不大，说明主要是腐蚀造成电极电位变正。镁在碱性介质中摩擦电极表面后电极电位变负很多，说明碱液中造成镁电极电位变正的是钝化作用。对铝电极而言，在中性及酸性介质中其电极电位变正主要是由于钝化，而在碱性介质中则是由于腐蚀。镁电极在碱性及中性介质中发生钝化是因为在表面生成了不溶性的致密的 $Mg(OH)_2$ 膜，这是电极电位变正的主要原因，同时镁在上述介质中也存在一定的腐蚀。由于钝化作用使镁电极的实际电位比 ϕ^0 正很多，因此，镁电极电位较负的优点就不能在实际使用中显现出来。

3.4.3 镁电极的滞后现象

当镁电极放电时，由于电极表面存在 $Mg(OH)_2$ 膜，致使镁电极在开始放电后的一个极短的时间内，不能发生正常的阳极溶解。放电时负极移出的电子是由双电层提供的，因此，造成镁电极的电极电位急剧变正，电池放电时这种影响如图 3-19 所示。

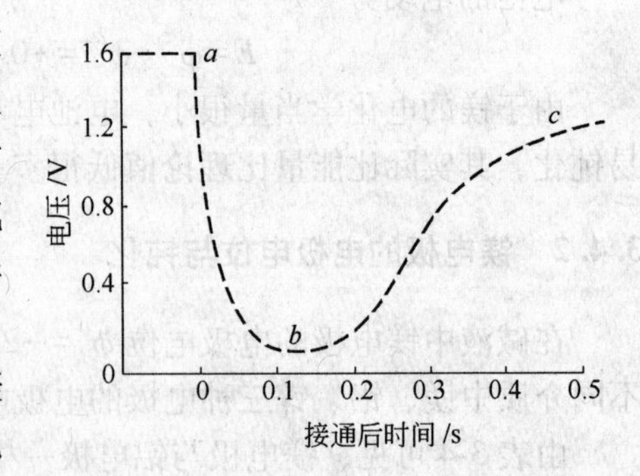

图 3-19 电池放电时滞后作用的影响

图中的 ab 段表示了这种钝化膜的影响，当镁电极的电位正到一定值后，钝化膜被破坏，镁电极发生正常阳极溶解，此时所提供的电子一部分移出负极，另一部分补充到双电层，使镁的电极电位迅速变负，电池的放电电压上升，如图中 bc 段所示。我们称这种由钝化膜引起的、电池放电初期电压先下降而后上升的现象为电池的电压滞后现象。开始放电到电压恢复的时间称为滞后时间，这个滞后时间一般为零点几秒到几秒，其时间长短由钝化膜的厚度而定，钝化膜越厚，滞后时间越长，同时还与温度有关，温度越低，滞后时间也越长。

镁电极的滞后现象，使某些特殊场合镁电池的应用受到一定的限制。

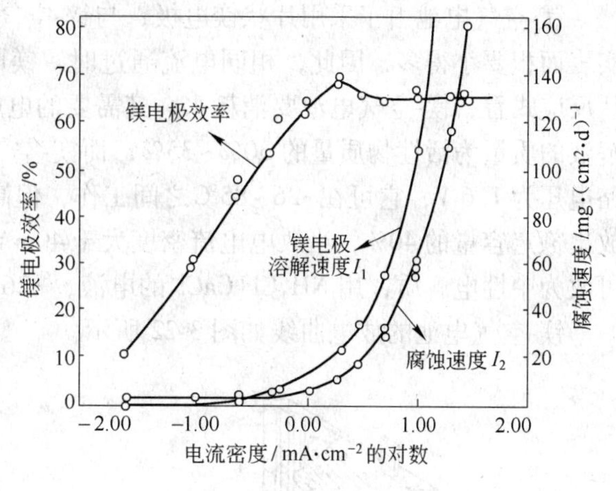

图 3-20 镁电极腐蚀示意图

3.4.4 镁电极的电流效率

镁电极在放电时，一方面发生阳极溶解向空气电极输入电子，对外做功；另一方面发生电极的自溶解，形成腐蚀，这种情况如图 3-20 所示。

镁-空气电池的反应为：

$$Mg+H_2O+\frac{1}{2}O_2 \longrightarrow Mg(OH)_2$$

镁电极的腐蚀反应为：

$$Mg+H_2O \longrightarrow Mg(OH)_2+H_2\uparrow \tag{3-22}$$

与式（3-22）对应的微电极过程是：

微阳极 $Mg-2e^-+2OH^- \longrightarrow Mg(OH)_2$

微阴极 $\frac{1}{2}O_2+2e^-+H_2O \longrightarrow 2OH^-$

显然，当电池放电时，镁负极溶解产生的总电流为 I，它应该是由两部分电流所组成，一部分是镁的阳极溶解形成的电流 I_1，这是可利用来做功的电流，另一部分是镁自溶解形成的腐蚀电流 I_2，这是不可利用的电流，即：

$$I=I_1+I_2$$

由于镁电极腐蚀反应的存在，其实际电流效率一般在60%~80%之间。

3.4.5 镁-空气电池的结构与电性能

镁-空气电池一般为矩形结构，如图 3-21 所示，空气电极在电池的两侧，中间为镁电极，正负极之间为隔离层，电解质一般为 KOH 溶液。

空气电极既可以采用 PTFE 的空气电极，也可以采用 PE 的空气电极。

镁电极一般是采用镁的合金，常用的是 AZ 型的 Mg-Al-Zn 合金，有时还加入少量的其他元素如锰等。AZ 型 61 的镁合金适于高倍率放电，AZ-10A 和 AZ-21 的镁合金都有短暂的滞后时间。

在 AZ 型镁合金中加 Al 可以减少腐蚀反应，但同时又会增加滞后效应，Zn 的加入可以削弱 Al 的滞后作用，同时又使 Al 在晶间聚集减小，使腐蚀均匀。Al 加入使腐蚀减少是因为 AZ 合金中加入少量（0.15%~0.2%）的锰可以和 Al 生成 MnAl6，使 Fe 杂质溶于

MnAl6之中而除去。

镁-空气电池由于采用片状镁电极，与锌-空气电池中采用多孔粉状Zn电极相比，其真实表面积要小得多，因此，相同电流通过时，镁电极的电流密度大，极化较严重。同时，从反应式看，镁-空气电池要消耗水，其需要的电解液量比锌-空气电池多，锌-空气电池电解液的质量为活性物质量的30%~35%，而镁-空气电池则为80%~85%。镁-空气电池的开路电压为1.6 V，它可在−26~85℃之间工作，但高温放电时腐蚀反应严重，如52℃时只能放出额定容量的40%，当放电电流密度大于40mA/cm^{2}时，电液需要冷却。在低温工作时，可改为中性电解质，用$NH_4Cl+CaCl_2$的电液，−26℃时可放出它室温时放出容量的33%。

镁-空气电池的放电曲线如图3-22所示。

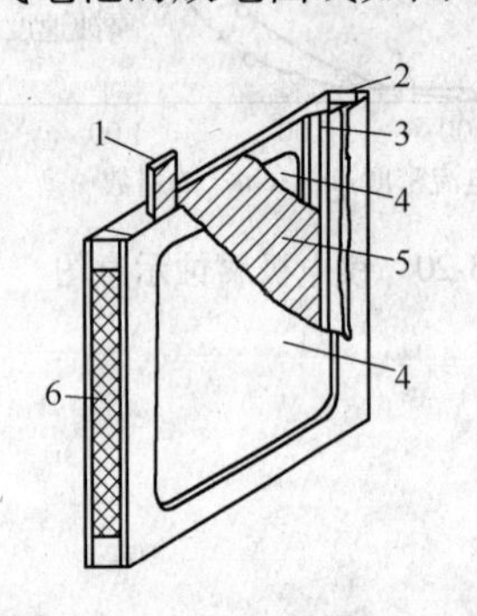

图3-21 镁-空气电池结构示意图
1—负极端；2—框架；3—镁电极支架；
4—空气电极；5—镁电极；6—正极端

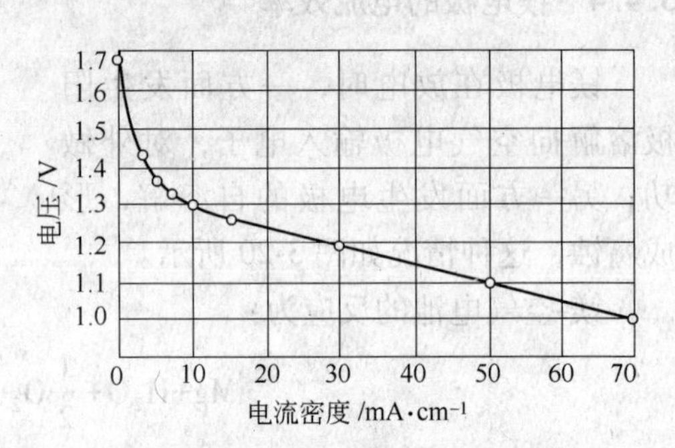

图3-22 镁-空气电池电压与放电电流密度的关系曲线

复习思考题

3-1 锌-空气电池以及镁-空气电池的反应原理是什么?

3-2 为什么要使用气体扩散电极?

4 锌银电池

4.1 概 述

4.1.1 锌银电池的发展

迄今为止，锌银电池已经经历了100多年的发展，锌银电池理论能量密度为300W·h/kg，1400W·h/dm^3，实际能量密度40~110W·h/kg，116~320W·h/dm^3，是能量最高的水溶液电池。1883年，克拉克（Clarke）在理论上描述了第一只完整的碱性锌氧化银电池。1887年Dun等人发明了第一只完整的锌氧化银电池。第一个成功的锌氧化银电池系统是1941年由法国亨利·安德烈（Henri Andre）教授发明，他在《锌银蓄电池》论文中描述了他的早期工作，并于1943年获得美国专利。锌银电池问世60年后，一次锌银电池和二次锌银电池在商业、宇航、潜艇、核武器等领域得到了广泛应用，其可靠性高和安全性好的突出优点是其他电化学体系难以比拟的。一些发达国家，如美国、英国、法国、日本、德国、加拿大、意大利、俄罗斯等，以及部分发展中国家都在研制和生产锌银电池。我国目前主要有六个厂、所可以进行锌银电池的研制、设计和生产。锌银电池是比特性和电压输出平稳最优良的电池体系。目前锌银电池的研究方向是进一步改良锌银电池的比特性、双极性设计以及提高活性物质放电密度。

4.1.2 锌银电池的分类

图4-1给出了锌银电池的分类。锌银电池按工作性质可分为三类，第一类是原电池（或一次电池），第二类是蓄电池（或二次电池），第三类是贮备电池（或激活电池）。锌银电池按电池结构和特性分类可以分为两大类六种电池，第一类是非荷电态（或干放式），第二类是荷电态电池。第一类电池是人工激活蓄电池，电池在使用前需要经过1~3次充放电循环才能正常工作。第二类电池又分为干式和湿式两种方式，干式是指人工激活一次或二次电池、自动激活电池，湿式是指原电池、扣式电池、一次二次电池或全密封电池。干式的主要特点是使用前电池不能输出电能，需要一个激活的过程；湿式的主要特点是电池在使用前已经具备输出电能的能力，只要接上用电装置就可以使用。无论干式还是湿式，这类电池在使用前不需要充电。锌银电池按放电倍率分类可以分为五类。第一类是低倍

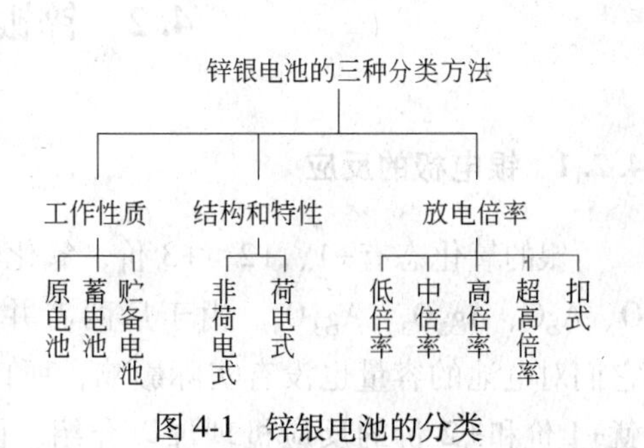

图4-1 锌银电池的分类

率电池，放电率小于0.5C；第二类是中倍率电池，放电率为0.5~3.5C；第三类是高倍率电池，放电率为3.5~7C；第四类是超高倍率电池，放电率大于7C；第五类是扣式电池，放电电流最大不超过1mA。锌银电池的分类并不是相互独立的，而是相互联系。锌银电池体系本身是电化学反应可逆性较高的电池，因此锌银电池可以反复使用。实际上，锌银电池的广泛应用并不是因为它的可逆性特点，而是因为它的比特性高。由于使用贵金属银、循环寿命等因素，导致锌银电池主要在军事领域和个别对比特性要求较高的领域使用。

锌银电池有以下主要的应用：(1) 高倍率型电池：这类电池具有优越的大电流放电性能，可用作各类导弹运载火箭的控制系统、伺服机构、发动机等设备的主电源，也可用作靶机、各种飞机的启动及应急电源。(2) 中倍率型电池：锌银蓄电池的工作电压非常平稳，在中、低倍率下工作时更为显著，在导弹和火箭的遥测系统、外测系统、安全自毁系统及仪器舱中，这类电池得到广泛使用。(3) 低倍率型电池：低倍率型电池不仅电压平稳，且性能可靠、适用于电压稳定度要求很高的弹上或箭上仪器，密封式的锌银蓄电池还可用作使用寿命为几天到十几天的返回式卫星主电源。(4) 新闻摄影电池：锌银蓄电池由于其性能稳定、体积小、质量轻、使用维护简单等优点而被各电影制片厂、中央及地方电视台用作新闻摄影、电视摄像及灯光照明电源。

4.1.3 锌银电池的优缺点

锌银电池具有以下优点：(1) 具有很高的比能量；(2) 具有很高的放电效率；(3) 具有适中的充电效率；(4) 具有较平稳的放电电压；(5) 具有较小的自放电速率；(6) 具有较长的干态贮存寿命；(7) 具有较好的力学性能。

同时，锌银电池也有明显的不足，其缺点如下：(1) 成本很高；(2) 寿命较短；(3) 低温性能较差；(4) 不耐过充电。

4.2 锌银电池的反应原理

4.2.1 银电极的反应

银的氧化态有+1、+2、+3 价，氧化物有 Ag_2O、AgO、Ag_2O_3、Ag_3O_4。由于后两者并不多见，它们对电池的容量也没有实际影响，所以下面仅就+1 价和+2 价的反应机理加以介绍。图 4-2 为 Zn-Ag 电池的工作原理图。

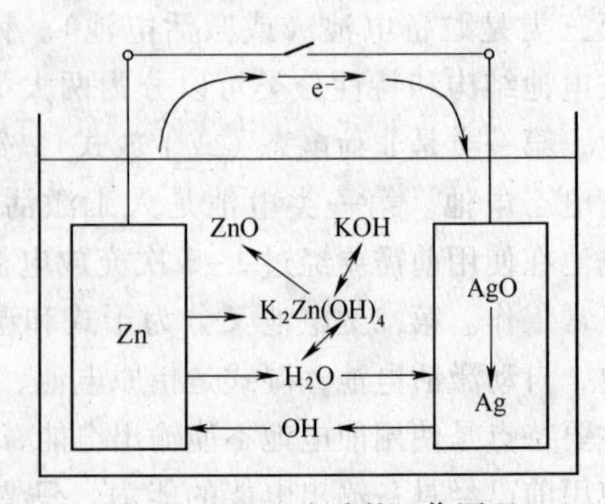

图 4-2 Zn-Ag 电池的工作原理

二价银的氧化物电极反应如下：

$$Ag_2O_2+2H_2O+4e^- \underset{充电}{\overset{放电}{\rightleftharpoons}} 2Ag+4OH^-$$

实际上二价银是通过一价银进行反应，上述反应一般写成如下两步：

$$2AgO+H_2O+2e^- \underset{充电}{\overset{放电}{\rightleftharpoons}} Ag_2O+2OH^-$$

$$Ag_2O+H_2O+2e^- \underset{充电}{\overset{放电}{\rightleftharpoons}} 2Ag+2OH^- \qquad (4\text{-}1)$$

从理论上讲，在锌银电池的充放电曲线上，与上面两步反应相对应的坪阶电压的长度应该是相等的，但实际上与反应式（4-1）相对应的坪阶电压的长度较短，而且在高速率放电的情况下可能完全消失。

上述的电极反应可能受如下两个因素的影响，一是 Ag_2O 的电阻比 AgO 的电阻大；二是反应生成物 Ag 还可和尚未反应的 AgO 直接发生反应：

$$Ag+AgO \longrightarrow Ag_2O$$

所以银极片中的银颗粒上以及导电骨架上，均可能被一层经上述反应生成的 Ag_2O 覆盖住，而使 AgO 及银颗粒与导电骨架不能直接接触，因而增大了内阻。

4.2.2 锌电极的反应

一般认为锌电极的放电过程由三个主要步骤组成，首先是锌被氧化生成固态的 ZnO 或 $Zn(OH)_2$，反应式为：

$$Zn+OH^- \longrightarrow ZnO+H_2O+2e^- \quad 或 \quad Zn+2OH^- \longrightarrow Zn(OH)_2+2e^-$$

然后，上述固态化合物溶解，生成锌酸根离子，反应式为：

$$ZnO+2OH^-+H_2O \longrightarrow Zn(OH)_4^{2-} \quad 或 \quad Zn(OH)_2+2OH^- \longrightarrow Zn(OH)_4^{2-}$$

最后，在电池中的某些部位，电解液已不能溶解生成的锌的氧化物，这些氧化物可能在电极表面形成钝化膜，阻碍放电反应的继续进行。

锌电极在充电时，先是锌酸盐离子离解成氢氧化锌：

$$Zn(OH)_4^{2-} \longrightarrow Zn(OH)_2+2OH^-$$

而后发生反应：

$$Zn(OH)_4^{2-}+2e^- \longrightarrow Zn+2OH^-$$

该反应是造成锌枝晶的主要原因。

4.2.3 电池总反应

电池总反应可写成如下形式：

$$AgO+Zn+H_2O \underset{充电}{\overset{放电}{\rightleftharpoons}} Zn(OH)_2+Ag$$

在锌银电池中，银电极的充放电过程可分成两个独立的步骤，同样，锌银电池的充放电过程也可分成两个独立的步骤，相应的在其充放电曲线上表现为两个不同高度的坪阶，较高的电压坪阶所对应的反应是：

$$2AgO+Zn+H_2O \underset{充电}{\overset{放电}{\rightleftharpoons}} Zn(OH)_2+Ag_2O$$

在较低的电压坪阶上，锌氧化银电池所发生的反应是：

$$Ag_2O+Zn+H_2O \underset{充电}{\overset{放电}{\rightleftharpoons}} Zn(OH)_2+2Ag$$

在上述两个反应中，锌的放电产物之所以写成 $Zn(OH)_2$，是因为 $Zn(OH)_2$ 在室温下是稳定的，而 ZnO 只有在高温下才是稳定的。

对应于不同的坪阶电压，锌也有不同的放电产物，而且放电产物不同，与此相对应的坪阶电压也略有差异。锌的放电产物有三种形式，即 ZnO、$Zn(OH)_2$和 ε-$Zn(OH)_2$。在标准状态下，这三种物质相对于两种银的氧化物的坪阶电压如表 4-1。

表 4-1 标准状态下，Zn-AgO 电池坪阶电压的变化

Zn^{2+} / 坪阶	Zn-$Zn(OH)_2$	Zn-$\varepsilon Zn(OH)_2$	Zn-ZnO
Ag_2O-Ag	1. 566V	1. 594V（-0. 337mV/K）	1. 605V（-0. 177mV/K）
AgO-Ag_2O	1. 828V	0. 856V（-0. 116mV/K）	1. 867V（+0. 044mV/K）

实验证明，电解液浓度变化，不仅影响锌银电池的开路电压，而且还严重影响它的放电电压，如用40% KOH 溶液作电解液，以 3 小时率（在 3h 内将电放完）放电，其中点电压比用 35% KOH 的电解液的中点电压平均低 0. 03V。若用 45% KOH 溶液作电解液，其中点电压将比用 35%的 KOH 电解液的中点电压降低 0. 06~0. 07V。

4.3 锌银电池的制造工艺

4.3.1 锌电极

由于平板锌易于钝化，一般不用它做蓄电池的电极，制备锌电极的原料一般是金属锌粉或氧化锌粉，也可用两者的混合物。用粉状物质制成的锌电极，具有巨大的表面积，其真实电流密度比平板锌电极上的电流密度小得多。据文献介绍，孔率为 50%左右的电极，即使在较高的表观电流密度下也不会发生钝化。为提高锌电极上的氢过电位，减少氢气的析出，通常在活性物质中加入一定量的氧化汞（一般占全部混合物的百分之几），在锌的表面形成锌汞齐。

锌电极的制造方法一般有三种：粉压法、涂膏法和电沉积法。由于使用要求的不同，各生产厂家还拟制了许多不同的工艺流程。

（1）涂膏法。国内用得较多的是涂膏法，其大致过程为：把质量比为 70%~85%的氧化锌粉（试剂级的白色粉末，其平均粒度为 0. 11μm，其表面积约为 $10m^2/g$）和质量比为 15%~30%的细金属锌粉均匀混合后作为活性物质，并加入一定量的氧化汞（以试剂级的红色氧化汞为宜）。例如，在小电流放电长时间使用的锌银蓄电池中，可加入 1%~3%的氧化汞。为了做成便于涂敷的氧化锌膏状物，可在粉状混合物中加入适量的聚乙烯醇水溶液，混合均匀后立即在有机玻璃制的模具中进行涂敷，先在有机玻璃模具上放一层耐碱棉纸，在其上涂一部分氧化锌膏，然后放入一环形细银丝网（或细铜丝网）做成的导电骨架，该导电骨架也可用银箔冲制而成的切拉式导电网。放入导电骨架后，再把其余的氧化锌膏涂在骨架上面，并用专用刮刀反复涂敷，直至表面平整为止，最后用耐碱棉纸把极板的四周密封起来。虽然锌银电池中一般设计成负极活性物质多于正极活性物质，但氧化锌膏的用量仍应按照设计要求严格控制。涂好后的氧化锌极板，应先在有机玻璃模具中稍加压紧，然后立即从模具中取出，放在室温下晾干，晾干的极板再放入适当的压模中进一步压实（一次可同时放入数片极板，每两片极板之间应放入一层干燥的布织物把极板分开）。压实极板的压强为49MPa(500kg/cm^2) 左右。压实操作一方面把水分挤出，另外也把活性物质压紧，最后，把压实的极板放入50~70℃的烘箱中烘干，在烘干过程中，氧化锌膏中所含的聚乙烯醇可把极板黏结牢固，而且不堵塞微孔。经干燥的极板，包上2~3层水化纤维素或玻璃纸后与锌电极一起组装成电池。水化纤维素膜在使用前应把甘油除去。

（2）粉压法。粉压法是把氧化锌粉、黏结剂和添加剂等的混合物直接压在金属骨架上，在专门设计的压模里进行加压成型。加压时注意，不能把骨架上的引出线损坏，未经化成的粉压电极，其强度较差，可用隔膜把粉压电极包封住以增加其强度。

（3）电沉积法。电沉积法制造的电极强度较好，孔率较大（55%~65%），并可制造较薄的电极（0.25mm左右），具有大量的活性表面，适于大电流密度放电，这对于导弹用自动激活式锌银电池是合适的。

其制造过程如下：先在专用的电镀槽内将锌镀到准备好的金属骨架上，再把制得的锌电极高温干燥、辊压，制成厚度和密度符合要求的电极。制造电沉积锌电极所需的基本设备有电镀槽、固定网架、辅助电极的固定框架、适用的电源设备和压机等。电镀槽、网架、框架等均用有机玻璃制成，它们的大小由极板尺寸决定，因为每只镀槽中，一般一次只镀一片电极，所以往往将镀件设计得大一些，这样可以在镀成的电沉积锌电极上冲切几片单个电极。电镀槽用的阴极是按一定尺寸从一定的切拉镍网上冲切成的银网片，并在该片上点焊一根银箔导电片，然后把银网片固定在阴极用网架中，即制成所要求的阴极。电镀槽的阳极由市售镍网按一定尺寸裁剪成镍网片，并把它固定在辅助电极的框架中（该框架与阴极框架相同），即制成所要求的阳极。电镀液由25%的氢氧化钾溶液和氧化锌组成，在每升氢氧化钾水溶液中加氧化锌（35.0±0.5）g。电沉积时的电流密度按电极面积计应控制在120~160mA/cm^{2}的范围内。电镀槽的温度应控制在24~35℃范围内。

在一个电镀槽内，装入一片银网框架和两片镍网框架，银网框架在镍网框架的中间，并保持一定距离。银网的顶部应比液面低2.5cm。同时，银网的四周不得超出镍网。固定好框架后，将镍网和银网的导电片分别同电源的负端和正端连接起来，并接通电源。电沉积锌的质量由串联在线路中的安时计控制，电流强度按电极面积计算，在电流密度为120~160mA/cm^{2}的范围内，按每通入1A·h的电量可沉积1.22g锌计算银网上沉积的锌量，达到设计要求的锌量时断开电源，取出银网框架，并把它浸入准备好的去离子水中，反复洗涤，直至洗液的pH值为7为止，再用刮刀将导电片上多余的锌刮掉，即从框架上取出镀好的电极片，再把它放入压机中加压至要求的厚度，转入50~55℃的烘箱中约烘25min后取出，保存在温度为15~30℃、相对湿度不超过10%的贮藏室中。

4.3.2 银电极

20世纪50年代中期，各种烧结工艺开始使用，从而使制造薄而坚固的极板成为可能。烧结式银电极的制备方法可分成三种：烧结式氧化银电极、烧结式银粉电极、烧结式树脂黏结银电极。

（1）烧结式氧化银电极的制造。把Ag_2O粉和水一起（Ag_2O占质量的70%~80%）放在混合器中混合均匀，为了控制混合后的糊状物稠度，可在糊状物中加入适量的羧甲基纤维素。用刮片将混合均匀的糊状物涂敷在银网骨架上，涂好后先在70~85℃的温度下干燥，而后放在400~600℃的马弗炉中进行热分解，使 Ag_2O 还原成金属银，极板烧结后再进行加压，然后在5%的稀氢氧化钾溶液中化成，即制得所需要的电极。

（2）烧结式银粉电极的制造。按要求称取一定量的细银粉，倒入专用的模具中，同时放入适当的导电骨架，再用刮刀把银粉铺平，放入压机中进行加压，压强为49MPa（500kg/cm^2），加压后的极片已具有一定的强度，但还应该放在银制薄板上，在450~500℃的马弗炉中烧结15min，冷却后即可使用。

制造银电极用的银粉，要求活性好，视密度小（1.2~2.4g/cm^3），其杂质含量和银粉的颗粒度也均有一定的要求，所以银粉的制造方法有专门的规定。

目前，国内外常用的制造方法为热还原法，该法用纯硝酸银配制成35%左右的 $AgNO_3$ 水溶液，在不断搅拌的情况下，以一定的速度把硝酸银溶液滴加到密度为1.3g/cm^{3}的氢氧化钾溶液中，并使碱稍过量。为了防止此溶液形成胶体溶液，应在KOH溶液中先加入0.2%的KCl，此时发生下列沉淀反应：

$$2AgNO_3+2KOH \longrightarrow Ag_2O\downarrow+2KNO_3+H_2O \qquad (4\text{-}2)$$

放置一段时间后，过滤，用去离子水洗涤生成的 Ag_2O 沉淀，除去 NO_3^- 和 OH^-。再把洗净的沉淀放入80℃左右的烘箱中干燥，经研磨并过筛（40目），然后进行热分解。

为了加速 Ag_2O 的热分解反应以及防止制得的银粉结块，应在 Ag_2O 粉中放入少量KOH溶液，混合均匀后重新过筛，把筛下的 Ag_2O 粉平铺在银制盘中，再放入马弗炉中，在温度为480℃左右的环境中使 Ag_2O 发生热分解，其反应如下：

$$2Ag_2O \longrightarrow 4Ag+O_2$$

制得的银粉再经研磨和过筛（50日）。

（3）烧结式树脂黏结银电极的制备。把合适的银粉和塑料（如细的聚乙烯粉）混合均匀，必要时可加入一定量的成孔剂，用滚压法或挤压法把上述混合物压成一定厚度的银极片，再用加热方法除去银极片中的塑料，同时把银粉烧结成符合强度要求的电极。在烧结时，金属接触的部位金属间相互扩散，不仅改善了颗粒之间的接触，还使电极强度增加，密度也稍增大，所用的粉末越细，适宜的烧结温度越低。分散度一定时，温度增加到600~700℃会大大加速烧结过程，若采用较低的烧结温度，则需延长烧结时间。对制造银电极的 Ag_2O 和银粉在化学成分、物理性质、制造厂商等方面均有严格的要求，其技术条件见表4-2和表4-3。

表4-2　Ag_2O 制备的技术条件

化学成分（质量分数）/%	Ag_2O	≥99.6	≥99.7
	水分（或在110℃干燥后的损失量）	≤0.1	≤0.25
	Cu	≤0.003	≤0.002
	Fe	≤0.003	≤0.002
	Pb		≤0.001
	Na		≤0.001
	重金属		≤0.003
	Cl^-	≤0.001	
	NO_3^-	≤0.05	
	水溶性物质	≤0.15	

续表 4-2

物理性质	视密度/g · cm^{-3}	0.40~0.67	
	堆积密度/g · cm^{-3}	1.4~1.8	0.80~1.1
	网孔分析-325 目	99%~100%	100%（基本上）
	颜　色	棕黑色	棕黑色

表 4-3　银粉技术条件

化学成分（质量分数）/%	Ag		≥99.9	≥99.9	≥99.9
	Cu		≤0.05	≤0.05	≤0.05
	Fe		≤0.05	≤0.05	≤0.05
	H_2O		≤0.1	≤0.1	≤0.1
物理性质	视密度/g · cm^{-3}		1.2~2.1	1.2~2.4	1.2~2.4
	网孔分析	+100 目	微量	≤0.5%	微量
		-325 目	≥85.0%	≤30.0%	≤85.0%
	流动性		良好	优秀	优秀
	颗粒尺寸/μm		5~25	5~25	5~25
	牌号		120 号银粉	150 号银粉	150 号银粉
生产厂	Handy & Harman 制造				

4.3.3　隔膜

隔膜在锌银蓄电池中用来串联正负极，实现单电池的串联。由于锌银电池使用强碱作为电解液，而且银的氧化物还具有强氧化性，所以作为锌银电池的隔膜必须具备以下性能：（1）在正负极间能起物理分隔作用；（2）能吸收一定量的电解液；（3）离子导电性能好，即允许水合离子的迁移；（4）能承受银氧化物的强氧化作用；（5）能阻挡溶解的氧化银离子以 $Ag(OH)_2^-$ 的形式迁移；（6）能阻止锌枝晶的生长；（7）在碱溶液中能长时间保持其化学稳定性及其外形的完整性。

现有的隔膜材料还没有一种能满足上述的全部要求，因此锌银电池的寿命和电气特性往往会受到所用隔膜的限制。而且由于隔膜在电池中所处的位置不同，其作用也不相同，所以在锌银电池中所用的隔膜，应由具有不同特性的集中隔膜材料组成。根据它们所处的位置可以把锌银电池中的隔膜分为四种类型，即银极内衬膜、锌极内衬膜、阻银迁移膜和阻锌枝晶膜。与银极紧贴的隔膜称为银极内衬膜，因此紧靠银的氧化物，所以它必须具备抗氧化能力，而且还应允许电解液扩散，它常用非编织的纤维制品如尼龙毡制成。和锌极紧贴的隔膜，叫锌极内衬膜，它一般在制造锌电极时即被包在电极上，所以必须使用极薄的并具有一定强度的耐碱纤维膜（也是非编织的）制成，国内常用耐碱棉纸做锌极内衬膜，因其极薄且柔，并具有一定的强度，可使负极活性物质保持一定的形状，另外，它还具有良好的吸液性能，所以是一种良好的锌极内衬膜。阻银迁移膜和阻锌枝晶膜，其作用分别是阻隔 $Ag(OH)_2^-$ 的迁移和阻挡锌枝晶的“穿透”，目前，这两种隔膜均用纤维素膜制成。

纤维素膜使用一段时间后容易被氧化，为了提高再生纤维素膜的抗氧化能力，一般还需采用“银镁盐法”处理，处理后可在再生纤维素的表面形成一定的保护层。

三醋酸纤维素膜的处理过程如下：首先进行皂化处理，把三醋酸纤维素膜（其化学式为 $[C_6H_7O_2(CH_3COO)_3]_{n=200}$，$n$ 表示重复单元）放入氢氧化钾的甲醇水溶液（或乙醇水溶液）中，加热到一定温度并保持一定时间后取出，用水冲洗后即转入下一道工序。

三醋酸纤维素膜经皂化处理后，上述化学式中的三个羧酸基被羟基取代，其反应可表示为：

$$[C_6H_7O_2(CHCOO)_3]_n + 2nKOH \xrightarrow[\text{或}\ C_2H_5OH]{CH_3OH} [C_6H_7O_2(OH)]_n + 3nCH_3COOK$$

在皂化处理过程中不直接使用氢氧化钾，因强碱易和三醋酸纤维素膜发生强烈的作用，降低膜的聚合度，以致影响膜的强度。

皂化后进行银镁盐处理：把经皂化处理得到的再生纤维素膜放入硝酸银和硝酸镁的混合溶液中，在室温下浸渍 1h 左右，取出后在空气中晾干，再在 30%的 KOH 水溶液中浸泡 1h 后取出，最后用去离子水（或蒸馏水）把膜上的碱溶液洗净，晾干后即可使用。

为了克服有机隔膜的局限性，国外对无机隔膜进行了研究，据文献介绍，无机隔膜系用硅酸盐材料，通过研磨、过筛、压制和烧结等工艺制成的“刚性无机隔膜”，该膜的突出优点是耐热，可供需要进行热消毒的电池使用。还有一种“软无机隔膜”，这种隔膜比较薄而柔软，能直接用来代替玻璃纸等有机隔膜，且不需要改变电池原有的结构。软无机膜的一种制造过程是采用浇注和浸渍工艺，即将精制的浆料浇注在平滑的板上，用定厚刮刀控制膜的厚度（一般在 0.1~0.5mm 范围内）。

经试验证明，使用无机隔膜的锌银蓄电池具有以下优点：

（1）能延长锌银蓄电池的循环寿命，在 25℃时的循环寿命可达 2500 次，在 100℃时的循环寿命可达 2200 次。（2）能增加锌银蓄电池在全放电条件下的循环寿命，如额定容量为 5~100A·h 的蓄电池的全充电循环寿命可达 100 次以上。（3）能在高温环境下工作，使用无机隔膜的电池热消毒后，其性能实际上不受影响。（4）能延长电池的湿搁置时间。

我国对无机隔膜的研制起步较晚，在 70 年代研制飞船用燃料电池时，国内有关单位研制了石棉膜和钛酸钾膜，均属刚性无机隔膜。

有机膜和无机膜各有特点，前者的优点是机械强度较大、电阻较小、质地柔软、易于制造、原料充足、价格较便宜，其缺点是化学稳定性差，用它做隔膜的电池寿命较短。后者的优点是耐温、抗氧化、电阻小、原料充足、价格便宜，不足之处是强度差，有脆性。为了克服各自的缺点，国外正在发展一种无机/有机（I/O）膜，这样就能把两者的优点结合在一起，使这种混合型隔膜既具有无机膜的优良特性，又具有有机膜的优良特性，这种膜在锌银电池和其他碱性电池中应用后已经显示出较理想的性能，是一种有发展前景的新型隔膜。

常规纤维素膜的性能也在逐步提高，如一种近地轨道飞行器用的锌银蓄电池，它所用的隔膜是一种常规纤维素膜，其循环寿命可达 3100 周，说明有机膜还能改进和提高寿命。其改进途径之一是制成接枝膜，就是用原子辐射或化学引发剂引发的方法，在长的聚乙烯分子上加上与聚乙烯特性完全不同的侧链，改善聚乙烯的性能，这种方法称为“接枝”，所制成的大隔膜称为接枝膜。接枝膜的膜电阻（在质量分数为 40%KOH 溶液中）与聚乙烯膜相比明显降低。国内也已制成聚乙烯接枝膜，并已成功用于锌银电池和其他碱性电池中，使电池性能得到改善。

各种新型隔膜时有出现，虽然它们在耐银氧化物的强氧化性和阻止银离子迁移方面有一定的改善，但在阻止锌枝晶的穿透方面并未获得重要的进展。

4.3.4 装配

锌银蓄电池一般制成矩形、圆柱形和纽扣形三种，最普通的是矩形，其单体电池结构示意图如图 4-3 所示。

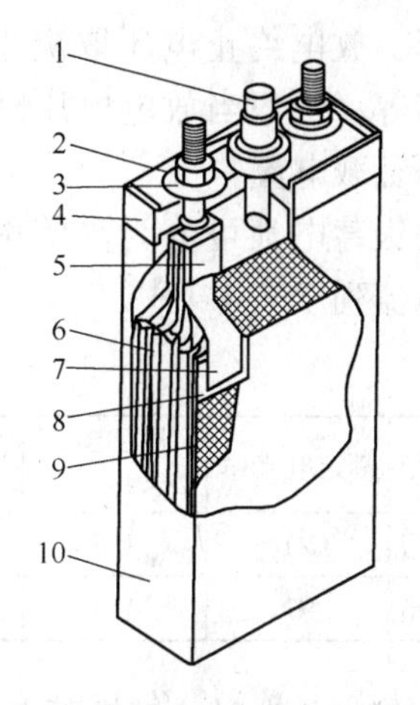

图 4-3 锌银蓄电池单体结构示意图
1—气孔塞；2—螺母；3—垫圈；4—单体盖；5—极柱；6—隔膜；7—负极板；8—正极板；9—集流网；10—单体壳体

单体电池由 n 片正极和 $n+1$ 片负极及包裹电极的各种隔膜组成。正负极是相互啮合并被机械隔离的，按使用电压的要求把若干个单体电池串联组成电池组。串联后的电池组还应装入专门设计的外壳中，为了减轻外界环境温度对电池性能的影响，在单体电池和电池组外壳之间，往往装有适当的电加热装置、保温层和防震层。

电池中注入适量的氢氧化钾电解液使电池活化，但加电解液后的锌银电池贮存寿命较短，因此制造厂通常将干荷电状态的电池及专用的电解液连同注液工具和使用说明书一起提供给用户。在电池使用之前，由用户按说明书要求加注适量的电解液，使电池活化，以供使用。

单体电池的电池壳由耐冲击、耐碱腐蚀、抗氧化的塑料（如尼龙，ABS 等）塑压而成。在单体电池盖上装有专门设计的单向阀，可以调节电池内的压力并避免二氧化碳进入电池壳内，单向阀两侧为正负极接线柱，它们由镀银的黄铜制成。

电池内装有足够的电解液，它是浓度为 30%～40%的氢氧化钾水溶液。为了改善电池性能，在电解液中加入一些添加剂，蓄电池用电解液往往用氧化锌饱和，贮备用电解液则不用氧化锌饱和。由于电极本身具有一定的机械强度，而且是被紧密的装在电池壳中，加注电解液后，电极和隔膜均要膨胀，使电池组更为紧密。装电池组的外壳一般由玻璃钢或铝合金制成。这样的外壳轻而且具有一定的机械强度，这种结构的锌银电池组能满足导弹、鱼雷等的苛刻力学环境（如振动、冲击和加速度等）要求而不会损坏。

4.4 锌银电池的性能

4.4.1 充放电性能

锌银蓄电池的充放电曲线如图 4-4 所示。

曲线反映了银的两种氧化物对电池的充放电电压的影响，并由图 4-4 可知，充电快结束时，电池电压很快升高，这有利于充电的控制，一般把锌银蓄电池的充电终止电压规定为2.0~2.1V，这样可避免水的电解。

锌银蓄电池一般采用10小时率电流充电。锌银电池可快速充电，充电时间缩短到几个小时也是可能的。锌银蓄电池的放电终点也是很容易控制的，因为在接近放电终点时，它的放电电压快速下降，放电终止电压取决于放电电流密度，放电温度等，一般当放电电压降至1.0 V时，应立即切断负载电流。

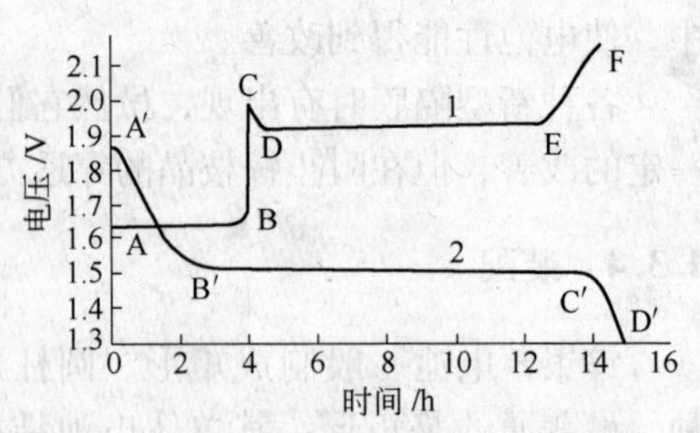

图 4-4　氧化银电极典型的充放电曲线

1—充电；2—放电

锌银蓄电池可分为高倍率型和低倍率型，其放电电流列于表4-4中。

表 4-4　锌银蓄电池的特性参数

电池类型	额定电流/A	额定电压（25℃）/V	最大容许电流/A	深放电的循环寿命/月	可工作寿命/月	电阻/Ω	体积比能量/W·h·dm^{-3}	质量比能量/W·h·kg^{-1}
低倍率型	C/10	1.5	5C	100~300	12~16	0.20/C	100~270	70~130
高倍率型	C	1.5	20C	20~60	6~9	0.03/C	65~170	40~100

高倍率放电时，锌银蓄电池的放电电压随放电电流的大小而变化，而且两个坪阶电压的差别渐趋消失，以不同倍率放电时，锌银蓄电池的放电曲线如图4-5所示。

锌银蓄电池实际放出的容量还要受工作温度的影响，当温度降低时，电池可放出的容量也减少，电池的容量和平均放电电压均由放电电流和工作温度决定，它们间的相互关系，可通过实际试验绘成图4-6所示的列线图。

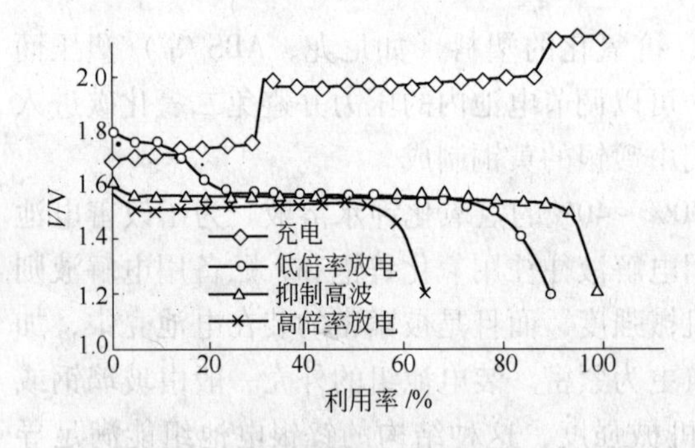

图 4-5　锌银电池充放电曲线

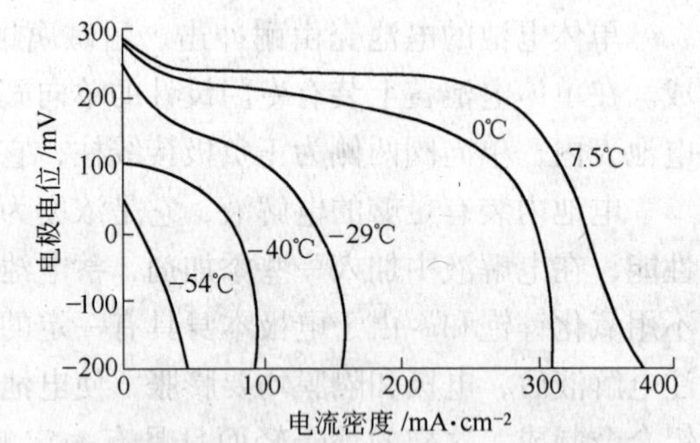

图 4-6　Ag_2O 电极在 31% 的 KOH 溶液中极限电流密度与极化电位

由图4-6可以预测锌银蓄电池的平均放电电压和放电容量对额定容量的百分率（C/C_n）。如某高倍率型电池，以1C率放电，0℃时的平均放电电压由斜线和平均电压线的交点指出，约为1.39V，放电有效率即实际放电容量C对额定容量之比（C/C_n）为91%。

4.4.2　电荷保持能力和循环寿命

锌银蓄电池在室温下，带电搁置三个月后，放出的电量一般为额定容量的85%。负极上枝晶的生长和隔膜的破裂，使电池的寿命终止，低倍率电池的循环寿命可达100周以上。扩大锌银蓄电池应用范围的关键，除了降低其成本之外，还有一个决定性的因素，就是延长锌银蓄电池的循环寿命。循环寿命和放电深度有密切关系，由 22 个容量为 8A · h 的单体电池组成的电池组，以 5%的深度放电时，其循环寿命超过 2000 周。

复习思考题

4-1 锌银电池的工作原理是什么？

4-2 简述锌银电池的制造工艺。

5 镍氢电池

5.1 概　　述

镍氢电池分为高压镍氢电池和低压镍氢电池。高压镍氢电池是 20 世纪 70 年代初由美国的 M. Klein 和 J. F. Stockel 等首先研制。现在美国已在海军的导航卫星、空军的近地卫星和国际卫星Ⅵ上应用。在为美国的永久性空间站选择贮能装置时，多数科学家也倾向于使用镍氢电池。法国、日本、前苏联等国相继开展了这种电池的研究工作，都取得了良好的进展。日本在 1992 年发射的技术试验卫星上也采用了镍氢电池。高压镍氢电池具有比能量高，寿命长、耐过充电和反极以及可通过氢压来指示电池的荷电状态等优点。用镍氢电池代替镉镍电池并应用于各种卫星上的趋势已经形成。图 5-1 为部分商业化的镍氢电池。

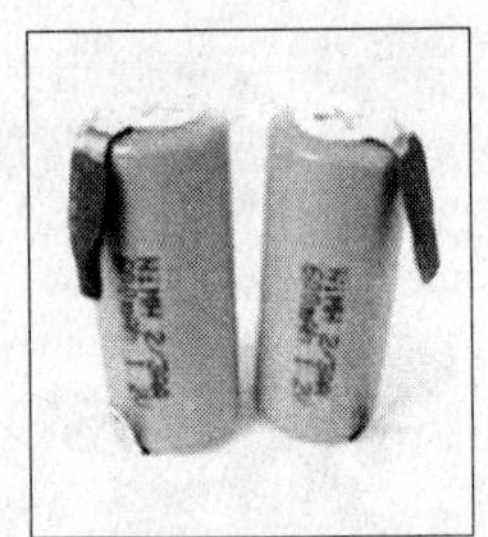
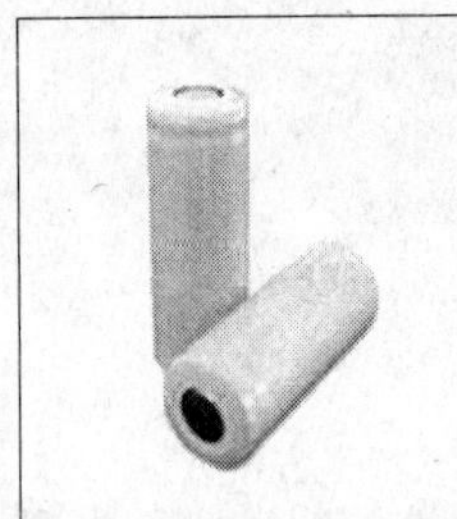
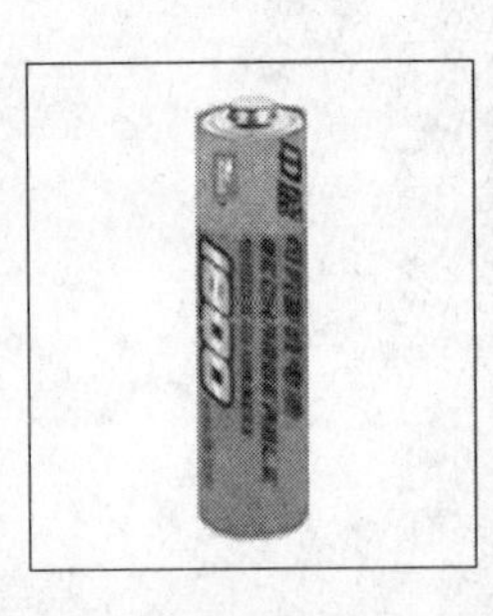
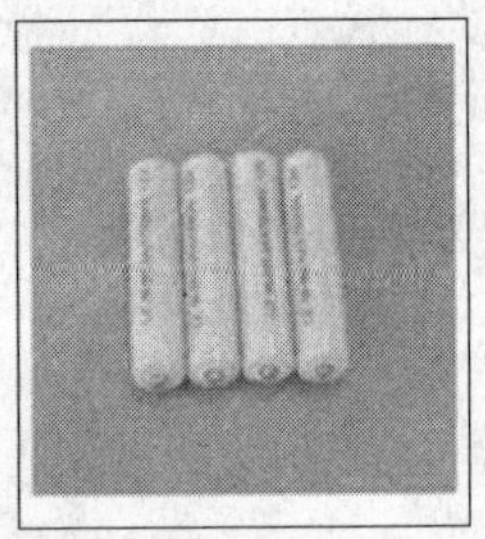

图 5-1　商业化的镍氢电池

由于化石燃料在人类大规模开发利用的情况下越来越少，近年来，氢能源的开发利用日益受到重视。镍氢电池作为氢能源应用的一个重要方向也越来越被人们注意。虽然镍氢电池确实是一种性能良好的蓄电池，但航天用镍氢电池是高压镍氢电池（氢压可达 3.92MPa，即 $40kg/cm^2$），这样的高压力氢气贮存在薄壁容器内使用容易爆炸，而且镍氢电池还需要贵金属做催化剂，使它的成本变得很贵，这就很难为民用所接受，因此，国外自 70 年代中期开始探索民用的低压镍氢电池。

5.2 镍氢电池的结构与原理

5.2.1 低压镍氢电池

5.2.1.1 低压镍氢电池的结构及工作原理

镍氢电池正极活性物质为 $Ni(OH)_2$（称 NiO 电极），负极活性物质为金属氢化物，也称储氢合金（电极称储氢电极），电解液为 6mol/L 氢氧化钾溶液。活性物质构成电极极片的工艺方式主要有烧结式、拉浆式、泡沫镍式、纤维镍式及嵌渗式等，不同工艺制备的电极在容量、大电流放电性能上存在较大差异，一般根据使用条件采用不同的工艺生产电池。通讯等民用电池大多采用拉浆式负极、泡沫镍式正极构成电池。

常见的柱形镍氢电池的组成与结构如图5-2 所示。

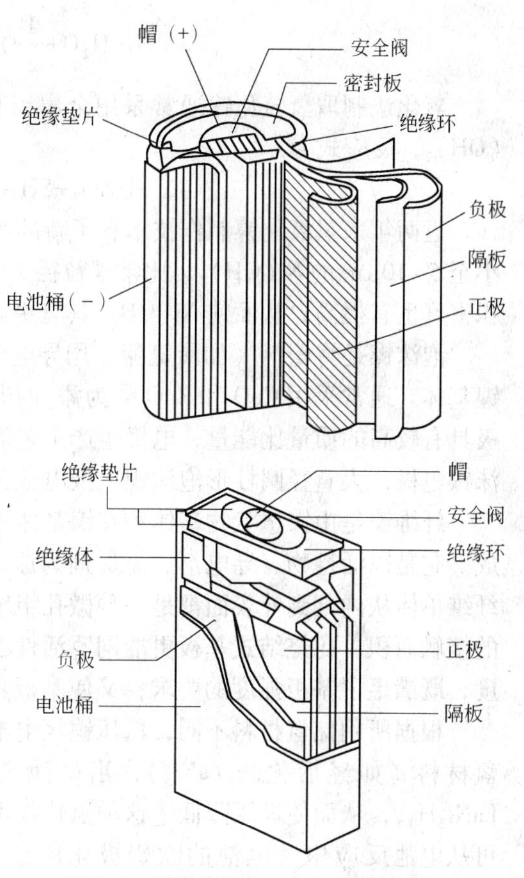

图 5-2　低压镍氢电池的结构示意图

充放电化学反应如下：

正极：$Ni(OH)_2+OH^- \underset{放电}{\overset{充电}{\rightleftharpoons}} NiOOH+H_2O+e^-$

负极：$M+H_2O+e^- \underset{放电}{\overset{充电}{\rightleftharpoons}} MH_{ab}+OH^-$

总反应：$Ni(OH)_2+M \underset{放电}{\overset{充电}{\rightleftharpoons}} NiOOH+MH$

（M：氢合金；H_{ab}：吸附氢）

充电时正极的 $Ni(OH)_2$ 和 OH^- 反应生成 NiOOH 和 H_2O，同时释放出 e^-，负极的储氢合金和 H_2O、e^-一起生成 MH 和 OH^-，总反应是 $Ni(OH)_2$和 M 生成 NiOOH，储氢合金储氢；放电时与此相反，MH_{ab}释放 H^+，H^+和 OH^-生成 H_2O 和 e^-，NiOOH、H_2O 和 e^-重新生成 $Ni(OH)_2$和 OH^-。电池的标准电动势为 1.319V。

正极片由活性物质 $Ni(OH)_2$、导电剂、导电骨架和泡沫镍等构成，负极片由活性物质储氢合金粉、导电骨架铜网、隔膜（PP、PE）构成，电解质是 KOH、NaOH 或 LiOH 等，电池壳采用低碳钢制成。MH-Ni 电池正极采用高孔率泡沫镍或纤维镍做导电骨架，涂敷高密度氢氧化镍 $Ni(OH)_2$作为活性物质。通常在活性物质中加少量的锌和钴，用来提高镍正极的充电效率和减小膨胀率，因为这些物质具有提高电池的吸氢能力及控制电池内压升高的作用。

氢氧化镍的晶型有 α-$Ni(OH)_2$、β-$Ni(OH)_2$、γ-$Ni(OH)_2$等，由于晶体阳极氧化机理不同而使它们的活性和真实密度不同，但大多数呈片状或细粉状，是胶态物质，所以在物理性能和化学性能上都不能满足高容量电池的要求。镍氢电池的正极活性物质材料应选用高活性高堆积密度的 Ni，通常选用 β-$Ni(OH)_2$占多数，而 α-$Ni(OH)_2$占少数的混合物。近几年开发的球形 $Ni(OH)_2$具有一定的粒度大小和分布范围，其特点是堆积密度大于非球形 $Ni(OH)_2$，反应中具有大的容量。目前，采用高压法或氧化法制取的 $Ni(OH)_2$具有纯度高和无附加反应的优点，镍转化率在 87%以上，堆积密度大于 $2.0g/cm^3$，而且容易控制。其中，氧化法反应过程不需要氧气和催化剂，可以连续生产，更具有实用性。

高压法制取氢氧化镍是在高压釜中加入镍粉、水及催化剂，通入氧气，控制反应温度和时间，基本反应式为：

$$Ni+H_2O+\frac{1}{2}O_2 \longrightarrow Ni(OH)_2$$

氧化法制取氢氧化镍通常采用金属镍粉置入硝酸水溶液中，在常温下直接转化为 $Ni(OH)_2$，反应式为：

$$4Ni+HNO_3+5H_2O \longrightarrow 4Ni(OH)_2+NH_3$$

近两年来氢氧化镍制作技术有了新的进展，粒径正向小型化发展，日本已经制成粒径小至 5~10μm 的 $Ni(OH)_2$，比常规粒径 10~20μm 小了许多。新产品小粒径的 $Ni(OH)_2$ 堆积密度也有提高，从而使 $Ni(OH)_2$ 具有更高的活性。

泡沫镍是将塑料（如聚氨酯）用导电胶液浸渍镀镍然后加热使塑料燃烧，成为发泡状镍基体。通常采用 CoO 和 ZnO 作为添加剂，作用是提高泡沫镍电极的循环寿命。这种电极具有较高的质量比能量，电极生产工艺简单，成本低。据报道，国外已经能连续生产泡沫镍电极，大直径圆柱形泡沫镍电极电池和方形泡沫镍电极电池已经商品化。

纤维镍是由镍毡状物基体和在镍基体中装填的活性物及其他改善使用性能的物质所构成。它是以活性物、导电剂、添加剂为原料，经过电化学浸渍处理或涂膏处理而制成的。纤维单体从内部到外表面都是一种微孔组织，呈迷乱网状结构，这种结构提高了活性物质的接触面积，比烧结式基板更能网罗活性物质。纤维之间是一种实心结构，具有很大的强度，既满足了基板强度的要求，又使基板具有足够的柔性变形空间。

根据所用储氢材料不同，低压镍氢电池可分为两种。一种是在高压镍氢电池内放入吸氢材料（如经活化的 $LaNi_5$），当电池进行充电时产生的氢气即被 $LaNi_5$ 吸收，生成 $LaNi_5H_{0.5}$，从而使氢压降低，这种氢化物遇热又可把吸收的氢重新释放出来，这部分热量可从电池反应中及电池的欧姆极化所放出的热量中获得，每放出 1mol 氢气需要吸收 31.798kJ 的热量，每摩尔氢分子参加电池反应时约可放出 37.66kJ 的热量。低压镍氢电池最早由 M. W. Earl 和 J. Dunlop 研制，在 1.55A·h 的镍氢电池中，放入 5.29g $LaNi_5$，经充电后电池内的氢气压力仅为 6×10^5Pa。该电池经 1000 次充放电后，$LaNi_5$ 的吸氢、放氢性能未出现明显衰减，而且电池内氢气中的含氧量低于 1%，这在电池性能的衰减中极其少见。在这之后，Earl 又在 15A·h 的镍氢电池内放入 66.47g$LaNi_5$，也取得了良好的效果。

1980 年 G. L. Hollick 等制成了低压的 D 型（即 R20 电池）镍氢电池。这种电池是把 $LaNi_5$ 吸氢材料放在圆筒形容器的中心部位，并用带有微孔的聚四氟乙烯膜把 $LaNi_5$ 包封住，使它和电解液完全隔开，制成的 D 型低压镍氢电池容量可达 5A·h。虽采取了聚四氟乙烯膜隔离的措施，但 $LaNi_5$ 的储氢材料性能能随充放电次数的增加而衰减，且其衰减速率与氢气气压有直接的关系。用 $LaNi_5$ 作储氢材料的低压镍氢电池与高压镍氢电池相比，压力从 40×10^5Pa 降为 5×10^5~6×10^5Pa，但是仍不能制成常压电池，因为 $LaNi_5$ 与氢气反应生成氢化物 $LaNi_5H_{6.5}$，$LaNi_5H_{6.5}$ 在室温下只有当氢分压大于 2.5×10^5Pa 时才能稳定存在，另外 $LaNi_5$ 的吸氢量随温度的升高而显著降低，若要用 $LaNi_5$ 制常压镍氢电池，必须把温度降低至 0℃，这时 $LaNi_5H_{6.5}$ 稳定存在的压力才可降低至 1.0×10^5Pa，但显然只允许电池在 0℃时工作是不现实的。为此，人们研制了第二代镍氢电池，即利用金属间化合物的氢化物（也称吸氢合金）在电池工作的温度范围内，氢分压大约为 1.0×10^5Pa 时能稳定存在的特性，研制了金属氢化物镍电池。例如，$LaNi_5$ 中的一个镍原子被铜原子（或 Mn、Al、Cr

等原子）代替后与氢生成的氢化物在室温下稳定存在的氢分压为0.7~0.8×10^5Pa。电池负极活性物质反复充放的储氢合金，有以$LaNi_5$、$MmNi_5$（Mm表示混合稀土）为主的稀土系合金和以TiNi、Ti_2Ni、$Ti_{1-x}Zr_xNi$等为主的钛系合金。

关于储氢合金的合成，目前有两种方法。一种是把一定比例的各种金属放入真空冶炼炉中熔化而成；另一种方法是用化学方法制备。由上述储氢合金制成的电极称吸氢电极（用M·H表示），其制法是在粉状吸氢合金中加入一定量的有机黏结剂，混合成膏状物质后用涂膏法或模压法和导电骨架一起制成符合形状要求的电极。将上述方法制成的吸氢电极和合适的烧结式镍电极，以与一般镉镍电极相同的结构组装成氢化物镍电池，它在碱性溶液中的充放电反应用下式表示：

$$M+xNi(OH)_2 \underset{\text{放电}}{\overset{\text{充电}}{\rightleftharpoons}} MH_x+xNiOOH$$

（过充电时 O_2：由左向右；过放电时 H_2：由右向左）

式中，M表示某种吸氢合金。金属氢化物镍电池能耐过充电和过放电。当过充电时，电池反应发生了变化。

氧化镍电极上： $2OH^- \longrightarrow H_2O+\frac{1}{2}O_2+e^-$

氢电极： $2H_2O \longrightarrow H_2+2OH^- -2e^-$

电池总反应： $H_2O \longrightarrow H_2+\frac{1}{2}O_2$

由于氢电极是由贵金属铂、钯为催化剂的大面积多孔电极，铂、钯对氢和氧复合生成水有良好的催化作用，过充电产生的氧，通过扩散到达氢电极表面，在催化剂的作用下，与氢进行化学反应。

氢电极表面上： $H_2+\frac{1}{2}O_2 \longrightarrow H_2O$

这种过充电时的“氧循环”避免了产生高压O_2使电池结构遭到破坏。

当电池过放电时，可分为正极过放和负极过放两种。在实际过程中，往往是氢气过量，过放电受正极限制，电极反应为

氧化镍电极上： $2H_2O+2e^- \longrightarrow H_2+2OH^-$

氢电极： $H_2+2OH^- -2e^- \longrightarrow 2H_2O$

电池总反应： 0

这种过放电时的“氢循环”也避免了过量氢气产生。

金属氢化物镍电池具有较高的比能量，是镉镍电池和铅蓄电池比能量的1.5~2倍。电池充放电过程中，负极不生长枝晶，也没有铅蓄电池中极板的硫酸盐化，以及镉镍电池中镉电极由于再结晶而形成粗大的晶粒或电化学活性差的变体，因而金属氢化物镍电池的循环寿命很长。实验研究表明，当$LaNi_5$中的La部分被Nd或Ce取代，Ni部分被Co、Al或Si取代，得到的新型金属间化合物的比容量（A·h/g）虽有所降低，但其循环寿命有显著增加。例如：以$La_{0.8}Nd_{0.2}Ni_{2.5}Co_{2.4}Si_{0.1}$作负极的吸氢材料，其初始比容量为290mA·h/g，充放循环1000次后，比容量仅衰减30%。

总之，金属氢化镍电池是无公害的碱性电池，可用来代替镉镍电池，是一种有着良好发展前景的电池。当然，这种电池仍然存在一些问题，当前需要研究解决的是：（1）研究金属氢化物电极容量衰减的原因；（2）研究该电池自放电机理，减小电池的自放电。

5.2.1.2 低压镍氢电池的工作特性

北京理工大学设计的某镍氢电池的动力电池特性参数见表5-1。

表5-1 镍氢动力电池特性参数

项目	长/mm	宽/mm	高/mm	质量/kg	额定电压/V	额定容量/A·h	电池单体数目
数值	228	80	37	7	12	27	10

该电池的充电特性曲线如图5-3~图5-5所示。

由图5-3可以看出，在充电起始阶段，电池端电压迅速上升，之后匀速上升，而在电池接近充满电时又略微下降。

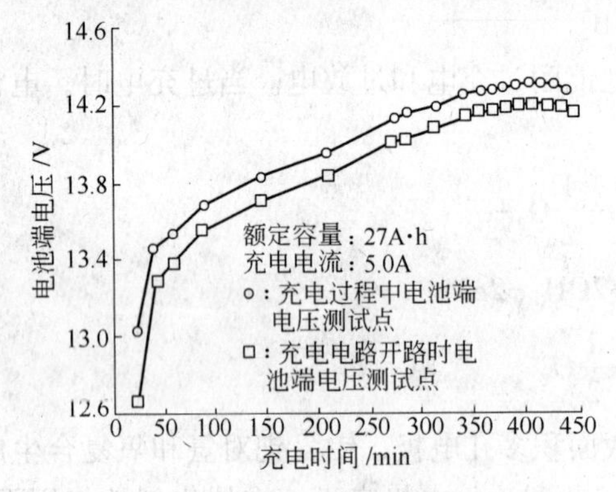

图5-3 镍氢电池充电电压特性试验曲线

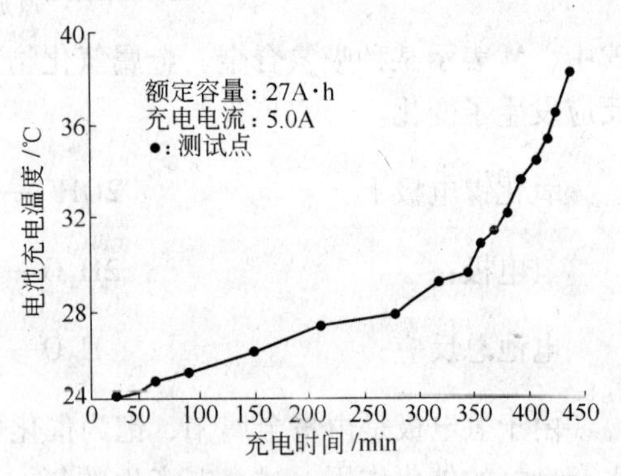

图5-4 镍氢电池充电温度特性试验曲线

图5-4表明随着电池充电时间的增加，电池温度逐渐上升，在充电接近结束时，电池温度急剧上升。因此，在镍氢电池充电过程中，为避免电池内部温度过高对电池循环使用寿命形成危害，对电池温度进行及时检测是很有必要的。

由图5-5可知，镍氢电池在充电过程的大部分时间内，内阻值在0.02~0.03Ω间变化，说明镍氢电池的充电内阻较小，具有较高的充电效率。

镍氢电池的放电曲线如图5-6~图5-8所示。

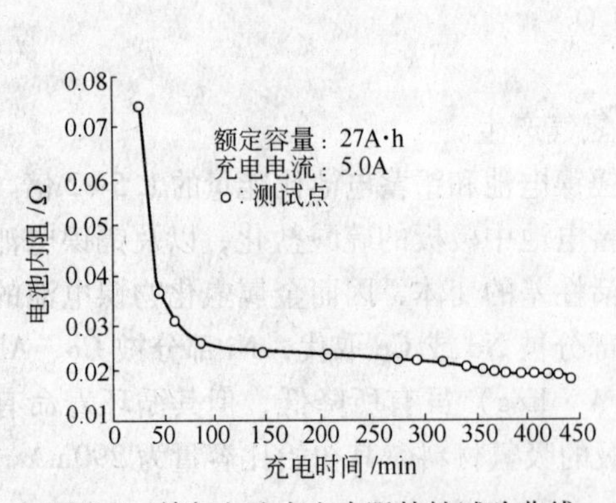

图5-5 镍氢电池充电内阻特性试验曲线

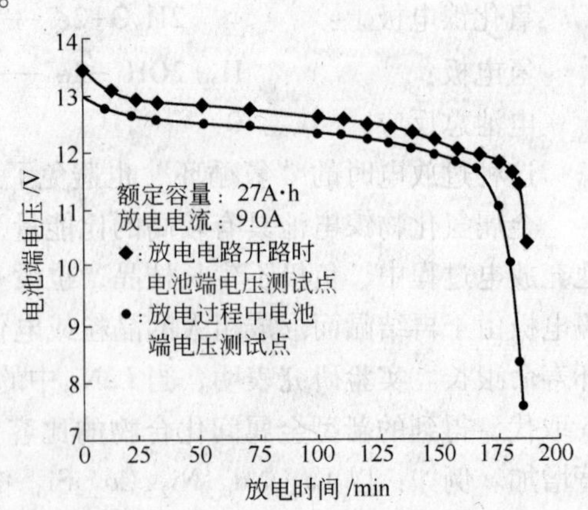

图5-6 镍氢电池放电特性试验曲线

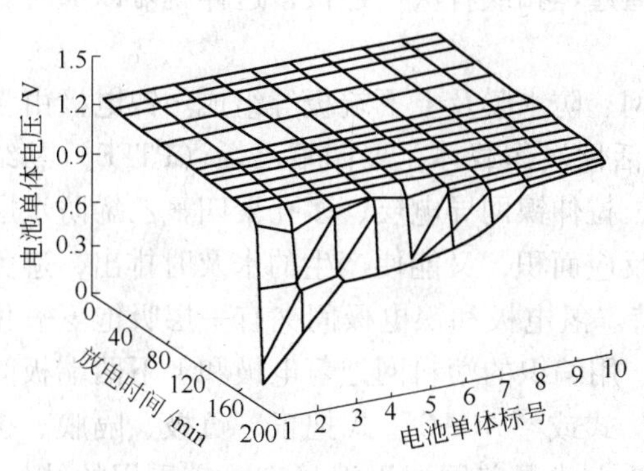

图 5-7　镍氢电池放电内阻特性试验曲面

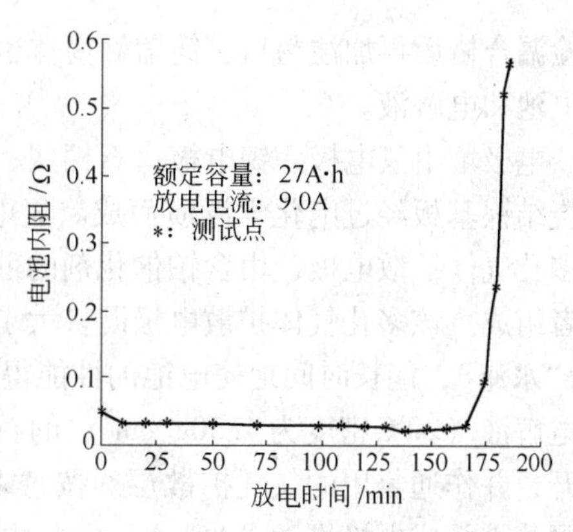

图 5-8　镍氢电池放电过程中电池单体电压特性曲线

由图 5-6 可知，镍氢电池初始放电时电压降很小，表明电池内阻很低。之后随着放电时间延长，电压均匀下降，在放电末期，电压急剧下降，表明电池容量已经用完，急需充电。这些性能与电池的使用习惯恰好相符。

由图 5-7 可知，该镍氢电池电堆的单体电池性能在放电 160min 后变得非常不均匀，内阻测试表明在放电 160min 后电池的内阻急剧增加（见图 5-8），而单体电池的内阻相差大，所以单体的电压变得非常不均匀，并且降低很快，所以为了降低内阻，延长使用寿命，电池的结构仍需改进。

5.2.1.3　低压镍氢电池的特点

低压镍氢电池具有以下特点：（1）电池电压为 1.2~1.3V，与镉镍电池相当；（2）能量密度高，是镉镍电池的 1.5 倍以上；（3）可快速充放电，低温性能良好；（4）可密封，耐过充放电能力强；（5）无树枝状晶体生成，可防止电池内短路；（6）安全可靠，对环境无污染，无记忆效应等。

5.2.2　高压镍氢电池

高压镍氢电池适用于航空等允许大体积电池应用的环境下。高压镍氢电池的基本结构和充放电反应机理同低压镍氢电池基本相似。高压镍氢电池首先需要一个耐压容器，该容器一般由 CdNiFe 合金组成，形状为圆柱形。将由不同数目的镍氢单电池组成的电堆和一定压力的氢气贮存于圆柱形薄壳容器中（两端为半球形）。其电池结构如图 5-9 所示。

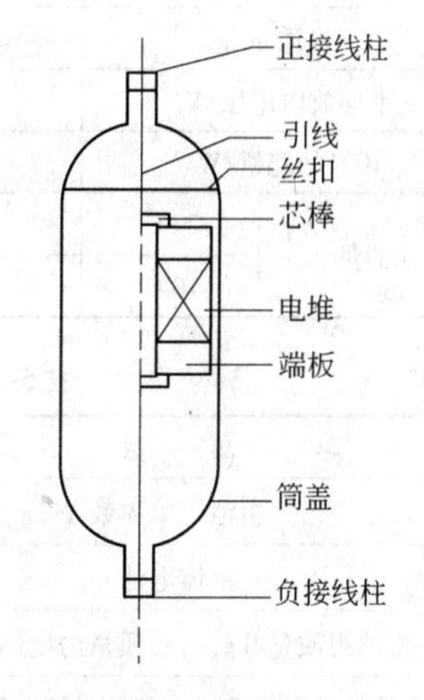

图 5-9　高压镍氢电池的结构

电池容器由筒体和筒盖组成，采用高镍合金（GH169）旋压而成，其外径一般为 89mm，壁厚约为 0.5mm。为保持同样的工作压力，电池壳体的长度随容量而改变。筒体和筒盖的顶部有引线引出，供固定接线柱用，接线柱和壳体间的密封通过可压缩的塑料圈加压实现。正极接线柱同时可设计成带加注口的，也可另外专门设计加注口，通过此口可进行电解液和氢气的灌注，经检漏合格后再加注封口。筒盖和筒体也可以通过丝扣或者法兰连接，这样就可以随时更换电池和电解液。

电极堆由氢电极、镍电极、石棉网、扩散网、防水膜及上下端板等组成。镍电极由多孔烧结镍基板经过电化学浸渍而成。氢电极是活性炭作载体，聚四氟乙烯（PTFE）黏结的多孔气体扩散电极，由含铂催化剂的催化层、拉伸镍网导电层、多孔聚四氟乙烯防水层三者组成。该多孔气体扩散电极既扩大了电极反应面积，又能使产生的水及时排出，避免了“水淹”，能长时间地使电池的性能得到保持。氢电极和镍电极间夹有一层吸饱氢氧化钾电解液（20℃密度为1.30g/cm^3）的石棉膜。用编织的塑料网把氢电极和上下两端板间隔开，并作通氢用的氢气扩散层。按“ACCA”式或“ACAC”式把正、负极、隔膜、扩散网等堆叠成电极堆。“ACCA”式的电极堆叠方式是美国通讯卫星实验室采用的结构，“ACAC”式的电极堆叠方式是美国休斯公司为空军研制，这两个单位所研制的镍氢电池还有其他不同的结构特征。

美国有三种不同型号的镍氢电池，即用于通讯卫星V容量为30A·h的镍氢电池，用于导航技术卫星容量为35A·h的镍氢电池，以及可能用于永久性空间站的容量为50A·h的镍氢电池。我国也已研制成与上述容量相同的三种镍氢电池，其内部结构吸收了美国“ACCA”式与“ACAC”式结构的特点，其外形尺寸与美国产品基本相同。

5.2.2.1 高压镍氢电池的性能参数

表5-2列出了上述三种镍氢电池的性能参数，表5-3为三种镍氢电池组的部件质量和电池组的质量比能量。

表5-2 三种镍氢电池的性能参数

参 数		导航卫星技术用镍氢电池	50A·h	通讯卫星技术用镍氢电池
额定容量/A·h		35	50	30
电池质量/g		1028	1198	890
实放容量/A·h	20℃	38.5	52.8	31.91
	10℃	42.96	57.6	34.80
	0℃	未知	未知	35.31
正极质量/g		348.6	480.0	282.4
平均放电电压/V		1.25	1.25	1.25
10℃的能量/W		53.7	72.0	43.5
比能量	20℃	46.8	55.1	44.8
	10℃	52.2	60.1	48.9

表5-3 镍氢电池组的部件质量及其质量比能量

参 数	通讯卫星技术用镍氢电池	导航卫星技术用镍氢电池	50A·h
电池组单体数	27	14	27
单体电池	0.890	1.028	1.198
电池组质量/kg(占总质量的比例/%)	24.03(80)	14.3(70)	32.35(80)
电池外壳质量/kg(占总质量的比例/%)	3.3(11)	3.1(15.2)	4.45(11)

续表 5-3

参　　数	通讯卫星技术用镍氢电池	导航卫星技术用镍氢电池	50A · h
安装底板质量/kg(占总质量的比例/%)	0.73(2.4)	18(8.8)	0.97(2.4)
保护二极管质量/kg(占总质量的比例/%)	0.96(3.2)		1.29(3.2)
安装用金属构件质量/kg(占总质量的比例/%)	0.10(0.3)	0.2(1.0)	1.17(2.9)
连接板等附件质量/kg(占总质量的比例/%)	0.23(0.8)	1.0(4.9)	0.32(0.8)
应变片及附件质量/kg(占总质量的比例%)	0.77(2.6)		
电池组总质量/kg(占总质量的比例/%)	30.12(100)	20.50(100)	40.44(100)
10℃放出的能量/W · h	1174	750	1944
质量比能量/W · h · kg^{-1}	39	36.5	48.1

由表 5-3 可以看出，对于导航技术卫星（NTS-2）用镍氢电池，电池部分的质量占总质量的 70%，而用于通讯卫星 V 的镍氢电池组中电池的质量占总质量的 80%，这是因为前者是第一个运行于空间轨道上的镍氢电池组，在设计时为了保险起见结构部分多加了附加的控制系统。另外，导航技术虽然电池数较少，但安装支架部分并不能相应减少，因此，电池结构部分所占比重较大。在设计上与卫星大致相同的用于通讯卫星 V 的镍氢电池组，在前者的基础上做了必要的改进，电池部分所占比重获得提高，质量比能量也就相应得到提高，特别是电池容量增大时其质量比能量增大更多。

因为高压镍氢电池必须留出空间来容纳氢气，所以镍氢电池的体积比能量较低，这是它的致命弱点，提高镍氢电池工作压力可使其体积比能量获得很大提高。表 5-4 为三种镍氢电池在不同工作压力下的体积比能量。

表 5-4　镍氢电池单体及电池组的体积比能量

参　　数	通讯卫星 V	导航卫星-2	50A · h	高压镍氢电池 50A · h
20 时的容量/A · h	31.9	38.5	52.8	52.8
最大压力/MPa	4	4	4	65
电极堆长度/cm	4.2	5.08	7.0	7.0
电极堆体积/cm^3	260	315	434	434
贮存氢气体积/cm^3	426	514	686	409
总体积/cm^3	686	829	1120	843
实际的电池体积/cm^3	762	841	1120	841
半球形筒盖体积/cm^3	368	368	368	368
筒体直径/cm	8.89	8.89	8.89	8.89
单电长度/cm	15.2	16.5	21.3	16.5
带极柱单电长度/cm	21	24	29	23
10℃时放出的能量/W · h	43.5	53.7	72	72
10℃时体积比能量/W · h · L^{-1}	57	64	64	89

续表 5-4

参　数		通讯卫星V	导航卫星-2	50A·h	高压镍氢电池 50A·h
电池组	单体电池数	27	7	27	27
	长/cm	51.8	48.26	51.8	51.8
	宽/cm	52.1	24.13	52.1	52.1
	高/cm	22.2	25.4	29.0	24.2
	体积/L	59.9	29.6	78.3	75.3
	10℃时放出的能量/W·h	1174	376	1944	1944
	体积比能量/W·h·L^{-1}	19.6	12.7	24.8	29.8

5.2.2.2 高压镍氢电池的工作特性

高压镍氢电池一般采用电化学浸渍的镍电极，实践证明，电化学浸渍电极比化学浸渍电极变形小且循环寿命长，而且电化学浸渍镍电极的容量随温度的降低而增加。

如图 5-10 所示，实测的电化学浸渍的电极容量在 10℃比在 20℃时约高 20%。镍氢电池单体的工作电压为 1.2~1.3V。为了进一步探索镍氢电池的温度特性，航天部某研究所实测了其研制的 50A·h 电池在-20~30℃温度范围内的放电容量，见图 5-11。

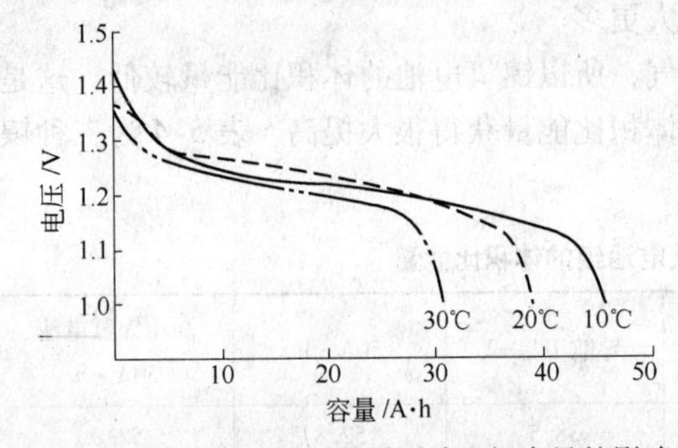

图 5-10　放电温度对电化学浸渍电极容量的影响

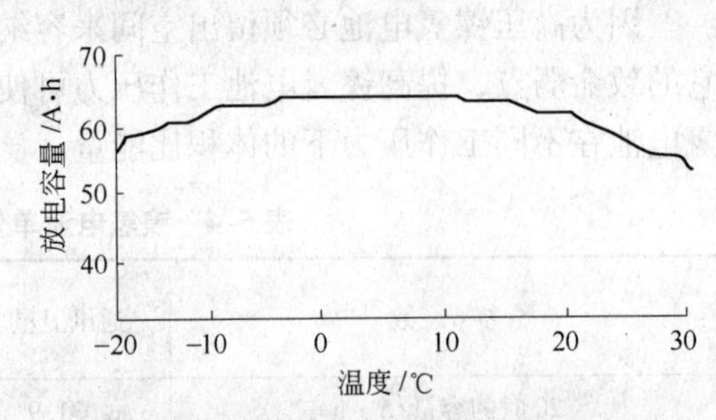

图 5-11　镍氢电池容量与温度的关系

图 5-11 表明，温度高于 30℃和低于-20℃时放电容量将明显降低。镍氢电池在较低温度（-5℃）时的容量较高，这是因为它在放电时可以放出大量热量，改善了电池性能，但内部温度太高，对镍电极的性能将产生影响。电池在放电过程中的温度变化，在大电流放电时尤为明显，见图 5-12。

由图 5-12 可知，以 200A 放电，其平稳电压约为 0.6V，顶部温度由开始时的-2℃升高到 60℃，而电极堆内部的温度显然还要高得多。镍氢电池的一个特点是可以用氢气压力表示电池的荷电状态。图 5-13 是镍氢电池在充放电过程中氢气压力的变化情况。

图 5-13 表明，充电时氢气压力随充电的进行而直线上升，直至氧化镍电极接近全充电状态。在过充电时，正极上析出的氧气与负极上的氢化合生成水，因而在过充电时氢气压力几乎不变。在放电时，氢气压力又线性下降直至氧化镍电极完全放电为止。这时的氢气压力为预先灌入电池的内部压力，一般为 7×10^5Pa，如果电池由于过放电而反极，在正极上产生的氢气就在负极上被消耗掉，再次使氢气压力趋于稳定。

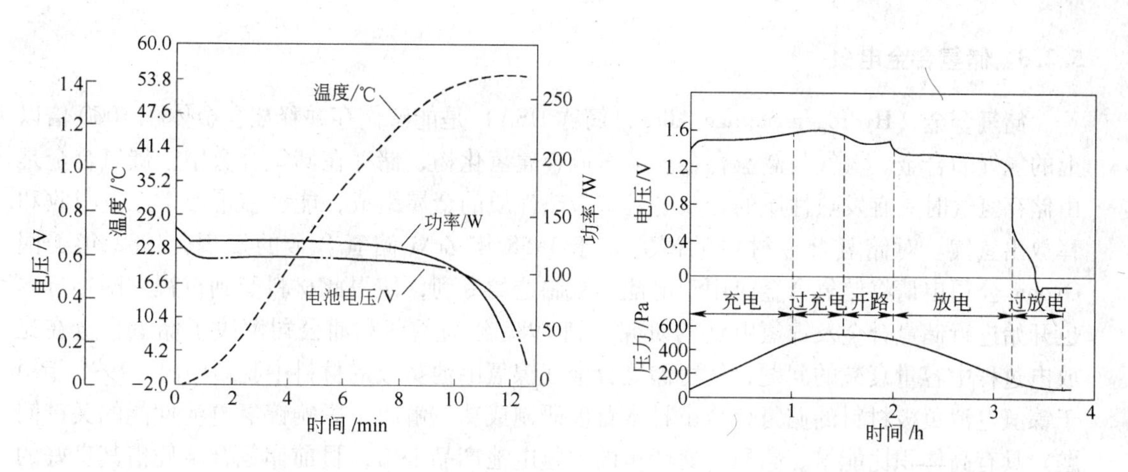

图 5-12 通讯卫星 V 容量为 30A·h 电池在 200A，6.7 倍率下的放电曲线

图 5-13 导航卫星-2 镍氢电池在 23℃时的压力和电压特征

镍氢电池在开路搁置期的自放电严重，特别是开始搁置的一两天时间内，自放电速率较快，图 5-14 是用于导航技术卫星的 35A·h 镍氢电池在不同环境温度下的自放电情况，其活化能大约是 56.94kJ/mol。

高压镍氢电池第一次用于宇宙空间，是在 1977 年 6 月发射的美国导航技术卫星-2 上，在阴影季节（即背着太阳的时期）为该卫星提供动力，图 5-15 表示该镍氢电池在最长的阴影日的充放电电压和电池温度的变化情况。

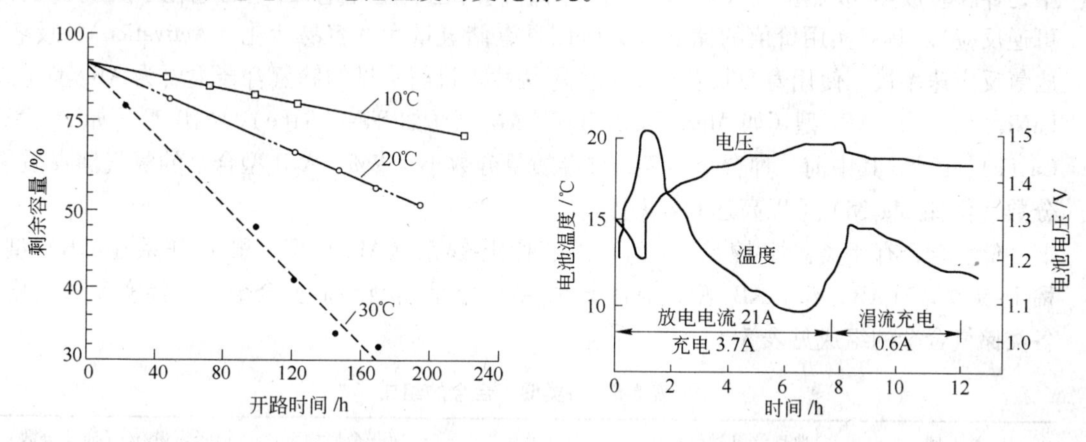

图 5-14 35A·h 的镍氢电池自放电速率-温度曲线

图 5-15 镍氢电池在轨道上运行时在最长阴影日的电压与温度的变化（导航技术卫星-2）

用于国际通讯卫星Ⅴ用的镍氢电池，在轨道上运行 7 年以上，其性能仍能满足要求。而发展到国际通讯卫星Ⅵ时，镍氢电池已可满足使用十年的要求了。

5.2.2.3 高压镍氢电池的特点

高压镍氢电池具有如下特点：（1）可靠性强。具有较好的过放电、过充电保护，可耐较高的充放电率并且无枝晶形成。具有良好的比特性。其质量比容量为 60A·h/kg，是镉镍电池的 5 倍。（2）循环寿命长，可达数千次之多。（3）全密封，维护少。（4）低温性能优良，在-10℃时，容量没有明显改变。

5.2.3 储氢合金电极

储氢合金（Hydrogen Storage Alloy，简称 HSA）是能够储存并释放合金体积 1000 倍以上的氢气的合金。氢气与储氢合金反应变成金属氢化物，储存在储氢合金中。储氢合金是由储存氢气时具有发热性质的金属与具有吸热性质的金属组成，能够在常温常压下吸收和释放出氢气。对储氢合金材料的研究始于 1958 年 ZrNi 储氢合金的发现，1982 年美国 Ovonic 公司申请将储氢合金应用于电池电极制造的专利，使得此材料受到重视。同年日本也开始进行储氢合金及镍氢电池的研究，到 1985 年荷兰菲利浦公司解决了储氢合金在充放电过程中容量衰减的问题，使得储氢合金在镍氢电池负极的材料中脱颖而出。1990 年用于镍氢电池负极材料的储氢合金由日本首度研制成功，解决了影响镍氢电池性能的关键问题。具有高体积比能量、高质量比能量的镍氢电池产品上市，目前储氢合金凭借其良好的特性成为燃料电池（Fuel Cell）既安全又有效的氢气储存材料之一。

氢是化学周期表内原子量最小最活泼的元素，不同的金属元素与氢之间有着不同的亲和力（Affinity）。将与氢之间有强亲和力的金属元素 A 与另一与氢之间有弱亲和力的金属元素 B 依一定比例熔成 A_xB_y 合金，若 A_xB_y 合金内 A 原子与 B 原子排列得非常规则，且介于 A 原子与 B 原子间的空隙也排列得很规则，则这些空隙很容易让氢原子进出。当氢原子进入后形成 $A_xB_yH_z$ 的三元合金，也就是 A_xB_y 的氢化物，此 A_xB_y 合金（主要包括 AB A_2B AB_2 AB_3 AB_5 A_2B_7）即称为储氢合金。储氢合金在吸氢/放氢反应（可逆反应）的过程中，伴随着放热/吸热反应（也为可逆反应），同时也发生充电/放电的电化学反应（也为可逆反应）。具有实用价值的储氢合金应该具有储氢量大、容易活化（Activation）、吸氢/放氢反应速率快、使用寿命长及成本低廉等特性。目前常见的储氢合金主要为 AB_5 型（如 $LaNi_5$、$CaNi_5$）、AB_2 型（如 $MgZn_2$、$ZrNi_2$）、AB 型（如 TiNi、TiFe）、A_2B 型（如 Mg_2Ni、Ca_2Fe）几种。其中前三种合金的氢气储存质量分数小于 2%，A_2B 型合金的氢气储存质量分数（例如 Mg_2Ni）可以高达 6%以上。

储氢合金有 4 类：钛-镍系（AB_2）型、稀土-镍系（AB_5）型、稀土-镁系（A_2B）型、稀土-钛铁系（AB）型。AB_5 型的镧镍 $LaNi_5$系合金是典型的稀土合金，已经实现商品化。各类储氢合金的组成见表 5-5。

表 5-5 各类储氢合金的组成

类 型	典型储氢材料	晶体结构	氢与金属原子比	吸氢量/%（质量分数）
AB_5 型	$LaNi_5H_6$	$CaCu_5$	1.0	1.38
	$CaNi_5H_6$	$CaCu_5$	1.0	1.78
AB_2 型	$Ti_{1.2}Mn_{1.6}H_3$	C_{14}	1.0	1.90
	$ZrMn_2H_3$	C_{14}	1.0	1.48
	$ZrV_2H_{4.5}$	C_{15}	1.5	2.30
A_2B 型	Mg_2NiH_4	Mg_2Ni	1.33	3.62
AB 型	$TiFeH_2$	CsCl	1.0	1.91

注：各种材料的温度参数为储存温度-30~50℃，放电温度范围-20~60℃，充电温度范围 0~45℃。

中国稀土资源工业储量占全世界已探明储量的80%，因此在镍氢电池开始研制阶段就瞄准以 $LaNi_5$ 为主的 AB_5 型储氢合金。但 $LaNi_5$ 在价格、电池的电化学性能及寿命等方面存在问题，后来便用富 La(Mi)或富 Ce(Mm)的混合稀土取代纯金属 La，用 Co、Mn、Al、Si、Ti 等元素代替部分 Ni，达到了镍氢电池中负极材料的要求。该材料的生产主要采用真空炉冶炼合金法，然后通过机械破碎及氢化制粉。后来又发展了粉末微囊技术、表面处理、表面改性、快淬手段以及雾化法制备 AB_5 型储氢合金，使其循环寿命有了很大的提高。目前 AB_5 型储氢合金的质量比容量达到了 300~320mA · h/g，但从长远的角度来看还不能满足动力电池的需求。在镍氢电池中使用 Zr 系 AB_2 型合金（以 Laves 相为主），美国 Ovonic 电池公司和日本松下公司所用的 Zr 系储氢合金，比能量为 80W · h/kg。作为负极材料，其储氢量大，循环寿命长，但存在电极活化困难、成本高、压力平台倾斜、高倍率放电性能差等缺点。AB 型储氢合金在镍氢电池方面的应用研究很少。AB 储氢合金以 TiNi 和 TiFe 为代表，常见的 TiNi 合金中 Ti 易形成 TiO_2，循环稳定性差。通过加入其他元素如 V、Cr、Zr、Co 等，形成多元合金，达到了初始容量 300mA · h/g，但该合金易氧化，寿命不稳定。TiFe 合金因密度大，活化困难，易受 H_2O 和 O_2 等杂质气体毒化，因而较少在电池中的应用方面进行研究。纳米晶 FeTi 储氢合金的储氢能力比粗晶材料显著提高，而且其活化处理更简便，所以纳米晶材料有可能成为一种具有更高储氢效率的储氢材料。A_2B 型储氢合金是以 Mg_2Ni 为代表的合金，该合金储氢量大，资源丰富（镁在地球上的储量在金属之中居第 8 位），价格低廉。但由于该合金属于中温型（吸放氢温度为 200~300℃），吸放氢动力学性能较差，目前将该合金作为动力电池的负极材料的研究虽比较活跃，但尚缺少实质性突破。

能源危机和环境污染都促使社会把目光转向寻求新能源作为驱动动力上，这使电动车（EV）和混合动力车（HEV）得到了发展。镍氢电池因其良好的特性迅速成为电动汽车市场中电池的选择之一，而这种高科技电池的关键材料就是储氢合金。目前世界上一些主要的汽车公司如 Daimler Chrysler、Ford、General Motors、Honda 和 Toyota 等都正在向市场推出镍氢电池驱动的电动车。日本的 Toyota 推出的世界上第一辆商品化混合电动车，就是用镍氢电池作备用动力的。GM 公司推出的大型客货混合动力车装备的也是 GMOvonic 的镍氢电池。

目前，以储氢合金为负极材料的镍氢电池成为 HEV 电池市场的主流产品，同时也已广泛地应用在 3C 电子产品、电动工具、电动自行车等日常生活应用产品上，它是目前综合性能较好的电池，除了能满足 HEV 所要求的高能量、高功率、长寿命和足够宽的工作温度范围外，还具有如下的优势：(1) 具有内在的耐过充、过放机制，比较容易进行串并联组合；(2) 电池容量可大可小，由 30 mA · h 到 250 A · h；(3) 高低温性能较好；(4) 电子监控电池管理系统比较简单易行；(5) 回收抽动能量性能较好。

上述优势的取得，是近年在储氢合金负极材料和氢化镍正极材料的改进上取得突破性进展的结果。

储氢合金尚需在性能上进一步改进，如提高比容量、提高放电率及低温性能、减轻粉化、延长寿命等。而对于正极材料，主要是改进其高温充电效率。试验表明，$Ni(OH)_2$ 晶格中掺杂 Mg、Zn 和 Ca 可以使高温下析氧电位提高，改善高温充电效率，即富钴、贫锌，与钙、镁共沉淀的 $Ni(OH)_2$ 可使充电效率由常规 $Ni(OH)_2$ 的 36%提高到 85%。

镍氢电池负极是由骨架和储氢合金两部分组成，通常采用泡沫镍作为电极基体，这种材料具有多孔隙和导电性好的特点。储氢合金粉是通过黏结剂混合成膏状物质，再涂敷至泡沫镍基体与骨架组合为一体，经过烘干和滚压制成。

5.3 典型产品的技术参数

镍氢电池有多种型号，A 型、AA 型、AAA 型、D 型、C 型和 SC 型等，每种型号的适用范围不同。国内典型镍氢电池的主要技术参数见表 5-6。

表 5-6 典型镍氢电池的主要技术参数

电池型号	额定电压 /V	额定容量 /mA·h	快速充电		外形尺寸 $D\times H$ /mm×mm	质量 /g
			电流/mA·h	时间/h		
HN-AA	1.2	1300	1300	1.25	14.2×48	26.3
HN-4/5AA	1.2	1100	1100	1.25	14.2×42	22.7
HN-7/5AA	1.2	1800	1800	1.25	14.2×64	34
HN-1/2AA	1.2	650	650	1.25	14.2×28	14.2
HN-AAA	1.2	600	600	1.25	10.0×42	12.4
HN-5/AAA	1.2	650	650	1.25	10.0×48	14
HN-A	1.2	200	200	1.25	16.5×47	37.5
HN-4/5A	1.2	1800	1800	1.25	16.5×41	30
HN-4/3A	1.2	1440	1440	1.25	16.5×66	50
HN-2/3A	1.2	950	950	1.25	16.5×26	19
HN-SC	1.2	2500	2500	1.25	22×42	52
HN-6/5SC	1.2	3000	3000	1.25	22×49	62
HN-C	1.2	4000	1600	3.50	25×49	88
HN-D	1.2	7000	2800	3.50	31.2×60	142
方形 MH-Ni 电池					$h\times w\times l$ /mm×mm×mm	
HN-miniF6	1.2	60	240	3.50	34×16×6.6	12.5
HN-F6	1.2	860	340	3.50	48×17×6.1	18

5.4 镍氢电池的密封措施

与阀控式铅酸蓄电池相似，镍氢电池也依据阴极吸附机理实现电池密封，其基本原理是抑制气体析出速率并创造氧气在负极复合的条件，达到负极无氢气析出和正极无盈余氧气的目的。具体措施有三个，一是优选正负极活性物质电当量配比，二是优选隔膜材料，三是采用贫液式设计，即做到电池内无流动的碱液。

在充电末期储氢合金晶格空隙几乎充满了氢，此时正极电化反应速率变大，则氧气加速透过隔膜到达负极周围，而与氢负极表面的氢进行复合并生成水，其反应式为：

$$4MH+O_2 \longrightarrow 4M+2H_2O$$

一旦电池进行了过充电，则电池内存在的盈余气体将使电池内部气压升高，因此需要设置安全孔排放盈余气体，以进行减压保证安全。密封镍氢电池应具有很强的耐碱和抗氧化的能力，同时具有很大的吸附电解液能力和足够的气相微孔，以能提供所需的导电离子和便于扩散。隔膜材料采用改性聚丙烯或有机聚合物，因为这些材料具有良好的亲水性，且其自身不易氧化，性能很稳定。

5.5 镍氢电池的使用和维护

镍氢电池在使用时应注意维护。

(1) 使用过程忌过充电。在循环寿命之内，使用过程切忌过充电，这是因为过充电容易使正、负极发生膨胀，造成活性物脱落和隔膜损坏，导电网络破坏和电池欧姆极化变大等问题。镍氢电池正极基体用泡沫镍或纤维镍，活性物质采用高密度球形 $Ni(OH)_2$。在正常情况下，正极活性物质 β- $Ni(OH)_2$在充电过程变成 β-NiOOH，过充电时进一步转变成 γ- $Ni(OH)_2$。这三者的密度是有差异的，因此镍氢电池正极在充电过程若进入过充电状态则会导致体积不断膨胀，极易造成正极损坏。另外，过充电不仅会使正极产生的氧气增多，还会加剧负极的氧化，影响负极使用寿命。采用泡沫镍或纤维镍为基体的储氢电极在过充电时也存在体积伸缩变化现象，这是因为储氢电极一旦吸氢到饱和状态，晶格参数将发生变化，并产生相变。吸氢停止时体积膨胀约 20%，脱氢时收缩到原来的 15%~25%。而过充电时，由于储氢受限，盈余氢包围电极表面，引起负极膨胀。当储氢电极进行过放电时，电极表面析出氧气造成电极表面氧化加剧。镍氢电池电极在充放电循环过程中逐渐膨胀，不断吸收隔膜和负极中电解液，而且过充电过程中电池内部气压的升高，将引起部分电解液流失，导致隔膜中电解液干涸，使电池活性物质的利用率降低。同时负极因无足够的电解液湿润而在电极表面产生钝化氧化膜层，不仅增大了电极极化，而且降低了电极机械稳定性。

镍氢电池所发生的收缩膨胀，最终结果是在电极表面出现大量裂缝，导致电极结构逐步劣化，并使电极的导电网络遭到破坏。

总之，镍氢电池镍电极的膨胀会影响电池的使用性能，甚至循环寿命。为延缓镍电极膨胀，人们从改善充电制度入手，研究出一些收效快的实用方法。如适当控制充电终止电压，即在常温利用充电后期电压负增量，取 $\Delta U = -10mV$ 来指示充电终点。实验表明，此时的充电效率为 85%，电池内压低于 0.5MPa，电池外壁温升低于 20℃。

(2) 防止电解液变质。镍氢电池的电解液由 KOH 与添加剂组成，充电过程析出的氧气与电解液反应而生成 CO_2，再与 KOH 反应生成碳酸钾，碳酸钾的存在减少了电解液有效成分，增大了电池的极化电阻，进而影响了电池使用寿命。在镍氢电池循环寿命期，应抑制电池析氧。

(3) 镍氢电池的存放。保存镍氢电池应在充足电后，如果在电池中没有储存电能的情况下长期保存电池，将使电池负极储氢合金的功能减弱，并导致电池寿命减短。

(4) 电量用尽后充电。镍氢电池与镍镉电池相同，都有“记忆效应”，即如果放电途中在电池还残存电能的状态下反复充电使用，电池很快就不能用了。不过，即使发生了记忆效应，只要在电量用尽后再充电并且反复进行几次便能恢复原状。

5.6 镍氢电池发展趋势

镍氢电池已经是一种成熟的产品，目前国际市场上年生产镍氢电池数量约7亿只。日本镍氢电池产业规模和产量一直高居各国前列，美国和德国仅次于日本，在镍氢电池领域也开发和研制多年。

我国制造镍氢电池原材料的稀土金属资源丰富，已经探明储量占世界已经探明总储量的80%以上。目前国内研制开发的镍氢电池原材料加工技术也日趋成熟。

由于汽车工业的发展带来了环境污染，为了环保，镍氢电池成为当前国际上主要开发的电动车电池之一。由于电动车需要大容量高电压电池组做动力电源，因此开发用于电动车的镍氢电池将拥有一个巨大的市场潜力。目前发达国家正加速研制大容量电动车用镍氢电池，并已经将其产业化，取代污染严重的燃油汽车。我国目前已有多家公司在开发电动车用镍氢电池，其产业化也指日可待。

纳米材料在镍氢电池中具有很好的应用前景。纳米是指0.1~100nm尺度的空间。进入20世纪90年代，纳米技术已经发展到化学领域，随着镍镉、镍氢和锂离子电池等电池电极纳米材料的开发，电池使用性能有了明显的改善，制备方法得到了开拓，生产成本也随之降低。实用的纳米相β-Ni（OH）$_2$尺寸为10~12μm的颗粒，具有孔隙率均匀和孔径分布狭窄的特点，与常规材料相比，比容量提高很多。

镍氢电池可以和锌锰电池镉镍电池互换使用，今后圆形电池主要朝着产品规格的多样化与商业化方面发展，而方形电池的发展重点是作为电动车的动力电源。

为满足消费者降低成本和提高电池的电性能的要求，储氢材料今后的发展方向是合金材料组成的研究、储氢材料性能的优化、储氢材料成本的降低、储氢材料生产技术的改进以及储氢材料表面处理技术的完善。为改良电池的性能，电极成型工艺、电池设计与结构的优化、正极性能及电池组的组装技术也有待于研究和提高。

复习思考题

5-1 镍氢电池如何避免过充电对电池结构的破坏？
5-2 简述镍氢电池的制造工艺。

6 镍镉电池

6.1 概　　述

镍镉电池属于液体二次电池，通常使用氢氧化钾作碱性电解质。镍镉、镍氢和镍储氢合金电池体系的共同特征是使用 $Ni(OH)_2$ 电极作为正极。镍镉电池的开发与镍铁电池类似，始于20世纪，主要作为强劲的牵引电池使用，能达到多次充放电循环。镍镉电池具有很强的市场地位，密封性良好，可作为便携式电源，也可作为牵引电池和固定应用的电池。

正极是氢氧化镍电极，其反应机理见图6-1。

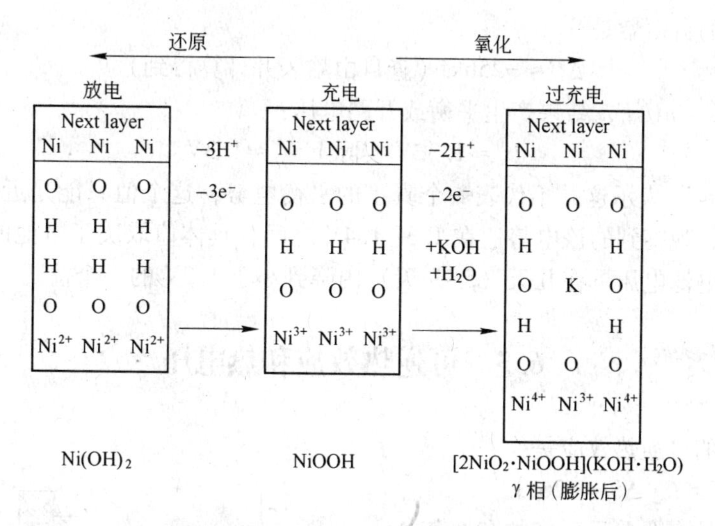

图6-1　Ni-NiOOH电极充放电示意图

当放电的时候，Ni^{3+} 还原成 Ni^{2+}，该过程按照以下方程进行：

$$NiOOH+H_2O+e^- \longrightarrow Ni(OH)_2+OH^-$$

镍镉电池中，溶液与相连的Cd电极在放电时发生如下的反应：

$$Cd+2OH^- \longrightarrow Cd(OH)_2+2e^-$$

这两个反应的总和如下方程式所示：

$$2NiOOH+2H_2O+Cd \rightleftharpoons 2Ni(OH)_2+Cd(OH)_2 \qquad (6\text{-}1)$$

电池放电时反应按式（6-1）由左向右进行，电池充电时，反应按式（6-1）由右向左进行。

对于正极，反应实际上更复杂。氢氧化镍不能确切地代表该化合物。在放电材料中不仅存在 Ni^{3+}，还存在介于 Ni^{2+} 和 Ni^{4+} 离子的混合物，因此2·NiOOH充电状态更准确的应当写为：

$$u \cdot NiO_{2v} \cdot NiOOH_w \cdot H_2O$$

其中，u、v 和 w 分别为三种成分的分配系数。复杂反应的结果是氢氧化镍电极不完全可逆，没有达到真正的平衡电位，热力学数据和数值只是近似值。

镍镉电池充放电反应的最大特征是既没有 KOH 也没有钾离子出现在任何电极反应中，除了少量 K^+结合在图 6-1 所示的 $Ni(OH)_2$电极中，这种结合数量很少，以至于对钾浓度没有任何影响。只有 H_2O 和 OH^-离子作为分解产物参与了这些反应。水是电解质的主要成分，因为通常适宜的 KOH 浓度为 20%~32%，20℃时的密度为 1.19~1.30g/cm³。从放电方程可以推出每安时容量的放电需要 0.67g 的水（每 53.6A·h 需要 36g 水）。因此，在通风的 Ni/Cd 电池中，每安时容量理论上至少包含 10g 电解质，由放电引起的密度变化不超过 0.02g/cm³，可以被忽略。因此，对于铅酸电池中随着持续放电引起的浓度变化在镍镉电池中观察不到，而且电解质的数量很少，电极之间的空间狭小。

6.2 平衡或开路电压

放电反应的自由焓是

$$\Delta G \approx -256\text{kJ（查自由焓表并计算得到）}$$

根据方程式 $\Delta G^0 = nU^0F$，结果产生平衡或开路电压：

$$U^0 \approx 1.32\text{V 实际上 } U^0 \approx 1.3\text{V}$$

用符号“≈”表示这并不代表一个真正的平衡电势，这个值只能是近似值。实际上，在一次充电后，观察到的该电势值在 1.3~1.4V 之间，具体值取决于电池的前处理。但在开放电路中，电池电压下在几天（5~9 天）内降到小于 1.3V 的一个值。

6.3 可逆热效应和热电压

放电反应的可逆热效应是：

$$Q_{rev} = T \cdot \Delta S \approx -26\text{kJ}$$

这个数值是多个单元反应的和。与 ΔG 值相比较，在镍镉电池充电或放电过程中，可逆热效应等于转化能的 10.5%，负号表明在放电过程中产生额外的热量。同时，在充电过程中会有冷却效应，如图 6-2 所示。在充电过程中，当电池电压大大超过 1.48V（水分解电压）时，水分解吸收的热量可以缓冲敞口的镍镉电池高速率充电时产生的热量，使电池在充电过程中不会太热。但在密封的电池中，内部的氧循环可能会导致严重的热问题。

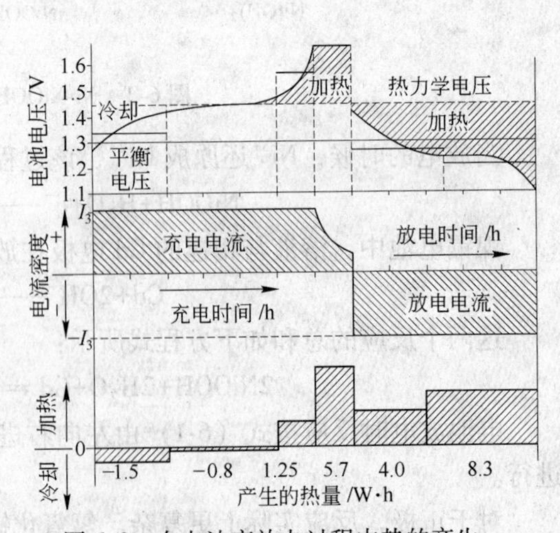

图 6-2 在电池充放电过程中热的产生

用非常薄的镍板作为电流的集流板。各种类型的极板都在被使用，它们提高了活性材料的利用率。(4) 氢气的生成被阻止，不希望存在于铅酸电池中的二级反应包括氢气析出、板栅格子腐蚀也不会存在于镍镉电池中，因此，镍镉电池可以密封，这样既没有水蒸气也不会有其他气体从电池溢出。这就是该电池在轻便能源应用上成功市场化的原因。

复习思考题

6-1 镍镉电池的反应原理是什么？
6-2 镍镉电池的密封原理是什么？

7 铅酸电池

7.1 铅酸电池的发展

19世纪80年代科学家们发现了从铅的氧化物中还原冶炼获得有效物质的方法，可以大量从铅矿中提取铅的活性物质，铅蓄电池也因此大规模地发展起来。H. H. 贝纳多斯创造了用于焊接、第一个短时间、大电流放电的蓄电池，这种蓄电池的构造合理，能以较小的尺寸得到较大电流。1881年以后，蓄电池技术的发展有了一个飞跃，在20世纪初就已经创造出式样基本与现在的固定型和移动型铅酸蓄电池相似的蓄电池。

我国铅酸蓄电池的发展经历了以下几个阶段：

（1）第一、二代铅酸蓄电池的发展。我国固定型铅酸蓄电池的发展始于1940年，上海麟记厂开始生产极板用于修配。1949年沈阳厂开始生产形成式固定型铅酸蓄电池极板，1952年，正式生产形成固定型铅酸蓄电池。1957年，淄博厂根据前苏联技术与标准生产形成式固定型铅酸电池，质量较好。形成式蓄电池是采用化成充电的方法使正极铅板表面的Pb转化成PbO_2，负极铅板表面的铅转化成海绵状铅，铅耗量大，所以从1957年以后我国就研制极板类型开口式电池并投放市场。1957~1960年，开口式和形成式并存。1960年以后，形成式被开口式铅酸蓄电池取代，基本不再生产。

开口式铅酸蓄电池在生产工艺上有较大改进，负极铅板一律采用涂膏式。对于正极板有的厂家采用涂膏式，有的厂家采用管式极板。1957年开始研制时使用胶管，称铠甲式。1958年开始采用玻璃丝管，称管式，目前发展到采用涤纶排管。开口式铅酸蓄电池分两种，小于800A·h的用玻璃外壳，大于800A·h的用铅衬木槽。

开口式铅酸蓄电池从1956年开始应用于电力工业和通信等部门。1970年以后，随着防酸隔爆式、消氢式铅酸蓄电池不断推出，老式开口铅酸蓄电池已逐渐被淘汰出市场。

（2）第三代铅酸蓄电池的发展。开口式铅酸蓄电池寿命最高水平能达到10年以上，但酸雾多，补水频繁，占地大，电池充电要求高，铅耗量大，因此，到1970年基本被固定型防酸隔爆式铅酸电池、消氢式铅酸蓄电池所取代。

固定型防酸隔爆式铅酸电池是由管式正极板、涂膏式负极板、微孔隔离板及透明塑料电槽（或硬橡胶槽）等组成。电池盖上部装有防酸隔爆帽，有的电池内部还装有一个特制的温度密度计，指示电解液的温度及密度。

防酸隔爆帽是用金刚砂压制而成的，具有毛细孔结构，便于透气及排除酸雾。它的原理是将压制成型的金刚砂帽浸入适量的硅油溶液，硅油附着在金刚砂表面，因为金刚砂帽具有30%~40%的孔隙率，所以蓄电池在充电过程中，电解液分解出来的氢气和氧气可从毛细孔窜出，而酸雾水珠碰到具有憎水性的硅油后，又滴回电槽内。“防酸”是指防止电池内部气体强烈析出且带有很多酸雾，经防酸隔爆帽过滤后，酸雾不易析出蓄电池外部，可减少酸雾对蓄电池及设备的腐蚀。"隔爆"是指蓄电池内部不致引起爆炸，由于有氢气和氧气析出，因此，如果存放有蓄电池的室内空气不太流通，则可爆气体聚积较多后可能引起爆鸣。这种蓄电池只能算是半密封蓄电池。

消氢式铅酸蓄电池解决了上述问题。它是在蓄电池的密封盖上装上了含催化剂的催化栓，利用活性催化剂，把来自电解液的氢、氧化合成水，再回到电池内。当电池内析出的氢气氧气体积的比值不是2∶1时，可排出电池内析出的多余氧气或从外面空气中吸入需要的氧气。消氢电池是一种比防酸隔爆电池更能消除气体和酸雾危害的蓄电池，不仅增加了电池运行的安全性，而且可减少添加纯水的次数。

（3）第四代铅酸蓄电池的发展。第四代铅酸蓄电池即为现在的固定型阀控密封式铅酸蓄电池。

铅酸电池最早由法国的普兰特在1859年发明，至今已有154年的历史。由于其材料廉价易得、性能稳定、坚固耐用，自发明以来一直被人们广泛应用于通信、家电、交通、安全灯、太阳能等场合，为其提供电能储蓄。目前，我国铅蓄电池以汽车电池为主，约占总量的六成，由于中国汽车产业的迅速崛起，汽车电池消费高速增长，近5年年均递增达17%。呈高速增长的还有电动自行车和摩托车电池，年均递增达50%，其他蓄电池消费趋于平缓。汽车保有量已经超过3500万台，预计未来10~15年汽车需求增速仍将维持在15%左右。电动自行车用铅酸蓄电池将成为与汽车启动用蓄电池市场规模相当的市场，为铅酸蓄电池的发展再开辟一片天地。

7.2 铅酸蓄电池的种类及命名

7.2.1 铅蓄电池的分类

7.2.1.1 按用途分类

根据用途，铅蓄电池可分为以下几类：

（1）启动用蓄电池。用于燃油或燃气汽车、铁路内燃机、摩托车、拖拉机、各种轻型汽油内燃机（如钻岩机）、重型柴油内燃机、飞机、船舶以及坦克等。现在我国大多数铁路内燃机车已改为电网传输的电力驱动。

（2）驱动用蓄电池。用于电动自行车，电动自行车动力电源一般由2~3个12V左右的铅酸蓄电池提供动力，用于50km以内的短途旅行，目前中国电动自行车保有量达1亿多辆，成为主要的交通工具。也可用于铅酸电池汽车，铅酸电池汽车正处于上路阶段，部分混合动力汽车也有用铅酸电池作为动力的。还可用于平板式和叉式电瓶车电源、工矿电机车动力电源、残疾人代步车电源、垃圾清运车电源和潜水艇电源等。

（3）固定型蓄电池。用于电报电话设备、铁路信号通信设备电源、发电厂和变电所开关控制设备电源以及电子计算机等不停电备用电源等。

（4）照明用蓄电池。用于新型手电筒、矿灯照明和航标等。

（5）备用电源。如紧急疏散通道备用电源、报警系统备用电源和太阳光伏路灯备用电源等。

（6）蓄能用铅酸电池。用于风力蓄能和太阳能蓄能。

7.2.1.2 按结构分类

根据正极极板结构的不同，铅蓄电池可分为以下几类：

（1）涂膏式铅蓄电池。正负极板都用铅合金板栅，涂上氧化铅硫酸混合膏后，经干燥、化成后制备。

（2）管式铅蓄电池。在蓄电池的正极板铅合金的导电骨架上套上编织的纤维管，纤维管内装有活性物质，这种结构在保持良好的导电性的同时又防止了活性物质的脱落，这种结构也称铠甲式极板，负极板则配用涂膏式极板。

（3）形成式铅蓄电池。正极板为纯铅或由纯铅铸造成小方格的板栅，活性物质是靠铅本身化成时氧化形成的薄层，负极板采用涂膏式极板。

7.2.1.3 按电解液和充电维护情况分类

根据电解液和充电维护情况，铅蓄电池可分为以下几类：

（1）干放电铅蓄电池。极板平时处于干燥的放电状态，在用户开始使用时灌注电解液并进行较长时间的初充电即可使用。（2）干荷电铅蓄电池。极板处于干燥的充电状态，已经过化成。用户使用时灌入电解液，不需充电即可使用。（3）带液充电铅蓄电池。已充好电且带电液，用户可以随时使用。（4）免维护铅蓄电池。在正常运行条件下不需要维护加水，如现在流行的阀控铅酸电池。（5）少维护铅蓄电池。较长时间加一次水即可。（6）湿荷电铅蓄电池。部分电解液被吸收在极板和隔板内贮存，是已经充好电的蓄电池，使用时灌入电解液即可，不需充电。

7.2.2 国产铅酸蓄电池型号含义

根据 JB 2599—85 部颁标准，我国铅酸电池型号分为三段，其排列顺序和含义如下：串联的单体电池数-电池的类型和特征-额定容量，当电池数为 1 时，称为单体电池，第一段可以省略。电池的类型是根据主要用途划分，代号为汉语拼音的第一个字母（见表 7-1）。

表 7-1 国产铅酸蓄电池的型号及含义

表类型（主要用途）		表特征	
字母	含义	字母	含义
Q	启动用	A	干荷电式
G	固定用	F	防酸式
D	电池车	FM	阀控式
N	内燃机车	W	无需维护
T	铁路客车	J	胶体电解液
M	摩托车用	D	带液式
KS	矿灯酸性	J	激活式
JC	舰船用	Q	气密式
B	航标灯	H	湿荷式
TK	坦克	B	半密闭式
S	闪光灯	Y	液密式

以型号为6-QAW-54_a的蓄电池为例，说明如下：

（1）6表示由6个单体电池组成，每个单体电池额定电压为2V，即总额定电压为12V；（2）Q表示蓄电池的用途为汽车启动用蓄电池；（3）A和W表示蓄电池的类型，A表示干荷型蓄电池，W表示免维护型蓄电池，若不标表示普通型蓄电池；（4）54表示蓄电池的额定容量为54A·h（充足电的蓄电池，在常温下20小时率放电电流放电20h蓄电池对外输出的电量）；（5）角标a表示对原产品的第一次改进，名称后加角标b则表示第二次改进，依次类推；（6）型号后加D表示低温启动性能好，如6-QA-110D，型号后加HD表示高抗震型，型号后加DF表示低温反装，如6-QA-165DF。

其他国家如德国、日本等国家有自己的电池标准。牵引用等不同种类的铅酸电池规格和尺寸见国家的相关标准。

7.3 铅酸电池的结构和充放电原理

7.3.1 电池的结构

铅酸电池单电池由正负极和硫酸电解液组成，电池组则是单电池叠加，由正负极板、电解液、隔板、汇流排、极柱、排气栓、安全阀和电池槽组成，由汇流排收集电压电流，按照需要的电压和电流设计单电池串联或并联的个数，或是调节极板的面积来控制输出电流。铅酸电池见图7-1。

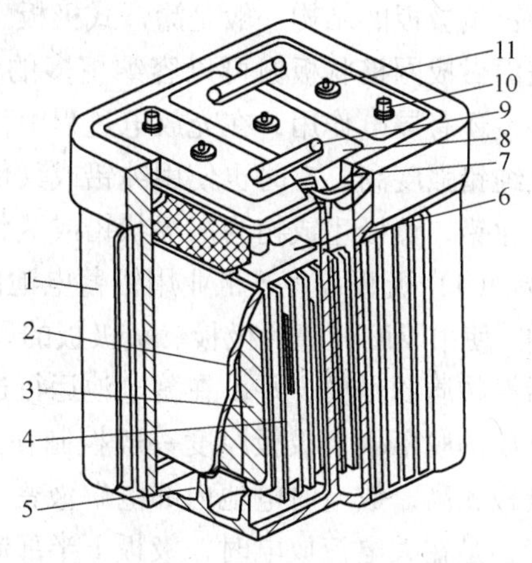

图7-1 铅酸电池构造
1—硬橡胶槽；2—负极板；3—正极板；4—隔板；5—鞍子；6—汇流排；7—封口胶；8—电池盖；9—联结条；10—极柱；11—排气栓

极板群组装在绝缘的电池槽1内。边极板一般是负极2，每种极性的极板群都以汇流排6的形式焊接在一起收集电流，汇流排上有垂直的极柱10，在正极板3和负极板2之间插有隔板4。极板下部有"脚"，由电池槽底部的鞍子5支撑。这样极板活性物质脱落后，可沉积到电池槽底部，避免了正负极板之间短路。极板上边框距电池盖8之间距离最少为20mm，这样可避免电池充电生成硫酸和硫酸铅后电解液溢出。蓄电池中每组电池副盖上有气孔和气孔帽，总盖有两个孔一个供引出极柱，一个放置电池排气栓11。该液孔塞上有通气用的小孔，单体电池之间由联结条9串联成电池组。电池槽盖之间用封口胶7黏合。

铅酸电池用途不同、生产厂家不同，结构和性能也有所差异，但都必须符合国家标准，相同型号必须有相同的性能。

7.3.1.1 正负极板

（1）正极：启动用铅酸电池采用涂膏式正极板，工业用铅酸电池多为管式正极板。有的牵引用铅酸电池也采用涂膏式正极板，但要使用复合式隔板以延长寿命，涂膏式极板的板栅如图7-2所示。图7-3所示为管式极板结构图，其中1为外层的保护套管，一般由玻璃纤维或其他耐纤维制成；2为活性物质；3为合金骨架；4为封底，多用塑料。（2）负

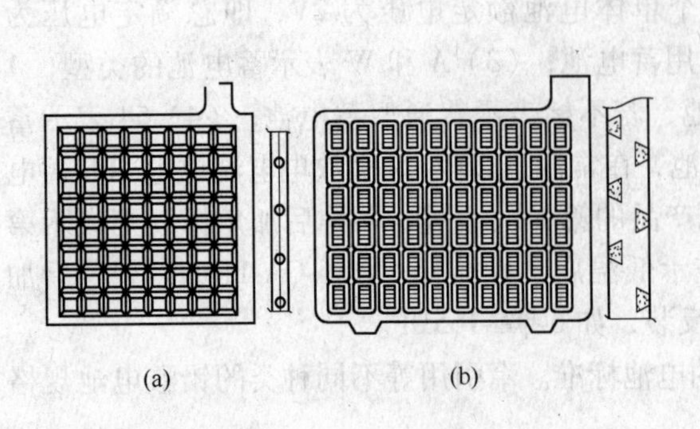

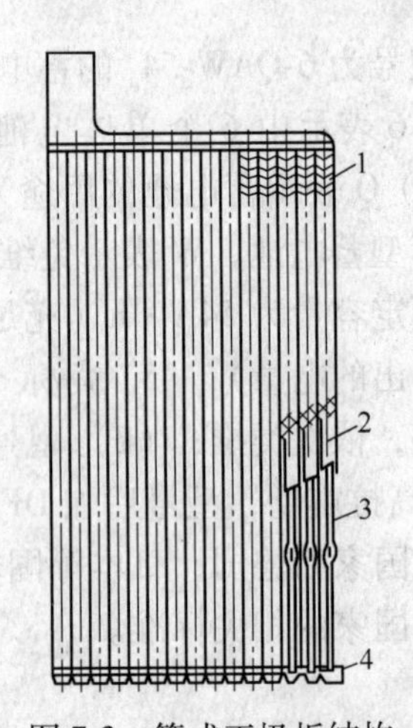

图 7-2 涂膏式极板的板栅
(a) 单层式板栅；(b) 双层式板栅

图 7-3 管式正极板结构
1—玻璃丝套管；2—活性物质；3—合金骨架；4—封底

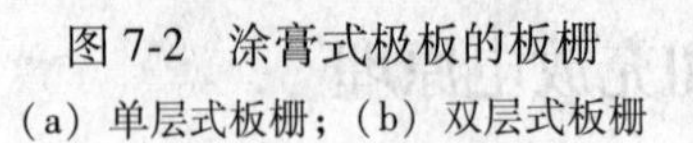

极：负极板的结构一般是涂膏式极板。(3) 组成：正负极板由板栅和活性物质组成，极板表面做成网格状板栅可以容纳更多的活性物质，防止其脱落。板栅除了支持活性物质以外，还有导电作用，在充放电过程中传导或收集电流。板栅一般使用铅锑合金，铅锑合金比纯铅强度高，有时也使用纯铅或其他合金，铅蓄电池在充电状态时，正极的生成物为二氧化铅，负极生成物为海绵状铅或绒状铅。在放电状态时，正极和负极的生成物均为硫酸铅。(4) 极板厚度：工业用铅蓄电池的极板厚度往往达到 5~6mm。在启动用的铅蓄电池中，使用厚度较薄的极板。负极板的厚度一般比正极板薄一些，因为每安时电量负极需要活性物质的量要少些。在蓄电池运行过程中，负极板不会发生板栅腐蚀，也不会发生活性物质的脱落，负极板厚度一般控制在正极板厚度的 80%左右。(5) 极板高宽尺寸之比：极板太高，放电时电池内部电解液密度不同，上下差别太大，极板上的电流分布不均匀，特别是在大电流放电时，极板下半部起不到多少作用。(6) 合理设计板栅的原则：

正极板栅的筋条分布及截面大小对电池的容量有很大影响，通过铅膏配方和工艺的改进，使得正极活性物质脱落问题已大大改善。正极板栅担负导电任务，筋条排列要密，以减小内阻，由于正极板栅在蓄电池使用过程中逐渐遭到腐蚀，所以筋条直径要粗，筋条既粗又密，使得每片极板上的活性物质减少，造成单片极板容量的降低。因此，采用容量与电压降兼顾的原则合理设计板栅尤为重要。例如，采用辐射式筋条的板栅，极耳由边部移向中部，取得了较好的效果，这种板栅电流分布较为均匀。

负极活性物质海绵状铅作为金属导电性较好，又不存在板栅腐蚀和活性物质脱落的问题，负极板栅就可以设计得筋条更细，筋条之间的距离更大，这样就能容纳更多的活性物质，提高单片极板的容量。

极板的外观质量须满足表 7-2 和表 7-3。

表 7-2 涂膏式极板外观质量

序号	检查项目	标准范围
1	极板弯曲	极板弧形弯曲度（弧顶与最长弧底之比）≤1.5%
2	极板活性物质掉块	每片极板不允许大于三个单格

续表 7-2

序号	检查项目	标准范围
3	极板表面脱皮有气泡	局部脱皮、有气泡，集中总面积≤5%
4	极板活性物质凹陷	深度与厚度之比≤1/3；面积≤4%
5	极板四框歪斜	对角线差≤1.4%
6	极板断裂	极板耳部、四框不允许断裂
7	极板活性物质酥松	活性物质脱落不超过总面积10%

表 7-3 管式极板外观质量

序号	检查项目	标准范围
1	丝管破裂	不允许显露活性物质
2	丝管散头	不允许
3	铅膏黏附	不允许
4	空管	单根空管长度≤30mm，分散空管长度≤10mm，且根数少于四分之一
5	极板弯曲	极板弧形弯曲度（弧顶与最长弧底之比）≤2%

极板成分须满足表 7-4 和表 7-5。

表 7-4 正极板成分

项目	指标/%		
	干式荷电极板	普通型极板	
		普通型涂膏式极板	普通型管式极板
二氧化铅含量	≥80.0	≥70.0	≥60.0
铁含量（杂质）	≤0.0050	≤0.0050	≤0.0050
水分含量	≤0.60	≤1.0	≤1.0

表 7-5 负极板成分

项目	指标/%	
	干式荷电极板	普通型极板
氧化铅含量	≤10.0	≤30.0
铁含量（杂质）	≤0.0050	≤0.0050
硫酸铅含量	≤3.50	
水分含量	≤0.50	≤0.50

7.3.1.2 电解液

电解液是铅蓄电池的重要组成部分，起着传导离子和参加成流反应的作用。一般采用20℃时密度为1.200~1.280kg/L的硫酸，其放电过程中一部分被消耗，密度降低，在充电过程中又能重新生成。铅酸电池电解液应符合国家标准外观无色、透明，50℃时密度为1.1~1.3g/cm^3，其他标准见表 7-6。

表 7-6 铅酸电池电解液的国家标准

指标名称	含量/%	密度/g·L^{-1}
硫酸（H_2SO_4）	15~40	180~480
灼烧残渣	≤0.02	0.24
锰（Mn）	≤0.00004	0.00048
铁（Fe）	≤0.004	0.048
砷（As）	≤0.00003	0.00036

续表 7-6

指标名称		含量/%	密度/g · L^{-1}
氯（Cl）		≤0.0007	0.0084
硝酸盐（以N计）		≤0.0005	0.0060
铜（Cu）		≤0.002	0.024
还原高锰酸钾物质	以O计	≤0.0008	0.010
	以 $KMnO_4$ 计	≤0.0032	0.038

7.3.1.3 隔板

隔板既要允许离子顺利通过，又要防止正负极活性物质直接接触而发生短路。它是由电子绝缘材料构成，有足够的孔隙充满电解液达到离子导电的作用。隔板对电池的性能和寿命影响较大，对其应有严格的要求：（1）电阻要小，这样电池的内阻就相应减小；（2）材料为电子导电的绝缘体，能阻止从电极上脱落活性物质，也能阻止枝晶的成长；（3）在电解液中不会被腐蚀，在充放电过程中能耐正负极活性物质的氧化还原作用；（4）多孔质，孔径小，孔率高，允许电解液中的离子扩散和迁移，防止脱落的活性物质通过细孔到达对方极板；（5）机械强度要大，耐酸腐蚀，不能析出对极板有害的物质；（6）材料来源丰富，价格低。

铅蓄电池大部分使用微孔橡胶隔板、微孔塑料隔板、塑料框架内加玻璃布，有的国家使用与玻璃丝隔板并用的双重隔板、超薄隔板和袋式隔板。

（1）微孔硬橡胶隔板。种类：一种是由蒸浓胶乳制成的微孔橡胶，另一种是用烟胶片制成微孔橡胶，即用烟胶片或“绉胶片”（也是天然橡胶）与硅胶和硫黄混合并使混合物硫化而成。

制造方法：第一种方法是制成平板，然后在它上面用刨刀刨出沟槽，另一种方法是在平滑的微孔硬橡胶板上用模压机压出圆形或椭圆形的突起物。

优点：能很好地满足上述大多数要求，尤其是防止短路。有了微孔橡胶隔板才能制成极板间距小和电池充放循环寿命长的一系列新型结构的蓄电池。

缺点：被电解液浸渍的速度较慢。除热带地区外，缺乏资源。制造工艺复杂，价格较贵。另外不易制成较薄的产品，厚度在1mm以下就较为困难。

微孔橡胶隔板的技术要求列于表7-7及表7-8中。

表 7-7 隔板的物理力学性能

项目名称	直流电阻率 /Ω · dm^2 · mm^{-1}	抗拉强度 /Pa	耐腐蚀 /h · mm^{-1}	孔率 /%	透水性 /mm · s^{-1}	最大孔径 /μm	折断弯度
指标	<0.003	2942	> 340	> 53 > 54	< 5	<10（胶） <45（塑）	不折断 无裂痕

表 7-8 隔板的化学性能

项目名称	铁含量/%	游离氯含量 /%	还原高锰酸钾的有机物 /mL · g^{-1}	锰含量/%	pH值	水分/%
指标	< 0.04	< 0.003	< 15	< 0.003	6~7	< 2

（2）烧结式（聚氯乙烯）微孔塑料隔板。用烧结式制成的微孔塑料隔板可以在短时间被电解液浸透，具有较好的机械强度，很好的化学稳定性和较低的电阻。微孔塑料隔板已制成很多品种，包括厚2~3 mm的隔板。聚氯乙烯原料丰富，因此，这种隔板国内外使用较普遍。

微孔塑料隔板制造工艺比较简单，将原料树脂干燥过筛，去掉夹杂物质后，铺在钢带上进行烧结成型，经冷却后切割成所需尺寸。聚氯乙烯原料，应采用颗粒较细的。颗粒较粗时制成的隔板孔径过大，不适合蓄电池使用。对烧结式塑料隔板和微孔橡胶隔板的技术要求均包括在JB3385-83隔板标准内。

（3）聚氯乙烯软质塑料隔板。软质塑料隔板由于性能优异，逐渐为世界各国所采用，主要特点是：1）孔径小，为普通隔板的1/10~1/100；2）开口孔隙率高，根据制造方法不同可达50%~90%，而一般隔板仅为30%~60%；3）电阻低，一般软质隔板的电阻仅为微孔橡胶隔板的1/2~1/3；4）该隔板有较强的耐酸性和抗氧化性，比普通隔板约提高一倍；5）薄、韧、轻，该隔板可制成厚度较薄的产品，且脆性小，因而体轻，适用于体积较小的电池；6）热风性好，可制成袋式隔板，用于免维护电池。

（4）聚烯烃树脂微孔隔板。国外为了使蓄电池达到高比能量，长寿命并适合免维护电池的要求，已研制出一些新型的蓄电池隔板，如用聚烯烃树脂（主要是聚乙烯、聚丙烯）制造的微孔隔板。国外从20世纪70年代就开始研制并已有一定的进展，生产出商品名为尤米库仑的超薄型隔板，用于汽车蓄电池，可明显提高启动性能。

国内也已研制出聚丙烯纤维微孔隔板。这种隔板是用聚丙烯树脂溶喷成超细纤维，制成毡状，其中加入一些填充剂、润滑剂和防老化剂，再经热轧成型制成微孔隔板。根据需要，这种隔板可以做成不同厚度的平板式、袋式及不同的板型（即沟槽式和瓦楞式）。隔板的一些性能见表7-9。

表7-9　聚烯烃隔板性能

项目名称	指　标	项目名称	指　标
厚度/mm	0.8（带筋1.4）	最大孔率/μm	17~18
电阻/$\Omega\cdot mm^{-2}$	0.092~0.003	透水性/$s\cdot mm^{-1}$	3~4
孔隙率/%	63~65		

聚丙烯制造的微孔隔板因聚丙烯的吸水性非常差而存在一些问题，即聚丙烯隔板的疏水性和隔板结构的微孔性使得隔板较难被电解液润湿。这就影响了电解液的渗透和扩散，导致电池性能不好。所以为了提高其润湿性，需要在聚丙烯隔板的制造过程中加入一定的润湿剂。

结果表明，试制的样品与微孔橡胶和烧结式塑料隔板相比，其润湿性良好。经装电池做高、低温启动放电对比试验和充电寿命试验，也无明显差别。

（5）新型玻璃棉纸浆复合隔板。纸浆隔板是以酚醛树脂作主要原料，经浸泡、烘干制作后，再加上一层防止活性物质脱落的玻璃纤维覆盖于纸板上形成复合隔板，其主要物理、化学性能参数见表7-10。

（6）玻璃丝隔板及玻璃丝套管。优点：具有其他有机纤维不可比拟的优点，如耐热性，耐腐蚀性和绝缘性等。缺点：玻璃丝隔板电阻大，对启动放电有一定的影响。

表 7-10 新型玻璃棉纸浆复合隔板性能

项目名称	指标	项目名称	指标
平均孔径/μm	30	pH 值	5~6
孔率/%	70	铁含量/%	≤0.02
耐腐蚀性/$h \cdot mm^{-1}$	40	游离氯含量/%	≤0.003
扭断强度/$kg \cdot cm^{-2}$	≥60	水分/%	≤1.5
直流比电阻/$\Omega \cdot dm^2 \cdot mm^{-1}$	≤0.002		

制作原料：碱性很小的硬质玻璃或无碱玻璃。需用硅石，长石，石灰石，曹达灰（碳酸钠）和硼砂等原料。曹达灰中有时混入一些芒硝，同时要求原料中铁含量能控制在0.2%~0.3%以下。制作过程：原料经粉碎后，配成所需的玻璃配比。在炉内熔融制成均质的玻璃。拉制长纤维时，用坩埚法在底部开一小孔，将熔融玻璃引出，在快速回转的滚筒上，卷取粗细均匀的纤维。蓄电池普遍用的玻璃纤维直径为 7~12μm，交错铺成毡片状，用胶、酚醛树脂或聚苯乙烯等进行固化而成。

玻璃丝隔板与其他隔板并用组成复合式隔板（玻璃丝隔板一侧靠正极），可防止正极活性物质脱落，大大延长了蓄电池的充放电循环寿命。

7.3.1.4 电池槽

电池槽起容器和保护的作用，必须能耐硫酸的腐蚀，此外，还须满足在使用中的一些特殊要求，如强度、耐震动、抗冲击以及耐高低温等。

启动用铅蓄电池在我国现在基本上使用塑料槽，很少使用较贵的硬橡胶电池槽，在国外大部分已改用塑料槽，固定型蓄电池国内外都用塑料槽。20 世纪 60 年代至现在，塑料工业发展迅速，移动用的电池槽用塑料槽代替，固定用的电池槽则用改性聚苯乙烯（如 AS）代替。

（1）硬橡胶电池槽。蓄电池槽及其他零件采用的硬橡胶是加硫橡胶的一种，硫黄含量超过 25%。一般纯硬橡胶是黑色有弹性的角质物，断口无光泽。制造硬橡胶使用的硫黄，普通为粉末状，其配合量为每 100 份生胶加入 30~70 份。

硫化促进剂中的有机促进剂，仅对促进硫化反应有效果，作为助促进剂和无机促进剂可用氧化镁或熟石灰。另一种重要配合剂是硬橡胶粉，它能使硫化时产生的热量减少，硫化反应时的生胶量也可减少。此外，它对减少硫化收缩也是很有用的。

硬橡胶槽的物理性能如表 7-11 所示。

表 7-11 硬橡胶槽的物理性能

项目名称	抗拉应力/$N \cdot cm^{-2}$	密度/$kg \cdot L^{-1}$	伸 长	绝缘耐力
指标	>2000×10⁴	<1.5	>1%	3000V 不破坏

此外，对抗冲击强度，浸酸后的增重和析出杂质也都有规定。

（2）塑料电池槽。塑料槽用注塑机制造，工艺过程较简单，原材料也较丰富，成本低，所以发展较快。现在多用塑料电池槽代替硬橡胶槽和玻璃槽，对启动用蓄电池曾用过 ABS 塑料，又用过聚丙烯（PP）塑料，但由于 PP 的耐寒性较差，所以现在多使用聚丙烯和聚乙烯共聚物（PPE）以改善低温强度。对牵引用蓄电池多用聚乙烯（PE）电池槽。

对固定型蓄电池，现用改性聚苯乙烯（AS）代替玻璃槽。

（3）电池槽标准与性能要求。硬橡胶电池槽技术要求见表7-12。

表7-12 硬橡胶电池槽技术要求

项 目	指 标
锰含量（质量分数）/%	0.08
铁含量（质量分数）/%	0.3
耐酸试验	28天尺寸变化最大不超过2.0%
	质量变化最大不超过5.42kg/m^2
	酸渗透最大不超过1.58mm
耐冲击试验	0.908kg钢球，壁厚不到7.6mm，平均0.138kJ/m^2，不低于0.092kJ/m^2
	壁厚7.6mm或更大，平均0.230kJ/m^2，不低于0.184kJ/m^2
膨胀试验	温度89℃时，膨胀值不大于1.78mm
热-冷循环	10次循环无故障
电击穿试验	外加电压100V，橡胶厚25.4mm，交流电峰值的最大试验电压30000V，不得发生故障

电池槽在汽车上使用时，必须经得起下列条件考验：1）不受密度为1.300kg/L硫酸的影响；2）在-40~90℃的温度范围内，应保持尺寸的稳定；3）在充放电过程中不发生改变；4）耐一定的压缩（如组装电池时不应破碎或产生裂纹）；5）抗拉强度好，但不脆，特别是在低温时。

电池槽的力学性能见表7-13。

表7-13 电池槽的力学性能

性 能		ASTM标准号	聚苯乙烯	聚丙烯
机械性能	抗拉强度/N·m^{-2}	D638	562×10^5	274×10^5
	相对延伸率/%	D638	1.5~3.5	20
	挠曲强度/N·m^{-2}	D790	703×10^5	323×10^5
热性能	在1820kPa条件下的热变形	D648	78~82	缓慢
	燃烧时每分钟经过的毫米数	D635	13~51	缓慢
物理性能	密度/kg·L^{-1}	D792	1.04~1.07	0.90
	洛氏硬度	D785	70~80	60
	吸水率/%	D570	0.04	0.01
	成型收缩率/%	D955	0.003~0.0005	0.01~0.02

铅蓄电池槽的检验指标见表7-14。

（4）其他电池槽。1）铅衬木槽主要用于大容量的固定型蓄电池。用薄铅皮焊成衬里，在焊接时注意不得留有任何缝隙，首先要灌入硫酸放置一定时间，检查焊缝情况，一般用酚酞指示剂检验观察有无变色来确定。2）内衬小硬橡胶槽外用木槽。有的国家坦克电池用此种电池槽，主要是木槽在外面耐冲击和耐震动性好。外面的木槽要涂以耐酸漆以防酸液溅出损坏电池槽。

表 7-14 铅蓄电池槽的检验指标

检验项目		指标
耐酸性		表面膨胀不产生变色或失去透明，质量增减小于 0.006g/dm^2 渗出铁含量小于 0.006g/dm^2 渗出有机物，消耗浓度为 0.02mol/L 的高锰酸钾小于 5mL/dm^2
耐电性	干法	耐交流电压 8000~12000V 经 3~5s 不击穿
	湿法	耐交流电压 5000~1000V 经 1~5s 不击穿
内应力		5min 后用眼观察电槽各部位不产生裂纹
落球冲击强度		不产生裂痕及细小裂纹
热变形	整体槽	不能有 2mm 以上的变化
	单体槽	不能有 1%以上的变化和槽体变形

7.3.2 电池的充放电原理

7.3.2.1 充放电电化学反应

在 1882 年 J. H. Gladstone 和 A. Tribe 提出“双硫酸盐化理论”，按照该理论电池反应可表示为：

$$Pb+PbO_2+2H_2SO_4 \underset{充电}{\overset{放电}{\rightleftharpoons}} 2PbSO_4+2H_2O$$

从分子层面上初步表示了电池的充放电反应原理。

由于硫酸的两级离解常数相差很大，在 25℃时，

$$H_2SO_4 \overset{K_1}{\rightleftharpoons} H^++HSO_4^- \quad 比例系数 K_1=1\times10^3$$

$$HSO_4^- \rightleftharpoons H^++SO_4^{2-} \quad 比例系数 K_2=1.2\times10^{-2}$$

$K_1>>K_2$，是 K_2的近十万倍，所以 H_2SO_4解离时主要生成 HSO_4^-和 H^+，铅酸电池使用的硫酸浓度范围是 1.8~6.8mol/L，而浓硫酸的浓度为 18mol/L，所以应将电池中的硫酸视为稀硫酸，将硫酸视为 1-1 价型电解质，参加反应的主要是 HSO_4^- 离子和 H^+离子，两电极的反应为：

负极

$$Pb+HSO_4^- \underset{充电}{\overset{放电}{\rightleftharpoons}} PbSO_4+H^++2e^-$$

正极

$$PbO_2+3H^++HSO_4^-+2e^- \underset{充电}{\overset{放电}{\rightleftharpoons}} PbSO_4+2H_2O$$

则电池反应总充放电化学方程式表示为：

$$Pb+PbO_2+2H^++2HSO_4^- \underset{充电}{\overset{放电}{\rightleftharpoons}} 2PbSO_4+2H_2O \tag{7-1}$$

放电时，在正负极上都生成了硫酸铅，放电后产物的 X 射线分析，也证明了正负极的放电产物确为硫酸铅。硫酸在电池中不仅传导离子电流，而且参加电池反应，也是反应物。随着放电的进行，硫酸不断减少，同时电池中有水生成，使电池中的硫酸浓度不断降低；充电时，硫酸不断生成，浓度逐渐增大。这些也从充放电时通过的电流和实测硫酸浓

度的变化得到了验证。采用比重计测量硫酸的比重，就可估计出铅蓄电池的荷电状态。

7.3.2.2 铅酸电池的电动势及其温度系数

(1) 铅酸电池的电动势。根据反应式 (7-1)，按照能斯特公式计算电池的电动势，公式如下：

$$E = E^{\ominus} - \frac{0.059}{2}\lg \frac{a_{PbSO_4}^2 \cdot a_{H_2O}^2}{a_{Pb} \cdot a_{PbO_2} \cdot a_{H^+}^2 \cdot a_{HSO_4^-}^2}$$

纯固体在 101.325kPa 下的活度均为 1，所以：

$$a_{Pb} = 1,\ a_{PbO_2} = 1,\ a_{PbSO_4} = 1$$

$$E = E^{\ominus} - \frac{0.059}{2}\lg \frac{a_{H_2O}^2}{a_{H^+}^2 \cdot a_{HSO_4^-}^2}$$

又因

$$a_{H^+} \cdot a_{HSO_4^-} = a_{H_2SO_4}$$

所以

$$E = E^{\ominus} - \frac{0.059}{2}\lg\left(\frac{a_{H_2O}}{a_{H_2SO_4}}\right)^2$$

即

$$E = E^{\ominus} - 0.059\lg \frac{a_{H_2O}}{a_{H_2SO_4}}$$

该式是常用的铅蓄电池电动势的计算公式，由该公式可以看出，电动势取决于 a_{H_2O}、$a_{H_2SO_4}$和 $E^{\ominus}$的数值。

其中，$E^{\ominus} = -\frac{\Delta G^{\ominus}}{nF}$。式中 $\Delta G^{\ominus}$为电池反应涉及的各种物质的标准生成自由焓，数值与温度有关。经查找，25℃时铅蓄电池的 $\Delta G^{\ominus}$为

$$\begin{aligned}\Delta G^{\ominus} &= [2 \times \Delta G_{PbSO_4}^{\ominus} + 2 \times \Delta G_{H_2O}^{\ominus}] - [\Delta G_{Pb}^{\ominus} + \Delta G_{PbO_2}^{\ominus} + 2 \times \Delta G_{H^+} + 2 \times \Delta G_{HSO_4^-}^{\ominus}] \\ &= [2\times(-183.2)+2\times(-237.18)]-[(-218.9)+2\times(-755.42)] \\ &= -371.02\text{kJ/mol}\end{aligned}$$

所以，$E^{\ominus} = -\frac{\Delta G^{\ominus}}{nF} = \frac{(-371.02)\times 1000}{2\times 96487} \approx 1.923\text{V}$。

铅蓄电池所用的硫酸浓度较高，不能认为 $a_{H_2O} \approx 1$ 及 $a_{H_2SO_4} \approx 1$，可以查不同浓度硫酸中的水的活度和硫酸的平均活度系数 $\gamma_\pm$，计算硫酸的活度：

$$a_{H_2SO_4} = a_\pm^2,\ a_\pm = m_\pm \gamma_\pm$$

式中 $a_{H_2SO_4}$——硫酸活度；

$a_\pm$——平均活度；

$m_\pm$——平均质量摩尔浓度 (mol/kg)，即 1kg 溶剂中所含有的溶质的摩尔数；

$\gamma_\pm$——硫酸的平均活度系数。

按照计算平均摩尔质量浓度的公式：

$$m_\pm = m(\gamma_+^{v+} \cdot \gamma_-^{v-})^{\frac{1}{v_+ + v_\pm}}$$

对于硫酸，若视为 1-1 价型的电解质，则

$$m_\pm = m,\ a_{H_2SO_4} = a_\pm^2 = (m\gamma_\pm)^2$$

对于常用电解液电池电动势的计算，采用 25℃时密度为 1.200~1.280kg/L 的硫酸作

电解液，其相应的质量浓度为28%~38%。

每升溶液的质量为：1.200/0.28 = 4.28kg

每升溶液中溶剂水的质量为：4.286-1.200 = 3.08kg

硫酸的质量摩尔浓度为：1.2/3.086/0.098 = 3.968mol/kg

查得硫酸的质量摩尔浓度为4.0时的硫酸的平均活度系数为

$$\gamma_{\pm} = 0.184$$

则 $$a_{H_2SO_4} = a_{\pm}^2 = (m_{H_2SO_4}\gamma_{\pm})^2 = (3.968 \times 0.184)^2 = 0.533$$

查得 $$a_{H_2SO_4}\ (m_{H_2SO_4} = 4.0) = 0.7799$$

则 $$E = 1.923 - 0.059\lg 0.7799/0.533 = 3.836\text{V}$$

同样，可以计算硫酸密度为1.2800kg/L的铅酸电池电动势大约为1.96V，所以，通常所用的铅酸蓄电池的电动势范围为1.96~3.836V。

（2）电池电动势的温度系数。电池电动势的温度系数$\left(\frac{\partial E}{\partial T}\right)_p$，可以用来计算电动势随温度的变化，在理论上可用来计算一些热力学函数值以及分析电池与环境的热交换关系，根据热力学可导出电池反应的熵变（ΔS）。

由吉布斯-亥姆霍兹方程：

$$\left[\frac{\partial\left(\frac{\Delta G}{T}\right)}{\partial T}\right]_p = -\frac{\Delta H}{T^2} \qquad \frac{1}{T}\left[\frac{\partial\left(\frac{\Delta G}{T}\right)}{\partial T}\right]_p - \frac{\Delta G}{T^2} = -\frac{\Delta H}{T^2}$$

得出 $$-\Delta H = -\Delta G + T\left[\frac{\partial(\Delta G)}{T}\right]_p$$

同时， $$\Delta G = -nEF$$

于是， $$-\Delta H = nEF - nFT\left(\frac{\partial E}{\partial T}\right)_p$$

根据热力学第二定律的基本公式

$$\Delta H = \Delta G + T\Delta S$$

因此： $$\Delta S = nF\left(\frac{\partial E}{\partial T}\right)_p$$

这一公式可用来计算电池反应的ΔS，或者，根据ΔS计算电动势的温度系数。

熵变与可逆过程的热交换有以下关系：

$$\mathrm{d}H = T\mathrm{d}S + v\mathrm{d}p$$

可逆条件下 $$Q_{可} = T\Delta S = TnF\left(\frac{\partial E}{\partial T}\right)_p$$

式中，$Q_{可}>0$，表示电池放电时从环境吸热；$Q_{可}<0$，表示电池放电时向环境放热。

利用温度系数可以证明所推测的电池反应的正确性。有两种关于铅蓄电池反应的说法假如按反应：

$$Pb + PbO_2 + 2H^+ + 2HSO_4^- \underset{充电}{\overset{放电}{\rightleftharpoons}} 2PbSO_4 + 2H_2O$$

并假定电极上只有α-PbO_2，在标准情况下：

$$\Delta S^{\ominus} = 2\times148.56+2\times69.91-64.81-92.47-2\times119.03=41.62\text{J/(mol}\cdot\text{K)}$$

$$\left(\frac{\partial E}{\partial T}\right)_p = \frac{\Delta S^{\ominus}}{2F} = \frac{41.60}{2\times96487} = 0.216\text{mV/K}$$

若按另一种电池反应的假说

$$Pb+PbO_2+4H^++2SO_4^{2-} \longrightarrow 2PbSO_4+2H_2O$$

则在标准情况下

$$\Delta S^{\ominus} = 2\times148.56+2\times69.91-64.81-92.47-2\times18.41= 237.84\text{J/(mol}\cdot\text{K)}$$

$$\left(\frac{\partial E}{\partial T}\right)_p = \frac{\Delta S^{\ominus}}{2F} = \frac{237.84}{2\times96487} = 1.232\text{mV/K}$$

前一种电动势温度系数的计算值与实测值较相符，证明合理的电池反应为第一种。

正极的活性物质并不是严格的化学物质 PbO_2，而是一种非化学计量物 PbO_n，n 的数值与其制备方法、结晶形式、电极所处的环境、溶液的组成及温度有关系，取 n 为 2 为近似推导。

表 7-15 给出了铅蓄电池中有关物质的热力学函数值。

表 7-15 铅蓄电池中有关物质的热力学函数值

物 质	状 态	$\Delta H^{\ominus}$/kJ · mol^{-1}	$\Delta G_i^{\ominus}$/kJ · mol^{-1}	$S^{\ominus}$/J · mol^{-1} · K^{-1}	$C_p^{\ominus}$/J · mol^{-1} · K^{-1}
H_2	气态	0	0	130.57	28.8
H^+	水溶液中	0	0	0	0
O_2	气态	0	0	205.028	29.35
H_2O	气态	−241.82	−228.59	188.73	33.58
H_2O	液态	−285.83	−237.18	69.91	75.29
OH^-	水溶液中	−229.99	−157.29	−10.75	148.53
S	正交晶	0	0	31.86	22.64
SO_4^{2-}	水溶液中	−909.27	−744.04	18.41	292.88
HSO_4^-	水溶液中	−887.34	−755.42	119.03	
H_2SO_4	液态	−814.0	−690.1	156.9	138.9
Pb	正方晶	0	0	64.81	26.44
Pb^{2+}	水溶液中	−1.674	−24.39	16.46	
PbO（红）	四方晶	−219.0	−188.95	66.53	45.81
PbO（黄）	正交晶	−217.3	−187.9	68.7	45.78
$Pb(OH)_2$	正交晶	−514.6	−420.9	87.86	0
Pb_3O_4	四方晶	−718.4	−601.24	211.29	147.2
$PbSO_4$	正交晶	−919.73	−813.2	148.56	103.2
α-PbO_2	正交晶	−265.77	−217.3	92.47	0
β-PbO_2	四方晶	−276.6	−213.9	76.4	64.6

7.3.2.3 Pb-H_2SO_4-H_2O 体系的电位-pH 值图及其应用

比利时腐蚀学家、电化学家 M. Pourbaix 于 1938 年提出电位-pH 值图，因此又称 Pourbaix 图。电位-pH 值图虽然有一定的局限性，不能说明反应的速度及其影响，但能从热力学角度说明反应的可能性。

（1）电位 pH 值图的制作

1）确定体系有关物质及其热力学函数值。

2）写出有关物质间的反应，确定电极电位 φ_e 或热力学平衡常数 K 和 pH 值的关系。

第 1 类反应：不涉及 H^+ 的氧化还原反应在电位-pH 值图上是一水平线。

反应① $Pb^{4+}+2e^- = Pb^{2+}$ $\quad \varphi_e = 1.694+0.0295\lg\frac{a_{Pb^{4+}}}{a_{Pb^{2+}}}$

反应② $PbSO_4+2e^- = Pb+SO_4^{2-}$ $\quad \varphi_e = -0.3586-0.0295\lg a_{SO_4^{2-}}$

第 2 类反应，有 H^+ 参加的非氧化还原反应。

反应③ $Pb^{4+}+3H_2O = PbO_3^{2-}+6H^+$ $\quad \lg\frac{a_{PbO_3^{2-}}}{a_{Pb^{4+}}} = -23.06+6pH$

反应④ $2PbSO_4+H_2O = PbO\cdot PbSO_4+SO_4^{2-}+2H^+$ $\quad pH = 8.4+\frac{1}{2}\lg a_{SO_4^{2-}}$

反应⑤ $2(PbO\cdot PbSO_4)+2H_2O = 3PbO\cdot PbSO_4\cdot H_2O+SO_4^{2-}+2H^+$ $\quad pH = 9.6+\frac{1}{2}\lg a_{SO_4^{2-}}$

反应⑥ $3PbO\cdot PbSO_4\cdot H_2O = 4PbO+SO_4^{2-}+2H^+$ $\quad pH = 14.6+\frac{1}{2}\lg a_{SO_4^{2-}}$

第 3 类反应：有 H^+ 参加的氧化还原反应。

反应⑦ $\beta\text{-}PbO_2+HSO_4^-+3H^++2e^- = PbSO_4+2H_2O$ $\quad \varphi_e = 1.659-0.0886pH+0.0295\lg a_{HSO_4^-}$

反应⑧ $PbSO_4+H^++2e^- = Pb+HSO_4^-$ $\quad \varphi_e = -0.302-0.0295pH-0.0295\lg a_{HSO_4^-}$

反应⑨ $2PbO_2+SO_4^{2-}+6H^++4e^- = PbO\cdot PbSO_4+3H_2O$ $\quad \varphi_e = 1.436-0.0886pH+0.0147\lg a_{SO_4^{2-}}$

反应⑩ $PbO\cdot PbSO_4+2H^++4e^- = 2Pb+SO_4^{2-}+H_2O$ $\quad \varphi_e = -0.113-0.0295pH-0.0148\lg a_{SO_4^{2-}}$

反应⑪ $4PbO_2+10H^++SO_4^{2-}+8e^- = 3PbO\cdot PbSO_4\cdot H_2O+4H_2O$

$\varphi_e = 1.294-0.0739pH-0.0074\lg a_{SO_4^{2-}}$

反应⑫ $4Pb_3O_4+14H^++3SO_4^{2-}+8e^- = 3(3PbO\cdot PbSO_4\cdot H_2O)+4H_2O$

$\varphi_e = 1.639-0.1055pH+0.0222\lg a_{SO_4^{2-}}$

反应⑬ $3PbO\cdot PbSO_4+H_2O+6H^++8e^- = 4Pb+SO_4^{2-}+4H_2O$

$\varphi_e = 0.029-0.0443pH-0.0074\lg a_{SO_4^{2-}}$

反应⑭ $3PbO_2+4H^++4e^- = Pb_3O_4+2H_2O$ $\quad \varphi_e = 1.122-0.0591pH$

反应⑮ $Pb_3O_4+2H^++2e^- = 3PbO+H_2O$ $\quad \varphi_e = 1.076-0.0591pH$

反应⑯ $PbO+2H^++2e^- = Pb+H_2O$ $\quad \varphi_e = 0.248-0.0591pH$

3）根据以上反应，在电位-pH 图上画出相应图线，即得图 7-4 $Pb\text{-}H_2SO_4\text{-}H_2O$ 体系的电位-pH 值图。

（2）电位-pH 值图的应用

当初 M. Pourbaix 提出电位-pH 值图主要是用于分析金属的腐蚀问题。在化学电源中，电位-pH 值图可用来讨论电池的自放电问题，以及极板制造过程中的问题。

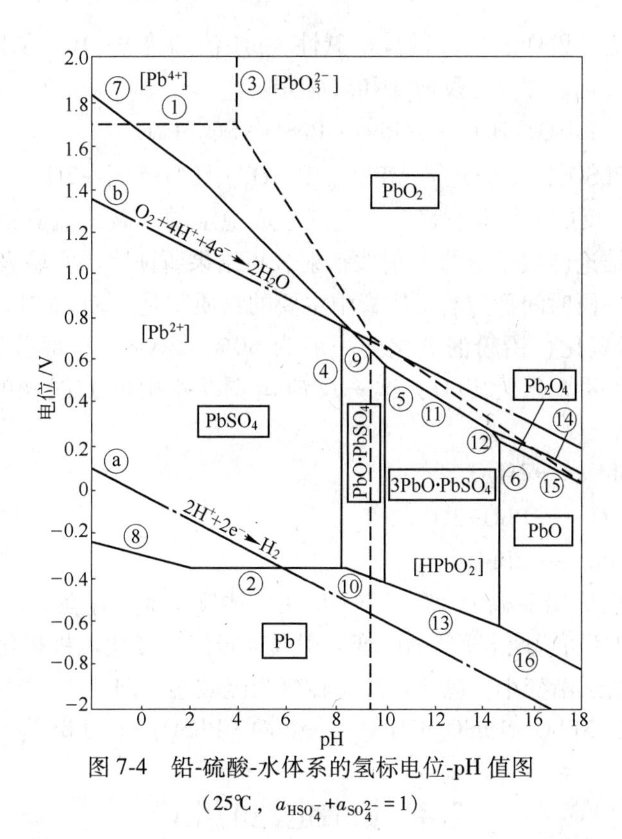

图 7-4 铅-硫酸-水体系的氢标电位-pH 值图

（25℃，$a_{HSO_4^-}+a_{SO_4^{2-}}=1$）

1）自放电问题的讨论

电池负极自放电是由于负极在存放时发生金属自溶。体系存在一对共轭反应，则金属容易发生自溶。除了金属的阳极氧化反应，还需要一个氧化组分的还原反应。在电解质水溶液中，经常是氢离子的还原反应或氧的还原反应与金属的阳极氧化过程构成共轭反应。对于铅蓄电池的负极，氢离子在酸性介质的还原过程构成共轭反应。从电位-pH 值图可看出，共轭反应是由图中的⑧线和ⓐ线表示的反应构成的。

反应⑧　$Pb+HSO_4^- \longrightarrow PbSO_4+H^++2e^-$

反应ⓐ　$2H^++2e^- \longrightarrow H_2$

铅蓄电池的正极 PbO_2 存放时也会自放电，PbO_2 转化为 $PbSO_4$，使电池容量下降。从电位-pH 图可以看出，ⓑ线和⑦线表示的反应构成一对共轭反应。

反应ⓑ　$2H_2O \longrightarrow 4H^++O_2+4e^-$

反应⑦　$PbO_2+HSO_4^-+3H^++2e^- \longrightarrow PbSO_4+2H_2O$

用电位-pH 图讨论的只是正负极自放电的可能性，即热力学问题，至于反应的速度及影响因素，则属于动力学问题。

2）铅蓄电池极板制造过程中的应用

铅蓄电池极板在制造过程中，会发生各种物质的转化，也可用电位-pH 图分析。

例如在和膏、涂膏及干燥过程中有可能生成碱式硫酸盐，它会影响铅膏及未化成的活性物质的组成，和膏时反应首先生成 $PbSO_4$。

$$PbO+H_2SO_4 \longrightarrow PbSO_4+H_2O$$

因为H_2SO_4不足，PbO过量，铅膏呈碱性，pH值约为9～10。从图7-4中可以看出，这时$PbSO_4$将发生转化，即发生反应④和反应⑤。

反应④ $$2PbSO_4+H_2O \longrightarrow PbO\cdot PbSO_4+SO_4^{2-}+2H^+$$

反应⑤ $$2(PbO\cdot PbSO_4)+2H_2O \longrightarrow 3PbO\cdot PbSO_4\cdot H_2O+SO_4^{2-}+2H^+$$

当pH增大时，反应平衡向右移动，直到生成稳定的三碱式硫酸铅（$3PbO\cdot PbSO_4\cdot H_2O$）为止，这一结论已被铅膏的X射线衍射分析结果所证明。实验表明，和膏后虽能发现$PbSO_4$，但经过一段时间稳定后，铅膏中主要的物质却是PbO和$3PbO\cdot PbSO_4\cdot H_2O$。

再如铅的继续氧化，铅粉的氧化度一般为60%～80%，有部分铅膏尚未氧化，在和膏时，这些铅粉可氧化为PbO。这一反应由图7-4中的ⓑ线及⑯线所表示的反应构成。

反应ⓑ $$O_2+4H^++4e^- \longrightarrow 2H_2O$$

反应⑯ $$Pb+H_2O \longrightarrow PbO+2H^++2e^-$$

两者相加为 $$O_2+2Pb \longrightarrow 2PbO$$

实验表明，和膏时铅要减少2%～5%，证实上述反应确实存在。

3）电位-pH图还可说明pH值的改变，引起极板组成变化。极板化成时，由于极板浸入硫酸溶液后pH值逐渐变小，碱式硫酸盐转变为硫酸盐，即

$$3PbO\cdot PbSO_4\cdot H_2O \longrightarrow PbO\cdot PbSO_4 \longrightarrow PbSO_4$$

7.4 铅酸电池的生产

7.4.1 电池的生产工艺

图7-5给出了铅酸电池的生产流程，该流程表明铅酸电池的生产主要包括板栅铸造、铅粉制造、化成、焊接和电池装配等工艺。

7.4.1.1 板栅及其铸造

板栅的作用是收集反应电流和支撑活性物质。板栅的结构应使电流密度分布均匀，活性物质与板栅牢固结合，提高活性物质的利用率，防止极板翘曲和物质脱落。由于纯铅较软，目前铅蓄电池所用的板栅材料多数为铅锑合金，锑含量为4%～6%，也有一些铅蓄电池如航标电池的板栅采用纯铅。正板栅应采用耐腐蚀合金铸造，国内比较成熟的耐腐蚀合金有铅-锑-砷合金、铅-锑-银合金和铅-锑-银-锡等。

（1）铅锑合金的配制。铅锑合金比纯铅有较好的力学性能，如硬度大、抗张强度高、线性膨胀系数小，同时也有较好的铸造性能如合金液流动性好、易成型等。在配制铅锑合金时，对于铅、锑材料的纯度及合金配方的选择，应根据产品的要求来确定。铅锑合金具体配制过程如下：根据合金的配方称好全部所需材料，配制第一锅合金时，先将约三分之一的铅放入锅内，在约400℃的温度下熔化，待铅熔化后加入全部锑，纯锑的熔点为630.74℃，升温至600℃左右直到锑全部熔化，再加入余量的铅。当铅全部熔化并使合金的温度达到400℃以上时，开始搅拌至合金均匀。在搅拌过程中，温度不能低于350℃。为了减少锑的氧化，操作中先放入少量铅而不先放锑，这样可以降低熔锑的温度，节约热

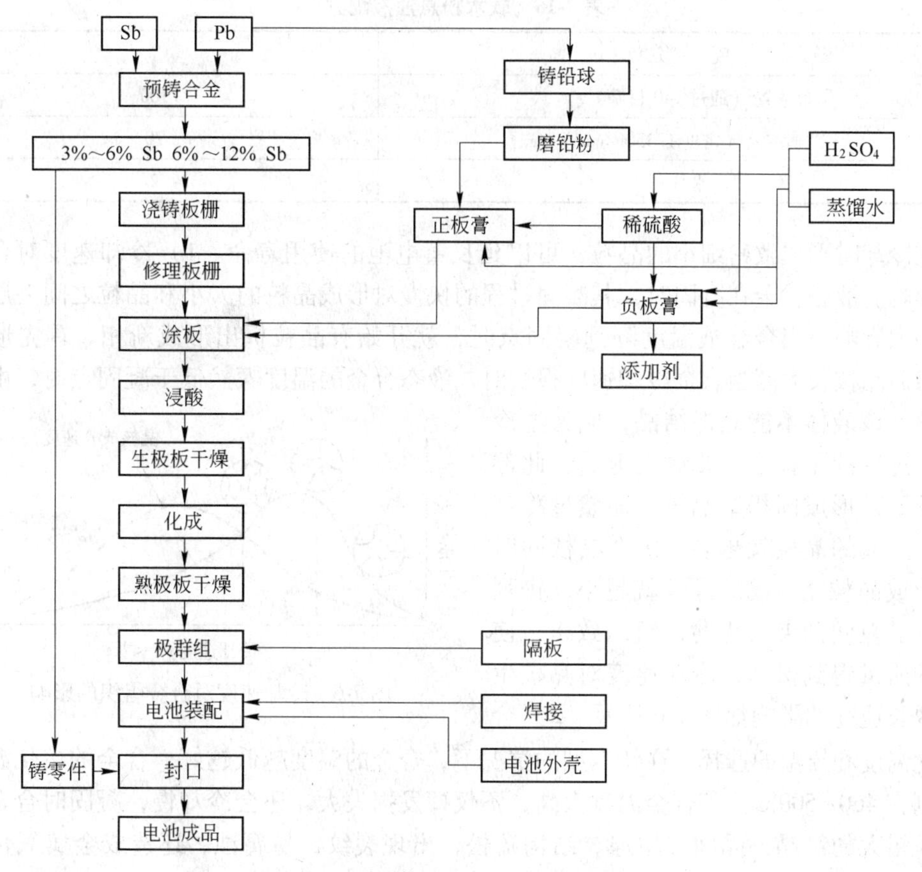

图 7-5 铅蓄电池的生产工艺流程图

能。搅拌均匀后，去除表面的氧化物浮渣，测定熔液的第一凝固点，它对应一定的含锑量。如不合格，需要重新搅拌并做二次凝固点测定。如仍不合格，则应按凝固点的数值调整锑含量。凝固点测定合格后，方可铸锭。合金铸锭时，可以留下一部分铅在锅中，下一锅熔锑时用，下一锅就可以不先加铅，直接加锑即可。

（2）铅锑合金的性质。铅锑合金作为铸造板栅的材料已有 120 多年的历史。铅锑合金能较好地适应铸造板栅的要求，迄今仍被广泛使用。铸造板栅时的合金熔液应满足如下性质：黏度要小，这样流动性能好，尽可能充满模具型腔；凝固和冷却时体积变化要小，否则得到比模具尺寸小的板栅，而且易出现缩孔、气孔及裂痕现象。铅锑合金的电阻较大，耐电化学腐蚀性能差。能从正极板栅溶解下来迁移到负极板，加速负极的自放电，增加氢气的析出。

（3）涂模剂。在模具内喷涂模剂是为了保温和调整合金的冷却速度。在铸造过程中，用铅量多的部位冷却慢，易出现疏松、裂纹、缩孔缺陷，及细筋或缺料现象，通过调整涂模剂的厚度，可以避免上述问题。涂模剂的种类有乙炔烟、滑石粉以及各种悬浮液，目前国内大多采用软木粉悬浊液，一般配方见表 7-16，配制时将水玻璃溶于水加热煮沸，再将软木粉慢慢加入，边加边搅拌，煮沸约 1h，冷却后待用。在铸造过程中如果过早出现剥落现象，应增加水玻璃的用量；如果涂模剂层难以清除，则应减少水玻璃的用量。最好是随配随用。

（4）铸造条件对板栅质量的影响。在铸造过程中，控制液态合金温度和模温，使液态

表 7-16　软木粉悬浊液配方

配　方	量
软木粉（通过 140 目筛）/g	100
水玻璃溶液（密度 1.350g/cm³）/g	70
水/L	2

合金在冷却时形成致密细小的晶粒，可以延长蓄电池的使用寿命。1）冷却速度对合金组织的影响。液态合金在凝固时，其凝固过程的快慢对形成晶粒的大小和晶粒之间夹层的厚薄有很大影响。当合金液温度降到凝固点时，就开始有晶粒析出形成新相。首先形成晶核，然后晶核长大。当合金冷却速度很快时，液态合金的温度骤然低于凝固点时，由于没有晶核，该液体不能立即结晶，成为过冷液体。过冷液不稳定，要放出能量，此部分能量足以形成固相结晶核。显然过冷度越大，形成的晶核就越多，每个晶核同时长大形成晶粒，形成的晶粒就越小，排列细密，晶粒间的夹层也薄，组织致密，使板栅的质量得到保证，冷却速度对晶核生成与成长速度的影响如图 7-6 所示。2）合金熔化温度和模温的选择。在铸满型的情况下，合金的温度越低越好，合金的熔化温度一般控制在 460~500℃。若合金温度太高，不仅挥发损失大，还会冷却慢，凝固时合金中形成颗粒粗大的结晶，晶间夹层厚，结构疏松，出现裂纹，易腐蚀，还造成金属氧化和挥发；若温度过低，熔化不均匀，出现过早冷却，则会造成铸不满型。模温选择要根据合金熔化温度、冷却速度、板栅形状、厚度及大小来确定。一般在 130~180℃。模具的加温可用电热法、气体火焰及其他方法。板栅缺陷及防范措施见表 7-17。

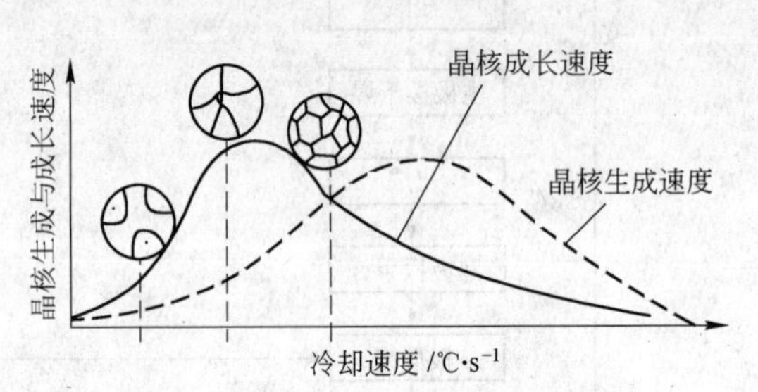

图 7-6　冷却速度对合金组织的影响

表 7-17　板栅缺陷及防范措施

板栅主要缺陷	主 要 原 因	防 范 措 施
铸不满	合金温度低； 模具温度过低	调整熔液温度和模具温度
收缩	合金温度过高； 冷却速度不均匀	控制熔液温度； 调整涂模剂（保温层）厚度
裂纹	合金温度过高； 冷却速度不均匀；模具保温层不平	控制熔液温度和模具温度； 刮去保温层，重喷
发白	合金温度过高	降低合金温度

铸好的板栅一般要搁置几天才能用来涂板，因为铅锑合金浇铸后需要一定时间使合金内部晶体结构趋于稳定，逐渐变硬，这称为时效硬化。但铅锑合金铸成的板栅存放时间不能超过三个月。

7.4.1.2　铅粉的制造

（1）铅粉。铅粉是含有 60%~80%氧化铅和 20%~40%铅的混合物，是用来制造极板活性物质的主要原料之一。铅粉质量的优劣，对于铅膏的制造和极板化成的工艺参数以及电池电性能都有很大的影响。铅粉的制造方法有两种：一是用类似球磨机的铅粉机，铅在机内氧化的同时被磨碎，这是大多数国家采用的。二是坩埚法，用喷气气流把熔融铅在吹散的同时进行氧化。铅粉机一般是滚筒式的，当其工作时，贴在转筒内壁的铅球（块），随着离心力的作用在转筒内回转，带至一定高度，然后利用重力下降，撞击桶里的铅球，桶内的铅球表面受到摩擦和冲撞，使铅表面的晶粒发生变形和位移。加上筒内高温和一定湿度的空气作用下，铅的表面特别是发生形变的边缘，受到空气的氧化，形成了铅的氧化物。氧化铅在摩擦与冲击力的作用下从铅球表面脱落下来并被磨碎，这样就可以得到铅粉（图 7-7）。风选式铅粉机是靠铅球在筒体内的相互冲击、研磨及空气氧化形成铅粉，靠吹入的空气把铅粉带走。带出颗粒的大小和空气的流速有关。

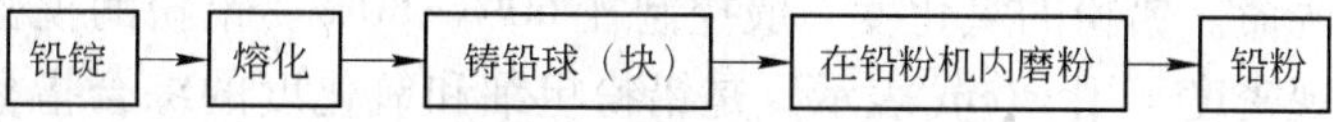

铅锭 → 熔化 → 铸铅球（块） → 在铅粉机内磨粉 → 铅粉

图 7-7 铅粉制造示意图

（2）铅粉机转速的确定。铅粉机的转速在生产过程中是一定的。确定转速时应考虑到生产效率与铅粉的质量。若转速太快，所产生的离心力大于铅球本身的重力，则铅球随着转筒旋转而不下落，也就不能产生对铅球的冲击作用，使铅球机磨碎效率大大降低。反之如果转速太低，则铅球会因重力作用而随筒体上升的高度不够，使铅球下落时产生的冲击力小，也会降低铅粉的生产效率。

临界转速是指转速增至某值时，开始发生铅球不下落且随筒体一起转动的速度。一般情况下，铅粉机的适宜转速是临界转速的 75%~80%。

在临界转速时，铅球在筒内的离心力正好等于铅球本身的重力。

$$G = mg,\ P = \frac{mV^2}{r},\ V = 2\pi r\omega$$

当 $G = P$ 时，转速 ω 即为临界转速 $\omega_{临}$，

即
$$mg = \frac{m}{r}(2\pi r\omega)^2$$

简化后
$$\omega_{临} \approx \frac{0.5}{\sqrt{r}}$$

若将转筒直径 D 代入，则得：

$$\omega_{临} \approx \frac{0.5\sqrt{2}}{\sqrt{D}} \approx \frac{0.71}{\sqrt{D}}$$

目前在蓄电池的生产中使用的铅粉机转速大约为 0.43~0.48rad/s。

（3）铅粉的生产工艺对铅粉质量的影响。1）铅球量的影响，铅球量减小，则铅粉机的转速增加，铅球之间的摩擦力减小，铅粉颗粒偏大，视密度偏高，温度过低，氧化度也会减少。铅粉机效率不高。反之，则情况相反。因此，对加球量应严格控制。2）筒体温度的影响，若筒体温度过高，达到铅的熔点，使铅球熔化成团，便不能制成铅粉。若筒内温度过低，则降低氧化作用。筒体外壁的温度一般控制在 160~180℃，随季节加以调整上下 10℃。3）鼓风量的影响，空气有氧化和调节筒内温度的作用。量大，产量高，但筒体的温度不易保持。量小，筒体温度容易升高。空气的湿度对铅粉的氧化也有一定的影响，

吹入的空气湿度大，由于水有介质作用，铅粉的氧化度就高。4）气候条件的影响，铅粉的生产有很强的季节性，铅粉的质量随气候条件的变化波动很大。为了保持稳定的铅粉质量，就必须控制气流的温度和湿度以及铅粉机工作环境的温度。一般控制气流温度为15~25℃，相对湿度为70%~80%，在冬季，工作场所的气温也不能低于15℃。

（4）铅粉的质量指标。铅粉的质量指标有铅粉的氧化度、视密度、吸水率、分散度和铅粉的结构几项，其中视密度与氧化度是主要的。氧化度是铅粉中氧化铅含量的百分数，表明了氧化铅和铅的组成关系。铅粉的颗粒越小，氧化度越高，而氧化度是影响极板孔率的一个因素，氧化度的增加将使电池的初容量增加，反之初容量减小。但氧化度过高，会造成负极板在干燥时由于体积收缩较大而发生龟裂，正极活性物质在充放循环中也容易脱落，缩短电池的寿命。铅粉的氧化度一般控制在60%~80%。铅粉的视密度是铅粉颗粒自然堆积起来的表观密度，用g/cm^3表示，是铅粉粗细和氧化度的综合指标，生产上一般控制视密度为1.8~2.1g/cm^3。由铅粉的视密度可以计算铅粉的孔率。铅粉的吸水率是表示一定量铅粉吸水多少的量，通常用百分率表示。表明了铅粉在和膏过程中吸水能力的大小。铅粉的吸水率与铅粉的氧化度和颗粒大小有关。

铅粉有鳞片瓣状结构和团状结构。

7.4.1.3 生极板的制造

生极板的制造工序对涂膏式极板来说是涂板（涂片），对管式极板则称为灌粉或挤膏，其工艺流程大致如图7-8所示。

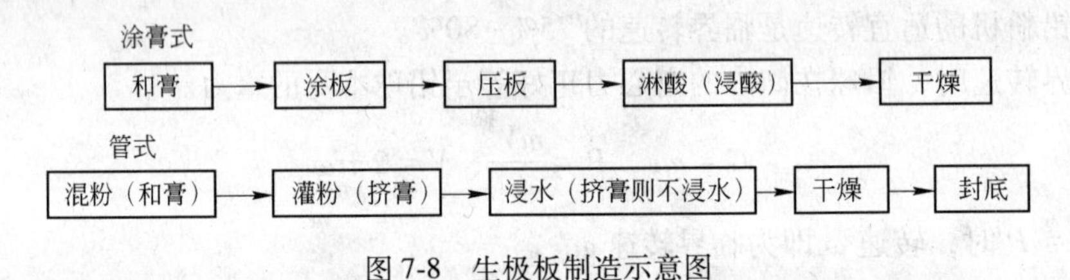

图7-8 生极板制造示意图

铅膏的主要成分为铅粉、硫酸和水，还要掺入添加剂以提高极板的容量和寿命。铅粉中的氧化铅为碱性氧化物，和膏时遇到硫酸发生如下反应：

$$PbO+H_2SO_4 \longrightarrow PbSO_4+H_2O$$

$$6PbO+3H_2SO_4 \longrightarrow 3PbO \cdot PbSO_4 \cdot H_2O$$

前一反应只在和膏开始时因搅拌不均匀，局部硫酸浓度过高的情况下才发生，而且生成$PbSO_4$在继续搅拌和以后的放置过程中会逐步转变为$3PbO \cdot PbSO_4 \cdot H_2O$。水加入铅膏后均匀分散在铅膏微粒之间，使铅膏具有一定的可塑性，干燥后具有一定的孔率。铅膏中主要是PbO、Pb、$3PbO \cdot PbSO_4 \cdot H_2O$和水。$3PbO \cdot PbSO_4 \cdot H_2O$是一种棒状或针状晶体，称为三碱式硫酸铅，与板栅结合牢固，对极板的寿命和机械强度十分有利。

铅粉和硫酸量的比例对极板质量有直接影响。当硫酸增加时，生成的$PbSO_4$量多，因$PbSO_4$的密度远小于PbO和Pb的密度，化成后形成的活性物质孔率较高，对提高容量有好处。但硫酸量过多，极板在干燥、化成和装配时容易掉粉。在生产实践中，一般采用每千克铅粉中加入的纯硫酸克数来表示硫酸用量，称为含酸量，用g/kg表示。通常硫酸用量为18~20g/kg。加酸量过多，铅膏出现凝固和松散现象，失去可塑性，加水过多则降低极板的机械强度。

铅膏的视密度是单位体积铅膏的质量。测定时可从和好的铅膏中取样，装入容量为100mL的钢杯中，轻轻振动钢杯使铅膏自然充满钢杯内部，注意不能用力压入。装满后刮平钢杯上口，称量后减去杯的质量，除以100即为铅膏的视密度。铅膏的视密度一般应在4.0~4.2 g/cm^3之间。不同视密度的铅膏涂成的极板对电池的主要性能有显著影响。

铅膏的生产是在和膏机中进行的，现在主要采用的和膏机有立式、卧式、Z型三种。前两种可连续生产，后一种只能间歇生产。

铅膏中的铅氧化为氧化铅，一般可使铅膏中铅含量降低至2%~5%。铅膏中铅含量过高易使极板在化成或充电时出现活性物质起皮或脱落。这可能是因为铅转变为硫酸铅再转变为过氧化铅时体积变化较大所致。

管式极板封底后放置一段时间（或不放置）即可化成。涂膏式极板在涂膏，淋酸后不能进行化成，必须放置一段时间或进行干燥，待铅膏硬化、定型之后再去化成。一般把这个硬化过程称为干燥或固化。干燥的作用是使极板水分蒸发，铅膏硬化定型，具有一定的机械强度。

干燥过程为胶体体系的凝结过程，即由可塑状态变为固化状态。凝结后的铅膏形成网状结构，水分分布在网状结构的孔隙里，经加温或自然蒸发逸出。温度和电解质的量应适当控制，温度过高或加温过快，极板会出现裂纹，电解质过多会在表面形成过厚的硫酸结晶层。干燥方式分为：

（1）室温缓慢干燥

室温缓慢干燥使内外水分蒸发速度一致，能较好地防止极板表面裂纹，有利于铅膏的氧化，但时间长，占地面积大。

（2）高温蒸气固化

高温蒸气固化是把极板放在高温高压的密闭罐内，通以0.5~0.6MPa的蒸汽，使极板上的粉料固化。在高温情况下，三碱式硫酸铅还会转变为四碱式硫酸铅，其反应是：

$$3PbO \cdot PbSO_4 \cdot H_2O + 2PbO \xrightarrow{70℃以上} 4PbO \cdot PbSO_4 + H_2O$$

四碱式硫酸铅为针状结晶，互相搭成网状，提高了生极板的强度。这种蒸气固化特别适用于厚型极板（大于3mm），可防止极板产生裂纹，又可缩短干燥时间。

（3）分段干燥

分段干燥又分为隧道式和烘房式。前者是把极板挂在传动链条上或成架地放在专用小车上，然后传送到隧道窑内。窑内温度分三个区域，90~100℃区，100~120℃区以及120~90℃区。在第一个温度区域内，极板表面水分蒸发速度和水分向外扩散速度相等，第二个温度区域内，极板水分大部分扩散出来以后适当提高温度，降低湿度，提高干燥速度，在第三个温度区域内极板在窑内缓慢降温，防止出窑时温度突然下降造成冷缩性裂纹。

另外，还有红外线干燥法、微波干燥法和高频电场干燥法等。

7.4.1.4　极板的化成

经过干燥、固化的极板，称为生极板，主要成分是氧化铅（红色变体）和三碱式硫酸铅。通过充电或充放电的方法，使正负生极板的粉料转化为活性物质的一个工序称为化成。化成后的极板称为熟极板。

化成时极板组成的变化如图7-9所示。

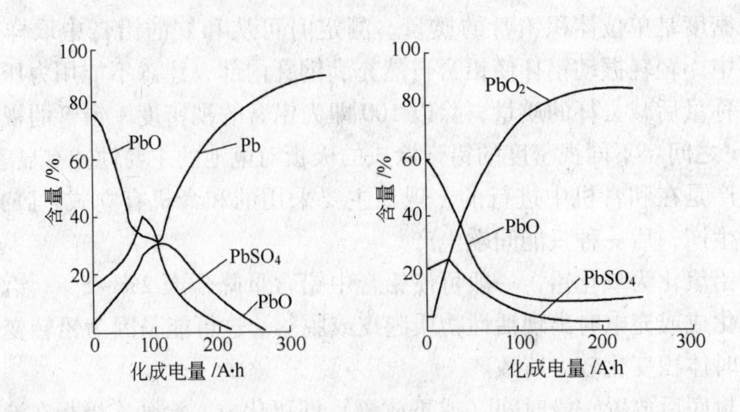

图7-9 化成时极板组成的变化

（1）化成的原理。化成时把生极板放入盛有稀硫酸的槽中，通以直流电在正极上（与外电源正极相连者）形成二氧化铅，在负极上（与外电源负极相连者）形成金属铅。其中既有化学反应也有电化学反应。

首先，生极板中的物质，即碱性氧化物和碱式硫酸盐（$3PbO \cdot PbSO_4 \cdot H_2O$）要与硫酸发生反应，生成硫酸铅和水，其反应可能是：

$$3PbO \cdot PbSO_4 \cdot H_2O + HSO_4^- + H^+ \longrightarrow 2(PbO \cdot PbSO_4) + 2H_2O$$

$$PbO \cdot PbSO_4 + HSO_4^- + H^+ \longrightarrow 2PbSO_4 + H_2O$$

$$PbO + H_2SO_4 \longrightarrow PbSO_4 + H_2O$$

化成时采用较稀的硫酸水溶液（密度为1.03～1.06g/cm³）作为化成电解液。中和反应进行的同时，还要发生电化学反应。在正极上发生的电化学氧化反应是：

$$PbSO_4 + 2H_2O \longrightarrow PbO_2 + 3H^+ + HSO_4^- + 2e^-$$

副反应：

$$2H_2O \longrightarrow O_2 \uparrow + 4H^+ + 4e^-$$

在负极上发生的电化学反应是：

$$PbSO_4 + H^+ + 2e^- \longrightarrow Pb + HSO_4^-$$

副反应：

$$2H^+ + 2e^- \longrightarrow H_2 \uparrow$$

正负极上分别产生的 O_2 和 H_2 是化成的副反应产物。但在二氧化铅和铅电极上分别析出氧和氢的过电位都较高，故只在化成后期槽压较高时才大量产生这些气体。

中和反应的进行使硫酸铅含量不断增加，而电化学反应的进行又使硫酸铅含量不断降低。化成前期硫酸铅的生成量大于消耗量，后期中和反应要靠硫酸渗入到极板深处进行，反应速度降低，硫酸铅的消耗量大于生成量。

PbO_2 有两种变体，一般在碱性介质中 α-PbO_4 稳定，在酸性介质中 β-PbO_2 稳定。在化成初期，紧靠板筋的粉膏，因硫酸一时还扩散不进去或扩散量较少，仍呈碱性，故主要生成 α-PbO_2，化成后期才主要生成 β-PbO_2。因此，在正极板中间及靠近板筋处 α-PbO_2 较多，而在正极板表面及其附近 β-PbO_2 较多。在电极板使用过程中，可按 α-PbO_2→$PbSO_4$→β-PbO_2 的顺序转变为 β-PbO_2。

（2）化成时槽电压及电解液密度的变化。在化成过程中每个槽的电压和硫酸的浓度是有变化的。化成初期硫酸电解液还没有渗透到生极板粉料的内部，粉料内部孔隙中的气体也没有完全排除，这时电化学反应面积很小，真实电流密度很大，生极板的电阻也很大，所以槽电压比较高。随着电解液的深入和电化学反应面积的扩大，以及生极板中气体的不断排除，电阻很快减小，槽电压也下降并保持一个稳定阶段。随着反应的进行，反应物逐渐减少，反应面积也随着减少，真实电流密度又开始增大，并且，反应是在极板内部进行，硫酸溶液的扩散比较困难，浓差极化增大，导致槽电压再次上升，到达某值后不再上升，见图 7-10。此时生极板的转化已基本完成，供给的电能主要用于电解水。

（3）化成时电解液密度的变化。化成前期中和反应速度大于电化学反应速度，所以消耗硫酸的量多于生成硫酸的量，这时电解液密度下降。当两者速度相等时，电解液密度达到最小值。化成后期，中和反应速度小于电化学反应速度，电解液密度逐渐回升。到化成结束时，电解液密度和化成前基本一致，见图 7-11。

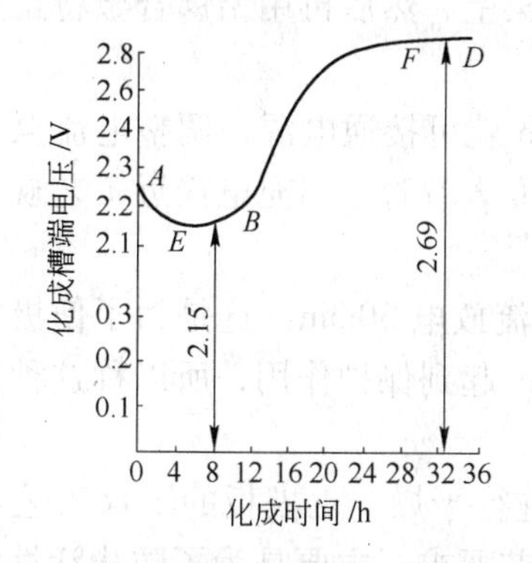

图 7-10 化成时槽电压随化成时间的变化

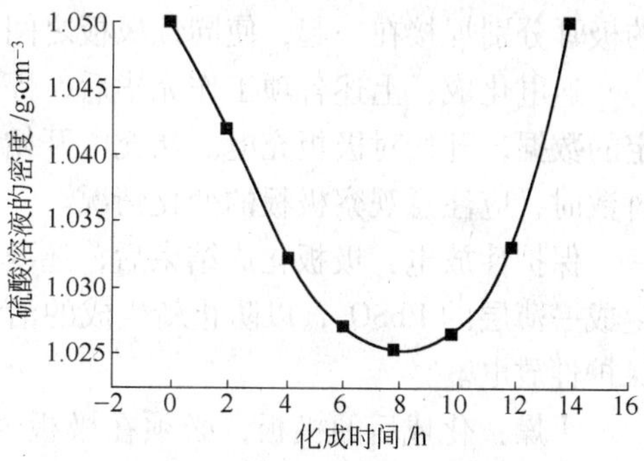

图 7-11 化成时电解液密度的变化

（4）化成工艺参数对化成质量的影响。硫酸浓度的影响：浓度过高，容易在极板表面生成较厚且紧密的硫酸铅盐层，它阻碍电解液向极板内部孔隙扩散，造成极板里层化成不透。浓度较高也有利于氢的析出，气体的析出不仅消耗电能，而且气泡冲击活性物质，使其疏松，易于脱落。在选定电解液浓度时，应考虑极板的厚度及类型。一般化成用的硫酸水溶液的密度应在 1.03~1.15g/cm^{3}之间，极板厚度小于 3mm 时可用 1.03~1.06 g/cm^{3}的硫酸溶液，超过 3mm 时可以用 1.10~1.15 g/cm^{3}的硫酸溶液。

电流密度的影响：化成时通过极板单位表观面积的电流值称为化成的电流密度。电流密度是影响极化质量的一个重要因素。电流密度小能保证极板深处的粉料化成得透些，生成的活性物质均匀一致并结合的牢固，但化成时间延长，生产效率低。同时若极板在硫酸溶液中浸泡的时间长，容易生成致密的硫酸铅层。化成电流密度增大，电化学反应速度加快，造成较大的浓差极化，槽电压升高，气体析出加剧，槽温升高；如减小化成电流密度，虽减轻了上述弊病，但化成时间延长，容易在极板上生成难转变的硫酸铅层。采用分段化成能减少上述弊病，即化成第一阶段，电流密度大；第二阶段，电流密度小些；第三阶段，电流密度更小。交变化成是在直流电源上叠加一个交流电源，实验表明，交变化成可明显提高化成效率，缩短化成时间。

适宜的电流密度是在综合考虑极板的配方、厚度、外形结构和环境温度之后选定的。

温度的影响：化成时，铅膏中的氧化铅及三碱式硫酸铅与硫酸发生中和反应要放出一定的热量。同时，电流通过化成槽，溶液欧姆电压降部分的电能消耗也要转化为热能，所以化成过程中槽内的温度是要升高的。温度过高或过低都会给极板的化成带来不好的影响。实践证明，化成时的槽温控制在15~30℃之间比较好，最低不能低于10℃，最高不能超过50℃。

（5）化成的操作过程。化成的生产流程大致如图7-12所示。

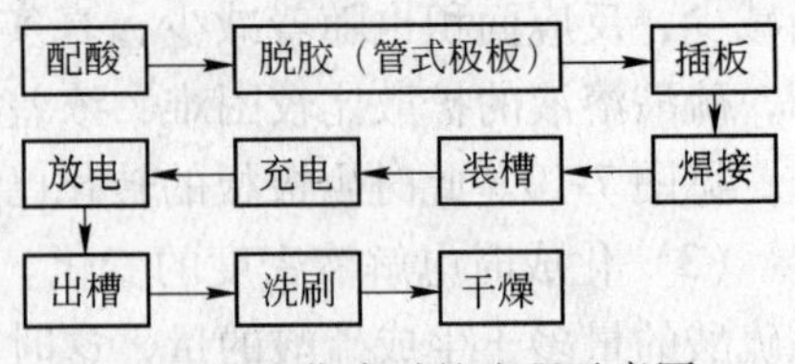

图7-12 化成时的流程示意图

配酸：把经过检验合格的蓄电池用水按比例配成所需密度的硫酸溶液。

脱胶：是管式电极的一种处理方法。如果管式电极的套管用骨胶作硬化剂，则在化成前需将其放在70~80℃的蓄电池用水中浸泡2~4h，这样可使套管上的骨胶溶解掉。

插极板和焊接：把正负极板相间插到专用的化成架上，然后再用铅锑合金将正负极板的极耳分别焊接在一起，使同性极板之间形成并联。

通电化成：上述各项工作完毕后，停顿10~20min就可接通电源，调整电流至工艺规定的数据，开始对极板充电。从充电开始到结束要有专人看管。当充电接近工艺规定的安时数时，应注意观察极板的变化情况。

保护性放电：极板化成结束后，还要用适当的电流放电30min，这是为了使极板表面生成一薄层的$PbSO_4$，以防止新生成的活性物质脱落，起到保护作用，所以称这种放电为保护性放电。

干燥：化成后的极板，必须在极板冲洗后迅速进行干燥。正极板的干燥工艺不很严格，以水分蒸发掉为宜。而负极板的干燥有严格的工艺要求，主要是为了防止活性物质海绵铅在潮湿环境中被空气中的氧所氧化。

7.4.1.5 干荷电极板的生产

化成好的负极板在干燥过程中很容易被氧化，严重时氧化度可达到50%。这样的极板装成电池后必须经过初充电恢复海绵状铅的含量，否则电池不能放出额定的容量。化成后湿的负极板氧化严重的原因是水的催化作用。众所周知，铅在干燥的空气中基本不会被氧化，或氧化的速度极小，这种氧化是化学氧化：

$$2Pb+O_2 = 2PbO$$

在潮湿的条件下，铅的氧化则是电化学氧化，速度较大，其反应是：

微阳极：$$Pb+2H_2O \longrightarrow PbO+2H^++2e^-$$

微阴极：$$\frac{1}{2}O_2+2H^++2e^- \longrightarrow H_2O$$

总反应：$$Pb+\frac{1}{2}O_2 \longrightarrow PbO$$

水在上述氧化还原反应中起催化剂的作用。潮湿的负极板很快变黄（氧化铅）就是这个原因。用严重氧化的负极板做成的电池，必须经过繁琐的初充电才能正常使用。

干荷电极板就是在制造过程中采取一定的措施防止负极海绵状铅氧化或很少氧化，保证在电池灌酸后负极板可立即放出额定的容量或与其接近的容量。

干荷极板的生产方法的思路可归结为使负极活性物质具有憎水性和抗氧化的能力。一种方法是在配制负极铅膏时加入一些抗氧化剂或憎水剂，如松香、羟基萘甲酸等。第二种方法是把化成好的负极板经水洗后迅速浸入含有抗氧化剂的溶液中，浸泡一段时间再取出进行干燥。干燥时抗氧化剂先被氧化而保护了海绵状铅，抗氧化剂就是还原剂，有很多种，如硼酸、抗坏血酸、甘油、蔗糖或聚乙烯醇等。

7.4.2 铅蓄电池的装配

铅蓄电池生产的最后一道工序是组装电池，即把正负极板、隔板和其他零部件按电池要求组装成电池。

（1）铅蓄电池的零部件。电池类型不同，零部件也不相同。极柱是极群的引出端，它由铅锑合金铸成。连接条是为了把各个单体电池串连成电池组而用的金属导体，一般都装在电池盖子的上面。还有一些非金属材料做成的零部件，如防酸隔爆帽、隔板、注液盖等。

（2）铅蓄电池的组装。铅蓄电池的组装示意图如图 7-13 所示。摆极板就是把正负极板摆在特制的焊极群框架上，每片极板的极耳要嵌在框架上的梳形齿内。焊接是把同性极板的极耳用铅锑合金焊为一体，使极板成为极群。装槽就是把焊好的极群放在电池槽内，加上盖，盖子与槽体之间用封口剂封好。若为硬橡胶槽可用专门的封口剂，若是塑料槽，则可以热封。

摆极板 → 焊极群 → 插隔板 → 装槽 → 上盖 → 封口 → 联结

图 7-13 铅蓄电池组装示意图

7.4.3 铅蓄电池的设计

铅蓄电池的设计计算示例，要求组合电池的指标为：工作电压 110V，最大放电电流 350A，正常放电电流 30A，有防爆装置，使用寿命长，体积小、重量轻。

设计时要从总体上以及单体电池的数量和具体设计三个方面来考虑。

（1）从总体上考虑。1）在指标中要求有防爆装置，这就需要在每个电池上加一只防爆帽；2）电池的寿命要长，需采取两个措施。一是正极采用管式，使正极活性物质不易脱落，延长使用寿命。另一个措施是采用较稀的硫酸，使板栅和隔板的腐蚀减慢，负极的自放电减小，一般可采用密度为 1.21g/cm^{3}左右的硫酸溶液。

（2）单体电池的数量。组合电池由单体电池串联而成，组合电池的电压等于各单体电池电压之和。每只单体电池的正常工作电压为 2.0V，需要单体电池的只数 = 110V/2.0V = 55 只。

（3）单体电池的设计。单体电池的设计有如下几步：

1）求单体电池的电容量。根据指标要求，正常放电电流为 30A。这种电流是针对 10h 放电率制而讲的。因此，电池的电容量应为 30×10 = 300A · h。同时，指标中还要求该电池的最大放电电流为 350A，按照铅蓄电池的放电制度的规定，最大放电电流应是电池容量数值的 1.25 倍，所以，电池电容量 = 最大放电电流/1.25 = 350/1.25 = 280A · h，为了同时满足这两个放电率的要求，我们应当采用的电池容量为 300A · h。

2）确定单体电池内正负极片的数量。根据以往生产铅蓄电池的经验，一般把单体电池做成六片正极片，七片负极片。这样每片正极片的电容量为 30/6 = 50A · h。

3）求每片极片所需的铅粉或铅膏量。如前所述，为了延长使用寿命，电池的正极是采用玻璃丝中灌铅粉的方法制成的。根据实际经验，一般用 9 ~ 10g 铅粉可放出 1A · h 的电量，现以每安时需 9.5g 铅粉计算，则每片正极需要铅粉为 50×9.5 = 475g。

电池的负极采用涂膏式，根据以往的生产经验，约 15g 铅膏可放出 1A · h 的电量，每片负极片需要的铅膏量为：50×15 = 750g。

4）求极板的尺寸。电极做的厚，表面积就小，大电流放电时极化就明显，电压下降快；若电极板太薄，又会带来工艺上的麻烦。根据生产上的经验，对于管式电极，它的最大放电电流密度可达 0.1A/cm²。在我们设计的电池中，每片正极片的最大放电电流为 50×1.25 = 62.5A，这就要求每片正极的面积不能小于 62.5/0.1 = 625cm²。电极的面积是以两面计算的，因此，单面不能小于 313cm²。

5）求极片的厚度。正极：正极是管式，目前市场上有内径为 8.0mm、9.5mm、9.7mm 等多种电极管，我们选用细管作计算，取管内径为 8.0mm，则其截面积为

$$\pi r^2 = 3.14\times0.4^2 \approx 0.5\text{cm}^2$$

在管内部还装有起导电作用的铅芯，一般铅芯的直径在 3.2 ~ 4.0mm 之间，如以直径 4.0mm 计算，则铅芯的截面积为：

$$\pi r^2 = 3.14\times0.2^2 \approx 0.13\text{cm}^2$$

若将 475g 铅粉灌入管中，管总长为 x cm，根据经验，灌入的铅粉经振动后它的平均密度（不包括铅芯在内）约为 3.0g/cm²，则有：

$$3.0\times(0.50-0.13) = 475\text{g}$$

解出 x = 428cm。

若把它切成 16 段，则每段长 428/16 = 26.8cm，因 8.0mm 内径的玻璃丝管的外径为 9.0mm，电极的宽度至少为 0.90×16 = 14.4cm，考虑间隙的必要性，实际宽度应比该宽度略大，由此可算出电极的面积约为 26.8×14.4 = 386cm²。

负极板的尺寸（长与宽）要与正极板的大小一样，采用涂膏式，以铅锑合金作板栅，板栅的体积约为极板总体积的 20% ~ 25%，具体数值视极板的厚薄而定，设负极板厚为 x cm，并取板栅为体积的 25%，则每片负极板上的铅膏的体积为 26.8×14.4x×0.75cm³，负极铅膏的视密度一般在 4.4g/cm³ 左右，每片负极用铅膏 750g，它的体积为 750/4.4 = 170cm³，因此有：26.8×14.4x×0.75 = 170，x = 0.59cm。

6）求每只单体电池中至少应加的硫酸量。因铅蓄电池放电时发生以下反应：

$$Pb+PbO_2+2H_2SO_4 \longrightarrow 2PbSO_4+2H_2O$$

放电时需要消耗硫酸，每放出 1A · h 的电量，理论上需消耗硫酸 3.66g，现在每只单体电池的电容量为 300A · h，所以放电时需消耗纯硫酸为 3.66×300 = 1098g。

现在加在电池内的硫酸的密度为 1.210g/cm³，希望放电后硫酸的比密度不小于 1.100。查化学手册可知，在 15℃时：

密度为 1.210g/cm³的硫酸，浓度为 28%；密度为 1.100g/cm³的硫酸，浓度为 14%。

每 100g 密度为 1.210g/cm³的硫酸，经放电后消耗的纯硫酸为 28 − 14 = 14g，每千克密度为 1.210 g/cm³的硫酸，经放电后消耗的纯硫酸为 10×14 = 140g。因为现在每只单体电池放电时需消耗 1098g，现设需 x kg 硫酸，则应有：

$$\frac{140\text{g}}{1\text{kg}}=\frac{1098\text{g}}{x},\ x\approx 7.84\text{kg}$$

计算表明，至少应加硫酸7.84kg，由于电池隔板的孔隙中和电极的孔隙中要吸收一部分硫酸，所以实际上应加的硫酸总量是大于7.84kg的。

目前该设计的电池已经投产，它的实际具体数据如下：（1）由55只单体电池串联而成；（2）每只单体电池内正极板（管式）六片，极片高27.0cm，宽15.6cm，厚0.90cm，负极片七片，高宽和正极片相同，中片厚0.50cm，边片厚为0.35cm；（3）每只单体电池内需加密度为1.210g/cm^3的硫酸9kg；（4）该电池组以10小时率的电流（30A）放电，能放出345A·h。

7.4.4 铅酸电池的腐蚀和防治

7.4.4.1 铅酸电池的腐蚀

铅蓄电池正极板栅的腐蚀是造成铅蓄电池寿命缩短的重要原因，正极板栅腐蚀示意图见图7-14。

正极板栅上覆盖着二氧化铅，由于二氧化铅是多孔的，所以板栅与硫酸相接触，处于阳极极化状态，故板栅必然会不断地被溶解，以离子状态出入溶液。在多次充放电循环过程中，正极板栅逐渐被氧化成二氧化铅，失去了板栅的作用，造成电池寿命缩短。

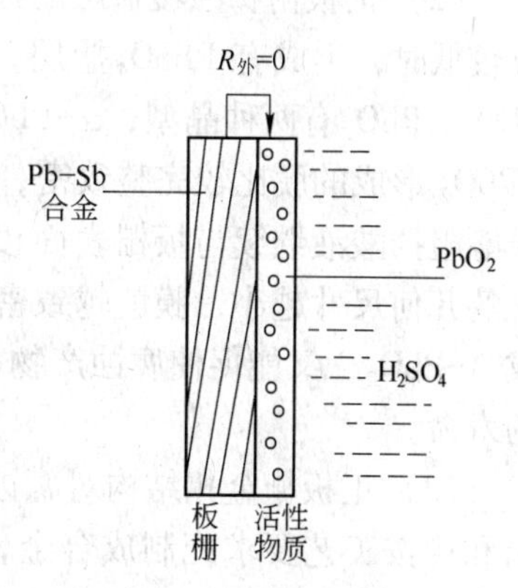

图7-14 正极板栅腐蚀示意图

（1）正极栅腐蚀的必然性。电池在开路时，正板栅和活性物质二氧化铅直接接触，而且共同浸在硫酸溶液中，构成了短路原电池。二氧化铅与硫酸接触，反应为：

$$\beta\text{-PbO}_2+\text{HSO}_4^-+3\text{H}^++2\text{e}^-\rightleftharpoons\text{PbSO}_4+2\text{H}_2\text{O}\qquad \varphi_{\text{PbO}_2/\text{PbSO}_4}=1.659+0.0295\lg\frac{a_{\text{H}^+}^3\cdot a_{\text{HSO}_4^-}}{a_{\text{H}_2\text{O}}^2}$$

正板栅中的铅与硫酸接触，反应是：

$$\text{Pb}+\text{HSO}_4^-\underset{\text{充电}}{\overset{\text{放电}}{\rightleftharpoons}}\text{PbSO}_4+\text{H}^++2\text{e}^-\qquad \varphi_{\text{PbSO}_4/\text{Pb}}=-0.302+0.0295\lg\frac{a_{\text{H}^+}^3}{a_{\text{HSO}_4^-}}$$

正板栅中的锑与硫酸接触，反应是：

$$\text{Sb}+\text{H}_2\text{O}\rightleftharpoons\text{SbO}^++2\text{H}^++3\text{e}^-\qquad \varphi_{\text{SbO}^+/\text{Sb}}=0.212+0.0197\lg\frac{a_{\text{SbO}^+}\cdot a_{\text{H}^+}^2}{a_{\text{H}_2\text{O}}}$$

$$\text{Sb}+2\text{H}_2\text{O}\rightleftharpoons\text{SbO}_2^++4\text{H}^++5\text{e}^-\qquad \varphi_{\text{SbO}_2^+/\text{Sb}}=0.415+0.0118\lg\frac{a_{\text{SbO}_2^-}\cdot a_{\text{H}^+}^4}{a_{\text{H}_2\text{O}}^2}$$

显然，二氧化铅与硫酸反应的电位远高于其他电极电位。所以构成的电池中，活性物质二氧化铅为正极，铅和锑为负极。铅和锑不断被溶解，而正极二氧化铅也不断被还原。这种腐蚀使板栅变薄，活性物质不断损失，电池容量下降。

电池放电时，正极上进行还原反应，电位向负方向移动，板栅上铅和锑的溶解速度减慢。充电时，正极电位要移动到1.7～2.2V，即电极电位向正方向移动0.1～0.6V。有两种途径使得正极板栅腐蚀：

其一：$Pb+H_2O \rightleftharpoons PbO+2H^++2e^-$　　$\varphi_{PbO/Pb}=0.248+0.0295\lg \frac{a_{H^+}^2}{a_{H_2O}}$

生成的 PbO 与硫酸作用，得到 $PbSO_4$。

其二：$Pb+2H_2O \rightleftharpoons PbO_2+4H^++4e^-$　　$\varphi_{PbO_2/Pb}=0.666+0.0147\lg \frac{a_{H^+}^4}{a_{H_2O}^2}$

此反应的 Pb 直接氧化为 PbO_2。

因此，由于充电时正极电位远超过平衡电位，电位向正向移动 0.1～0.6V。正板栅上的铅和锑均处于阳极极化状态，而且因为过电位较大，腐蚀电流也比较大。铅直接在板栅表面上氧化为四价的氧化物，而锑则以五价离子 SbO_2^+ 形式进入溶液，所以正板栅在充电时腐蚀更严重。

（2）正板栅腐蚀覆盖层的性质。在电位较高时，正板栅的腐蚀产物是二氧化铅，当电位较低时，生成有 $PbSO_4$ 盐层，但是随着正极充电时电位的移动，$PbSO_4$ 将继续氧化为 PbO_2。PbO_2 有两种晶型，α-PbO_2 和 β-PbO_2。他们在板栅表面上形成的膜是不一样的。β-PbO_2 形成的膜比较完整致密，而 α-PbO_2 形成的膜是多孔的，因此，β-PbO_2 这层保护膜能阻挡酸液继续与板栅表面接触，故减缓了板栅的腐蚀。还应指出，形成 PbO_2 膜的晶粒的几何尺寸越小，膜就越致密。实验表明，如在铅锑合金中加入少量的银，则有利于形成 β-PbO_2，又能促使腐蚀产物的晶粒平均尺寸减小，从而减轻板栅的腐蚀，延长蓄电池的寿命。

（3）正板栅金相结构对腐蚀速度的影响。一般正板栅是由铅锑合金铸造成的，即将铅和锑按工艺要求配制成合金，铸成锭，然后再熔化，用铸板栅机铸造成型。由于合金及模具温度不同，涂模剂的作用也有差异，故浇注时板栅的冷却速度也不一样，冷却快，板栅晶粒细小，组织致密。这是由于结晶的过冷度大，形成晶核多，每个晶核不可能长大成晶粒，晶粒之间是有间隙的，这种间隙称为晶间夹层，晶间夹层中常含有一些不溶于金属的杂质以及由于温度变化从固相析出的一些部分，在晶间夹层中粒子排列无一定规则，成分也复杂。合金冷却时，结晶的晶粒越小，晶间夹层也越薄，反之，铸造时的冷却速度较慢（模温高或合金液温度高），结晶的过冷度较小，则晶粒粗大，形成的晶间夹层也厚。

图 7-15 表明了正极板栅金相腐蚀示意图。在金相显微镜下观察，发现铅和铅锑合金在阳极极化时，腐蚀基本是沿着晶粒的边界层进行，晶粒之间的腐蚀速度比晶粒的腐蚀速度大得多，紧靠着晶粒边界的就是晶间夹层，由于晶间夹层中杂质较多，而且组织复杂，它的耐蚀能力最差，发生腐蚀的可能性最大。假如晶间夹层较薄，则腐蚀产物容易把晶间夹层盖住，如果腐蚀产物又是致密完整的，板栅就得到腐蚀产物的保护，这种情况使腐蚀速度大大降低。反之，若晶间夹层较厚，腐蚀产物就难以把晶间夹层全部覆盖住，因此在外电流的阳极极化时，就从没有被覆盖的晶间夹层部位开始，使板栅继续受

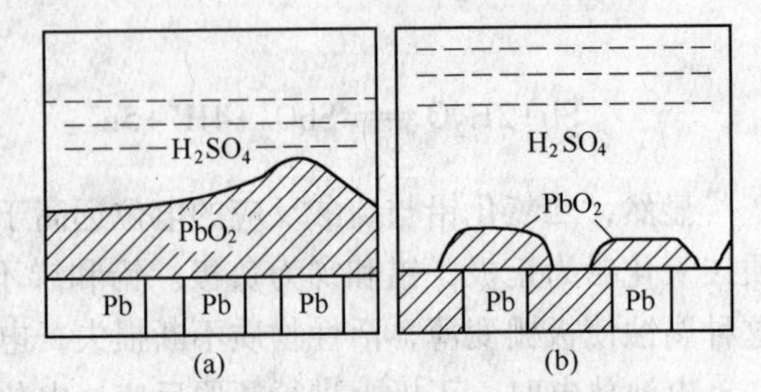

图 7-15　正极板栅金相腐蚀示意图
（a）晶间夹层薄；（b）晶间夹层厚

到腐蚀。这种由于板栅晶粒大小不一所引起的晶间夹层厚薄不同而导致腐蚀速度不同的现象，已被大量实验所证实。

为了减少板栅的腐蚀，延长铅蓄电池的寿命，就应制造出金相组织细密的铅合金板栅。为此，一方面在铸造工艺上要掌握冷却速度，既保证铸满型，又要使冷却速度尽量快，以获得晶粒细小，致密的合金金相组织；另一方面是采用加入变晶剂的方法，来获得细小结晶，变晶剂的加入，能使板栅晶粒细小，又能使晶间夹层形成耐腐蚀的惰性相，从而获得良好的防腐蚀效果。

常采用的变晶剂有银、硫、锑、钙等。表 7-18 列出了各种变晶剂对铅腐蚀速度的影响。表中 ΣL 表示在 $1cm^2$ 磨片上晶粒边界的总长度，腐蚀速度用重量法测定，纯铅的腐蚀速度定为 100%。从表中可知，银、硫、钙、锑的加入会降低铅的腐蚀速度，反之，钠、锂、铋、钾、镁的加入反而会加剧铅的腐蚀。

表 7-18　各种变晶剂对铅腐蚀速度的影响

加入铅中的添加剂	纯铅（无添加剂）	Na	Bi	Li	K	Mg	Ca	S	Ag	Te
ΣL/mm	4.0	2.3	2.5	2.8	4.7	11.6	30.2	33.5	38.6	41.9
相对腐蚀速度/%	100	109	122	104	116	100	75	73	60	87

国内有些工厂的大量实验表明，铅锑合金中加入银和砷的效果比较好，加入锡和铜也有效果。银的效果好，是因为银有利于形成 $\beta-PbO_2$ 的保护膜，但银使正极上氧的析出增多，而且因价格昂贵，材料来源少，所以民用电池很少使用。

表 7-19 给出了含有银、砷、锡的铅锑合金的耐腐蚀性能。

表 7-19　含有银、砷、锡的铅锑合金的耐腐蚀性能

合金组成	相对腐蚀/%
Pb-Sb(7%)	100.00
Pb-Sb(7%)-Sn(3.5%)	85.57
Pb-Sb(7%)-As(0.25%)	79.89
Pb-Sb(7%)-Ag(0.5%)	64.42
Pb-Sb(7%)-Ag(0.75%)	64.34
Pb-Sb(7%)-Ag(1%)	64.20
Pb-Sb(7%)-Ag(0.5%)-As(0.25%)	54.97
Pb-Sb(7%)-Ag(0.5%)-Sn(3.5%)	55.94

由表 7-19 可以看出，银和砷两种变晶剂的效果较好，并用效果更好而锡的加入除了稍增加耐腐蚀性能外，还使铸造时铅液的流动性较好。

变晶剂的作用机理：一种观点认为变晶剂可以吸附在铅的晶粒上，阻止铅晶粒的长大，因而形成细小的晶粒；另一种观点认为变晶剂可作为大量的结晶中心，因而获得细小的晶粒。

因此，配制板珊合金的铅和锑不一定要非常纯，有些杂质反而是有益的。可将废铅及用过的坏极板在反射炉中熔炼回收，制得还原铅。还原铅含杂质较多，如银、铜、砷、镓、锡等，是有益的，另外一些杂质如锌、铁、镁、钠、铋等，它们加剧了正板栅的腐蚀，常是有害的。对制得的还原铅的成分应认真分析，设法除去那些有害杂质，保留有益杂质。

（4）正板栅中锑的有害作用。表 7-20 给出了锑含量与腐蚀速度的关系。铸造时，如果锑在板栅各处分布不均匀，更会加剧板栅的腐蚀。溶解下来的锑在溶液中生成 $[(SbO_2)_2SO_4]$。在硫酸浓度下降时，其溶解度也降低，固体沉淀大部分留在板栅上面的过氧化铅覆盖层内，一部分扩散到正极活性物质中，少量溶于电解液，以电迁移和扩散的方式，通过隔板达到负极。充电时，锑会沉积到负极活性物质中，加剧负极的自放电，十分有害。

表 7-20　锑含量与腐蚀速度的关系

铅锑合金中锑含量/%	0	2	4	6	8
相对腐蚀速度/%	100	145	153	170	179

（5）正极板栅的变形和正极活性物质的脱落。正板栅的变形是铅蓄电池寿命缩短的另一个原因。正极板栅的变形是由于过氧化铅在板栅上的成膜，膜的体积逐渐胀大，对正板栅产生张力引起的。活性物质在充放电时发生如下的反应：

$$PbSO_4+2H_2O \underset{充电}{\overset{放电}{\rightleftharpoons}} PbO_2+HSO_4^-+2H^++2e^-$$

过氧化铅和硫酸铅之间的相互转变，虽有孔率的变化，但对板栅的变形没有影响。板栅因被腐蚀，上面有一层致密的过氧化铅膜，使活性物质与板栅得以结合。由于前者的比容大于后者的比容（过氧化铅 0.103cm^3/g，铅 0.09cm^3/g），由于充放电时物质的转变，使膜的体积逐渐胀大，对板栅施加的张力也越大，所以板栅的线性尺寸会有所增加。

增加筋条的断面和数量以及增加合金强度，正板栅的变形就会减少。

正极活性物质的脱落是电池寿命缩短的重要原因之一。PbO_2 小粒子自动从正极板上脱落下来。这种脱落使正极活性物质减少，降低了电池的容量，甚至会终止电池的寿命。这种脱落主要发生在充电末期和放电初期。极板制造过程中生极板干燥不透，化成时过充电，使用时不按正常充电而采用大电流充电，都会加速正极活性物质的脱落。

活性物质的脱落原因，是由于电池在使用过程中经过多次充放电，二氧化铅网络结构逐渐消失，同时放电条件对这种脱落的影响也很大。

1）活性物质网络结构的逐渐瓦解。在充放电过程中，PbO_2 和 $PbSO_4$ 的相互转变并不是彻底的。充电时，$PbSO_4$ 要被氧化为 PbO_2，而后者首先在放电时残余的 PbO_2 上结晶，而 PbO_2 很快把未被氧化的 $PbSO_4$ 包围，随着充电的继续进行，被 PbO_2 包围的 $PbSO_4$ 逐渐消失，因此在 PbO_2 结构中形成空穴，充电时所形成的 PbO_2 粒子并不是孤立的，而是相互联系成网络，空穴也是相互连通的。放电时，PbO_2 要被还原成 $PbSO_4$，而后者可能在正极充电时残余的 $PbSO_4$ 上首先结晶析出，还可能在 PbO_2 晶粒的某些能量较高的位置（如缺陷，棱角等处）形成新的晶核。随着 $PbSO_4$ 晶粒的长大，它也会包围还没有参加反应的 PbO_2，这部分 PbO_2 可称为失去活性的 PbO_2，也是残余的 PbO_2，这种失去活性的 PbO_2 的数量会随着充放电循环次数的增加而逐渐增多。充放电的多次反复就形成了二氧化铅网络结构周而复始的变化，在电池使用的中后期，这种失去活性的 PbO_2 及 $PbSO_4$ 的数量逐渐增多，空穴也逐渐被堵塞，电池的容量下降，PbO_2 网络结构中粒子的相互联结能力减弱，结构逐渐瓦解，PbO_2 粒子就会自动从极板上脱落下来。过充电或大电流放电时，产生大量氧气，会加速这种网络结构的破坏，使正极活性物质脱落。

2）放电条件与正极活性物质脱落的关系。实验发现，正极 PbO_2 的脱落与放电有很大关系，而与充电条件关系不大。放电后生成的 $PbSO_4$ 的结晶情况与再充电后得到的 PbO_2 有直接关系。放电后如果得到疏松粗大的 $PbSO_4$ 盐层，则在这种盐层上充电得到的 PbO_2 通常是坚固的，不易脱落。如果放电温度高些，硫酸浓度低，放电电流密度小，则硫酸铅的溶解度增加，此时生成的 $PbSO_4$ 结晶是疏松粗大的。例如：当电解液浓度从 5mol/L 减到 1mol/L 时，活性物质的使用寿命增加 8~10 倍；当放电电流密度从 1.8A/dm^2 减到 0.65A/dm^2，使用寿命约增加 50%；放电温度从 25℃ 提高到 50℃ 时，活性物质的使用寿命增加到 2~2.5 倍以上。所以，正极活性物质的使用寿命决定于由放电条件所决定的 $PbSO_4$ 结晶情况。疏松粗大的硫酸铅可使活性物质脱落极少。反之，如果放电时形成紧密的硫酸铅盐层，则在这种盐层上生成的 PbO_2 是树枝状，很疏松，这种 PbO_2 在充电末期和放电初期极易脱落。

3）$BaSO_4$ 的掺入。正极活性物质掺入 $BaSO_4$ 十分有害。因为 $BaSO_4$ 和 $PbSO_4$ 是类质同晶物质，$BaSO_4$ 可以作为 $PbSO_4$ 结晶中心，使得生成的 $PbSO_4$ 粒子较细，则充电时生成的 PbO_2 是疏松的，易于脱落，缩短了电池的寿命。

7.4.4.2 铅酸电池腐蚀的防治

在涂膏式正极活性物质中加入一些纤维和其他物质，如石墨粉、$MgSO_4$、$Al_2(SO_4)_3$ 等，可以提高正极的强度。长寿命的电池采用玻璃丝管式电极，把正极活性物质放入玻璃丝管内，也可防止脱落，延长寿命。

铅蓄电池的负极一般含有负极添加剂。添加剂在电极中的量虽然较小，但对动力学的影响很大。在铅蓄电池负极的制造过程中，经常加入占铅膏千分之几的添加剂。这样一是能改善电池循环周期和提高电池输出功率，尤其是在低温条件下的输出功率，这类添加剂称为膨胀剂。二是可以抑制铅电极在化成之后的干燥工序中和以后贮存过程中的氧化，这类抑制氢气析出的添加剂称为缓蚀剂。

(1) 膨胀剂的作用机理。最经常使用的无机膨胀剂是 $BaSO_4$（占铅粉的百分含量为 0.5%~1.0%）、炭黑。如前所述，$BaSO_4$ 和 $PbSO_4$ 具有近似的晶格参数。

放电时，在负极活性物质中，加入高度分散的“同晶”硫酸钡，放电时可以作为硫酸铅的结晶中心，硫酸铅可以在硫酸钡上结晶析出，而无须形成硫酸铅的结晶中心，这样就降低了硫酸铅析出所必需的过饱和度。过饱和度的降低使得浓差过电位降低，不会发生类似于正极在开始放电时电位的移动，而产生放电曲线上的最低点（对负极为电位最高点）。在低过饱和度条件下所形成的硫酸铅层压实程度小于高过饱和度条件下所形成的硫酸铅层，这有利于电解质硫酸的扩散以及铅电极的深度放电。当有硫酸钡存在时，也使得放电时难于形成覆盖金属铅的致密连续的钝化层，起到了推迟钝化的作用。

充电时膨胀剂起着防止铅电极比表面积收缩的作用。由生产厂制得的铅负极比表面积很大，大约为 100m^2/kg，又具有大约 50%的孔率，故常称之为海绵状铅。在充放电循环过程中，铅不断地进行重新电结晶。充电时由硫酸溶解的铅离子还原的电结晶过程有可能形成枝晶，引起电池短路，或者形成致密的金属铅层，这两者都要避免。通常把这种现象称之为比表面积的收缩。当负极活性物质中存在硫酸钡时，由于它是惰性的，所以不参加电极的氧化还原过程，高度分散于活性物质之中，把铅和硫酸铅以机械方式隔开，从而保持电极活性物质的高比表面积。硫酸盐中与硫酸铅结晶参数相近的硫酸钡和硫酸锶才能提高蓄电池负极的容量，表 7-21 为几种硫酸盐的结晶数据。

表 7-21　几种硫酸盐的结晶数据

物质名称	晶格常数/nm			结晶类型
	a	*b*	*c*	
硫酸钡	0.8898	0.5448	0.7170	斜方晶系
硫酸铅	0.8450	0.5380	0.6980	斜方晶系
硫酸锶	0.8360	0.5360	0.6840	斜方晶系

前苏联学者认为，硫酸钡如果和有机膨胀剂同时存在，比单独加入对提高电池的容量更有效。图 7-16 显示了三种膨胀剂对电池容量的影响。

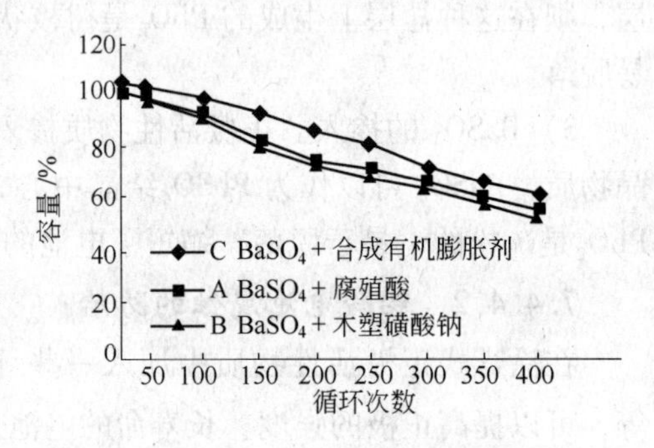

图 7-16　膨胀剂对电池容量的影响

在目前工业生产上使用的膨胀剂为腐殖酸、木质素、木质磺酸盐、合成鞣料等，它们对循环容量的保持以及低温启动容量都有良好的作用。

1）防止负极活性物质在循环过程中的表面积收缩。负极表面活性物质有较高的比表面积，也就有很高的表面能量，等于电极的真实面积与表面张力的乘积。从热力学的基本概念可知，具有高能量的体系是不稳定的，有向能量减小的方向自发变化的趋势。充电时铅的重结晶过程就提供了体系向能量减小方向变化的条件。金属、溶液体系不变时，表面张力保持恒定，因而只能是颗粒合并来减小表面积，以达到体系能量降低的效果。当在负极活性物质中加入膨胀剂后，它们可以吸附在电极表面上，降低表面张力，这样也可降低体系能量，同时保持真实表面积不缩小。

2）去钝化作用。通过用电子显微镜观察，发现在存在膨胀剂时，生成的硫酸铅具有较粗大的晶粒尺寸，由于膨胀剂吸附在长大的硫酸铅结晶上，促使形成疏松多孔的粗大结晶层，推迟了钝化。

进行试验时，把硝酸铅饱和溶液分别加入含有膨胀剂和不含有膨胀剂的浓度为 4.8mol/L 的硫酸溶液中，得到硫酸铅结晶。发现无膨胀剂存在时，硫酸铅结晶尺寸为 0.3~0.8μm，而在含有膨胀剂的溶液中获得的硫酸铅，其结晶形状与前者相同，但具有 1~3μm的尺寸。

同时，膨胀剂改善了负极活性物质沿厚度方向反应的均匀程度。

（2）缓蚀剂及其作用。普通类型负极板起始物质的组成为铅（少量）、碱式硫酸铅、氧化铅及膨胀剂的混合物，涂填在板栅上，这样的组成不具有电化学活性。要放在稀硫酸中，通以直流电进行阴极极化，这些组分就转化为具有电化学活性的多孔铅电极，该过程就称之为化成。

刚刚化成好的铅负极具有很高的活性，若暴露于空气中，由于电极上仅存在一层薄薄的稀硫酸液膜，极利于氧的扩散。于是由氧的还原作为共轭反应的铅的氧化过程极为迅速。由这样的铅负极组装成的电池灌入硫酸后铅负极将转化为硫酸铅，故不具有足够的容量，必须进行初充电后，方能使用。而在铅负极中加入抗氧化物质后，所组装成的铅蓄电池可以不必进行初充电就能给出一定的容量。

目前，用于抗氧化的缓蚀剂有α-羟基、β-萘甲酸、甘油、木糖醇以及抗坏血酸等物质。这些物质含有羟基，羟基作为还原剂在和膏时被氧化，而在化成时，由于极板进行阴极还原过程，它们又随之被还原。在化成后的干燥过程中，被氧化的铅又逐渐被缓蚀剂所还原，因此缓蚀剂就抑制了铅的部分氧化。

根据电极体系的零电荷电位选择表面活性物质，以适应各种不同的要求。电极电位值不能直接表示出电极表面的带电状态，它与该电极体系的零电荷电位 $\phi_{p.z.c}$ 相比较，可以判断该电极体系在某电位下电极表面的带电符号。使用蓄电池时，负极电位变化在 -0.20～-0.50V 范围，铅的零电荷电位 $\phi_{p.z.c}$ 约为-0.60V，则 $\phi-\phi_{p.z.c}>0$，表明电极表面带正电荷，可以优先吸附带负电荷的离子，而生产上所选择的添加剂恰恰都带有一个阴离子基团，如木质磺酸盐含有—SO_3^-，α-羟基和β-萘甲酸含有—COO^-，它们可以优先被吸附。

虽然膨胀剂和缓蚀剂能改善蓄电池负极的性能，但也会使负极的充电过程受到阻碍，使充电电压提高，硫酸铅难于还原。因此，要通过试验验证具体添加剂的优势和缺点，综合考虑，然后加以利用。

7.4.5 负极的硫酸盐化及其防止方法

正常使用的铅蓄电池，放电时形成的硫酸盐结晶，在充电时能够较容易地还原为铅。如电池的使用和维护不善，经常充电不足或过放电，负极上就会逐渐形成一种粗大坚硬的硫酸铅。这种硫酸铅用常规方法很难充电，要求电压很高，且有大量气体析出，一般把这种现象称为不可逆硫酸盐化，它能引起蓄电池的容量下降，甚至使电池损坏。

前苏联学者认为，不可逆硫酸盐化常与电解液中存在的表面活性物质有关。这些表面活性物质作为杂质存在。由于吸附减小了硫酸铅的溶解度，会使充电时铅离子还原的极限电流下降，见图 7-17。

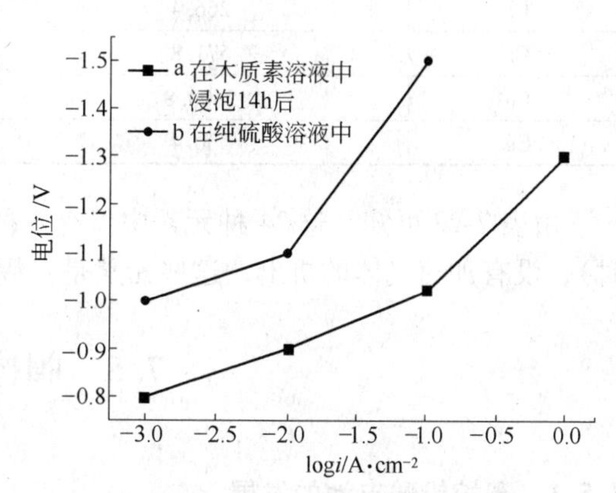

图 7-17 表面活性物质对 $PbSO_4$ 还原的影响

防止负极不可逆硫酸盐化，最简单的方法是及时充电和避免过放电。

铅负极的自放电

在断路状态下铅的自溶解导致其容量的损失，与铅溶解的共轭反应通常为溶液中氢离子的还原反应：

$$Pb+HSO_4^- \longrightarrow PbSO_4+H^++2e^- \quad 2H^++2e^- \longrightarrow H_2$$

总反应： $$Pb+H_2SO_4 = PbSO_4+H_2\uparrow$$

该过程的速度依赖于硫酸的浓度、贮存温度和杂质。

溶解于硫酸中的氧也可以引起铅的自溶：

$$Pb+HSO_4^- \longrightarrow PbSO_4+H^++2e^- \quad \frac{1}{2}O_2+2H^++2e^- \longrightarrow H_2O$$

总反应： $$Pb+\frac{1}{2}O_2+H_2SO_4 = PbSO_4+H_2O$$

这个过程受氧的扩散所控制，一般情况下，自放电以氢的还原过程为共轭反应为主。

杂质对于析氢的铅自溶反应有很大的影响。可以提高阴极极化电位的那些表面活性物质，如腐殖酸，电极中含腐殖酸 1.5%，可使铅溶解速度约降低为未含时的 1/7，而添加 0.5%木素磺酸可将溶解速度减慢至原来的 1/5~1/3。上述物质广泛地应用在蓄电池生产中。铅在 4~5mol/L 的硫酸溶液中是高度可逆的体系。它的交换电流很大，而氢在铅上的析出反应是过电位很高的过程，铅的阳极溶解是极化很小的过程。无论是为了减少自放电，还是为满足蓄电池少维护的要求，都希望提高铅电极上氢的过电位，避免加速析氢的杂质存在。

J. R. Pierson 等人从免维护蓄电池的要求出发对 24 种元素进行检测。用收集电池中析出气体数量的方法来评价，用不含各种杂质的纯硫酸所装的电池作为“标准”电池进行比较，所得结果见表 7-22。

表 7-22 各种杂质对铅蓄电池析气的影响

杂质	析气量/mL	杂质	析气量/mL
Al	306.4	Fe	309.7
Sb	2557.6	Li	258.4
As	626.2	Mn	936.2
Ba	193.0	Hg	194.2
Bi	916.0	Mo	941.6
Cd	243.7	Ni	1076.4
Ca	172.5	P	171.4
Ce	286.4	Ag	285.8
Cl	266.4	Sb	1498.4
Cr	571.8	Sn	179.2
Co	5500.8	V	635.6
Cu	530.4	Zn	218.4

由表 7-22 可知，这 24 种元素中仅有 6 种元素在最大的离子浓度时（5000×10^{-6}或饱和时），没有加速气体的析出，这些元素是：锡、钙、磷、汞、锌和钡。

7.5 阀控铅酸电池

7.5.1 阀控铅酸电池的发展

1957 年，英国首先发明了再化合免维护汽车蓄电池，德国阳光发明了触变性凝胶工业用铅酸蓄电池，1983年，美国GNB公司发明并生产了I型阴极吸收式密封铅酸蓄电池，1985年，日本YUASA公司开始生产MSE系列大型阴极吸收式密封铅酸蓄电池。特别是阀控式密封铅酸蓄电池的问世，解决了酸液和酸雾外溢的问题，使阀控式密封铅酸电池能与其他电子设备一起使用，而不对电子设备造成腐蚀和污染，使其应用领域更加广阔。

我国从1986年开始研制小型阀控式密封铅酸蓄电池，装入自行设计的UPS设备中进行试用定型，于1991年通过新产品鉴定，并开始制造POWERSON牌容量为1.2~100A·h的MF全系列的阀控式密封铅酸蓄电池，将其推向市场后，取得了较好的经济效益和社会效益。1988年，我国深圳华达电源系统有限公司引进了美国GNB公司的技术，并在消化吸收后开始生产阀控式密封铅酸蓄电池，通过并联组合最大容量可达12960A·h。20世纪90年代，我国生产类似产品的厂家遍及全国。YD/T 799—2002《通信用阀控式密封铅酸电池》和DL/T 637—1997《阀控式密封铅酸蓄电池订货技术条件》是阀控式密封铅酸蓄电池产品在邮电和电力行业应用的质量考核技术标准。

7.5.2　阀控式铅酸电池的结构和组成

组合式和单体蓄电池结构分别如图7-18和图7-19所示。电池外壳及盖采用ABS合成树脂或阻燃塑料制作，正负极采用特殊铅钙合金板栅的涂膏式极板，分隔板采用优质超细玻璃纤维棉（毡）制作，设有安全可靠的减压阀，实行高压排气。

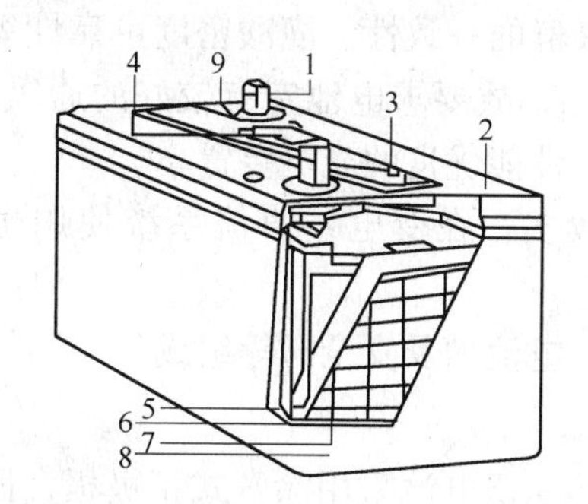

图7-18　组合式阀控电池（12V）结构示意图

1—接线柱；2—盖；3—安全阀；4—防爆陶瓷过滤器；5—正极板；6—隔板；7—负极板；8—外壳；9—端子胶

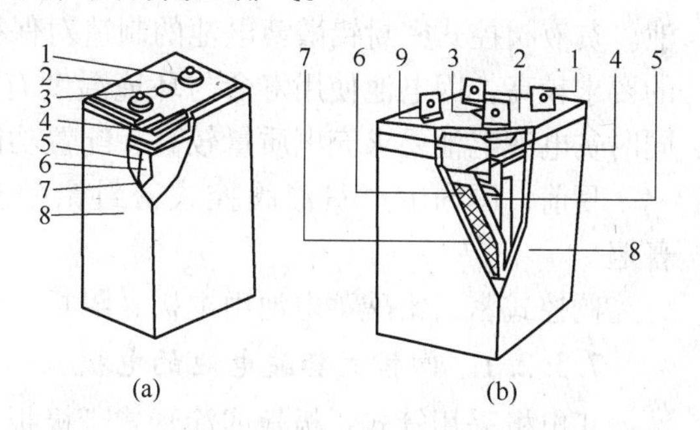

图7-19　单体电池结构示意图

（a）小容量一组接线端子电池；（b）大容量二组接线端子电池

1—接线端子；2—盖；3—安全阀；4—极柱；5—正极板；6—隔板；7—负极板；8—外壳；9—端子胶

阀控密封铅酸蓄电池分为两类：一类为贫液式，即阴极吸收式超细玻璃纤维隔膜电池，国内的华达、南都、双登等电池厂的电池和国外进口的日本汤浅、美国GNB公司的电池属于这一类；另一类为胶体电池，国内的沈阳东北电池厂的电池和国外进口的德国阳光电池属于这一类。

两种类型的阀控式密封铅酸蓄电池的原理和结构都是在原铅酸蓄电池基础上，采取措施促使氧气循环复合及对氢气产生抑制，任何氧气的产生都可认为是水的损失。如果水过量损耗就会使电池干涸失效，电池内阻增大而导致电池的容量损失。

贫电液阀控式密封铅酸电池使用超细玻璃纤维隔膜将电解液全部吸附在隔膜中，隔膜约处于90%饱和状态，电解液密度约为1.30kg/L。电池内无游离状态的电解液，隔膜与极板采用紧装配的工艺，内阻小受力均匀。在结构上采用卧式布置，如要采用立式布置，则把同一极板两端高度压缩到最低限度，以避免层化或使层化过程变慢。

胶体阀控式密封铅酸电池和传统的富液式铅酸蓄电池相似，将单片槽式化成极板和普通隔板组装在电池槽中，然后注入由稀硫酸和SiO_2微粒组成的胶体电解液，电解液密度为1.24kg/L。这种电解液充满隔板、极板及电池槽内所有空隙且固化，并把正、负极板完全包裹起来。所以在使用初期，正极板上产生的氧气没有扩散到负极的通道，便无法被负极上活性铅还原，只能由排气阀排出空间。使用一段时间后，胶体开始干涸收缩而产生裂隙，氧气便可透过裂缝扩散到负极表面，氧循环得到维持，排气阀便不常开启，电池变为密封工作，交替电解液均匀性能好，因而在充放电过程中极板受力均匀不易弯曲。胶体阀控式密封铅酸蓄电池的顶端和底部电解液流动被阻止，从而避免了层化。

贫液阀控式密封铅酸蓄电池的电解液全部被隔膜和极板小孔吸附，做到蓄电池内部无流动电解液，隔膜中有2%左右的空间作为氧气自正极扩散到负极的通道，使蓄电池在使用初期即建立起氧循环机理，所以无氢氧气体逸至空间。而胶体电池在使用初期与贫液式铅酸蓄电池相似，不存在氧复合机理，有氢氧气体逸出，此时必须考虑通风措施。

贫液式电池超细玻璃纤维隔膜孔径较大，使隔膜受压装配，离子导电路径短，阻力小使电池内阻变低。而胶体电池当硅溶胶和硫酸混合后，电解液导电性变差，内阻增大，所以贫液电池的大电流放电特性优于胶体电池。

贫液阀控式密封铅酸蓄电池的电解液均匀性和扩散性优于胶体阀控式密封铅酸蓄电池。贫液阀控式密封铅酸蓄电池的制造对保持单体极群的一致性、灌酸密度可靠性等技术的要求较高，因电池使用寿命与环境温度有密切关系，故要求电池室有较好的通风措施。同时贫电液电池要求充电质量较高、配置功能完善、性能优良的充电装置。

目前，国内生产贫液阀控式密封铅酸蓄电池较多，在变电站直流系统使用也比较普遍。

阀控式密封铅酸蓄电池由电极、隔板、电解液、电池槽及安全阀等组成。

7.5.2.1 阀控式铅酸电池的电极

正电极采用管式正极板或涂膏式正极板，通常移动型电池采用涂膏式正极板，固定型电池采用管式正极板。负极板通常采用涂膏式极板。板栅材料采用铅锑合金。极板是在板栅上涂敷由活性物质和添加剂制造的铅膏，经过固化、化成等工序处理而制成。板栅由于支撑疏松的活性物质，又用作导电体，故要求板栅的硬度、机械强度和电性能质量较好，但板栅若太厚其内阻就会较大，影响大电流放电性能。

阀控式密封铅酸蓄电池的板栅材料，尤其是正极板的板栅材料要求非常严格，要求其硬度、机械强度、耐腐蚀性能和导电性能好。但如果太重，其内阻较大，就会影响大电流放电性能，一般阀控式密封铅酸蓄电池的板栅厚度取6mm，由于正极板二氧化铅的电化当量为4.46g/A·h，负极活性物质为绒状铅，其电化当量为3.87g/A·h，正、负极活性物质当量比为1∶1.08~1∶1.2，故正极板略厚于负极板。

为了改善阀控式密封铅酸蓄电池的性能，生产厂家已将阀控式密封铅酸蓄电池的板栅材料由传统的铅钙合金、铅钙锡合金、铅锑镉合金改为镀铅铜板栅，将极柱材料由铅芯改为铅衬铜芯。采用镀铅铜板栅及极柱材料为铅衬铜芯的阀控式密封铅酸蓄电池具有如下优点：

(1) 由于铜的电导比铅高，从而减少了欧姆化电动势，使电极内电流分布均匀，提高了活性物质使用率，因此，镀铅铜板栅适用于放电电流大的蓄电池；

（2）在大容量阀控式密封铅酸蓄电池中，由于铜比铅的密度小，故采用铜可使板栅变薄，减轻蓄电池的质量；

（3）由铅合金制作的板栅密度大，在阀控式密封铅酸蓄电池的运行中，容易造成爬酸故障，影响蓄电池的密封和使用性能。采用镀铅铜板及极柱材料为铅衬铜芯的阀控式密封铅酸蓄电池在运行中不会产生这一故障；

（4）阀控式密封铅酸蓄电池负极板的活性物质中还添加其他物质，一种是阻化剂，用于抑制氢气发生和防治制造过程及储存过程的氧化，另一种是用来提高容量和延长寿命的膨胀剂。阻化剂常用松香、甘油等，膨胀剂分无机膨胀剂和有机膨胀剂两种。

由于正、负极板的电化反应各具特点，所以正、负极板的充电接受能力存在差别，正极板在充电达到70%时，氧气就开始发生，而负极板达到90%时才开始发生氢气。在生产工艺上，一般情况下正、负极板的厚度之比为6：4，这样充电才能使负极上绒状Pb达到90%时，正极上的PbO接近90%，再经少许的充电，正、负极上的活性物质分别氧化还原达95%，接近完全充电这样可使 H_2、O_2气体析出减少。采用超细玻璃纤维（或硅胶）来吸储电解液，并同时为正极上析出的氧气向负极扩散提供通道。这样，氧一旦扩散到负极，立即为负极所吸收，从而抑制了负极上氢气的产生，导致浮充电过程产生的气体90%以上被消除（少量气体通过安全阀排放出去）。

在正常浮充电电压下，电流在 $0.2I_{10}$（表示10小时率充电的20%的电流，下同）以下时，气体100%复合，正极析出的氧扩散到负极表面。100%在负极还原，负极周围无盈余的氧气，负极析出的氢气是微量的。若提升浮充电压，或环境温度升高，使充入电流陡升，气体再化合效率随充电电流增大而变小，在 $0.5I_{10}$时复合率为90%，当电流在 $1.0I_{10}$时，气体再化合效率近似为零。

7.5.2.2　隔板

隔板的作用是防止正负极板短路，同时允许导电离子畅通，并要阻挡有害杂质在正、负极间窜通。对隔板的要求是：

（1）隔板材料应是绝缘的且耐酸性能好，在结构上应具有一定孔率；（2）由于正极板中含锑、砷等物质，容易溶解于电解液，如扩散到负极上将会发生严重的析氢反应，要求隔板孔径适当，起到隔离作用；（3）隔板和极板采用紧密装配，要求机械强度好、耐氧化、耐高温、化学特性稳定；（4）隔板起酸液储存器作用，电解液大部分被吸引在隔板中，并均匀地分布，而且要可以压缩，并在湿态和干态条件下保持弹性，以起到导电的作用并充当适当支撑性物质。

阀控式密封铅酸蓄电池的隔板普遍采用超细玻璃纤维和混合式隔板两种：（1）超细玻璃纤维隔板。超细玻璃纤维隔板形貌如图7-20所示。超细玻璃纤维由直径在3μm以下的玻璃纤维压缩成型以卷式出厂，制造厂根据极板尺寸切割后用粘胶压粘制而成，用耐酸和亲水性好的粘胶剂浸渍超细纤维，使之强度增加。由于超细玻璃纤维直径小、难以制作、

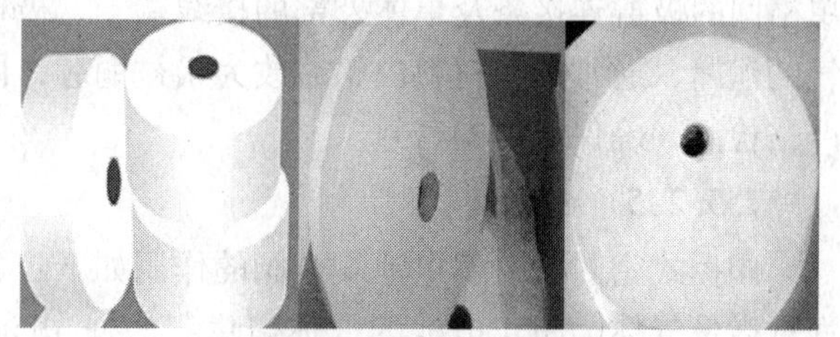

图7-20　超细玻璃纤维隔板

价格昂贵，所有电池厂都用超细玻璃代替。(2) 混合式隔板。混合式隔板是以玻璃纤维为主，混入适量成分的玻璃纤维板，或以合成纤维（聚酯、聚乙烯、聚丙烯纤维等）为主，加入小量玻璃纤维的合成纤维板。

7.5.2.3 电解液

贫电液电池电解液密度约为 1.30kg/L。胶体电池电解液密度约为 1.240kg/L。配制蓄电池电解液的用水在我国原第一机械工业部制定的标准中有严格的要求，配置蓄电池电解液的纯水制取方法有蒸馏法、阴阳树脂交换法、电阻法、离子交换法等。因水中的杂质是盐类离子，所以水的纯度可用电阻率来表示。国内制造厂主要用离子交换法制取蓄电池电解液的用水，其总含盐量小于 1mg/L，水电阻率为（800~1000）$\times 10^4 \Omega \cdot mm$（25℃）。同时，配制蓄电池电解液的纯水中的杂质铁、铵、氯等对蓄电池危害较大，制造厂也有严格要求。

配制蓄电池电解液的硫酸为分析纯硫酸，其密度为 1.840kg/L，浓硫酸加水稀释，会发生体积收缩，故混合体积值应适当增大。

7.5.2.4 电池槽

对电池槽的要求有：(1) 耐酸腐蚀，抗氧指标高；(2) 密封性能好，要求水汽蒸发泄漏小，氧气扩散渗透小；(3) 机械强度好，耐振动、耐冲击、耐挤压、耐颠簸；(4) 蠕动变形小，阻燃，电池槽硬度大。

电池槽材料。阀控式密封铅酸蓄电池电池槽的外壳以前多用 SAN，目前主要采用 ABS、PP、PVC 等材料。

电池槽结构特点有：(1) 电池槽的外壳要采用硬度大且不易产生变形的树脂材料制成，槽壁要加厚，通过在短侧面上安装加强筋等措施抵制极板面上的压力；(2) 电池槽有矮形和高形之分，矮形结构电解液分层现象不明显，容量特性优于高形电池结构，此外，在电池内部氧在负极复合作用方面，矮形结构比高形结构电池性能优越；(3) 电池内槽装设筋条措施，加筋条后可改变电池内部氧循环性能及在负极上的复合能力；(4) 阀控式密封铅酸蓄电池正常为密封状态，散热较差。在浮充状态下，电池内部为负压，所以要避免加厚，厚度愈大，热容量愈大，愈难散热，电池的电气性能将受到影响；(5) 大容量电池在电池槽底部装设电池槽靴，以防止极板变形；(6) 电池槽与电池盖必须严格密封，通常采用氧/气吹管将槽与端盖焊接，为保证密封不发生液和气的泄漏，新工艺先利用超声波封口，再用环氧树脂材料密封；(7) 引出极柱与极柱在槽盖上的密封，极柱端子作为每个单格间的极群连接条及单体外部的接线端子，极柱结构影响电池的放电特性及电池内液和气的泄漏，通常极柱材料由铅芯改为铅衬铜芯，同时加大极柱截面；(8) 电池槽制成后要严格检测，确保电池的密封。

7.5.2.5 安全阀

阀控式密封铅酸蓄电池安全阀的作用如下：(1) 在正常浮充状态，安全阀的排气孔能逸散微量气体，防止电池的气体聚集；(2) 电池过充电等原因产生气体使阀到达开启值时，打开阀门，及时排出盈余气体，以减少电池内压；(3) 气压超过定值时放出气体，减压后自动关闭，不允许空气中的气体进入电池内，以免加速电池的自放电，故要求安全阀为单向节流阀。单向节流安全阀主要由安全阀门、排气通道、帽罩、气流分离器等部件组成。

安全阀与盖之间装设防爆过滤片装置。过滤片采用陶瓷或其他特殊材料，既能过滤，又能防爆。过滤片具有一定的厚度和粒度，当有火靠近时，能隔断和防止引爆电池内部的气体。

安全阀开阀压和闭阀压有严格要求，需根据气体压力条件确定。开阀压力太高，易使电池内因存气体超过极限，导致电池外壳膨胀或炸裂，影响电池安全；开阀压力太低，气体和水蒸气严重损失，电池可能因失水过多而降低。闭阀压防止外部气体进入电池内部，因气体会破坏性能，故要及时关闭阀。减压阀的开闭阀压力在行业标准规定中为，开阀压力应在10~49kPa范围内，闭阀压力应在1~10kPa范围内，使内部压力保持大约40kPa。一般认为开阀压稍微低些好，而闭阀压接近开阀压好。

7.5.3 阀控式密封铅酸蓄电池的主要性能

7.5.3.1 充电性能

（1）浮充电使用的充电特性。阀控式铅酸蓄电池的浮充电流的三个作用是：1）补充蓄电池自放电的损失；2）向日常性负载提供电流；3）维持电池内氧循环。

阀控式密封铅酸蓄电池电解液的密度比普通铅酸蓄电池高，为1.30kg/L，单体蓄电池的开路电压可达2.13~2.16V。浮充电使用是阀控式密封铅酸蓄电池的最佳运行条件。运行时，蓄电池总是处于满容量状态，在此条件下运行，阀控式密封铅酸蓄电池具有最佳的使用寿命和性能。

阀控式密封铅酸蓄电池内部结构合理，极间与极间和极间与对地绝缘状况较好，蓄电池的自放电率较小。据测试，在环境温度20℃储存时，蓄电池的自放电每月约为4%。运行中的浮充电压、浮充电流一定要遵循厂家的规定。浮充电一般采用恒压限流方式，在25℃以下最佳浮充电压为2.25V（单体），浮充电流为1~3mA。半浮充使用（即不能满足每天24h不间断开机充电）时，则充电终止电压为2.25~2.26V（单体，25℃）。使用时应严格防止因浮充电不当，造成蓄电池容量失效的故障。图7-21为浮充电压与浮充使用寿命之间的关系。

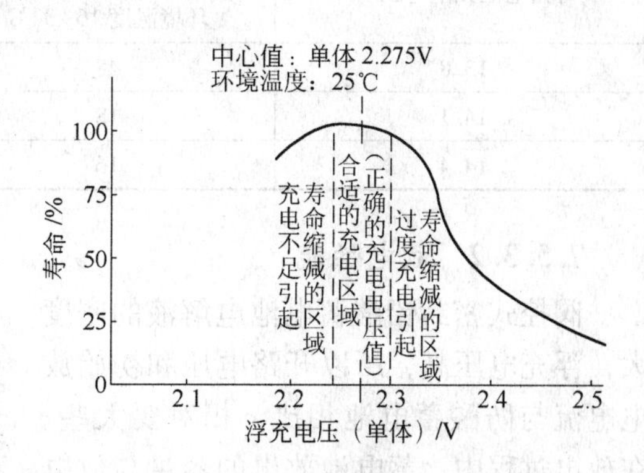

图7-21 浮充电压与浮充使用寿命之间的关系

阀控式密封铅酸蓄电池的充电性能一般以它的充电特性曲线表示，充电时间取决于放电深度、充电初始电流及环境温度。在放电深度为额定容量的50%和100%时，FM系列铅酸蓄电池恒压（单体2.25V，25℃）及充电限流值为I_{10}（表示以10小时率放电的电流）时的充电特性如图7-22所示。

充电电流随着冲入电量的增加而递减，充电末期电流极小，通常在0.01I_{10}~0.1I_{10}（表示以10小时率充电电流的0.01倍到0.1倍，下同），此时气体复合效率接近100%。25℃时，蓄电池浮充电压为2.25V（单体），环境温度变化时，必须对浮充电压进行校正，温度每升高或下降5℃，电压校正系数相应减少或增加15mV，如图7-23所示。

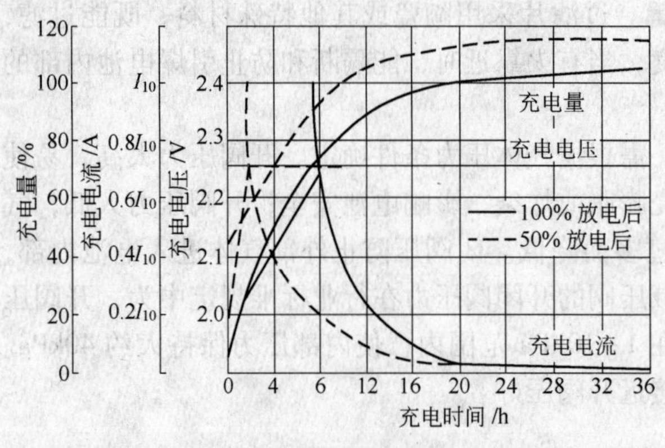

图7-22　阀控式密封铅酸蓄电池的充电特性

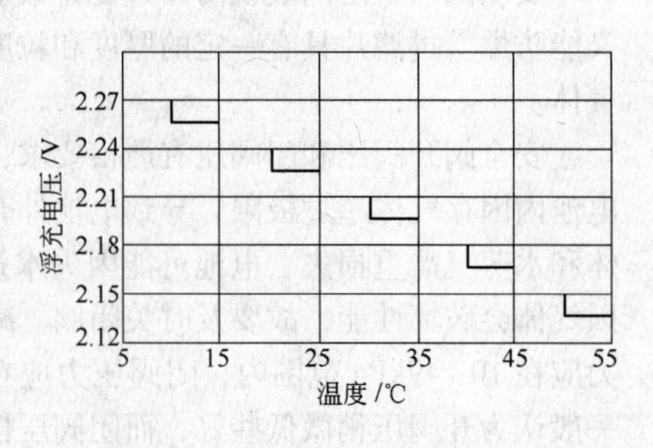

图7-23　浮充电压与温度函数关系

（2）循环使用时的充电特性。阀控式密封铅酸蓄电池在循环使用时，应采用恒压限流进行充电，初始电流不大于$3I_{10}$，充电终止电压为2.35V（单体，25℃），当充电设备能满足最大电流为$3I_{10}$，且放点深度为30%~60%时，24h即可充足电。如电池非长期连续使用，使用之前则需进行补充电，补充电采用限流恒压法，限定电流为0.30C20（A），电压及充电时间见表7-23。

表7-23　铅蓄电池的补充电规则

每只电池充电电压/V	补充充电时间/h		
	环境温度16~32℃	环境温度5~15℃	环境温度≤4℃
13.8	48	96	192
14.1	18	24	48
14.4	16	20	24

7.5.3.2　放电性能

阀控式密封铅酸蓄电池电解液的密度大，浮充电压高，所以开路电压和初始放电电流与防酸蓄电池相比，相对要大些。在放电过程中，蓄电池放出的容量与放电倍率有很大关系，放电电流越大，所放出的容量越少，放电电流越小，所放出的容量越多。通常以标准温度（25℃）下10h放电率的容量为阀控式密封铅酸电池的额定容量，新蓄电池在前3次循环内达到额定容量的95%以上，即为合格。图7-24为FM系列阀控式密封铅酸蓄电池的放电特性曲线。

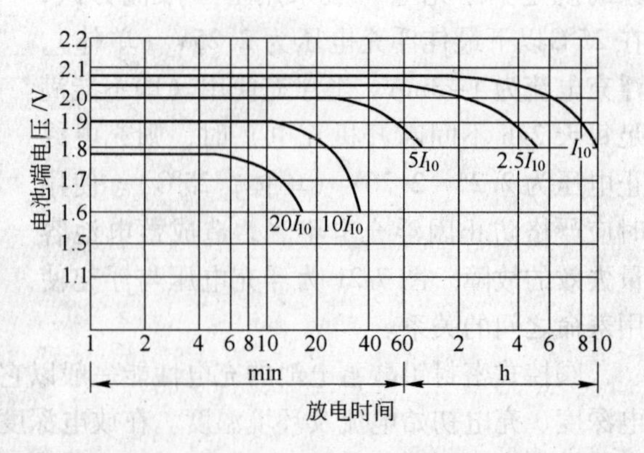

图7-24　FM系列阀控式密封铅酸蓄电池的放电特性曲线（25℃）

阀控式密封铅酸蓄电池长期储存时，容量逐渐损失，并进入放电状态，称为自放电。产生自放电的主要原因如下：（1）化学原因，即正极板上的二氧化铅的海绵铅在电解液中硫酸的作用下，被逐渐分解或发生化学反应，产生稳定状态的硫酸铅，从而导致自放电；(2) 电化学原因，电池中的杂质或极板和隔板中的金属等杂质溶解于电解液中，进而附着在极板上，与活性物质构成小电池或对电极发生氧化还原反应，从而导致自放电，这是主要原因。

观察自放电的简单方法是测量电池的开路电压，开路电压同电池剩余容量密切相关，其关系见图 7-25。新电池的开路电压是 2.13~2.16V（单体），储存 2~3 个月后，即从出厂、运输到用户安装，电池开路电压不应低于 2.10V（单体），约相当于自放电损失 2%。如果在 2.13V（单体）以上，约相当于自放电损失 1%，则说明电池储存性能很好；如果在 2.10~2.13V（单体），则说明储存性能较好。若低于 2.10V（单体），则说明储存性能较差。当电池长期储存不用时，为防止自放电引起的过放电现象，要定期对储存状态的电池进行补充电。

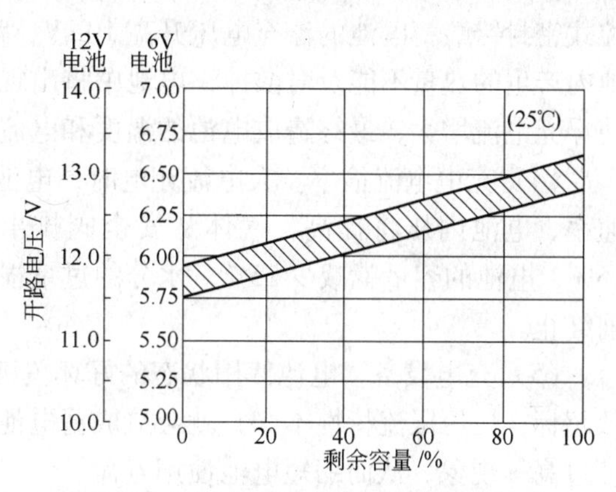

图 7-25 开路电压同电池剩余容量的关系

7.5.3.3 排气泄压性能

由于采用了先进的技术措施，阀控式密封铅酸蓄电池在正常浮充电运行时，内部的压力和温度不会超过规定值，但是若因持续高温运行或严重过充电，则将使电池内部气压升高。为此，蓄电池装设了安全阀，当压力超过正常值时，安全阀自动开启泄压，当压力恢复到正常值时，安全阀自动关闭。各种型号电池的泄压值所有不同。安全阀上装有憎水性能良好的聚四氟乙烯薄膜滤酸装置，以免酸雾排出。

7.5.4 影响阀控式密封铅酸蓄电池寿命的因素

影响阀控式密封铅酸蓄电池寿命的因素主要有：

(1) 放电深度。阀控式密封铅酸电池是贫液蓄电池，随着放电时间的增长，蓄电池的内阻增长较快，端电压下降得较大。当达到生产厂家规定的放电终止电压时，应立即终止放电，并按要求充电，否则会导致过放电。如果反复过放电，即使再充电，容量也难以恢复，最终造成使用寿命缩短。

(2) 放电电流倍率。阀控式密封铅酸蓄电池的充放电要按规定要求进行，若用小电流放电，使极板深层有效物质参加反应，再用大电流充电，化学反应只在表面进行，将缩短蓄电池使用寿命。

(3) 浮充电。阀控式密封铅酸蓄电池正常运行的浮充电压选择为：

$$
\begin{aligned}
\text{浮充电压} &= \text{开路电压} + \text{极化电压} \\
&= (\text{电解液密度} + 0.85) + 0.10 \\
&= (1.30 + 0.85) + 0.10 \\
&= 2.15 + 0.10 \\
&= 2.25\text{V}
\end{aligned}
$$

（极化电压为 0.1~0.18V，取 0.1V。）

浮充电压设置过低，会因蓄电池充电不足，使电池几百倍硫化而缩短电池寿命。浮充电压设置过高，电池将长期处于过充电状态，使电池的隔板、极板等由于电解氧化而遭到破坏，造成电池板栅腐蚀加速，活性物质松动，而使容量降低。此外，试验表明，单体阀控式密封铅酸蓄电池的浮充电压升高10mV，浮充电流可增大10倍。浮充电流过大时，电池内产生的热量不能及时散掉，电池中将出现热量积累，从而使电池温度升高，这样又促使浮充电流增大，最终造成电池的温度和电流不断增加的恶性循环，即热失控现象。

（4）充电电流倍率。大电流充电时，电池内部生成气体的速率将超过电池吸收气体的速率，电池内压将提高，气体从安全阀排出，造成电解液减少或干涸，通常水分损失15%，电池的容量就减少15%。水分的过量损耗将使阀控式密封铅酸蓄电池的使用寿命提前终止。

（5）充电设备。电池使用状态的好坏关键取决于电池的充电机设备，若充电机文波系数超标，恒压限流特性不好，就会造成蓄电池过充、欠充、电压过高、电流过大、电池温度过高等现象，从而缩短电池使用寿命。

（6）温度。温度升高将加速蓄电池内部水分的分解，在恒压充电时，环境温度高，充电电流将增大，导致过充电。电池长期在超过标准温度下运行，则温度升高10℃，蓄电池的寿命约降低一半。温度下降，容量也随之下降，当环境温度为5℃时，其容量约为额定容量的80%，电池环境温度低于基准温度（25℃），每下降1℃，容量大约下降1%。

电解液冰点与其密度即与电池保持的容量密切相关，充足电后浮充运行的电池电解液冰点为-70℃，而放完电后的电解液冰点仅为-5℃，所以在低温下使用电池要注意电池的状态，否则将影响电池的使用寿命。

（7）密封。阀控式密封铅酸蓄电池把所需质量的电解液注入极板和隔板中，没有游离的电解液，通过负极板潮湿来提高吸收氧的能力，把蓄电池密封以防止电解液减少，故阀控式密封铅酸电池又称“贫液电池”。阀控式蓄电池实现密封的难点就是充电后期水的电解，阀控式密封铅酸蓄电池采取以下几项重要措施实现密封：

1）阀控式密封铅酸蓄电池的极板采用铅钙板栅合金，提高了气体释放电位。即普通蓄电池板栅合金在2.30V（单体，25℃）以上时释放气体。采用铅钙板栅合金后，在2.35V（单体，25℃）以上时释放气体，从而减少气体释放量，同时使自放电率降低。

2）让负极有多余的容量，大约比正极多出10%。充电后期释放的氧气与负极接触，发生反应，重新生成水，即 $O_2+2Pb \rightarrow 2PbO$，$PbO+H_2SO_4 \rightarrow H_2O+PbSO_4$，使负极由于氧气的作用处于欠充电状态，因而不产生氢气。这种正极的氧气被负极的铅吸收，再进一步化合成水的过程，就是阴极吸收反应。阀控式密封铅酸蓄电池的阴极吸收氧气，重新生成了水，抑制了水的减少而无需补水。

3）为了让正极释放的氧气尽快流通到负极，阀控式密封铅酸蓄电池极板之间不再采用普通铅酸蓄电池所采用的微孔橡胶隔板，而是用新型超细玻璃纤维作为隔板，电解液全部吸附在隔板和极板中，阀控式密封铅酸蓄电池内部不再有游离的电解液。超细玻璃纤维隔板孔率由橡胶隔板的50%提高到90%以上，从而使氧气流通到负极，再化合成水。另外，超细玻璃纤维隔板具有将硫酸电解液吸附的功能，因此，即使阀控式密封铅酸蓄电池倾倒，也无电解液溢出。由于采用特殊的设计，因此可控制气体的产生。正常使用时，阀控密封铅酸蓄电池内部不产生氢气，只产生少量的氧气，且产生的氧气可在蓄电池内部自行复合。

4）阀控式密封铅酸蓄电池采用了过量的负极活性物质设计，以保证蓄电池充电时，正极充到100%后，负极尚未充到90%，这样电池内只有正极上优先析出的氧气，而负极上不产生难以复合的氢气。

5）阀控式密封铅酸蓄电池采用密封式阀控滤酸结构，电解液不会泄露，酸雾也不会逸出，达到了安全环保的目的。

综上所述，从正极板产生的氧气在充电时很快与负极的活性物质起反应并恢复成水。因此，阀控式密封铅酸蓄电池可免除补加水维护，这也是阀控式密封铅酸蓄电池被称为“免维护”蓄电池的原因。但是，“免维护”的含义并不是任何维护都不做，恰恰相反，为了提高阀控式密封铅酸蓄电池的使用寿命，阀控式密封铅酸蓄电池除了免除加水，其他方面的维护和普通铅酸蓄电池是相同的。只有使用得当，维护方法正确，阀控式密封铅酸蓄电池才能达到预期的使用寿命。

7.5.5 技术指标

阀控式密封铅酸蓄电池的技术指标很多，其主要技术指标如下：

（1）蓄电池结构。1）一般结构。蓄电池由正极板、负极板、隔板、槽、盖、安全阀、连接条、极柱、电解液等组成。蓄电池结构应保证在使用寿命期间，不得渗漏电解液；2）制造蓄电池槽、盖、安全阀、极柱封剂等的材料应具有阻燃性；3）蓄电池极性应与极性标志一致。正、负极端子应便于用螺栓连接，其极性、端子外形尺寸应符合厂家产品图样；4）蓄电池正极板不得低于3.5mm。

（2）外观。蓄电池的外观不应有裂纹、变形及污迹。

（3）开路电压。蓄电池组中各蓄电池的开路电压最大最小电压差不得超过表中的规定值。

（4）蓄电池连接条压降。蓄电池间的连接条电压降不应大于8mV。

（5）气密性。蓄电池除安全阀外，应能承受50kPa的正压或负压而不破裂、不开胶，压力释放后壳体无残余变形。

（6）额定容量。额定容量是指电池容量的基准值，是在规定的放电条件下蓄电池能放出的容量。小时率容量是指不同放电时间所得出的额定容量的数值，以 C_n 表示（n 为放电小时数）。我国电力系统规定用10h放电率对蓄电池所放出的电量为蓄电池的额定容量，用符号C10表示。

（7）放电率电流和容量。按照GB/T 13337.2—1991《固定型防酸式铅酸蓄电池规格尺寸》，在25℃的环境下，蓄电池的容量为：1）10小时率放电容量为C10；2）3小时率放电容量为C3，C3=0.75C10；3）1小时率放电容量为C1，C1=0.55C10。

（8）充电电压、充电电流。蓄电池在环境温度为25℃的条件下，按运行方式不同，分为浮充电荷和均衡充电两种。1）单体电池的浮充电压为2.23~2.27V；2）单体电池的均衡充电压为2.30~2.40V；3）浮充电流一般为1~3mA/A·h；4）均衡充电流：1.0~1.25I_{10}（10小时率放电电流的1~1.25倍的电流）各单体电池的开路电压最高值和最低值相差不能大于20mV。

（9）终止电压。阀控式密封铅酸蓄电池在 n 小时率放电末期的最低电压为：1）10小时率放电蓄电池的单体终止电压为 1.8V；2）3 小时率放电蓄电池单体终止电压为 1.8V；3）1 小时率放电蓄电池单体终止电压为 1.75V。

（10）电池间的连接电压降。阀控式密封铅酸蓄电池按 $3I_{10}$放电率放电时，两只电池连接电压降，在电池各极柱根部测量值应不大于 8mV。

（11）容量。在规定的实验条件下，蓄电池容量能达到标准。我国要求，实验 10h 率容量，第二次循环不低于 0.95C10。

（12）最大放电电流。最大放电电流是指在电池外观无明显变形、导电部件不熔断的条件下，电池能承受的最大电流。我国有关规定为，以 $30I_{10}$电流放电 3min，极柱不熔解，外观不变形。

（13）容量保存率。容量保存率是指在 5～35℃条件下，将蓄电池完全充电后，并保持蓄电池表面清洁干燥，静置 90d，计算出的蓄电池荷电波保持率的百分数。我国规定静置 90d，容量不低于 80%。

（14）密封反应性能。密封反应性能是指在规定的实验条件下，电池在完全充电状态，每天放出的气体量（mL）。密封反应效率不低于 95%。

（15）安全阀的动作。安全阀的开阀压是为了防止阀控式密封铅酸蓄电池的内部压力异常升高损坏电池槽而设定的。安全阀的闭阀压是为了防止外部气体自安全阀进入，影响电池的循环寿命而设定的。蓄电池在使用期间安全阀应自动开启闭合。安全阀的开阀压设定值为 10～49kPa，闭阀压设定值为 1～10kPa。

（16）防爆性能。在规定的实验条件下，遇到电池外部有明火时，在电池内部不引燃、不引爆。

（17）防酸雾性能。在规定的实验条件下，蓄电池在充电过程中，内部的酸雾被抑制向外部泄放的性能。每安时充电电量洗出的酸雾不应大于 0.025mg。

（18）耐过充电性能。蓄电池所有活性物质返回到充电状态称为完全充电。电池已达到完全充电后的持续充电称之为过充电。按规定要求试验后，电池应具有承受过充电的能力。

（19）耐过充电能力。蓄电池用 $0.3I_{10}$电流连续充电 160h 后，其外观应无明显变形及渗液。

（20）过充电寿命。额定电压 2V 蓄电池过充电寿命不应低于 210d。额定电压 6V 及以上的蓄电池过充电寿命不应低于 180d。

（21）封口剂性能。蓄电池在−30～65℃温度范围内，封口剂不应有裂纹与溢流。蓄电池除安全阀外，应能承受 50kPa 的正压或负压而不破裂、不开胶，压力释放后壳体无残余变形。

（22）蓄电池的工作环境。蓄电池在环境温度−10～45℃条件下应能正常使用，但温度对阀控式密封铅酸蓄电池的寿命和容量影响较大，其工作环境温度应控制在 5～30℃。

与其他形式的铅酸蓄电池相比，阀控式密封铅酸蓄电池具有可靠性高、容量大、承受冲击负荷能力强及原料取用方便等优点，在发电厂和变电站的直流系统中得到广泛应用。以往固定铅酸蓄电池分为开口式、防酸式和防酸隔爆式等，存在体积大、液体电解液溅出伤人和损物、使用过程中产生氢气和氧气并伴着污染环境的酸雾，以及运行操作复杂等缺点。近十几年来，在变电站直流系统广泛使用的阀控式密封铅酸蓄电池基本上克服了一般铅酸蓄电池的缺点，逐步取代了其他形式的铅酸蓄电池。

7.5.6　阀控式蓄电池的特点

阀控式蓄电池有以下特点：（1）维护工作中不需要补加水；（2）大电流放电性能优良，特别是冲击放电性能极佳；（3）自放电电流小，25℃下每月自放电率2%以下，约为其他铅酸蓄电池的1/5~1/4；（4）不漏液，无酸雾，不腐蚀设备，不伤人，对环境无污染；（5）蓄电池寿命长，25℃浮充电状态使用，蓄电池寿命可达10~15年；（6）结构紧凑，密封性能好，可与设备同室安装，可立式或卧式安装，占地面积小，抗震性能好；（7）不存在镉镍电池的记忆效应。

阀控式密封铅酸电池性能稳定、可靠、维护工作量小，受到设计和运行人员的喜爱。但阀控式密封铅酸蓄电池对温度的反应较灵敏，不允许过充电和欠充电，对充放电要求较为严格，要求有性能较好的充电装置，使用维护不当将严重缩短蓄电池的使用寿命。

7.6　水平铅酸电池

国内电动自行车用铅酸蓄电池主要存在三个方面的问题：

（1）大部分产品循环充放电的中、后期容量衰减速度较快。

（2）循环寿命较短。单个蓄电池按70%放电深度放电，寿命能达到350周期的蓄电池仅占20%左右，电动车有时仅能使用一年，一年之后就得更换新电池。

（3）组合一致性差。蓄电池组中单电池的性能不均匀，以蓄电池组进行试验，其性能达到标准要求的仅占5%。

这些存在的问题不仅影响电动自行车在我国的使用，也影响铅酸电池作为电动汽车的动力电源的开发。目前，国内外正积极开展水平电池、卷绕电池、叠层电池等新型铅酸蓄电池的研究，以期全面满足电动车辆的要求。

水平铅酸蓄电池作为一种新型结构的铅酸电池，保持了传统密封铅酸蓄电池廉价、可靠的优点，采用新型板栅材料铅布和准双极性电池结构设计等，从理论上初步避免了铅粉从极板的脱落，应具有高比能、高功率、快速充电、循环寿命长的优点，这些特点也是电动车辆对蓄电池的基本要求。1987年美国电源公司使用玻璃纤维外包覆铜织成导电网开发制造先进的水平铅酸蓄电池。水平铅酸蓄电池的市场定位为电动车，指标为3h率放电比能量40~45W·h/kg，循环寿命700周期。北京世纪千网电池技术有限公司正进军动力型水平铅酸蓄电池领域，已于2002年2月收购了美国电源公司，成为能够批量生产水平铅酸蓄电池的制造商。

7.6.1　水平铅酸电池的组成和结构特点

7.6.1.1　集流导电体

水平铅酸蓄电池所用的铅布是由玻璃纤维外包覆金属铅（或铅合金）经过挤压拉丝、编织而成。组成铅布内芯的玻璃纤维不但增加了铅布的强度，也减轻了铅布的质量。此外，由于铅布很薄、可制成薄极板，这一特点使水平铅酸蓄电池具有优良的大电流放电能力。对于水平铅酸电池而言，铅布的耐腐蚀性能是影响水平铅酸蓄电池循环寿命的关键因素之一。图 7-26 即为铅布。由图 7-27、图 7-28 可见，水平铅酸蓄电池的正极、负极可制作在同一块铅布上，称为双极板。为减少水平铅酸电池的自放电、增强铅布抗腐蚀能力，需在电极正极、负极双连体之间填涂耐酸、绝缘的隔离材料。

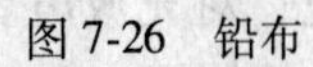

图 7-26　铅布

图 7-27　单极板

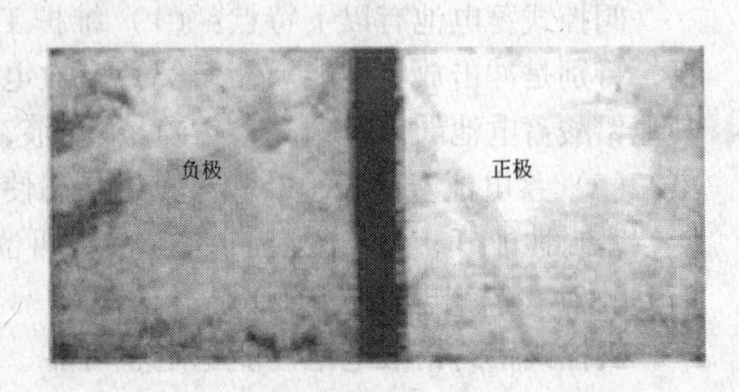

图 7-28　双极板

7.6.1.2　极群结构

由图 7-29、图 7-30 可见，水平铅酸蓄电池采用准双极性的电池结构设计，由于极群是由双极板之间的铅布连接起来，省略了普通阀控铅酸蓄电池的焊接工艺，减轻了半极柱、汇流排的质量，使其具有电阻小、比能高的特点，由于水平放置，减轻了电解液的分层现象。

图 7-29　水平电池极群组

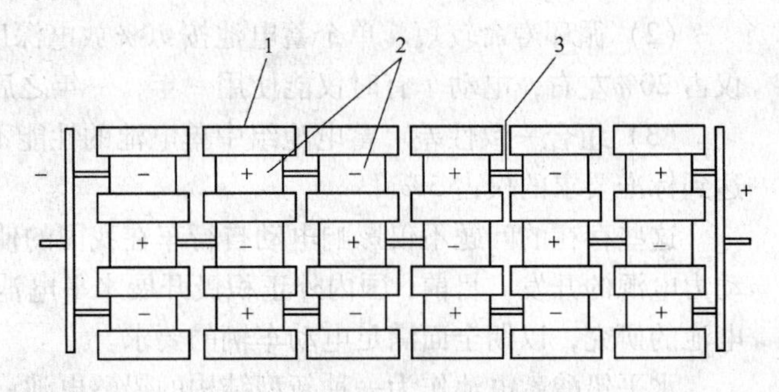

图 7-30　极群结构示意图
1—隔板；2—极板；3—铅布

40A · h 水平铅酸蓄电池的容量数据见表 7-24。电池按规定的制度循环，以 3 小时率放电（80%DOD），每 10 周以 3 小时率检查放电一次，至容量降为额定容量的 80%为寿命终止。

由表 7-25 看出，研制的 40A · h 水平铅酸蓄电池的充电时间短，大电流放电性能好，3 小时率放电的质量比能量比普通铅酸蓄电池高 20%左右，但循环寿命较短，仅有 100 个循环周期。

表 7-24　40A · h 水平铅酸蓄电池初容量数据

放电时率/h	周期数/次	放电电流/A	放电容量/A · h	质量比能量/W · h · kg^{-1}
1	6	32	36.9	32.1
2	8	18.4	41.6	36.8
3	11	13.3	43.0	38.4
10	5	4.5	43.5	39.1
20	3	2.3	45.4	41.1

表 7-25 两种电池性能比较

电池类型	40A·h 水平铅酸蓄电池	普通阀控铅酸蓄电池
充电时间/h	2（大约）	5~8
3 小时率质量比能量/$W \cdot h \cdot kg^{-1}$	37~40	30（大约）
循环寿命/次	100~115 （3h 80% DOD）	100~400 （2h 70% DOD）

7.6.2 铅布的耐腐蚀性

研究初期所使用的铅布耐腐蚀性较差，铅布在电池仅循环了 20 个周期左右就被严重腐蚀，直接导致了水平铅酸蓄电池寿命的终止。为提高铅布的耐腐蚀性能，从以下几方面着力进行改善，如耐腐蚀合金配方的研究、纤维线芯材料的研究、铅布成型工艺的研究以及铅布最佳使用方式的研究等。

为了深入了解改进后的铅布的腐蚀状况，曾对循环至 75 周期的水平铅酸蓄电池进行解剖。将电池各部位正极板里的铅丝取出，测试其腐蚀速度，根据电池前 75 周期的腐蚀速度，推测出所使用的铅布还可使用的周期数。测试发现，不同部位的铅布腐蚀情况不同，这表明电池不同部位的酸性环境和所承受的电流大小不同。在双极板间涂覆的隔离物保护层可使腐蚀减缓约 11%，使铅布可经受 300 个周期以上的循环。

7.6.3 蓄电池组中单电池性能的一致性

蓄电池组中单电池性能的一致性问题也是普通阀控铅酸蓄电池失效的主要问题之一。一致性问题在水平铅酸蓄电池中表现得相对突出，这与水平铅酸蓄电池相对特殊的结构形式相联系。由于水平铅酸蓄电池的极板均水平放置，每个极群的受压情况相对独立，对每个极群的电极、隔膜的一致性提出了更高要求，否则极易导致各极群的装配压力不一致。而在普通阀控铅酸蓄电池中，则可通过压力的传递达到相对一致。电池长时间放置后，各单格自放电状况不一致也会造成各单格蓄电池性能不一致。

7.6.4 电池的失水问题

据巴甫洛夫的热失控机理，铅酸蓄电池热容量的 80%左右是由电解液决定的。由于 VRLA 电池含有的电解液量比平板电池少，因此 VRLA 电池热容较小，电解液量的小变化就可使电池的热容变化很大。VRLA 电池较少的失水就可使其热容减少较多，使电池温度升高很快。氧气析出速率对温度很敏感，温度的升高又会导致氧气析出速率更快速的增加，如图 7-31 所示。

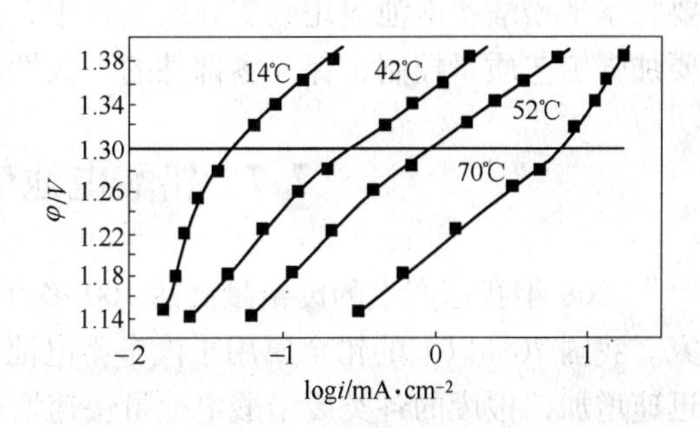

图 7-31 温度-氧气析出速率关系图

电压 $U=1.3$ V（vs. Hg/Hg_2SO_4）时，氧气的析出速率在不同温度下为：$J=0.263A/cm^2$（42℃），$J=72A/cm^2$（52℃）。

由此看出，蓄电池的温度从42℃到52℃，温度升高了10℃，氧气析出速率增加了4倍。可见，氧气析出导致蓄电池温度升高，而温度升高又加剧了氧气的析出。如此反复下去，便形成了恶性循环，导致阀控铅酸蓄电池的热失控现象。其热失控机理图如图7-32所示。铅酸蓄电池的用水标准见表7-26。

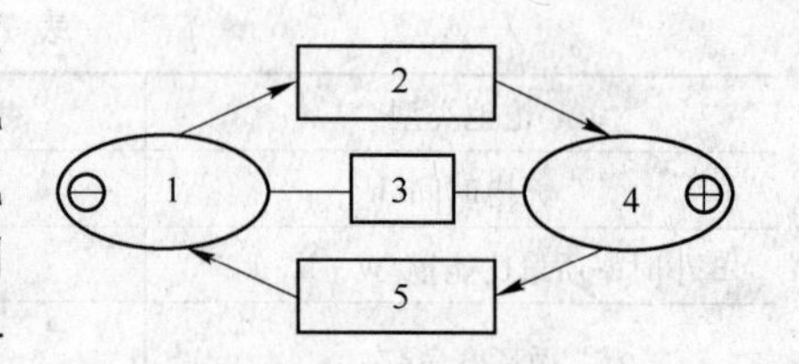

图7-32 VRLA电池在自加速过程散热机理图示

1—氧气还原速率；2—热；3—焦耳热；4—氧气析出速率；5—氧气流出

电池的失水问题在水平铅酸蓄电池中表现得更为突出，因为水平铅酸蓄电池同样存在上述热失控的问题，而且在充放电循环过程中，由于充电时电池内外的温差而产生的水蒸气形成了水，水回流至电池槽底部，不能被极群吸收利用。在普通阀控铅酸蓄电池中，这部分水可回流至极群中被极群重新吸收利用。这部分汇流的水如果积累过多，不但会使电池大量失水，加速氧气的析出和温度的升高，而且还会导致极群之间的荷电态差异及短路。在水平铅酸蓄电池中要想解决氧气的析出和温度升高这两个问题，就要对电极的一致性、电解液分布的均匀性提出更高的要求，需采用更有效的措施去解决。

表7-26 铅酸蓄电池的用水标准

序号	检验项目	指标
1	外观	无色、透明
2	残渣含量（质量分数）/%	≤0.010
3	锰含量（质量分数）/%	≤0.00001
4	铁含量（质量分数）/%	≤0.0004
5	氯含量（质量分数）/%	≤0.0005
6	还原高锰酸钾物质（以O计）含量（质量分数）/%	≤0.0002
7	电阻率（25℃）/Ω·cm	$\geqslant 10\times10^4$
8	阀控式蓄电池电阻率（25℃）/Ω·cm	$\geqslant 50\times10^4$

水平铅酸蓄电池具有诸多动力型电池所要求的特点如高比能、高功率、快速充电。若要将水平铅酸蓄电池应用到实际的场合中，必须突破寿命难关，保证其使用寿命，同时还要加强工艺质量控制，保证零部件的一致性，这样才有可能从研制阶段转为实用阶段。

7.7 铅酸电池生产的污染及治理

2008年我国产生的废铅量高达100多万吨，超过美国成为世界上废铅量产生最大的国家。我国70%以上的铅金属用于汽车蓄电池，随着汽车产量、电动车及电动自行车产量的迅速增加，报废的各类废铅酸电池量快速增长。世界上经济发达的国家都很重视废铅的回收利用，其再生铅产量占精铅总产量的50%左右，美国为75%，而我国目前仅30%。发展再生铅工业，可以保护生态环境，防止重金属污染，实现循环经济。

目前发达国家的铅酸蓄电池再生工艺主要采用机械破碎分选和对含硫铅膏进行预脱硫等湿法预处理技术，然后再用火法、湿法、干湿法联合工艺回收铅及其他有用物质。而国内大部分厂家采用反射炉、水套炉等传统火法工艺处理废蓄电池，不采用预处理工艺。一些小企业甚至采用原始的土窑土炉冶炼，90%以上的企业没有进行烟尘处理。存在的问题主要有：

（1）铅回收率一般仅为80%~85%，全国每年有1万多吨的铅在熔炼过程中流失；

（2）资源综合利用率低，没有分选处理技术，板栅金属和铅膏混炼，合金成分没有合理利用；

（3）能耗较高，一般每吨铅消耗500~600 kg标煤；

（4）污染较严重，由于技术落后，熔炼过程中排放的铅蒸气、铅尘、二氧化硫严重超标，一些随便排放的硫酸铅溶液也会污染土壤。

7.7.1 清洁生产工艺流程

江苏新春兴再生资源有限公司开发了无污染再生铅技术，其生产工艺主要包括废铅酸蓄电池预处理（破碎分选）、铅泥脱硫、粗铅熔炼、提取精铅和合金化等。工艺流程见图7-33。

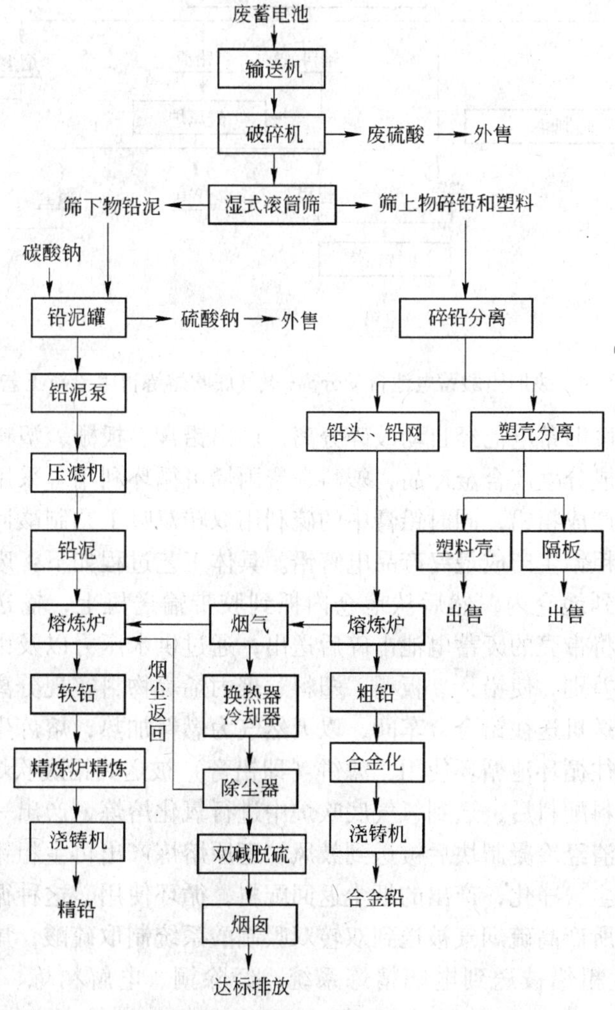

图7-33 废铅酸蓄电池回收生产工艺流程

首先废铅酸蓄电池经过破碎、分选得到含铅原料，然后分选出的板栅和铅板等直接进入合金熔炼炉配制铅合金，最后分选得到的铅泥经脱硫转化后再进行熔炼，熔炼工序的产品为粗铅，粗铅经精炼工序去除杂质、添加合金炼成精铅和合金铅，通过浇铸成为铅锭。

河南豫光金铅股份有限公司采用自动分离-氧气底吹熔炼处理废旧铅酸电池，其流程图见图7-34。

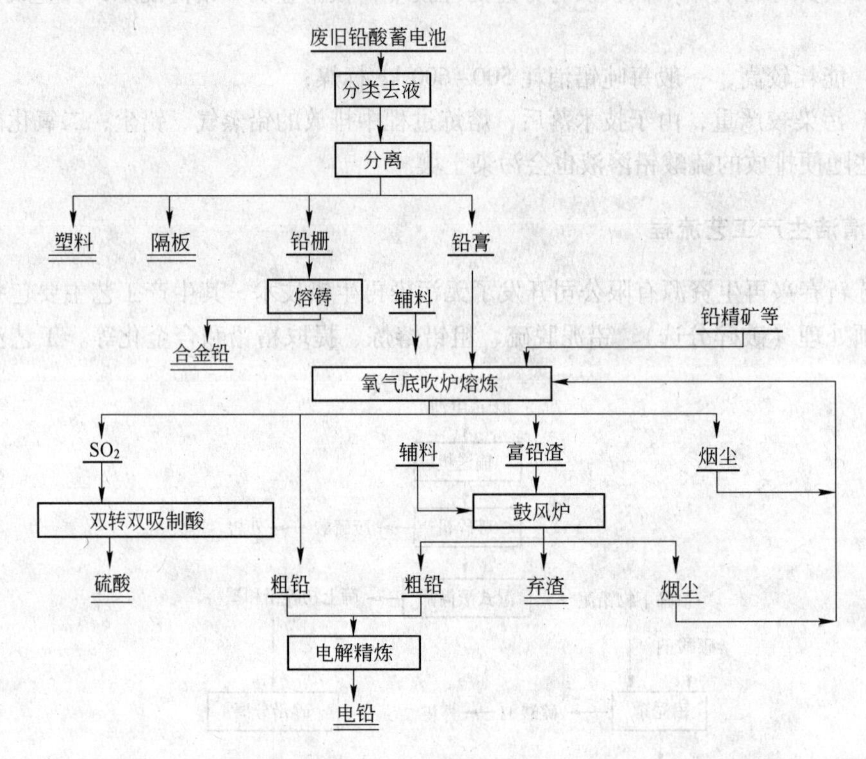

图7-34　废旧铅酸蓄电池自动分离-氧气底吹熔炼再生铅新工艺流程

该工艺主要是废旧蓄电池经自动破碎分离，产出铅膏、板栅、塑料、聚丙烯等4种产物。板栅经过调整成分生产合金产品，塑料、聚丙烯可循环利用。采用富氧底吹熔炼技术把含硫铅膏直接生产成粗铅，同时铅膏中的硫利用双转双吸工艺制酸回收利用，进一步采用电解精炼技术将粗铅生产成最终产品电解铅。具体工艺过程如下：废旧铅蓄电池从厂外运进经分类后，进到地仓内，然后从地仓内抓到胶带输送机上，输送到CX集成处理系统，破碎机有效地将带壳的废蓄电池击碎后送出，通过供水压力以及由于碎料本身各组分的密度及粒度等的差别，使铅膏、板栅、塑料、聚丙烯等物料实现分离。经洗涤后合格的金属铅栅由皮带输送机送往铅合金车间，以天然气为燃料加热，熔炼生产出合金。铅膏经过压滤，滤液被送往循环池循环使用，滤饼（即铅膏）被送到铅底吹炉系统，将铅膏与硫化铅精矿、造渣辅料配料后，送到氧气底吹炉中进行氧化熔炼，产出一次再生粗铅和富铅氧化渣。富铅氧化渣经冷凝制块后被送到鼓风炉还原熔炼产出再生粗铅。熔炼过程中产出的烟气经降温、除尘、净化，产出的烟尘返回配料，循环使用，这种循环使用可以降低铅尘的污染。底吹炉所产高硫烟气被送到双转双吸制酸系统制取硫酸，尾气达标后排放。熔炼工序产出的再生粗铅被送到电解精炼系统，经除铜、电解精炼、熔铸等工序产出电解铅。

采用自动分离-底吹熔炼再生铅新工艺，能拓宽原生铅冶炼的原料来源，也利用原生铅冶炼的先进工艺来提升中国再生铅冶炼的装备环保水平，达到先进的经济技术指标，如表 7-27 所示。

表 7-27　自动分离-底吹熔炼再生铅工艺流程经济技术指标

名　称		指标	国内外水平
资源利用指标	自动分离铅回收率/%	99	一般为 95
	火法熔炼铅回收率/%	97.5	一般为 95
	铅膏中硫的回收率/%	98	国际上采用湿法脱硫率不到 90
	锑的回收率/%	98	采用精炼回收率只有 60
	锡的回收率/%	99	采用精炼电铅或混炼没有回收
	砷的回收率/%	90	采用精炼或混炼没有回收，且造成后段砷污染
	渣含铅/%	2.5	反射炉熔炼达到
	渣含硫/%	0.5	
环保指标	制酸尾气含硫/mg·m^{-3}	367	反射炉熔炼一般为 600~800
	扬尘点含尘/mg·m^{-3}	10	国标为 120
	除尘率/%	99.5	

7.7.2　工艺先进性分析

该工艺设置原料预处理工序，设有蓄电池破碎、分选系统，用自动机械替代人工拆卸，废铅酸蓄电池破碎系统可以很好地将其解体，得到高质量的分类原料，废塑料的含铅量小于 0.1%，格栅和铅头金属含量大于 96%。该工序便于按不同的原料种类进行分类回收利用，使废物综合利用率提高。格栅和铅头经过筛分后直接熔化配制合金铅，最大限度地利用了废蓄电池中的有价金属，简化了工艺流程，分选出的废电池壳体含铅量低。

传统再生铅冶炼工艺是将分选出的铅泥直接送到熔炼炉，铅泥中的 $PbSO_4$、H_2SO_4在高温下产生 SO_2溢出，造成环境污染。江苏的工艺设置了铅泥转化预脱硫工序，铅泥采用湿法脱硫，加入碳酸钠，使铅泥中的 $PbSO_4$转化为 $PbCO_3$，并生产硫酸钠副产品。预脱硫的脱硫率可达 96%以上，可大大减少 SO_2的产生和排放量，降低对环境污染，如控制好废水的循环使用，该工艺将是可行的工艺。

通过铅泥的转化工艺，使铅泥中的 $PbSO_4$转化为 $PbCO_3$，$PbCO_3$的熔点小于 $PbSO_4$，分解温度为 300℃，分解产物 PbO 在 700~800℃可被碳还原成金属 Pb，该 PbO 也可考虑直接制作铅膏，生产中可降低熔炼温度，减少能源消耗和成本。

国内部分厂家采用反射炉、短窑等火法冶炼工艺。短窑为卧式回转的筒形炉体，一端固定加料，另一端出料。再生铅还原熔炼使用短窑，窑体虽能以一定的速度旋转，反应充分彻底，但沉淀性差，无法实现渣铅更好分层，使弃渣含铅高，直收率低，渣含铅高达 5%~10%，意大利梅洛尼设计公司声明其可降到 4%。反射炉炉体为隧道型，侧面加料，另一侧面放铅和渣，炉体的一端燃烧，另一端排出废气，排出的废气高达 1100℃，热效率为 20%左右，热能没有得到有效利用。

江苏的工艺采用新型节能环保圆形熔炼炉，可以稳定达到热效率高，熔炼渣中铅含量低的要求。其熔炼炉炉体可以是1台2室、1台3室或1台多室。每室都有燃烧装置，预热、加料、熔炼等工艺过程能够交叉互换。当一个室加热时，高温烟气进入另一个室预热物料，然后从该室的烟道抽出，同时有除尘效果，实现热能的多级互换利用，以达到节能目的。

熔炼炉采用4室并联熔炼炉，其中1台炉子的废热用来预热其他并联炉子的冷物料，可以节约燃料20%。废烟气余热通过空气换热器预热助燃空气，可节约燃料5%~10%，加快了熔炼速度，提高了生产效率。熔炼炉采用密闭、负压工作方式，防止冶炼烟尘外逸，改善了工人工作环境，减少了污染物排放量。采用高温全封闭机械化搅拌，整个搅拌过程烟气得到有效控制。设备采用自动化微机管理控制系统，对生产过程进行综合控制，减小了工人的劳动强度，提高了工作效率。烟气余热经过空气换热器，再经过余热锅炉，对余热进行回收利用，进一步提高了能源的使用效率。该工艺的清洁生产指标与《清洁生产标准废铅蓄电池回收》（征求意见稿）指标进行比较，结果见表7-28。从表中可以看出，江苏的工艺达到了该指标的要求。

表7-28 铅回收业清洁生产标准（火法冶炼类）

指标		一级	二级	三级	本工艺达到的级别
生产工艺与装备要求	备料工艺与装备	①自动破碎分选系统	①自动破碎分选系统	①自动破碎分选系统	一级
		②预脱硫（不含富氧底吹-鼓风炉熔炼工艺）	②预脱硫（不含富氧底吹-鼓风炉熔炼工艺）	②预脱硫（不含富氧底吹-鼓风炉熔炼工艺）	二级
	冶炼工艺与装备	回转窑熔炼、富氧-底吹鼓风炉熔炼、自动铸锭机等	回转窑熔炼、富氧-底吹鼓风炉熔炼、自动铸锭机等	反射炉（直接燃煤反射炉除外）、鼓风炉熔炼、自动铸锭机等	一级
产品指标	再生粗铅主晶位/%	≥99	≥98.5	≥98	一级
	聚丙烯	纯度均为98%~99%，铅含量均小于0.1%（一级、二级、三级）			一级
资源能源利用指标	铅总回收率/%	≥98	≥97	≥95	一级（>99）
	资源综合利用率/%	≥95	≥90	≥85	二级（90.85）
	总硫利用率/%	≥98	≥96	≥95	二级（97.4）
	粗铅综合能耗/$kg \cdot t^{-1}$	<200	≤260	≤300	一级（140.85）
	电耗/$kW \cdot h \cdot t^{-1}$	≤100	≤100	≤100	一级（38.75）
污染物产生指标（末端治理前）	渣含铅/%	≤1.8	≤2.0	≤4.0	一级（1.5）
	SO_2（预处理脱硫工艺）/$mg \cdot m^{-3}$	≤460	≤760	≤960	一级（459.3）
废物回收利用指标	塑料回收率/%	≥99	≥98	≥95	一级（100）
	废酸综合利用率/%	≥98	≥95	≥90	一级（100）
	废水循环利用率/%	>95	>93	>90	一级（100）

生产过程中产生的废水主要污染物为铅，为防止污染地表水，须采取循环用水措施，通过“以清补浊，梯级利用”的思路，净化水系统排水补充破碎分选水循环系统。使生产用水循环使用不外排，既节约了水资源，又控制了污染物产生。

生产中产生的熔炼炉渣铅含量不超过1.5%，均卖给水泥厂作为水泥原料；废塑料含铅量不超过0.1%，卖给电池厂；橡胶隔纸板委托蓄电池厂回收利用；除尘灰、精炼炉渣、污泥处理泥渣含铅量较高，全部返回熔炼炉熔炼；精炼炉渣含锑高，提取工业级阻燃剂氧化锑外售；副产品硫酸钠可作为工业原料出售。该工艺固体废物均得到了综合利用，减轻了对环境的污染，符合循环经济的理念。

7.8　铅蓄电池的维护

影响电池使用寿命的因素与电池本身的质量有关，同时也与使用方法分不开。若使用和维护得当，就能大大延长电池的使用寿命。反之，若使用和维护不当，电池的使用寿命可缩减很多。这是极大的浪费。电池的使用和维护也关系到我们每个人的生活。铅蓄电池的维护必须做到以下几点：

（1）电池应经常处于充足状态，勿经常使用充电不足的电池。

（2）电池经全放电后，应立即进行充电，最大的间隔时间不要超过24h。

（3）电池在使用过程中应尽量避免大电流充放电，过充电及剧烈振动。

（4）应经常保持清洁干燥，并严禁烟火。室内空气中的氢气含量达4%时，遇明火有爆炸的危险。

（5）若不能经常进行全充全放者，应每月进行一次10h的全充放工作。应经常对电解液的密度进行检验，如不符合标准，应立即调整。

（6）为了防止电池发生外部短路，金属工具及其他导电物品切勿放置在电池盖上。电池之间的连接，应保证接触良好。勿使其松动，以免增加线路中的电阻，浪费电能，也可避免由电火花引起的爆炸。

（7）电池在充放电时，应注意其电压、密度及温度等变化情况并记录，如发现个别电池有较大差异，应立即查明原因予以排除。

（8）新电池或经处理后保存的电池，应存放在温度为5～35℃通风干燥的室内，并应防止阳光照射电池。存放电池的场所，不能同时存放对电池有害的物品。电池的存放期不应过长，一般不要超过一年。

（9）在寒冷地区使用电池时，勿使电池完全放电，以免电解液因密度过低而结冰，使电池的容器与极板冻坏。为了防止冻坏电池，可酌情提高电解液的密度。

（10）已经使用过的电池，若存放不用，则应根据存放时间的长短，采用不同的存放方法。

1）存放时间不超过半年者，可采用湿保存法存放，即用正常充电的方法使电池充足后，根据电池的情况，每隔一定的时间，检验每只电池有无异常现象。每月用正常充电第二阶段的电流值进行一次补充充电，每隔三个月应做一次10小时率的全放全充工作。

2）存放时间超过半年者，可采用干存法存放，将电池用10小时率电流放电至终止电压，再将极板群从容器中取出将正负极板群及隔离板分开，分别放入流动的自来水中冲洗至无酸性，再用“蓄电池用水”冲洗一下，放在通风阴凉处使其干燥，容器及零部件也应刷洗干净使其干燥，然后将电池组装好并使其密封存放。电池在重新使用时，所加入的电解液密度应与干保存前放电中期的电解液密度相同。

复习思考题

7-1 铅酸蓄电池的密封原理是什么？

7-2 如何设计铅酸蓄电池？

7-3 水平铅酸电池的组成是什么？

7-4 阀控式铅酸电池的密封原理是什么？

7-5 如何回收铅酸电池？

8 燃料电池

8.1 概　述

燃料电池是一种电化学反应器，与其他电池不同的是它的燃料不储存在电池中，而是由外部连续的供给，燃料进入电池后在催化剂的作用下发生电化学反应，将化学能转变成可以输出的电能，所以燃料电池又被称为连续电池。

1839 年，英国的威廉·格罗夫（Willian Grove）成功应用电解水产生的氢气和氧气制成了燃料电池，并用这种以铂黑为电极催化剂的简单氢氧燃料电池点亮了伦敦讲演厅的照明灯，至今已 170 多年。1889 年，蒙德（Mond）和蓝格（Langer）重复了格罗夫的实验，将一组铂片放在倒置的试管里分别通入氢气和氧气，测到了一个足以电解水的电压，首次提出“燃料电池”的概念。他们用空气代替纯氧，用煤气化的混合气体代替氢气，为减小铂电极被液体淹没，活性表面减小，他们将电液吸附于石棉或其他不导电的多孔材料中，制成准固态电解质，使该燃料电池功率可达 1.5W，电流密度达到 $200mA/m^2$，能量转换效率为 50%。可由于此时发电机问世，人们对燃料电池的研究推迟了近 60 年。此外，由于当时电极过程动力学方面没有得到发展，人们无法解决准固态电液中的浓差极化及水煤气中 CO 对铂的毒化问题。直到 1932 年，英国剑桥培根（Bacon）用碱作电解质，用镍代替铂作为电极材料，制成三相气体扩散电极以提高电极表面积，并通过提高温度和增大气体压力来提高镍的催化活性，经过近 30 年的努力，于 1959 年开发了一个 5kW 的可作为电焊机或 2t 叉车电源的燃料电池系统，并进行了试验。

此后，燃料电池技术开始迅速发展，1965 年和 1966 年美国相继在“双子星座”和“阿波罗”飞船中，成功应用改进了的培根氢-氧燃料电池为飞船提供电力，使人们对燃料电池的研究与关注达到了顶点。但在这之后随着美国登月计划的结束和汽车工业对燃料电池兴趣的下降，燃料电池的研制工作明显减少，直到 1973 年中东战争结束后，受能源危机的影响，人们对燃料电池又重新重视起来，美、日等国都制定了发展燃料电池的计划。

当前进行的规模较大的研制计划是“TARGFT 计划”、“FCG 计划”及 1981 年日本制定的“月光计划”。“TARGET 计划”的基本构想是用管道将燃料输送到集中地点，通过综合途径，供应该处的全部能量需求。“FCG”计划的目标是建立燃料电池发电站。“月光计划”主要进行分散配置和代替火力发电两种形式的燃料电池研究，其中以元件研究和配套设备研究为主。

一般发电用燃料电池的开发重点是将矿物燃料进行重整，制成氢作为燃料使用。这种类型的燃料电池有磷酸型、熔融碳酸盐型和固体电解质型，分别被称为第一代、第二代和第三代燃料电池。目前，第一代燃料电池的开发利用已近于实用化；第二代燃料电池的工作温度大约为 650℃，无需贵金属催化剂，其本体发电效率高，10kW 级的该类电池正在试运转，1000kW 级的发电系统也在建设中；第三代固体电解质型燃料电池在1000℃以上的高温工作，其内阻小，发电效率与输出功率高，5kW 级电池试运转已获成功，正在研制125kW 级的电池系统。

近年来，随着人们对环境污染的重视，考虑汽车能源的更新，人们对将燃料电池用于汽车的兴趣又有很大的提升，据报道目前这方面的研究已有突破性进展，市场上已经出现了燃料电池混合动力车。

燃料电池的特点如下：

（1）能量转换效率高。当利用热机原理将物质的化学能转化为有用能时，大多经过这样几个过程：

化学能⟶热能⟶机械能⟶电能⟶机械功或化学能⟶热能⟶机械功

这些过程是蒸汽涡轮发电与内燃机的工作基础，由于热散失与摩擦等损耗，能量在转换过程中逐渐衰减，而且还受卡诺循环的限制，其工作效率的上限为35%~40%。在能量转换过程中，产生的有用能量与所供给总能量之比，称为能量转换效率。在燃料电池系统中，燃料的氧化与氧化剂的还原分别在分区的正负极上进行，电化学反应的最大能量由反应自由能的变化决定，转换效率不受卡诺循环的限制，电池的能量转换效率一般可达80%以上。

（2）系统的效率与设备容量及负载无关。燃料电池的效率与其两极的电化学反应本质及电极活性有关，并不受设备大小的影响。燃料系统设备的容量仅影响到它的总功率，并不影响燃料电池的效率。另外，常规的热机在全负荷运转时效率最高，负载减小时效率迅速减小，而燃料电池在负载减小时，效率会更高。但在实际体系中，由于还包括燃料预处理等附属设备，这些设备会受到负载的影响。就燃料电池本身来说，系统的效率与负载无关（只要不小于满负荷的25%）。

（3）污染小。燃料电池工作时无噪声，被称为“安静电站”，使得习惯于驾驶内燃机车的驾驶员感到燃料电池车“太安静”。目前，空气污染（如SO_2、NO_x、CO等）的主要来源是化石燃料的燃烧，燃料电池的排放量非常低，基于这一点，燃料电池发电厂不仅可以免去废气处理设备的费用，而且对整个社会以及整个生态系统都有益。

（4）适应性强。根据用户要求，燃料电池通过调整单电池面积大小调节电流，通过调整单电池的数目调节电压，从而实现容量大小可调、功率范围广、可分散使用、可连续放电及节省人力等优点。

8.2 燃料电池的工作原理及分类

8.2.1 燃料电池的工作原理

燃料电池实际上是将化学能转变为电能的一种特殊装置。燃料电池有别于一般的原电池与蓄电池，它参与电极反应的活性物质并不贮存于电池内部，而是全部由电池外部供给。原则上只要外部不断地供给电化学反应所需的活性物质，燃料电池就可以连续不断地工作，以氢气、氧气分别为燃料和氧化剂的燃料电池为例，其工作原理如图8-1所示。

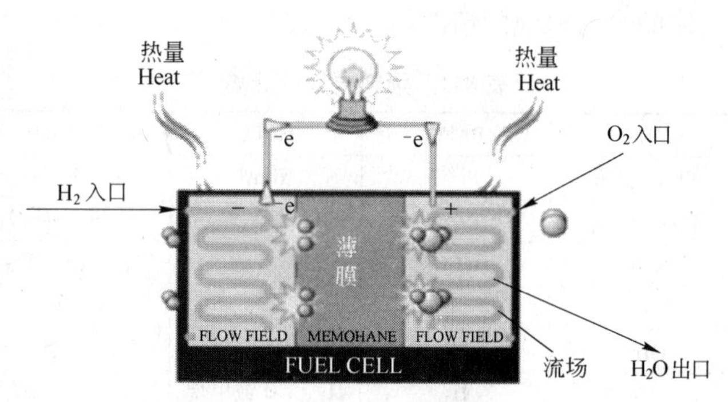

图 8-1 氢-氧燃料电池工作原理示意图

其电极反应为：

在酸性溶液中，负极： $H_2+2H_2O-2e^- \longrightarrow 2H_3O^+$

正极：$\frac{1}{2}O_2+2H_3O^++2e^- \longrightarrow 3H_2O$

电池的总反应可以表示为：

$$H_2+\frac{1}{2}O_2 \longrightarrow H_2O$$

氢是一种燃料，反应的实质是氢的燃烧反应，而氧是一种氧化剂。在燃料电池中，负极上进行的是燃料的氧化过程。燃料电池的负极常被称作“燃料电极”，它是燃料电池的主要工作电极，正极又被称作“氧化剂电极”，燃料电池中常用的氧化剂是空气中的氧或纯氧。

8.2.2 燃料电池的分类

燃料电池有许多种分类方法。以燃料的凝聚态分，可分为气态燃料电池（如氢氧燃料电池）和液态燃料电池（如甲醇直接氧化燃料电池，水合肼-氧燃料电池）。以燃料的类型分，可分为直接型、间接型与再生型三类。其中直接型和再生型燃料电池类似于一般的一次电池和二次电池，直接型燃料电池根据其工作温度又可分为低温（低于 200℃）、中温（200～750℃）和高温（高于 750℃）三种。按电解质种类分，又可分为碱型（AFC）、磷酸型（PAFC）、熔融碳酸盐型（MCFC）和固体氧化物型（SOFC）四类。美国最近新推出的直接型碳燃料电池，是通过氧气和煤粉（或者其他碳来源）之间的电化学反应获得能量。

图 8-2 列出了各种试验过的燃料电池。

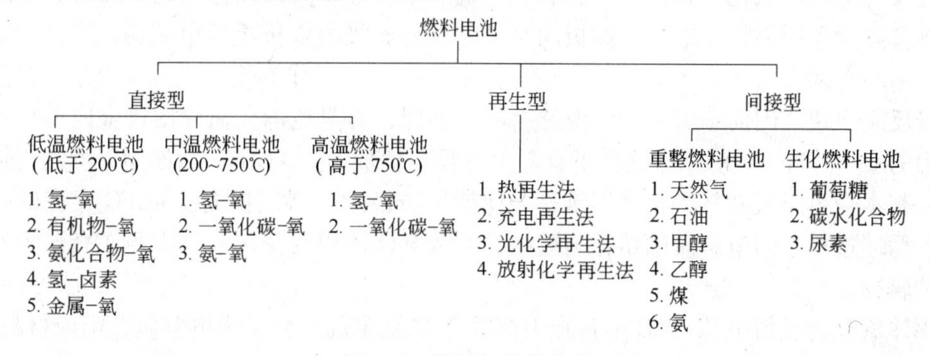

图 8-2 燃料电池的分类

表8-1给出了具体的燃料电池的情况。

表8-1 燃料电池的分类

电池类型	AFC	PAFC	MCFC	SOFC	PEMFC
阳极催化剂	Pt/C或Ni	Pt/C	Ni/Al	$NiZrO_2$（掺Sr）	Pt黑或Pt/C
阴极催化剂	Pt/C或Ag	Pt/C	Ni掺杂NiO	$Sr/LaMnO_3$	Pt黑或Pt/C
电解质	KOH	H_3PO_4	熔融碳酸盐	氧化钇稳定的氧化锆	质子交换膜
腐蚀性	强	强	强	弱	无
导电离子	OH^-	H^+	CO_3^{2-}	O^2	H^+
燃料	H_2	H_2	H_2、CO或甲烷	H_2、CO或甲烷	H_2或甲醇
气压/MPa	0.4	0.1~0.5	0.1~1	0.1	0.1~0.5
工作温度/℃	80~100	200~220	600~700	900~1000	25~120
比功率/$W \cdot kg^{-1}$	35~105	120~180	30~40	30~40	340~3000
转换效率/%	70	40	>60	>60	60
技术状态	1~100kW 高度发展 高效	1~2MW 高度发展 成本高	250kM~2MW 现场实验	1~200kW 电池结构选择 成本高	1~300kW 高度发展 成本高

各类燃料电池的优缺点：

碱性（AFC）燃料电池常以浓氢氧化钾溶液为电解质溶液，当温度低于120℃时浓度为35%~50%，当温度达到250℃时浓度为85%，以多孔石墨、贵金属或多孔钌为电极材料，常用的燃料是氢。其优点是燃料的电化学活性高，即使在较低温度下也可得到较大的输出功率，其缺点是电解液易于碳酸盐化，特别是在使用含碳燃料时生成的CO_2与碱作用，形成CO_3^{2-}，需经常更新电解质。

磷酸型燃料电池（PAFC）以磷酸水溶液为电解质溶液，其突出优点是抗CO_2对电解液的污染，所以常用含碳化合物作为燃料，如甲醇和天然气，但它的电化学反应活性较低，故常采用贵金属作催化剂，工作温度大约在200℃以下。另外，反应物（如水煤气）中所含CO或反应中间产物CO（如甲醇氧化时的中间物）对铂的毒化问题，以及催化剂价格的昂贵，也是该类电池的缺点。

熔融碳酸盐型燃料电池（MCFC）多用固体碳酸钾与碳酸锂的混合物作为电解质，工作温度一般在600~700℃之间，阳极材料为含铬10%的多孔镍，支撑体为镍板，阴极材料为多孔镍在电池内氧化得到的NiO材料，NiO半导体与Li_2CO_3发生锂化作用而成为电子导体，支撑体为不锈钢板。电极支撑板同时可以提高电极与双极板的电接触，故也称为集流板。常用的燃料为煤气、天然气、甲醇等。由于MCFC工作温度大约在650℃，在此条件下阳极反应很快，因而不需要像低温燃料电池那样，为避免毒化而使用贵金属催化剂。水煤气中的CO在MCFC的工作条件下，马上就反应生成H_2和CO_2，而使用天然气为燃料的电池，其本身可对天然气进行高温重整，使能量转换效率得以提高。MCFC存在的主要问题是热循环过程中因电解质的熔化与凝结，导致基体体积的变化及反应物在高温下对电池基体的腐蚀。

固体氧化物燃料电池（SOFC）在1000℃下以稳定的氧化锆为电解质，阳极材料为Ni-ZrO_2金属陶瓷，阴极材料为掺杂$LaMnO_3$的锶材料，连接体为$LaCrO_3$陶瓷。燃料为氢气、天然气、煤气、甲醇等。其优点是燃料在800～1000℃高温下能自动地进行内部重整，并迅速地氧化为最终产物，受杂质的影响小，固体氧化物稳定，电池的比功率高，电池的综合能耗可达86%左右，这是任何其他发电系统所无法比拟的。

燃料电池作为商业能源必须满足三个条件：性能高、寿命长、价格低。至今真正进入商品化阶段的燃料电池是PAFC，而其他类型的燃料电池虽接近商业化阶段，但成本和寿命仍然是重要的限制因素。

8.3 燃料电池的热力学

8.3.1 燃料电池的电动势

燃料电池体系中，单体电池的电动势通过化学热力学的方法来计算。在可逆条件下，电池反应的吉布斯自由能变化（ΔG）全部转变为电能，自由能的变化与电池电动势的关系为：

$$\Delta G=-nFE$$

式中，E为电池的电动势，V；n为参与反应的电子数；F为法拉第常数。

当反应物与生成物的活度为1时：

$$\Delta G^{\ominus}=-nFE^{\ominus}$$

式中，$\Delta G^{\ominus}$为标准自由能变化，kJ/mol；$E^{\ominus}$为标准电动势，V。

对于氢-氧燃料电池，其电池反应为：

$$H_2(g)+\frac{1}{2}O_2(g)\longrightarrow H_2O(l)$$

自由能的变化可表示为：

$$\Delta G=\Delta G^{\ominus}+RT\ln\frac{\alpha_{H_2O}}{\alpha_{H_2}\alpha_{O_2}^{1/2}}$$

于是，氢-氧燃料电池的电动势可表示为：

$$E=E^{\ominus}-\frac{RT}{nF}\ln\frac{\alpha_{H_2O}}{\alpha_{H_2}\alpha_{O_2}^{1/2}}$$

假设氢气和氧气为理想气体，标准压强p为1.013×10^5Pa，活度系数γ为1，据活度与压力的关系：

$$\alpha_i=\frac{p_i}{p^0}\gamma_i$$

得到：

$$\alpha_i=p_i$$

那么，氢-氧燃料电池的电动势又可写成：

$$E=E^{\ominus}-\frac{RT}{nF}\ln\frac{\alpha_{H_2O}}{p_{H_2}p_{O_2}^{1/2}}$$

由式8-1可以看出：氢-氧燃料电池的电动势还与供给电极的氢气和氧气的气压有关。

8.3.2 燃料电池电动势的温度系数和压力系数

燃料电池的电动势和温度都与供给反应气体的压力有关，其随温度和压力的变化由温度系数和压力系数来表示。

据热力学的定义：

$$\left(\frac{\partial \Delta G}{\partial T}\right)_p = -\Delta S \tag{8-1}$$

可改写为：

$$\left(\frac{\partial E}{\partial T}\right)_p = \frac{\Delta S}{nF} \tag{8-2}$$

若已知燃料电池反应熵的变化值，可据式（8-2）计算出燃料电池电动势的温度系数。表8-2列出了几种燃料电池电动势的温度系数。概括来说有三种规律：第一，电池反应后，气体分子数增加时，电池的温度系数为正值，此时的 $\Delta S>0$；第二，电池反应后，气体分子数不变，电池的温度系数为零，此时 $\Delta S=0$；第三，电池反应后，气体分子数减小时，电池的温度系数为负值，这种情况下电池反应的 $\Delta S<0$。

假设气体反应物与产物均服从理想气体定律，则电动势与压力的关系可表示为：

$$E_p = E_p^{\ominus} - \frac{\Delta nRT}{nF}\ln\frac{p^{\ominus}}{p}$$

电动势随压力变化的关系为：$\frac{\partial E}{\partial \lg p}$，即为燃料电池的压力系数。表8-2给出了一些燃料电池反应的压力系数。

表8-2　一些燃料电池的热力学数据

温度/℃	燃料电池	电池反应	ΔG^*/kJ·mol^{-1}	ΔH^*/kJ·mol^{-1}	E^*/V	最高总效率/%	$\frac{dE^*}{dT}$/mV·K^{-1}	$\frac{dE^*}{d\lg p}$/mV
25	H_2-O_2	$H_2+\frac{1}{2}O_2 \rightarrow H_2O(l)$	238.187	−286.042	1.229	83.0	−0.84	45
25	CH_4-O_2	$CH_4+2O_2 \rightarrow CO_2+2H_2O(l)$	−818.519	−890.951	1.060	91.9	−0.31	15
25	N_2H_4-O_2	$N_2H_4+O_2 \rightarrow N_2+2H_2O(l)$	−602.187	−622.535	1.560	96.7	−0.18	15
25	NH_3-O_2	$NH_3+\frac{3}{4}O_2 \rightarrow \frac{1}{2}N_2+\frac{3}{2}H_2O(l)$	−356.045	−382.841	1.225	93.0	−0.31	25
25	CH_3OH-O_2	$CH_3OH+\frac{3}{2}O_2 \rightarrow CO_2+2H_2O(l)$	−703.592	−764.552	1.215	92.0	−0.35	15
25	$CH_3OH_{(l)}$-O_2	$CH_3OH_{(l)}+\frac{3}{2}O_2 \rightarrow CO_2+2H_2O(l)$	−703.096	−504.384	1.214	96.7	−0.13	5
25	$C_{(s)}$-O_2	$C_{(s)}+\frac{1}{2}O_2 \rightarrow CO$	−137.369	−393.769	0.711	124.0	+0.46	−15
25	$C_{(s)}$-O_2	$C_{(s)}+O_2 \rightarrow CO_2$	−394.648	−393.769	1.022	100.2	0	0
25	CO-O_2	$CO+\frac{1}{2}O_2 \rightarrow CO_2$	−257.279	−283.153	1.333	90.9	−0.44	15
150	H_2-O_2	$H_2+\frac{1}{2}O_2 \rightarrow H_2O$	−221.649	−243.421	1.148	91.1	−0.25	21
150	CH_4-O_2	$CH_4+2O_2 \rightarrow CO_2+2H_2O$	−675.289	−801.437	1.037	99.9	0	1

续表 8-2

温度/℃	燃料电池	电池反应	ΔG^*/kJ·mol^{-1}	ΔH^*/kJ·mol^{-1}	E^*/V	最高总效率/%	$\frac{dE^*}{dT}$/mV·K^{-1}	$\frac{dE^*}{d\lg p}$/mV
150	$C_{(s)}$-O_2	$C_{(s)}+\frac{1}{2}O_2 \rightarrow CO$	-151.102	-110.155	0.782	137.2	+0.47	-21
150	$C_{(s)}$-O_2	$C_{(s)}+O_2 \rightarrow CO_2$	-395.066	-393.849	1.023	100.3	0	0

8.3.3 燃料电池的效率

燃料电池反应过程中，热焓的变化（$-\Delta H$）为所释放的总能量。当燃料按一般方式产生蒸汽并通过机械方法产生电时，其产生的电能是由机械能转化的，而在可逆条件下，燃料电池反应自由能的变化（$-\Delta G$）是燃料电池所获得的最大电能，所以，燃料电池的理论效率应为：

$$\eta=\frac{-\Delta G}{-\Delta H}$$

恒温下，ΔG 与 ΔH 的关系为：

$$\Delta G=\Delta H-T\Delta S$$

所以，

$$\eta=1-\frac{T\Delta S}{\Delta H}$$

式中，ΔS 为燃烧反应的熵变，随反应的不同，ΔS 可以是正值，也可以是负值，但它与 ΔG 和 ΔH 相比，数值很小，一般 $|T\cdot\Delta S/\Delta H|\leqslant 0.2$，所以燃料电池的理论效率一般在80%~100%以上。当电池的熵变 ΔS 为正值时，理论效率大于100%，表 8-2 中 C 氧化为 CO 的反应就是一例，其物理意义是电池不仅将燃料的燃烧热全部转化为电能，而且还吸收环境的热来发电。

对于氢-氧燃料电池，可根据25℃下的热力学数据求出理论效率。

当电池反应生成物为液态水时：

$$\eta=\frac{-\Delta G}{-\Delta H}=\frac{56.690}{68.317}=83.0\%$$

当电池反应生成物为气态水时：

$$\eta=\frac{-\Delta G}{-\Delta H}=\frac{54.637}{57.798}=94.5\%$$

但在燃料电池实际工作中，由于存在各种极化过电位和副反应，能量转换效率降低，为：

$$\eta_{实}=\eta\eta_V\eta_f$$

式中，$\eta_{实}$ 为实际能量转换效率；η_V 为电压效率，即当流过电流为1A时，燃料电池的电压与其电动势之比；η_f 为库仑效率，即电池实际输出容量与电池的反应物全部按燃料电池反应转变为反应产物时的理论输出容量之比；η 为理论能量转换效率。

燃料电池的主要任务是设法使 η_V 与 η_f 接近1，以提高燃料电池实际的能量转换效率。燃料电池实际工作时，其工作电压只有0.75V左右，以25℃下电池反应生成物为液态水计算，电池的实际效率为：

$$\eta_{实}=\eta\eta_V=0.83\times\frac{0.75}{1.23}=50.6\%$$

8.4 燃料电池的动力学

8.4.1 燃料电池的工作电压

燃料电池工作过程中，由于电池正负极上存在着电化学极化（η_e）、浓差极化（η_c），以及电极和电池内部的欧姆压降（IR_Ω），当燃料电池通过电流 I 时，其工作电压为：

$$V=E-\eta_{+e}-\eta_{-e}-\eta_{+c}-\eta_{-c}-IR_\Omega \tag{8-3}$$

若电极为平板电极，面积为 S，则电化学极化与浓差极化的过电位可表示为：

$$\eta_e=-\frac{RT}{\alpha nF}\ln i^0+\frac{RT}{\alpha nF}\ln\frac{I}{S} \tag{8-4}$$

$$\eta_c=-\frac{RT}{nF}\ln\left(1-\frac{I}{Si_d}\right) \tag{8-5}$$

将式（8-4）和式（8-5）代入式（8-3）中，可以得到工作电压与电流的关系。图 8-3 为典型的燃料电池工作电压与电流的关系曲线。

将式（8-3）对电流进行微分，得到电池的微分电阻与电流的关系式为：

$$\frac{dV}{dI}=-\frac{RT}{\alpha_+ nFI}-\frac{RT}{\alpha_- nFI}-\frac{RT}{nF(S_+i_{+,d}-I)}-\frac{RT}{nF(S_-i_{-,d}-I)}-R_\Omega \tag{8-6}$$

由式（8-6）可知，在低电流密度时，电池的微分电阻主要由第一项与第二项决定，即由电池两极反应的电化学极化决定，这时电池电压随电流的增加迅速下降，如图 8-3 中（a）所示；当电流密度增加时，式（8-6）中第一、二项所占比例减小，电池的微分电阻主要由电池的欧姆内阻来确定，如图 8-3 中（b）所示，电池电压与电流密度几乎呈线性变化；当电流继续增加时，电池两极反应浓差极化增大，特别是出现某一电极达到极限电流密度时，电池的微分电阻受反应物的物质传递控制，电池电压迅速下降，如图 8-3 中（c）所示。

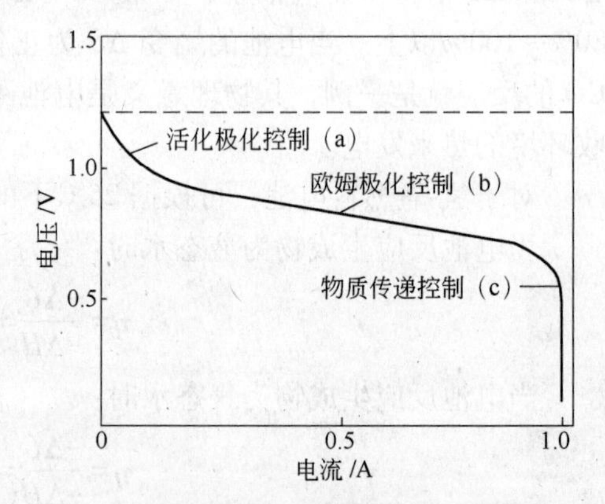

图 8-3 燃料电池工作电压与电流的关系

8.4.2 燃料电池的输出功率

燃料电池的输出功率可表示为：

$$P=VI$$

如图 8-3 所示，在低电流密度时，$I\to 0$，而在高电流密度时，$V\to 0$，在这两种极端情况下，燃料电池的输出功率 $P\to 0$，在中间某一电流密度时，输出功率存在极大值。在燃料电池实际工作条件下，为避免出现在大电流工作时电极的工作电流密度达到极限电流密度，导致输出功率趋于零的情况，实际的燃料电池多采用气体扩散电极。在燃料电池工作时，电池内部存在着电化学极化、浓差极化、欧姆极化等各种极化过电位，在这种复杂的情况下仍然要研究燃料电池输出最大功率的条件，以下是两种极限情况。

（1）欧姆极化控制时的情况。当欧姆极化控制时，电池的工作电压与电流呈线性关系

$$V=E-IR_{\Omega}$$

电池的输出功率可表示为：

$$P=IV=I(E-IR_{\Omega})=IE-I^2R_{\Omega}$$

即 P-I 呈抛物线变化。在最大输出功率 P_{max}时，电流和工作电压分别是：

$$I_{max}=\frac{E}{2R_{\Omega}}\qquad V_{max}=\frac{E}{2}$$

那么，最大输出功率为：

$$P_{max}=\frac{E^2}{4R_{\Omega}}$$

因此，当电池的工作电压值等于其电动势值的一半时，燃料电池的输出功率最大。

（2）电化学极化控制时的情况。在电化学极化控制时，浓差极化与欧姆极化可以忽略，电池的工作电压与电极的电流密度（i）呈对数关系，可表示为：

$$V=E-a-b\ln i$$

式中，i 为电流密度；a，b 均为塔菲尔常数，b 为阴极反应和阳极反应 Tafel 斜率的总值。

电池的输出功率可表示为：

$$P=J(E-a-b\ln J)$$

所以，最大电流密度 J_{max}与最大输出功率 P_{max}可表示为：

$$\ln J_{max}=(E-a-b)/b$$

$$P_{max}=b\cdot b\ \exp[(E-a-b)/b]$$

在电池的输出功率最大时，电池的工作电压为：

$$V=b$$

即在电池两极反应受电化学极化控制的情况下，当电池工作电压等于两极 Tafel 斜率总和时，电池的输出功率最大。应当指出，燃料电池是燃料电池系统的核心，是提高燃料电池系统的转换效率，提高质量与体积比能量，减小投资与操作费用的关键。燃料电池动力学的核心问题是如何降低燃料、电池两极反应的电化学极化过电位、浓差极化过电位与欧姆极化过电位，即如何减小电化学极化、浓差极化与欧姆内阻。降低电化学极化过电位常采用的方法有：选择适当的催化剂，增大电极表面积与提高电池的工作温度等。高效气体扩散电极是近代燃料电池在工艺上的一大改进，大大增强了电化学反应的比表面积，不仅有利于降低电化学极化过电位，而且也有利于降低浓差极化过电位。为降低欧姆极化过电位，一般采取减小电极间距和增大电池内部各部件的电导等措施。一般来说，电化学极化过电位是影响燃料电池性能的主要因素，尤其是可逆性很差的氧电极。因此，研制性能优良的电催化剂是解决燃料电池动力学核心问题的重要方法，尽管这是非常困难的工作。

8.5 燃料电池工作体系

8.5.1 燃料电池发电系统

由于燃料电池需要连续不断地供应燃料和氧化剂才能工作，所以在实际使用燃料电池发电时，还需要很多辅助系统。这些系统包括：（1）把天然燃料转化为富氢气体的“燃料加工处理器”及“燃料与氧化剂的贮存和控制器”；（2）把燃料电池产生的直流电变换成交流电的“电力变换调整器”，用于提高总热效率的“余热回收装置”；（3）保证系统整体恒温、增湿等能够高效、安全运行的各种控制装置。把这些装置有机结合，才构成燃料电池完整的发电系统。图 8-4 为一燃料电池发电系统的示意图。

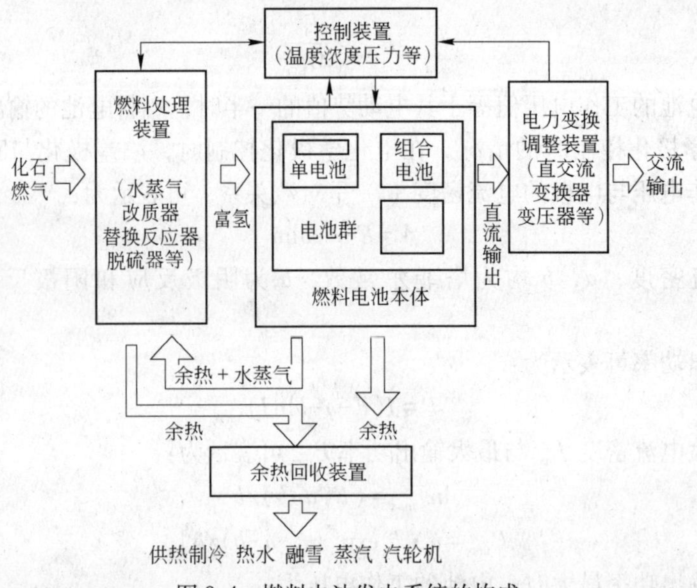

图 8-4 燃料电池发电系统的构成

燃料电池工作时本身常有水生成，随电池反应的不断进行，水在电池内部不断积累，不仅导致电解质溶液浓度降低，而且电解质溶液体积的增加可能会淹没气体多孔电极，甚至“淹死”催化剂，所以燃料电池本身必须有合理的设计和排水系统。虽然燃料电池工作时会放出一定的热量，但在低功率运行或电池启动时，又需要加热，所以必须有加热和冷却系统。对于碱性燃料电池，必须有净化系统以避免对碱性电解质溶液的污染。对于再生式燃料电池，还要有再生装置，如把生成的水重新变成氢和氧的电解系统。需要注意的是，燃料电池单体的工作电压仅为 0.7~0.8V，而大多数实用场合所需供电电压远比此值高得多，所以必须根据实际需要将许多单体电池按一定的方式组成电池组，以便输出需要的容量和电压。合理的燃料电池系统设计可以解决上述各问题，使燃料电池的优越性得以充分发挥。

8.5.2 燃料电池的工作

（1）燃料的生产和提纯。在实际使用的燃料中，氢是效率最高、运行情况最好的气体燃料，而且氢气被电还原后生成水，不产生任何污染。但氢气不易液化、贮存不方便、液化耗能多，所以常用比较容易处理的燃气来生产氢气，该过程由燃料预处理装置来完成。下面介绍几种制氢的方法。

1）由甲醇制取氢气有两种方法：

重整制氢 $CH_3OH+H_2O \longrightarrow 3H_2+CO_2$

裂解制氢 $CH_3OH \longrightarrow 2H_2+CO$

2）由氨气裂解制氢 $2NH_3 \longrightarrow N_2+3H_2$

3）由铁和水蒸气反应制氢

$$3Fe+4H_2O \longrightarrow Fe_3O_4+4H_2$$

4）由水电解制氢

$$2H_2O \longrightarrow 2H_2+O_2$$

由燃料制备的氢常含有一些有害杂质，如 CO 可使贵金属催化剂中毒失去催化活性；CO_2能与电池内碱性电液反应，使电液碳酸盐化；而含硫化合物几乎能使所有催化剂中毒，所以必须对燃气进行提纯。常用的办法是用碱液或水洗去可溶性杂质气体。CO 可通过适当的催化剂氧化成 CO_2后用碱洗掉，含硫化合物可直接用碱洗除去，或先转化为 H_2S 或 SO_2后用碱洗法除去。

（2）电池组的电路排列与气液供应。为满足负载对燃料电池的输出电压和电流的要求，燃料电池组内部各单体电池间需进行合理地选择串联与并联，单体间电路的连接还应使电池组的总内阻降至最低。

为减小电池短路的可能性，相邻的单体电池一般有两种排列方式：一是同极排列，即燃料或氧化剂同时供给两相邻的电极，单体之间没有隔膜隔开；另一种是双极排列，其中燃料极与氧化剂电极交互排列，两极之间用不透气的隔膜隔开。图 8-5 为这两种排列方式的图解，在这两种排列方式中，双极排列在电路连接方面简单，但反应物的供应比较复杂，需要克服隔膜的渗透问题，同极排列虽不涉及隔膜的渗透性，但材料的耗费严重，成本增加。

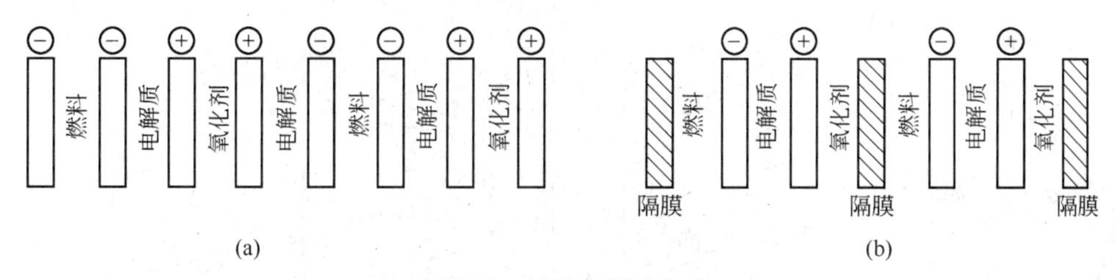

图 8-5 电极的排列方式

（a）同极排列；（b）双极排列

当燃料以气体形式供应给电极，且氧化剂为空气或氧气时，这些气体的供应通道与电路点连接方式类似，可以是依次连续通过各单体电池中的相应电极室的“串联”方式，也可以是气体同时供应所有各单体电池电极室的“并联”方式，还可以是两种形式的组合。一般并联的方式结构简单，压差小，但由于各供气通道阻力不同，很难保证反应气体的均匀分配，如果反应气体在气道内不能均匀分配，在大电流通过时反应气量少的电池会出现反极，起到抵消消耗放电电能的作用，有的电池在设计中加入二极管，可以将反极的电池旁路掉。在采用含有一定量的惰性反应气体时，最好采用并联分配，以保证气体有足够的流速。串联方式可以使燃料或氧化剂得以充分利用，但各单体电池间压力依次降低，为保证电池的正常工作，不仅反应气体要有一定的流速，而且单体电池串联的数目要有一定的限制，因此串联的方式在实际应用中较为少见。

对于液态燃料，当电池高温工作时，液体燃料在进入电池前，先要进行气化或裂解，可按气态燃料处理。当电池低温工作时，液态燃料可在电池外部以某种注射方式溶于电解液内，然后电解液以并联方式循环进入电池。

(3) 水的生成与排除。H_2燃料电池采用碱性电解液时，在负极生成水，电极反应为：

负极： $2H_2+4OH^- -4e^- \longrightarrow 4H_2O$

正极： $O_2+2H_2O+4e^- \longrightarrow 4OH^-$

总反应： $2H_2+O_2 \longrightarrow 2H_2O$

当采用酸性电解液时，在正极附近生成水，电极反应为：

负极： $2H_2-4e^- \longrightarrow 4H^+$

正极： $O_2+4H^++4e^- \longrightarrow 2H_2O$

总反应： $2H_2+O_2 \longrightarrow 2H_2O$

因此，无论是碱性介质下，还是酸性介质下，都有水生成。对于高温下工作的燃料电池，生成的水处于气相，可以被流动的燃料气不断带出，易于实现水气的排除，对电池的继续工作影响不大。对于低温下工作的燃料电池，水以液态出现并存在于燃料电池的内部，水的积累会冲稀电解质溶液或淹没多孔电极，导致电池性能的急剧恶化，所以必须将生成的液态水及时排除。常用的排水方法有动态排水和静态排水。

动态排水一种是使气体高速流过电极，将水以水蒸气的形式带走；另一种是将电解液从电池中吸出，使电解液在电池组外部进行蒸发，提高浓度后再送回电池。静态排水是静态蒸汽压除水法。石棉膜碱性电池中就是采用此法除水，由于水在氢电极上生成，故将一个水迁移膜放在氢电极背后，水迁移膜所含的氢氧化钾浓度比石棉膜中的浓度高，其水蒸气压力比石棉膜的低，电池生成的水便从石棉膜蒸发而转移到水迁移膜中，同时除水蜂窝中保持较低的压力，使水从水迁移膜再蒸发到除水蜂窝中而被带走。图 8-6 为静态排水示意图。

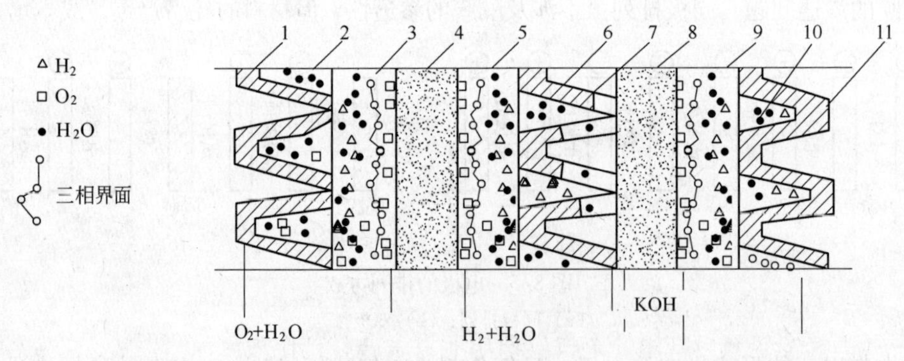

图 8-6 静态排水示意图

1—氧电极蜂窝板；2—氧电极蜂窝；3—氧电极；4—石棉膜；5—氢电极；6—氢电极蜂窝；7—氢电极蜂窝板；8—水迁移膜；9—支持板；10—除水蜂窝；11—除水蜂窝板

(4) 热的生成与排除。在前面燃料电池热力学的讨论中已知，燃料电池在实际工作时，由于电极极化和欧姆极化等损失的存在，导致燃料电池反应的焓变 ΔH 的一半用于发电，而另一半则以热的形式释放出来，要使电池能稳定连续的工作，必须把生成的热量从电池中及时排走。排热的方法有许多种，如对电池组主体进行外部水冷却或风冷却，电极气体通过外部冷却器进行循环等。后者可与水的排除相结合，也可以利用余热对燃料进行加热预处理，以提高总的热效率。

高温燃料电池在电池启动与低功率运行时，并不需要排热，还需向电池供热以维持电池正常的工作温度。

8.6 燃料电池的种类、结构和性能

8.6.1 碱性燃料电池（AFC）

碱性燃料电池（AFC）是第一个燃料电池，最初应用于美国航空航天局（NASA）的太空计划，用AFX同时生产电力和水，用于航天器上。除了数量有限的商业应用以外，AFC继续被用于NASA航天飞机上的整个程序中。AFC使用氢氧化钾在水中的碱性电解液，当温度低于120℃时浓度为35%~50%，当温度达到250℃时浓度为85%。一般燃气用纯氢气，AFC单元中最常用的催化剂为镍。电极材料为多孔石墨、贵金属或多孔钌。

碱性燃料电池的工作原理如图8-7所示。氢气通过极板上的气道进入阳极，在多孔镍催化作用下被氧化，失去的电子通过外部电路流经负载做功，最后到达阴极，失去电子的氢离子与由阴极在电场力作用下流经KOH电解质溶液到达阳极的OH^-在阳极生成水，在气流的作用下被携带出电池体系。在阴极，进入阴极电极的O_2由外部电路来的电子和多孔镍催化作用下与H_2O生成OH^-，随后在电场力的作用下经过KOH电解质溶液由阴极流向阳极。至此，AFC的全部循环完成。

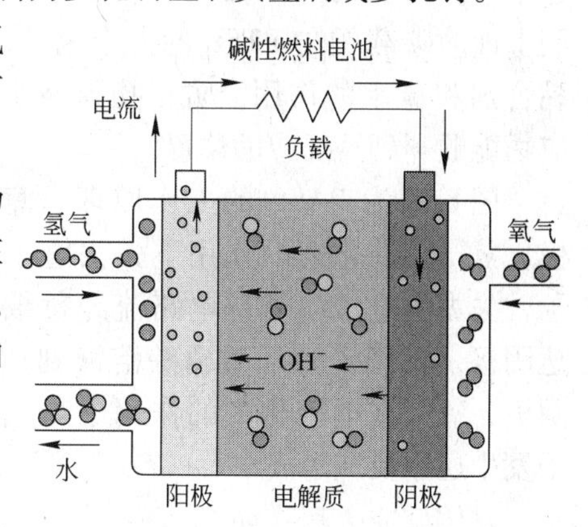

图8-7 碱性燃料电池示意图

具体方程式如下：

阳极反应 $H_2+2OH^- \longrightarrow 2H_2O+2e^-$ $\varphi_a^{\ominus}=-0.828V$

阴极反应 $\frac{1}{2}O_2+H_2O+2e^- \longrightarrow 2OH^-$ $\varphi_c^{\ominus}=0.401V$

总反应 $H_2+\frac{1}{2}O_2 \longrightarrow H_2O$ $E^{\ominus}=1.229V$

AFC具有许多优点：（1）成本低，AFC用KOH溶液作为电解质，KOH价格比高分子膜电解质便宜得多，在碱性条件下可以使用非贵金属材料作为电极，还可以使用Ni等易加工的金属取代难加工的石墨作为电解质，使电池总体成本降低；（2）电压高，在碱性条件下氧还原速度比在酸性环境下快，AFC可以得到明显高于其他燃料电池的工作电压。

其缺点是电解液易于生成低溶解度的碳酸盐而形成沉淀，特别是在使用含碳燃料时生成的CO_2与碱作用，形成CO_3^{2-}，需经常更新电解质。由于航空航天环境中二氧化碳含量低，所以AFC在航空航天中得到应用，而在民用中应用有限。

8.6.2 磷酸燃料电池（PAFC）

在氢-氧燃料电池体系中最成熟的是PAFC。在150~190℃温度下操作，压力范围从1

个大气压到5个大气压，一些加压体系可以在220℃工作。PAFC体系对于氢氧电极基本上用铂作为催化剂。在操作温度范围内，电池能够直接从氢源如重整气中吸收氢气。因为操作温度较高，重整气中含量低于1%的CO不会被吸收。用在PAFC中的其他组件主要是石墨和碳。所有这些因素使PAFC应用广泛。

一定浓度的磷酸（90%~100%的正磷酸）在PAFC中作电解质。在低温下，磷酸是贫离子导体，CO在阳极上对铂电催化剂的毒害严重。浓磷酸相对其他酸的稳定性高，因而，PAFC能够在100~220℃的高温范围工作。另外，使用浓磷酸最小化了水蒸气压因而水管理较其他电池更容易。通用的保存磷酸的基质是碳化硅。用在阴阳两极典型的电催化剂是碳载铂。

PAFC由阴阳两个多孔电极分别并列靠在多孔的电解质基质上构成。气体扩散电极是面对气体的多孔物质，支撑物质是碳纸或碳布。在这个支撑物质的另一面临着磷酸电解质和滚涂到上面的碳载铂与PTFE的混合物。PTFE起到黏合剂和疏水的作用，防止孔道被水淹，使反应物能顺利到达反应的位置。

图8-8为PAFC的工作原理示意图。在阳极，氢气在催化剂的作用下失去电子成为氢离子，失去的电子由外部电路流经负载做功后到达阴极，氢离子则通过磷酸溶液到达阴极。在阴极，氧气在电催化剂的作用下与氢离子和电子发生还原反应生成水。

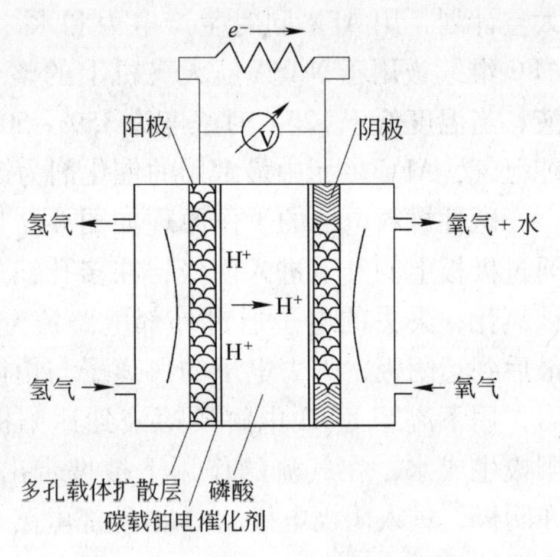

图8-8 PAFC的工作原理示意图

具体反应方程式如下：

阳极： $H_2 \rlap{=}{=}{=} 2H^+ + 2e^-$ $\quad \varphi^{\ominus} = 0V$

阴极： $\frac{1}{2}O_2 + 2H^+ + 2e^- \rlap{=}{=}{=} H_2O$ $\quad \varphi^{\ominus} = 1.229V$

总反应： $\frac{1}{2}O_2 + 2H_2 \rlap{=}{=}{=} 2H_2O$ $\quad \Delta E = 1.229V$

可能存在生成H_2O_2的中间反应物的步骤：

$$2H^+ + 2e^- + O_2 \rlap{=}{=}{=} H_2O_2 \quad H_2O_2 \rlap{=}{=}{=} H_2O + \frac{1}{2}O_2$$

PAFC单电池的组装工艺见图8-9。

金属板在酸碱环境中容易被腐蚀，而碳板可以稳定存在于酸碱环境中，并且导电性好，因此碳板是燃料电池中极板的最佳选择。碳板的缺点是有气孔，若在燃料电池电堆中作为双极板使用必须密度高，最好经过浸渍处理。图8-9中的极板若在电堆中作为双极板使用，则极板两侧一侧通氢气，另一侧通氧气。

8.6.3 质子交换膜燃料电池（PEMFC）

在几种燃料电池中，PEMFC以启动速度快，反应温度低，携带方便等诸多优点成为最有潜力的新能源。自从 60 年代美国太空船使用 PEMFC 作为辅助能源至今，PEMFC 的研究已经取得了很大进展，成为各种燃料电池的研究中心。在基础研究领域方面的进展主要包括：（1）使用聚氟磺酸膜代替聚苯乙烯磺酸膜；（2）使用碳载铂和在电极活性层上浸渍导电的质子电解质，使铂含量降低到原来的百分之一到十分之一，大大降低了电池的成本；（3）在获得令人满意的效率的前提下，膜电极的优化使电池的功率密度达到 0.5~0.7W/cm^2；（4）使用过氟磺酸膜而不是液体电解质做 PEMFC 达到了合理的效率和能量密度。

PEMFC 单电池的结构包括夹板、集流板、极板、密封垫、扩散层、催化层和质子膜 7 部分，扩散层、催化层和质子膜又被称为电极三合一组件或膜电极（MEA）。夹板和密封垫起固定和密封作用。反应气体通过流场时，可以透过扩散层在催化剂上发生氧化还原反应，见图 8-10。

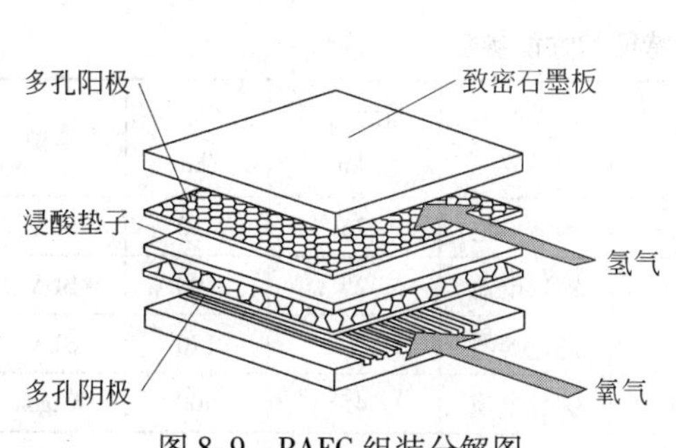

图 8-9 PAFC 组装分解图

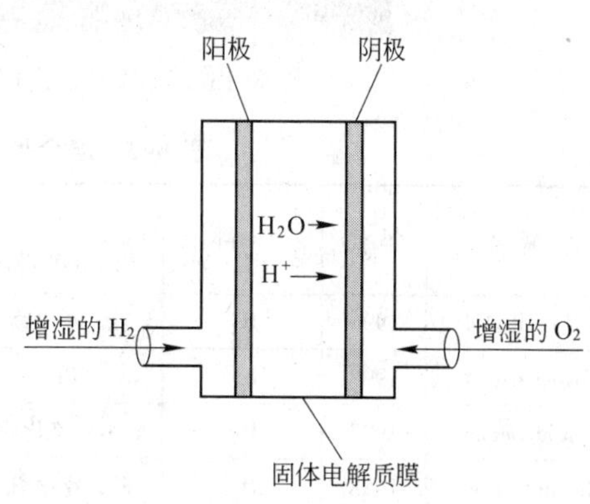

图 8-10 PEMFC 单电池工作原理图

以 H_2为燃料气时，在阳极发生如下反应：

$$2H_2 = 4H^+ + 4e^-$$

电离产生的电子经由外电路通过负载而做功，H^+则通过质子交换膜由阳极到达阴极。

在阴极，则发生如下反应：

$$4H^+ + O_2 + 4e^- = 2H_2O$$

H_2的标准电压为 1.229V，实际应用中人们可以将多个电池串联提高电压，通过加大反应面积提高输出电流的大小，以适应不同需要。

虽然很多国家开发了 1~250kW 大小不等的 PEMFC，见图 8-11~图 8-13，表 8-3 也展示了混合型电车的特征和性能参数，但 PEMFC 商业化的路程仍然严峻。目前有很多研

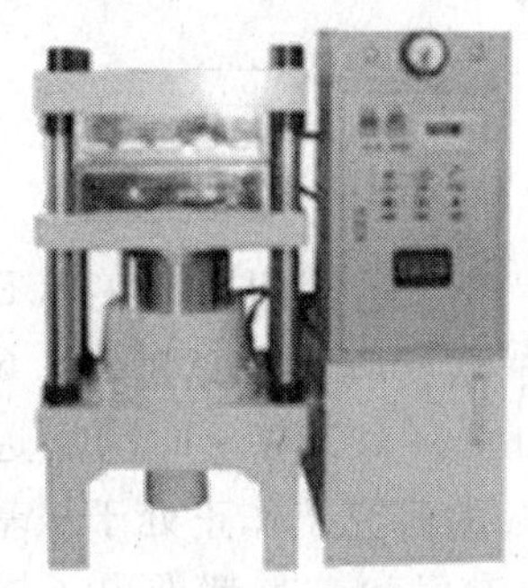

图 8-11 安装在美国 Cinergy 的 Ballard 250kW 的燃料电池装置

图 8-12 大连化物所开发的 5kW 和 75kW 电堆

究在考虑使用非铂催化剂代替现在通常使用的碳载铂电催化剂，使用不需要增湿的非Nafion膜代替正在使用的Nafion膜，同时还要将电池的寿命提高至3~5年，这些也是现在乃至将来PEMFC的研究方向。

图8-13　上海神力公司开发的35kW燃料电池概念车

表8-3　混合型电车的特征和性能参数

车辆名	年代	燃料	储存（携带燃料）	功率/kW	辅助类型/kW	辅助功率/km	行程/km	车型
Toyota RAV4	1996	H_2	2kg氢化物	25	铅酸电池	25	250	SUV
Toyota RAV4	1997	CH_3OH	50L	25	镍氢电池	25	500	SUV
Mazda Demio	1997	H_2	1.3kg氢化物	20	超电容器	20	170	SUV
Renault Fever	1998	H_2	8kg液化氢	30	镍氢电池	45	500	Wagon

典型的直接甲醇燃料电池（Direct Methanol Fuel Cell，DMFC）具有和PEMFC相似的结构，电池的中央是一层固态电解质，目前普遍采用杜邦公司的Nafion系列膜。该膜允许质子通过，不允许电子通过。与PEMFC使用Pt/C电催化剂不同，DMFC阳极一侧通常使用Pt-Ru/C，该种催化剂比纯Pt催化剂更能耐CO中毒。DMFC发生的电化学反应如下：

在阳极发生甲醇的电化学氧化反应：

$$CH_3OH+H_2O \longrightarrow CO_2\uparrow+6H^++6e^- \quad \varphi^{\ominus}=0.046V$$

阴极发生氧的电化学还原反应：

$$\frac{3}{2}O_2+6H^++6e^- \longrightarrow 3H_2O \quad \varphi^{\ominus}=1.229V$$

电池总反应如下：

$$CH_3OH+\frac{3}{2}O_2 \longrightarrow CO_2\uparrow+2H_2O(l) \quad E=1.183V$$

虽然开路电压为1.183V，但由于电催化剂中毒、甲醇渗透等问题，实际DMFC的开路电压为0.7~0.9V。因为甲醇是一种液态有机物，根据反应的焓变为726.6kJ/mol，转换效率高达96.68%，甲醇的能量密度高达6098W·h/kg(4878W·h/L)，远高于锂离子电池的理论能量密度150~750W·h/kg。当前DMFC的研究工作正处于从基础研究向产业化过渡的阶段，最具代表性的高科技公司MTI、索尼和东芝都推出了样机或样品，见图8-14。

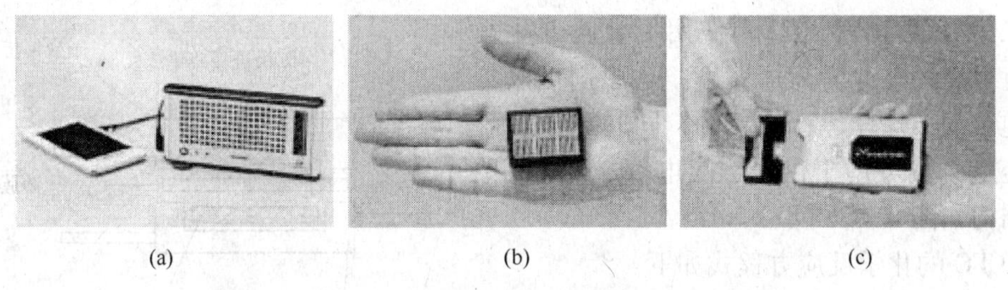

(a)　(b)　(c)

图 8-14　工业界的微 DMFC 样机
（a），（c）东芝样机；（b）索尼样机

表 8-4 给出了三款样机与诺基亚 BL-5CA 锂离子电池的性能比较。

表 8-4　三款微 DMFC 电池同诺基亚 BL-5CA 锂离子电池的性能比较

公司	最大功率 P/W	体积功率密度 P'/W·L^{-1}	燃料体积能量密度 ED/W·h·L^{-1}	系统体积能量密度 ED/W·h·L^{-1}	系统尺寸 $D_{系统}$ /mm×mm×mm	系统质量 W/g	能量转换效率 η/%	平面功率密度 P' /m·W·cm^{-2}
MTI	NA	NA	1800	326	总体积 138mL	NA	36.9	84~100
索尼	3	100	1100	367	50×30×20	NA	22.5	NA
东芝	2	8.52	786	47	150×74.5×21	280	15.5	25
诺基亚	>4	>403	299	299	53×34×5.5	20	NA	NA

由表 8-4 可见，微 DMFC 的能量密度达到 786~1800 W·h·L^{-1}，远远超过商用锂离子电池。但是微 DMFC 的功率密度远低于锂离子电池的功率密度，所以通过自身设计和制造技术的改进，来提高电池的功率密度具有十分重要的意义。

另外一种典型的使用质子交换膜的燃料电池是直接甲酸燃料电池（Direct Formic Acid Fuel Cell，DFAFC）。具体电极反应如下：

阳极：$$HCOOH \longrightarrow CO_2 + 2H^+ + 2e^- \qquad \varphi^{\ominus} = 0.25V$$

阴极：$$\frac{1}{2}O_2 + 2H^+ + 2e^- \longrightarrow H_2O \qquad \varphi^{\ominus} = 1.23V$$

总反应：$$HCOOH + \frac{1}{2}CO_2 \longrightarrow CO_2 + H_2O \qquad E = 1.48V$$

与 DMFC 相比，DFAFC 具有下列优点：

（1）甲酸无毒，不易燃，运输和储存安全性较好；

（2）甲酸不易透过 Nafion 膜，渗透量要比甲醇小两个数量级，在 DFAFC 中甲酸的最佳浓度可以高达 15mol/L，从而具有更好的性能；

（3）在室温下甲酸电氧化与甲醇相比具有更简单的动力学，因此除了 Pt，其他金属也可以作为它的阳极催化剂。

电催化剂是燃料电池的核心部件，在电池的长期运行过程中，电催化剂会逐渐老化并失去活性，使电池性能下降，由于 DFAFC 的过电位损失主要来自阳极，因此阳极催化剂的活性显得至关重要。为延缓电池性能的衰减，近来的研究多集中在 Pd 及 Pd 基合金催化剂上，然而 Pd 催化剂在使用过程中性能衰减严重，是一个不容忽视的问题。

8.6.4　熔融碳酸盐燃料电池（MCFC）

MCFC 是一种高温燃料电池，工作温度为 650℃，该温度也是混合碳酸盐的熔融温度。

由于工作温度高，MCFC 不使用贵金属催化剂也能有很高的电化学反应速度。还原剂可以不使用纯氢气，这样运行成本低，同时副产高温气体经热交换可用于供暖、热电等。MCFC 单电池结构如图 8-15 所示。

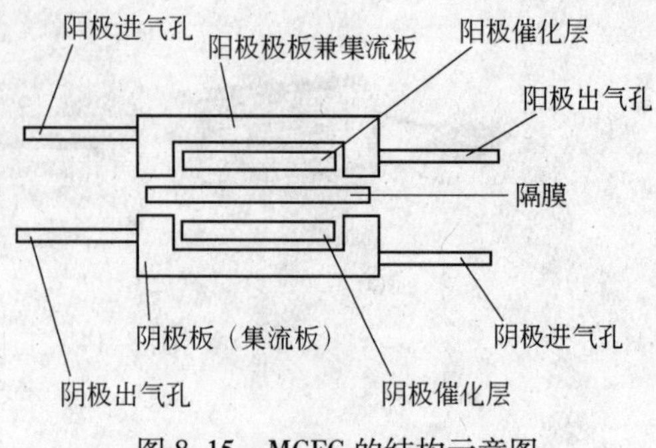

图 8-15　MCFC 的结构示意图

MCFC 的化学反应方程式如下：

阳极：　$H_2+CO_3^{2-} \longrightarrow H_2O+CO_2+2e^-$

阴极：$\frac{1}{2}O_2+CO_2+2e^- \longrightarrow CO_3^{2-}$

总反应：　$H_2+\frac{1}{2}O_2 \longrightarrow H_2O$

MCFC 靠隔膜内的碳酸根由阴极向阳极流动来形成电池内部的回路。隔膜由偏铝酸锂细颗粒构成，上面通常布满摩尔分数是 $62\%Li_2CO_3+38\%K_2CO_3$ 的标准电解质。MCFC 的阳极材料通常使用耐腐蚀的多孔镍电极，阴极采用多孔烧结镍电极。目前存在的困难是碳酸盐会腐蚀镍电极，以及溶解阴极的氧化镍电极，当前的有关研究大部分是围绕这两个问题进行。

8.6.5　固体氧化物燃料电池（SOFC）

SOFC 是以固体氧化物作为电池材料的燃料电池。它的优点如下：(1) 电池结构全部采用固相，不存在漏液问题；(2) 由于反应温度高达800~1000℃，发电效率高达 80%以上，所以不需要采用贵金属作催化剂，余热质量高，可用于热电联供；(3) 不仅可以使用 H_2、CO 等燃料气，还可以直接使用天然气、煤气化气和其他碳氢化合物，不存在催化剂的中毒问题。

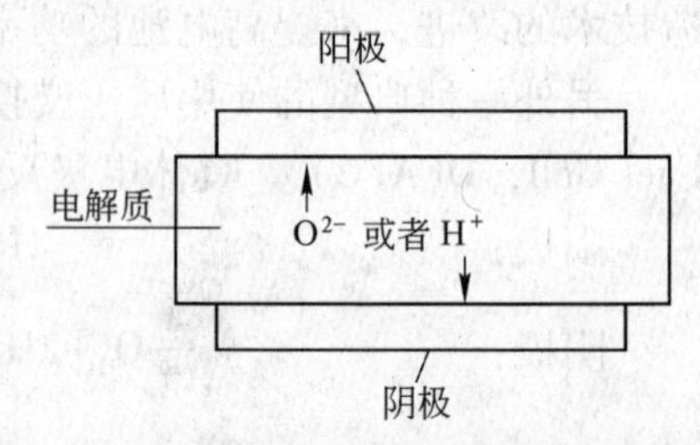

图 8-16　SOFC 结构示意图

SOFC 按电解质导电的原理分为氧离子型和质子传导型。结构如图 8-16 所示。

阳极：　$H_2+O^{2-} \longrightarrow H_2O+2e^-$（氧离子型）　或　$H_2 \longrightarrow 2H^++2e^-$（质子传导型）

阴极：　$\frac{1}{2}O_2+2e^- \longrightarrow O^{2-}$（氧离子型）　或　$\frac{1}{2}O_2+2H^++2e^- \longrightarrow H_2O$（质子传导型）

总反应：$\frac{1}{2}O_2+H_2 \longrightarrow H_2O$

由能斯特方程，电池的电动势 $E = E_0 + \frac{RT}{4F}\ln P_{O_2} + \frac{RT}{2F}\ln \frac{P_{H_2}}{P_{H_2O}}$。

8.6.5.1　SOFC 的电解质材料

传统的 SOFC 以掺杂氧化钇的氧化锆（YSZ）为电解质，电池的操作温度高达 850~1000℃。通常采用两种途径来降低 SOFC 的操作温度：一是改进电池的制备技术，如降低电解质层厚度和优化电极结构，降低欧姆电阻和界面电阻；二是开发在较低温度下仍具有良好导电性能及催化性能的电池材料。SOFC 电解质材料主要有以下四类：ZrO_2基氧化物、CeO_2及 Bi_2O_3基氧化物、$LaGaO_3$钙钛矿类及磷灰石类电解质。不同氧离子导电电解质的电导率与温度的关系如图 8-17 所示。

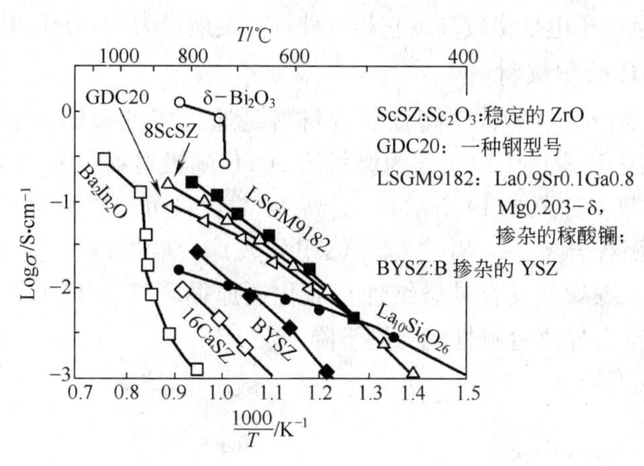

图 8-17 不同氧离子导电电解质的电导率与温度的关系图

（1）图 8-17 表明，随着温度的升高，（横坐标由右向左），氧离子导电能力增加。ZrO_2基固体氧化物燃料电池电解质材料中，氧化钇稳定氧化锆（YSZ）是研究最早、最充分的电解质材料之一。随着 SOFC 工作温度的降低，YSZ 电导率大大降低，电解质的欧姆阻抗急剧增大，限制了它在电解质自支撑的平板式中温 SOFC 中的应用。目前关于 ZrO_2基电解质材料的研究工作主要集中在使其薄膜化或者将其与其他类型的离子导电电解质复合，形成复合型电解质材料等方面，以达到降低电池工作温度的目的。采用较经济、可大批量生产的流延法在阳极基体上可制备厚度为 10mm 的 YSZ 薄膜，所组装的单电池 750 ℃时输出功率密度为 $230mW/cm^2$。

（2）碱土金属氧化物和稀土金属氧化物掺杂的 CeO_2电解质材料具有高电导率，是近几年来应用于中温 SOFC 的新型电解质材料，如在 CeO_2中掺入 Gd_2O_3形成 $Ce_{0.8}Gd_{0.2}O^{2-}$（CGO），800℃时其电导率与 YSZ 在 1000℃时的电导率相当。但在还原气氛下，Ce^{4+}易被还原为 Ce^{2+}，引入电子电导，致使电池开路电压下降，SOFC 的效率降低。Bi_2O_3表现出最高的氧离子电导率（750℃时为 1S/cm）但在低氧分压下，Bi_2O_3基电解质在燃料侧还原出细小的金属微粒，极大地破坏了电解质材料的性能。

（3）掺杂的 $LaGaO_3$钙钛矿型氧化物具有较高的中温氧离子导电性能，这类钙钛矿型氧化物被人们广泛研究。其在中温条件下具有较高的离子电导率，在较宽的氧分压范围内不产生电子电导，具有良好的机械强度性能。当 $LaGaO_3$钙钛矿的 A 位掺杂 Sr，B 位掺杂 Mg 时形成 LSGM，因对称性增加，在 570℃和 800℃时 $La_{0.9}Sr_{0.1}Ga_{0.8}Mg_{0.2}O_{2.85}$的电导率分别为 0.011S/cm 和 0.104S/cm，而此温度时 YSZ 的电导率分别为 0.003S/cm 和 0.036S/cm，同时钙钛矿类电解质材料与 $La_{1-x}Sr_xCoO^{3-}$、$La_{1-x}Sr_xCo_{1-y}Fe_yO^{3-}$等电极材料具有很好的相容性。但 LSGM 作为电解质材料也有一些不利的方面，如 Ga 元素易蒸发 Ga 元素易在阳极/电解质界面处还原，在高温共烧结时电极与电解质间产生元素互扩散等。这些问题可以通过加入少量变价离子，采用在电极/电解质间添加 LDC 过渡层或采用低温脉冲激光沉积电池制备工艺来解决。

（4）磷灰石类电解质材料因具有高离子电导率以及与电极材料具有较好的匹配性等优点，而被作为一种新的电解质材料受到人们的重视。磷灰石组成为 $Ln_{10-y}(MO_4)_6O_z$（Ln 代表

La、Pr 等，M 代表 Si、Ge 等），其晶体结构如图 8-18 所示。磷灰石电解质材料有着自身独特的离子传输性能且离子电导率较高，它是一种具有发展潜力的 SOFC 电解质材料。

8.6.5.2 SOFC 的阳极材料

（1）金属陶瓷复合材料。金属陶瓷复合材料是通过将纯金属分散在电解质材料中得到。Ni/YSZ 是目前广泛应用于以氢气为燃料的 SOFC 阳极材料。Ni/YSZ 的电导率与 Ni 含量的关系曲线呈 S 型（如图 8-19 所示），提高 Ni 的含量可以提高电导率。从电导率和热膨胀系数匹配两方面综合考虑，Ni 含量（体积分数）一般控制在 35%左右，但镍基阳极存在不稳定的缺点，镍颗粒具有易烧结性且氧化还原循环气氛下 Ni-NiO 相互转化时阳极体积变化较大，这都会导致材料性能急剧下降。

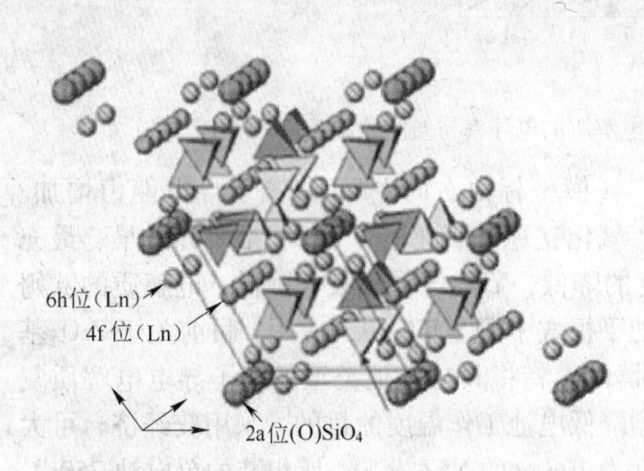

图 8-18 磷灰石氧化物晶体结构示意图
（Ln 代表 La，Pr，Nd，Sm，Gd，Dy）

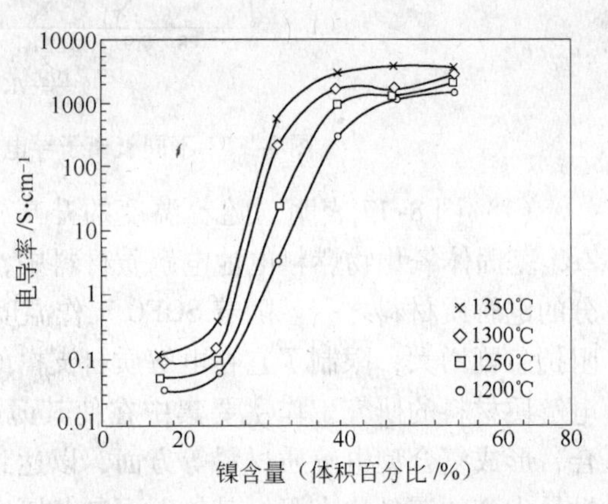

图 8-19 不同温度时 Ni/YSZ 阳极的电导率与 Ni 含量的关系

（2）ABO_3钙钛矿类阳极材料。一些钙钛矿结构（ABO_3）氧化物因在较宽的氧分压和温度范围内具有较好的化学稳定性和电化学催化性而被作为 SOFC 阳极材料研究，因钙钛矿的 A 位和 B 位都有非常强的掺杂能力，用低价的金属离子对 A 位进行掺杂，由于电中性的要求将致使 B 位金属离子价态升高或产生氧空位，氧空位的产生使得 ABO_3 钙钛矿类材料又具有氧离子电导性，阳极材料具有了电子-离子混合电导性能，可将电化学反应界面由电解质阳极燃料三相界面扩展到整个阳极和燃料气体的界面，大大增加了电化学活性区的有效面积，而且，混合导体氧化物可以催化甲烷等碳氢燃料气体的氧化反应，不产生积碳现象，也不会发生硫中毒，这些都表明将其作为以碳氢化合物为燃料的 SOFC 阳极具有优势。其中 $LaCrO_3$ 和 $SrTiO_3$ 系列氧化物表现出相对较好的性能。近年来，$Sr_2MgMoO_{3-\delta}$ 作为一种双钙钛矿结构的阳极材料，其研究取得了一定的进展。

（3）CeO_2基氧化物阳极材料。CeO_2是具有萤石结构的氧化物，不容易烧结。研究表明 CeO_2对干燥 CH_4具有良好的催化氧化反应活性，掺杂及不掺杂的 CeO_2基阳极材料在低氧分压下都表现出混合导体的性能，是很有潜力的中温 SOFC 阳极材料。还原气氛下，Ce^{4+}易被还原为 Ce^{2+}，导致晶格扩展，阳极表面产生裂纹，严重时阳极会从电解质表面脱落。在 CeO_2中掺入低价离子可以极大地减小晶格在氧化还原循环反应时的扩展与收缩，但掺杂会导致材料的电子电导率减小。综合两方面考虑，合适的低价离子掺杂量非常重要，如在 CeO_2中掺入物质的量分数约为 45%的 Gd^{3+}、Sm^{3+}等碱土金属阳离子时，CeO_2基氧化物阳极材料可得到很好的性能。Marina 等用 $Ce_{0.6}Gd_{0.4}O_{1.8}$做阳极获得较好的电池性能，以 $H_2/H_2O/N_2$为燃料，1000℃时 $Ce_{0.6}Gd_{0.4}O_{1.8}$LSM 单电池的最大输出功率密度为250mW/cm²。Mogensen 等认为经过掺杂改性的 CeO_2基氧化物具有作为催化甲烷的 SOFC 阳极材料的潜力。

（4）其他氧化物类阳极材料。除了 CeO_2基和钙钛矿结构氧化物外，人们还研究了其他氧化物，如烧绿石结构（pyrochlore structure）氧化物，它具有较高的电导率，但氧化还原气氛下稳定性不好。Nb-Ti-O 结构化合物具有金红石结构，低的氧分压下具有很好的导电性能，但热膨胀性能不好。铋基金属氧化物低氧分压下具有电子导电性，其中 Bi_2O_3-Ta_2O_5阳极材料应用于以丁烷为燃料的 SOFC，表现出很好的电导性能，700℃连续操作200h，有稳定持续的电压输出。

8.6.5.3 SOFC 的阴极材料

（1）$(La,Sr)CoO_{3-\delta}$系。钴酸锶镧（LSC）具有比 LSM 高的电子导电率和氧还原催化活性，1000℃的电导率为 1200S/cm，比 LSM 的电导率（150 S/cm）高得多，被认为是潜在的中温 SOFC 的阴极材料而备受重视，但 LSC 的热膨胀系数与 YSZ、DCO 等电解质相同，在操作温度下两者还发生反应生成绝缘相。当其与 CeO_2基中温电解质（SDC、YDC、CGO 等）匹配时，LSC 和该类电解质同样会发生化学反应生成绝缘相，导致 SOFC 阳极/电解质界面性能缺乏长期稳定性，尤其是电池热循环过程中的稳定性。Kostogloudis 等研究用过渡金属 Fe 掺杂制备 $La_{1-x}Sr_xCo_{1-y}FeyO_{3-\delta}$阴极材料的性能，研究发现随着 Sr 掺杂量的增加，导电性能增强，而 Fe 的掺杂量与材料的热膨胀系数紧密相关，当材料组成为 $La_{0.6}Sr_{0.4}Co_{0.2}Fe_{0.8}O_{3-\delta}$在 700 ℃时的热膨胀系数为 $13.8\times10^{-6}K^{-1}$，与常用电解质材料（YSZ、LSGM 等）的热膨胀系数很接近，这也是它作为 SOFC 阴极材料被研究的主要原因。但是，这种材料的机械性能较差，有待进一步提高。Hart 等制备梯度功能阴极（LSM-LSC-SDC），充分利用 LSM 与电解质的热膨胀匹配 LSC 的高电导率等优点，并成功地应用于以 YSZ 为电解质的 SOFC 中。Shao 等报道了 $Ba_xSr_{1-x}Co_{0.8}Fe_{0.2}O_{3-\delta}$系列阴极材料对氧有非常好的催化活性和选择催化性，但在还原气氛下不够稳定。

（2）$(La,Sr)CuO_{3-\delta}$系。Yu 等人报道 $La_{1-x}Sr_xCuO_{3-\delta}$（0.5）系阴极材料是一种具有较高氧缺陷的钙钛矿结构化合物，具有良好的电子电导性和优异的催化活性，300℃时的电导率为 4.8×10^{-4}S/cm，800℃时的阴极极化电阻仅为 0.2Ω/cm，是一种新型的钙钛矿型阴极材料。研究发现其与高温电解质材料氧化钇稳定的二氧化锆（YSZ）电解质相匹配，且其电导率和电化学活性都优于 $La_{1-x}Sr_xCoO_{3-\delta}$系阴极材料。郑敏章等成功制备复合阴极材料 $LaSr_xCuO_{3-\delta}$-SDC，在650℃时 $La_{0.7}Sr_{0.3}CuO_{3-\delta}$-SDC 系列样品中，以 SDC 为电解质 $La_{0.7}Sr_{0.3}CuO_{3-\delta}$-SDC 的过电位最小，因为将离子导电材料 SDC 掺入 $La_{0.7}Sr_{0.3}CuO_{3-\delta}$-SDC 后，调小了 $La_{0.7}Sr_{0.3}CuO_{3-\delta}$-SDC 的热膨胀系数（$La_{0.7}Sr_{0.3}CuO_{3-\delta}$的热膨胀系数比 SDC 的大），同时又增大了 TPB 面积，有利于电极/电解质界面电荷的转移，改善了电极界面性能，有利于提高电极的电化学性能，但材料电导率降低。综合考虑这两方面因素，确定 SDC 掺入量为 20%时所得复合材料的性能最佳。组装单电池 NiO-SDC65、SDC LSCu-SDC20 在 750℃时的输出功率达到 130mW/cm²。

（3）类钙钛矿类氧化物。随着中低温 SOFC 的深入研究，一些具有电子和氧离子混合电导的类钙钛矿型 A_2BO_4氧化物逐渐成为人们的研究热点。A_2BO_4比 ABO_3有着更高的催化活性和热稳定性，当用异价金属离子（Sr^{2+}、Ba^{2+}、Ca^{2+}等）取代部分A位离子可改变B位离子氧化状态的分布，增加氧空位浓度，从而提高对甲烷氧化反应的催化活性，因此它可以用作以甲烷为燃料的中温SOFC的阴极材料。同时，K_2NiF_4结构氧化物具有良好的晶体结构、高温超导性及较高的催化活性。近年来，对于B位掺杂的A_2BO_4型复合氧化物已有一些报道，如Nd_2NiO_4和$La_2Ni_xCo_{1-x}O_4$以及$La_2Ni_{1-x}Cu_xO_4$等材料。除了B位掺杂外，A位掺杂的如$La_{2-x}Sr_xNiO_4$也是一种较好的离子和电子的混合导体。同$La_2Ni_xCo_{1-x}O_4$相比较，$La_{2-x}Sr_xNiO_4$有更高的氧扩散系数和表面交换系数。范勇等制备$La_{2-x}Sr_xNiO_4$中温SOFC阴极材料，研究表明$La_{1.6}Sr_{0.4}NiO_4$的极化电阻最小，在700℃时为2.93cm^{-1}，在空气中1000℃烧结得到的电极与CGO电解质不发生化学反应且形成良好的接触界面。李强等首次报道关于AB双位掺杂稀土金属复合氧化物材料的研究，试验表明$Sm_{1.5}Sr_{0.5}Ni_{0.6}Co_{0.4}O_4$阴极材料具有良好的化学稳定性能，经过1100℃烧结后的电极与CGO电解质形成良好的界面接触。在700℃时极化电阻为3.78cm^{-1}，电流密度为66mA/cm^2时阴极过电位较低(48mV)，是一种潜在的IT-SOFC候选阴极材料。

（4）钙钛矿型、类钙钛矿型氧化物与电解质复合阴极材料。阴极材料中混入适量电解质材料制备复合阴极材料有以下优点：第一，增大阴极材料离子电导性，有效地增大电极、电解质和空气的三相反应界面（Triple Phase Boundary，TPB），即增大电化学反应活性区；第二，可有效降低阴极过电位，中低温条件下电池性能得到明显改善；第三，适量电解质材料可调节阴极材料热膨胀系数，增强与电解质材料的相容性。电解质材料的加入在调整两者（阴极/电解质）热膨胀匹配性的同时，还会带来阴极材料电导性能的下降。确定最佳的掺杂量是至关重要的，赵辉等制备LSM-CBO复合阴极材料，当掺入材料CBO的质量分数为30%时，获得最好的化学稳定性及催化活性，且与CGO电解质形成良好接触界面。李强等制备$La_{1.6}Sr_{0.4}NiO_4$-$Ce_{0.9}Gd_{0.1}O_{1.9}$复合阴极，当加入CGO的质量分数为40%时，复合阴极的极化电阻最小，700℃时为0.76Ω/cm同时该复合阴极材料具有良好的化学稳定性且与CGO电解质接触性能较好，电解质复合阴极材料是一种有应用前途的电极材料。

总之，固体氧化物燃料电池的中温化是解决高温固体氧化物燃料电池中的问题，以及促进SOFC商业化的有效途径。钙钛矿型、类钙钛矿型化合物、氧化铈基氧化物及其复合材料是日前常用的电池材料。以后的研究开发应主要集中在以下三个方面：第一，研究质子传导机理并开发中温下具有足够电导率的质子电解质导体、质子-离子混合导体电解质及和其相匹配的系列电极材料；第二，开发中温条件下催化活性较高且可与相应电解质材料匹配的新电极材料；第三，通过在电极/电解质界面处添加电极阻隔层或制备梯度电极等方法改善之间的接触状态，从而提高电池的输出性能。

8.6.6 直接碳燃料电池（DCFC）

8.6.6.1 DCFC的基本原理和特点

我国的能源结构是富煤贫油少气，以煤为主的能源结构带来不断严重的环境污染，已严重阻碍了我国许多地区的经济发展。在我国的大气中，约87%SO_2、71%CO_2、67%NO_x以及60%的悬浮颗粒来自于煤炭燃烧，因此为确保未来大气污染排放量不超过可接受的水平，实现我国社会与经济的可持续发展，必须大力发展以煤炭高效洁净利用为宗旨的洁净煤技术。直接碳燃料电池（Direct Carbon Fuel Cell，DCFC）的研究为煤炭的高效清洁利用提供了一种净煤新思路。

直接碳燃料电池采用固体碳（如煤、石墨、活性炭、生物质炭等）为燃料，通过其直接电化学氧化反应来输出电能。直接碳燃料电池的基本结构和传统燃料电池（MCFC 和 SOFC）一样，也是由电子导电的阳极和阴极，离子导电的电解质构成。它的基本工作原理（如图 8-20）是：在电池的阳极发生固体碳燃料的直接电化学氧化反应，释放出 CO_2 等气态产物同时释放出电子产生电流；在阴极发生氧化剂的还原反应，氧化剂与电子结合产生导电离子，导电离子通过电解质传递至阳极；通过外部不断地供给燃料和氧化剂，将燃料氧化释放的能量源源不断地转换为电能。具体的电极反应以及阴阳极生成产物因 DCFC 使用的电解质不同而不同，理想的电池反应为：

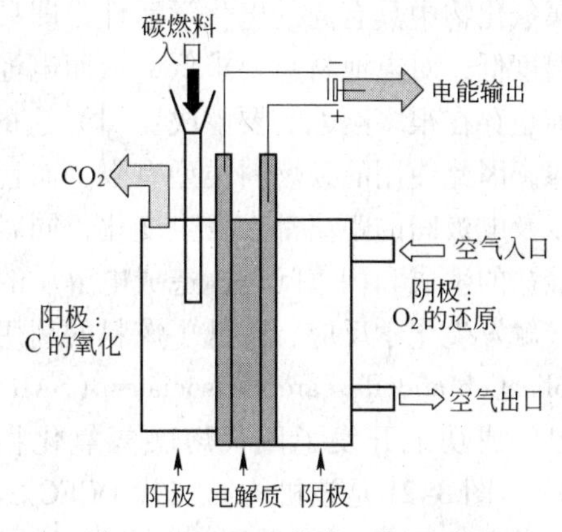

图 8-20　DCFC 基本工作原理图

$$C+O_2 = CO_2$$

8.6.6.2　DCFC 的分类

直接碳燃料电池按所用电解质的不同可分为四类：（1）以熔融碱金属氢氧化物为电解质的 DCFC；（2）以熔融碳酸盐为电解质的 DCFC；（3）采用熔融碳酸盐（或液态金属氧化物）和固体氧化物双重电解质的 DCFC；（4）只采用固体氧化物为电解质，即直接碳固体氧化物燃料电池（Direct Carbon Solid Oxide Fuel Cell，DC-SOFC）。

A　熔融氢氧化物 DCFC

熔融氢氧化物 DCFC 操作温度为 400~500℃，阳极采用能导电的碳材料，电解质采用熔融碱金属氢氧化物，导电离子是 OH^-。世界上第一个 DCFC 就是采用熔融 NaOH 为电解质，但是熔融碱金属氢氧化物会与产物 CO_2 和燃料 C 反应形成碳酸盐，使电解质失效，这曾阻碍了熔融氢氧化物 DCFC 的发展。

$$2OH^- + CO_2 = CO_3^{2-} + H_2O \quad C + 6OH^- \longrightarrow CO_3^{2-} + 3H_2O + 4e^- \tag{8-7}$$

反应（8-7）由以下两个反应构成：

$$6OH^- = 3O^{2-} + 3H_2O \tag{8-8}$$

$$C + 3O_2 \longrightarrow CO_3^{2-} + 4e^- \tag{8-9}$$

反应（8-8）为快速化学反应，反应（8-9）为慢速电化学反应。从以上反应式可以看出，CO_3^{2-} 的浓度是 O^{2-} 和 H_2O 的函数，如果增加熔融碱金属氢氧化物电解质中 H_2O 的含量，就可以抑制上述反应，降低 CO_3^{2-} 的浓度。因此，目前的熔融氢氧化物 DCFC 都是采用加湿空气（或氧气），来减少碳酸盐生成，同时还能提高电解质的电导率，降低电解质对电池材料（一般是铁、镍、铬或其合金）的腐蚀。熔融氢氧化物 DCFC 的电极反应是：

阳极反应：　$$C + 4OH^- \longrightarrow CO_2 + 2H_2O + 4e^- \tag{8-10}$$

阴极反应：　$$O_2 + 2H_2O + 4e^- \longrightarrow 4OH^- \tag{8-11}$$

电池反应：　$C+O_2 = CO_2$　(8-12)

DCFC以熔融氢氧化物为电解质具有很多优点：(1) 离子电导率高；(2) 碳在熔融碱金属氧化物中具有高的电化学活性，即具有高的阳极氧化速率和低的活化过电势；(3) 工作温度低，对电池材料要求低，从而电池的制备成本低；(4) 结构简单。但是这种DCFC目前也存在很多问题需要解决：(1) 它的碳燃料既作燃料又作阳极，一般是导电性好的石墨棒，因此使用的碳燃料类型有限，而且随着燃料的消耗，阳极的表面形态、表面积、体积以及电极间的距离都在发生变化，同时阳极也难以实现连续化进料；(2) 长期运行存在碳酸盐的生成和积累问题，造成电解质的失效；(3) 两电极间无隔膜使得氧气和阳极碳直接接触发生化学反应，降低了燃料的利用率。熔融氢氧化物DCFC的研究以美国Scientific Application and Research Associates (SARA) 研究机构Zecevic等人的工作最具代表性，目前已经成功地开发了四代熔融氢氧化物DCFC。图8-21是该机构第三代DCFC的结构示意图。以纯石墨棒作为电池的阳极（燃料），石墨棒的面积为300cm²，熔融NaOH为电解质，Fe_2Ti钢为阴极，面积为570cm²。电池在630℃下工作时，开路电压为0.85V，最大功率密度达到180mW/cm²，最大电流密度达到250mA/cm²，在140mA/cm²电流密度下运行540小时平均输出功率密度为40mW/cm²，转化效率达到60%。

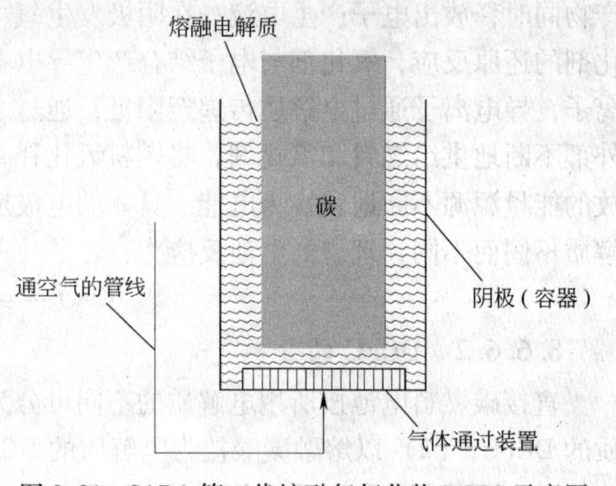

图8-21　SARA第三代熔融氢氧化物DCFC示意图

B　熔融碳酸盐DCFC

熔融碳酸盐DCFC是目前DCFC领域中研究最广泛的。首要原因是产物CO_2对熔融碳酸盐电解质无任何副作用，还可以参与反应生成CO_3^{2-}，有效保持了碳酸根离子的浓度。熔融碳酸盐DCFC的操作温度是700~900℃。另外它还具有的优点是：(1) 碳燃料使用范围广，不局限于是否有导电性；(2) 以熔融碳酸盐为电解质，导电离子是CO_3^{2-}，因此毒性低，成本低。它的主要缺点是电解质对阴极材料（一般是NiO）腐蚀性强。熔融碳酸盐DCFC的电极反应是：

阳极反应：　$C+2CO_3^{2-} \longrightarrow 3CO_2+4e^-$

阴极反应：　$O_2+2CO_2+4e^- \longrightarrow 2CO_3^{2-}$

电池反应：　$C+O_2 = CO_2$

电池工作过程为：当电池接通负载时，阳极的C发生电化学氧化反应，释放出电子，并与电解质中的CO_3^{2-}结合生成CO_2，电子通过负载传到阴极，同时释放电能，产生的CO_2中的三分之二通过电池外部输送到阴极循环利用，剩余的三分之一排放。O_2在阴极得到电子被还原，并与CO_2结合形成CO_3^{2-}，CO_3^{2-}在电解质内部通过扩散和毛细作用再传导至阳极。

熔融碳酸盐DCFC以美国劳伦斯利物莫国家实验室（Lawrence Livemore National Laboratory，LLNL）Cooper等人的工作最具代表性。他们提出了一种倾斜式（倾斜度5°~

45°）熔融碳酸盐 DCFC，如图 8-22 所示。电解质是质量分数为 32%的 Li_2CO_3和 68%的 K_2CO_3（质量比）组成的共晶盐，阳极是碳粉和熔融碳酸盐形成的碳泥，用泡沫镍作阳极集流体，阴极是泡沫镍或烧结的镍粉，同时充当阴极集流体。阴极和阳极间有氧化锆隔膜，内充满电解质用以传导 O^{2-}和阻止阴阳极短路以及碳与氧气直接接触。倾斜式结构有利于多余的电解质排放。Cooper 采用不同类型的碳作燃料在 800℃下进行测试，发现碳的性质对电池性能影响很大。碳的结晶度越差，则氧化活性越高；碳的导电率越高，则欧姆极化越小；而碳的表面积对电池性能影响很小。他们还对这种倾斜式结构的 DCFC 组装了电堆。

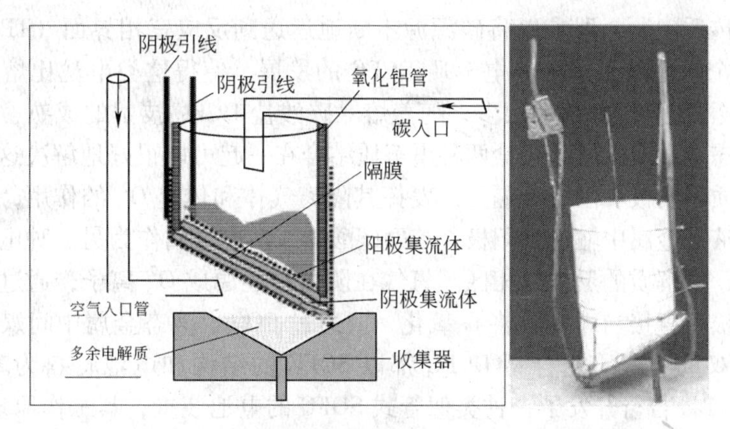

图 8-22 LLNL 倾斜式熔融碳酸盐 DCFC 结构示意图及实物照片

由于碳燃料在熔融碳酸盐中的氧化动力学过程慢，而且黏性介质中反应速率存在滞后现象，因此熔融碳酸盐 DCFC 的性能比较低，在已有的报道中工作温度在 800℃以上时，输出功率密度为 20～100mW/cm^2。目前熔融碳酸盐 DCFC 的研究主要集中在碳材料的电化学活性研究上，以提高电池性能。Li 等以质量分数为 32%的 Li_2CO_3、34%的 Na_2CO_3 以及 34%的 K_2CO_3共晶盐为电解质，也研究了活性炭、炭黑和石墨等类型不同的碳燃料对电池性能的影响。发现三种碳的电化学活性由强到弱依次是活性炭、炭黑、石墨，并得出结论：一个理想的熔融碳酸盐 DCFC 碳燃料应该具有高的孔比表面积、丰富的含氧官能团和小的粒径。Li 等采用上述电解质和电池装置，用 HNO_3、HCl 和等离子体对对活性炭和炭黑进行了处理，并研究了它们在熔融碳酸盐 DCFC 中的电化学活性。发现采用 HNO_3处理后的碳电化学活性要远好于采用 HCl 和等离子体处理过的碳，并且后两者的活性相当。

经过 HNO_3处理的碳，表面氧官能团浓度增加，从而表面自由反应位数目提高。还发现 HNO_3处理过的碳石墨化程度提高，面积比电阻降低，这可能也是电化学活性较高的原因之一。Li 等以同样的电解质和装置，以澳大利亚四种煤为燃料，研究了煤的性质对电池性能的影响。发现煤的化学组成、表面积、表面氧官能团的多少以及灰分等对电池性能都有影响。王等研究了用 HCl 处理过的活性炭在熔融碳酸盐中的直接电化学氧化性能也得到了与 Li 类似的结论。Cao 等研究了活性炭在熔融 Li_2CO_3-K_2CO_3电解质中的电化学氧化活性，发现在实验前，浸湿电解质可以使氧化电位负偏移 0.1V 而电流密度增加 50mA/cm^2。用 HF、HNO_3和 NaOH 处理活性炭，其电化学氧化活性顺序由弱到强依次是活性炭、活性炭-NaOH、活性炭-HNO_3、活性炭-HF。

C　双重电解质复合型 DCFC

DCFC 采用的双重电解质是将固体氧化物电解质和碳燃料中添加液态金属或熔融碳酸盐电解质结合在一起，共同起到传递离子的作用。固体氧化物电解质是一类研究比较早的传递 O^{2-} 的电解质，主要应用于固体氧化物燃料电池（SOFC）中。从前面的介绍中，我们知道熔融碱金属氢氧化物电解质和熔融碳酸盐电解质存在腐蚀性、泄漏以及失效等问题，将固体氧化物电解质应用在 DCFC 中，可以避免这些问题的发生。1937 年，Baur 首次将固体氧化物电解质应用于 DCFC，但由于 DCFC 的燃料是固体碳，与固体电解质接触性差，存在固体碳的传质问题，即难以将碳源源不断地运送到反应三相界面（TPB，电解质/电极/燃料）。这个问题阻碍了固体电解质 DCFC 的发展，使得这类电池比熔融金属氧化物 DCFC 和熔融碳酸盐 DCFC 落后很多，随着熔融碳酸盐 DCFC 技术的成熟，人们发现将固体氧化物和液态金属或熔融碳酸盐两种电解质结合在一起可以很好地解决这个问题。用固体氧化物电解质将阴极和阳极分隔开，发挥其隔离气体和传递 O^{2-} 的作用，将碳粉分散在熔融碳酸盐或液态金属中输送到阳极，熔融碳酸盐或液态金属作为另一种电解质大大扩展了碳燃料/阳极/电解质的反应三相区。氧气在阴极被还原成 O^{2-} 离子，通过固体氧化物电解质传输到阳极，直接与碳接触将 C 氧化，或通过 CO_3^{2-}、液态金属中间媒介间接地将碳氧化。众多的双重电解质复合型 DCFC 都以 SOFC 的结构和电池材料为基础。CellTech Power，LLC 的 Tao 自行开发了一种类似管式 SOFC 的电池装置，其工作原理如图 8-23 所示，采用 YSZ 为电解质，LSM 为阴极，熔融 Sn 为阳极。阴极的 O^{2-} 通过 YSZ 电解质传导至阳极与 Sn 发生反应生成 SnO_x，SnO_x 与碳发生还原反应又被还原成 Sn 并释放电子，在阳极熔融 Sn 作为氧化还原媒介。

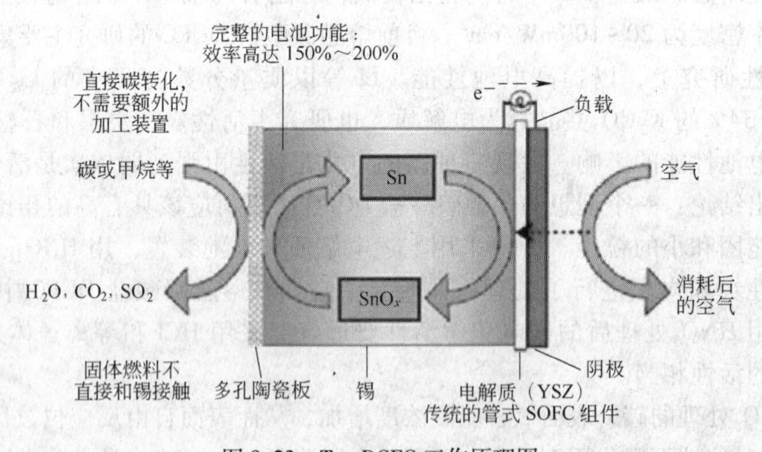

图 8-23　Tao DCFC 工作原理图

美国 SRI 机构的 Balachov 设计了一种 U 型管式的 DCFC，如图 8-24 所示。U 型管结构从内到外分别是阴极电流收集层、阴极（LSM）、电解质（YSZ）、阳极电流收集层。将 U 型管浸入炭颗粒和熔融 Li_2CO_3-K_2CO_3-Na_2CO_3 共晶盐组成的阳极内，分别以煤、焦油、焦炭、乙炔黑和塑料垃圾为燃料进行了测试。在 785℃时，未经处理的煤燃料最大功率密度可达 100mW/cm^2。图 8-25 是 SRI 机构利用这种结构组建的小型电堆实物图和示意图。

St Andrews 的 Irvine 研究组采用管式和纽扣式 SOFC 结构，以 YSZ 为电解质，LSM 为

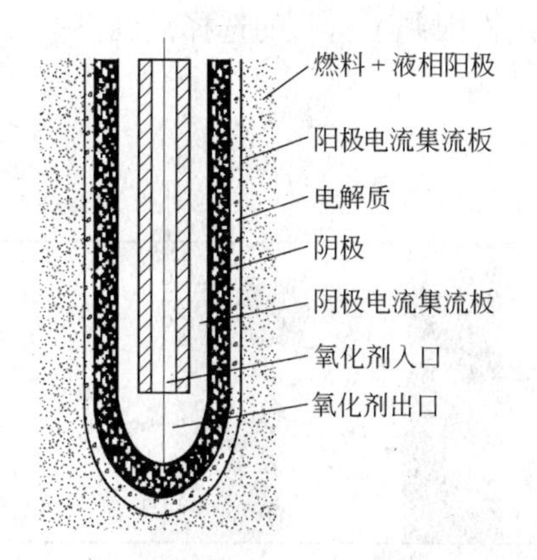

图 8-24 Balachov DCFC 结构示意图

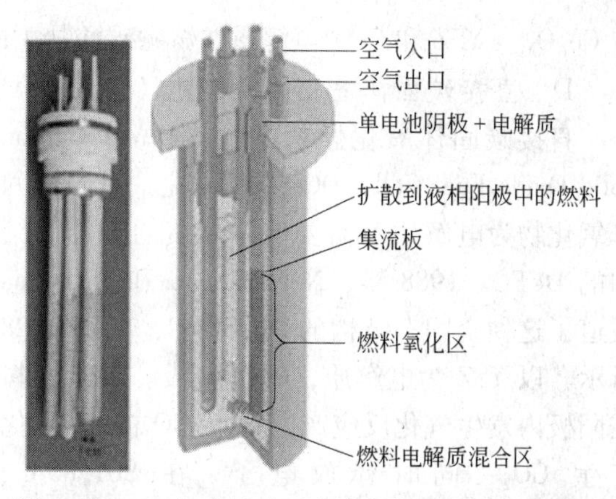

图 8-25 SRI 组建的小型电堆实物图和结构示意图

阴极，NiO 为阳极，炭黑与摩尔分数分别为62%和38%的 Li_2CO_3-K_2CO_3 共晶盐组成的混合浆料为燃料和第二种电解质。工作原理如图 8-26 所示。Irvine 初步实验发现 700℃和 900℃下，电池电压都可达 1.2V 以上，都高于理论电压，输出功率随碳-熔融碳酸盐浆料中 C 量的增加而增大，他认为存在两种反应机理如图 8-27 所示。如果 O^{2-} 的量很充足，并能充分溶解到碳-碳酸盐的混合浆料中，则 O^{2-} 是主要的活性物质，直接和 C 发生电化学氧化反应生成 CO_2，并且部分 CO_2 再与 O^{2-} 反应生成 CO_3^{2-}，如图 8-27（a）。如果 O^{2-} 的量不足，则 CO_3^{2-} 是主要的活性物质，和 C 发生电化学氧化生成 CO_2，部分 CO_2 在阳极催化剂上与 O^{2-} 反应使得 CO_3^{2-} 再生，如图 8-27（b）。

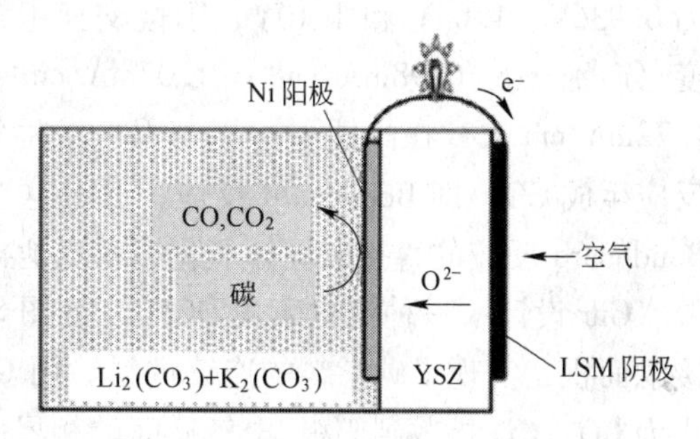

图 8-26 Irvine DCFC 工作原理图

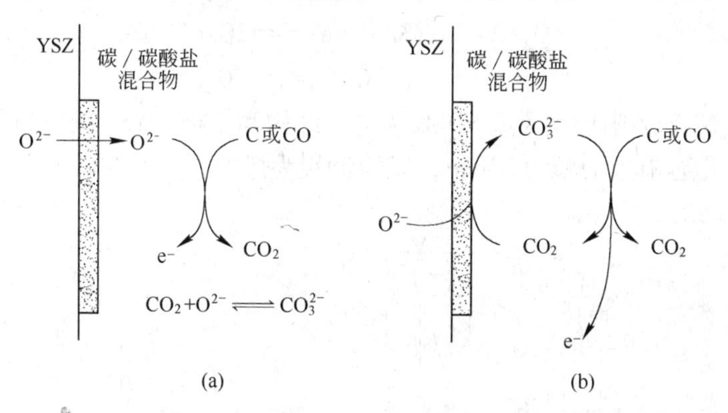

图 8-27 Irvine DCFC 碳燃料的氧化机理

（a）O^{2-} 的量充足；（b）O^{2-} 的量不足

双重电解质复合型 DCFC 具有以下优点：解决了熔融氢氧化物和熔融碳酸盐电解质存在的难题；可以直接借用 SOFC 的结构和电池材料；阴极空气无需加湿，产物 CO_2 无需循环，简化了电池结构；可方便地实现燃料的连续加入。但是有研究发现 YSZ 电解质在熔融 Li_2CO_3 中不稳定，在 700℃下易生成 Li_2ZrO_3，CeO_2 基电解质在碳酸盐中 Ce 易生成 $Ce_{11}O_{20}$

和 Ce_6O_{11}。YSZ 和 CeO_2电解质在熔融碳酸盐中的不稳定性限制了材料的选择范围。

D　直接碳固体氧化燃料电池（DC-SOFC）

直接碳固体氧化燃料电池（Direct Carbon Solid Oxide Fuel Cell，DC-SOFC）是一种只以固体氧化物为电解质不需要熔融介质的全固态结构的 DCFC。1988 年，N. Nakagawa 和 M. Ishida 报道了这种全固态结构的 DC-SOFC，如图 8-28 所示。以 YSZ 为电解质，Pt 为电极。木炭燃料在阳极内发生气化反应产生 CO，CO 被 O^{2-} 氧化产生 CO_2，同时释放电子。在 801.85℃、906.85℃和 1001.85℃时，电池的开路电压分别为 0.936V、1.05V 和 1.10V，阳极交换电流密度分别为 0.98mA/cm²，1.07mA/cm² 和 1.72mA/cm²。C 在高温下可以与 CO_2发生气化反应生成 CO，即 Boudouard 反应，通过这个反应可以解决 C 的传质难题。近年来，基于 Boudouard 反应的直接碳固体氧化燃料电池再次引起了人们的兴趣。

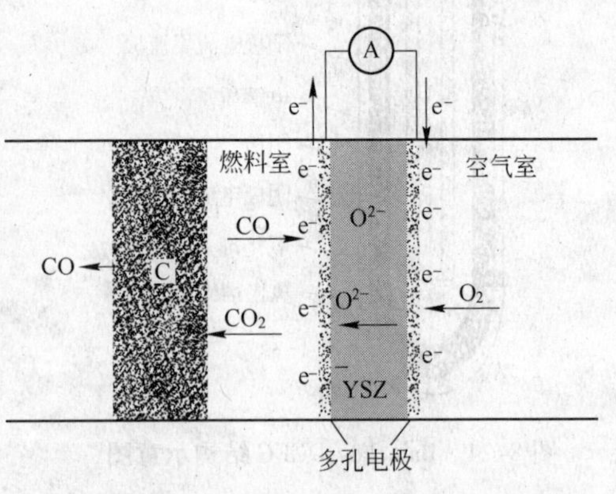

图 8-28　N. Nakagawa 和 M. Ishida 制备的 DC-SOFC 结构和工作原理示意图

Gur 设计了一种流化床式 DCFC，如图 8-29 所示。采用流化床扩大了固体碳和阳极的接触面积，实现了碳燃料的连续进料。用 CO_2作流化气体时，C 首先由 Boudouard 反应转化为 CO，CO 扩散到阳极/电解质间的相界面处发生电化学氧化反应生成 CO_2。Gur 认为采用 CO_2流化气体时，流化床式 DCFC 的电极反应是：

流化床中的 Boudouard 反应：　$C+CO_2 = 2CO$

阳极反应：　$2CO+2O_{xo}(YSZ) = 2CO_2+2V^{\cdot\cdot}_o(YSZ)+e^-$

净反应：　$C+2O_{xo}(YSZ) = CO_2+2V^{\cdot\cdot}_o(YSZ)+4e^-$

阴极反应：　$O_2+2V^{\cdot\cdot}_o(YSZ)+4e^- = 2O_{xo}(YSZ)$

电池反应：　$C+O_2 = CO_2$

Gur 以管式 Ni-YSZ 阳极支撑型 SOFC 为电池结构和阳极，YSZ 为电解质，LSM-LSC 复合阴极为阴极，电池有效面积为 24cm²，以活性炭为燃料，在 850℃下，0.6V 时的功率密度达到 175mW/cm²。

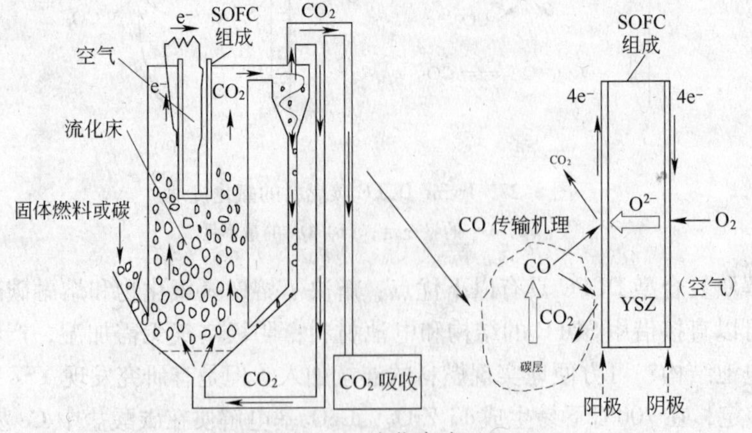

图 8-29　Gur 流化床式 DCFC

Shao 课题组采用纽扣式 Ni-ScSZ 阳极支撑型 SOFC，$(Sc_2O_3)_{0.1}(ZrO_2)_{0.9}$ (ScSZ) 为电解质膜，LSM-ScSZ 为阴极，电池有效面积 0.48cm^2，担载了 $Fe_mO_n-M_xO(M=Li,K,Ca)$ 金属氧化物的活性炭为燃料，在 850°C 下，通入 CO_2 流化气体时开路电压 0.97V，最大功率密度 297mW/cm^2，没有 CO_2 流化气体时开路电压 0.95V，最大功率密度 286mW/cm^2。Wang 课题组采用管式 NiO-YSZ 阳极支撑体 SOFC，以 Ni-ScSZ 为功能层，ScSZ 为电解质膜，LSM-ScSZ 为阴极，电池有效面积 10.0cm^2，直接以炭黑为燃料，不适用任何流化气体，在 850℃下，最大功率密度为 104mW/cm^2。

以上报道的 DC-SOFC 的实验结果令人鼓舞，其碳燃料的添加方式是直接加入到阳极内，另有研究者是通过往阳极内通入碳氢燃料发生裂解反应，在阳极上沉积碳的方式得到碳燃料。Yao 用甲烷在 Ni-YSZ 阳极上沉积碳，发现碳沉积主要发生在 Ni 表面，而且分布不均匀，越靠近电解质碳沉积越少，另外碳的粒径同阳极中 Ni 和 YSZ 的粒径差不多，这些因素使得沉积的碳直接发生电化学氧化的机会减少。Ihara 研究了碳沉积实质，通过电解质传递过来的 O^{2-} 首先在阳极被氧化成 O_2，O_2 扩散到碳表面与其反应生成 CO 或 CO_2，生成的 CO 扩散到阳极表面发生反应生成 CO_2，生成的 CO_2 扩散到碳燃料处与 C 反应生成 CO，CO 又扩散到阳极表面，如此循环往复。在这种方式的 DC-SOFC 中，没有 C 的直接电化学氧化，只有 C 的 Boudouard 反应和 CO 在阳极的电化学氧化反应。

目前采用第一种方式的 DC-SOFC 的研究已经发展为由独立的两部分构成，即先在一容器中让 C 和 CO_2 发生反应生成 CO，再将生成的 CO 通入 SOFC 中作燃料。对于采用第二种方式的 DC-SOFC，Ihara 认为首先是沉积在阳极三相界面（TPB）处的 C 和 O^{2-} 发生直接电化学反应生成 CO_2 并释放出电子，生成的 CO_2 与没有沉积在阳极三相界面处的 C 发生 Boudouard 反应生成 CO，CO 扩散到阳极上与 O^{2-} 反应生成 CO_2，以此循环往复。

而 Huang 研究 Ni-YSZ 阳极上的积碳时发现一种 "fuel-free current" 新现象，阳极上的积碳都已经被氧化完以后，阳极不存在任何其他燃料的情况下，观测到仍有实际电流。同时实验证明通过氧泵作用产生的电流极小，可以认为是 0。他认为发生这种现象的原因是沉积在阳极的 C 被完全氧化完后，阳极的晶格氧浓度降低引起的。他提出一种反应机制：传递到阳极的 O^{2-} 将一个电子传递到周围的晶格氧中，形成 2 个 O^-，一个 O^- 储存在 YSZ 中，另一个 O^- 转移到 Ni 表面，使得参与阳极反应的氧比从阴极传递过来的多，这样发生在 YSZ 表面上的、Ni 表面上的和 TPB 处的积碳都能被完全氧化掉。在 C 被氧化的同时，YSZ 中的晶格氧没有及时从阴极补充，结果阳极的晶格氧浓度降低使得 O^{2-} 通过阴极的 TPB 迁向阳极以维持阳极的晶格氧浓度并释放出电子，形成了 "fuel-free current" 现象。Huang 提出的这种反应机制认为 C 和 O^{2-} 的反应不仅仅局限在传统意义的三相界面上，沉积在离子、电子导体表面的 C 也可以直接发生电化学氧化反应。

Cai 研究阳极上积碳的氧化得出以下结论：(1) 碳大部分以表面团聚物的形式沉积在 Ni 表面及周围，也有些 C 沉积在 YSZ 表面；(2) 三相界面处的积碳、Ni 表面的积碳和 YSZ 表面的积碳都能发生直接电化学氧化反应，只是反应路径略有不同，电化学氧化难易顺序是 TPB 处的积碳最容易，其次是 YSZ 表面上的，最难的是 Ni 表面上的积碳；(3) TPB 处的积碳与 YSZ 传递的 O^{2-} 发生直接电化学氧化反应释放出电子并通过 Ni 传导到外电路中，YSZ 表面的积碳与 O^{2-} 发生直接电化学氧化反应释放出电子并通过积碳和 Ni 传导到外电路中，电化学作用迫使 O^{2-} 生成 2 个 O^{-} 迁向 Ni 表面与积碳反应释放出电子并通过 Ni 传导到外电路中；（4）并不是所有的积碳都参加直接电化学氧化反应，有一部分积碳与 YSZ 中的 O^{2-} 形成羰基官能团（C ═ O）。Cai 提出阳极上 C 的氧化机理反应式是：

O^{2-} 生成　　$O_xO \longrightarrow O^{2-} + V^{\cdot\cdot}O$

吸附第一个 O^{2-}　　$CRS + O^{2-} \longrightarrow CRSO^{2-}$

快速放电　　$CRSO^{2-} \longrightarrow CRSO^{-} + e^{-}$

　　$CRSO^{-} \longrightarrow CRSO + e^{-}$

CO 解吸　　$CRSO \longrightarrow CO(g)$

吸附第二个 O^{2-}　　$CRSO + O^{2-} \longrightarrow CRSO_2^{2-}$

快速放电　　$CRSO_2^{2-} \longrightarrow CRSO^{2-} + e^{-}$

快速放电和 CO_2 解吸　　$CRSO^{2-} \longrightarrow CRSO_2(g) + e^{-}$

总反应　　$CRS + O^{2-} \longrightarrow CO + 2e^{-}$　　$CRS + 2O^{2-} \longrightarrow CO_2 + 4e^{-}$

其中 CRSO 是 C ═ O 官能团，这是目前报道的最新的关于第二种方式的 DC-SOFC 阳极上 C 的反应机理。关于第三种方式的 DC-SOFC 阳极内反应机理的争论是与阳极表面接触的 C 是否会发生 C 的直接电化学氧化反应。Wang 课题组认为电池开始工作时，首先是与阳极表面接触的 C 和电解质传递过来的 O^{2-} 发生直接电化学氧化反应生成 CO_2 并释放出电子，然后生成的 CO_2 扩散到碳燃料表面与 C 发生 Boudouard 反应生成 CO，CO 又扩散到阳极表面与 O^{2-} 发生电化学氧化反应生成 CO_2 并释放出电子，如此循环往复，直至碳燃料消耗完。Wang 认为 C 的 Boudouard 反应和 CO 在阳极上的电化学氧化反应是阳极内的主要反应，反应式是：$C + 2O^{2-} \rightarrow CO_2 + 4e^{-}$，$C + CO_2 \rightarrow 2CO$，$CO + O^{2-} \rightarrow CO_2 + 2e^{-}$。

而 Gur 课题组用不含 O_2 的 He 气作流化床式 DC-SOFC 的流化气体，用气相色谱检测尾气成分。在电池工作前用 He 气将阳极内的空气及杂质气体吹扫干净。电池开始工作后，发现尾气中有 O_2 存在，而且随着电流密度的增加 O_2 的量也增加。他们分析认为电池开始工作时，首先是电解质传递过来的 O^{2-} 在阳极上被氧化成 O_2 释放出电子，O_2 再与 C 发生反应生成 CO 或 CO_2，CO 扩散到阳极表面与 O^{2-} 反应生成 CO_2 释放出电子，CO_2 再与 C 发生 Boudouard 反应生成 CO，如此循环。随着电流密度的增加，从阴极通过电解质传递过来的 O^{2-} 也随之增加，当阳极中没有足够的 C 或 CO 消耗 O_2 和 O^{2-} 时，就会有更多的 O^{2-} 以 O_2 的形式存在于阳极中。

提出流化床式 DC-SOFC 用 He 作流化气体时的反应机理如下：

$$2O^{2-} \longrightarrow O_2 + 4e^{-}$$

$$C + O_2 \longrightarrow CO_2$$

或

$$2C + O_2 \longrightarrow 2CO$$

$$C + CO_2 \longrightarrow 2CO$$

$$CO + O^{2-} \longrightarrow CO_2 + 2e^{-}$$

根据 Gur 提出的反应机理，在电池刚开始工作时，电池实际上是一个氧浓差电池，而阳极内 C 的作用是不断地消耗 O_2 以保持阳极内较低的氧分压，从而维持电池的继续运行。对于 Gur 提出的反应机理需要分清速率控制反应。由此 Wang 课题组和 Gur 课题组对反应机理的争议在于电池刚开始工作时，氧启动是 O^{2-} 还是 O_2 的问题。另外，Li 研究发现即使碳在惰性气体中热处理后，碳表面仍然含有丰富的氧官能团。所以 Gur 课题组提出的反应机理，虽然阳极内没有O_2存在，初始反应也很可能是碳自身含有的表面氧官能团从碳表面上解吸生成CO或CO_2，而不是C与O^{2-}在阳极氧化生成的O_2的反应。无论DC-SOFC的反应机理是哪一种，C的Boudouard反应和CO在阳极上的电化学反应是DC-SOFC的关键反应。虽然大部分碳是通过间接过程电化学氧化的，但是这一系列反应均在同一阳极室内完成，所以仍然可以归类到直接碳燃料电池中（碳直接作为燃料输入到电池中）。

DC-SOFC阳极要求在大范围的氧分压内保持化学及微结构稳定，有高的电子导电率，对C和CO有高的催化活性，成本低，使用煤燃料时具有抗硫性。其实DC-SOFC材料的研究在很大程度上可以借鉴SOFC材料的研究结果。阳极上CO的电化学反应是DC-SOFC阳极的一个重要而且主要反应。因此使用CO燃料的SOFC的理论研究结果、阳极材料以及直接使用碳氢燃料的SOFC的抗积碳高催化活性阳极都可以应用在DC-SOFC中。例如$Fe_xCo_{0.5-x}Ni_{0.5}$-SDC、$Sr_2Mg_{1-x}Mn_xMoO_{6-\delta}$，$La_{0.75}Sr_{0.25}Cr_{0.5}Mn_{0.5}O_3$(LSCM)，$LaSrTiO_3$系列等具有离子和电子混合电导的$CeO_2$基材料和钙钛矿结构的阳极对含碳燃料表现出非常好的催化活性。Su研究了Ni-SDC，Ni-ScSz和$La_{0.8}Sr_{0.2}Sc_{0.2}Mn_{0.8}O_3$(LSSM）作用于干CO燃料，发现LSSM和Ni-ScSz阳极的抗积碳性好于Ni-SDC，LSSM表面几乎没有碳沉积。LSSM阳极在开路状态下，在纯CO气氛中结构不稳定，但是在CO-CO_2混合体系中或一定极化电流下，LSSM结构很稳定而且可以在CO下稳定运行。Papazisi研究了一系列$La_{0.75}Sr_{0.25}Cr_{0.9}M_{0.1}O_3$(M = Mn，Fe，Co，Ni）钙钛矿阳极用于干CO-CO_2燃料，在900～1000℃温度范围内，其最大功率密度由大到小依次为Fe、Ni、Co、Mn。在900℃下，$La_{0.75}Sr_{0.25}Cr_{0.9}Fe_{0.1}O_3$阳极稳定运行120h没发现积碳产生。

DC-SOFC阳极内具体的反应机理还不明确，但与碳燃料和阳极的接触方式有关。目前报道的DC-SOFC碳燃料与阳极的接触方式存在三种：（1）C和阳极不接触；（2）C和阳极通过热解反应沉积在阳极的表面和内部；（3）C和阳极物理接触。对于采用第一种方式的DC-SOFC，N. Nakagawa和M. Ishida设计的DC-SOFC如图8-28所示，阳极和C之间有个阳极室，在电池工作前阳极端通N_2排出阳极室内的空气，他们认为阳极内发生的电化学反应是C气化生成的CO与电解质传递过来的O^{2-}反应生成CO_2并释放出电子，生成的CO_2扩散到碳燃料处与C反应生成CO（Boudouard反应），CO又扩散到阳极表面，如此循环往复，达到了消耗C燃料而发电的目的。Gur则认为反应刚开始时，电池中无CO存在。Huang报道纯$La_{0.58}Sr_{0.4}Co_{0.2}Fe_{0.8}O_3$-GDC（LSCF-GDC）阳极和添加了质量分数为3%的Ni的LSCF-GDC（Ni-LSCF-GDC）阳极在干CO燃料下的输出功率都比H_2下的高，其中Ni-LSCF-GDC阳极输出性能优于纯LSCF-GDC阳极，但纯LSCF-GDC阳极在CO下的稳定性要好。Huang比较了800℃下$La_{0.7}Ag_{0.3}Co_{0.2}Fe_{0.8}O_3$-GDC（LACF-GDC）和质量分数为2%的Ag-$La_{0.58}Sr_{0.4}Co_{0.2}Fe_{0.8}O_3$-GDC（Ag-LSCF-GDC）阳极分别在合成气、H_2、CO燃料中的性能，Ag-LSCF-GDC阳极比LACF-GDC阳极具有更好的反应活性和稳定性。

碳燃料的性质对DC-SOFC的性能有很大影响。DC-SOFC对碳燃料的要求是：（1）分子结构紊乱，结晶化程度低，表面缺陷多；（2）颗粒尺寸适中，比表面积大，孔隙率大；（3）含氧官能团少，灰分低，含硫量少。碳原子的反应活性部位主要存在于棱角、缺陷和其他表面不完美处，表面缺陷越多，结晶化程度越低，碳燃料的反应就越容易进行。适当的预处理可以提高碳材料的反应活性，包括酸洗，在还原性气氛中热处理，等离子体处理和电化学处理。用无氧酸（如HCl，HF）对碳材料进行酸洗，可以脱除碳中的灰分和矿物质，在其内部产生微孔，提高了微孔率和表面积，使碳的活性点露出来，增加了具有高活性表面反应中心的数量。用还原性气体对碳材料进行热处理，可以脱附碳材料吸附的水分和气体，减少碳表面的含氧官能团，使更多的碳与CO_2反应而不是与自身的含氧官能团，提高碳的利用率。

C与CO_2发生化学反应生成CO（$C+CO_2 \rightarrow 2CO$），这一反应称为Boudouard反应。Boudouard反应是DC-SOFC中的一个重要反应，它解决了固体碳燃料的传质难题。Boudouard反应为吸热反应，在热力学上700℃以上就可以发生，但实际Boudouard反应在1000℃以下反应很慢。为了降低Boudouard反应温度，加快其低温下的反应速度，多年来人们已研究证实Ⅷ族金属、碱金属和碱土金属是Boudouard反应的良好催化剂，但至今没有一种统一的催化机理。Turkdog和Vinters研究了石墨在CO-CO_2体系中的反应，发现当石墨中加入0.01%铁粉，在700～1000℃范围内，其反应速度增加近1000倍，而当加入2%铁粉时，在800℃时，其反应速度增加近万倍。Tanaka研究了负载铁系催化剂的木炭、炭黑和活性炭在CO_2中的气化反应，发现当负载铁催化剂的炭黑在780～800℃范围内，在CO气氛中处理2min后，800℃下70%的炭黑能够在4min内气化完。他认为催化活性物种是分散在碳表面的α-Fe，碳表面的性质会影响催化剂在碳表面上的分散。Ohme研究了铁催化Boudouard反应的反应机理，指出Fe与CO_2的氧化反应可以控制Boudouard反应的速率。

Figueiredo研究了不同结构的活性炭分别负载Ni、Co、Fe催化剂在CO_2中的气化反应，发现Ni和Co的催化效果好于Fe，但长时间下都存在催化剂失活的现象，活性炭的结构对催化剂的分散有重要影响进而间接地影响其气化反应。Huang研究了K、Na、Ca、Mg和Fe五种金属对生物质炭Boudouard反应的催化影响，其催化活性顺序由强到弱依次是K、Na、Ca、Fe、Mg。其中Ca催化剂在高温下易结块，失去催化活性，不适合在高温下用。郭系统研究了碱金属盐对碳气化反应的催化效果也得到了相似的结果，指出对于相同的阴离子，K盐的催化性能好于Na盐，Na盐的催化效果又优于Li盐。对于同一种阳离子的复合氧化物的催化活性由强到弱依次为：硝酸盐、氢氧化物、碳酸盐、硫酸盐、偏硅酸盐、磷酸盐。对于同一种阳离子的卤盐的催化活性由强到弱依次为；氟盐、氯盐、碘盐、溴盐。

科学家们提出了一种微观催化机理，对于碳的气化反应，添加剂的催化作用在于改变C—C化学键的作用程度，即削弱了C—C键的结合强度，使气化反应更易于进行。这是因为添加剂的阳离子和阴离子配位在C—C键的周围，吸引C原子，拉长了C—C，削弱了C—C的化学键的结合强度，因此碳气化反应活化能降低，从而加速反应的进行，表现为一定的催化效果。但是Quyn研究发现碱金属和碱土金属催化剂在C气化过程中，温度在900℃以上时会挥发。Li用一个固定床反应器研究了K_2CO_3和Na_2CO_3催化气煤焦在CO_2中的气化，在一个固定的温度比如880℃下，反应速率开始随转化率的增大而增大，然后开始减小，减小的方式取决于催化剂的浓度和焦炭的表面积的变化。Li用离子交换的方法将Ni催化剂担载在褐煤焦上，在600°C下脱灰处理后焦炭表现出多孔结构，Ni颗粒分散均匀。在450～650℃范围，负载了Ni催化剂的焦炭在CO_2下的气化反应非常活跃，在550℃下，其产物生成速率是没有负载Ni催化剂焦炭的6.3倍。气化反应结束后，观察到Ni颗粒呈纳米级分散在焦炭的表面上。

8.6.6.3 直接碳燃料电池的优点

直接碳燃料电池是目前唯一使用固体燃料的燃料电池，较传统燃料电池具有以下不同的优点：

（1）DCFC 的能量转化效率高，其理论效率达 100%以上。燃料电池的理论效率为燃料中的吉布斯自由能 ΔG 与燃料所蕴含的化学能（焓）ΔH 之比。表 8-5 给出了在工作温度 T=800℃时直接碳燃料电池反应的热力学常数。

表 8-5　工作温度为 800℃时电池的热力学和电化学参数

电池反应	$\Delta_r G^{\ominus}$ /kJ · mol^{-1}	$\Delta_r H^{\ominus}$ /kJ · mol^{-1}	$\Delta_r S^{\ominus}$ /J · mol^{-1} · K^{-1}	理论效率 /%	标准电池电压 /V
$C+O_2 = CO_2$	−395. 4	−394. 0	2. 5	100. 4	1. 02

（2）DCFC 的燃料利用率可达 100%。电池反应过程中，由于反应物固体碳和气态产物以单独的纯相存在，因此它们的化学势（活度）不变，不会随着燃料的转换程度和在电池内部的位置而改变。这一特点将使得所有加入的燃料可一次性完全转化掉，即利用率可达 100%，而且在碳的全部转化过程中电池的理论电压能够保证恒定在 1. 02V。传统燃料电池，其燃料一次循环只能部分转化到一定程度，否则随燃料分压降低，电池电压下降，因此传统燃料电池需要对燃料进行反复循环，以保持燃料分压。

（3）DCFC 的污染排放少，可实现温室气体的减排。从化学反应角度上，DCFC 发电和火电站的直接燃煤发电都是利用煤炭的完全燃烧反应，但是由于发电原理的不同，DCFC 发电所释放出的污染物，如 CO_2，SO_x，NO_x，粉尘等，要远小于直接燃煤发电。同时，用 DCFC 发电时，碳燃料不和空气直接接触混合，因此，阳极排放的气体主要是 CO_2，其中含有 SO_x，NO_x 等，阴极排放的气体为无害的低氧空气。由于阳极排放气中 CO_2的浓度高，提纯方便，可以直接加以利用或处理，从而实现最大限度地降低 CO_2向大气中的排放，减少温室效应，同时 DCFC 几乎不产生粉尘排放。

（4）DCFC 的碳燃料资源丰富、廉价。可以从煤、石油焦、生物物质（如谷壳、果壳、秸秆、草）甚至有机垃圾中获得。通过热解技术将以上物质制备成 DCFC 的颗粒碳，同时副产的氢气可用于氢氧燃料电池。因此通过将直接碳燃料电池和其他燃料电池联合运用，可最大限度实现洁净高效地利用丰富廉价的煤等含碳固体燃料。

（5）DCFC 的固体碳燃料能量密度大，储存、运输很方便。消耗单位体积的氧化剂（O_2）释放出来的能量，碳最多为 20kW · h/L，氢气仅为 2. 4kW · h/L，甲烷为 4. 2kW · h/L，锂为 6. 9kW · h/L。

（6）DCFC 的结构可模块化设计。根据实际情况，可以经济方便地调整规模，另外作为固定电站不像燃煤热电站那样需要大量的水。这些特点使得 DCFC 特别适于建设坑口电站，变输煤为输电，从而可降低煤在运输中造成的污染并节省运输费用。从以上可以看出，DCFC 在高效清洁利用煤发电和缓解能源紧张方面存在巨大的优势和潜力，DCFC 技术是一种具有现实意义的节能减排新技术，但目前 DCFC 还仅处于实验室研究阶段，离商业化还有一段距离，需要加大人员与经费的投入。

复习思考题

8-1 燃料电池有哪些特点？

8-2 燃料电池有哪些类别？

8-3 简述 PEMFC、SOFC 和 DCFC 可使用的原料以及工作原理。

9 锂离子电池

9.1 锂离子电池发展的社会背景

现代人类社会的发展需要能源和资源的支撑，要想实现人类社会的可持续健康发展，在向自然界获取资源和能源的同时，必须要保护人类赖以生存的自然环境并合理利用有限的自然资源。中国自改革开放以来，经济发展突飞猛进，取得了世界瞩目的成就。我国超过13亿的人口、正在快速发展的城市化进程以及重工业在经济结构中的高比重使得我国成为世界上第二大能源消费国。储量丰富的煤炭资源在我国能源消费结构中占主导地位，然后依次是石油、水电、核电、风电和天然气。在化石燃料价格震荡向上，大气污染治理任务严峻，特别是全球气候变化影响日渐显现、威胁全人类的生存和发展的背景下，全球发展低碳经济的要求日益强烈。中国以燃煤为主的电力结构，到了必须加快调整的时期，发展清洁可再生能源就成为必然的选择。

人类能够充分利用的能量是电能，而电能的产生和利用不可能时时平衡，必须将多余的能量储存起来，待到能量消耗大的时候释放出来使用，也就是削峰填谷，从而保护电网系统运行稳定。风电和太阳能等可再生新能源的发电模式受天气限制，具有间歇不连续的特点，发出的电波动大，不能直接并入现有的电网，因为电网需要不间断的、可靠的能量流动，以保护电网和保证群众用电安全。传统的电网系统都是采用输出更可控的火电厂来平抑电网波动。随着化石能源的枯竭，新能源发电比重日益提高，迫切需要开发储能系统来平抑电网波动。而在某些电网覆盖不到的偏远地区，新能源发电更需要有效的储能（电）系统。因此新能源发出的电，无论是要并入现有的电网还是独立小范围内使用，都需要配备储能系统。

目前世界上有四种发展中的大规模储能技术。第一种是抽水储能技术，这是目前已经在广泛使用的电网级储能技术，其方法是在夜里用电力将水抽到更高海拔的水库，然后在需求高峰时段释放它们重新发电来获取能源，这种技术与建设水坝面临类似的地形和环境限制，这制约了其更广的部署。第二种储能技术是目前正在逐步使用的压缩空气法，多余的电力被用来强制压缩空气，压缩后的空气会被存储在地下洞穴中，操作人员用天然气加热压缩的空气，然后用涡轮机重新产生电力，就像抽水储能一样，这种办法也会受到地形的限制，此外，使用天然气的过程也会带来新的碳排放，削弱了可再生能源的优势。第三种技术是飞轮技术，飞轮系统用电开动发动机，将电能转化为机械能，之后当需要使用存储起来的能源时，再将飞轮与发电机连接，将机械能转化为电能，储能电池则是第四种方案，但现在绝大部分还没有达到电网级的规模，目前可选用的有钠硫电池、钒液流电池和锂离子电池等。许多专家认为电池在将来储能技术格局中最有前景，因为它们可以大规模运用，而且没有地域限制，目前最大的问题是储能电站需要便宜安全（成本低，使用寿命长）的储能电池。

根据国家相关部门的核算，锂离子储能电站成本要求最终达到 1500 元/kW·h，使用寿命超过 5000 次，才有可能被大规模采用。随着锂离子动力电池实现规模化量产，价格将会大幅下降，从而进入成本敏感型市场，逐渐大规模应用于储能电站。

原油在我国的消费主要集中在化工产品和交通工具上。目前工业化国家交通用能已超过能源消费总量的 30%以上，消耗的主体仍然是石油。相关资料显示，中国作为世界第二大石油进口国，对石油进口依存度已经在 50%以上。中国作为一个新兴市场国家，处于工业化、城市化高速发展的进程当中，且民众改善生活水平的愿望也较为强烈。因此未来相当长的一段时间内，中国石油对外依存度依然会不断上升，石油安全的隐忧由此进一步凸显。国际能源机构（IEA）预测，随着越来越多中国消费者购买汽车，到 2030 年，中国石油消耗量的 80%需要依靠进口。光交通运输业的汽车耗油就迅速提高，占到整个市场的 40%。石油是战略物资，是未来我国经济发展的重要支撑。因此，为了减少石油的消耗量，减小我国对进口石油的依赖，发展电动交通工具成为必然。

发展电动汽车还能更合理地利用电能和保护城市的环境，是提高能源利用效率、促进节能减排的有效途径。随着电池技术的突破和智能电网的建设，电动汽车最终将作为移动储能单元，成为智能电网的一部分。完善的智能用电网络及电动汽车充/换电基础设施有效利用其储能特性，对平抑电网负荷峰谷波动、接纳间歇性可再生能源以及提高电网运行效率具有重大作用。中国城市化进程加速，越来越多的人居住生活在城市，导致城市的规模越来越大，对交通出行要求更高。环保部门的数据显示随着高污染排放企业的减少和搬离城区，现有的燃油汽车尾气排放成为了城市空气污染物 PM2.5 的主要来源。电动汽车如果大量替代现有的燃油汽车，将极大地改善城市环境。

经过几年的发展，电动汽车采用的动力电池主要是锂离子电池。电动汽车用锂离子电池的市场经济容量远远大于小型锂离子电池。锂离子电池的成本目前占据电动车的一半以上，是绝对的核心部件。科技部电动车十二五规划主要目标中提到 2015 年电动车保有量达到百万辆级别，电池成本进一步下降，动力电池产能达到 10^7kW·h，示范城市逐年增加，充电设施逐步完善。以特斯拉电动车为例，每辆特斯拉 Model S 的电池容量为 24kW·h，20 万辆的容量就相当于 1.7×10^7 kW·h。目前，全球主要汽车制造商都已宣布要大规模生产采用锂离子电池的电动车，而特斯拉只是其中一家而已。数据显示 2011 年中国私家车数量已经超过 7000 万辆，随着城市化进程的加速，会有越来越多的人购买汽车，这意味着电动车的市场极为广大，锂离子动力电池的市场也在急速扩大。电动汽车的量产为锂离子电池产业带来了重要的发展机会。几年之内，锂离子动力电池市场将超过全球手机锂离子电池市场的规模。

电动汽车要想进一步扩大规模，首先要解决锂离子电池的安全性问题，其次是成本问题。这就要求电池的制造加工技术和电池管理系统相比原来的小型电池要进一步升级。这种改变将引发相关制造设备和厂房的新一轮投资。同时，众多新进入锂离子动力电池及材料市场的厂商将使相关领域的技术竞争更趋激烈。锂离子动力电池成为升级方向，产业将向传统汽车城市汇集。产业链各方多采取合资合作的方式，其中最典型的模式为“汽车整车厂+锂电池厂商和汽车零部件厂商+锂电池厂商”。

锂离子电池是继镍氢电池之后的最新一代可充电电池，由日本索尼公司于 1990 年最先开发成功，并于1992年进入电池市场。此后，锂离子电池以其电压高、体积小、质量轻、比能量高、无记忆效应、无污染、自放电小和寿命长等优点，成为目前综合性能最好的电池体系。随着新材料的出现和电池设计技术的改进，锂离子电池的应用范围不断被拓展。除了正在爆发的储能市场和电动车市场，随着智能手机，平板电脑的快速普及，锂离子电池在传统的移动通讯领域也朝着更安全，更高能量密度，更多电池形状选择的方向快速发展。而随着中小型锂离子电池价格下降，在电动自行车和电动工具领域，锂离子电池占据的比例也逐年增加。而在国防军事领域，锂离子电池则涵盖了陆（单兵系统、陆军战车、军用通信设备）、海（潜艇、水下机器人）、空（无人侦察机）、天（卫星、飞船）等诸多兵种。锂离子电池技术已不是一项单纯的产业技术，它攸关信息产业和新能源产业的发展，更成为现代和未来军事装备不可缺少的重要能源。

9.2 锂离子电池的过去、现在和未来

锂离子电池的研究最早始于20世纪60~70年代的石油危机。锂是金属中最轻的元素，且标准电极电位为-3.045 V，是金属中电位最负的元素，因此当时的研究主要集中在以金属锂及其合金为负极的锂二次电池体系上。1970年前后，随着对嵌入式化合物的研究，斯坦福大学的研究人员发现锂离子可在TiS_2和MoS_2等嵌入化合物的晶格中嵌入或脱嵌。利用这一原理，美国制备了扣式Li/TiS_2蓄电池，加拿大的MoLi公司推出了圆柱形Li/MoS_2锂二次电池，并于1988年前后将其规模生产及应用。但由于金属锂在充放电过程中存在易形成的枝晶，导致电池内部短路的问题，加拿大MoLi公司的爆炸事故使锂二次电池的发展遭遇重大挫折。1980年法国科学家M. Armand提出锂的石墨嵌入化合物可以作为锂二次电池的负极，引起了人们的关注。就在同一年，美国学者Goodenough等合成出嵌入化合物$LiMO_2$（M = Co、Ni、Mn），并且发现其中的锂离子可以可逆地脱嵌。经过近20年的探索，1990年日本索尼公司采用能使锂离子嵌入/脱嵌的石油焦炭材料代替金属锂作为负极，采用高电位的$LiCoO_2$为正极，以及能与正负极相容的$LiPF_6$+EC（碳酸乙烯酯）+DEC（碳酸二乙酯）为电解质，终于研制出新一代实用化的新型锂二次电池，即通常所说的锂离子电池。锂离子电池使锂二次电池安全性和循环性能都得到保障，并且具有比能量高、工作温度范围宽、工作电压平稳和贮存寿命长的优点，被人们称为“最有前途的化学电源”。因此锂离子电池一提出，就立刻引起了人们极大的兴趣和关注。目前在电子消费等小型产品应用领域，锂离子电池已经是绝对的主导。现在全世界的科技工作者和工业界都在继续努力发展锂离子电池材料制备、电池组装及充电站等相关技术，不断致力于提高安全性，降低成本，开发新产品，将市场范围扩大至电动汽车，储能电站等更广阔的领域。

9.3 锂离子电池的原理、结构和应用

9.3.1 锂离子电池的工作原理

锂离子电池工作原理见图9-1。锂离子电池的正负极材料均为能够可逆脱嵌/嵌入锂的

化合物。正极材料一般选择电势（相对金属锂电极）较高且在空气中稳定的嵌锂过渡金属氧化物；负极材料则选择电势尽可能接近金属锂电势的可嵌锂的物质；电解液为 $LiClO_4$、$LiPF_6$和 $LiBF_4$等锂盐的有机溶液；隔膜材料一般为聚烯烃系树脂，常用的隔膜有单层或多层的聚丙烯（PP）和聚乙烯（PE）微孔膜，如 Celgard2300 隔膜为 PP/PE/PP 三层微孔隔膜。

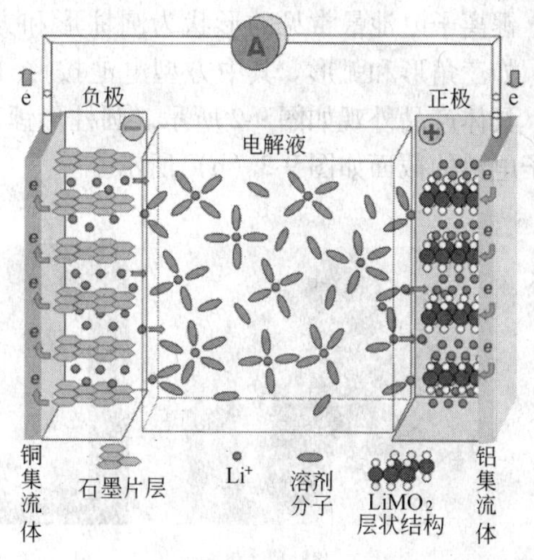

图 9-1 锂离子电池的工作原理示意图

由图 9-1 可知，电池在充电时，锂离子从正极材料的晶格中脱出，经过电解质和隔膜，嵌入到负极材料的晶格中。电池放电时，锂离子从负极材料的晶格中脱出，经过电解质和隔膜，重新嵌入到正极材料的晶格中。在充放电过程中，锂离子在正极和负极之间来回迁移，所以锂离子电池被形象地称为“摇椅式电池”。由于锂离子在正、负极材料中有相对固定的空间和位置，因此电池充放电反应的可逆性很好，从而保证了电池的长循环寿命和工作的安全性。其电池电化学反应式可表示为：

正极反应： $$LiMO_2 \rightleftharpoons Li_{1-x}MO_2 + xLi^+ + xe^- \quad (9\text{-}1)$$

负极反应： $$xLi^+ + xe^- + C_6 \rightleftharpoons LiC_6 \quad (9\text{-}2)$$

式中，M 表示 Co、Ni、Mn 等金属元素。

9.3.2 小型锂离子电池的结构和应用

锂离子电池可以分为两大类，即小型电池和大型动力电池，小型电池容量一般在 5A · h以下，大型动力电池容量在 10A · h 以上，甚至可达 200A · h。

小型电池应用领域包括手机、笔记本电脑、摄像机、数码相机、MP3、MP4 和无绳电动工具等。由于小型锂离子电池的生产技术相对成熟，各种有关锂离子电池的新技术往往首先应用于小型锂离子电池，使得这一领域的竞争十分激烈。小型锂离子电池最重要的发展方向是提高体积比能量和功率密度。小型锂离子电池主要由电芯和简单的电池管理系统（Batteries Management System，BMS），也就是电路板构成。

锂离子单体电池（电芯）内部结构主要有五大块：正极片、负极片、电解液、隔膜、外壳与电极引线。锂离子电池的制作流程包括：制浆、涂布、分切、辊压、焊接极耳、卷绕、入壳、封口和注液，然后是化成、分容和预充。

锂离子电池制作最关键的工艺步骤是电芯的制作，也就是将正负极片和隔膜组装起来。目前电芯可通过卷绕和层叠的方式组装。卷绕式将正极膜片、隔膜、负极膜片依次放好，卷绕成圆柱形或扁柱形。该方法最成熟，生产效率最高。目前手机和笔记本电池中的电芯均是通过传统的卷绕工艺制作而成。层叠式组装工艺则将正极、隔膜、负极、隔膜、正极等以重复的方式多层堆叠，然后将所有正极焊接在一起引出，负极也焊成一起引出。该方法很适合做大电池，但是目前工艺还不成熟，生产效率有待提高。

锂离子电池最常见的形状为圆柱形和方形两种，也有一些特殊用途的不规则形状电池，如三角形和弧形。其中方型电池按照外包装不同分为铝塑膜软包装电池和铝硬壳电池，具体产品外观如图 9-2 所示。圆柱形锂离子电池的结构图如图 9-3（a）所示。方形锂离子电池的截面如图 9-3（b）所示。

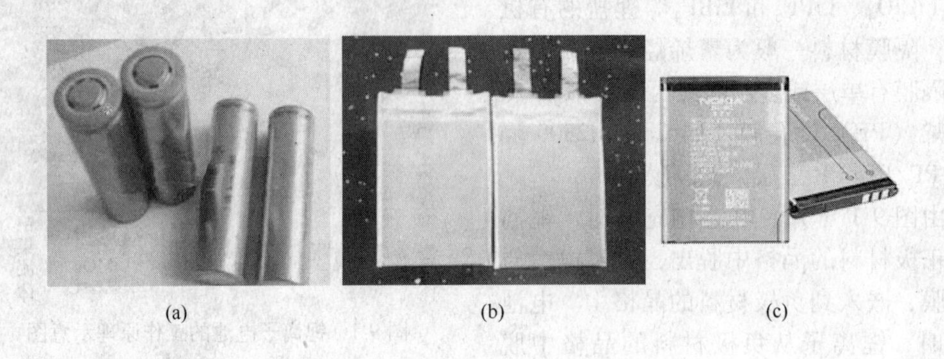

图 9-2 各种形状的锂离子电池示意图

（a）圆柱形电池；（b）方型铝塑膜软包装电池；（c）方型铝壳电池

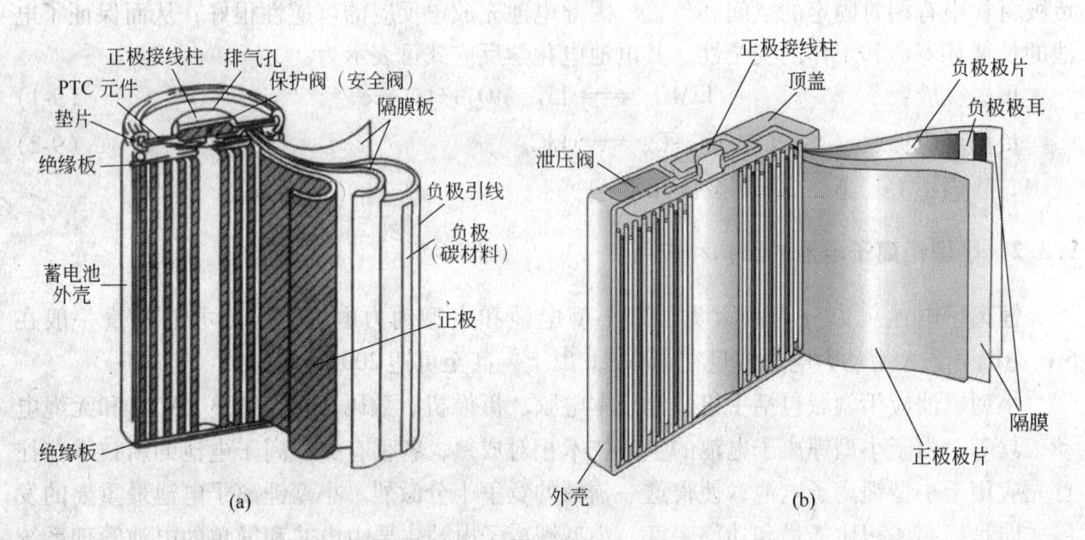

图 9-3 锂离子电池常见的结构

（a）圆柱形锂离子电池结构；（b）方形锂离子电池结构

电池内部为卷绕式结构，由超薄型正、负极片之间夹上微孔聚丙烯、聚乙烯复合隔膜卷绕构成。电池正极活性物质为涂覆在集流体铝箔上的嵌锂过渡金属氧化物（$LiCoO_2$、$LiNiO_2$、$LiMn_2O_4$等）。负极活性物质为石墨等碳材料，集流体是铜箔。

早期的笔记本电脑电池都由 18650 圆柱电池组合而成，现在随着电脑轻薄化的趋势，越来越多采用软包嵌入式方型电池组合，这样可进一步提高能量密度并减轻重量。图 9-4 展示了圆柱形笔记本电脑电池组和平板电脑 iPad2 软包嵌入方型笔记本电脑电池组。

9.3.3 大型锂离子电池结构和应用

大型电池也称动力电池，同样有小型动力电池和大型动力电池两种，前者主要用于电

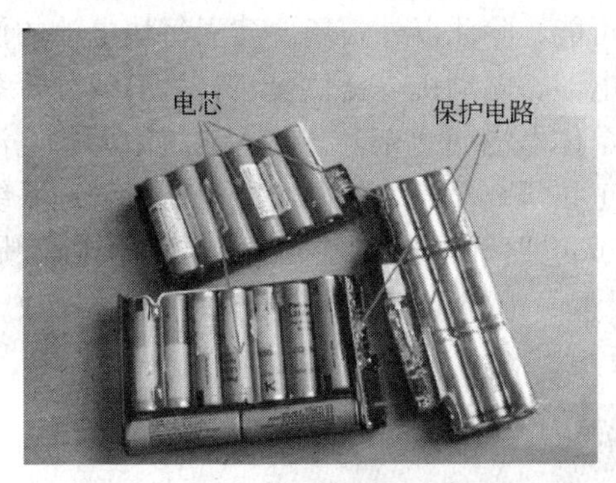

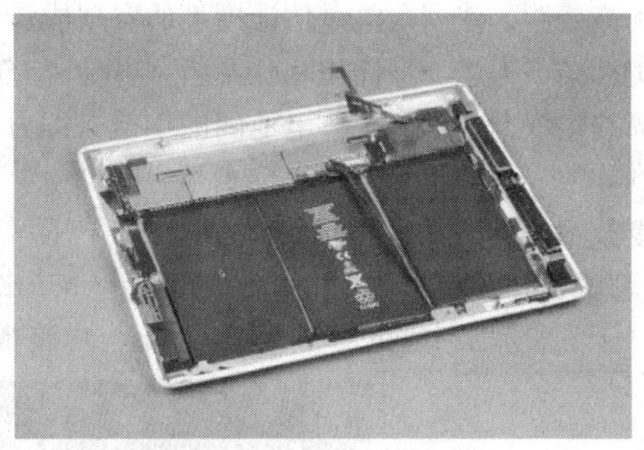

图 9-4 圆柱形和软包方型笔记本电脑电池组

动工具、电动自行车等，后者用于电动汽车和储能领域。目前，纯电动（EV）、可插电式混合动力（PHEV）、混合动力（HEV）3 种类型的动力汽车正处在快速发展时期，备受行业关注。作为未来汽车产业的核心，动力锂离子电池产业的发展受到了空前关注，已被各国上升到了战略高度。

大型锂离子电池主要由中型电池模块和复杂的 BMS 系统构成。目前，电池模块究竟采用单体大容量电池技术方案还是采用小容量电池并联技术方案，一直是业内争论的问题，而到底采用哪种技术路线，要对电池组综合评价，要看是否在体积、重量、产品质量、性能、价格、安装的方便性等方面具有竞争力。

在 PHEV、HEV 和 EV 上使用单体大容量电池与小容量并联电池有很大区别。采用单体大容量电池具有装配成本低的优点，但也有制造直通率低，电池成本高，不利于散热管理等不足；小容量并联的电池组单体直通率高，成本低，安全性能好，但它们之间有太多连接，需要很好地解决集成装配费用问题。所以要发挥蓄电池的最佳性能，需要考虑制造效率、自动化、包装、电、热、安全、监测和控制以及与车辆其他部分的接口等诸多问题，不同情况下使用哪种技术必须根据具体应用权衡分析，至于哪种类型会大行其道还得看今后整个电池材料、电池设计及电池制造技术的发展而定。

电池组采用大容量单体电池还是小容量电池并联，这不仅涉及技术问题，也涉及成本问题。采用大容量单体电池串联更合理些，也更具有市场竞争优势。目前有些企业采用上万只 18650 小电池并串联的方法制成动力电池组，主要基于小电池技术较成熟，已在笔记本电脑等产品上经过了较长时间的应用考验，电池一致性好，而且还没有成熟的大电池生产经验等方面的考虑。从数理概率分析，上万只电池混联，存在产品缺陷和工艺缺陷的概率将大幅度增加，另外小电池要用更多的零配件，如外壳、连接件、单体电池保护（平衡）元器件等，成本会大幅度增加，技术上即使可行，最终也会被市场淘汰。

大型动力离子电池都是模块化的。电池模块由电池管理系统（BMS）和电池组构成。BMS 的功能分为三方面：（1）准确估测动力电池组的荷电状态（State of Charge，即 SOC），即电池剩余电量，保证 SOC 维持在合理的范围内，防止由于过充电或过放电对电池的损伤，从而随时预报混合动力汽车储能电池还剩余多少能量或者储能电池的荷电状态；（2）动态监测动力电池组的工作状态；在电池充放电过程中，实时采集电动汽车蓄电池组中的每块电池的端电压和温度、充放电电流及电池组总电压，防止电池发生过充电或过放电现象，同时能够及时给出电池状况，挑选出有问题的电池，保持整组电池运行的可靠性和高效性，使剩余电量估计模型的实现成为可能，除此以外，还要建立每块电池的使用历史档案，为进一步优化和开发新型电池、充电器、电动机等提供资料，为离线分析系统故障提供依据；(3) 单体电池间的均衡，即为单体电池均衡充电，使电池组中各个电池都达到均衡一致的状态。均衡技术是目前世界上正在研究与开发的一项电池能量管理系统的关键技术。BMS 的实体由软硬件构成，包括集成电路和一些电气元件。图 9-5（a）展示了超大型储能用锂离子电池堆，图 9-5（b）展示了中型汽车用锂离子动力电池模块，图 9-5（c）展示了中型的 BMS 管理系统（电路板）。

(a)

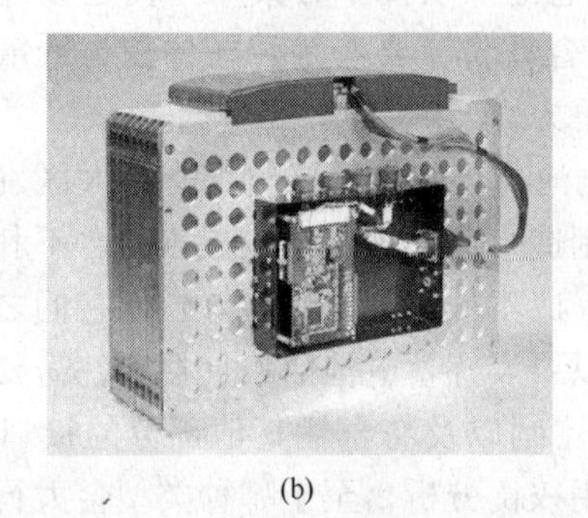

(b)

(c)

图 9-5 大型锂离子电池及其相关模块

(a) 储能锂离子电池堆；(b) 电动车用锂离子电池模块；(c) 中型 BMS 管理系统

9.4 锂离子电池的常用概念和术语

内阻（Internal Resistance）：电池内阻有欧姆电阻（R_{Ω}）和电极在电化学反应时所表现的极化电阻（R_{f}），欧姆电阻、极化电阻之和为电池的内阻（R_{i}）。欧姆电阻由电极材料、电解液、隔膜电阻及各部分零件的接触电阻组成。极化电阻是指电化学反应时由极化引起的电阻，包括电化学极化和浓差极化引起的电阻。

开路电压（Open Circuit Voltage）和工作电压（Working Voltage）：开路电压是指外电路没有电流流过时电极之间的电位差，一般开路电压小于电池电动势；工作电压又称放电电压或负荷电压，是指有电流通过外电路时，电池两极间的电位差。工作电压总是低于开路电压，因为电流流过电池内部时，必须克服极化电阻和欧姆内阻所造成的阻力。

容量（Capacity）：电池容量是指在一定的放电条件下可以从电池获得的电量，分理论容量、实际容量和额定容量。在电池领域，容量的单位一般使用安时（A·h），即以 1A

的电流持续充电或放电 1h 所转移的电量。

理论比容量（Theoretic Specific Capacity）：活性物质的理论比容量为

$$C_0 = \frac{nF}{3.6M} \tag{9-3}$$

式中，C_0为理论比容量，mAh/g；M 为活性物质的摩尔质量，g/mol；n 为成流反应得失电子数，无量纲数；F 为法拉第常数，96485.3383±0.0083C/mol。

例如，石墨的摩尔质量为 12g/mol，反应得失电子数为 1/6（完全嵌入时为 LiC_6），则石墨的理论比容量为：

$$96485/6/3.6/12 = 372\ \mathrm{mA \cdot h/g}$$

实际容量（Actual Capacity）：指在一定的放电条件下，电池实际放出的电量。恒电流放电时为 $C=I \cdot t$。 (9-4)

恒电阻放电时为
$$C = \int_0^t I\mathrm{d}t = \frac{1}{R}\int_0^t U\mathrm{d}t \approx \frac{1}{R}U_{\mathrm{av}}t \tag{9-5}$$

式中，R 为放电电阻；t 为放电至终止电压时的时间；U_{av}为平均放电电压。

额定容量（Rated Capacity）：在设计和制造电池时，规定电池在一定放电条件下，应该放电的最低限度的电量。

比容量（Specific Capacity）：为了对不同的电池进行比较，引入比容量概念。比容量是指单位质量或单位体积电池所给出的容量，称质量比容量，或体积比容量。电池容量是指其中正极（或负极）的容量。电池工作时，通过正极和负极的电量总是相等。因此实际工作中常用正极容量控制整个电池的容量，而负极容量过剩。

能量（Energy）：电池在一定条件下对外做功所能输出的电能叫做电池的能量，单位一般用 W · h 表示。

比能量（Specific Energy）：单位质量或单位体积的电池所给出的能量，称质量比能量或体积比能量，也称能量密度。

功率（Power）和比功率（Specific Power）：电池的功率是指在一定放电制度下，单位时间内电池输出的能量（W 或 kW）。比功率是指单位质量或单位体积电池输出的功率（W/kg 或 W/L）。比功率的大小，表示电池承受工作电流的大小。

嵌入（Intercalate/Insert）：锂进入到正极材料的过程。

脱嵌（Deintercalate/Remove）：锂从正极材料中出来的过程。

插入（Intercalate/Insert/Store）：锂进入到负极材料的过程。

脱插（Deintercalate/Remove）：锂从负极材料中出来的过程。

倍率（Rate）：表示充放电快慢的一种量度。所用的容量 1h 充/放电完毕，称为 1C 放电；若 5h 充/放电完毕，则为 C/5 放电。实际操作中，由于无法预估实际容量，故使用额定容量来估算一定倍率所需电流。

放电深度（Depth of Discharge）：表示放电程度的一种量度，为放电容量与总放电容量的百分比，略成 DOD。

截止电压（End Voltage）：电池放电或充电时，所规定最低放电电压或最高充电电压，也称终止电压。

恒流充电（Constant Current Charge）：在恒定的电流下，将充电电池进行充电的过程。

一般设置终止电压，当电压达到该值时，充电过程结束。

恒压充电（Constant Voltage Charge）：在恒定的电压下，将充电电池进行充电的过程。一般而言，该恒定的电压为充电终止电压。一般设置终止电流，当小于该值时，充电过程结束。

9.5 锂离子电池正极材料

理论上具有层状结构和尖晶石结构的材料，都能做锂离子电池的正极材料，但由于制备工艺上存在困难，目前所用的正极材料仍然是钴、镍、锰的氧化物 $LiCoO_2$、$LiNiO_2$、$LiMn_2O_4$、$LiCo_{1-x}Ni_xO_2$、$LiM_xMn_{2-x}O_4$、$LiMn_xCo_yNi_{1-x-y}O_2$等。

其中 $LiCoO_2$属 α-$NaFeO_2$结构，适合于锂离子嵌入，理论容量为 274mA · h/g，实际容量为 140mA · h/g。$LiCoO_2$制备工艺简单，开路电压高，比能量大，循环寿命长，能快速充放电，电化学性能稳定，早已商品化。但由于钴是一种比较贫乏的资源，并且钴酸锂的安全隐患并没有得到很好的解决，人们一直在积极研究开发其他新型的正极材料。

具有尖晶石结构的锰酸锂（$LiMn_2O_4$）是一种安全性比钴酸锂更加优越的正极材料。同时，锰的资源比钴要更加丰富。因此，无论从价格还是从安全性考虑，锰酸锂作为新一代正极材料用于大型锂离子动力电池上具有非常显著的优势。但由于自身结构的影响，其容量只有 115~130 mA · h/g，明显低于钴酸锂材料。因此锰酸锂材料不适合用于对能量密度要求很高的小型锂离子电池中。

$LiCo_{1-x}Ni_xO_2$和 $LiMn_xCo_yNi_{1-x-y}O_2$具有容量高，循环性能好，安全性相对较好，原料成本相对较低的优点，适合小型锂离子电池。

$LiNi_{0.5}Mn_{1.5}O_4$是一种高电压的正极材料，具有 4.7V 的平均电压，可以提高动力电池的能量密度，并降低电池组中单体电池的数目，从而有利于电池组的稳定运行，若耐高电压的电解液问题能够解决，将会有很好的发展前景。

除上述的 Co、Ni、Mn 的锂氧化物外，$LiFePO_4$ 近年来也迅速发展，受到人们的重视，目前该材料的比容量大约为 130~150mA · h/g。而放电容量与电流大小、温度关系非常密切，该材料适合在较高温度、较小电流下进行充放电。目前该材料的振实密度大约只有 1.5g/cm^3。该材料的优点是无毒、对环境友好、原材料丰富、安全性能非常优越以及常温低倍率放电循环性能好。但目前材料面临的问题是密度低、离子导电和电子导电率低（导致倍率性能差）、低温性能差以及合成设备复杂难以形成大的生产规模等。

除了这些正极材料，还有一些其他的复合氧化物和有机材料，但离实用化还很遥远。常见锂离子电池正极材料及相对不同负极材料的电压情况见图 9-6。

9.5.1 $LiCoO_2$正极材料

Goodenough 提出 $LiCoO_2$具有层状结构，故 Li 可以在其中嵌入脱出，从而这种物质可以用作锂离子电池的正极材料。Sony 公司采用 $LiCoO_2$ 作为正极材料，碳作为负极材料，成功研制出世界上第一个实用化的锂离子电池，直到如今，这依然是主要的商品锂离子电池的基本结构。

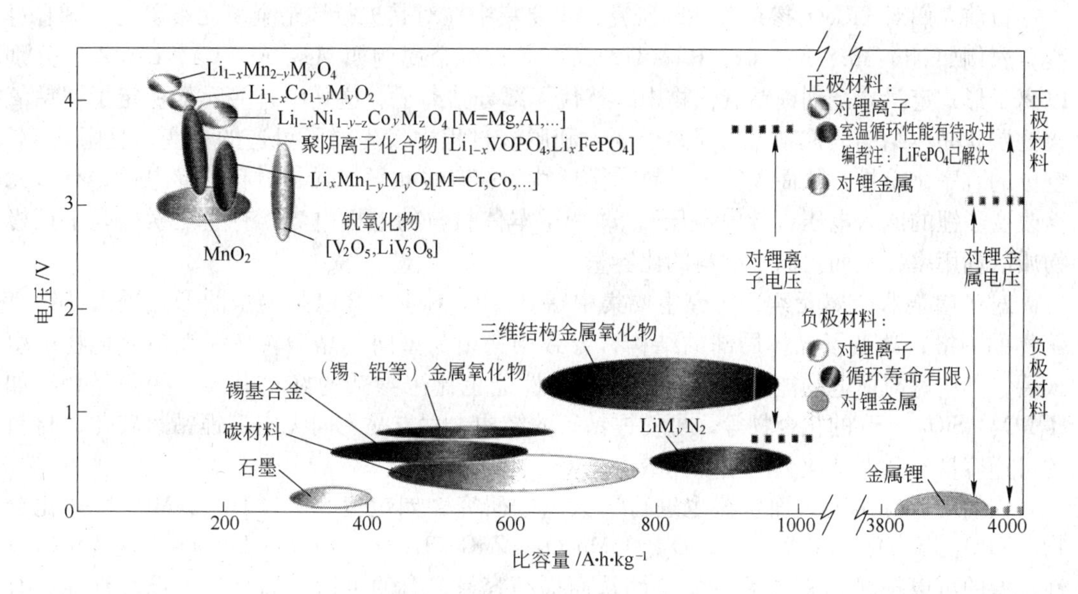

图 9-6 锂离子电池正极材料

$LiCoO_2$具有稳定的α-$NaFeO_2$层状结构，属六方晶系，空间群为$R\bar{3}m$， 见图 9-7。氧的堆垛次序为 ABCABCABC，阳离子位于八面体位置，Li 离子和 Co 离子交替占据立方密堆的氧八面体间隙的（111）层，形成 AγB a CβA c BαC（a c 代表 Li 的位置，αβγ 代表过渡金属原子层）。晶格参数 $a=0.2816$nm，$c=1.4051$nm。由于具有稳定的层状结构，$LiCoO_2$表现出了优异的电化学性能。

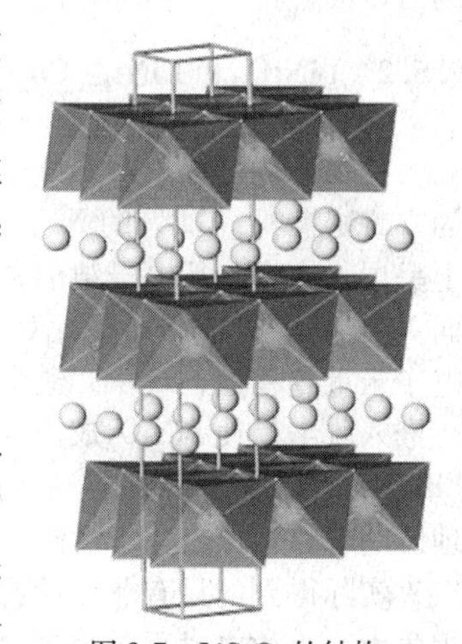
图 9-7 $LiCoO_2$的结构

$LiCoO_2$的合成方法主要有固相反应法、溶胶-凝胶（Sol-Gel）法、水热合成法、喷雾干燥法和微波合成法等。固相法分为高温固相法和低温固相法。低温固相合成法费时耗能，且制备的材料分散性差，电活性不高，目前已基本不再研究。高温固相合成法则是以 $LiCO_3$（或 LiOH）和 Co_3O_4为原料，在 700~900℃下，空气氛围中烧结而成。溶胶-凝胶法是一种基于胶体化学的粉体制备方法，优点是前驱体溶液化学均匀性好（可达分子级水平），凝胶热处理温度低，粉体颗粒粒径小而且分布窄，粉体烧结性能好，反应过程易于控制，设备简单，产品化学均匀性好，纯度高，缺点是工业化生产难度较大，成本高，产物振实密度低。水热法是原料化合物与水在一定的温度和压力下进行反应，并生成目标化合物的一种粉体制备方法。水热法具有物相均一，粉体粒径小，过程简单等优点。但水热法只限于少量的粉体制备，若要扩大其制备量，将受到诸多的限制，特别是大型的耐高温高压反应器的设计制造难度大，造价也高，此外水热法制得的材料循环性能并不好，需要在高温下热处理提高其结晶度，循环性能才得以改善。微波合成具有环保、高效、节能的特点，采用微波技术，合成反应时间短、温度低，所得产物的电化学活性高，性能较稳定，循环性能较好，是一种比较有前景的合成方法。

目前人们对 $LiCoO_2$ 掺杂改性的研究，主要集中在对其进行掺杂金属元素研究。既有过渡金属例如 Ni、Mn、Fe、Cr、Rh、Ti，又有非过渡金属例如 Mg、Al、Ga、Li、Zr。分别以离子形式定量掺杂到锂钴氧化物中，替代了部分钴离子。这其中有些元素稳定了锂钴氧化物层状晶体结构，抑制了在锂离子嵌入和脱嵌过程中发生的不可逆的相变，且阻止 Li^+ 空位的有序化重排，从而改善了材料的循环性能；有些元素加强了材料的导电性；有些元素改变了锂的嵌入电压（放电电压），改变了本体材料的电极电势；有些元素提高了正极物质的利用率，从而提高了材料的比容量。

对于掺杂非金属元素，研究主要集中在 P、B、C 上。P 以阳离子的形式进入锂钴氧化物的晶格，改变了晶体局部的结构，导致结构由晶型向非晶型转变。锂钴氧化物中引入磷，其快速充放电的能力提高，同时循环性能也比未掺杂的好。引入一些非晶物，如 H_3BO_3、SiO_2、Sb 的化合物等，可使锂钴氧的结构由六方晶系向无定型锂钴氧转化，材料的可逆容量不随循环次数的增加而减少。

人们对 $LiCoO_2$ 的表面包覆也进行了大量的研究，如包覆 SiO_2、TiO_2、MgO、Al 化合物、YPO_4、P_2O_5、C、ZrO_2、SnO_2、$LiMn_2O_4$、ZnO、La_2O_3、CeO_2、$LiNbO_3$。这些包覆改性，有的可以提高 Li 脱嵌后的稳定性从而提高容量，有的可以提高材料的循环性能，有的可以改善材料的倍率特性。

9.5.2 $LiNiO_2$ 和 $LiNi_{1-x}Co_xO_2$ 正极材料

理想 $LiNiO_2$ 晶体为 α-$NaFeO_2$ 型六方层状结构，和 $LiCoO_2$ 结构类似，其中 6c 位上的 O 为立方密堆积，3a 位的 Ni 和 3b 位的 Li 分别交替占据其八面体空隙，在［111］晶面方向上呈层状排列。从电子结构方面来看，由于 Li^+（$1s^2$）能级与 O^2（$2p^6$）能级相差较大，而 Ni^{3+}（$3d^7$）能级更接近 O^{2-}（$2p^6$）能级，所以 Li—O 间电子云重叠程度小于 Ni—O 间电子云重叠程度，Li—O 键远弱于 Ni—O 键，在一定条件下，Li^+ 能够在 NiO 层与层之间进行嵌入脱出，使 $LiNiO_2$ 成为理想的锂离子电池嵌基材料。镍锂离子的互换位置与 $LiCoO_2$ 或 $LiNi_{0.5}Co_{0.5}O_2$ 相比对晶体结构影响很小。而 3a、3b 位置（即镍、锂层）原子的互换严重地影响着材料的电化学活性。实际上，人们目前仍然无法确认化学计量比的 $LiNiO_2$ 是否存在，实际得到的只有非计量比产物 $Li_{1-x}Ni_{1+x}O_2$，这种 Ni、Li 互换将导致第一次循环容量损失大，充放电过程包含多次相变使电极容量衰退快，高脱锂状态下热稳定性差等问题，并带来安全性隐患等，这些问题都使实用化变得困难。

为了解决这些问题，人们进行了大量的掺杂改性的研究，至今为止，掺杂改性研究几乎已经遍及了半个周期表的元素，包括 Na、Ca、Mg、Al、Zn、B、F、S、Co、Mn、Ti、V、Cr、Cu、Cd、Sn、Ga、F 等。其中 Co 的掺杂研究较早较多也较成功，研究表明 $LiNi_{1-x}Co_xO_2$（$x=0.1\sim0.5$）既改善了 $LiNiO_2$ 的缺点，又体现出比 $LiCoO_2$ 更好的性能，比容量能达到 180mA · h/g，成为有希望取代 $LiCoO_2$ 并得到广泛应用的正极材料之一。其中，以 $LiNi_{0.8}Co_{0.2}O_2$ 研究得最多，被认为是最合适的 Co 掺杂比例。对 $LiNi_{0.8}Co_{0.2}O_2$ 的掺杂和表面处理人们也做了大量的工作。这些工作使得 $LiNi_{0.8}Co_{0.2}O_2$ 已经比较成熟，可以实现商业生产。但同时镍酸锂也存在碱性强，材料易受潮等缺点。

9.5.3 $LiMn_2O_4$ 和 $LiNi_{0.5}Mn_{1.5}O_4$ 正极材料

Thackeray 和 Goodenough 等研究者首先提出了尖晶石结构 $LiMn_2O_4$ 正极材料的想法，

这一想法被 Bellcore 实验室的研究者进一步发展。$LiMn_2O_4$为立方晶系，Fd3m 空间群，一个晶胞中含有 56 个离子：8 个锂离子，16 个锰离子，32 个氧离子。其中 3 价锰离子和 4 价锰离子各占 50%。氧为面心立方密堆积，Li^+和 $Mn^{3+/4+}$分别占据立方密堆积氧分布中的四面体 8a 位置和八面体 16d 位置。这种结构为锂离子扩散提供了一个由共面四面体和八面体框架构成的三维网格，比层间化合物更有利于锂离子的自由嵌入和脱出。尖晶石 $LiMn_2O_4$的结构如图 9-8 所示。

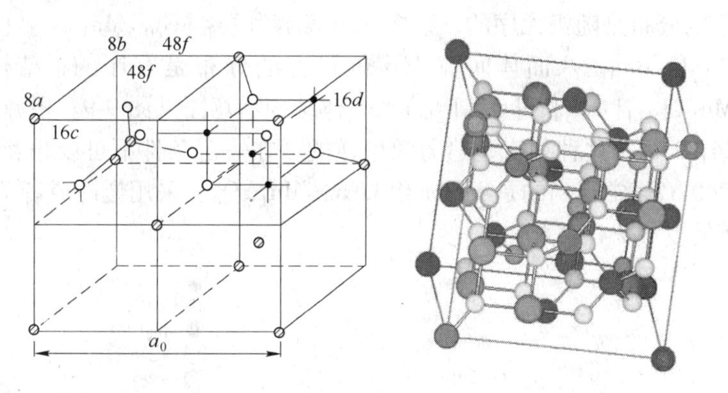

图 9-8 尖晶石 $LiMn_2O_4$的结构示意图

由于尖晶石结构的锰酸锂的热稳定性好，安全性高，锰的资源又十分丰富，因此锰酸锂被认为是最有希望替代钴酸锂的新一代锂电池材料之一。但尖晶石 $LiMn_2O_4$正极材料也存在一些问题，如在充放电过程中它的晶体结构会发生 John-Teller 效应，即由立方晶系到四方晶系的相变而导致容量衰减、循环寿命变短，在充放电过程部分 Mn 的溶解导致循环性能差，氧缺陷引起的循环性能差，高温容量衰减等问题。对于这些问题，人们采取了掺杂和表面修饰的方式加以改善。掺杂是目前较为有效地增强尖晶石结构稳定性和提高它的循环稳定性的一种方法，研究发现，Co、Cr、Ni、Mg、Al、Zr、F、V、R_E 等的掺杂有效地抑制了 John-Teller 效应，明显提高了尖晶石 $LiMn_2O_4$的循环稳定性。用于表面修饰的材料多种多样，有 ZnO、ZrO_2、$AlPO_4$、$Li_4Ti_5O_{12}$、$LiCoO_2$、CeO_2、SrF_2、聚合物、碳，甚至还有金和银。研究表明，表面修饰方法不仅减小了材料的比表面，抑制了电解液与正极材料之间反应的发生，而且还可以在保持 $LiMn_2O_4$原有颗粒度的基础上，对 $LiMn_2O_4$颗粒表面进行修饰，并达到高浓度体相掺杂的效果。经过研究者大量的工作，目前 $LiMn_2O_4$正极材料已经实用化，在动力电池领域有着广阔的应用前景。

$LiNi_{0.5}Mn_{1.5}O_4$材料是在 $LiMn_2O_4$基础上发展起来的。人们在对 $LiMn_2O_4$掺杂改性的研究过程中发现用 3d 过渡金属元素（Ni、Co、Cr、Fe、Cu）部分取代尖晶石 $LiMn_2O_4$中的 Mn，可使电极获得接近 5V 的电压平台，其中以 Ni 取代型的 $LiNi_{0.5}Mn_{1.5}O_4$综合性能最好。其中较早的文献报道是 1995 年 Sigala 等人在研究 Cr 掺杂改性 $LiMn_2O_4$时将截止电压提高，发现了 $LiCr_yMn_{2-y}O_4$具有 5V 放电平台。Amine 和 Dahn 等人跟进工作，1997 年先后报道了 $LiNi_{0.5}Mn_{1.5}O_4$材料的合成和初步的电化学性能。随后 West、Ohzuku 和 Yoshio 等人相继开展了高电压 $LiNi_{0.5}Mn_{1.5}O_4$正极材料的研究工作。

$LiNi_{0.5}Mn_{1.5}O_4$材料与 $LiMn_2O_4$不同的是，其充放电基于 Ni^{2+}/Ni^{4+}电对，而 Mn 保持+4 价，避免了困扰锰酸锂的 John-Teller 效应导致充放电循环时容量衰减的问题，此外 Ni—O

键能高于 Mn—O 键能，结构稳定性也好于锰酸锂，因此有望具有比锰酸锂更好的循环性能。

$LiNi_{0.5}^{II}Mn_{1.5}^{IV}O_4/Ni_{0.5}^{IV}Mn_{1.5}^{IV}O_4$体系的理论比容量为 146.7mA · h/g，电压为 4.7V，其对锂的能量密度高达 650W · h/kg，与传统的正极材料 $LiCoO_2$、$LiMn_2O_4$和 $LiFePO_4$相比能量密度更高。

从晶体结构分析，目前已知 $LiNi_{0.5}Mn_{1.5}O_4$可形成无序 *Fd3m* 相（Ni 和 Mn 在八面体间隙 16d 位置上的分布是随机无序的，结构式可表示为 $Li_{8a}[Ni_{0.5}Mn_{1.5}]_{16d}[O_4]_{32e}$）和有序 $P4_332$ 相（Ni 和 Mn 在八面体间隙 16d 位置上的分布是有序的，结构式可表示为 $Li_{8c}[Ni_{0.5}]_{4b}[Mn_{1.5}]_{12d}[O_{0.5}]_{8c}[O_{1.5}]_{24e}$）。晶体结构示意图见图 9-9。根源是氧缺陷引起 *Fd3m* 转变为 $P4_332$ 相，这种相变是热力学可逆的，在一定条件下可以相互转换。合成材料时焙烧超过 700 ℃通常得到的是 *Fd3m* 相 $LiNi_{0.5}Mn_{1.5}O_4$，采用慢冷或者 700℃左右退火处理时 *Fd3m* 相转变成 $P4_332$ 相。

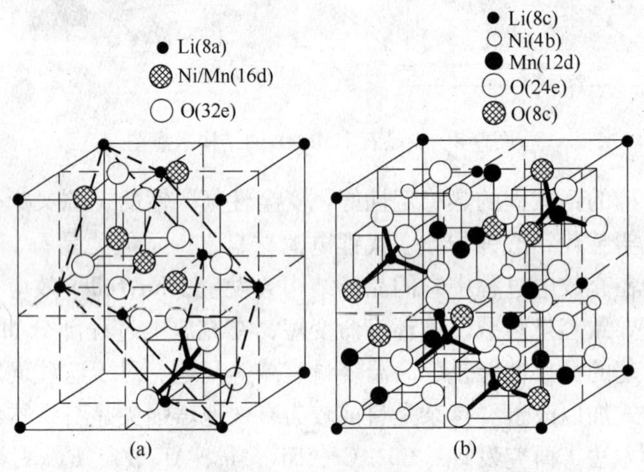

图 9-9 $LiNi_{0.5}Mn_{1.5}O_4$的晶体结构示意图

(a) 面心立方 Fd3m；(b) 简单立方 $P4_332$

Fd3m 相中锂离子具有与 $LiMn_2O_4$类似的 8a-16c-8a 三维扩散通道（见图 9-10），锂离子扩散系数与 $LiMn_2O_4$类似，实测的 *Fd3m* 型 $LiNi_{0.5}Mn_{1.5}O_4$电极的锂离子扩散系数为 10^{-12} ~ 10^{-10} cm^2/s，与 $LiCoO_2$电极相似。复合电极中电子电导率实测值在 10^{-6} S/cm 左右，与 $LiMn_2O_4$类似，说明 *Fd3m* 型 $LiNi_{0.5}Mn_{1.5}O_4$材料具有良好的本征倍率性能。而对于 $P4_332$ 型 $LiNi_{0.5}Mn_{1.5}O_4$中，Ceder 等人经过理论计算，得出两条锂离子扩散路径，分别是图 9-11 所示的路径Ⅰ（8c-4a-8c）和路径Ⅱ（8c-12d-8c），其中路径Ⅱ（8c-12d-8c）扩散能垒更低，理论计算的扩散系数为 10^{-9} ~ 10^{-8} cm^2/s，Kunduraci 实测的 $P4_332$ 型 $LiNi_{0.5}Mn_{1.5}O_4$锂离子扩散系数比 *Fd3m* 型 $LiNi_{0.5}Mn_{1.5}O_4$略低，为 10^{-13} ~ 10^{-11} cm^2/s，也属于较高的水平，可以预期 $P4_332$ 型 $LiNi_{0.5}Mn_{1.5}O_4$材料也具备优异的本征倍率性能。

Fd3m 型和 $P4_332$ 型 $LiNi_{0.5}Mn_{1.5}O_4$材料的充放电曲线形状略有不同，$P4_332$ 型 4.7V 电压平台很平，而 *Fd3m* 型 4.7V 则由两个平台构成（如图 9-12 所示）。理论上 $P4_332$ 型 $LiNi_{0.5}Mn_{1.5}O_4$完全不含 Mn^{3+}，这样可以减少高温下 Mn 溶解造成的衰减，此外其 4.7 V 高压区容量更高，具有更高的能量密度。但是也有一部分研究者实验中发现 $P4_332$ 型倍率性

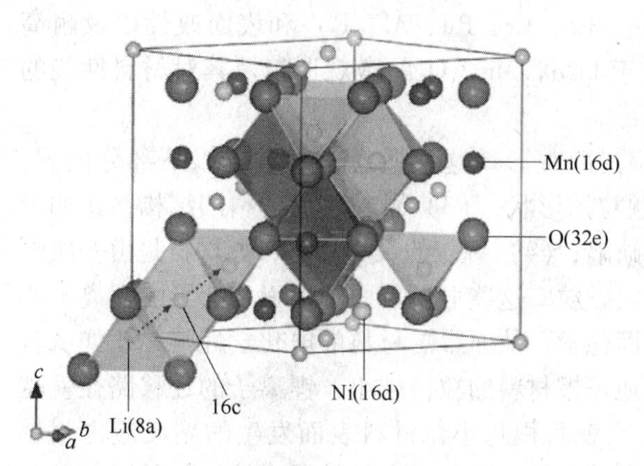

图 9-10 *Fd*3*m* 型 $LiNi_{0.5}Mn_{1.5}O_4$中锂离子的扩散通道示意图

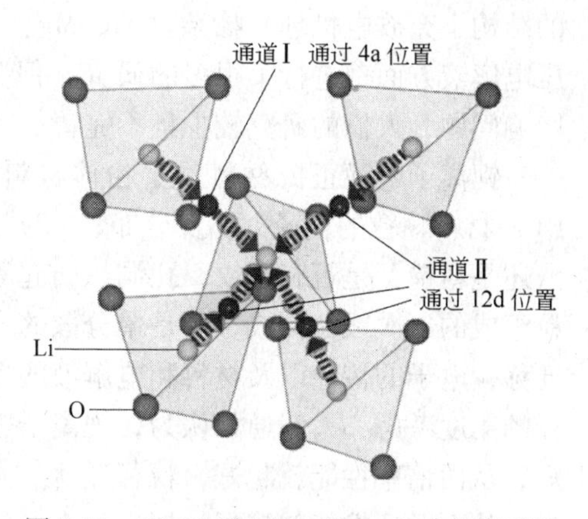

图 9-11 *P*4₃32 型 $LiNi_{0.5}Mn_{1.5}O_4$中锂离子的扩散通道示意图

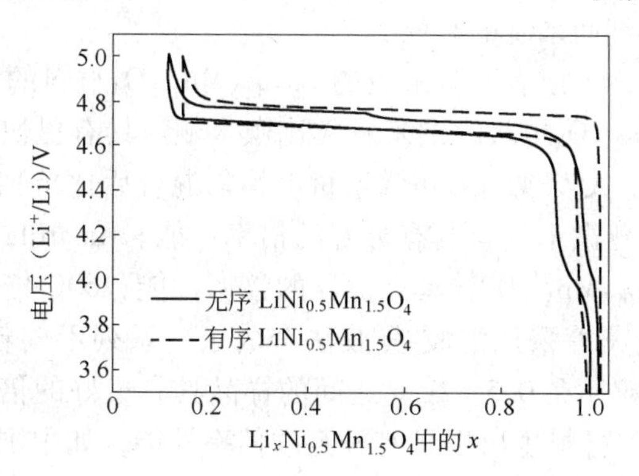

图 9-12 $P4_332$ 有序型和 *Fd*3*m* 无序型 $LiNi_{0.5}Mn_{1.5}O_4$充放电曲线

能略差于 *Fd*3*m* 型。目前关于二者综合电化学性能（循环性能和倍率性能）的差别，目前仍有争议，没有确切的定论。

综上所述，理论上 $LiNi_{0.5}Mn_{1.5}O_4$同锰酸锂一样具有快速脱嵌锂的能力，从而保证了较高的倍率性能，可以满足动力电池的功率要求。

4.7V 的高电位也给 $LiNi_{0.5}Mn_{1.5}O_4$材料带来了一些问题。在如此高的电位下，现有的烷基碳酸酯电解液容易在材料的表面发生分解，导致界面阻抗过高。在高温下尤其严重，从而降低电池的寿命并带来严重的安全问题。这一问题是相当致命的，一度影响了该材料的发展。但随着工作电位在 1.5 V 左右的钛酸锂（$Li_4Ti_5O_{12}$）等负极材料的出现，人们发现，$LiNi_{0.5}Mn_{1.5}O_4$和 $Li_4Ti_5O_{12}$是极好的组合。这种正负极组合既解决了 $LiNi_{0.5}Mn_{1.5}O_4$电压过高的问题，也解决了 $Li_4Ti_5O_{12}$与其他正极材料组合出现的全电池电压过低，能量密度不足的问题，并展现出了良好的循环性能。Ohzuku 等还提出了 12V 锂离子电池组的概念，以顺利替换过去广泛使用的铅酸 12V 电池。$LiNi_{0.5}Mn_{1.5}O_4$/ $Li_4Ti_5O_{12}$电池的工作电压大约为 3.2V，4 节电池刚好组成 12V 电池组。$LiNi_{0.5}Mn_{1.5}O_4$/ $Li_4Ti_5O_{12}$电池除了电压适中之外，还展现了极为优异的循环性能。

基于以上特点，$LiNi_{0.5}Mn_{1.5}O_4$材料近年来成为研究热点。人们对 $LiNi_{0.5}Mn_{1.5}O_4$材料

的结构、充放电机理、掺杂（Ti、Mg、Mo、Co、Cr、Ru、Al、F）和表面改性以及耐高压电解液方面都进行了很多的研究。但关于 $LiNi_{0.5}Mn_{1.5}O_4$ 的微观形貌及其对材料性能的影响问题，人们的研究较少且不完善。

锂离子电池正极材料属于粉体材料，其微观形貌这一概念至少包含以下部分内容：（1）材料颗粒的粒径大小及分布；（2）颗粒的形状；（3）颗粒表面的精细结构，比如光滑还是粗糙，是否有裂纹，孔洞，凸起等缺陷；（4）颗粒的聚集形态，如材料是由一次颗粒组成的二次颗粒构成，还是单分散的一次颗粒。这些形貌方面的因素，会影响锂离子的迁移，电子的传导以及材料和电解液的界面化学，从而影响材料的电化学性能。比如从粒径的角度考虑，人们通常认为，锂离子电池正极材料的粒径越小，锂离子的迁移路径就越短，从而倍率性能就越好，粒径越大，则比表面积越小，材料表面发生的副反应也就越少，从而循环性能就越好。那么什么样的粒径是最合适的，人们并没有统一的认识。而最近的研究发现，什么样粒径的 $LiNi_{0.5}Mn_{1.5}O_4$ 具有更好的倍率性能，依然不是一个显而易见的问题，需要更多详细而系统的研究。

过去人们通常认为纳米或者亚微米级的 $LiNi_{0.5}Mn_{1.5}O_4$ 材料的倍率性能较好。Aurbach 认为对于薄膜 $LiNi_{0.5}Mn_{1.5}O_4$ 电极，纳米颗粒比微米颗粒具有更快的锂离子脱嵌动力和更好的可逆性。Arrebola 等人发现纳米和微米材料均匀混合后比单独使用倍率性能更好，后来他们在实验中又发现亚微米材料具有最好的倍率性能。Amarilla 等采用蔗糖燃烧法合成了亚微米级的 $LiCr_{0.2}Ni_{0.4}Mn_{1.4}O_4$，具有优异的倍率性能，60C 倍率下仍能放出超过 85% 的容量。武汉大学杨毅夫等采用溶胶-凝胶法合成了一系列不同粒径的 $LiNi_{0.5}Mn_{1.5}O_4$ 材料，发现 850℃生成的粒径在 0.5～2μm 之间的样品具有最好的倍率性能。此外元素掺杂的微米级 $LiNi_{0.5}Mn_{1.5}O_4$ 材料也可以具有较高的倍率性能，如中国科大陈春华等[297] 采用聚合物热分解方法合成了倍率性能很好的微米颗粒 $LiNi_{0.475}Mn_{1.475}Al_{0.05}O_4$。2010 年，麻省理工学院的 Ceder 等指出微米级的 $LiNi_{0.5}Mn_{1.5}O_4$ 本征倍率性能应该是很高的，并通过固相法合成了倍率性能很好的 $LiNi_{0.5}Mn_{1.5}O_4$ 材料，但是缺乏同样合成条件下与其他粒径样品的比较。在 2011 年，Ohzuku 等比较了不同温度下合成的不同粒径的 $LiNi_{0.5}Mn_{1.5}O_4$ 样品，发现 1000 °C 合成的粒径 2~4 μm 的 $LiNi_{0.5}Mn_{1.5}O_4$ 相比纳米和亚微米级样品具有更低的极化。随后，美国劳伦斯伯克利国家实验室的 Cabana 等比较了不同方法合成的一系列不同形貌的 $LiNi_{0.5}Mn_{1.5}O_4$ 样品的电化学性能，他们的结果表明颗粒形貌和倍率性能的关系十分复杂，需要做更多的研究工作。

常用的 $LiNi_{0.5}Mn_{1.5}O_4$ 合成方法有固相法、共沉淀法、熔盐法、低温热分解法、微乳液法、超声喷雾干燥法、溶胶-凝胶法、燃烧法等。最简单也最容易实现工业化的方法是直接高温固相法，但由于固相之间扩散的困难，不易得到纯相的产物。共沉淀法一般先制备 Ni 和 Mn 的共沉淀产物，然后和含 Li 化合物进行高温反应，其优点是 Ni、Mn 混合均匀，颗粒形貌可控，易于大规模生产，但共沉淀条件苛刻并需要对废水进行处理。溶胶-凝胶法可以实现所有元素的分子水平混合，产物结构均一，杂相少，但操作较为繁琐，形貌不易控制，产物的可加工性能较差。燃烧法是借助溶液或者可燃物质的燃烧释放气体，将反应物分散成纳米颗粒，然后再高温焙烧得到所需的晶体结构，具有操作简单，混合均匀的优点。燃料的选择是非常重要的，聚乙烯吡咯烷酮（PVP）是一种水溶性酰胺类高分子，可通过酰胺基团配位络合金属离子，又能通过高分子链的缠绕作用形成凝胶。

$LiNi_{0.5}Mn_{1.5}O_4$材料的倍率性能也与结构有关。$LiNi_{0.5}Mn_{1.5}O_4$可形成无序 Fd3m 相和有序 $P4_332$ 相，通常认为 Fd3m 相倍率性能相对较好。但当结构和形貌结合起来考虑，问题就会相对比较复杂。Ohzuku 等就指出，当 $LiNi_{0.5}Mn_{1.5}O_4$的有序和无序相问题结合纳米颗粒时，其倍率性能就成为一个相当有争议的问题。为了避免一次颗粒过度长大，制备纳米 $LiNi_{0.5}Mn_{1.5}O_4$需要在相对低温下进行，那么结构就会倾向于有序 $P4_332$ 相，于是纳米颗粒的高倍率性能就会被 $P4_332$ 相抵消掉一部分。通常经过 700 °C 左右长时间的退火处理修复氧缺陷可以得到有序 $P4_332$ 相。但是 700 °C 左右温度较高，晶体仍在生长发育，颗粒粒径会发生变化。此外长时间的退火过程以及在氧气中退火，$LiNi_{0.5}Mn_{1.5}O_4$材料的颗粒的表面形貌也会发生改变，这也会影响材料的比表面积，进而影响材料的电化学性能。因此 $LiNi_{0.5}Mn_{1.5}O_4$材料的合成究竟需不需要退火以及需要怎样的退火工艺目前仍然没有定论。

9.5.4 $LiFePO_4$正极材料

由于铁资源十分丰富，价格十分低廉，无毒无污染，所以铁系正极材料一直是人们期待替代 $LiCoO_2$的备选材料。对层状的 $LiFeO_2$有许多深入的研究，但由于 Fe^{4+}/Fe^{3+}电对的 Fermi 能级与 Li^+/Li 的相隔太远，而 Fe^{3+}/Fe^{2+}电对又与 Li^+/Li 的相隔太近，同时 Fe^{3+}的离子半径与 Li^+半径之比不符合结构要求，所以，有实际应用意义的 $LiFeO_2$研究一直没有大的进展。1997 年 Goodenough 等首次报道具有橄榄石型结构的 $LiFePO_4$能可逆地嵌入和脱嵌锂离子，开创了铁系材料的新时代。近年来，随着对各种改善其导电性的方法的深入研究，该类材料的导电性已接近实用水平，受到人们极大的关注。Thackeray 认为 $LiFePO_4$的发现，标志着“锂离子电池一个新时代的到来”。

橄榄石结构的 $LiFePO_4$是一种稍微扭曲的六方最密堆积结构，属于 Pmna 空间群，如图 9-13 所示。晶体由 FeO_6八面体和 PO_4四面体构成空间骨架，P 占据四面体位置，而 Fe 和 Li 则填充在八面体空隙中，其中 Fe 占据共顶点的八面体位置，Li 则占据共边的八面体位置。晶格中 FeO_6通过 bc 面的公共角连接起来，LiO_6则形成沿 b 轴方向的共边长链。由于没有连续的 FeO_6共边八面体网络，故不能形成电子导电，同时由于八面体之间的 PO_4四面体限制了晶格体积的变化，从而使得 Li^+的嵌入脱出运动受到影响，造成 $LiFePO_4$材料极低的电子导电率和离子扩散速率。

图 9-13 $LiFePO_4$的结构示意图

$LiFePO_4$的理论比容量为 170mA·h/g，相对 Li 的电势为 3.4V，并且具有非常平稳的放电平台。虽然 $LiFePO_4$具有非常良好的电化学特征，但由于其极低的电子导电性，故一直限制了它的应用与发展，因此近年来人们在改进其性能方面做了大量的研究工作。其中，最重要的是改进材料导电性的一些措施，如碳包覆和导电粒子掺杂。虽然 $LiFePO_4$材料已经在电化学性能方面大大改善，但由于合成工艺要求极为严格，目前国内在批次稳定性和材料一致性方面还有一定差距。另外，其密度也有待进一步提高。

除了$LiFePO_4$外，类似结构的材料还有$LiMnPO_4$、$LiCoPO_4$、$LiVPO_4$等，这些材料的电压很高，均在4V以上，但均与实用化还存在一定的距离。

9.5.5 $LiMnO_2$和富锂正极材料

价格低、安全性好和低毒成为锂锰氧化合物取代钴和镍材料的强有力的理由。$LiMn_2O_4$循环性能、安全性能、大电流放电性能优越，但容量较低，人们一直试图合成高容量的$LiMnO_2$材料。Armstrong和Delmas于1996年各自独立地采用离子交换法成功地合成了这一材料。$LiMnO_2$主要有两种结构：一种是m-$LiMnO_2$，类似于α-$NaFeO_2$结构，单斜晶系，C2/m空间群，是由于John-Teller效应，MnO_6八面体变形，$R\bar{3}m$空间群对称性降低所形成的。晶胞参数为：$a=0.5439$nm，$b=0.2809$nm，$c=0.5395$nm，$\beta=115°$，$z=2$；另一种是o-$LiMnO_2$，是正交晶系，Pmmn空间群，晶胞参数为：$a=0.2805$nm，$b=0.5757$nm，$c=0.4572$ nm，$z=2$。在o-$LiMnO_2$结构中，MnO_6被拉长约14%。图9-14对比了m-$LiMnO_2$、o-$LiMnO_2$，和尖晶石$LiMn_2O_4$的结构。

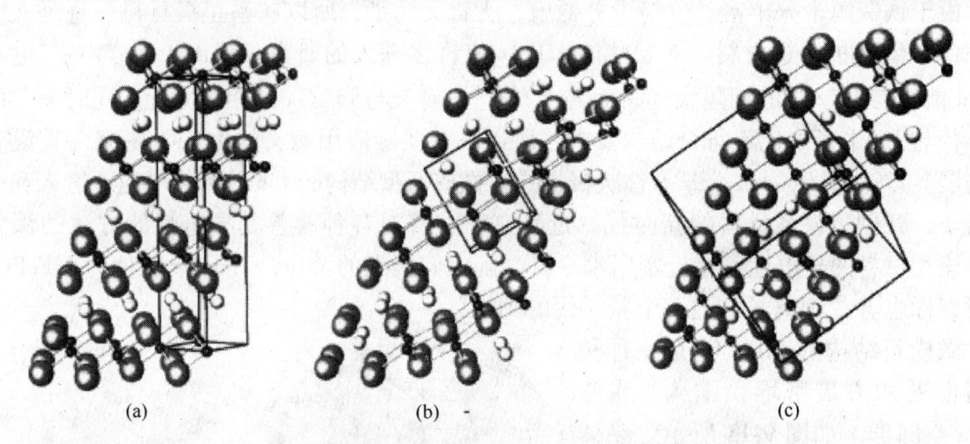

图9-14 三种锂锰氧化物结构示意图

（a）m-$LiMnO_2$；（b）o-$LiMnO_2$；（c）$LiMn_2O_4$

Ceder和Mishra利用第一原理进行的结构计算讨论了层状$LiMnO_2$热力学稳定性。Mn^{3+}离子引入了两种因素使得$LiMnO_2$区别于其他过渡金属复合氧化物。一是大的磁矩（四个高自旋的未成对电子）；二是一个电子占据e_g轨道导致的MnO_6八面体的John-Teller效应。他们指出虽然理论上单斜结构应该更稳定，但基于离子大小的考虑，和Mn^{3+}离子之间强的反铁磁相互作用以及由此产生的电子态的定域化稳定了正交晶系的层状$LiMnO_2$结构。因此o-$LiMnO_2$较为稳定，可以用高温固相法合成，而层状m-$LiMnO_2$不稳定，只能用软化学合成法，但电化学性能要好一些。

早在1956年Johnston和Heikes就设计出了o-$LiMnO_2$的晶体结构，1969年Dittrich和Hoppe更加详细地报道了其结构，从而使人们对其结构特征形成了较为完整的认识。但直到1992年，Ohzuku等人才率先合成出了具有较高容量的o-$LiMnO_2$材料。其主要的合成方法有低温和高温反应两种。还有一些其他的方法，如微乳液法、乳化干燥法等。总体上说，o-$LiMnO_2$的循环性能和倍率性能较差。

m-$LiMnO_2$电化学性能要优于o-$LiMnO_2$，但较难合成，其合成方法为先合成$NaMnO_2$，然后通过离子交换的方法制备 m-$LiMnO_2$。离子交换法过于复杂，成本太高，而掺入 Cr、Al 等可以通过高温固相法制备出层状结构的 m-$LiM_xMn_{1-x}O_2$。

研究发现，不管是正交相还是单斜相的 $LiMnO_2$ 材料都会倾向于变成尖晶石结构，因为这种转变只需要较小的离子重排就可以完成。Ceder 等人的从头计算表明 Li_xMO_2 的相变经历两个阶段。第一阶段是一部分 Mn 和 Li 离子迅速移动到周围是 Li 空位的四面体空隙，这一阶段的势垒很低，部分是因为 Mn 迁移至四面体空隙受 Mn^{3+} 的歧化反应获得的稳定性协助。相比之下，Co 的势垒就高得多。第二阶段是困难得多的 Mn 和 Li 离子的坐标重排以形成尖晶石结构，这个过程很慢，因为过程很复杂，势垒也高。正是因为这种相变的存在，使得合成出具有实用价值的 $LiMnO_2$ 材料的研究至今尚未有实质性突破。

因为目前为止无法找到制备电化学性能令人满意的 $LiMnO_2$ 材料的有效方法。因此，人们的目光转向了 $Li[Li_{1/3}Mn_{2/3}]O_2$-$LiMnO_2$-$LiMO_2$（M 代表 Cr，Co，Ni 或 Al）形成的固溶体，如图 9-15 所示。

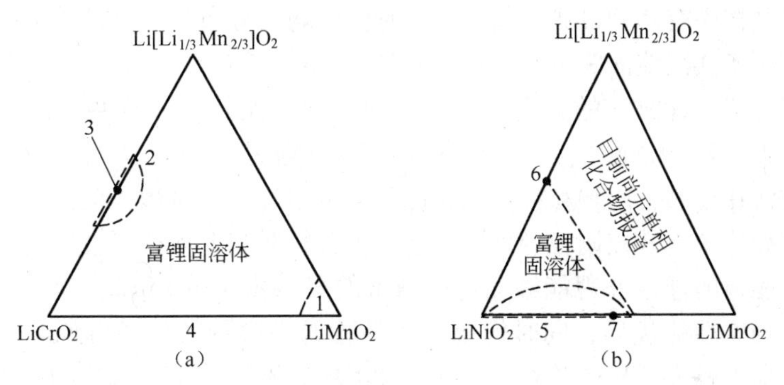

图 9-15 $LiMO_2$ 体系三元相图（M 代表 Cr，Co，Ni 或 Al）

（a）$Li[Li_{1/3}Mn_{2/3}]O_2(=Li_2MnO_3)$；（b）$LiMnO_2$

根据固溶体在三角形中的位置可以给它们分类。在 $LiMnO_2$ 和 $LiMO_2$ 之间的直线上的物质（如 $Li[Mn_xM_{1-x}]O_2$），称为化学计量固溶体；在 Li_2MnO_3 和 $LiMO_2$ 之间的直线上的物质（如 $Li[Mn_xLi_{x/2}M_{1-3x/2}]O_2$），称为锂饱和的固溶体；在三角形内部的物质（如 $Li[Li_yMn_xM_{1-x-y}]O_2$，$y<x/2$），称为富锂固溶体。其中 M 可以是单个的元素，如 Ti，Cr，Co，Ni 或 Fe，也可以是非过渡金属如 Mg，Al 或者 Ga，或者是它们的组合。这些元素中，研究得最多的是 Cr、Co 和 Ni。

Davidson 等最早开始研究 $LiMnO_2$-$LiCrO_2$ 固溶体。材料的合成方法是将氧化锰、氧化铬和锂盐在高温（1000℃）惰性气氛下进行固相反应，在 $x<0.7$ 时 $LiCr_xMn_{1-x}O_2$ 是单斜 $C2/m$ 层状结构。$LiCrO_2$ 本身是 $R\bar{3}m$ 结构，但是在高温固相反应条件下只有当 $x \geqslant 0.7$ 时才符合这一结构，因为只有这时才能充分稀释 Mn^{3+} 离子来防止 MnO_6 八面体的变形。后来 Dahn 等人发现 $0.5<x<0.75$ 时可以通过 sol-gel 法在低于 700℃ 下合成六方层状结构的 $LiCr_xMn_{1-x}O_2$。Cr、Mn 组成的 $LiCr_{0.5}Mn_{0.5}O_2$ 可以在 2.5~4.2V 区间达到 150mA·h/g 的可逆循环容量，放电曲线平滑而且平均电压在 3.3V 左右，但是当放电倍率大约为 0.5C 时，容量就迅速下降到 100mA·h/g。$x \geqslant 0.75$ 的 $LiCr_xMn_{1-x}O_2$ 材料其电压循环曲线要稳定些，但是若正极材料采用它，那么电池的内阻高容量低，即使在低倍率的情况下容量也不足 100mA·h/g。

$LiMnO_2$-$LiCrO_2$ 固溶体正极材料存在着首次不可逆容量高、倍率性能较差的问题，因此这一材料近年研究已较少。向 $LiMn_{1-x}Cr_xO_2$ 加入额外的 Li 离子从而形成 Li 富余的化合物（$Li[Li_xM_{1-x}]O_2$）从而提高其电化学性能，这一想法率先被 Storey 等人验证。Mn 系层状岩盐结构吸收多余的 Li 的能力源于 Mn 更加倾向于以+4 价存在而非+3 价。在对 Li_2MnO_3 的研究中发现，多余的 Li 存在于过渡金属层。为了得到较高的容量，需要第一次充电时充至 4.4V 从而完全移去层间的 Li，不可逆容量很高。

Z. H. Lu 和 J. R. Dahn 等人于 2001 年首次报道了容量超过 200mA · h/g 的富锂层状化合物 $Li[Ni_xLi_{(1/3-2x/3)}Mn_{(2/3-x/3)}]O_2$。后来人们将其扩展到 Li_2MnO_3 与层状材料 $LiMO_2$（M = Ni，Co，Mn，Fe，Cr）形成的固溶体，通式可以写为 $xLi_2MnO_3 \cdot (1\text{-}x)LiMO_2$，如 $Li[Li_{0.2}Mn_{0.54}Ni_{0.13}Co_{0.13}]O_2$，可以看作等化学计量比的 Li_2MnO_3 和 $Li(Ni_{1/3}Co_{1/3}Mn_{1/3})O_2$ 形成的固溶体，其容量可达 280mA · h/g，接近 $LiCoO_2$ 的 2 倍。

目前用于制备富锂正极材料的合成方法主要有共沉淀法（CP）、溶胶-凝胶法（SG）、蔗糖燃烧法（SC）、喷雾干燥法以及离子交换法等。

由于层状结构中有多种过渡金属存在，它们的均匀分布是得到高性能材料的基础。而共沉淀法能在制备共沉淀前驱体时实现各种金属元素的均匀分布，因此应用最广泛，也最具有工业生产价值。该方法的关键是前驱体的成分（尤其要注意共沉淀时可能引入的杂质）和形貌控制。K. Amine 等采用复合碳酸盐共沉淀法合成了一系列球形富锂锰基层状化合物。该方法在控制二次颗粒粒径上有优势，可通过光学显微镜监控复合碳酸盐前驱体共沉淀的粒径变化来有效控制粒径分布。前驱体分解后与 Li_2CO_3 发生固相反应制备固溶体化合物时，前驱体的球形外观能够保持。制备的材料由 10～15μm 的球形二次颗粒构成，振实密度高，加工性能优异，同时构成二次颗粒的一次颗粒粒径可调。但碳酸盐做沉淀剂，金属元素损失较大，从资源和环保的角度考虑，不如采用氢氧化物作为沉淀剂。虽然氢氧化物作为沉淀剂，工艺条件控制难度较大，但研究人员通过加入 NaF 作为辅助配位剂的方法，有效地解决了这一问题。

杨勇等详细地比较了共沉淀、溶胶-凝胶和蔗糖燃烧法三种方法制备的 $Li[Li_{0.2}Mn_{0.54}Ni_{0.13}Co_{0.13}]O_2$ 材料的电化学性能。蔗糖燃烧法得到的是大约 0.1μm 的细颗粒，其比表面积最大，振实密度最低，倍率性能最佳，5C 放电容量达到 178mA · h/g(2～4.8V，1C = 180mA · h/g)。细颗粒意味着首次充电时更多的 Li_2MnO_3 成分被活化，因此放电时容量能充分释放。但是与其他两种方法相比，低倍率下的循环性能略差。交流阻抗测试表明细颗粒和大的比表面积使得正极和电解液界面的副反应加剧，导致在循环过程中 SEI 膜阻抗 R_{SEI} 和电荷传递电阻 R_{ct} 的增加，最终容量快速衰减。

溶胶-凝胶法、喷雾干燥法和离子交换法等操作较为繁琐，研究较少。

反应温度和降温程序会影响晶体结构，最终影响电化学性能。当焙烧温度由 800℃ 提高到 1000℃ 时，晶格常数 c/a 值增加，过渡金属层阳离子排列有序程度提高，锂离子迁移遇到的阻力会更小，可逆容量能提高，反映在 XRD 谱上 20-30 反应过渡金属层阳离子排列亚晶格的峰更加清楚。

研究中发现锂和过渡金属的比例对材料形貌和电化学性能影响很大。锂含量增加，一次粒径变大。锂含量较少时，一次颗粒较小，堆积密度略高，倍率性能更好。

Al 和 F 是层状正极材料 $LiMO_2$ 常用的体相掺杂改性元素，少量的 Al 和 F 替代过渡金属元素往往能改善循环性能和热稳定性。2007 年 Y. Wu 等人发现即使很少量的（小于

0.05%）Al 和 F 掺杂也能大大减少首次充电时脱氧平台的容量，但是也导致放电时容量大大降低。

富锂层状化合物 Li_2MnO_3 - $LiMO_2$（M 代表 Co 或 Ni 等）材料的截止电压高达 4.6V，现有的电解液在如此高的电位下可能会发生氧化副反应。充电末端锂离子大部分都脱出，生成的 MO_2和 MnO_2氧化性较强，从而会改变电极的表面结构，因此表面修饰能一定程度稳定高电位下的电极表面状态。此外，该种材料电子电导率较低，倍率性能较差，合适的表面修饰还能提高表面的电子电导率，提高倍率性能。材料的首次不可逆容量很高，而包覆则有可能减少首次不可逆损失。目前被研究的表面包覆成分有氧化物（Al_2O_3、CeO_2、ZrO_2、ZnO、SiO_2、TiO_2），磷酸盐（$AlPO_4$、$LiCoPO_4$），炭和氟化物等。其中炭包覆可将表面电子电导率提高 40%，且多孔结构利于锂离子的扩散，又没有其他的副反应，因此明显改善了倍率和循环性能。EIS 研究显示包覆层有效地抑制了表面 SEI 层的增长，有助于改善锂离子在表面层中的扩散动力和电荷传递动力。

9.5.6 $Li(Ni_xCo_yMn_{1-x-y})O_2$正极材料

层状结构 $Li(Ni_xCo_yMn_{1-x-y})O_2$三元掺杂的锂离子电池正极材料最早由 Liu 等人于 1999 年以及 Yoshio 等人于 2000 年提出，这种材料综合了 $LiCoO_2$、$LiNiO_2$和 $LiMnO_2$三种层状正极材料的优点：（1）通过引入 Co，减少阳离子混合占位情况，有效稳定材料的层状结构；（2）通过引入 Ni，提高材料的容量；（3）通过引入 Mn，降低材料成本，提高材料的安全性和稳定性。这一系列材料中最具有代表性的是 $Li(Ni_{1/3}Co_{1/3}Mn_{1/3})O_2$，它由 Ohzuku 等提出并首先合成出来，它一问世就表现出优越的性能潜力，因而近年来被广泛研究。

可以以 $Li(Ni_{1/3}Co_{1/3}Mn_{1/3})O_2$ 为例说明 $Li(Ni_xCo_yMn_{1-x-y})O_2$ 的结构。$Li(Ni_{1/3}Co_{1/3}Mn_{1/3})O_2$有着与 $LiCoO_2$类似的结构，为 α-$NaFeO_2$ 层状结构。在这种结构中，Li 原子在锂层中占据 3a 位，过渡金属原子 Ni、Co 和 Mn 分布在过渡金属层中的 3b 位，充放电时，锂离子可在过渡金属原子与氧形成的（$Ni_xCo_yMn_{1-x-y}$）O_2层之间嵌入与脱出。T. Ohzuku 等人通过从头计算以及密度泛函计算对提出了两个描述 Li（$Ni_{1/3}Co_{1/3}Mn_{1/3}$）O_2 的晶体结构模型。第一个是具有 $[\sqrt{3}\times\sqrt{3}]R30°$ 型超结构［$Ni_{1/3}Co_{1/3}Mn_{1/3}$］层的模型（图 9-16（a）），第二个则是 CoO_2、NiO_2和 MnO_2层有序堆积的模型（图 9-16（b））。T. Ohzuku 等人计算出交互层状模型中超晶格是更稳定的。

Koyama 和 Ceder 等人利用第一原理计算和实验研究了 $Li(Ni_{1/3}Co_{1/3}Mn_{1/3})O_2$的电子结构以及各过渡元素的化合价分布，他们认为 $Li(Ni_{1/3}Co_{1/3}Mn_{1/3})O_2$中 Ni、Co、Mn 的化合价分别为+2、+3、+4 价，比较 M—O 键的键长、键能和 XPS、XANES 等能谱分析表明，$Li(Ni_{1/3}Co_{1/3}Mn_{1/3})O_2$中 Co 的电子结构与 $LiCoO_2$中的 Co 一致，而 Ni 和 Mn 的电子结构却不同于 $LiNiO_2$和 $LiMnO_2$中 Ni 和 Mn 的电子结构。

$Li(Ni_xCo_yMn_{1-x-y})O_2$正极材料具有高容量、高循环稳定性的优势，Belharouak 等的研究认为，$Li(Ni_{1/3}Co_{1/3}Mn_{1/3})O_2$材料在安全性和倍率性能上都具有成为电动汽车用电池的条件。

9.5.7 硫基正极材料

由于人们对锂离子电池的能量密度需求越来越高，传统的复合金属氧化物正极材料已

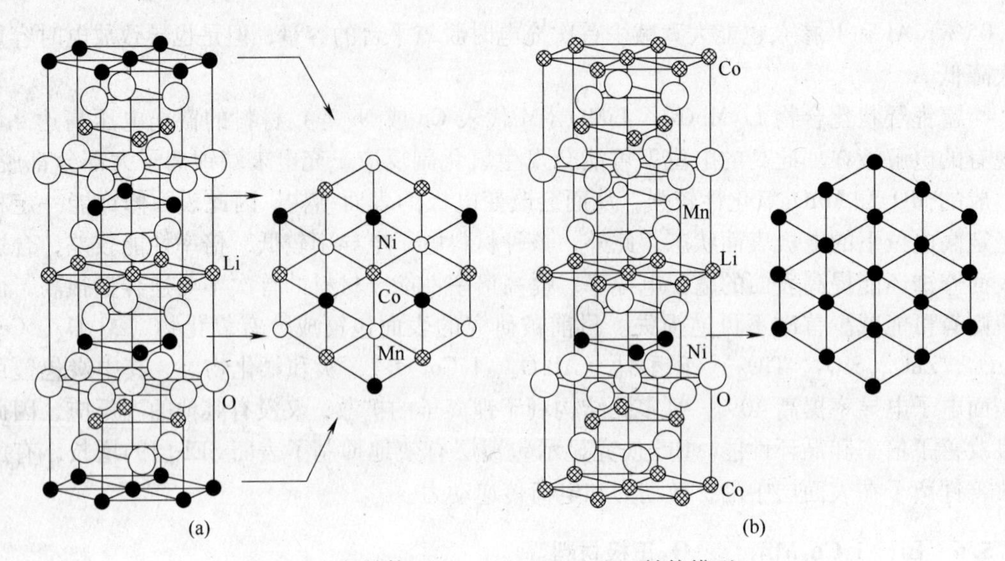

图 9-16 超结构 $Li(Ni_{1/3}Co_{1/3}Mn_{1/3})O_2$结构模型

(a) 由具有超晶格 $[\sqrt{3}\times\sqrt{3}]$ $R30°$ 型 $[Ni_{1/3}Co_{1/3}Mn_{1/3}]$ 层组成的结构模型；

(b) CoO_2，NiO_2和 MnO_2层有序堆积的简单模型

经很难满足人们对更高容量的需求。硫这种储量丰富、价格低廉的元素进入人们的视线。按照完全储锂之后的分子式 Li_2S 计算，S 的理论容量为 1675mA · h/g ，理论能量密度为 2600W · h/kg，因此极具吸引力。硫在地球上的储量排在第 17 位，有 30 种不同的同素异形体。自然界中最常见的形式是环状分子的 S_8，其次是 S_{12}。

图 9-17 为典型的 Li/S 电池的首次充放电曲线，按照硫的相变可以分为四个区域。

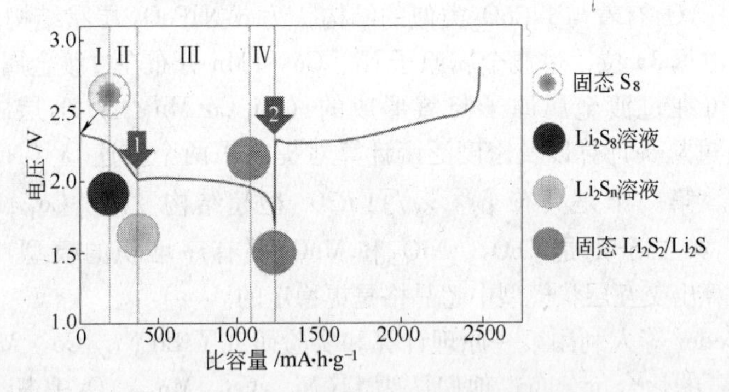

图 9-17 Li/S 电池的典型首次充放电曲线

第Ⅰ区：液固两相反应区，从 S 转化为 Li_2S_8，电压平台为 2. 2~2. 3V。在这一区域，形成的 Li_2S_8溶解在液态电解质中，成为液态正极。这样正极上面就会出现很多孔洞。反应式为

$$S_8+2Li \longrightarrow Li_2S_8$$

第Ⅱ区：液液单相反应区，在这一区域，溶解的 Li_2S_8逐渐转化为有序度较低的多硫化锂，电池的电压呈倾斜下降，没有明显的平台。随着反应的进行，溶液的黏度逐渐增大。反应式为

$$Li_2S_8+2Li \longrightarrow Li_2S_{8-n}+Li_2S_n$$

第Ⅲ区：液固两相反应区，由可溶的多硫化锂转化为不溶的 Li_2S_2或者 Li_2S。这一区域的电压平台为1.9~2.1V，贡献了最主要的容量。反应式为

$$2Li_2S_n+(2n-4)Li \longrightarrow nLi_2S_2$$

$$Li_2S_n+(2n-2)Li \longrightarrow nLi_2S$$

第Ⅳ区：固固单相反应区，不溶的 Li_2S_2转化为 Li_2S，反应式为

$$Li_2S_2+2Li \longrightarrow 2Li_2S$$

S 作为正极材料，目前还存在着导电性差、循环寿命低等缺点，但随着新型的 S/C 复合材料、导电黏结剂的发展和电解液的改进，上述缺点已经有了很大改善，目前这一领域越来越受到人们的重视。

9.6 锂离子电池负极材料

锂离子电池的负极是将由负极活性物质碳材料或非碳材料、黏合剂和添加剂混合制成浆料均匀涂布在铜箔两侧，经干燥、辊压而成。目前，锂离子电池所采用的负极材料一般都是碳素材料，如石墨、软碳（如焦炭等）、硬碳等。正在探索的负极材料有氮化物、PAS、锡基氧化物、锡合金以及纳米负极材料等。

9.6.1 碳基材料

在锂离子电池中，以金属锂为负极时，电解液与锂反应，在金属锂表面形成锂膜，导致锂枝晶生长，易引起电池内部短路和电池爆炸。20 世纪 80 年代，人们发现锂在碳材料中的嵌入反应的电位接近锂的电位，并且不容易与有机溶剂反应，有很好的循环性能。使用碳材料作负极充放电时，在固相内的锂发生插入—脱插反应：

$$C_6+Li^++e^- \longrightarrow LiC_6 \tag{9-6}$$

碳材料是最早为人们所研究并应用于锂离子电池商品化的材料，至今仍是大家关注和研究的重点之一。目前，已研究开发的碳负极材料主要有：石墨、石油焦、碳纤维、热解炭、中间相沥青基碳微球（MCMB）、炭黑、玻璃炭等。碳材料根据其结构特点可分成可石墨化碳（软碳）、无定形碳（硬碳）和石墨类。

9.6.2 硅材料

随着近年来电子产品的不断发展以及电动汽车的出现，传统的锂离子电池能量密度越来越不能适应应用领域的要求。要开发更高能量密度的锂离子电池，仅仅靠正极材料的进步是不能满足的。这就要求人们开发更高比容量的负极材料。硅负极材料具有远高于碳材料的理论容量，高达 4200mA · h/g，超过碳材料的 10 倍以上，近年来引起人们的极大关注。

硅材料的主要问题是，在电化学储锂过程中，平均每个硅原子结合 4.4 个锂原子生成 $Li_{22}Si_5$，同时材料的体积膨胀达到 300%以上。这样的体积变化，使得硅的循环性能非常差。解决这一问题的途径之一是制备纳米硅材料，如美国斯坦福大学崔屹等率先制备了可逆比容量 3000mA · h/g 以上，可以稳定循环的硅纳米线。另一个途径是制备硅与其他活性或者非活性物质的复合材料，以损失一些比容量为代价，得到循环较为稳定的材料。

由于硅材料巨大的体积变化，传统的黏结剂聚偏氟乙烯（PVDF）无法确保硅在巨大的体积变化后仍能够有效黏结，因此性能很差。美国劳伦斯伯克利国家实验室的刘杲等发明了一种新型的导电黏结剂——PFFOMB（PFM）。这种新型黏结剂不仅具有黏结性，而且具有导电性，不论硅如何膨胀或者收缩，该黏结剂均能有效地包裹在硅表面，从而极大地提高了纯硅材料的循环性能，使硅材料可以稳定地循环超过600次。

经过科学家的不断努力，目前硅材料已经接近实用化。

9.6.3 其他非碳基材料

锂离子电池非碳负极材料主要包括以下几类：氮化物，如反萤石型结构的Li_7MnN_4与Li_3FeN_2和Li_3N型结构的$Li_{3-x}Co_xN$；锡基材料如金属锡、二氧化锡、锡的复合氧化物、锡盐等；新型合金如Li-M合金、Sn-Sb、Sn-Ca、Sn-Ni、Cu-Sn等合金；钛的氧化物如尖晶石结构的$Li_4Ti_5O_{12}$以及纳米氧化物等。这些材料目前都在研究中，尚有一些问题需要解决。

9.7 锂离子电池电解质

电池的电解质是电池的一个重要组成部分，由于目前较多采用液态电解质，一般也通称为电解液。电解质对电池的性能有很大的影响。在传统电池中，电解质均采用以水为溶剂的电解液体系，由于水对许多物质有良好的溶解性且人们对水溶液体系物理化学性质的认识已很深入，故电池的电解液选择范围很广。但是，由于水的理论分解电压只有1.23V，即使考虑到氢或氧的过电位，以水为溶剂的电解液体系的电池的电压最高也只有2V左右（如铅酸蓄电池）。锂离子电池电压高达3~4V，传统的水溶液体系显然已不再能满足电池的需要，所以必须采用非水体系作为锂离子电池的电解质。因此，对高电压下不分解的有机溶剂和电解质的研究是锂离子电池开发的关键。

电解液由有机溶剂和电解质锂盐两部分组成。目前常用的溶剂主要是小分子酯类，如碳酸二甲酯（DMC）、碳酸二乙酯（DEC）、碳酸乙烯酯（EC）、碳酸丙烯酯（PC）和碳酸甲乙烯酯（EMC）。一般来说，单一溶剂很难满足所有要求，常用的是二元或多元溶剂体系。常用的锂盐有$LiClO_4$、$LiAsF_6$、$LiBF_4$和$LiPF_6$等。

液态电解质具有容易泄漏、电池容量小、循环寿命不够长等缺点，人们试图开发全固态电解质，但全固态聚合物电解质的电导率迄今为止还不能达到10^{-3}S/cm的水平，在一般的锂离子电池尤其在大型锂离子电池中还不能得到应用。在这样的背景下，作为液体电解质与全固态聚合物电解质的过渡产物，凝胶聚合物电解质产生了。凝胶型聚合物电解质是由聚合物基体、增塑剂以及锂盐形成的凝胶态体系。聚合物在凝胶聚合物电解质中主要起骨架支撑作用，用在固体聚合物电解质中的聚合物同时都可以用在凝胶聚合物电解质中。对用作骨架材料的聚合物要求有成膜性能好、膜强度高、电化学稳定窗口宽以及在有机电解液中不易分解等。目前研究的用于聚合物锂离子电池的聚合物主要有如下几种类型：聚醚系（主要为PEO）、聚丙烯腈（PAN）系、聚甲基丙烯酸酯（PMMA）系、聚偏氟乙烯（PVDF）系、聚膦嗪和其他类型。

9.8 锂离子电池隔膜

隔膜的主要作用是使电池的正、负极分隔开来，防止两极接触而短路，此外还具有使电解质离子通过的功能。隔膜是不导电的材质，其物理化学性质对电池的性能有很大的影响。电池的种类不同，采用的隔膜也不同。对于锂离子电池系列，由于电解液为有机溶剂体系，因而需要耐有机溶剂的隔膜材料，一般采用高强度薄膜化的聚烯烃多孔膜，如PP-PE两层或三层复合膜，如图9-18所示。

图9-18 锂离子电池隔膜

9.9 锂离子电池的生产流程

锂离子电池的生产一般包括制浆、涂布、分切、辊压、焊接极耳、卷绕（叠片）、入壳、注液、封口、化成和预充等工序。

正极极片的制备：将正极材料，导电剂乙炔黑、石墨，黏合剂聚偏二氟乙烯（PVDF），溶剂N-甲基吡咯烷酮（NMP）按照一定比例混合，搅拌数小时制成浆料，均匀涂在铝箔上烘干即制成正极片。

负极极片的制备：将负极材料，导电剂乙炔黑，黏合剂丁苯橡胶（SBR）及羧甲基纤维素钠（CMC），溶剂水按照一定比例混合，搅拌数小时制成浆料，均匀涂在铜箔上烘干即制成负极片。

电池的极片分切：将正极片与负极片按照一定的长度与宽度分切成片。

极片的辊压：将上一步分切好的正极片与负极片辊压到合适的压实密度。

焊接极耳：在滚压好的正极片与负极片一端焊接上极耳。

电芯的卷绕：将焊接好镍带的正极片与负极片和隔膜卷绕成柱状。

入壳：将卷好的电芯垂直装入电池壳内。

注液：将电解液注入上一步的电池中。

封口：将注好液的电池封口。

化成和预充：将注液完毕的电池放置数小时后，置于电池化成测试仪上，进行化成和预充。预充之后的电池进行分容之后即可出厂。

9.10 锂离子电池的安全性问题

自从锂离子电池出现以来，其安全性问题就一直是人们瞩目的焦点。不恰当使用锂离子电池（如加热、过充、过放、短路、振动、挤压、撞击等）会出现着火、爆炸乃至人员受伤等事故。因此，高容量及动力型锂离子电池商业化推广（如锂离子驱动的电动车）的主要制约因素就是安全性问题。目前研究锂离子电池的爆炸机理以及提高电池的安全性已成为研发锂离子电池的关键。

9.10.1 锂离子电池出现安全性问题的原因

锂离子电池的爆炸主要和电池内部组件电化学反应和化学反应有关，活性物质起着主要的作用。锂离子电池在正常工作条件下（合理的温度范围，充放电电流等），内部存在着可逆的电化学充放电反应，并伴随着热量的变化。但是在不恰当使用的情况下，电池内部潜在的放热副反应会被相继引发，从而导致热失控，并引起冒烟、着火、燃烧直至爆炸。碳负极、正极活性物质和有机电解液等都会在正常使用或不恰当使用的情况下发生电化学或化学反应放出热量，引起电池的升温，进一步促使放热反应的进行。当热量累积到一定程度的时候，便有着火和爆炸的危险。相比采用水系电解液的铅酸和镍氢电池，锂离子电池采用的是有机溶剂和锂盐组成的有机电解液，一旦引发了能释放大量热量的有机电解液的分解燃烧反应，则着火爆炸将很难避免。

研究发现，锂离子电池内部可能的热量来源主要包括负极、电解液、正极放热副反应和正常的电化学反应伴随的热量变化。

（1）锂离子电池充放电时，发生的电化学反应热，包括正负极活性物质焓变和电池内阻生热。在正常使用锂离子电池时，这部分热量累积较少，电池温度变化不大。

（2）负极放热副反应。第一，碳负极（Li_xC_6）表面主要存在 3 种放热反应：1）SEI 膜的分解反应；2）Li_xC_6与溶剂的反应；3）Li_xC_6与黏结剂的反应。SEI 膜的分解和 Li_xC_6与溶剂反应有时同时进行，有人把这两种反应都认为是 Li_xC_6与溶剂的反应。第二，SEI 膜的分解反应一般在 100℃左右，放热量很低，以此热量来加热电池，仅会使其升高几度，不会带来危险。第三，Li_xC_6与溶剂反应的起始温度和放热量与 x 值、锂盐、溶剂有关，并且反应热比较大，在某种情况下可能是电池失控的主要原因。第四，尽管黏结剂与 Li_xC_6的放热量比较大，但由于黏结剂在负极所占的比例有限，不会成为电池爆炸的主要原因。

（3）电解液放热副反应。锂离子电池电解液的热分解反应主要是在温度升高时（大约 200 ℃）溶剂与锂盐的反应，放出热量和气体。此外当锂离子电池充电电压超过电解液的分解电压时，电解液也会发生分解反应，放出热量，并产生气体。

（4）正极放热副反应。层状结构的 $LiCoO_2$、$LiNiO_2$、尖晶石结构的 $LiMn_2O_4$和橄榄石结构的 $LiFePO_4$是目前研究较多的正极材料。它们在充电状态时处于亚稳定状态，具有氧化性，温度升高时会发生分解，放出氧气，放出的氧气则会使溶剂氧化。此外正极也可直接氧化电解液。MacNeil 等研究了几种正极材料与电解液反应的特性，结果表明用于锂离子电池正极的材料 $LiNiO_2$、$LiNi_{0.7}Co_{0.2}Ti_{0.05}Mg_{0.05}O_2$、$LiNi_{0.8}Co_{0.2}O_2$、$LiCoO_2$、$LiMn_2O_4$和 $LiFePO_4$的热稳定性依次升高。值得注意的是，正极的分解反应及其与电解液的反应放热量比较大，在大多数情况下是造成电池爆炸的主要原因，因此要尽可能采用热稳定性高的正极材料。

当放热副反应的产热速率高于动力电池的散热速率时，电池内温度急剧上升，进入无法控制的自加温状态，即热失控，导致电池燃烧。电池越厚，容量越大，散热越慢，产热量越大，越容易引发安全问题。

在锂离子电池热失控引发的过程中，SEI 膜的分解提供最初的热量积累，而此后通过负极/电解液分解反应的连接，达到了正极/ 电解液分解反应的温度，随后电解液的分解反应最终导致热失控事故的发生，所以对该过程中任何步骤的阻隔都可以提高锂离子电池的热稳定性。

9.10.2 应对锂离子电池安全问题的措施

如何解决锂离子电池的安全问题? 通过采用合格的正负极材料和高安全性的电解质、改善电池管理系统、改进电池隔膜技术以及合理使用等方法都可以提高锂离子电池的安全性。

（1）通过界面改造提高负极 SEI 膜热稳定性，提高电池自放热的开始温度，可以提高电池的使用温度；通过材料改性或新材料应用提高负极/电解液或正极/电解液分解反应的温度可以提高电池的安全温度，或降低反应的热效应以减少电池的放热量；通过添加剂或新体系的应用提高电解液的稳定性；采用机械和热关闭性能更优的隔膜，进一步降低电池热失控事故的概率和危险性。

（2）改进设计提高电池的散热能力等也是提高锂离子电池安全性的途径。如采用同样的材料和设计，一般情况下锂离子电池储存的总能量和其安全性是成反比的，随着电池容量的增加，电池体积也在增加，其散热性能变差，出事故的可能性将大幅增加。

（3）严格的生产过程对提高电池安全性非常重要。在生产过程中，厂家除了要严格控制极片的一致性，采用具有热关闭特性的电池隔膜，使用阻燃型电解液，降低发热量，同时，电池还要有安全阀，内部压力大于一定值时，安全阀可以开启泄压。另外，制造环境的控制也很重要，因为制造过程中引入的杂质、掉粉等也会导致电池出现安全问题。最后，每批电池芯还需要抽样做各项不恰当使用试验测试，如过充、热箱、针刺、挤压、温度冲击、外部短路、跌落等，充分考查其安全性能。

（4）锂离子电池的使用也有严格的要求。安全的电池包内包含锂离子电池保护电路，该电路具有防止电池过充、过放、过热和过流的功能，电池包结合专用充电单元才能与特定的用电器配合，为消费者使用。

总之，锂离子蓄电池经过近年来的发展，取得了长足的进步，在便携式电子产品和通讯工具中得到了广泛的应用，并且被逐步应用到动力型电源领域。特别是我国“863”新能源汽车重大专项的实施，更是使锂动力电池具有了广阔的市场前景。目前，锂动力电池的使用还存在一定的问题，动力型锂离子电池的质量和体积非常大，放电状况复杂，散热条件及充放电制度控制也非常苛刻。随着电池体系、电池材料等安全性问题的深入研究，需要设计方、生产方、使用方共同努力才能解决锂离子电池的安全性问题，避免不安全因素的出现，促进锂离子动力电池的健康发展。相信通过电池材料技术、制造技术的不断改进，以及人们对锂离子电池设计要求、检测要求和使用要求诸方面认识的不断加深，未来的锂离子电池会变得更安全。

复习思考题

9-1 简述锂离子电池的基本原理。

9-2 已知正极材料 $LiMn_{1.5}Ni_{0.5}O_4$完全脱锂之后的化学式为 $Mn_{1.5}Ni_{0.5}O_4$，负极材料 Sn 完全嵌锂之后的化学式为 $Li_{22}Sn_5$，试计算这两种材料的理论比容量。

9-3 某型号电池设计容量为 800mA · h，现使用 0.2C 进行充放电，计算：（1）所使用电流的大小；（2）充放电循环 100 次所需时间；（3）放电实际时间为 5.21h，电池的实际容量；（4）在下一个循环，假设容量不发生衰减，放电 3h 即停止测试，此时的 DOD 值。

9-4 列举三种正负极材料，说明它们的结构和优缺点。

9-5 你如何看待锂离子电池在电动汽车领域的应用前景？

10 太阳能电池

10.1 太阳光的辐射

光电过程是将太阳光转变为电能的过程，一般使用太阳能电池实现这种转变。世界上第一个光电设备是由法国的 Edmond Becquerelz 19 岁时在他父亲的实验室工作时展示的。而真正的实际应用则是有赖于 20 世纪最重要的科学和技术的进步，一个是量子力学，另一个是半导体技术，这两项是电子技术和光学技术共同进步的结果。

10.1.1 黑体辐射

任何物体都具有不断辐射、吸收、发射电磁波的本领。辐射出去的电磁波在各个波段不同，具有一定的谱分布。这种谱分布与物体本身的特性及其温度有关，因而被称之为热辐射。为了研究不依赖于物质具体物性的热辐射规律，物理学家们定义了一种理想物体——黑体（black body），作为热辐射研究的标准物体。黑体是一个辐射的理想吸收体和发射体。当被加热时，黑体开始发光，释放电磁辐射。如当一个金属被加热时，越热释放的光波波长越短，颜色也由红色逐渐变为白色。

经典的物理学不能描述这种发热体发射的光波长的分布。1900 年，麦克斯普朗克推出了一个描述这种分布的数学表达式，直到 5 年之后爱因斯坦推出夸克（quanta）的概念之后才被理解。普朗克分布在单位面积和波长范围（λ 至 $\lambda+d\lambda$）内黑体辐射的能量分布如公式：

$$E(\lambda,\ T) = \frac{2\Pi hc^2}{\lambda^5[\exp(hc/\lambda kT) - 1]}$$

式中，k 是玻耳兹曼常数；E 是单位面积单位波长的能量；h 是普朗克常数，整个能量可以通过积分方程来实现。

图 10-1 为不同黑体表面温度的辐射分布，其中最低的曲线是加热到 500K 的钨纤维灯的辐射，辐射的峰能量波长大约在 6.2μm，在红外区。仅有少量能量辐射在可见区（波长为 0.4~0.8μm）。

10.1.2 太阳及其辐射

太阳中心是轻核聚变产生的热量加热的气体球，内部温度高达 2 千万开，如图 10-2 所示。来自内部的强烈辐射被外层的氢离子层所吸收，能量通过对流而后重新在外层辐射。这种辐射接近于温度为 6000K 的黑体辐射，如图 10-3 所示。强烈的太阳辐射包含 γ 射线、X 射线、紫外线、可见光线、红外线等。

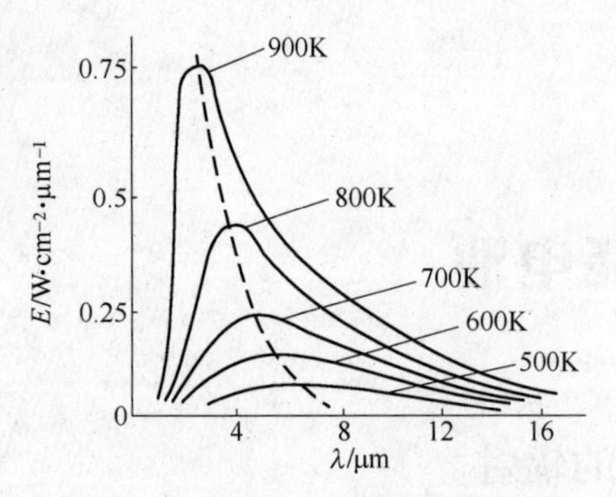

图 10-1 不同黑体表面温度的辐射分布

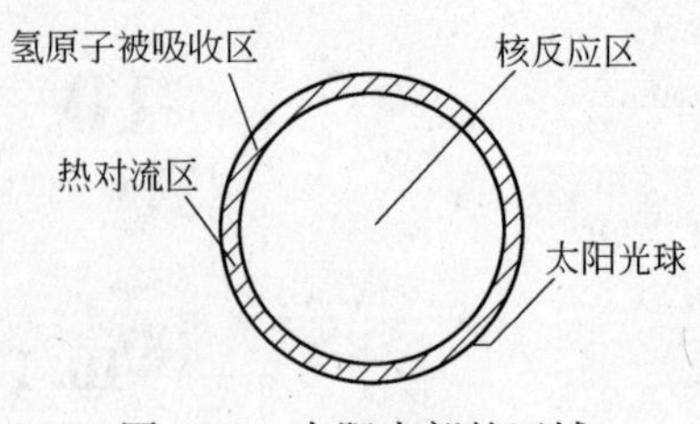

图 10-2 太阳内部的区域

10.1.3 太阳辐射

尽管来自太阳表面的辐射相当稳定，但在它到达地球表面时由于地球大气层的吸收和散射仍然会变化很多。当天空清澈，太阳直射，最大的辐射投入到地球表面，这时太阳光通过最短的路径穿过大气层。这个路径的长度大约是 $1/\cos\varphi$，其中 φ 是太阳和直射点之间的角度。该长度通常参考作空质（air mass，简称 AM），如图 10-4 所示。

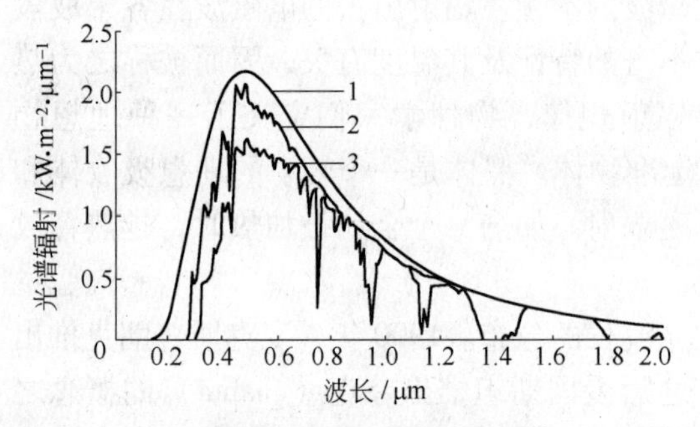

图 10-3 光谱辐射和波长

1—黑体的在 6000K 温度的光谱辐射；

2—在地球大气层之外观察到的太阳光球辐射；

3—来自太阳经过 1.5 倍地球大气层厚度的太阳光球辐射

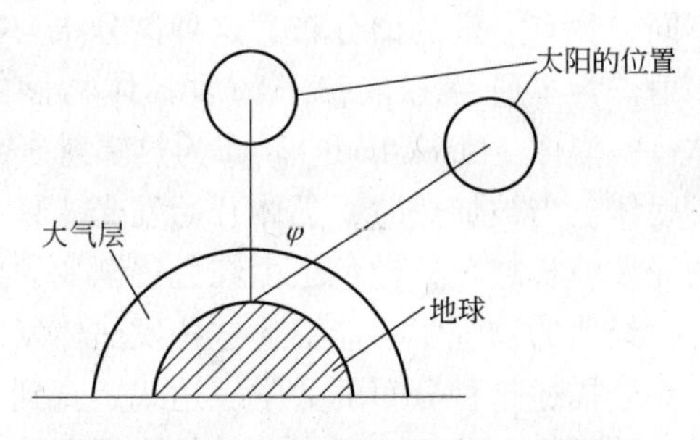

图 10-4 依赖于太阳位置的太阳辐射到达地球表面必须通过的空气数量

$$AM = 1/\cos\varphi$$

这是基于大气是均匀的，不出现折射的情况给出的，误差大约是 10%。Iqbal 将密度随高度的变化考虑进去，给出了更精确的公式来描述光所走过的曲线，空质（AM）在什么位置可以通过下面的公式来评估：

$$AM = \left(1 + \frac{2s}{h}\right)/2$$

其中，s 是高度为 h 的垂直杆投射的影子的长度，见图 10-5。

太阳光在大气层外部的光谱分布见图 10-6。AMO（大气层外部的太阳光谱分布，Air Mass Zero）是基本不变的，它的总能量密度对光谱积分，一般认为该总能量密度 γ = 1.3661kW/m²。

图 10-6 表明在大气外层（AMO）和地球表面（AM1.5）的太阳光的光谱能量密度，以及各种大气成分对太阳光的吸收。地球表面的包含各种波长的太阳光的总能量密度为

970W/m^2，该数据为太阳能的利用提供了设计依据。当然，光照水平还与系统所处位置以及气候条件有关。

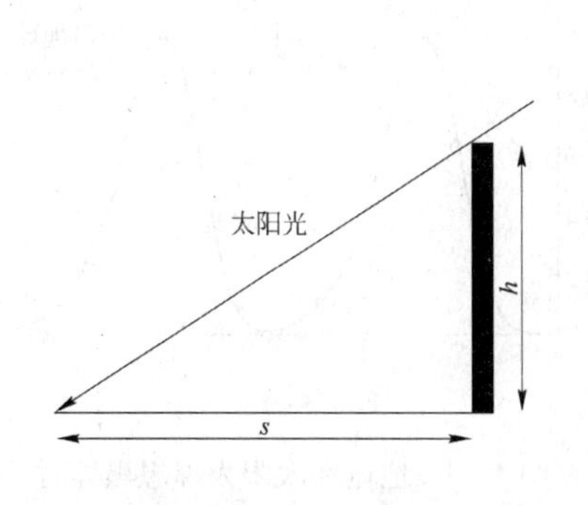

图 10-5　使用已知高度的物体阴影计算空气质量（数量）

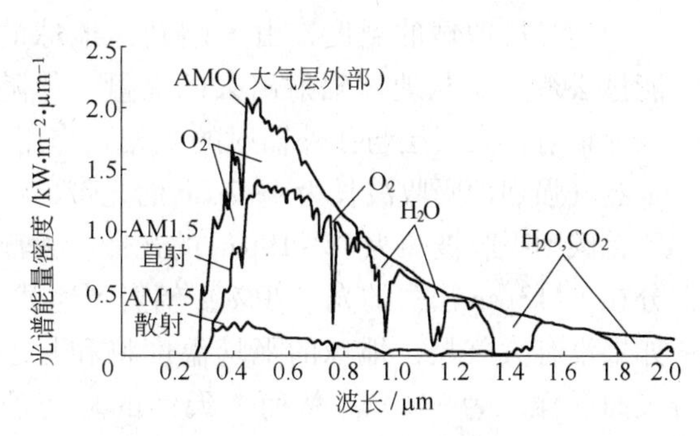

图 10-6　大气层外和地球表面的太阳光的光谱能量密度

10.1.4　直接辐射和扩散辐射

由于大气中短波的瑞利（Rayleigh）散射（指当光线入射到不均匀的介质中，如乳状液、胶体溶液等，介质就因折射率不均匀而产生散射光。是由比光波波长还要小的气体分子质点引起的，散射能力与光波波长的四次方成反比，波长愈短的电磁波，散射愈强烈。如雨过天晴或秋高气爽时，就因空中较粗微粒比较少，青蓝色光散射显得更为突出，天空一片蔚蓝。瑞利散射的结果，减弱了太阳投射到地表的能量，使地面的紫外线极弱而不能作为遥感可用波段，使到达地表可见光的辐射波长峰值向波长较长的一侧移动，当电磁波波长大于 1mm 时，瑞利散射可以忽略不计）、气溶胶或灰尘的散射，以及大气气体如氧、臭氧、水蒸气和二氧化碳气体的吸收，太阳光穿过大气到达地球时减少 30%。波长低于 0.3μm 的光很容易被臭氧吸收，臭氧层的耗尽会使这些短波到达地球，带来生态系统危害。水蒸气可吸收波长为 1μm 左右的波，二氧化碳则可吸收波长更长的光，二氧化碳在大气层中含量的改变会给气候和生态带来影响。

图 10-7 表明了大气如何散射来自天空中各个方向的太阳光的扩散成分。由于波长短的波的有效散射，扩散辐射在光谱的蓝端占主要地位，因此，天空显现为蓝色。云层阻挡了部分来自太阳的辐射，使光线发生了漫反射，如图 10-8 所示。

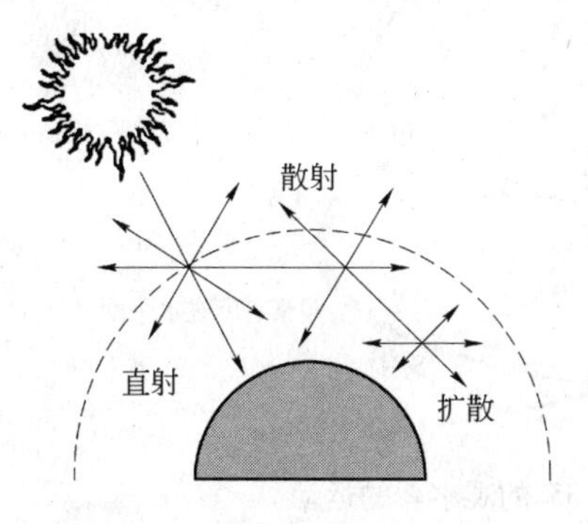

图 10-7　导致漫反射的大气散射

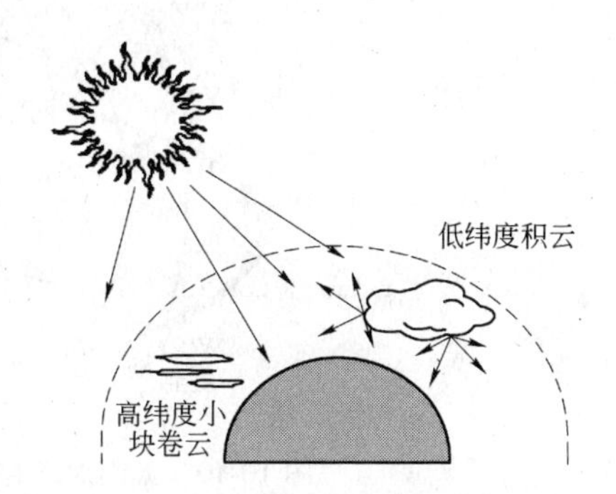

图 10-8　云层对于到达地球表面的辐射的影响

10.1.5 温室效应

为维持地球的温度，由太阳到达地球的能量必须等于从地球辐射出去的能量。伴随入射辐射，大气层与往外辐射的光相互作用，水蒸气强烈地吸收波长为4~7μm的光带，二氧化碳则吸收波长为13~19μm的光带。大部分在7~13μm出去的光（70%）辐射到地球。如果没有大气层，地球的平均温度将和月球表面一样，为-18℃。然而，天然的环境有270×10^{-6}的二氧化碳在大气层中，这使得地球温度平均大约为15℃，比月球的温度高出33℃，地球存在生命成为可能。图10-9为假设太阳和地球是理想黑体的情况下入射和反射能量的波长分布。

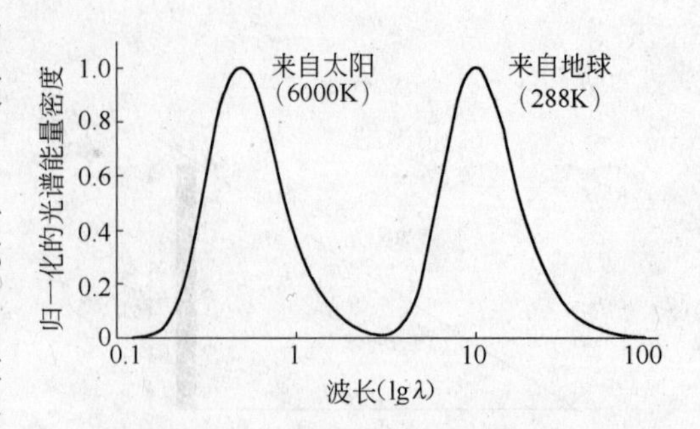

图10-9 地球和太阳为理想黑体时地球表面入射和反射的光谱分布
（两个曲线已经归一化，水平轴是对数）

人类活动释放气体进入大气层，特别是二氧化碳、甲烷、臭氧、氮氧化物和氟碳化物，这些气体能阻止能量的正常释放，被认为是引起地球表面温度上升的原因。按照McCarthy等人（2001）的研究，全球地表平均温度在过去的20世纪增加了0.6±0.2℃，从1990到2100年，此温度按模型估计增加1.4~5.8℃。这种升温趋势随着地区、降雨或降雪的变化而变化。除此之外，极端气候变化的频率和强度也发生了改变。增加的洪水和干旱对人类的影响巨大。很明显人类的活动已经达到了影响行星自支持系统的规模。负效应可能是破坏性的。温室气体的排放对环境的影响在未来几十年将增加。温室气体主要是通过化石燃料的燃烧产生的，一些技术如光伏技术等可以替代化石燃料，应当增加其使用的份额。

10.1.6 太阳的运动

在图10-10中，固定的观察者相对于太阳离开正午的位置在35°。太阳的路径整年之中都在变化，图中表明了夏天、冬天的最高点、二分点和中季点。在二分点（大约在3月

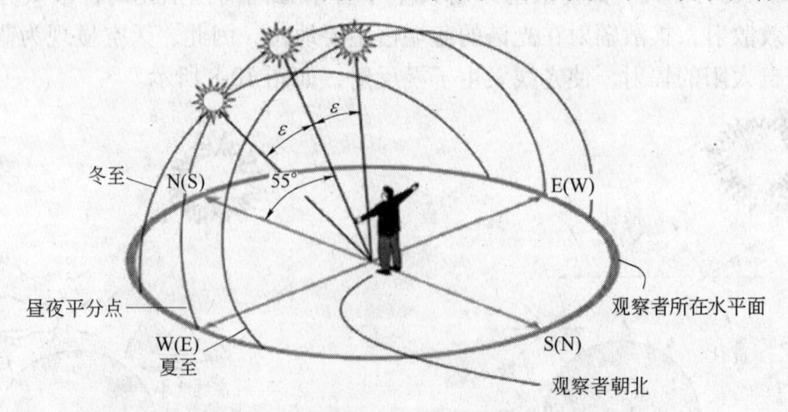

图10-10 太阳对于在南纬（北）35°的观察者的运动
（ε是地球旋转轴相对于太阳旋转平面的倾斜角度，约为23.45°）

21日和9月23日），太阳在东边升起，在西边落下。太阳正午的纬度等于90°减去纬度。在冬天和夏天，最顶端（对于南半球大约是6月21日，对于相反的北半球大约是12月22日）太阳正午的纬度通过地球轴（23.45°）的倾斜增加或降低。可通过方程计算在任何时间任何地点太阳的位置。

10.1.7 太阳的光照数据评估

光伏系统的设计者通常需要评估照射，期望其降落到任意倾斜的表面上。大多数情况下，每月的平均日照时间是足够的。通常用每月中部的照射值定义每月的平均值。

（1）外围辐射。在水平表面的外围辐射 R_0，可以由 $\gamma_E = 3.6\gamma$ 式计算，单位是kJ/(m²·h)。

太阳和地球的辐射尺寸（Iqbal, 1983, p.65）

$$R_0 = \left(\frac{24}{\Pi}\right)\gamma_E e_0 \cos\varphi\cos\delta\left[\sin\omega_s - \left(\frac{\Pi\omega_s}{180}\right)\cos\omega_s\right]$$

表明了每月中每天在水平面上的辐射。其中，$e_0 \approx 1 + 0.033\cos\left(\frac{2\Pi d}{365}\right)$ 是轨道的离心率，其中，ω_s 是太阳升起时间的角度，通过 $\cos\omega_s = \tan\varphi\tan\delta$ 计算，d 是一月一号算作 $d=1$ 开始的天数，即 d 是每月第几天的天数，如3月22日，$d=22$。二月份被认为是28天。δ 是太阳的倾斜度：

$$\delta \approx \sin^{-1}\left\{\sin\varepsilon\sin\left[\frac{(d-81)360}{365}\right]\right\} \approx \varepsilon\sin\left[\frac{(d-81)360}{365}\right]$$

其中，$\varepsilon=23.45°$。这种偏斜是地球和太阳中心连线与地球赤道平面的角度，在二分点是零。相应地，外围每月平均的每天在水平面上的辐射可用下式表达：

$$\overline{R}_0 = \left(\frac{24}{\Pi}\right)\gamma_E e_0^* \cos\varphi\cos\delta^*\left[\sin\omega_s^* - \left(\frac{\Pi\omega_s^*}{180}\right)\cos\omega_s^*\right]$$

（2）地球陆地水平面的辐射。热电效应是指通过不同物质的连接处由于热而产生电压的现象，热电效应使制造更精确的设备成为可能，这种效应对于光的波长不敏感。光伏系统正是实现热电效应的设备。

设计光伏系统时，以一种适当的方式得到精确的日晒时间是很重要的，但是有时也是很困难的。其中应用最广泛的数据形式是平均每天、每月、每季或每年全球的辐射降到一个水平或倾斜的平面上的数据。图10-11给出了季度平均的地球等辐射量轮廓图，该图是每季度每天的，单位是MJ/m²。对于某个特定的地点，如果条件允许，更精确的数据以是一种直接的或扩散的量，而不是全球日晒水平。

（3）全球的扩散因素。扩散日晒是通过与大气复杂的相互作用产生的，大气吸收和散射太阳光，地球表面也吸收和反射太阳光。扩散日晒测量计（pyranometers）需要安装在阴影区，以防止直接被太阳光照射，适用于比地球日晒太阳测量少得多的地方。由此发展出评估地球扩散因子的方法。

清晰度 $\overline{K}_T$ 是用来评估太阳光的扩散因子，$\overline{K}_T$ 定义如下：

$$\overline{K}_{\mathrm{T}} = \frac{\overline{R}}{\overline{R}_0}$$

即每月每天的平均扩散和全球辐射的比例。

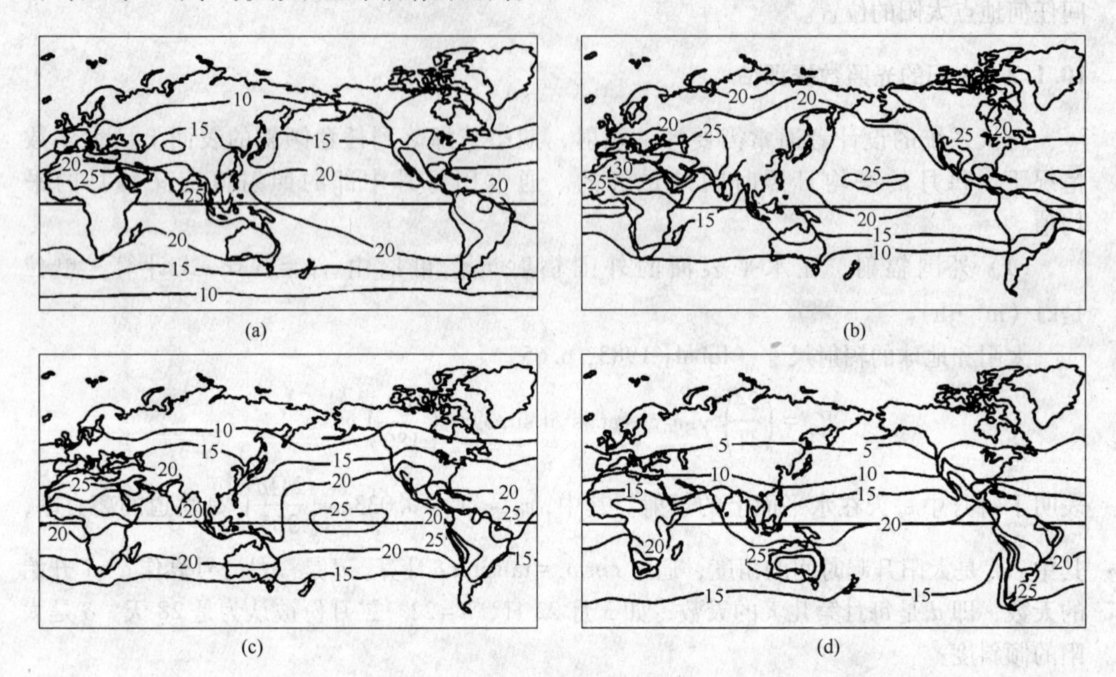

图 10-11 平均每季全球每天热晒总量的等量轮廓线，单位为 MJ/m²

（1MJ/m² = 0.278kW · h/m²）

（a）3 月 15 日；（b）6 月 15 日；（c）9 月 15 日；（d）12 月 15 日

在分离的扩散和直接照射的成分未知的情况下，可以通过方程化全月的地球日晒和全天日晒的理论值来进行合理的估计，这样可以得到晴天和多云天的合适数量。计算过程如下：

晴天太阳光组分遍及每天直接日晒的强度可以作为空气质量的函数，表示为：

$$I = 1.3661 \times 0.7^{(AM)^{0.678}}$$

其中，I 是直接照射到垂直于太阳光线的平面上的强度，单位为 kW/m²，而空气质量 AM 是纬度的函数。

由于已知的全球日晒数据可被适当的晴天天数所代替，故晴天和扩散成分可以被确定。图 10-12 为典型的 $AM1$ 晴朗天空入射太阳光的吸收和散射。

上式是独立于日晒波长的，实际上，波长的作用很弱，可用如下表达式表达：

$$I_{AMK}(\lambda) = I_{AM0}(\lambda) \left| \frac{I_{AM1}(\lambda)}{I_{AM0}(\lambda)} \right|^{AM^{0.678}}$$

其中，$AM0$ 表示大气层外部的辐射，$AM1$ 表示地球表面的辐射，AM 则指空光通过的空气质量，晴天和多云天气和 AM 显然不同，λ 是光的波长。光谱含量的改变对太阳能电池的输出有很大的影响。然而，这种效果经常被忽略，因为太阳能电池几乎不吸收波长大于 1.1μm 的光，而模块在附带光倾斜角处反射增加，由于更长的波长和增加的空气质量。

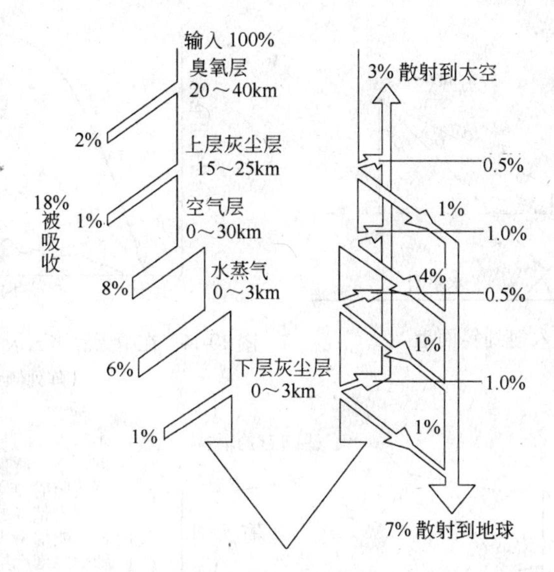

图 10-12 典型的 *AM*1 晴朗天空入射太阳光的吸收和散射

（4）倾斜面上的辐射。由于光伏模块通常安装在固定的斜坡上，所以必须经常从平面上来评估这种倾斜的面。在此仅考虑朝着赤道倾斜的平面。

其中日晒数据适用于直接和扩散成分，下面的方法可以用来确定相应在太阳板与水平倾斜角 β 的日晒程度。

首先，扩散成分 D 独立于倾斜角，即近似于平行光，该倾斜角接近于 45°。其次，光线直接到水平面 S 上转化为直接的光线在一个相对于水平角度 β 倾斜面，见图 10-13。结果，得到

$$S_{\beta} = \frac{S\sin(\alpha + \beta)}{\sin\alpha}$$

$$\alpha = 90^{o} - \theta - \delta$$

其中，α 是太阳的纬度（在太阳和水平线之间的角度），θ 是南方的纬度。

以上内容是太阳模块在南半球朝北的情形，如果在北半球朝南，式 $\alpha=900-\theta-\delta$ 中的 θ 是朝北的纬度。方程在中午是严格正确的，其通常用来确定体系对于一个太阳能面板角度为 β 转化为直射的部分。

图 10-14 给出了一个典型的阳光强度范围，该强度范围是针对冬季晴朗的和多云的天气而言的。多云天气的日照强度仅为晴朗天气的 10%，通过倾斜到与水平面夹角为 60°角的范围，相对于扩散组分增加了直射的成分。这就像直射地面的一定面积的太阳光，如果斜射到一个平面上，由于平面面积的增加导致单位面积的能量密度减小。

图 10-15 表明了晴天阵列倾斜 23. 5°对于每天太阳能入射的影响。Meinel 推出了晴天理论上对于固定和追踪方向的阵列每天的能量拦截行为方式，对于夏天和冬天分别使用夏至和冬至两个代表性纬度。

Lorenzo 概括了月平均每天辐射到水平面的能量转变为辐射到任意倾斜面的方法。该方法需要估计每小时水平面上直射和漫射的成分，以及倾斜面的透明度。这个过程可以用计算机通过确定的程序精密计算。

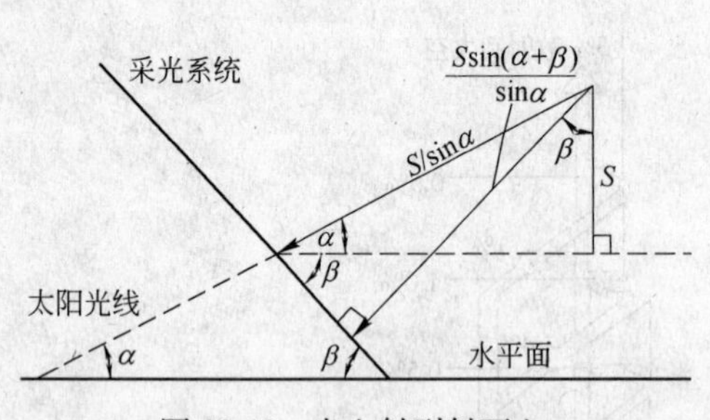

图 10-13 光入射到斜面上

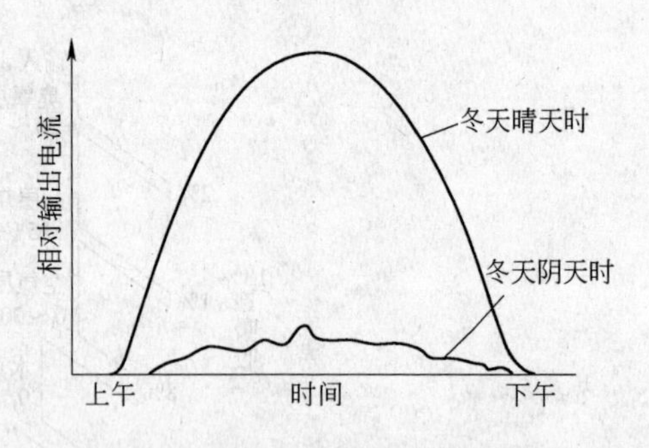

图 10-14 在晴天和多云天气光伏阵列的相对输出电流
（阵列倾角为 60°）

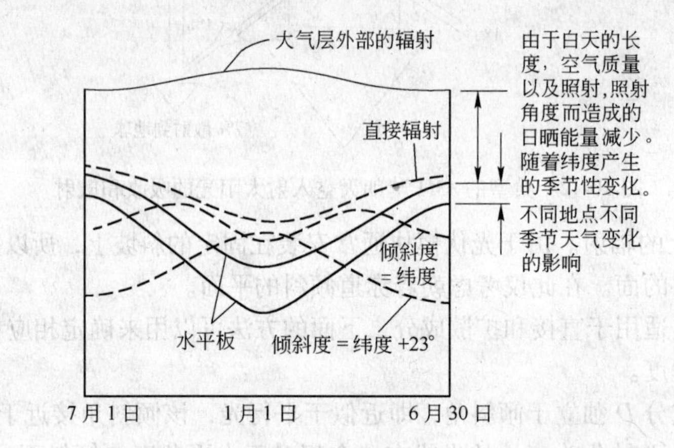

图 10-15 阵列倾斜对于每天整个日晒能量的影响
（北纬 23.4°）

Liu 和 Jordan 设计了一种近似可用的方法，这种方法后来被 Klein 发展成如下式：

$$\bar{R}(\beta) = \bar{R}_{\mathrm{b}}\left[1 - \frac{\bar{R}_{\mathrm{d}}}{\bar{R}}\right] + \bar{R}_{\mathrm{d}}\frac{1+\cos\beta}{2} + \bar{R}\frac{1-\cos\beta}{2}\rho$$

其中，ρ 是地面反射率，比例 R_{d}/R 与 KT（K 为玻耳兹曼常数，T 为热力学温度）相关。R_{b} 是每天直射到倾斜表面和水平表面的比例。后者比例通过相应的地球外值来近似。对于南半球，比例由下式给出：

$$\bar{R}_{\mathrm{b}} = \frac{\cos(\varphi+\beta)\cos\delta\sin\omega_{\mathrm{s},\beta}^{*} + \left(\frac{\pi}{180}\right)\omega_{\mathrm{s},\beta}^{*}\sin(\varphi+\beta)\sin\delta}{\cos\varphi\cos\delta\sin\omega_{\mathrm{s},\beta}^{*} + \left(\frac{\pi}{180}\right)\omega_{\mathrm{s},\beta}^{*}\sin\varphi\sin\delta}$$

其中 $\omega_{\mathrm{s},\beta}^{*} = \min\{\cos^{-1}(-\tan\varphi\tan\delta),\ \cos^{-1}[-\tan(\varphi+\beta)\tan\delta]\}$
是每月特征天日落时间对应的斜面角度。

对于北半球 $$\bar{R}_{\mathrm{b}} = \frac{\cos(\varphi-\beta)\cos\delta\sin\omega_{\mathrm{s},\beta}^{*} + \left(\frac{\pi}{180}\right)\omega_{\mathrm{s},\beta}^{*}\sin(\varphi-\beta)\sin\delta}{\cos\varphi\cos\delta\sin\omega_{\mathrm{s},\beta}^{*} + \left(\frac{\pi}{180}\right)\omega_{\mathrm{s},\beta}^{*}\sin\varphi\sin\delta}$$

其中 $$\omega_{s,\ \beta}^{*}=\min\{\cos^{-1}(-\tan\varphi\tan\delta),\ \cos^{-1}[-\tan(\varphi-\beta)\tan\delta]\}$$

光伏与量子力学的发展有密切的联系。在地球的大气层外太阳辐射近似于理想的黑体辐射。经典的理论不能解释这些黑体辐射，是由于其实质上是量子力学的范畴，量子力学可以用来解释太阳能电池的操作。由于地球反射太阳光，故地球本身也发射辐射，类似于黑体，但由于地球的温度低，地球辐射以波长较长的波为主。通过地球大气层时，由于大气层的吸收或散射减少了到达地球的光的强度，改变了其波长分布。而且它们也与地球辐射的能量相互干涉，使地球温度比月亮更高。大气层的吸收或散射也减少了温室气体的影响。由于实际的强度和波长分布是不断变化的，所以调整光伏产品应使用标准的太阳光谱。

10.2 半导体和 P-N 结

10.2.1 半导体

1839 年 Becquerel 观察到某种材料暴露在光中会产生电流。这种现象现在被认为是光伏效应，是光伏或太阳能电池操作的基础。太阳能电池使用半导体材料制造，这种材料在低温下是绝缘体，但当有能量或热量时变成导体。目前，大部分太阳能电池是硅基的，因为这是最成熟的技术。然而，人们也在积极地研究其他材料，未来有可能代替硅。半导体的电性能可以用两种模型解释，即键和键能级模型。

10.2.1.1 键模型

键模型中硅原子由共价键连接以此来描述半导体的行为，图 10-16 为共价键和电子在硅晶格中的运动。

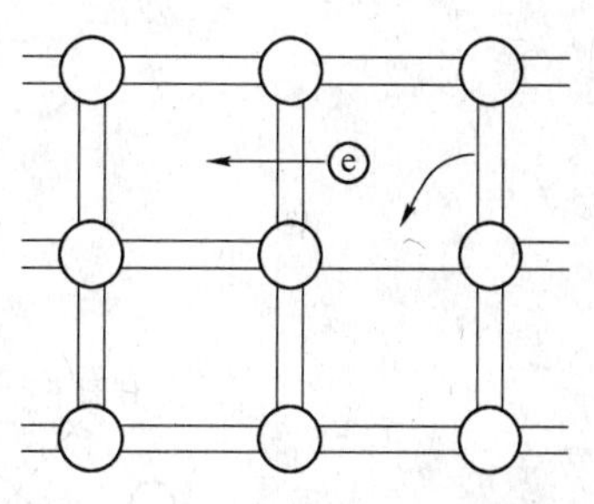

图 10-16 共价键在硅原子晶格中的示意图

在低温下，键是不活动的，硅表现为绝缘体。在高温下，一些键被破坏，导电通过两个过程发生：(1) 电子从破坏的键中释放出来并运动；(2) 电子从邻近的键中运动到由于键破坏而产生的孔穴中，使破坏的键或空穴积聚如产生正电荷一样；(3) 移动的空穴的概念类似于在液体中的气泡，尽管实际上是液体在移动，但直观地可描述为气泡沿与液体移动方向相反的方向移动。

10.2.1.2 键能级模型

大量原子的价电子轨道重叠形成能级，键模型按照在价带和导带之间的能级水平来描述半导体，见图 10-17。

在共价键中电子的能量类似于那些在价带中电子的能量，在导带中电子是自由的，禁带是从共价键到导带释放电子的最低能量，在价带释放电子后对应剩下的空穴依然导电。

10.2.1.3 掺杂

通过使用其他原子掺杂的方法有可能改变硅晶格中电子和空穴的平衡。原子比半导体多一个或多几个价电子可以产生 N 型材料，原子比半导体少一个或少几个价电子可以产生 P 型材料。见图 10-18。

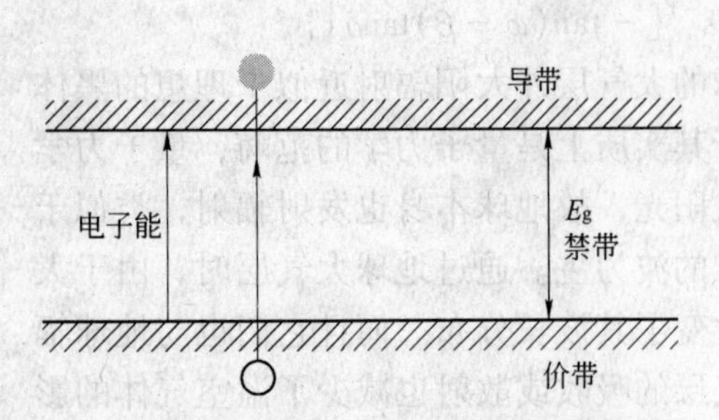

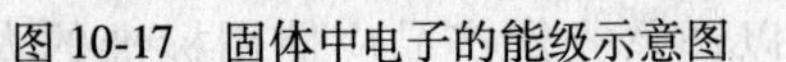
图 10-17 固体中电子的能级示意图

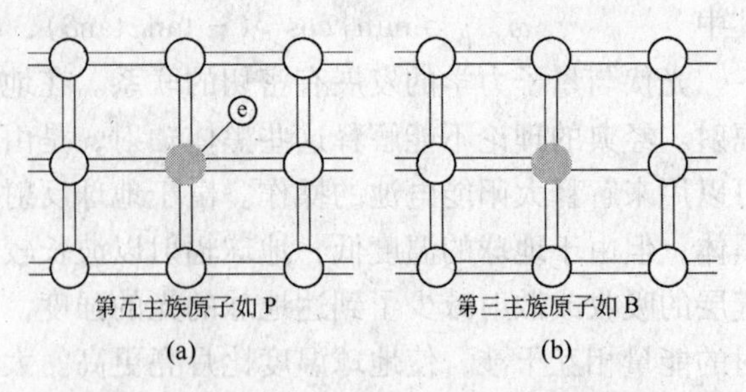

图 10-18 掺杂杂质产生 N 型和 P 型半导体材料的示意图
(a) N 型；(b) P 型

10.2.2 半导体类型

用于太阳电池的半导体材料可以是晶体、多晶硅、聚合晶硅、微晶或无定型体，这些种类的使用是多种多样的。通常定义大单晶材料颗粒粒度小于 1μm，聚晶材料粒度小于 1mm，多晶材料粒度小于 1cm。不同材料的类型见图 10-19。

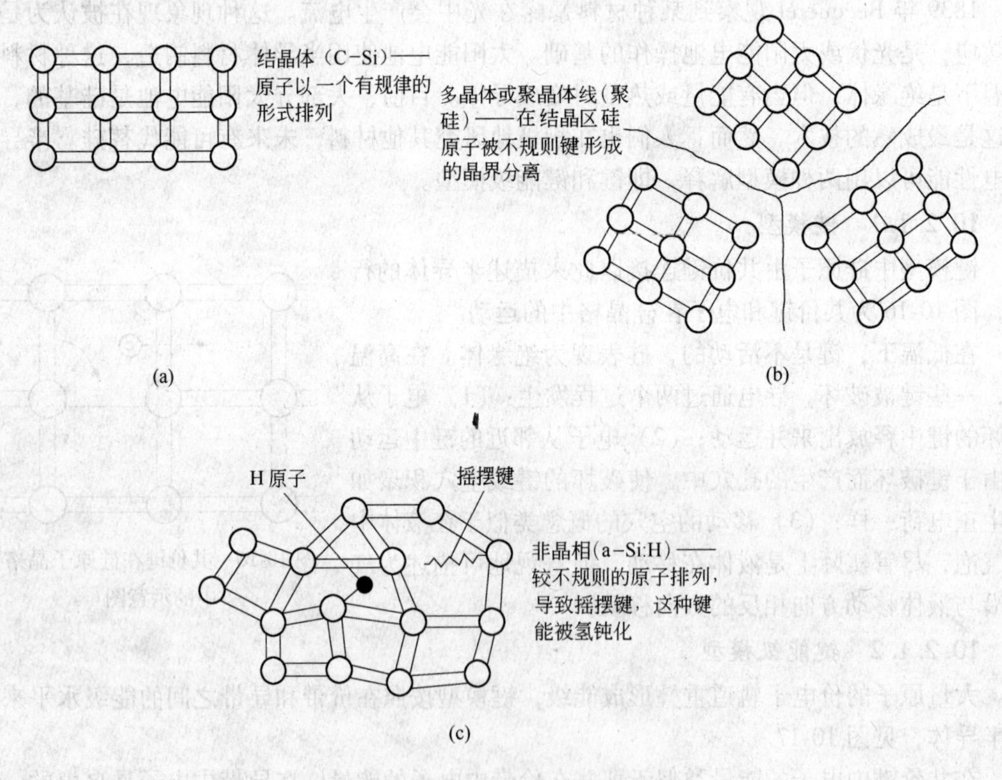

图 10-19 晶体、多晶和非晶硅的结构
(a) 晶体；(b) 多晶硅；(c) 非晶硅

10.2.2.1 单晶硅（晶体硅）

单晶硅的晶体结构很整齐，每个原子理想地位于预先安排的位置。因此，在研究单晶硅的理论和应用单晶硅时，它的性能和预想中的均一致。由于单晶硅的生产过程非常仔细和缓慢，所以单晶硅是最昂贵的。多晶硅、聚晶硅和无定型硅尽管性能稍差，但比单晶硅

便宜，所以被更多地应用到光电池中。

10.2.2.2 多晶硅

生产多晶硅或聚晶硅的技术比较简单，因此，多晶硅或聚晶硅比单晶硅材料便宜。这种硅中的晶界通过阻挡负荷的电流降低了电池性能，在禁带中允许额外的能级水平，因此提供了有效地正负电荷再复合位置，为通过 P-N 节的电流提供了分流途径。

为避免在晶界重大的复合损失，需要的颗粒尺寸为毫米数量级。单个颗粒可以从电池的前端延伸到背端，降低了单位电池中颗粒界面的长度，使载流子的电阻更小。这种多晶材料被广泛地应用于商业太阳能电池的生产。

10.2.2.3 非晶硅

目前已经可以生产非晶硅，原则上非晶硅比多晶硅更便宜。非晶硅在原子的排列方面没有有序的结构，导致材料的面积内包含不理想的、或者摇摆不定的结合力。这些反过来在禁带产生的额外能级差，使在太阳电池结构中掺杂半导体得到纯的或合理的电流成为可能。

研究表明氢原子在非晶硅中结合 5%~10%就能饱和摇摆键，提高材料的质量，同时可使带隙从 1.1eV 增加到 1.7eV，使得材料更强烈地吸收光子，所需太阳电池材料的厚度更小。

最小的载流子扩散的长度在硅-氢团块中，比 1μm 小得多。消耗区域组成了活性载流子收集区域最大部分的体积。晶体硅有不同的设计方法，在设计中要产生尽可能大的消耗区。图 10-20 为一般 SiH 太阳电池的设计。

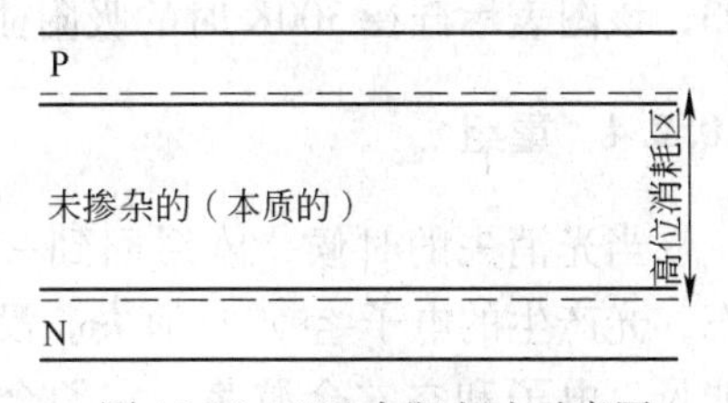

图 10-20 SiH 太阳电池示意图

在非晶硅及其他太阳能电池的薄膜技术中，将非常细的半导体材料沉积到玻璃或其他基体上，用于非常小的消费品如计算器、手表、室外用品，也用于大尺寸物品上。原则上，薄膜可提供低成本的电池生产方式，尽管目前它们的效率和寿命比单晶材料低得多。这些薄膜和潜在的低成本太阳电池材料有可能主宰将来的太阳电池市场。

10.2.2.4 薄膜结晶硅

将薄膜沉积到外部底物上的排列方式得到了广泛的研究。如果气体中氢气对硅烷的比例增加，产生的材料变成微晶，非晶部由微晶柱分开。这种物质的光学性能和电子性能类似于大晶体硅。这种材料在混合结构中用作 Si-Ge 合金的替代品。采用特殊的方式可以使非晶层足够薄，以避免光在微晶系列产生电流的过程中引起的劣化。设计者们开发出微晶或非晶串联的方式，光的利用效率在实验室规模大约是 11%。这种技术接近于商业化生产，该过程在玻璃底物上形成薄膜电池。激光可以用来形成离玻璃最近的 N 型层的坑道。低质量的材料被沉积，然后通过加热提高性能。

10.2.3 光的吸收

当光投到半导体材料上时，小于带隙能级（E_g）的光子（E_{ph}）与半导体的相互作用是微弱的，好像它是透明的，可以穿透。然而，有着大于带隙能级的光子与电子在共价键作用，用尽了突破结合力的能量，产生了电子-空穴对，之后其失去了独立性。见图 10-21。

用 E_{ph} 表示 hf，h 为普朗克常数，f 为频率。其中 $E_{ph}>E_g$ 的光照射时电子-空穴对的产生，高能光子比低能光子吸附到距半导体更近的表面，见图 10-22。

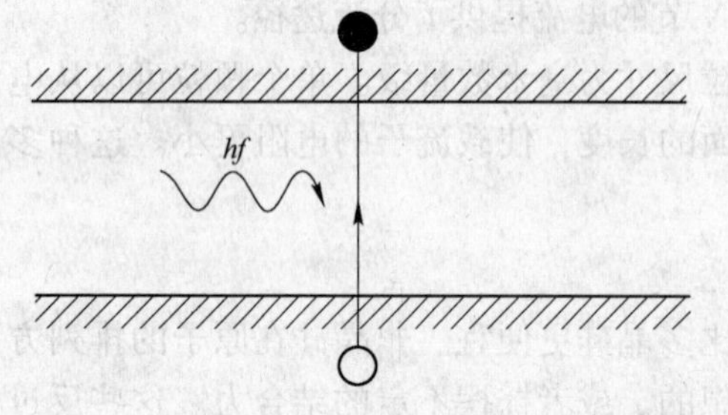

图 10-21　光照射时产生电子-空穴的示意图

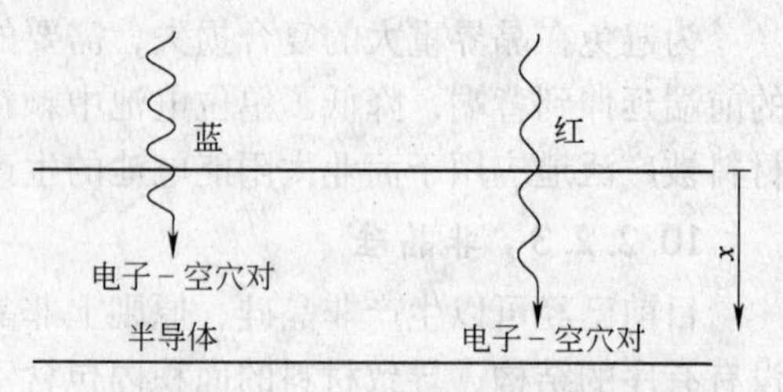

图 10-22　电子-空穴产生的光能依赖性

每单位体积产生的电子-空穴的速率可使用以下公式计算：

$$G = bNe^{-ax}$$

其中，N 是光子流量，b 是吸附系数，x 是到表面的距离，a 是光的波长的函数，见图 10-23，该图表示硅在 300K 时的吸附曲线。

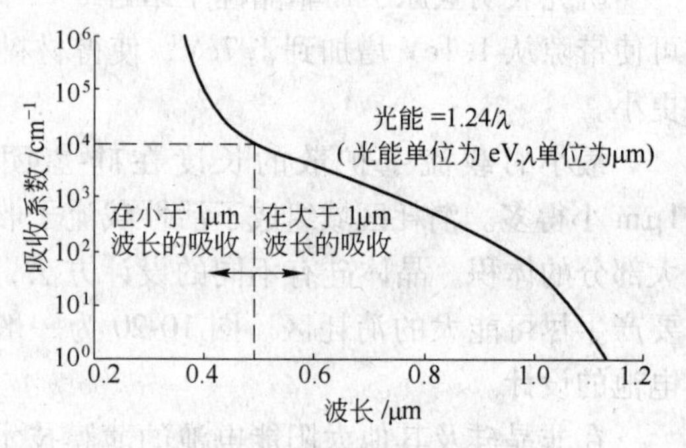

图 10-23　作为光真空波长函数的硅在 300K 的吸附系数 α

10.2.4　重组

当光消失的时候，体系回到一种平衡状态，光产生的电子-空穴对消失。没有外部的能量，电子和空穴会游荡，它们会相遇再结合。任何在里面或表面的缺陷与杂质都会促进它们的再结合。

材料的载流体的寿命被定义为电子-空穴产生到结合的平均时间，对于硅而言，该时间基本为 1μs。类似的，载流子扩散长度是载流子从产生点到结合点的移动距离，对于硅而言，这段距离基本为 100～300μm。这两个参数可以体现出材料质量并可用于制定太阳电池的标准。然而，如果没有一个指定电子运动方向的方法，在半导体内部不会产生指导电子定向运动的动力。因此，功能性的太阳电池通过将整流 P-N 结加入半导体材料中来调整电子的运动。

10.2.5　P-N 结

一个 P-N 结是通过连接 N 型和 P 型的半导体材料形成的，如图 10-24 所示。

当结合的时候，在 P 型材料中过量的空穴通过扩散到达 N 型材料，而电子通过 N 型材料流动到 P 型材料，以上是载流子经过这个结合处时浓度梯度驱动的结果。平衡后留下的电子和空穴将电荷暴露在固定于晶格中掺杂剂原子的位置上。一个电场（$\hat{E}$）因此建立在沿着连接处的消耗区去阻止流动。依赖于所使用的材料，内部电势 V_{bi}（电化学位）将形成。如果施加一个电压，见图 10-25，$\hat{E}$ 会逐渐减小。

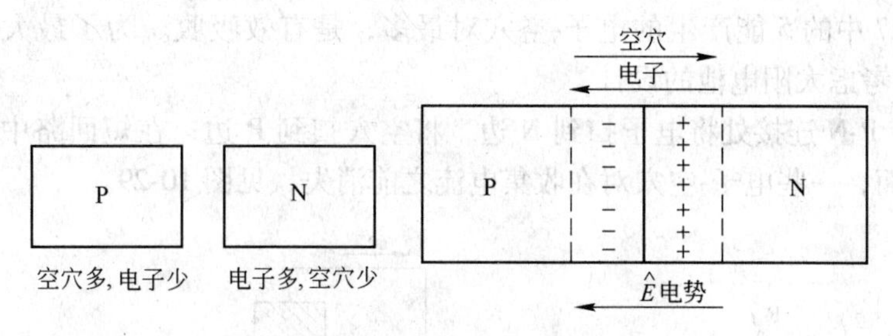

图 10-24　P-N 结的形成

一旦 $\hat{E}$ 不再大的足够阻止电子和空穴的流动，电流就产生了。形成的电势差减小到 $V_{bi}-V$，即电压大到电子和空穴能克服电化学势的阻力而流动，电流随着施加的电势成指数式增加。这种现象产生了理想的二极管定律，表示为：

$$I = I_0\left[\exp\left(\frac{qV}{kT}\right) - 1\right]$$

其中，I 是电流，I_0 是黑饱和电流，是在不存在光照情况下的二极管泄露电流密度，V 是施加的电压，q 是电子上的电荷，k 是玻耳兹曼常数，T 是绝对温度。

从式中可以看出，I_0 随着 T 增加而增加，I_0 随着材料质量的增加而降低，在 300K，$kT/q = 25.85$mV，是热电压。对于实际的二极管，方程变成

$$I = I_0\left[\exp\left(\frac{qV}{nkT}\right) - 1\right]$$

其中，n 为理想因子，是介于 1 和 2 之间的一个数值，随着电流下降而增加。硅的二极管定律见图 10-26。

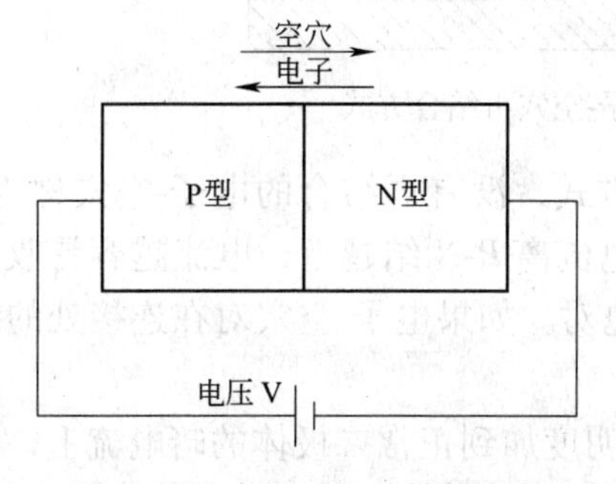

图 10-25　电压对 P-N 结的应用

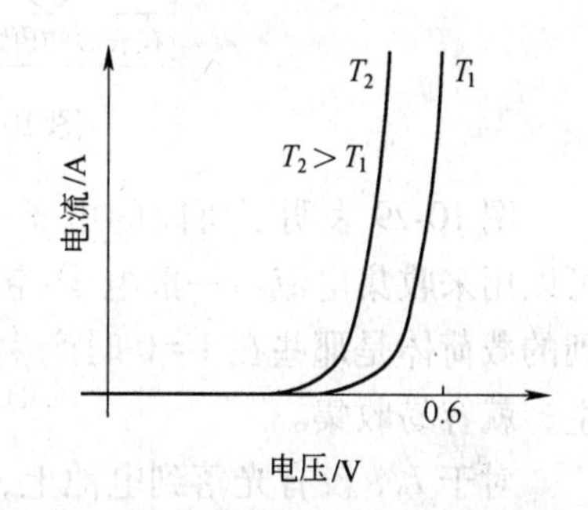

图 10-26　作为温度电压函数的硅电流二极管定律
（对于给定的电流，曲线改变大约 2mV/℃）

10.3　光电池的行为

10.3.1　光效应

硅太阳电池是一个二极体，是通过连接掺杂硼的 P 型硅和掺杂亚磷的 N 型硅组成的。光照在这种电池上会表现出多种行为如图 10-27 所示，其中吸收图 10-27 中的 3 和反射后

的吸收图 10-27 中的 5 能产生的电子-空穴对最多，是有效吸收。为了最大化这种有效吸收，必须慎重考虑太阳电池的设计。

电场 $\hat{E}$ 在 P-N 连接处将电子扫到 N 边，将空穴扫到 P 边，在短回路中理想的流动见图 10-28。然而，一些电子-空穴对在收集电流之前消失，见图 10-29。

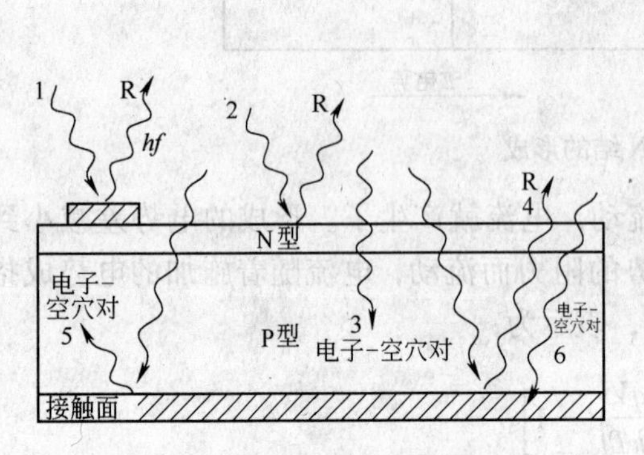

图 10-27　光照到太阳电池的行为
1—在顶部的反射和吸收；2—在电池表面的反射；
3—理想吸收；4—由电池背面反射出电池；
5—反射后再吸收；6—在背面吸收

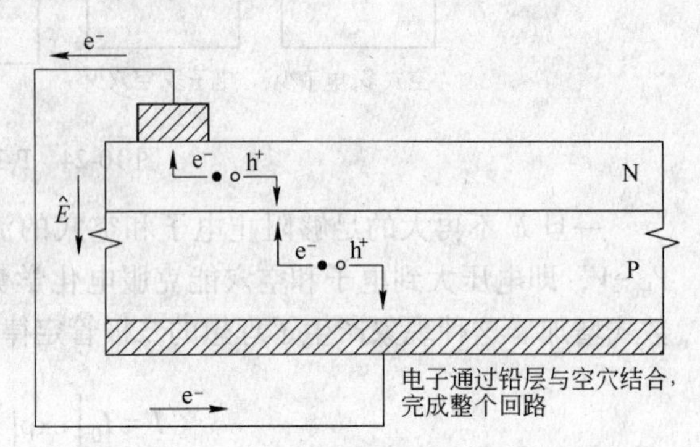

图 10-28　电子和空穴在 P-N 结的理想短路电子流动

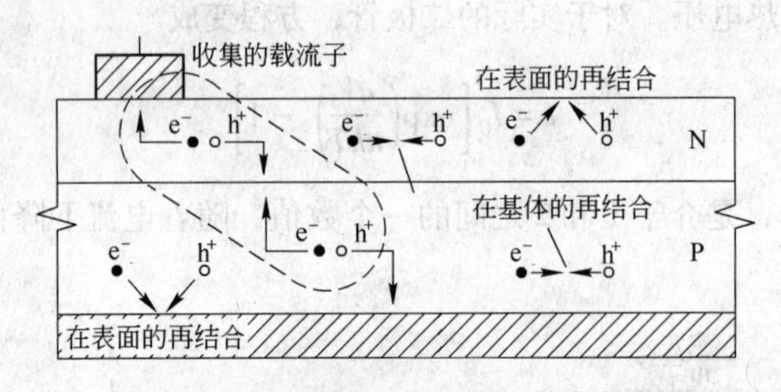

图 10-29　可能的电子-空穴再结合方式

图 10-29 表明了可能的电子-空穴再结合方式，没有再结合的电子-空穴称为载流子，可以用来收集电流。一般电子-空穴对产生的电流离 P-N 结越近，电流越容易收集。收集到的载荷体是那些在 $V=0$ 时产生有限电流的电对。如果电子-空穴对在连接处的扩散区产生，就容易收集。

对于 I_0，没有光落到电池上，仅电池的照明度加到正常二极体的暗电流上，此时二极定律变成：

$$I = I_0\left[\exp\left(\frac{qV}{nkT}\right) - 1\right] - I_L$$

其中，I_L是光生电流。

光有将 I-V 曲线转变到第四象限的效果，在该处能量可以从二极体提取，见图 10-30。I-V 曲线表征了电池特性，其输出的能量等于图 10-30（a）右手象限底部矩形的面积。该 I-V 曲线经常是反转的，见图 10-31，在第一象限输出的曲线，用下式表示：

$$I = I_L - I_0\left[\exp\left(\frac{qV}{nkT}\right) - 1\right]$$

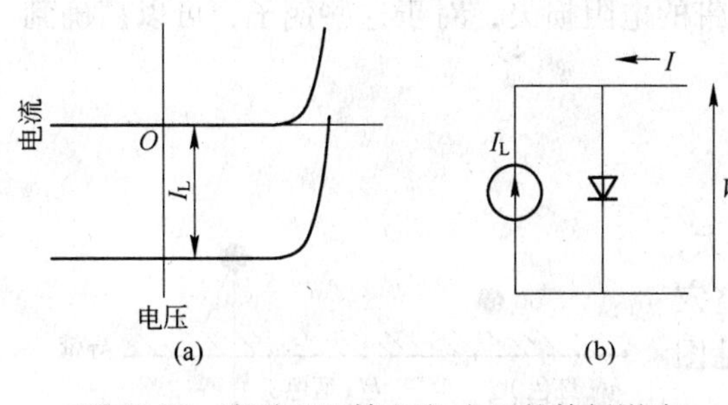

图 10-30 光对 P-N 结电流-电压的特征影响
（a）光对 P-N 节电流的影响；（b）光对 P-N 节电压的影响

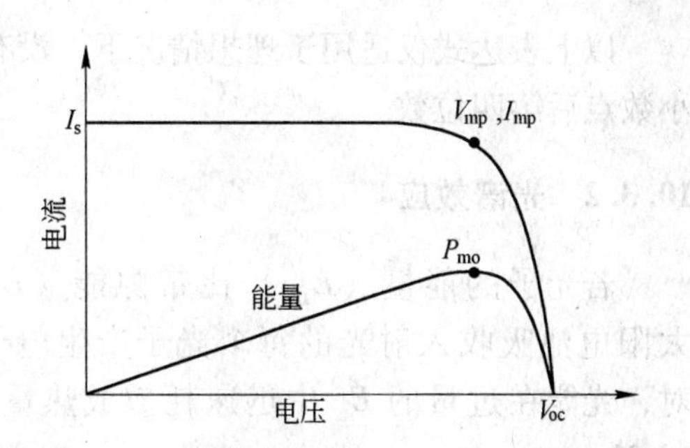

图 10-31 典型的 I-V 曲线（表明短路电流 I_{sc} 和开路电压 V_{oc}，同时表明最大能量点 V_{mp}，I_{mp}）

在给定辐射情况下，两个电池输出特征的限制参数——短路电流和开路电压如下：

（1）短路电流（I_{sc}）：即零电压下的最大电流。理想状况下，如果 $V=0$，则 $I_{sc}=I_L$，注意 I_{sc} 直接与施加的太阳光成比例。

（2）开路电压（V_{oc}）：即零电流下的最大电压。V_{oc} 随着光强的增加呈指数上升。这个特征使得太阳电池适合于电池充电。因为电池充电电压也需要逐渐增加。

注意在 $I=0$ 时：

$$V_{oc} = \frac{nkT}{q}\ln\left(\frac{I_L}{I_0} + 1\right)$$

对于 I-V 曲线上的每一个点，电流和电压的乘积数值代表着操作条件下能量的输出。太阳电池也能被最大的能源点表征，即 V_{mp} 与 I_{mp} 乘积的最大值。这个最大的能源输出值可以通过最大的 I-V 曲线下的矩形图解给出。

$$\frac{d(IV)}{dV} = 0 \qquad V_{mp} = V_{oc} - \frac{nkT}{q}\ln\left(\frac{V_{mp}}{nkT/q} + 1\right)$$

例如，如果 $n=1.3$ 和 $V_{oc}=600\text{mV}$，对一个典型的硅电池来说，V_{mp} 大约比 V_{oc} 小 93mV。

在最强光照下输出的能量被认为是电池的能峰（1kW/m^2）。因此，光伏板也可通过其峰瓦数（W_p）来评价。充电因子（FF）是节点质量和电池系列电阻的测量值，定义为：

$$FF = \frac{V_{mp}I_{mp}}{V_{oc}I_{sc}}$$

因此：

$$P_{mp} = V_{oc}I_{sc}FF$$

明显地，充电因子结合得越紧密，电池的质量越高。理想情况下，它仅是开路电压的函数，可以使用近似经验表达式表示：

$$FF = \frac{v_{oc} - \ln(v_{oc} + 0.72)}{v_{oc} + 1}$$

其中，v_{oc} 定义为：

$$v_{oc} = \frac{V_{oc}}{nkt/q}$$

以上表达式仅适用于理想情况下，没有附带的电阻损失，对于这些例子，可以精确到小数点后第四位数。

10.3.2 光谱效应

若光子的能量（E_{ph}）比带隙能（E_g）大，太阳电池吸收入射光的每个光子产生电子-空穴对，光能在过量的 E_g 中迅速耗散成热量，见图10-32。

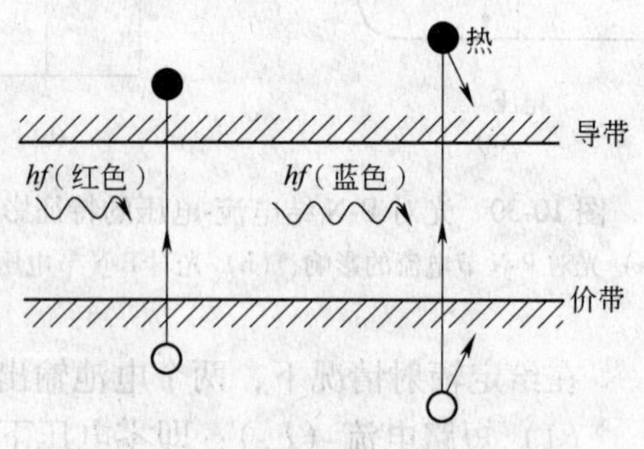

图 10-32 电子-空穴对的产生和过量 E_g 能量的消失

太阳电池的量子效率是每个光子从价带到导带移动的电子数。最长的波长是有限的，被带隙所限制，图 10-32 图解了理想量子效率对于带隙的依赖性。如果带隙在 1.0~1.6eV 范围，最多只能是组成入射光。这种作用限制了可达到最大的太阳电池的效率为 44%。硅带隙在 1.1eV，接近于最优值，而 Ga-As 的值在 1.4eV，理论上更好。

如果考虑到每瓦入射光产生的电流量，太阳电池的光谱可靠性也引起了研究人员的注意。理想情况下，电流量随着波长增加，但是在短波处电池不能利用光子中所有的能量。在长波处，弱的光吸收意味着大部分光子从收集节处很长的路径吸收，在电池材料中漫射的长度限制了电池的反应。光谱可靠性可计算如下：

$$SR = \frac{I_{sc}}{P_{in}(\lambda)} = \frac{q \times n_e}{\frac{hc}{\lambda} \times n_{ph}} = \frac{q\lambda}{hc} EQE$$

其中，n_e 是单位时间电子的流量，短路条件下在外部电路中流动，而 I_{sc} 是短路电流，n_{ph} 是电池上单位时间内入射波长为 λ 的波产生的光子的流量，P_{in} 是入射光能量，$EQE=(1-R)\times IQE$ 是外部的效率，其不同于内部的量子效率，后者中排除了因子 R。由于在每瓦入射光中的光子更少，故 $SR\to 0$ 和 $\lambda\to 0$。

可靠性对于强波长的依赖性使电池性能反过来依赖于太阳光的光谱含量。另外，光学和结合的能量损失意味着实际的电池只能接近于理想状况，而无法达到。图 10-33 和图 10-34 分别为带隙对硅太阳电池量子效率的限制和作为波长函数的光谱响应的量子限制。

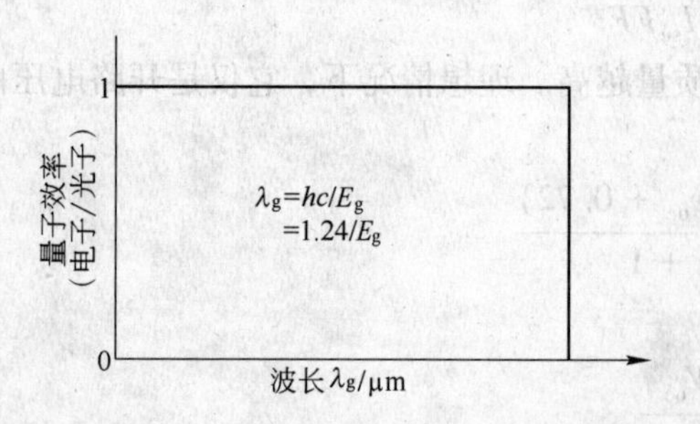

图 10-33 带隙对硅太阳电池量子效率的限制

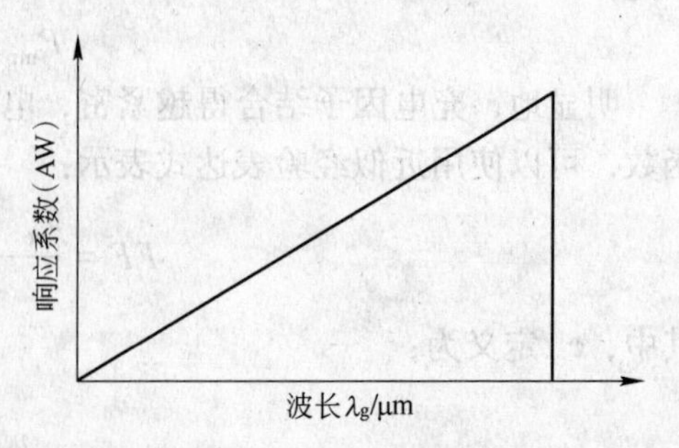

图 10-34 作为波长函数的光谱响应的量子限制

10.3.3 温度的效果

太阳电池的操作温度是通过周围大气的温度、模块的特征、太阳光照到模块的强度以及其他变量如风速等所决定的。

暗饱和电流 I_0 按照如下方程随着温度的增加而增加：

$$I_0 = BT^{\gamma}\exp\left(\frac{-E_{g_0}}{kT}\right)$$

其中，B 是独立于温度，E_{g_0}是线性推到零温度的组成电池的半导体的带隙，γ 包含了剩余的决定 I_0 的参数的温度依赖性。这个短路电流 I_{sc}随着温度增加，带隙能级 E_g 降低，更多的光子有足够的能量产生电子-空穴对，然而，这种效应非常小，对于硅来说，

$$\frac{1}{I_{sc}}\frac{dI_{sc}}{dT} \approx 0.0006℃^{-1}$$

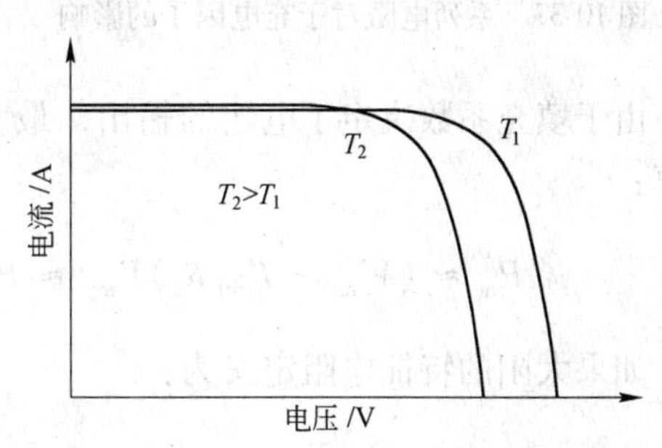

图 10-35 温度对于太阳电池 I-V 特征线的影响

对于硅电池来说温度增加的主要影响是 V_{oc}减小，充填系数和电池输出。这些影响见图 10-35。

V_{oc}和 FF 对于硅电池的温度依赖性主要通过以下公式来近似：

$$\frac{dV_{oc}}{dT} = \frac{-[V_{g0} - V_{oc} + \gamma(kT/q)]}{T} \approx -2mV/℃ \qquad \frac{1}{V_{oc}}\frac{dV_{oc}}{dT} \approx -0.003℃^{-1}$$

$$\frac{1}{FF}\frac{d(FF)}{dT} \approx \frac{1}{6}\left[\frac{1}{V_{oc}}\frac{dV_{oc}}{dT} - \frac{1}{T}\right] \approx -0.0015℃^{-1}$$

对于硅来说，最大能量输出的温度效应（P_{mp}）如下：

$$\frac{1}{P_{mp}}\frac{dP_{mp}}{dT} \approx -(0.004 \sim 0.005)℃^{-1}$$

V_{oc}值越高，期待的温度依赖性越小。

10.3.4 摇摆电阻的影响

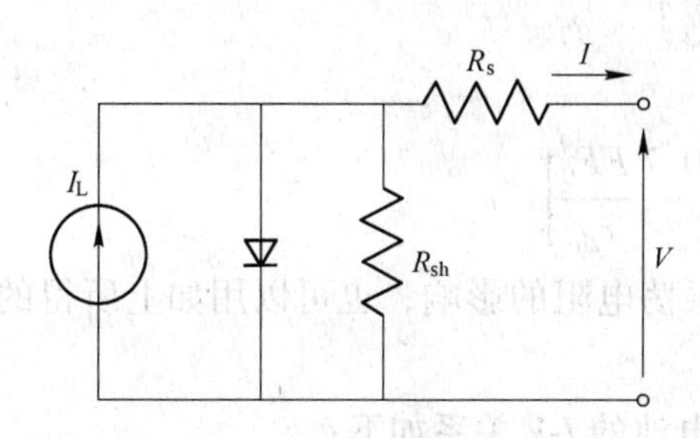

图 10-36 在太阳电池回路中的系列电阻（R_s）和并联电阻（R_{sh}）

太阳电池一般有一个与振荡电阻有关的振荡系列，见图 10-36。

两种振荡电阻都起到减少充电因子的作用。系列电阻（R_s）主要是由半导体材料的大电阻、金属接触电阻、结点载流子通过顶层扩散层的电阻力以及在金属和半导体之间的接触电阻等几部分构成，其影响见图 10-37。

振荡电阻（R_{sh}）是由于 P-N 结非理想化和近结点处有不纯物引起的，会导致近电池边缘的结点部分短路，振荡电阻的影响见图 10-38。

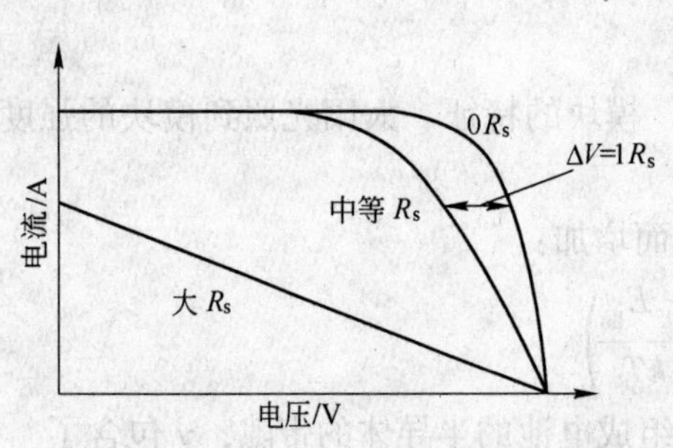

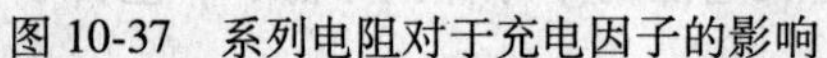

图 10-37 系列电阻对于充电因子的影响

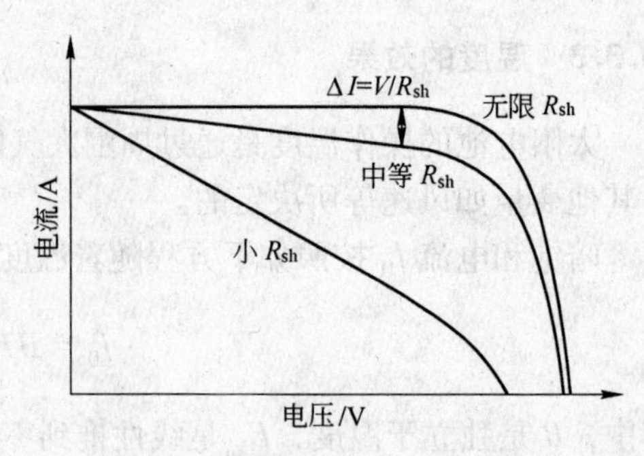

图 10-38 太阳电池中振荡电阻对于充电因子的影响

由于填充系数决定了电池的输出，最大能量输出与系列电阻有关，可近似通过下式计算：

$$P_m \approx (V'_{mp} - I'_{mp}R_s)I'_{mp} \approx P_{mp}\left(1 - \frac{I'_{mp}}{V'_{mp}}R_s\right) \approx P_{mp}\left(1 - \frac{I_{sc}}{V_{oc}}R_s\right)$$

如果太阳的特征电阻定义为：

$$R_{ch} = \frac{V_{oc}}{I_{sc}}$$

则对于系列电阻，可定义一个标准的 R_s：

$$r_s = \frac{R_s}{R_{ch}}$$

因此 $$FF \approx FF_0(1 - r_s)$$

或者，在实际运用中更准确的表达式可写为：

$$FF_s \approx FF_0(1 - 1.1r_s) + \frac{r_s^2}{5.4}$$

上式在 $r_s < 0.4$ 且 $V_{oc} > 10$ 时是有效的。

类似地，对于振荡电阻，也可以定义：

$$r_{sh} = \frac{R_{sh}}{R_{ch}}$$

那么，如前 $$FF \approx FF_0\left(1 - \frac{1}{r_{sh}}\right)$$

或者，更精确的表达式为：

$$FF_{sh} = FF_0\left[1 - \frac{V_{oc} + 0.7}{V_{oc}}\frac{FF_0}{r_{sh}}\right]$$

其适用于 $r_{sh} > 0.4$ 的情况。为了结合系列电阻和振荡电阻的影响，也可以用如上所得的 FF_{sh} 的表达式，其中 FF_0 代替了 FF_s。

在存在系列电阻和振荡电阻的情况下，太阳能电池的 I-V 关系如下：

$$I = I_L - I_0\left[\exp\left(\frac{V + IR_s}{nkT/q}\right) - 1\right] - \frac{V + IR_s}{R_{sh}}$$

10.4 电池性能和设计

10.4.1 效率

使用当前的电子技术，在实验室条件下，单晶硅太阳电池有可能产生超过24%的效率，然而，商业化大规模生产的典型电池的效率仅为13%~14%，其中有很多原因，其中一个原因是，对于实验室来说，效率是主要的目的，不在乎成本和整个加工过程的复杂性，一般来说，实验室技术不适合于工业生产。

当前太阳电池的研究正朝着提高电池的效率前进，可以接受的理论极限大约是30%。商业产品比实验室结果落后几年，但商业化模块的效率在接下来的数年中有可能超过20%。对于光伏产品，更高的效率会造成巨大的差别，就如电源，对于给定的功率所需要的模块将更少或更小。光伏系统的电成本包括早期的成本、操作寿命、电输出的操作成本以及钱的流通成本。

增加效率和减少晶片的成本对于整个光伏价格的降低都是重要的，当前使用的单晶或多晶技术中，晶片占据了一半的费用。这些影响因素可通过方程表示：

$$C = \frac{\sum_{t}\left[(ACC_t + O\&M_t + FUEL_t)(1+r)^{-t}\right]}{\sum_{t}\left[E_t(1+r)^{-t}\right]}$$

其中，ACC_t 是在 t 年的资金成本，$O\&M_t$ 是在 t 年的操作和维护费用，$FUEL_t$ 是在 t 年的燃料费用，E_t 是在 t 年产生的能量，r 是折扣率。

具体的影响效率的因素如下。

10.4.2 光损失

如前所述，光损失和连接（Recombination）损失会减少电池理想值的吸收。太阳电池中的光损失过程见图10-39。

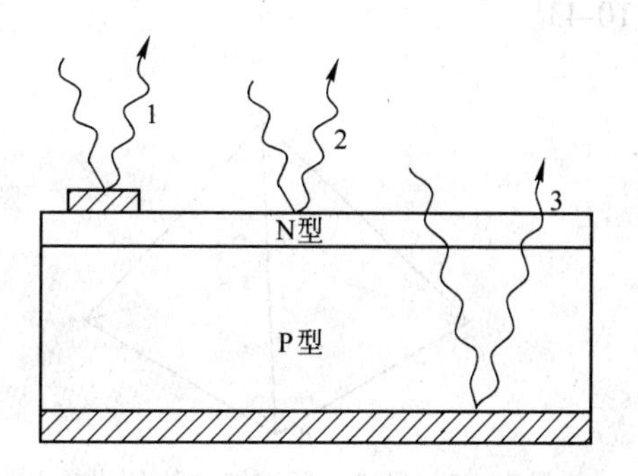

图10-39 在太阳电池中的光损失的原因
1—顶部接触盖的遮挡；2—表面反射；
3—后接触面的反射

降低这些电损失有如下几种方法：

(1) 最小化电池表面顶部的接触范围，尽管这样会增大系列电阻。

(2) 电池表面的顶端采用抗反射的膜。四分之一波长的抗反射膜是透明的，厚度为 d_1，折射指数为 n_1，如

$$d_1 = \frac{\lambda_0}{4n_1}$$

从顶部表面反射的光可以通过来自半导体涂层界面反射的光干涉消去，然后保持直线离开该相，见图10-40。

将通过膜-半导体界面的干涉效应消除表面顶端反射的光，这种光将直线形的运行出

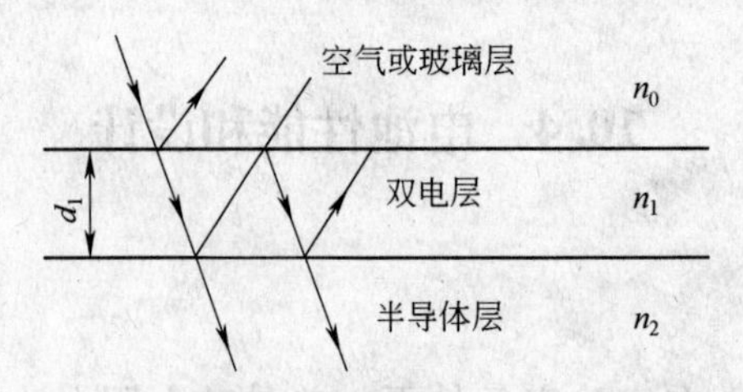

图 10-40 使用 1/4 波长的抗反射膜抵消表面反射

该相。

如果抗反射膜的反射指数是材料两边玻璃或空气与半导体的几何平均值，即 $n_1 = \sqrt{n_0 n_2}$，抗反射膜的反射指数可以被进一步最小化。表面反射可降低到零，如图 10-41 所示。

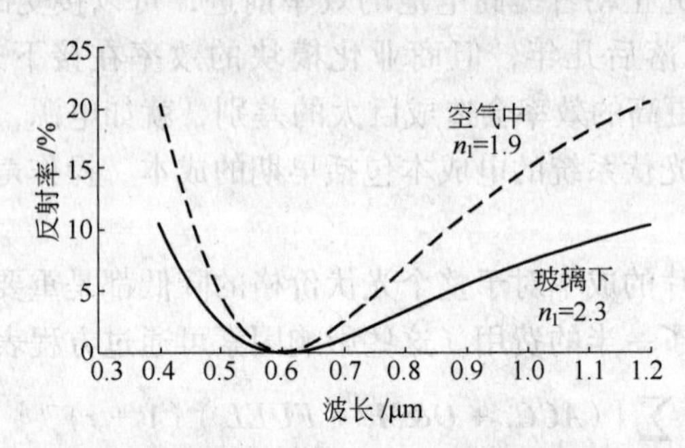

图 10-41 硅电池（$n_2 = 3.8$）在空气（$n_0 = 1$）和玻璃（$n_0 = 1.5$）的反射

（选择抗反射膜的折射指数和厚度来最小化波长为 0.6μm 的光的反射）

（3）表面结构也可以用于最小化反射。任何粗糙的表面都能减小反射，增加反射光弹回到表面而不是反射到外围空气中的机会。

结晶硅表面通过沿着晶面的腐蚀可以得到一致的结构，硅晶体结构为一个由金字塔形状的表面，其表面与内部的原子排成线，见图 10-42，结构硅表面的电子微观图见图 10-43。

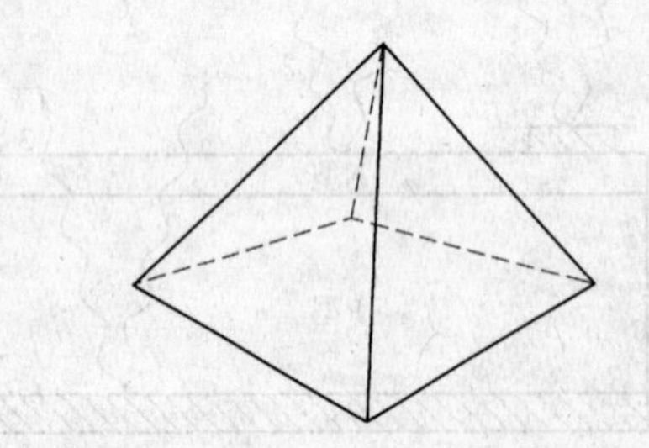

图 10-42 形成了适当织构的晶体硅太阳电池表面的四方基金字塔

图 10-43 织构硅表面的扫描电子显微图片

粗糙或有织构表面系列的额外好处是倾斜着结伴进入硅，按照 Snell 定律：

$$n_1 \sin\theta_1 = n_2 \sin\theta_2$$

其中，θ_1 和 θ_2 分别是入射角和折射角，n_1 和 n_2 分别为两个介质相对于正常界面的平面在媒介内部的折射指数。

（4）来自电池背表面的高反射减少了电池背面的吸收，使光弹回电池有可能被再次吸收，如图 10-44 所示。如果电池背面反射体能将反射光发散至任意方向，则其可以在电池内被捕获。光吸收的可能性可以通过这种方式大大增加，因为通过这种光捕获的方式入射光的路径被延长，见图 10-45。

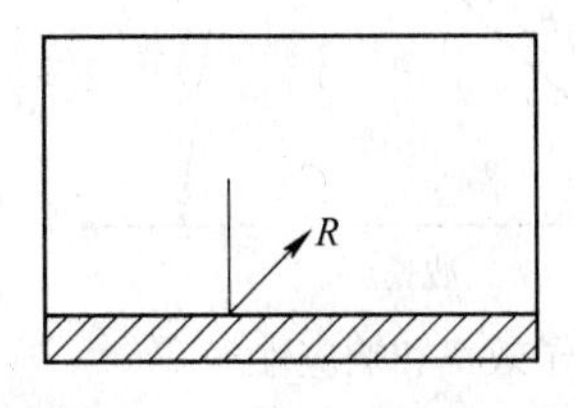

图 10-44　来自背表面的反射

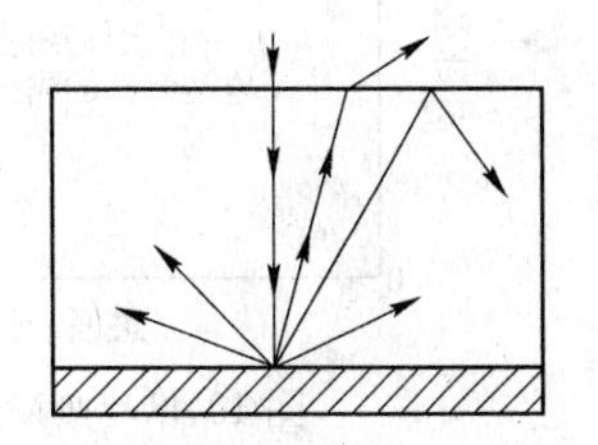

图 10-45　任意反射的光被捕获

通过将背面区域加入（见图 10-46）到电池，高波长的光的利用效率可以得到提高，这可以作为一种减少背面结合速率的方式。在电池背面施加一种使用屏幕印刷方式镀铝的屏是典型的增加反射的方式，可以起到降低界面复合速率的作用。

10.4.3　复合损失

电子-空穴在被有效收集之前若再次结合会降低太阳电池的效率。大量的再结合位置见图 10-47。

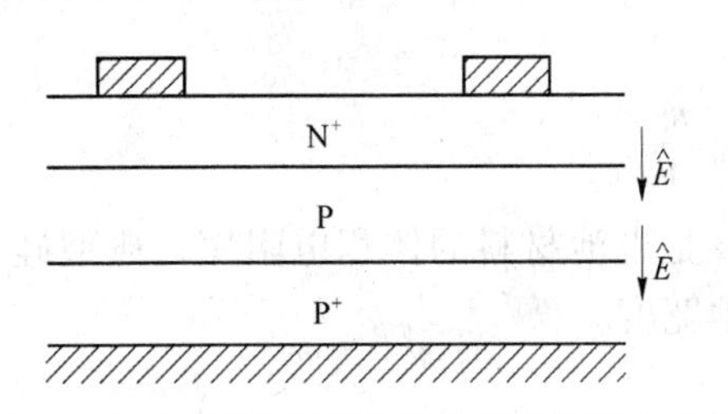

图 10-46　使用背表面降低后表面的结合速率

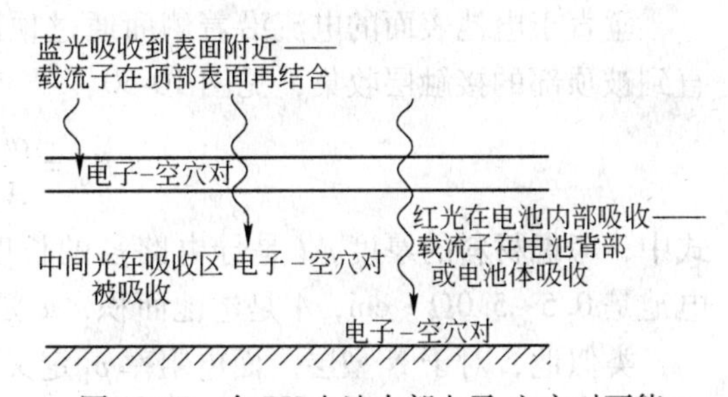

图 10-47　在 PV 电池内部电子-空穴对可能结合的位置

复合发生的机理有以下几种：

（1）辐射复合。吸附的逆反。高能态的电子回到低能态，释放光能。这种复合方式用于半导体激光和光发射偶极，但对硅太阳电池来说，这种复合方式不是很多。

（2）螺旋复合。碰撞离子化的反转。电子与空穴结合释放出能量给另一个电子，其消减回到原始的能量状态，释放光子。螺旋复合在相对高掺杂的材料中成为主要的结合过程，当不纯的水平超过每立方厘米 10^{17} 个时。

（3）通过捕获的再结合。在半导体中的不纯物产生甚至超过禁带的能级水平，电子和空穴在第二阶段结合，开始消减到缺陷能级水平，然后到价带水平。

在真正的电池中，以上损失因素结合产生的光谱效应类似于图 10-48，该图表明了光学损失和复合损失的影响电池设计者的任务是克服这些损失提高电池的性能。设计的特征有助于区分各种不同的商业模块电池。

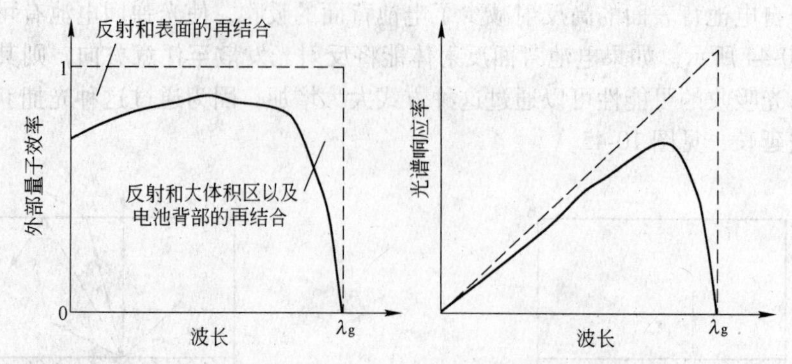

图 10-48　典型的实际太阳电池的外部量子效率和响应性

10.4.4　顶部接触设计

为了收集太阳电池产生的电流，金属顶部必须紧密接触。汇流排与外部的导线直接接触，这种部位金属的接触面积小，能够收集电流传递到汇流排。一种简单的顶部接触设计见图 10-49。顶部接触的设计是为了优化电流减少由电阻和电池阴影所造成的损失。

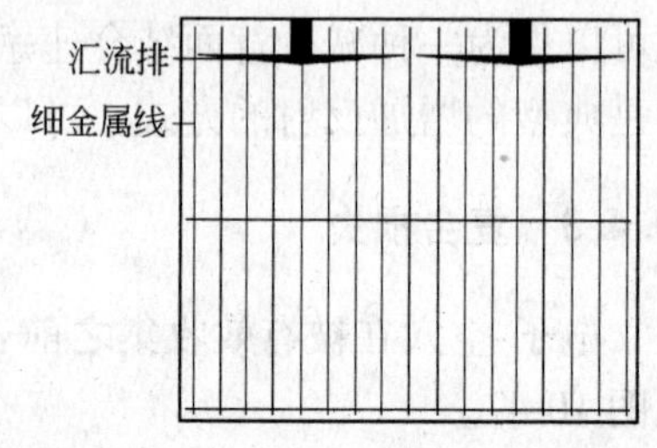

图 10-49　太阳电池的顶部接触设计

10.4.4.1　体电阻和面电阻率

垂直于电池表面的电流沿着侧面通过顶部掺杂层直到被顶部的接触层收集，见图 10-50。

$$R_b = \frac{\rho l}{A} = \rho_b \frac{w}{A}$$

式中，考虑材料的厚度，l 是导电路径的长度，ρ 是电池材料的体积电阻率，典型硅太阳电池是 0.5~5.0Ω · cm，A 是电池面积，w 是电池宽度。

类似地，对于 N 型层，面电阻率 ρ_b 定义为：

$$\rho_b = \frac{\rho}{l}$$

其中，ρ 是这层的电阻率，这个面电阻率正常表示为 Ω/m^2。对于非均匀掺杂的 N 型层，如果 ρ 是非均匀的，则为

$$\rho_b = \frac{1}{\int_0^t \frac{dx}{\rho(x)}}$$

面电阻非常易于通过四点探针法实验测定，见图 10-51。

通过伏安法用探针测量，

$$\rho_b = \frac{\pi}{\ln 2} \frac{V}{I}$$

其中，$\pi/\ln 2 = 4.53$，典型的硅面电阻率为 30~100Ω/m^2。

10.4.4.2　网格的间距

面电阻的重要在于它决定了顶端接触面格子线之间的间隔，见图 10-52。

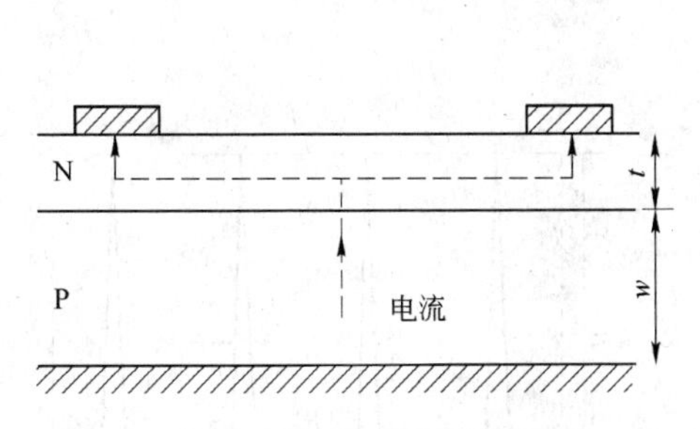

图 10-50　太阳电池中电流从外部接触产生点的流动

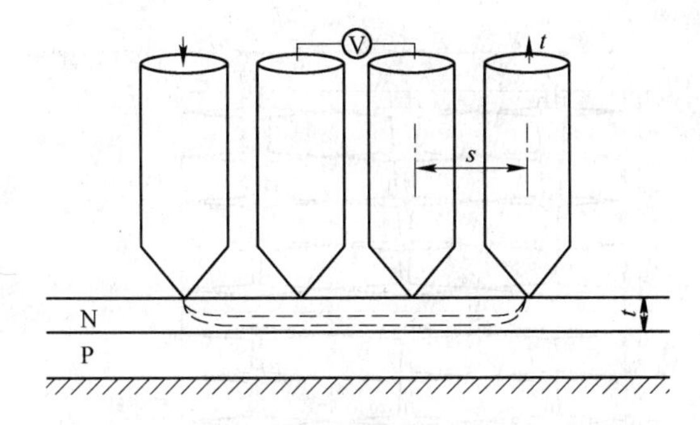

图 10-51　使用四点探针法测量太阳电池的面电阻

在图 10-52 中增加的能量损失在 dy 部分，显示为

$$\mathrm{d}P = I^2\mathrm{d}R$$

其中，$\mathrm{d}R = \rho\mathrm{d}y/b$，$I(y)$ 是侧面的电流，在格子线中点是零，线性增加到最大值，因此等于 Jby，J 是电流密度。整个的能量损失因此是：

$$P_{\mathrm{loss}} = \int I^2\mathrm{d}R = \int_0^{s/2}\frac{J^2b^2y^2\rho}{b}\mathrm{d}y = \frac{J^2b\rho s^3}{24}$$

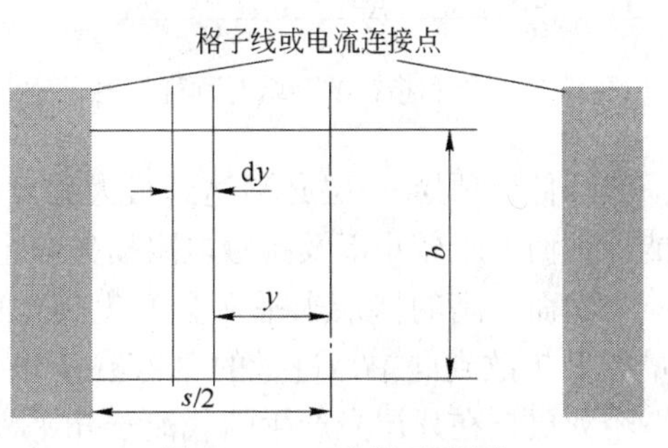

图 10-52　面电阻示意图

其中，s 是格子间的间距。在最大能量点，产生的能量是：

$$P_{\mathrm{gen}} = \frac{V_{\mathrm{mp}}J_{\mathrm{mp}}bs}{2}$$

损失计算如下：

$$\frac{P_{\mathrm{loss}}}{P_{\mathrm{gen}}} = \frac{\rho s^2 J_{\mathrm{mp}}}{12V_{\mathrm{mp}}}$$

因此，分式能量损失给出。

所以，最小的顶端接触格子间隔可以计算得出。例如，对于一个典型的硅太阳电池，如果 $\rho_{\mathrm{b}} = 40\Omega/\mathrm{m}^2$，$J_{\mathrm{mp}} = 30\mathrm{mA/cm}^2$，$V_{\mathrm{mp}} = 450\mathrm{mV}$，对于由侧面电阻引起的少于 4%的能量损失，$s<4\mathrm{mm}$。

10.4.4.3　其他损失

除了之前描述的侧面电流损失之外，汇流线和指针是大量电损失的来源，包括遮盖损失、电阻损失和接触电阻损失。图 10-53 为刷和指针的顶端对称性接触示意图，图 10-54 中标示了典型单元电池的重要尺寸。

对称性接触示意见图 10-53 中的最小单元，可被放大成单元电池，见图 10-54。

简言之，这些设计经验和理论计算可以表明：

（1）当电阻在汇流排上的损失值等于阴影的损失的时候，有一个最优的汇流排宽度 W_{B}。

（2）锥形的汇流排比固定宽度的汇流排有更少的损失，因为减少了体电阻。

（3）单电池越小、指针宽度 W_{F} 越小、指针间隔 s 越小，损失越低。

很明显由于要允许光进入电池，以及实际生产等原因，第三点很难做到。在格线和半导体之间界面上的接触电阻损失对指针比对汇流排更重要，见图 10-55。为了使顶端接触

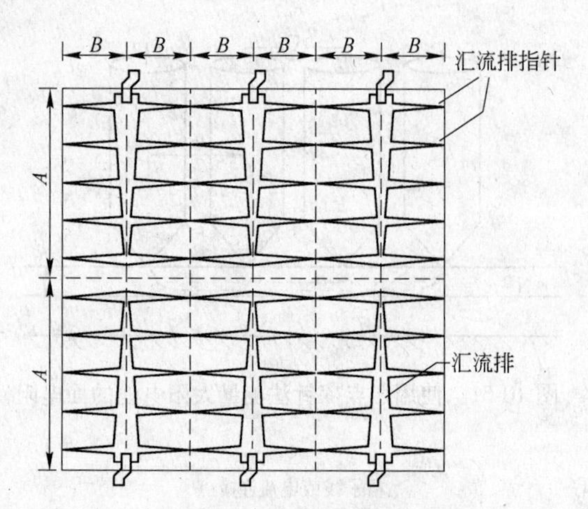

图 10-53 刷和指针的顶端对称性接触示意图

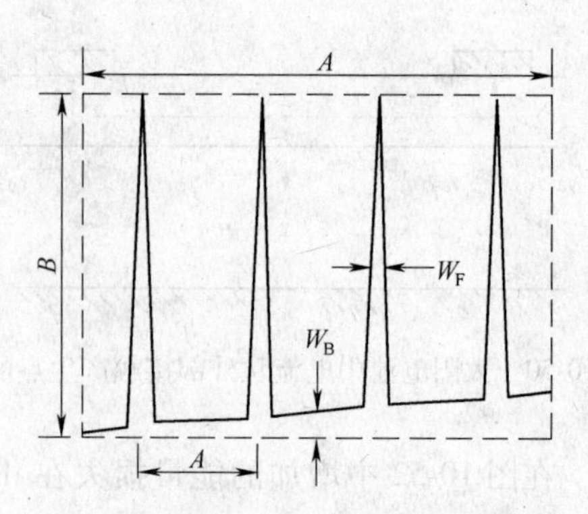

图 10-54 典型单元电池的重要尺寸

损失降低，顶层 n+层必须达到最大程度的深度掺杂，这能保证面电阻较小以及接触电阻损失较小。

然而，高的掺杂水平又会产生其他问题。如果高含量的 P 扩散到硅中，过量的 P 存在于电池的表面，形成一个死层，在死层光产生的载流子几乎没有机会被收集。很多商业化的电池由于存在死层而响应很差。

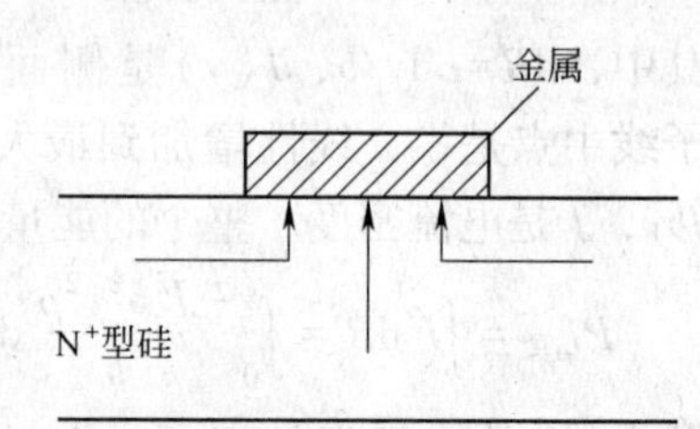

图 10-55 接触电阻在格线和半导体之间的损失点

10.4.5 实验室电池

可应用于工业生产中，能产生最高效率的实验室组装太阳电池的设计和技术可归纳为：

(1) 轻量磷发射器，能最小化复合损失并避免电池表面的死层存在；(2) 空间密集的金属线，能最小化发射器侧面能量损失；(3) 很细的金属线，典型的宽度小于 20μm，最小化遮盖损失；(4) 抛光或重叠的表面能让顶端金属格子通过平面印刷的方式图形化；(5) 小面积和较高的金属电导率，最小化金属格子的电阻率损失；(6) 低金属接触面积，在金属面下大量掺杂硅表面有最低的接触电阻；(7) 采用细致的金属涂覆方案，如使用 Ti-Pd-Ag，能提供很低的接触电阻；(8) 背面钝化，减少复合；(9) 使用抗反射膜，减少表面反射，从 30%降到 10%以下。

额外的尚未工业化的目前仅在实验室实现的有下列技术：

(1) 印刷；(2) Ti-Pd-Ag 蒸发接触；(3) 双层抗反射膜；(4) 小面积设备；(5) 使用抛光或磨光的晶片。

为使电池成为商业化可行的产品，工业需要：

(1) 降低材料和加工的价格；(2) 简化技术和过程；(3) 提高产量；(4) 铝表面对光的高效反射和应用；(5) 采用大面积的设备；(6) 加大接触面积；(7) 采取与织构表面相一致的加工过程。

1993 年开发了一个高效率低消耗的技术，其在电池后部使用了硼扩散槽，消除了铝蒸发和沉积步骤。

典型的大规模商业化生产的太阳电池的加工过程如下：

（1）表面改性形成金字塔形。通过将反射光在离开之前从金字塔面投射到至少一个其他金字塔面，将入射光反射掉的百分比由33%降到11%；（2）顶端的磷扩散。提供一个薄的但掺杂量大的N型层；（3）通过屏幕印刷和铝熔结或者铝掺杂的银涂在电池背面，产生背表面区域和背金属接触表面，使光能在电池内部消耗，不致反射到电池外部；（4）化学试剂清洗；（5）屏幕印刷和前面金属银接触面的烧结；（6）边缘接口要绝缘，以破坏前后金属接触面之间的导电途径。

10.4.6 激光刻槽掩埋接触点的太阳电池

英国新南威尔士光伏工程中心开发出一种新的金属化方案，即使用激光槽确定顶部金属导体的位置和剖面的形状，现在这种方法在西班牙BP太阳能公司中得到了大规模的应用。这种电池剖面见图10-56。

这种电池生产过程与传统电池相比，优点在于：

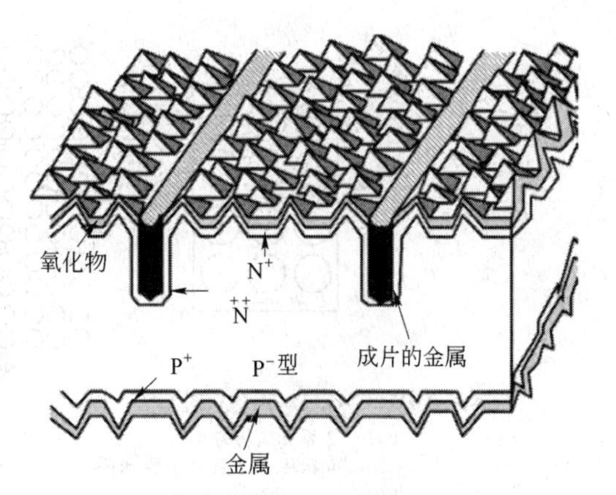

图10-56 激光刻槽掩埋接触太阳电池的剖面

（1）金属比率大，如接触面的厚度或宽度；（2）很细的顶部接触格线，约为20μm；（3）降低遮盖损失，将大面积设备上的10%~15%的损失降低到屏幕印刷电池的2%~3%的损失；（4）由于电阻损失低和接触损失低形成了极好的充填系数；（5）在同样宽度的情况下通过增加槽的深度增加了金属的横截面，而没有增加光的遮盖；（6）设备可以在没有性能损失的情况下增加尺寸；（7）不需要平版印刷、抗反射膜、抛光或重叠的表面以及昂贵的材料如Ti-Pd-Ag金属层；（8）过程简单；（9）发电成本比标准屏幕印刷低得多；（10）20%的高效大面积太阳电池和18%的高效模块已经被展示，而使用屏幕印刷技术只能得到相对的14%和11%的效率。

使用这种集光电池的其他优势还包括：

（1）使用更低成本的多晶或单晶基体，获得更高的效率；（2）也可以使用更低成本的Ni-Cu敷层；（3）加工过程可以自校正；（4）更深沟槽中的扩散可以很好地筛分金属材料；（5）通过使用轻度掺杂的发射体避免顶层表面成为死层，大幅度提高对短波光的响应；（6）大片的墙面积和多量掺杂的接触区降低了接触电阻。

激光沟槽掩埋接触太阳电池的生产工序如下：

（1）表面的织构化；（2）磷扩散和表面的氧化；（3）激光雕合形成沟槽；（4）化学试剂清洗；（5）沟槽壁的多量磷扩散；（6）铝的熔结合在电池后表面的适用；（7）前面和后面（Ni-Cu-Ag）的无电镀膜同时进行；（8）边缘绝缘化。

在1993年，研究者们开发出一个BCSC（激光沟槽掩埋太阳电池）提高的过程，该过程可在低成本的情况下获得较高的效率。其差别在于电池后部硼扩散槽的使用以及去掉了铝熔结和沉积的步骤。

10.5 PV（光伏）电池的连接和模块的组装

10.5.1 模块和电路的设计

太阳单电池很少使用，而是使用系列电池组成的模块。由于单硅电池的电压只有600mV，通过连接形成电池组以得到期望的电压。通常使用36个系列电池得到实际的12V系统。在太阳峰值的时候，能量为100mW/cm^2。电池并联以便得到令人满意的电流。图10-57表明了一个典型的系统和标准名称。电流可通过以下公式表示：

$$I_{\text{total}} = MI_{\text{L}} - MI_0\left[\exp\left(\frac{qV_{\text{total}}}{nkTN}\right) - 1\right]$$

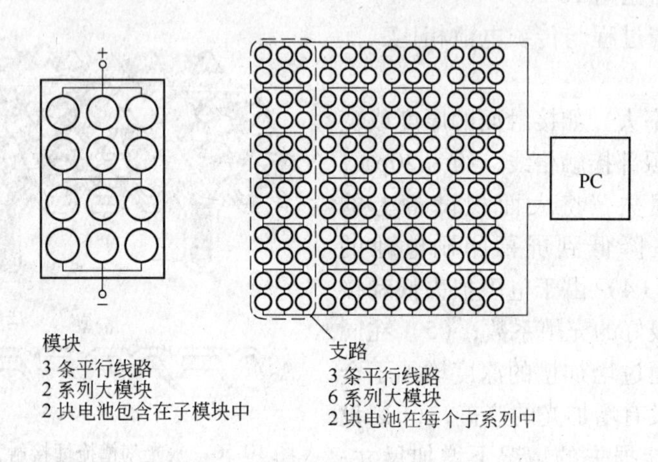

图10-57 在模块回路设计中使用的典型连接体系和术语

10.5.2 相同电池组

理想情况下，模块中的电池表现出相同的特征，模块I-V曲线将是同样的形状，只是坐标轴上尺寸有变化。有N个系列的M个电池并联，得到的总电流是I_{total}。

10.5.3 非等同电池

实际上，所有的电池都有同样的特征，模块输出被最低输出的电池限制。在最大输出和实际得到的输出之间的差别称为差匹配损失。图10-58～图10-60中平行连接的差匹配电池表明了确定产生电流和开路电压的方式，图10-61～图10-63表明了确定产生电压和短路电流的方式。

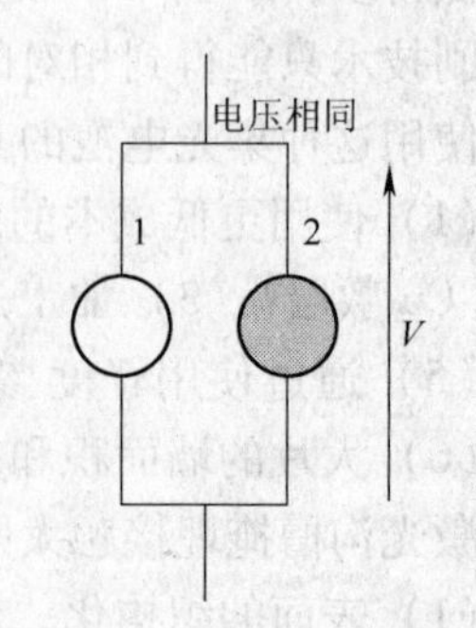

图10-58 并联的不匹配电池

10.5.4 非等同模块

确切来说，如果图10-57～图10-62中电池被电池模块、串、组或源回路所代替，有着

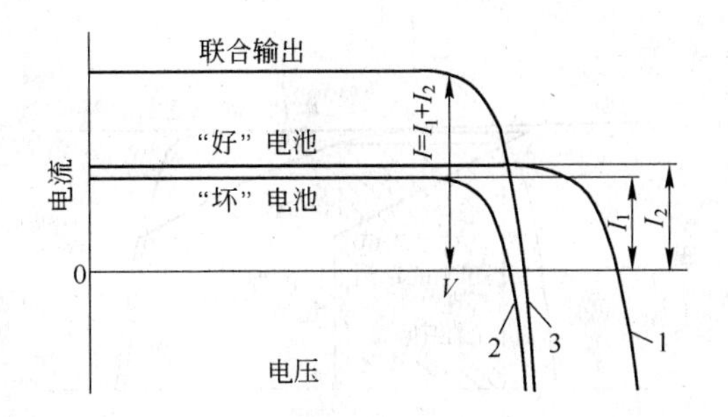

图 10-59 并联的不匹配电池以及对电流的影响

（曲线 3 是对应于每个电压 V 的 I_1 和 I_2 之和）

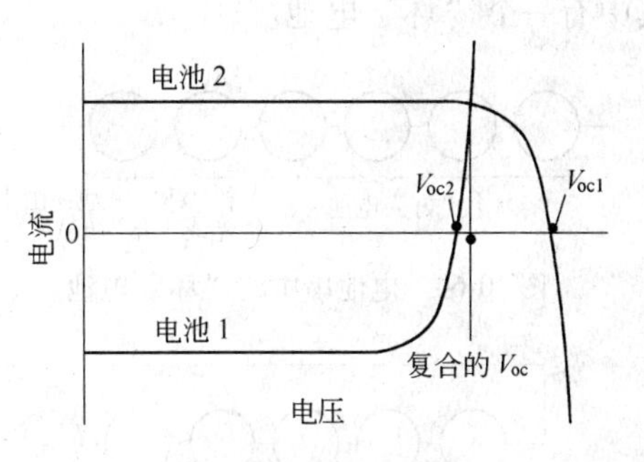

图 10-60 计算并联的不匹配电池结合的 V_{oc} 的简单方法

（交叉部分 $V_1+V_2=0$ 处，是并联结构的 V_{oc}）

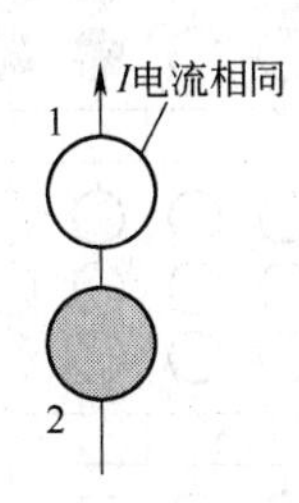

图 10-61 串联连接的不匹配电池

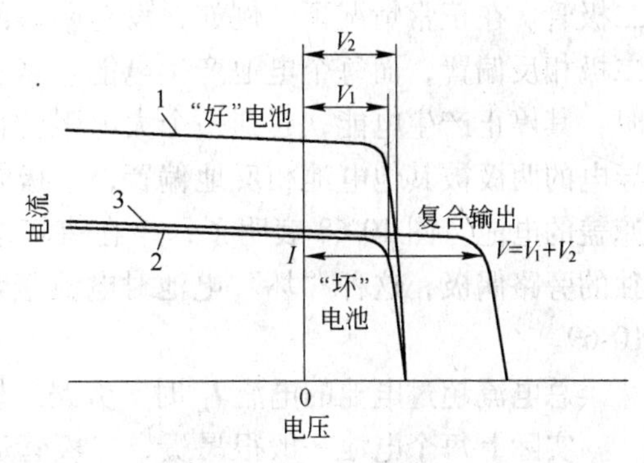

图 10-62 串联连接的不匹配电池及对电压的影响

（曲线 3 为 V_1 和 V_2 的和）

同样电流速率的电池或模块，若来自不同的制造方式，可能会出现不同的光谱响应和导致不匹配的问题。

10.5.5 热点加热

模块中不匹配的电池会导致一些电池产生能量，而一些电池耗费能量。最坏的情况是，当模块或模块串被短路时好电池产生的总能量被坏电池耗费尽。这种坏电池降低了好电池的电流，经常产生导致坏电池偏置的电压。

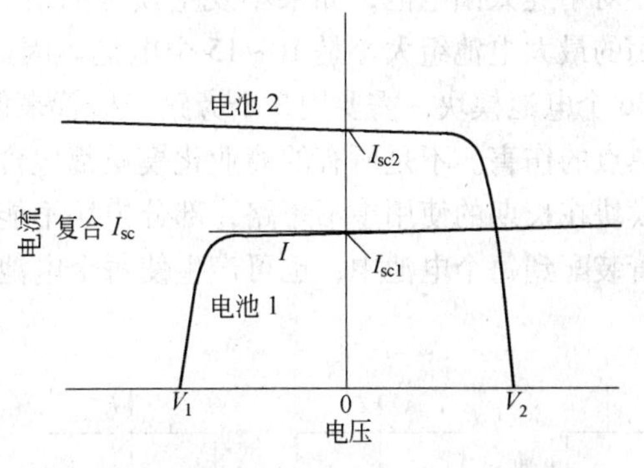

图 10-63 计算串联不匹配电池的简易方法

（交叉部分的电流代表了串联的短路电流 $V_1+V_2=0$）

图 10-64 为有着一个坏电池的电池串，图 10-65 为坏电池对模块输出的影响，电流大于坏电池所能产生的电流时，坏电池变成了好电池产生电压的阻碍，见图 10-66。

坏电池的能量消耗导致电池 P-N 结区域的破坏。强大能量区域上的消耗导致区域过热，甚至会产生毁灭性的影响，如电池或玻璃的开裂或焊料的熔解。类似的效应对于电池组来说也发生，见图 10-67。图 10-67 中左边电池的结合类似于右边的三个电池的串联，其中有一个“坏”电池。

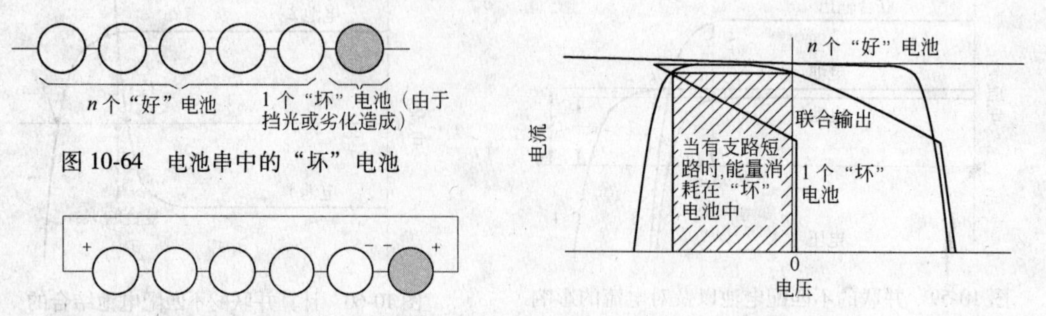

图 10-64 电池串中的“坏”电池

图 10-66 在电池串中反向偏转的“坏”电池 图 10-65 好电池串中模块输出对“坏”电池的影响

一种解决不匹配和热点问题的方法是在线路中加旁路二极管。在正常情况下，例如，没有阴影的情况下，每个二极相反偏置，而每个电池产生电能。当一个电池被遮盖时，其停止产生电能，起到一个大电阻的作用，沿着电池导电的两极被其他电池相反地偏置，二极管这时旁路有了遮盖的电池。图 10-68 表明了一个在有坏电池的回路中单独的旁路偶极，这种“坏”电池对电池组输出的影响见图 10-69。

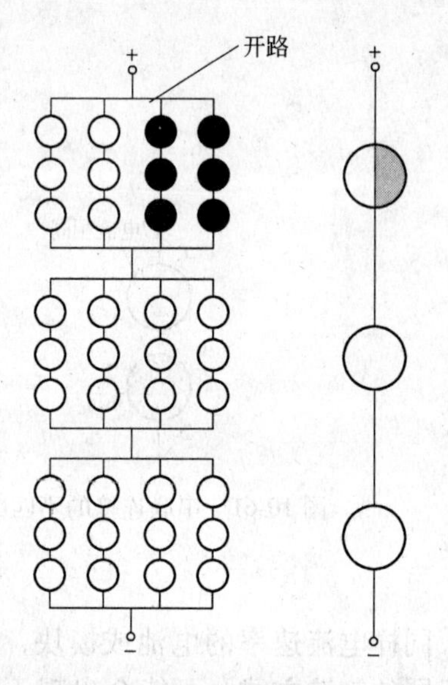

图 10-67 电池组中潜在的热点源

总电流超过电池的电流 I_L 时，旁路二极管导通。

实际上每个电池一般很昂贵，二极管通常放置在通过电池组的位置，如图 10-70 所示。在遮盖的电池中最大能量消耗大约等于在组中所有电池产生的能量。

对于硅太阳电池，如果不发生损坏的话，每个二极管适用的最大电池组大小是 10~15 个电池。因此，对于正常的 36 个电池模块，需要用 3 个旁路二极管来保证模块不受到热点的伤害。不是所有的商业化模块都包含旁路二极管，如果不包含的话，必须注意保证模块在长期的使用中不短路，部分模块不能被周围的结构和邻近的电池组所遮盖。将二极管装配到每个电池中，也可产生使每个电池组能耗最低的作用。

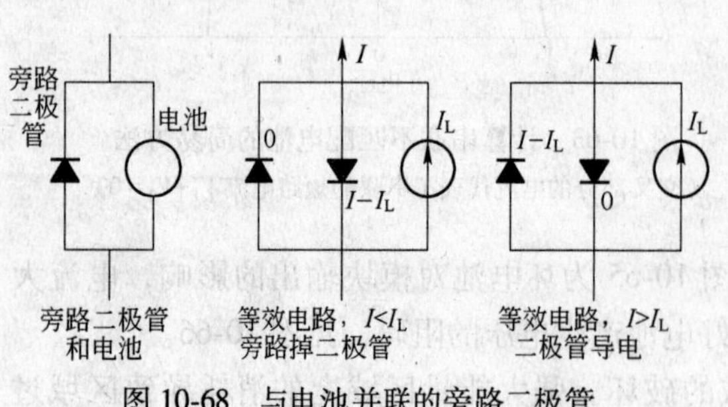

图 10-68 与电池并联的旁路二极管

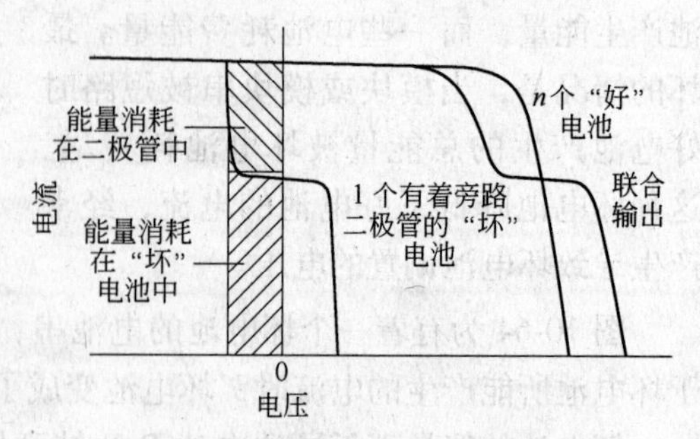

图 10-69 一个伴随旁路二极管的“坏”电池对整个输出的影响

对于并联的模块，还有一个问题是务必使热能及时消散，因为并联电路电流较大，二极管会变得很热，见图 10-71。非嵌入旁路二极管必须能耐超过两倍的保护模块的电压，并且能耐 1.3 倍的短路电流而不致太热。

一些模块也包括二极管组，见图 10-72，能保证电流仅由模块流出，阻止模块在晚上不工作时放电。二极管串中的组不是通用的，因为它们浪费了一些收集到的能量。当使用二极管组时，就像对旁路二极管，它们的电压至少应为两倍的开路电压，电流至少是 1.3 倍短路电流。

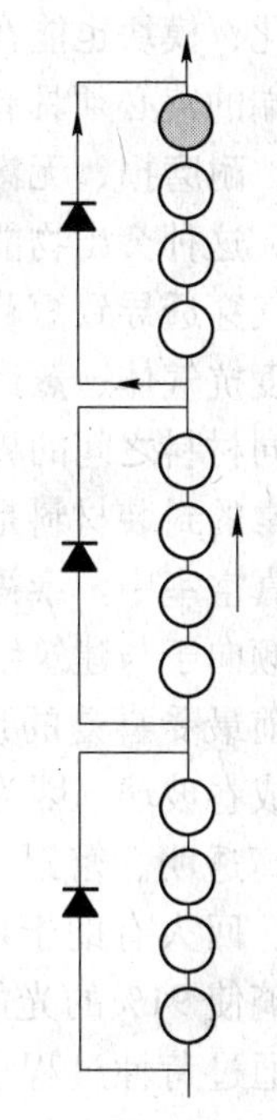

图 10-70　用在模块中穿过电池组的旁路二极管

10.5.6　模块结构

太阳电池经常用于荒凉和偏远的环境中，在这些地方通过中心网络或依赖燃料的系统供电是不可行的。因此，模块必须能够放大、免于维护和长寿命。模块寿命一般为 20 年，工业上正在寻求 30 年寿命的方法。封装是影响太阳电池寿命的主要因素，封装示意图见图 10-73。

澳大利亚在 2005 年颁布了光伏系列的安装标准，该标准能保证模块在极端情况下连续工作。主要的标准如下：

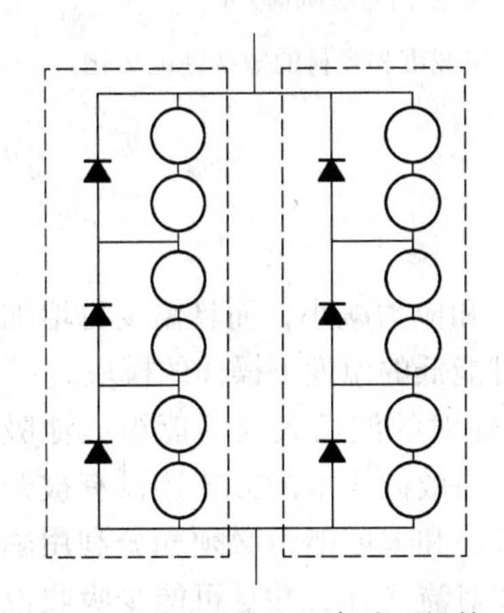

图 10-71　并联模块的旁路二极管

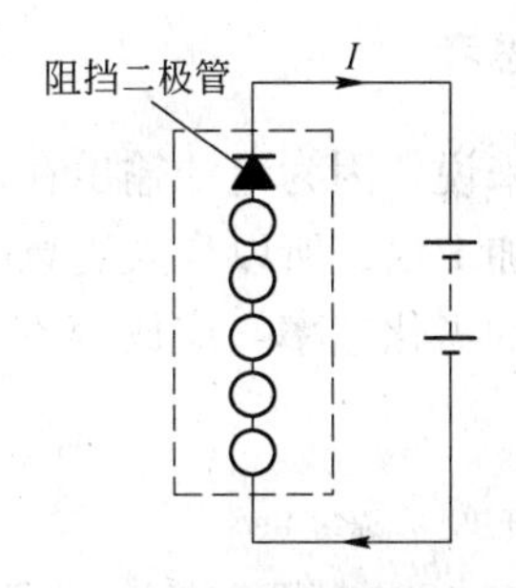

图 10-72　使用保护二极管保证电流在模块流动的单向性

（1）没有明显的可见缺陷；（2）每个测试后最大输出能量的劣化少于 5%，一系列的测试之后性能降低小于 8%；（3）通过绝缘电阻和高压测试；（4）没有外观电路和毛面的损伤。

10.5.7　环境保护

模块能抵挡环境方面的影响，如灰尘、盐、沙、风、雪、潮湿、雨、雹、鸟、潮气的凝结和蒸发、大气和污染物，和每天、每季的

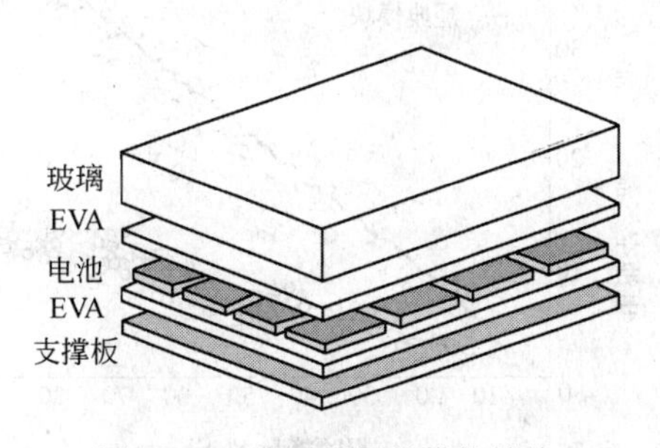

图 10-73　典型的层状模块结构
（EVA 为醋酸乙腈）

温度变化，模块也能在漫长的紫外光暴露中保持性能。

顶端的盖必须具有在350~1200nm波段高透射的能力，必须具有好的抗冲击、硬光滑的平面，耐磨损、无污表面，能提高通过风、雨或喷淋的自清洁能力。整个结构应当没有突出物，这种突出物能导致尘土、灰尘和其他物体的停留。

湿气穿透导致短路和腐蚀的是大量模块产生有可能出现的故障，因此，封装系统必须能够高度抗气体、蒸汽或液体。最易损坏的点是电池和封装材料之间的界面，以及其他所有的不同材料之间的界面。这些连接材料必须仔细选择以便能在极端操作条件下保持黏结性。通常的封装材料是醋酸乙腈（EVA），泰福隆和铸造树脂。EVA通常用于标准模块，应用在真空室中。泰福隆用于小规模的特别模块，不需要前盖玻璃。树脂封装有时用于大模块，倾向于与建筑结构整合。

目前最受喜爱的顶表面是回火的、铁含量低的成卷玻璃，因为其相对便宜、强度高、稳定、高透明、密封性好，以及有好的自清洁性能。回火有助于玻璃耐热应力，铁含量低的玻璃使91%的光能透过。最近的研究成果中，通过苛性过程或使用浸渍膜使透射率达到了96%。聚合物通常用在模块的背面用来阻止潮气，但所有的聚合物在某种程度上说都是可渗透的。由于尘土富集、城市和农村环境的污染会造成短期性能损失，见图10-74。

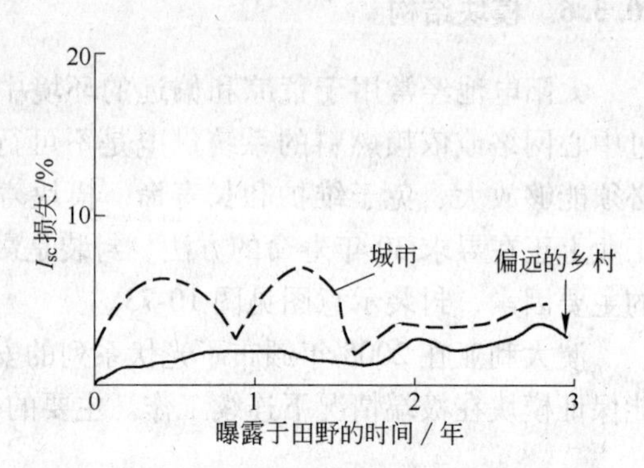

图10-74　在城市和乡村的短期性能劣化

10.5.8　热力学思考

对于结晶硅来说，因为电池输出在低温下增加、热循环和应力减小，而且温度每增加10℃劣化速率增加1倍，所以令人满意的模块是能够在尽可能低的温度下操作的模块。

为减少模块的劣化速率，应放弃红外辐射，因为红外辐射的波长太长不能被电池吸收。然而，高效低成本的方式还没有被开发出来。模块和太阳能组必须充分利用辐射、导电和对流冷却，并尽可能少吸收没有用的辐射。一般情况下，热损失的一半是由对流造成，一半是由辐射造成。

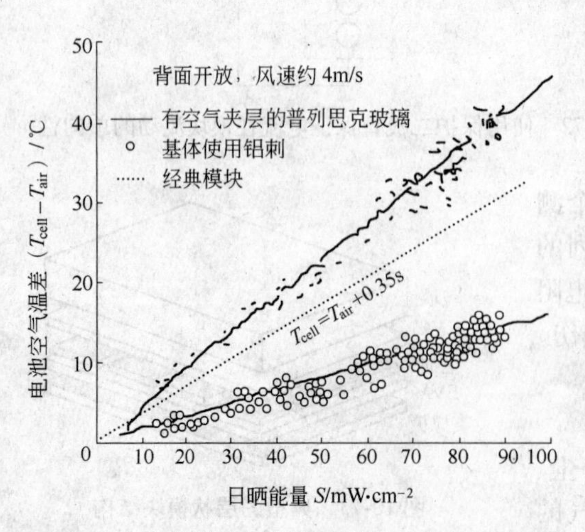

图10-75　不同模块在太阳辐射增加的情况下的温度

不同的封装类型，产生不同的热力学性质，生产者利用这个特点来制造满足不同的市场需求的模块。下面是由生产者提供的一些典型的不同模块，如船用模块、注射模块、迷你模块、片状模块、光伏屋顶瓦和建筑组装的层压材料。

图10-75表明了模块温度基本是线性地随着绝缘水平的提高而升高。

电池操作温度（*NOCT*）定义为在如下条件下的开路电池的温度：

（1）电池表面的辐射为 800W/m²；（2）空气温度为 20℃；（3）风速为 1m/s；（4）装配为敞开背面装配。

在图 10-75 中，在 33℃操作模块性能最好，在 58℃下性能最坏，一般的模块操作在 48℃。计算电池温度的近似表达式为：

$$T_{\text{cell}} = T_{\text{air}} + \frac{NOCT - 20}{800} \times S$$

其中，S 是日射能量，单位是 W/m²。当风速高的时候，模块温度将变低，在没有风的情况下，该值会变高。温度效应对建筑物组装模块特别重要，需要保证足够的气流在模块的背面，以阻止温度的升高。

电池装配密度对操作温度有影响，松散组装的电池有着更低的 *NOCT*。例如：电池密实度 50%对应的 *NOCT* 为 41℃，而电池密实度 100%对应的 *NOCT* 为 48℃。圆形与方块形的相对密实度见图 10-76。

图 10-76　圆形与方形电池的组装密度

松散组装的电池在模块中背面若为白色也能少量增加输出量，见图 10-77。一些照射到电池之间接触区域的光被散射，沿着缝隙回到活性区。

热膨胀是另外一个必须被考虑的重要温度影响。图 10-78 图解了在电池之间随着温度上升的膨胀现象。

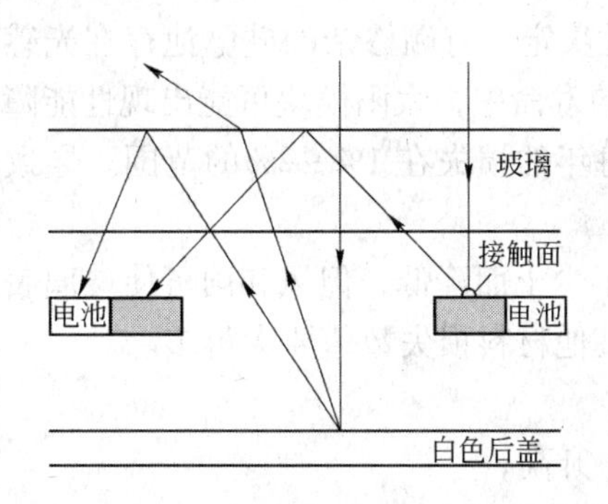

图 10-77　松散组装的有白色后表面模块零深度集光的效果

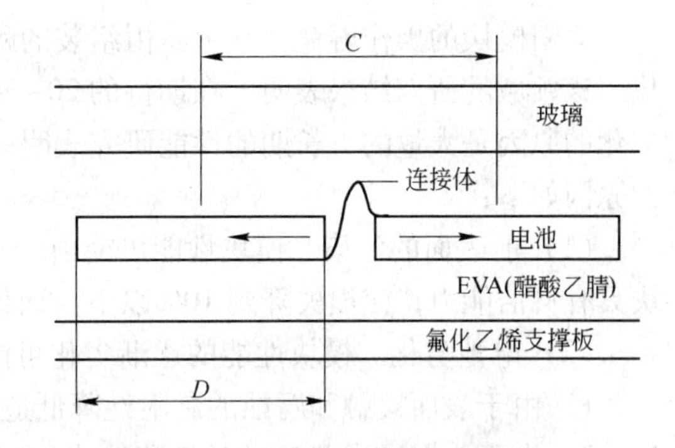

图 10-78　使用应力缓解环缓和电池随温度增加的膨胀

在电池之间的空间增加一个数量 δ

$$\delta = (a_g C - a_c D)\Delta T$$

其中，a_g、a_c 分别是玻璃和电池的膨胀系数；C 是在电池之间中心到中心的距离；D 是电池长度。

一般地，电池之间的连接相互成环形，以便将应力降到最低。使用双倍连接来防止由应力导致的疲劳损伤。除了相互连接应力之外，所有界面都受到与温度相关的循环应力，最后导致分层。

10.5.9 电绝缘

封装系统必须能够抵抗至少与系统一样大的电压差。除了在特别的环境中外，金属框架必须接地，因为边缘和终端电势必须大于地电势。接地泄露的安全设备也需要，澳大利亚对此做了标准规定：（1）阵列 V_{oc}<50V 时，不需要接地泄露的安全设备；（2）50V<阵列 V_{oc}<120V 时，在直流面或 DC 面接地故障保护是需要的；（3）阵列 V_{oc}>120V 时，除了要满足（2）外，因为电压大还要进行绝缘监测。

10.5.10 机械保护

太阳模块必须有足够的强度和硬度以便在安装前后允许正常操作。如果玻璃用于顶端表面，其必须经过回火处理，因为中心面积比边框附近区域更热，这在边缘造成了张力，能够引起裂纹。在电池组中，模块必须能够适应在组装过程中一定的扭曲度，见图 10-79，同时能够抵挡风引起的振动和大风、冰雪施加的重压。对这些机械损坏最敏感的点是模块的角、边、电池边和任何底部支撑。

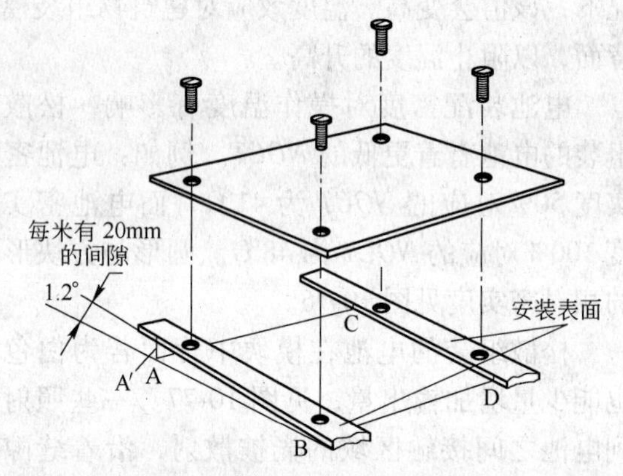

图 10-79 在扭曲的安装框上模块可能产生的变形

10.5.11 劣化和失效

太阳模块的操作寿命基本上是由组装的耐久性决定，有硼掺杂的硅电池存在光感应劣化。该领域的研究结果表明，在期待的 20~30 年的寿命中，太阳模块可能出现性能障碍或劣化的原因是大量的，长期的性能研究表明一般每年的损失在 1%~2%的范围。导致劣化的原因如下：

（1）前表面的污染。模块性能可能由于富集了尘土而降低，但风和雨可使玻璃表面模块具有自洁能力，使损失降到 10%以下，而使用其他材料损失数值要大得多。

（2）电池劣化。模块性能的逐渐劣化可能是：

1）由于表面接触和腐蚀的黏附性降低造成 R_s 升高；

2）由于金属通过 P-N 结的迁移造成 R_{sh} 的降低；

3）抗反射膜的劣化；

4）由于 B-O 络合物作用引起的 P 型电池活性材料的劣化。

（3）模块的光学劣化。封装材料的变色也会导致性能的降低，由于紫外光的照射、温度或湿度的原因，或者外部物质从密封边缘、固定点或模块箱子的终端扩散，以及变黄经常发生。

（4）短路电池。在电池的连接处也能产生短路的回路，见图 10-80，这也是薄膜电池一个常见的障碍，由于顶部和后部接触得非常紧密，更有可能由于针孔、腐蚀或电池材料的损坏而短路。

（5）开路电池。这是一种常见的方式，一个裂开的电池导致开路，尽管多余的接触点加上连接耳使电池能继续起作用，见图 10-81。电池的裂开是由热应力、冰雹或重力、在加工或组装过程中的损坏等造成，在生产检查过程中有可能检查不出来，但是后来出现。

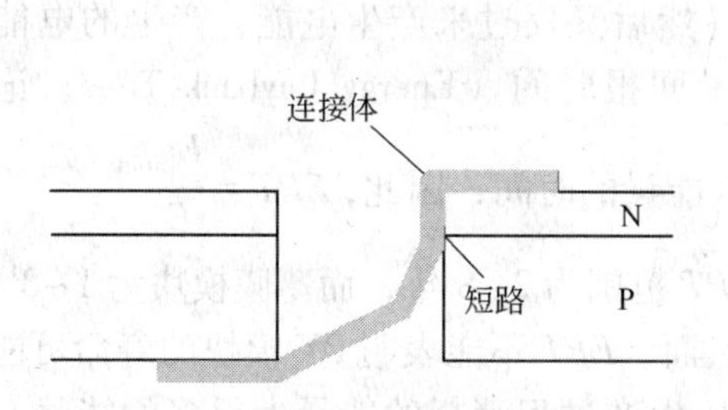

图 10-80 电池由于连接体缺陷失效

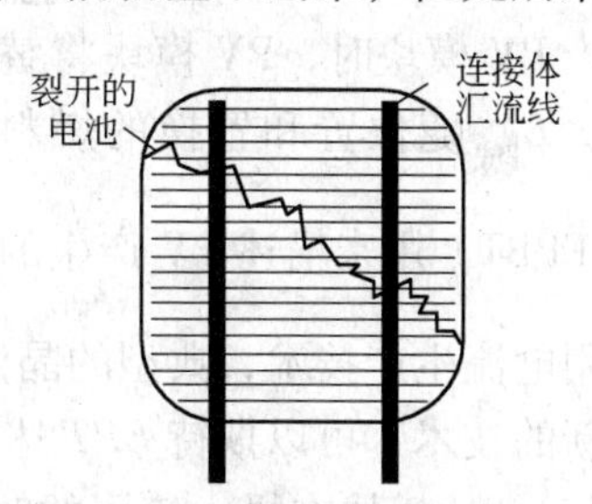

图 10-81 电池裂开时电刷能帮助阻止开路失效

（6）连接体开路和系列电阻老化。由于循环热应力导致的疲劳和风载，使连接体出现开路故障和系列电阻逐渐老化，就如锡铅合金焊料连接老化，焊料变脆分离成铅锡颗粒，引起电阻的增加。在电池结构中典型的在汽车电缆或连接箱处也出现开路故障和老化效应。

（7）模块短路。尽管在扩大规模之前都经过测试，模块短路仍然经常发生，这是缺陷产生的结果。由于随着风化产生的绝缘劣化，导致层化、裂开或电化学腐蚀，从而引起模块短路。

（8）模块玻璃碎损。由于损坏、热应力、操作、风或冰雹引起顶端玻璃面的粉碎，顶端的碎石在低风速下也能引起碎裂，吹到倾斜的安装模块表面，然后降落到附近正常入射的模块上。

（9）模块分层。这是早期的几代模块中常见的故障，现在已经不是问题了，通常是由连接强度降低、潮湿、光热老化以及由应力导致的不同的热和湿度膨胀引起的，其更容易在热和潮湿的气候中频繁出现，潮气通过组装体、阳光和热强化了化学反应，导致分层。

（10）热点故障。不匹配、裂开或者遮盖的电池会导致热点故障。

（11）旁路二极管故障。旁路二极管能克服电池不匹配问题，但其本身有时产生故障，通常是由于过热和尺寸过小引起，如果结点温度保持在 128℃ 以下这个问题就很少发生。

（12）组装故障。紫外吸收者和其他组装稳定剂保证了组装材料的长寿命，然而，通过浸取和扩散的缓慢消耗，一旦渗透值降低到某个标准水平以下，封装材料的快速劣化就开始，EVA 层变棕色，伴随乙酸的生成，引起一些电池组产能逐渐降低。

10.5.12 能量和寿命循环问题

早期的太阳电池需要很高的材料加工水平，这产生了通过光伏产生净能量的问题，生产所消耗的能量可能比产出的能量还要多。现代商业化的产品在效率上比早期的电池高，生产技术最小化材料的使用和浪费。光伏电池能回报生产所消耗的能量已经不是问题，现在的努力方向是加强模块回收利用方法的开发。

大量的方法，包括过程分析或输入-输出技术被用来计算和描述用于生产配件和模块的能量，生产配件和模块的能量被认为是体现的生产能量，这是在模块生产包括材料加工中所需要的初级能量需求。

寿命分析技术也可以用来跟踪材料在生产、操作和终止的能量流动，人们还制定了一个国际寿命评估标准。对于能量的使用，E_{input} 可定义为生产、运输、安装和操作的基本能量需求以及报废的能量需求。

$$E_{input} = E_{man} + E_{trans} + E_{inst} + E_{use} + E_{decomm}$$

生产 PV 模块时，PV 模块将替代某些能量，然后又反过来产生电能，产生的电能记为 E_{gen}，E_{gen} 随位置和置换的燃料而变化。能量回报时间（Energy Payback Time，记为 EPT 或 EPBT）用来描述 PV 产生的能量回报输入能量的时间，因此，$EPT = \frac{E_{input}}{E_{gen}}$。

使用电流生产技术，典型的晶体硅模块的 *EPT* 范围为 2~8 年，而薄膜模块为 1~3 年。使用更新的技术，可以期待 *EPT* 达到 1~2 年。然而，*EPT* 不能表明 PV 模块的寿命可能达 20~40 年，PV 模块在投入使用的时间内将产生比生产过程消耗的能量大得多的能量。能量产率（Energy Yield Ratio，记为 EYR）用来描述这一情况，定义为：

$$EYR = \frac{E_{gen} L_{PV}}{E_{input}}$$

L_{PV} 为 PV 模块的寿命，若 *EYR* 大于 1 表明 PV 模块是净能量生产者，对于一个 *EPT* 为 4 年和寿命为 20 年的 PV 模块，*EYR* 是 5，表明模块在投入使用期间将产生 5 倍的生产所需要的能量。

10.6 独立支撑的光伏系统组件

10.6.1 引言

光伏电池系统有大量的应用：（1）空间站，如卫星和空间站；（2）航空航海救援和警告设备，如编码的灯塔；（3）通讯，如微波转发站、远程无线电话、紧急电话亭；（4）铁路口，路口和紧急信号；（5）阴极保护，如对于管线的腐蚀防护；（6）功率小于 10mW 的消费品，如计算器、手表、太阳帽风扇；（7）电池充电器，如船、农场、灯、各种类型甚至汽车的能源系统；（8）教育，如发展中国家的电视供电；（9）制冷，如边远地区的药品和疫苗；（10）水泵，如用于灌溉和国内水供应；（11）水纯化，是一个在发展中国家和工业化国家正在增加的重要应用；（12）太阳能车辆船只，如高尔夫车、太阳车、水库用船以及在水库上石油产品和嘈杂的机器被限制的情况下；（13）照明，如布告栏、街道、公园灯、安全灯、紧急警告灯；（14）远程监控，如天气、污染、高速路况、水质量、河深度和流速；（15）远程距离识别；（16）气流测定；（17）直接的驱动应用如通风扇、玩具；（18）电栅栏，如为使动物或人远离规定区域所设置的栏网；（19）远程门，如遥控门；（20）远程社区能源供给；（21）远程家园或家庭能源供给，通常用于混合系统中；（22）居民或商业应用的能源，其中存在电网连接；（23）从远程电网到地方电网转换能源；（24）分布式光电，为数众多的适用大小的组合，为散布的电能网供电；（25）中心能源电厂。

大量的有着广泛的负载、各种不同的位置和不同实用性要求的独立系统，使得设计变得复杂。在一些应用上，估计负载甚至也变得很困难。电网连接的一些应用正引人关注，已经追上了独立系统，成为世界光伏模块的主要市场。一些电网连接和独立电源供应系统见图 10-82。

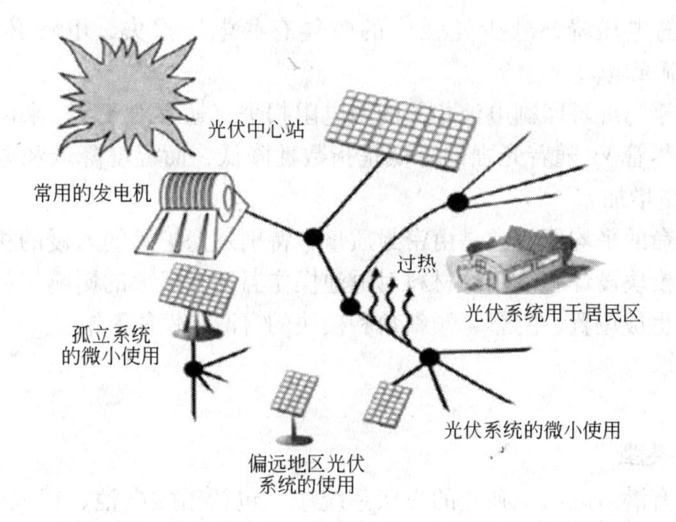

图 10-82 光伏系统在连接和与中心电网断开时的用途

1991 年的美国，如果 PV 系统网线长度超过 5km，负载低于 1500kW·h/月，是合算的，这也是典型的两座房子的供给。小于 2kW·h 的系统如果电网长度低于 1/3km 也是经济的。

10.6.2 独立的光伏系统设计

独立的光伏能源系统设计是由位置、气候、位置特征和设备所决定的。图 10-83 为一个典型的光伏独立电源系统。很多国家和地区制定了要使用几十年的光伏标准，设计者和安装者应理解并遵守该标准。

10.6.3 太阳模块

在独立系统中，太阳模块通常用来对电池充电。典型的 36 电池的模块，通过屏幕印刷或埋地线接触硅电池技术，用电池系列连接来匹配 12V 电池的充电。每个屏幕印刷电池的特性（25℃时）：

$$V_{oc} = 600\text{mV}$$

$I_{sc} = 3.0\text{A}$，$FF = 75\%$，$V_{mp} = 500\text{mV}$，$I_{mp} = 2.7\text{A}$，$A_{rea} = 100\text{cm}^2$。

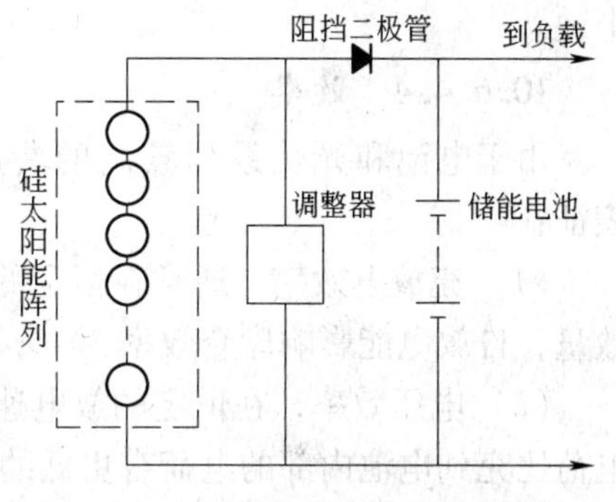

图 10-83 简化的独立光伏能量系统

因此，36 电池系列在 25℃，则有：

$V_{oc} = 21.6\text{V}$，$I_{sc} = 3.0\text{A}$，$FF = 75\%$，$V_{mp} = 18\text{V}$，$I_{mp} = 2.7\text{A}$。

实际上，包装在模块中的电池通常比未包装的电池的平均能效低，这是因为：

（1）玻璃的反射；

（2）来自电池-包装体（密封体）界面的反射变化；

（3）电池之间的不匹配损失。

当对一个 12V 铅酸电池充电时，设模块 A 的 V_{mp} 是 18V，则连接体有电阻损失，因为由于温度升到 60℃有大约 2.8V 的损失，通过阻挡的二极管有约 0.6V 的电压降，通过整流器有约 1.0V 的电压降，减少光强度的时候有些电压损失，电池必须充电到 14.0~14.5V，达到满荷充电。

实际上，由于与屏幕印刷电池相关的高电阻损失，通常对于 V_{mp}来说随着光强度的稳步减少而增加。尽管 V_{oc}随着光强的降低呈指数性降低，而温度降低和电压损失降低，经常导致 V_{mp}的少量增加。

太阳电池寿命的平均值通常是由密封质量，特别是保护潮气入侵的相关封装质量决定的。如前所述，模块设计和使用的材料对电池操作温度有很大的影响，从而也影响了电池效率。电池输出也被位置、阴影、倾斜角和模块的自清洁性能影响。

10.6.4 电池

10.6.4.1 类型

有很多电池有潜力应用于独立的光伏系统中，包括铅酸电池、镍镉电池、镍-金属-氢化物电池、可充电碱性锰电池、锂离子电池、锂聚合物和氧化还原电池。目前，最通常使用的是铅酸电池。存在很多其他的电池技术，如锌-硼电池、锌-氯电池、镁-锂电池、钠-硫电池和镍-氢电池，但它们在现阶段几乎与远程光伏系统无关。

10.6.4.2 应用

电池可以用于能源调节（如水泵系统），短期贮存，以便有效地在 24h 内在分配负载，长期贮存，保证系统在低晒状态下的适用性。

10.6.4.3 规格

电池维护对于独立光伏系统是主要的限制条件。典型的能用于长期贮存的电池系统是长寿命的、低自放电的、有长期的负载循环能力的、放电储能效率高的和维护费用低的电池。

10.6.4.4 效率

由于电池和光伏系列较高的费用，电池的效率相当重要。电池效率可由如下指标表征：

（1）充放电效率，通常在恒定的放电速率下测量，指的是能够从电池中回收到电荷的数量，自放电能影响库仑效率；

（2）电压效率，在恒定的放电速率下测量，反映了一个事实，即重新从电池中得到的电荷比充到电池内部的电荷有更低的电压；

（3）能量效率，即电荷和电压效率；

（4）对于独立的光伏系统，典型的平均电荷贮存效率是 80%~85%，冬天效率增加到 90%~95%，一是因为电池在更低的充电状态下有更高的库仑效率（85%~90%），二是因为大部分电荷直接去了负载，而不是去了电池（95%的库仑效率被实验测量得到）。

10.6.4.5 能源级别和容量

电池的能源级别被定义为最大的充放电率，以安培计。

电池容量是在恒定的放电速率下可以从一个电池中获得的最大能量，并且该过程中电压没有降低到一个规定值，电池容量以千瓦时或安培时计量。光伏系统一般有 300h 的放电速率。电池容量被温度影响，在 20℃以下，温度每降 1℃，电池容量降低 1%。在其他极端情况如高温下将加速老化、自放电和电解质的使用。

10.6.4.6　放电深度

放电深度是电池内部的额定容量的百分率。浅循环电池不能放电超过匹配容量的25%，而深循环电池可以放电达到匹配容量的80%。由于电池寿命是电池电荷平均状态的函数，所以在设计系统的时候要综合考虑循环深度和电池容量。

10.6.5　铅酸电池

10.6.5.1　类型

在独立电源系统中，铅酸电池是目前最常用的。它们有大量的类型，如深度循环电池和浅度循环电池、胶体电池、有着限制的或液体的电解质、密封式电池和敞开式电池。

阀控铅酸电池或密封电池会产生过量的氢气。催化转化器将过量的氢气和氧气转化成水，只有电池存在过量气压时气体才会排出，因为不能被加入电解质它们被称为密封的电池。这类电池需要严格的充电控制，但是维护量比敞开电池少。

敞开或流动电解质电池包含过量的电解质，需要除气以便减少电解质的分层现象。放电制度不需要严格控制。然而，电解质必须时常补充，电池室必须保持良好的通气，与本国家标准一致，以便抑制氢气的生成。

10.6.5.2　平板材料

铅酸电池大部分为板式类型。由于纯铅很软，容易受损，铅板必须经过细致的处理，它们自放电速率低且寿命长。将钙加入板中可提高强度，加钙的铅板电池早期成本比纯铅电池低，但它们不适合重复的深度放电，寿命更短一点。为了提高强度和降低接触电阻，铅板中还加入了汞。汽车中常用铅汞电池，它们比纯铅或铅钙合金电池便宜得多，但是寿命短，自放电速率大。它们在深度循环的时候快速劣化，总是需要几乎完全充电。因而将其应用于独立光伏是不理想的。铅汞电池通常只能应用在敞口电池中，因为它的电解质需经常更换，这样就使得配料很频繁。

10.6.5.3　充电制度

光伏系统电池通常在恒定电势或循环模式下工作。很多光伏电池驱动的电池在低的充电方式下花很长的时间充电，如果是在冬天，就会引发问题。例如，硫酸铅在低的充电状态下在电池极板上生长，降低了电池效率和可用的容量，这种现象被称为硫酸化。将放电水平限制为不超过50%能降低这种影响，维持高的硫酸浓度，而且硫酸浓度高电池冻结的可能性也少。另一个最小化冬天问题的方法是将这组电池倾斜到一个更陡的角度来充分利用冬天的阳光，在夏天则要消耗辐射的能量。过充电也存在问题，尽管对于短期电荷平衡有益，能产生气体，搅动电解质，阻止浓缩物停留在电池低区，然而，过长的产气过程将导致电解质损失，活性物质从板上脱落。

为了阻止过充电，每个电池的电压通常由电压整流器限制在2.35V，这可限制电池电压不超过14V。典型的使用光伏系统对铅酸电池充电的特征见图10-84，放电特征见图10-85。

以上方法并不理想，电池电压不是一个充电状态的可信赖指标，生产者正继续寻找电池充电控制的有效方法。

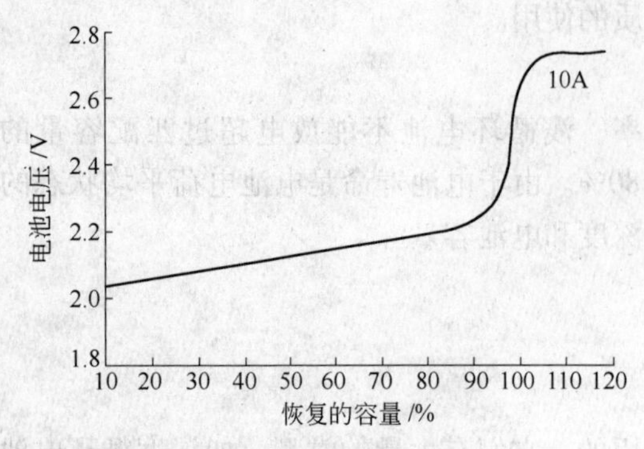

图 10-84 25℃时应用光伏系统对 500A·h 铅酸电池恒电流充电的特征曲线

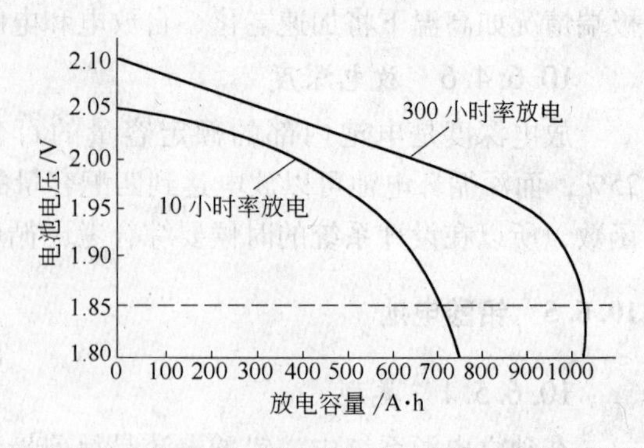

图 10-85 550A·h 的铅酸电池（每个电池限制电压 1.85V）在不同放电率下的恒流放电曲线

10.6.5.4 效率

一般铅酸电池有如下效率：

（1）库仑效率 85%；（2）电压效率 85%；（3）能量效率 72%。

很多电池生产者仅引用库仑效率作为电池效率，其实并不全面。另外，电压效率随着充电/放电的速率变化很大。

10.6.6 其他电荷储存方法

10.6.6.1 镍镉电池

镍镉电池通常为家用电器的可充电池，能适合独立光伏系统，特别是在寒冷的环境中，它们比铅酸电池具有更大的优势：

（1）能过充电；（2）能完全放电，不需要庞大的体积；（3）耐冲击；（4）有极好的耐温性能，即使冰冻也不损害电池；（5）低内阻；（6）可以以较高的速率充电；（7）在放电时维持均匀的电压；（8）长寿命；（9）低维护需要；（10）在不使用时自放电率低。

然而，镍镉电池也有大量缺点：

（1）比铅酸电池贵 2~3 倍；（2）充电效率低（60%~70%）；（3）需要完全放电以便消除记忆效应，之后，却不能深度放电；（4）由于放电速率低而使容量更低；

新的设计主要是克服这些缺点，人们正在设计和生产用于光伏系统的镍镉电池。在其他方面如寿命循环费用，它们比铅酸电池更便宜，尽管投资费用比铅酸电池的 3 倍还高。

10.6.6.2 镍-金属-氢化物电池

镍-金属-氢化物电池依赖于在充放电过程中氢在金属合金中的吸附和脱附。电解质包含氢氧化钾的水溶液，这些电解质大部分吸附在电极和隔离板中。因此，这些电解质可以在任何方向使用。它们正常的电压是 1.2V，与镍镉电池一样。与镍镉电池相比，它们的能量效率变高，达到 80%~90%，最大能量变小，记忆效应不明显。镍-金属-氢化物电池与镍镉电池相比更难以承受反向电压，因此必须仔细操作，避免这种情况，特别是在多重系列连接中。

由于镍氢电池成本高，在偏远地区的光伏能量贮存中使用镍-金属-氢化物电池几乎不可能，但它们正在代替镍镉电池作为便携式设备。

10.6.6.3 可充电的碱性锰（RAM）电池

可充电碱性锰电池从初级电池被开发应用已经几十年。它们的额定电压是 1.5V，并被密封。它们不含有重金属，对环境的影响比其他大部分电池小，但迄今为止它们仅能作为小电池使用。

但它们的内阻高，深度循环的寿命短。若想获得长寿命，深度放电这种电池仅在光伏系统的浅循环中使用或作为紧急灯。

10.6.6.4 锂离子和锂离子聚合物电池

锂电池通常用于轻便器具如计算机、相机、人造器官和移动电话上，额定电压为 3.6V。它们使用有机溶剂中的锂盐，这些锂盐被密封，但是有一个安全出口，高活性锂存在爆炸或着火的安全隐患，必须仔细保护，防止过充电、过放电、电流过大、短路和高温。

10.6.6.5 氧化还原-液流电池

氧化还原电池通过可逆的反应在液相电解质中储存和放电，离子选择性膜用来控制离子在不同溶液中的离子迁移，电解质储存在外部容器中，没有自放电。澳大利亚正在积极开发溴化钒和溴化锌电池。相比于铅酸电池，它们有高寿命、高能量密度，能完全放电。

这种氧化还原电池的容量是储存的活性物质数量的函数，能源等级是电池室大小的函数。因此，容量和能量等级对于每个应用可以独立选择。氧化还原电池的效率很高，比如钒电池，其效率为：

（1）库仑效率 97%，库仑效率就是实际转移的电子数与理论转移的电子数的比值；

（2）电压效率 92%；

（3）能量效率 87%（包括泵损失）。

在光伏应用中随着氧化还原电池的使用也会出现一些问题，如维护问题，活性物质在苛刻的环境中的污染问题。铁铬氧化还原电池中遇到的交叉污染问题在全钒电池中则可以被消除。

10.6.6.6 超级电容器

与正常的电容器相比，超级电容器静电贮存设备使用电极之间的离子导电膜，而不是电解质。它们的优点是长寿命、低内阻，适合用于高能需求的应用，它们容易通过直接相关的电压确定充电状态。

10.6.7 动力条件和调节

10.6.7.1 二极管

模块化的二极管保护太阳电池系列免于短路，也阻止电池通过不被照射的太阳电池过放电。它们的作用经常通过电荷调整器来实现。二极管电压测量器也能保证电池不提供过量的电压给负载。

10.6.7.2 调整器

电池电压调整器也称为电荷控制器，在光伏基动力系统中用来限制放电和过充电，保护电池。调整器的作用有四点：

（1）调整设定点（V_R——最大允许电压）。一旦达到 V_R，调整器中断充电或者调整电流到电池中，除非电池温度变化小于5℃，对于 V_R 需要温度补偿。

（2）调整滞后作用（V_{RH}——V_R 和可恢复的最大电流的电压之间的差）。如果 V_{RH} 设定太大，充电将有一个长时间的中断；如果 V_{RH} 设定值太小，将经常摆动，可能有噪声，会损坏开关。

（3）设定低电压断路器（L_{VD}——负载被断开的电压）。可用电池容量以最大深度放电，L_{VD} 阻止了过放电。

（4）设定低压短路滞后（L_{VDH}——L_{VD} 和允许的电压之间的范围）。如果 L_{VDH} 设定太小，负载循环在低充电状态快速开关，可能导致控制器和负载损坏；如果过高，负载在过长的时间内仍然关着。电压水平 $L_{VD}+L_{VDH}$ 叫做低压连接。

设定点的值依赖于电池类型、控制器类型和温度。下面为两个基本的充电制度，通过这两个制度来保护电池免于过充电。

中断（通/断）制度。控制器作为开关，允许所有可用的光伏电流在充电过程中进入电池。一旦达到 V_R 值，控制器通过断开或短路的方式切断充电电流。当电压降到 V_R-V_{RH} 时，电流再连接。

对于通/断制度，适用的充电电流通过电池，直到 V_R 达到。然后，充电电流逐渐变窄以保证电池能储存交付的所有电流。一些控制器修改 V_R 设定点，使用低 V_R 值以避免过量产气。

控制器的种类见图10-86分流调整器使用固定状态的设备将电池电压限定在某个预定水平，分流过量电堆产生的能量。阻挡二极管放在系列中电池和开关之间，以避免短路。分流调整器在过去仅适用于小系统，典型的小于20A的光伏系统，会在电池系统中出现升温的问题，因为当辐射水平和周围的温度高的时候，散热问题会出现。当负载或电池仅使用光伏系统产生的能量的时候，它们几乎不消耗能量。然而，随着低电阻半导体开关元件的出现，散热不再是严重的问题，其中的损失比分流调整器要低。就像过去所讨论的，如果不使用旁路二极管，短路可以导致热点出现。

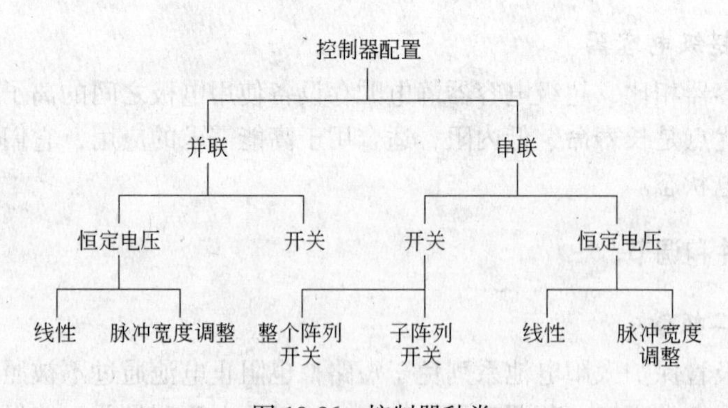

图10-86 控制器种类

系列调整器当达到预定电压时控制系列电流。控制元放置在系列之间，在系列和电池之间用通过终端的相应电压降实现控制。这仅仅能在通断结构中使整个系列开路或者在线性结构中起可变电阻器的作用，控制器的拓扑结构见图10-87。

波宽调整（PWM）器适用有着可变负载循环的电流的重复波，其或者是系列或者是并联器装置。子阵列开关拓扑是开关控制器的精细部分。不是关闭整个阵列，而是按照需要开关。当充电电流朝中午时分增加时，它们通过在一个时间断开一个阵列来操作。一天中，当充电电流降低，这些阵列再重新连接。它们适用于更大的体系中，有着大量太阳光的阵列。

自调整系统在没有调整器的情况下工作，阵列直接与电池连接，依赖于光伏电池面板的自然调整特性。当从最大能量输出点向开路状态转变的时候，电流-电压特征曲线的斜率呈阶段性增加。这种电流随着在最大能量点之上电压的增加而自动减少，假设温度保持一定的情况下，与电池充电需要的电荷调整得很一致。然而，由于太阳电池电压的温度敏感性，一天之间的温度变化和风速不一致使设计一个可靠的自调整体系变得困难。不同的电池制造技术也影响自调整体系的设计。

一般生产者采用的方法是在标准模块中去除大约10%的太阳能电池以减少电池过充电的可能性。这是因为，有了自调整系统，就不再有沿着电压调整器的电压降，过量的电压能由太阳面板传递以保证电池在最热的条件下全充。相应地，自调整系统实际上更便宜，因为没有电池控制器，也因为减少了电缆，简化了安装，另外，太阳电池的数目也减少了。

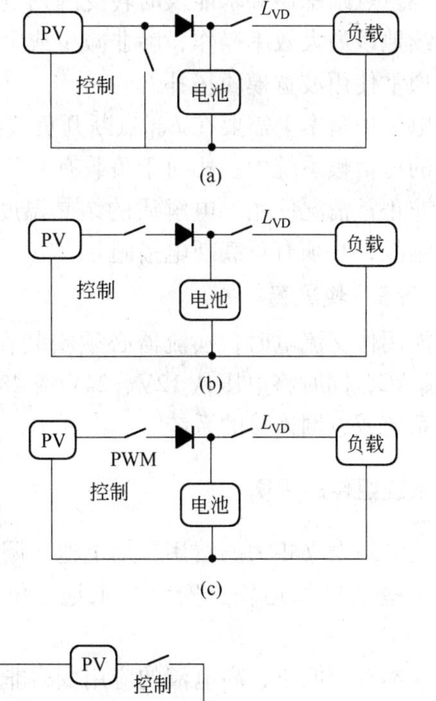

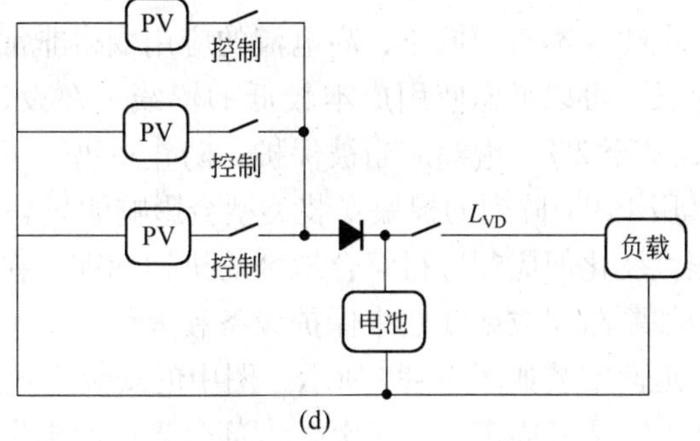

图 10-87　控制器拓扑（L_{VD}低压断路）

（a）并联拓扑；（b）串联拓扑；
（c）串联 PWM 拓扑；（d）子阵列开关拓扑

一般来说，自调整系统在设计方面有一些妥协，所以在温度较低的地方存在过充电的风险，在温度较高时存在未充满电的风险。自调整系统的另外一个问题是光伏容量必须较好地匹配负载的需要。例如，在晚上，负载应只消耗部分电池，以便在将来的早晨天气变冷的时候，光伏电压变高，电池能接受产生的电荷。在一天的晚些时候，一旦太阳电路板在接近预想的温度操作，如果电池正接近于全充状态，同样的问题将不再产生。当自调整自动使产生的电流降低时，这种充电方式对系统维护和停机时间有重要含义。当它们每天一开始便存在全充状态下，在无负载的间歇期必须将电池从光伏系统断电，否则将产生严重的电池过充电。严重的过热、过充电和电解质的快速损失易导致电池的快速损坏。

自调整系统最适用于镍镉电池，其能耐大量的过充电。而铅酸电池若在没有特别的照料和监测的情况下则很少被使用。

最大能量点跟踪器寻求能及时转变阵列电压、并使其成为适合充电制度的电压，这可使阵列连续地以最大效率操作，除非减少或中断充电以保护电池。跟踪电路本质上是直流转换器，通常使用波宽模块拓扑。

过放电保护基本上需要在 L_{VD}点断开负载的连接，再充电充足后再在 L_{VR}点连接负载。在一个高的可信赖系统中，相对于负载有大阵列和电池，则电池倾向于有浅循环，低电压断开仅在非正常情况使用。电解质的结晶温度依赖于密度和充电状态。在较冷的情况下，为了消除结晶，必须有负载断电措施。

10.6.7.3 换流器

当电能用作交流电时，换流器必须安装在光伏动力系统中。换流器使用转换设施将 DC 转变成 AC，同时将电压从 12V、24V 或 48V 提升到 110V 或 220V，同时也将从小系统转换为大系统或电网连接的系统。

10.6.8 系统组件的平衡

与光伏电站设立相关的费用包括电池、调整器、换流器和其他系统组件组成的平衡系统，也有一些项目如运输、安装、土地、位置整理、管道、电缆、装配结构和房屋等费用。

电缆成本对于低压、高电流的应用变得非常大。在光伏系统中一般使用铜线，如果距离过长，可以考虑使用成本较低的铝线。在设计时，线路的接头部分应当限制电阻小于 5%，甚至 2%。电缆应当被保护，防止虫害。

用于 PV 阵列的模块安装类型会影响能量、产量、资金消耗和维护的需要。支持结构有很大变化但应配置得符合地区的机构标准。在所有的电力系统中，必须使用过电流保护设备如断路器或熔断器来保护设备和人员。

地面安装如图 10-88 所示，图中的安装方式是目前最普遍的方式，以适当角度固定在地面上，或者固定在支架上。大部分光伏面板生产商提供装配配件，特别是对于固定的倾斜类型。一些居民系统使用屋顶安装方式，在模块下为了空气流动必须留出至少 7cm 的空隙，而一些发光系统和电话中转器有安装在杆上的太阳面板。

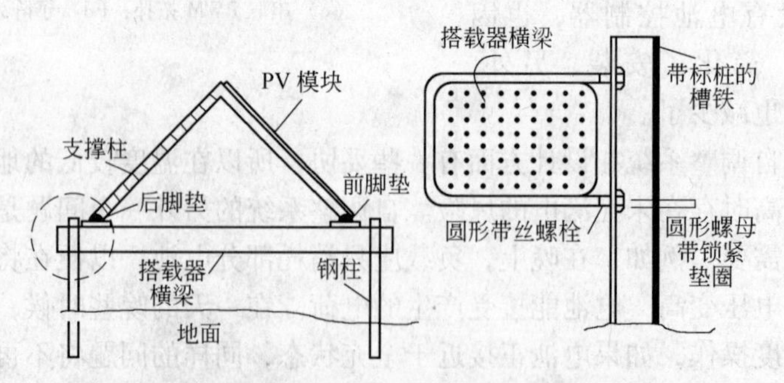

图 10-88 使用简单易得的材料将 PV 阵列进行地面安装

重要的是要避免不同材料可能引起的电解质损坏。在装配结构中使用的材料包括铝、角铁、不锈钢和木材等，以及不锈钢钉和销。

固定阵列是最常用的。模块安装在一个支撑机构中，在朝南的半部中面北 5°以内，朝北的半部中面南 5°以内，具体角度按需要确定。例如，整年都有恒定的输出时，角度是纬度加23°；在冬天正午，其放置在与太阳呈直角的方位，最小的倾斜角为10°，这样可以保证阵列表面被雨自然清洁。表10-1为固定阵列的近似最优倾斜角。

表10-1 固定阵列的近似最优倾斜角

纬 度	相对纬度的倾斜角		
	恒定的季节性负载	冬天最高负载量	夏天最高负载量
5°~25°	增加5°	增加5°~15°	增加-5°~5°
25°~45°	增加5°~10°	增加10°~20°	增加10°

阵列角度可以人为改变，在正午的时候改变阳光的照射角度，这是一个增加输出功率而不增加费用的简单方式。随季节改变的灵活性对于小系统的作用不大。对于中纬度地区，每三个月调整一次倾斜角能增加小于5%的能量产率。这种阵列需要被标记以表明每个位置适合的倾斜角或时间。

阵列可以沿垂直轴跟着太阳从东往西每隔1h或更频繁地自动倾斜，产率大大增加。相对于任意倾斜的固定阵列，理论估计日晒水平增加29%~37%。然而，不是总能将所有的日晒增加的能量转化为输出的能量，因为存在相互的遮蔽行为。实验表明相对于一个固定的阵列，使用垂直轴上的方位跟踪系统的阵列，日晒增加18%。单轴跟踪系列见图10-89。这种设置的费用相对较高。

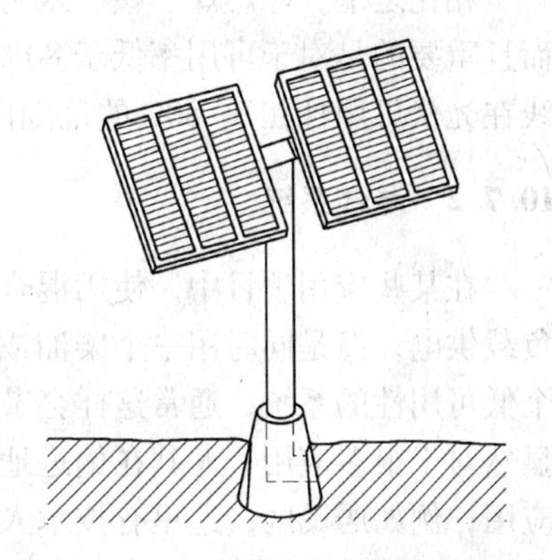

图10-89 小PV阵列的缓慢追踪器

通过在北南和东西轴跟踪太阳能进一步提高功率输出。Helwa测得了比固定倾斜阵列高30%的日晒。然而，资金和维护成本会升高，目前很少有这样装配的大体系。

聚光阵列使用透镜或镜片将太阳光聚到高效电池的一小块面积上。高效电池通过降低尺寸大小来降低成本。当聚焦率高的时候，这些系统对太阳光的跟踪一定是很精确的。

10.7 设计独立的光伏系统

一个独立光伏系统的设计通过选择和设计合适组件及大小来满足特定负载的需求。除了负载特性，组件成本和效率也是必须考虑的。通常会在组件之间做权衡以满足预算限制，尽管系统可靠性和预期寿命可能会受损。另外还应估计太阳的日晒特点和一些其他的信息，作为能源供应标准的一种指示。

10.7.1 光伏系统

根据具体情况，如最低的生命周期成本、可承担的负载大小和日光变化、模块化和灵活性、易于维护和修理、供电质量、可靠性、社会因素和系统利用率来完成主要设计。

系统可利用率被定义为一个供电系统符合负载需求时间的百分比。例如，一个系统设计95%的可用率将满足时间为95%的负载的需要，即在95%的时间内该系统是能满足负载的需要的。在独立的光伏系统中，可用率主要基于电池的重要性，通常非关键的独立系统设计成约 95%的可用性，而关键系统可能需要 99%的可用性。

例如，电信中继器站在发电系统中是重要的，光伏发电的阴极保护可能不是关键，然而发电系统对低可用性是接受的。

在一个光伏系统中，天气、失效、系统维护和过度使用都会降低系统可用性。然而，当可用性百分比超过 92%时，若想使其再升高，系统的成本将会迅速增加。在图 10-90 中被列出。

在设计一个系统中，每一个特殊应用的需求、在网上的太阳变异度和经济限制将决定合适的可用性。对于正常的电力系统来说，例如家庭，一般的方法是用非关键的可用性设计一个系统，如以后有必要可增加系统组件。

相比之下，靠燃煤、核、水力发电的电源发电机很少获得超过 80%~90%的可用率。而且重要的是对于可用率低于 80%的光伏系统，一般没有盈余能量。因此，图 10-89 的曲线在光伏可用性在 0~80%的范围内接近于直线。

10.7.2 混合系统

在某些应用项目中，使用混合系统经济并令人满意，凭借光伏系统为一些或者大多数负载供电，但是同时用一个柴油或者汽油发电机作为备用。这样就允许光伏系统设计成一个低可用性的系统，通常这样会节省相当大的电池容量并可以使用更小的太阳能电池板。显然对于很多应用，尤其在偏远地区，发电机和光伏系统是互不相容的。然而，对于有些应用，例如居民区，这里有技术人员可提供维修，应该重点考虑混合系统，尤其是当在这种区域设计一个系统时，在图 10-90 为混合系统的指示器。

图 10-91 的混合指示器纵坐标为负载，横坐标为系列-负载比率。负载数比率是数组在峰瓦（也就是日晒水平 $1kW/m^2$）的额定功率除以负载每天的瓦时。

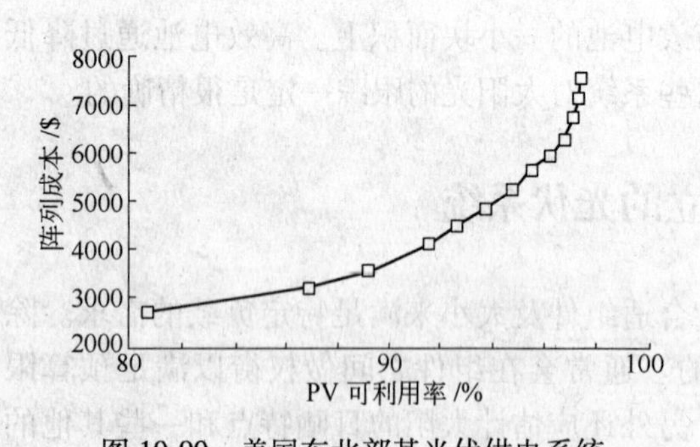

图 10-90 美国东北部某光伏供电系统可用性与其成本的函数

（经桑迪亚国家实验室许可转载，1991）

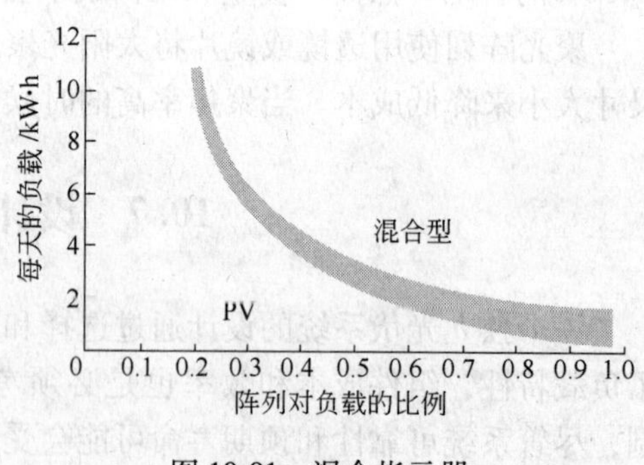

图 10-91 混合指示器

（桑迪亚国家实验室，1991）

为了使用这个图表，设计该系统时首先假设它将只通过光伏供电，然后看它在图中的位置。正如我们从图 10-90 中看到的，对于大型负载和更高的负载数组比率（array-to-ratio graphed）来说混合系统是更可取的。混合系统多用于多云的天气，需要一个大面积的光伏电池板，因此提供更大的比例。减少光伏地区的其他电机，这样更加的经济。此外，上述曲线随时间变化，因为相对于柴油和其他电机来说，光伏发电的成本持续下降。

10.7.3 简化的光伏系统设计方法

澳大利亚在偏远地区设置光伏供电电信系统。澳洲电信现在有峰值超过 3MW 的光伏系统安装在全国各地，大部分是光伏电池系统，也有几个光伏柴油机混合系统(McKelliff, 2004)。尽管澳洲电信系统现在在系统设计上使用复杂的电子表格并开发了自己的太阳能资源地图，但是原来的简化系统设计方法（Mack, 1979）已成为了现在更多使用的迭代模型的基础，并代表了一种保守方法，这种方法需要高的可用率并且这个数组大小被优化为电池容量的函数。

（1）负载测定。为了尽量准确地指定负载，要完成一个系统设计，优化其成本和组件，需要标准系统电压、负载可以承受的电压范围、每天的平均负载和全年负载的信息。例如，对于一个微波中继站来说，电压大约是(24±5)V，平均负载 100W（当前=4.17A），需要储存 15 天。

（2）选择电池容量。对于电信负载来说，设计方法是相当保守的，15 天的电池储存量有非常高的可用率。例如上面给出的例子，

$$4.17\times24\times15=1500\text{A}\cdot\text{h}$$

（3）倾角的第一近似值。这要根据电网信息确定，通常可以选择比纬度大 20°的倾角。例如，在墨尔本纬度是 37.8°S，倾角的第一近似值是 37.8°+20°=57.8°。

（4）日照。从可用的日晒数据上，落在选定倾角数组上的实际日晒能估计出来。利用这个日晒数据，当倾角为 57.8°时，再根据样品预算来决定实际相应数量的落在光伏阵列上的日照。这些计算建立在日照数据的散射元素是独立的倾斜角的假设上。这是一个合理的近似值，提供的倾斜角不是太大。

（5）阵列大小的第一近似值。就像拇指规则一样，峰值电流的初始阵列大小为平均负载电流的 5 倍。这个数字是巨大的，因为在夜晚太阳不会照射，在早上，下午和多云的天气，光强度会减少，电池的充电效率有限，有一些电池自放电，并且灰尘也经常会干扰光的穿透。

用初始数据和日晒数据，全年产生的电量可以被计算出来。在这些计算中，由于灰尘覆盖需要做一个损失限额，假设为 10%，不过这可能是对灰尘影响的过高估计。亚利桑那州的一项研究发现，正常入射到太阳的模块，污物最多引起 3%的损失。在下雨期间，损失随入射角增加，在 24°是 4.7%，在 58°是 8%。而且，鸟类（Bird Dropping）粪便也有着重要影响。

产生的电力和负载全年的消耗量相比较，当计算负载消耗的时候，需要考虑电池的自放电，每个月通常设置为电池充电量的 3%左右。

（6）优化阵列倾角。保留相同的阵列大小，重复上述步骤，同时数组倾角以小角度变化直到将电池的深度放电最小化为止，这代表了最佳倾角。

（7）优化阵列大小。使用优化了的倾角，与电池的深度放电结合，阵列大小可以被优化。

（8）总结设计。

美国桑迪亚国家实验室合并多年积累的日照数据，设计师可选择的倾角范围为纬度 −20°到+20°之间，这个系统的设计是基于一个由设计师指定的负载缺失概率（*LOLP*）。根

据定义，*LOLP* 是任何时间点上的概率，负载将不复合光伏储存系统，并直接关系到可用性（*A*），正如前面处理的：

$$LOLP = 1-A \tag{10-1}$$

事实上，对于指定的 *LOLP*，存在一个连续的阵列大小/储存容量组合，该量的相对成本和组成成分的效率范围决定了成本最低的具体方法。通常，当 *LOLP* 接近于零时系统成本几乎呈指数增加。

这个模型的系统设计，是根据日照和通常可用的平均数据及其相关变化。该相关性起因于约 24 年的计时数据的研究，以及在此基础上，应该提供的正确的相关性。对系统设计来说，纬度是一个必需的变量，该模型使用理论计算的光强度作为每天空气质量的函数，这种方法类似于前面的概述，即全球平均数据可以合理准确地转换为直接近似值和漫射光。

该研究的一个有趣的结果是系统模型的准确性并没有因为设计而使全年最低照射水平月数据上的精准性打折扣，该项研究形成了模型和方法，当然这样简化了设计方法。在可能的设计值和与适当处理的平均地球日晒数据相联系的广大范围，相关性已经形成，该相关性有助于：

（1）确定指定 *LOLP* 电池容量；

（2）阵列倾角的优化；

（3）在合适倾角处获取日晒数据；

（4）确定阵列大小，结合（1），提供需要的 *LOLP*。

成本计算可以在最初的成本基础上单纯计算，或者在终生成本基础上，依靠消费者偏好计算。对于后者，必须要考虑电池寿命随温度和放电深度（*DOD*）而变化。铅酸电池的电池寿命可以按下述的公式估计：

$$CL = (89.59-194.29T)\ \mathrm{e}^{-1.75DOD} \tag{10-2}$$

这里的 *CL* 是电池寿命（周期），*T* 是电池温度，*DOD* 是放电深度。在一个光伏储存系统中，*DOD* 周期性变化。我们把每个周期定义为一天，*DOD* 就是一天的最大 *DOD*。已经统计证实，所有电池周期的 *DOD* 分布都可以被概括为 *LOLP* 和储存天数的函数。从而公式（10-2）用来给出电池实际寿命的近似估计。

10.7.4 光伏相关设计的步骤

光伏相关设计的主要步骤是：

（1）估计直流和交流电力负载及其季节性变化；

（2）负载供应过剩系数扩大范围在 1.2~2.0，依赖于日照数据和负载大小的可靠性；

（3）能源资源评估，从现场测量或者利用可用数据；

（4）基于负载能量的太阳能最大值和最小值比率，确定最差和最好月份；

（5）系统配置，包括一切可接受的能源和发电机组，配置等效的系统可用性，包括一个允许更小阵列规格和更小电池的发电机组。

组件大小，根据 14 天内全电池充电（full battery recharging）和提供气体处理的能力，估计阵列倾角（见表 10-1），估计该平面日照（见表 10-1）。根据自主需求的天数、日常需求和放电的最大深度、日常能源需求、激增需求和最大充电电流制定电池大小。

检查电池大小是否由所需的储存容量和电力需求所决定，这取决于系统参数，特别是所需的自主天数排列阵列大小和配制成串来供应负载能量的选择部分，剩下的要通过发电机组或其他设施来供应。借助工作表，逆变器，监管机构，电池充电器，发电机组，电池通风设备的帮助。

大量的商业广告和免费的独立或并网发电的光伏供电系统的电脑仿真系统在最近几年已经投入使用，与一些日照数据库和其他气象信息直接连接。不同的程序在计算中用不同的算法，并在方法透明度和符合范围规定结果中变化。当然，在没有检查结果的情况下通过其他方法使用这些程序并不可靠，仍然需要优先考虑当地标准和规范。

10.8 光电伏应用的特殊用途

10.8.1 简介

光电伏系统是非常多样化的，在尺寸上它们可能比一个硬币还要小也可能比一个足球场还要大。它们可以给任何物体供电，从一个手表到一个小镇，并且燃料资源的唯一需求是光，它们操作简单，这些因素使得那些为一系列独立特殊应用项目供电的设施具有特别强的吸引力。到 2003 年底，在澳大利亚对于离网国外使用的累计安装 PV 容量为 13.59MW，离网国内使用为 26.06MW，并网发电分布供应为 4.63MW，集中并网发电供应有 1.35MW。这还不包括那些小规模的应用，例如花园灯，手表或者计算器，以及那些在全国普遍使用的日常物品。

10.8.2 太空

在最初发展的时候，由于光伏电池成本较高，只适于太空应用。太阳能电池继而被用于电力航天器，卫星和火星上的遥控车辆等。太空应用由于对可靠性要求很高，故需要产品的高品质控制和标准。因为飞船重量和面积的限制，太阳能电池的效率也是重要的。电池应用在太空，不受地球磁场和大气的保护，又受到高能离子辐射，其预期寿命会减少七年。太阳能电池在宇宙中抵挡这样的辐射而没有严重退化的能力被称作耐辐射性。

下一代太空电池的研究重点包括减少重量和成本，因为光伏板占一个卫星重量的 10%~20%和成本的 10%~30%。同样重要的是把阵列塞进一个小区域以便发射的能力。很多太空电池是由砷化镓和相关化合物制成的，而不是硅，这样的电池能获得更高的效率却也伴随着更高的成本。

10.8.3 航运助航设备

由于光伏电池代替了航海中的高成本电池，光伏电池的使用为航海助航设备供能供电变得经济。因为负载小，光伏电池很适合航海中使用，为灯和镜头供能有很高的效率。一个系统通常包括：

（1）10~100W 的太阳能电池；（2）防雨储存箱中的少保养蓄电池；（3）军事规范定时和电机控制电路；（4）带有军事直流电机的自动灯转换器；（5）与环境保护相关的系统组件：1）防雨和抗盐电池外壳和光伏模块封装；2）防水耐盐线路；3）镜头和电路外

壳封装。

用钉子来防止鸟类在上面栖息以及防止弄脏超轻眼镜和光伏模块表面。因为助航设备是关键，所以系统利用率必须要高。然而，过时的电路仍在使用，数以百计的电子组件可以被一个微处理器或者微电脑芯片代替。因为助航设备需要认证，所以设计现代化系统将需要很多年。太阳能光板是澳大利亚海岸的远程灯塔以及港口和河流的信号浮标供电的标准选择。

10.8.4 通讯

光伏电池在多个国家为通讯中转站供电。这些系统非常适合于严酷的地形，例如新几内亚巴布亚岛或者那些有着大量无人区和无电网支持的国家，如澳大利亚，后者是使用太阳能电板达到这些目的的其中一个国家。

10.8.4.1 移动式光伏电源

在过去的几十年特有的干线无线电中继器载荷已经从1000W左右减少到100W以下，打开了光伏市场。在1976年，电信公司开发了便携式太阳能电源，它使用标准集装箱在运输过程中覆盖光伏方阵、在工作系统中覆盖电池、为维护人员提供设备并为太阳能电池板提供一个挂载。

这些系统形成了世界上第一条电信主干线路的基础。从澳大利亚的艾利斯到滕南特克里克500km的连接在1979年开放，13个转发电台完全依靠太阳能电池光板供电。这些系统被设计成具有极高的可用性，特别是还包括15天的电池储存量。电池的优点有：

（1）纯铅阳极板；（2）自放电率低（通常是每月3%）；（3）寿命长（约8年）。

这些系统的成功使得70多个微波中继器站陆续在澳大利亚全国各地安装。通过对电池和电子设备使用被动冷藏库，系统可靠性得到提高。虽然光伏电池是首选，但是混合系统有时也会使用。尽管这些柴油发电机每年仅提供不到10%的电力，但是显著减少了太阳能方阵和电池大小，并且系统可用性接近100%。虽然增加这些系统维护是不可避免的，但是由此减少的成本进一步增加了太阳能电池长期的成本效益，但这些混合动力系统并不适用于偏远地区。

10.8.4.2 无线电话服务

澳大利亚偏远地区的用户使用光伏供电的无线电话来连接与他们最近的中继器。这些小型独立系统包括光伏电池板、电极通常安装单独的12V电池、发射机电路和天线。

如果消费者被完全告知负载是可变的，负载可以被消费者所控制。消费者教育减少了所需的可用性水平，也增加了该系统的成本。除了上面描述的电信网络系统，还有很多超高频、甚高频和微波无线电运营商使用光伏发电，例如军队，警察和企业。

10.8.4.3 移动电话网络

2004年4月澳大利亚电信公司在布鲁附近的罗巴克平原开设了第一家太阳能手机基站。为布罗姆当地和周围以及澳大利亚西北海岸外提供了额外的手机覆盖率。这个新的系统比一般的系统更耐热，不需要使用空调（图10-92）。

澳大利亚和世界各地都在安装很多使用光纤的远距离主干网络。用于电力网络中继器站的光伏发电位于远离电网的位置。很多考虑使用对激光有高转换效率的特殊设计的光电设备，这样可以使用激光沿着光纤传输来传送电子信息。

10.8.5　阴极保护

石油和天然气管道、水井、化工储罐、桥梁等的腐蚀是一个主要问题，尤其是远离发电厂的偏远地区。阴极保护包括使用电流来抵消自然产生的电化学腐蚀的电流。土壤中的酸和水充当电解质将电子转移到金属物上，作为阳极并且发生氧化或腐蚀。可以采用一种外部设施抵消这种趋势，使金属结构变成阴极，从而消除腐蚀。

图 10-92　位于澳大利亚西部平原罗巴克的澳洲电信网络第一个太阳能电话基站（Silcar Pty 公司设计施工）

可以在金属结构附近通过牺牲阳极得到类似的效果，提供的牺牲阳极比阳极化学性质更活跃，也就是牺牲阳极建立一个比要被保护的结构更大的电化学势，比被保护的结构更易发生反应，更易被腐蚀。

10.8.5.1　制定系统标准

在设计一个光伏供电的 CP 体系中，必须考虑到以下方面：

（1）电流负载量需要克服潜在金属（阳极）和周围电解质之间的开路。

（2）当前的需求是由裸金属的面积决定的。通常，金属结构涂层将有一个指定的完整性因素。一个好的塑料涂层的典型特征就是一个 99.999% 的完整性因素，这意味着每 $10^5 m^2$ 的表面有 $1m^2$ 暴露。

（3）CP 电路的电阻决定了提供来自电流的必要电压。这是可以衡量的，但是将随水分含量、温度、密度、甚至土壤的盐含量而变化。电阻因素由于以下因素而复杂：

1）管电容；

2）电化学极化，由于土壤的离子电导率（一个好的绝缘管计划时间可以达到 16~18h），地面则有床电阻（R）：

$$R=\frac{\rho[\ln(2L/r)+\ln(L/S)-2]}{2\pi L}$$

对于一个横向位置，如高水位，R 为：

$$R=\frac{\rho[\ln(4L/r)-1]}{2\pi L}$$

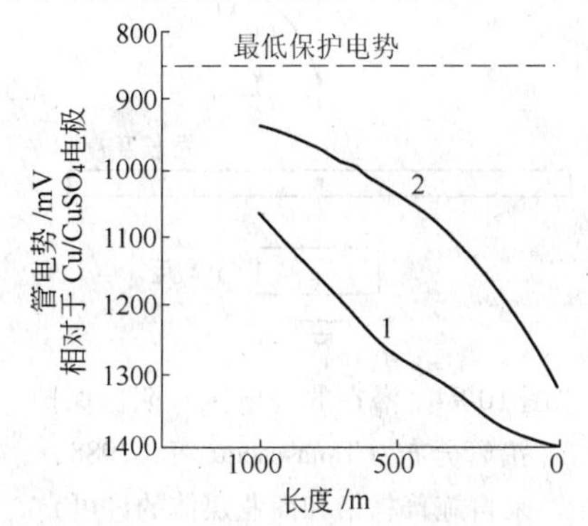

图 10-93　距离和时间对电位分布的影响
1—晴朗的白天；2—晴朗白天第二天多云的夜间

（4）对于垂直床，例如一个深井或钻孔，L 就是阳极棒的长度，ρ 就是土壤电阻率，S 是深度以及 r 是阳极的半径。

这种由于随时间（见图 10-93）和距离的不同导致的不确定性和变化性，在荷载确定中电压和电流都需要考虑安全因素。

10.8.5.2　控制器

操作期间，在一个 CP 体系中一个控制器是必要的，用来调整电流以保持金属结构恒量的参考电压（控制电流以克服变化的电化学势）。控制器有多种不同的类型。

（1）为了控制电流，直流对直流转换是用来提供高效率的保证；

（2）不使用直流对直流转换，尽管效率较低，但是控制器可以简单地结合一个变阻器来有效地控制电压以及由此产生的电流。

10.8.5.3 能源

在发电领域，功率整流器用于阴极保护装置。在偏远地区，以柴油或天然气驱动的汽车发电机（甚至热电发电机）已被使用。然而，燃料和维护成本是一项重大问题，尤其对于小负荷电机，连接主输电网的线路扩展通常是很昂贵的。

10.8.5.4 现在的 CP 系统

光电动力系统现在被认为是 CP 系统的一个可靠而经济的解决方案，这是最初对于小结构的情况，如小管道或储油罐等。但随着光伏电价格的下降，它们已经越来越多的应用于大管道，井口保护等。低可用性系统设计对于大多数结构是充足的。如果一个系统的结构被保护，一个 90%的可用性的结构其寿命有望延长 1/10。

第一个大型光伏供电 CP 于 1979 年安装在利比亚。它被用于保护石油钻井平台和管道的设备和建筑。这种光电阴极保护的使用很快被非洲、中东和亚洲的主要石油公司密切关注。在美国，联邦能源部规定要求所有载有易燃液体或气体的地下水槽和管道都要有阴极保护，这样的要求为太阳光电提供了巨大的潜在市场。

然而，在很多腐蚀设计的部分对光电的理解贫乏，现在仍然限制它在很多设施上的使用。随着光电得到越来越多的理解，它的使用将会增加。偷窃和破坏也是问题。由于这些原因，柱安装是可取的，但是它会导致线路损失和安装成本增加，除非使用特殊的集成系统。例如，德国能源支柱系统结合带有光伏电池板的铝制支柱，在准备安装的系统中加强电荷转换器和电池，安装后，它们会将数据传输到一个以监测为目的的中心处理点。

下面是一个 CP 系统的设计例子，图 10-94 为潜在的（电压）阴极保护沿管分布，使用沿管道阴极保护，保护电流必须被调整以保持 $\Delta V_{\min}$ 足够高来抵消电化学势，下面给出

$$V(x) \propto \exp(-rx)$$

这里的 r 是衰变常数，是管道的每个单位长度的一个函数，典型值是 $5\times10^{-4}\,\mathrm{m}^{-1}$，$x$ 代表管道的长度。如果 L 是管道保护的总长度，那么 $K=\dfrac{2}{r}\ln\left(\dfrac{\Delta V_{\max}}{\Delta V_{\min}}\right)$。

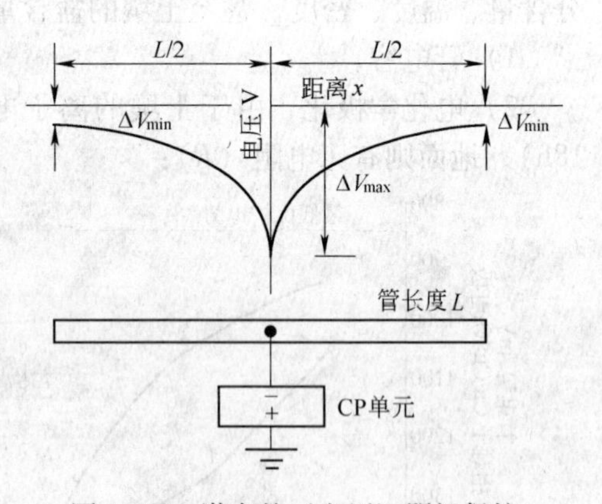

图 10-94 潜在的（电压）阴极保护沿管分布（Tanasescqu 等，1988，来自施普林格和商业媒体的许可）

存在一个重要的交换。如果 L 太长，$\Delta V_{\max}$ 比与 L 的比例增加的更快，变得太长。一个大的 $\Delta V_{\max}$ 给出比所需要的更大电流。最终结果就是对于输入功率和需求功率的比例过大。相反地，如果 L 太短，CP 系统的额外数字需要来保护整体长度。然而，通常由于光伏发电的模块化性质，对于有许多间隔相对紧密的小系统是非常方便的。

一个典型系统包括：

（1）一个峰值为60W 的光伏板；（2）90A·h 的电池储存量，12V；（3）一个连续的电荷调节器；（4）一个闭环电流控制器，使用 $Cu/CuSO_4$参比电极地面。

随着更深入了解光伏系统，以及光伏电池价格的降低和金属材料质量的提高，光伏电池阴极防护系统的市场将会持续增长。而且光伏电池价格的降低和金属材料质量的提高已经是一个完整的事实，它减少了负荷，使光伏系统更经济。

10.8.6 水泵

光伏电池一直在不断地满足水泵系统的需求，小至手动水泵，大至柴油系统。它们在偏远的地区也越来越受欢迎，在这些地方换料时，光伏电池可靠、寿命长、自由，这些优势胜过风车系统和柴油系统。光伏系统维修少，干净，易于使用和安装，可以无人操作，易于满足任何需要。表 10-2 给出了 20 世纪 80 年代不同型号光伏水泵系统的分类。

表 10-2 光伏供电水泵系统到 1988 年为止使用估计数量

功率/W	系统数量	功率/W	系统数量
0~500	11000	1000~2000	8000
500~1000	100	>2000	2000

这些系统主要是用作乡村的水源供应，灌溉、储存水和工业商业中较少使用。到 2000 年为止，在发展中国家，超过 20000 个光伏系统提供能量的水泵安装使用，尤其在印度、埃塞俄比亚、泰国、马里、菲律宾和摩洛哥。Short 和 Thompsonz 发表了一篇市场综述和商业化的光伏水泵的比较文章（von Aichberger，2003），文中讨论了光伏水泵在发展中国家，对社区团体正面和潜在的负面影响。

系统组件开发不成熟，光伏电池系统最大的劣势是初始成本比较高、光照变化和太阳能（在很大的系统里，能量密度很低）会发生漫射。

在一个生命周期的基础上，低于 2kW 的光伏水泵系统相对柴油动力系统都非常经济，尤其是小于 1kW 的光伏系统比柴油动力系统更便宜。图 10-95 给出了光伏供电和柴油驱动

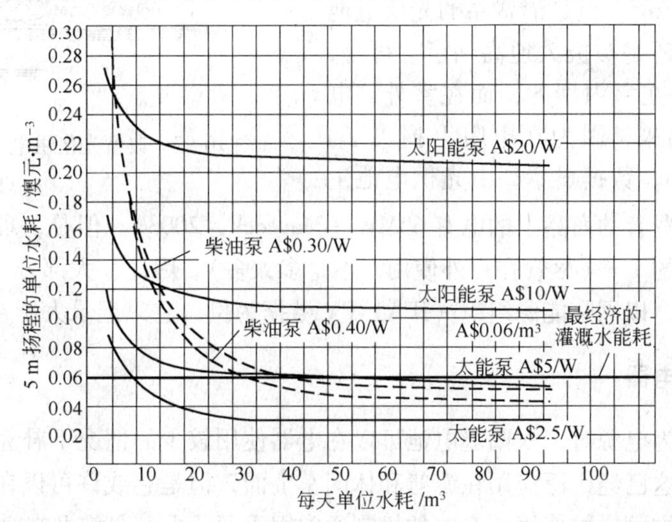

图 10-95 由光伏驱动和柴油驱动的水泵每天输送的 5m 扬程的单位水耗

两种水泵，水的消耗与体积的关系。图 10-96 给出了单位水的消耗与扬程的关系。当然消耗随着安装不同而不同，取决于特定的需求、特性、配置和组件的类型。

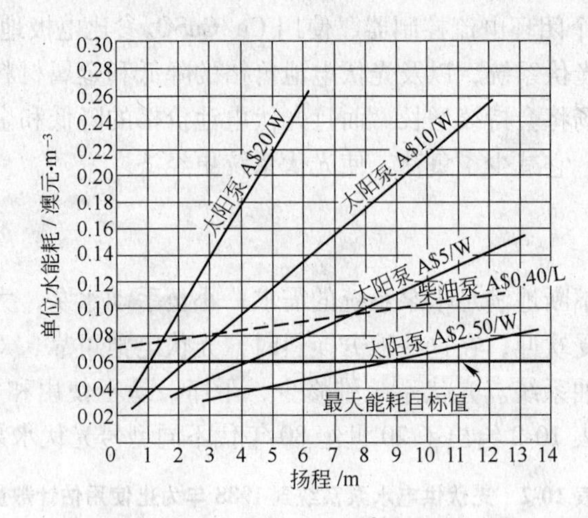

图 10-96 典型的单位水成本为 $40m^3$/天的扬程平均泵流量

那种专门设计应用的系统是很需要的。该系统的配置、组件类型和它们专门的尺寸都要根据水源质量、水源供给速度、每天所需的水容量、太阳能可利用率、抽水时间和流量、静态水位、流动水位、输送压头、季节性压头的变化、管径、摩擦力、抽水子系统组件特性和效率等来设计。为了更容易设计更适合的系统，以上的这些信息都需要了解。图 10-97 给出了典型的光电动力泵水系统的损耗。

10.8.7 室内消耗产品

消费者商品市场已经很大了，并仍在飞速地扩大，生产大量的手表，计算器和低成本的非晶硅太阳能电池小玩具。大商品的市场也正在增长，比如花园灯具和电筒。尽管假设光强度 $1kW/m^2$，但是消费品的光伏电池的发电容量可能还是被极大地高估了。可是，这些电池是设计在室内用的，而在室外，电能一点也输不出来，因为在电阻上损失了。例如，在 2002 年，数据显示，由光伏电池生产出来的用在消费者的商品上的电有 60MW（Maycock，2003）。但是，现实中，产生的电将低于这个表格的 1%（尽管在户外使用，不是多太多）。因此，大部分 PV 数据都不包括这些产品。比如，以国际能源组织（IEA）PV 数据为例，它只记录大于 40W 的模块。

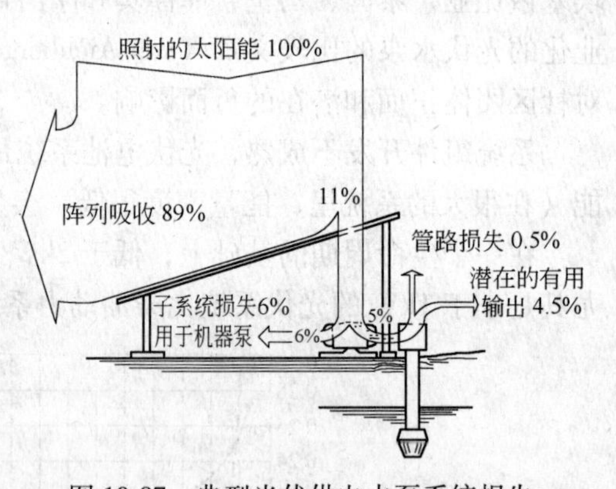

图 10-97 典型光伏供电水泵系统损失

10.8.8 电池充电器

当充电器作为电源时，太阳能电池可以在电器使用较少的情况下补充其自放电，来保持电池充满电。这已经广泛应用在游艇和休闲车上面，但是它或许可以在笔记本电脑，拖拉机和汽车电池方面增加使用。充电的机制通常很重要，尤其是涉及自动调节的部分。

10.8.9　发展中国家的光电

一些地方使用小型电池供电设备，这些地方的消费者必须前往中央电池充电，尽管很麻烦，但是在发展中国家仍然约有40%的人没有获得电力供应。在偏远难以到达的地区，柴油机的燃料供应和维修服务也是很困难的，因此存在着一个潜在巨大的光伏系统市场，尤其是以下的项目：

（1）家居照明，包括光伏灯笼；（2）家用电源；（3）电视和无线电的教育娱乐设施；（4）通讯系统；（5）净化；（6）灌溉和生活用水；（7）照明和家用电源；（8）药物和疫苗的制冷；（9）村电池充电站；（10）无线电话；（11）公共设施；（12）生产活动。

以上的每一项都可以设计成一个独立的光伏系统、村系统提供多种用途。IEA光伏供电系统承担一个特殊的发展中国家的工作。

光伏供电因为高可靠性、燃料供应的非依赖性、长寿命、低维护的特点而极具吸引力。然而，尽管在管理方面比过去更好，但是持续支持、教育和用户培训对于避免系统故障的频发是必要的。此外，光伏的模块化性质使得小型或大型系统几乎可以安装在任何地方，并且随后可以在必要时增加容量。然而因为光伏系统的资产成本很高，大多数发展中国家的村庄需要经济援助来建设这样的电力系统。包括巴西、中国、泰国、老挝、西班牙、斯里兰卡、印度、越南和印尼在内的很多国家，都正在使用的光伏项目，主要对农村社区供电。小型家用太阳能系统具有巨大市场，印度有450000个系统计划，中国150000个，泰国150000个，肯尼亚120000个，摩洛哥80000个，墨西哥80000个以及南非50000个。

一个系统使用的典型例子，约1000个平均输出150W·h/d的系统已经在印度尼西亚安装，配制如下：

（1）一个45W的光伏模块，安装在一个通过房顶引入的小杆上；（2）一个12V，70A·h的铅酸电池，安装在一个附加内壁的框架中；（3）一个小的监管系统，以在过多充电和深度放电的情况下保护电池；（4）两个6W的灯；（5）一个插头和插座连接的电视、收音机或其他电器。

类似的，在西班牙，1500个安达卢西亚房屋靠两个52W的模块、一个电池盒调节器供电，在马来西亚11600个光伏系统用于家庭供电、健康诊所、社区大厅、学校和教堂，应用领域从基本照明到疫苗冷冻。

10.8.10　制冷

光伏系统在制冷方面的应用有：

（1）光伏电池板被广泛应用于电力冰箱；（2）医疗用途，约占太阳能光伏供电冰箱的20%；（3）休闲车辆，如露营车；（4）商业用途；（5）住宅用途。

重要的医疗用品供应，如果储存疫苗或药品的冰箱停电会有上万美元的损失。因此，它的可用性必须达到100%。世界卫生组织规定冰箱用于国际援助项目。由于它们发展快、部署模块化和维护要求低，即使当更便宜的能源可以用的时候，太阳能光电板也被经常使用，并不断开发新的应用，例如在希腊，使用光电动力蓄冰系统来预冷偏远地区的山羊奶。

高效直流冰箱变得更便宜，并且被用于所有项目来避免转换损失和一个更大的变频器的消耗，以提高可靠性。大多数单元是 12 或 $24V_{dc}$。它们是传统空调机组效率的 5 倍，因此需要更小的光伏系统。对它们的效率有帮助的方面包括形状、绝缘、密封、隔离区域，以及用温度计控制每一个区域，带有高效除热的高效压缩机/汽车（没有风车），手工解冻和顶部装载。

10.8.11 光电传输

人员和货物运输是很大的能源挑战，这种在车辆和大型电力以及能源要求上的挑战很难直接用相对小的车辆收集面积去应对。太阳能可以被用来帮助传统的电力系统，使用一个现有的电网做主要存储，例如在德国卡尔斯鲁厄市的电车。在艺术和媒体中心发源地的卡尔斯鲁厄市，光伏模块（100kW）为电车系统供电，能源通过常规的网格基础系统被直接提供给额外需求供应的有轨电车的直流系统，大型直流载荷使储存器和逆变器不再是必需品。类似的，一个 250kW 的系统在汉诺威运行，一个 24kW 的光伏阵列给电网供应足够的能量来满足瑞士伯尔尼议会大厦附近的缆车的能量需求。该系统于 1992 年安装，并且在 1993 年和 1994 年分别生产铁路能源需求量的 105% 和 95%。一个 36kW 的系统可以满足意大利里窝那市附近的一个缆车的全部能量需求。

已经装配的太阳能对运输的帮助也是很实用的。几个小的有光伏屋顶的车也进入了市场，但迄今为止仅经历了小规模的应用。一种太阳能辅助的公共汽车使用 15 个光伏片组装成顶部，载着行动不便的参观者游览公园。这些例子在美国和英国有较多应用。

公里噪声壁垒是在昂贵建筑上的一项巨大投资，这种建筑在欧洲建立第二次用作挂载大量的光伏发电模块。除了方便的供应结构，还给大多数人提供一个优秀的“展示”机会。一个很好的例子就是阿姆斯特丹机场附近的 A9 高速公路以一个 20kW 系统分布 1.65km。太阳能渔船在燃料泄漏特别让人沮丧的水域里是极具吸引力的，例如湖泊；或者能量噪声从环境中减少的地方，例如自然保护区。两个分别拥有 24 名乘客座位的光伏供电船只，1997 年在瑞士日内瓦湖的洛桑市和圣叙尔皮斯教堂之间运行。这些船只的电动机靠一个覆盖面积 14 m^2的光伏阵列来供电运行，发动机位于船的顶部，提供环保的交通工具，阴天可以在码头的电网充电。27.5m 的 Bécassine 在瑞士湖上载有 60 名乘客，靠一个 1.8kW 的光伏阵列供电。能量储存在一个 180V，72A · h 的电池中。Solar Sailor 是一艘游船，在悉尼港运营，通过光伏发电、风能和一个高效安静的气体压缩电动机供电。它的“帆”是表面带有太阳能电池的玻璃纤维，可以在风能和太阳能间调整优化。

光伏供电的飞艇是一个活跃的研究和发展领域，使用大表面积低重量的安装模块。光伏供电飞船的用途包括货物运输、电信、遥感和大气测量。美国宇航局有一个单人驾驶的光伏动力飞机的 20 天环球飞行的计划，这次飞行需要七次以上的停歇，除非电池的储存能力有显著改进。

10.8.12 太阳能车

太阳能汽车比赛提供了一个小却不断增长的市场，特别是对于高效率的光伏电池。最近的比赛有自 1987 年在澳大利亚和 20 世纪 90 年代初在美国、欧洲和日本举行的比赛等。

由于太阳能可用物理面积上的实际限制，光伏电池的效率是汽车比赛至关重要的部分，价钱上往往没有问题，600 美元/W 目前被认为是最好的电池。最近世界太阳能挑战赛上领先的汽车使用了极其昂贵的电池，这些电池是由砷化镓和相关材料制成的，是通常只有太空领域才负担得起的价格。然而，很多地方的获奖者都是用标准电池建成的学生汽车。重点在高效的汽车设计上，包括空气动力学（比重量更重要）、发动机效率（通常用两个电机）、功率调节和控制电路、电池储存密度和效率。大量常规通勤车辆采用光伏供电似乎要等待很多年后才能实现。

目标为零或低排放汽车，例如在加州，在城市环境中加速开发和使用电动汽车。这可能会刺激太阳能光电板在日常通勤车辆中的使用，直接动力车辆通过在汽车板上集成或者被装在当地的光伏充电站或个人家庭中。

太阳能汽车的一个关键组件是电池。它必须可以深循环，有着比目前汽车用电池有更长的寿命。自放电率不是最重要的，电荷容量体重比是最重要的。太阳能充电的可用性促进小负载电池的增加，例如汽车中的通风扇，以前由于电池放电，在不用的时候不能安装。非晶态和晶体硅基的太阳能电池充电套件可以作为小模块使用，插入车用轻质槽内。

目前，光伏阵列和电子元件的设计过程比电池更难定义。因此，电池和光伏部分的生产通常是彼此独立的。和所有的光伏系统一样，用户教育是重要的。对于太阳能汽车，高效地驾驶对于确保电池的最优使用和太阳能输入是重要的。

仅仅在美国，就有成千上万的光伏供电系统被安装。这些中的大多数（80%）在 200~400W 范围内。在世界上的大多数偏远地区，光伏供电的直流照明设备现在与煤油灯、电池、蜡烛，或者汽油和柴油发电机相比是相当划算的，也比电网（grid）拓展更加经济。甚至在市区，光伏电灯可以用来避免地下和高空电力线路的高成本运营。这些物品如常用的花园灯，它们不需要电工安装，现在正日益普及。现在的一些光电照明设施包括广告牌、安全照明灯、公共交通避难所、紧急警告灯、区域照明（例如，街道，小路）都可以使用光伏系统供电。

虽然近年来灯效率（Lamp efficiencies）有极大的提高，但是对于更高的动力灯仍倾向于更高的效率。常用灯控制技术，贡献了更高的效率，包括照片电池（Photo Cells）（当足够黑的时候灯打开，当光量充足的时候自动关闭）、计时器（特定时期的操作或者识别标码）、开关（可以手动使用，尤其是家庭使用）、对于安全系统是特别有用的传感器，例如运动和红外探测器。

虽然质量上在逐渐改善，但是很多的光伏供电花园灯用品在过去十年的销售往往是不合适的，因为它不能达到预期的使用时间。常见问题包括：低效率非晶硅太阳能电池板的使用，这些电池板降低使用时间且产生的电力不足；使用效率低的灯，这些灯不能提供足够的照明；差的封装问题，水分渗透腐蚀太阳能电池的接触面；脆弱的塑料成型，它很容易被破坏并且暴露在外被降解；不当的充电器，这造成电池的过度充放电。

大多数独立光伏照明系统在 12 或 $24V_{dc}$的环境下工作。因为荧光灯比白炽灯的效率高四倍，所以它们在光伏系统中被优先选择。“白色”LED 照明灯是最近的一个创新，这个对于只需要低亮度输出的应用是合适的。它们可以在很低的能源需求下工作，因此只需要小型光伏系统。

除了警告设备和安全系统，大多数照明系统被认为是不重要的，以至于可用性、成本可以相对较低。由于通常在日落之后需要照明，而所有的光伏照明系统都需要电池，所以深循环和密封性好的电池被推荐使用。客户认为，价格合理、易于安装、指令清晰、使用安全，以及性能可靠在购买成套的照明设备时都是至关重要的。

20000 个光伏供电监控（遥测）系统于 20 世纪 80 年代末期在美国安装，它们中的 84%在 0~50W 的范围内，并且几乎都是 $12V_{dc}$。他们的应用包括以下方面的监控：气候条件、公路情况、建筑情况、捕获昆虫、地震记录、科学研究、自动拨号报警、供水的水库水位以及辐射和污染的检测。

任何检测系统和数据通讯设备都需要电力。由于这些电力需求都很低（载荷通常每天以 mA · h 来衡量），光伏系统是监控应用项目的理想选择。由于太阳能电池的简单性和可靠性，在发电领域它们甚至有时会代替交流动力（AC-powered）电池充电器。即使在高压电网电立即可用的地方，光伏供应小负荷比安装降压变压器更加经济。

光伏系统中包含压敏电阻很重要，可以保护数据采集器免于来自海浪及闪电的破坏。

可充电电池（镍镉或稠化电解质铅酸电池）往往包含在数据采集设备包中。如果使用镍镉电池，自动调节可能是更合适和可取的。

光伏系统可以直接连接到负载，通常只用一个模块。这样的传动系统有相当大的吸引力，因为它们可避免电池、二极管和所有电力调节电路的使用。模块必须能够产生负载需要的电流，然而负载必须能够承受高大模块的开路电压。现在有很多光伏发电的完整设备包，它们中的大多数都是便携系统。典型的应用包括通风风扇、便携式收音机、玩具、阳光追踪器、太阳能收集驱动泵和抽水系统。

总之对直接应用项目来说，在太阳能强度和电力需求之间显然需要很好的相关性，因为该系统只能在白天工作。只要负载阻抗和光伏的模块输出相匹配，从理论上讲任何小的串联和永久性磁铁（非分流型）直流电机是可以由一个直接的驱动光伏系统供电。当便携系统远离太阳或者被遮住而停止工作的时候，固定安装时最好手动断开开关。

在澳大利亚有巨大的隔离区域，其中许多是远离电网的。电篱笆在预防野生动物的入侵上是非常有效的，例如澳洲野狗和袋鼠，同时还可保护农场资产，例如奶牛逃跑。Hurley 给出了一个详细的电篱笆设计指南。独立的光伏系统非常适合供电给与电篱笆有关的小型负载。一个典型的系统包括：太阳能系统、电池、高压电流限制回路（该回路包含负载，能把面板的低电压直流电转换成高压）和有时必需的功率调节电路。

一个带有低电流的高电压应用在篱笆的金属线上。这类系统可以很好地保护长线状的栅栏，因为它在正常条件下的电流消耗几乎为零。太阳能被认为是一个合适的电力来源，因为它与其替代品相比，是更便宜的、有效的、可靠的，而且从维护需求上是相对自由轻便的临时栅栏材料。

复习思考题

10-1 什么是黑体辐射？

10-2 什么是半导体和 P-N 节？

10-3 典型的层状太阳能电池的结构包括哪些组件？

11 海 洋 能

11.1 概 述

11.1.1 海洋

海洋占地球表面积的 70.8%，面积为 361.057×10^6 km²。平均水深约 3800m，拥有海水 1.37032×10^9 km³。从地球上海陆分布状况来看，北半球陆地占 39.3%，海洋占 60.7%；而南半球陆地仅占 19.1%，海洋占 80.9%。南北两半球是非对称的。世界上最深的海是太平洋的马里亚纳海沟，其深度达 11034m，典型海域的基本数据见表 11-1。

表 11-1 典型海域的水深、面积和体积

地 区	面积/km²	体积/km³	平均水深/m
日本海	1.008×10^6	1.361×10^6	1350
白令海	2.268×10^6	3.259×10^6	1470
鄂霍次克海	1.528×10^6	1.273×10^6	838
东海	1.249×10^6	0.235×10^6	188
太平洋（包括缘海）	179.579×10^6	723.699×10^6	4028
大西洋（包括缘海）	106.463×10^6	354.679×10^6	3332
印度洋（包括缘海）	74.917×10^6	291.945×10^6	3897

海水的储量是非常巨大的。海水占地球表层存水量的 97.4%，而淡水仅占地球表面存水量的 2.6%。海水中含有以氯化钠（NaCl）为主的各种盐类，1L 海水中溶有盐类 30~35g，海水盐类浓度平均值为 3.0%~3.5%，这是它与淡水的根本区别。在水温相同的条件下，不同海区或不同深度的位置，盐类的浓度也不一样，例如，地中海东部、红海、苏伊士湾、波斯湾等处盐类的浓度为 3.8%~4.0%，死海的盐类浓度高达 20%。

溶有各种盐类的海水由于离子化，成为了无机电解液，具有导电性能。但是导电性能也根据水温及盐的浓度而变。利用海水是电解液这一特性可以制作浓差电池，这已经引起人们的广泛重视。把电极分别放入由离子交换膜分隔开的海水和淡水内，就能在电极之间产生与浓度差相应的电位差。另外，利用渗透压的原理也可以得到浓差能。

11.1.2 海洋能

海洋能是海洋所具有的能，即是衡量海水各种运动形态的大小尺度。它既不同于海底储存的煤、石油、天然气、热液矿床等海底能源资源。也不同于溶解于海水中的铀、锂、重水、氘、氚等化学能源资源，它主要是以波浪、海流、潮汐、温度差、盐度差等方式，以动能、位能、热能、物理化学能的形态，通过海水自身呈现的可再生能源，它是波浪能、潮汐能、海水温差能、海（潮）流能和盐度差能的统称。

11.1.2.1 海洋能的分类

（1）波浪能。波浪能是指海洋表面波浪所具有的动能和势能，是一种在风的作用下产生的，并以位能和动能的形式由短周期波储存的机械能。波浪的能量与波高的平方、波浪的运动周期以及迎波面的宽度成正比。波浪能是海洋能源中能量最不稳定的一种能源。

大浪对 1m 长的海岸线所做的功，每年约为 100MW。全球海洋的波浪能达 7×10^7MW，可供开发利用的波浪能$(2\sim3)\times10^6$MW，每年发电量可达 9×10^{13}kW·h。其中我国波浪能约有 7×10^4MW。波浪发电是波浪能利用的主要方式，此外，波浪能还可以用于抽水、供热、海水淡化以及制氢等。

（2）潮汐能。因月球引力的变化引起潮汐现象，潮汐导致海水平面周期性地升降，因海水涨落及潮水流动所产生的能量称为潮汐能。

潮汐与潮流能来源于月球、太阳引力，海水温差能、波浪能来源于太阳辐射，海洋面积占地球总面积的 71%，太阳到达地球的能量，大部分落在海洋上空和海水中，部分转化成各种形式的海洋能。

全世界海洋的潮汐能约有 3×10^6MW，若用来发电，年发电量达 1.2×10^{12}kW·h。我国潮汐能蕴藏量丰富，约 1.1×10^5MW，年发电量近 9×10^{10} kW·h。潮汐能的主要利用方式为发电，目前世界上最大的潮汐电站是法国的朗斯潮汐电站，我国的江夏潮汐实验电站为国内最大。

（3）海水温差能。海水温差能是指涵养表层海水和深层海水之间水温差的热能，是海洋能的一种重要形式。低纬度的海面水温较高，与深层冷水存在温度差，因而储存着温差热能，其能量与温差的大小和水量成正比。在热带和亚热带海区，由于太阳照射强烈，使海水表面吸收大量的热，温度升高，在海面以下 40m 以内，90% 的太阳能被吸收，所以 40m 水深以下的海水温度很低。热带海区的表层水温高达 25~30℃，而深层海水的温度只有 5℃左右，表层海水和深层海水之间存在的温差，蕴藏着丰富的热能资源。世界海洋的温差能达 5×10^7MW，而可能转换为电能的海洋温差能仅为 2×10^6MW。我国南海地处热带、亚热带，可利用的海洋温差能有 1.5×10^5MW。

温差能的主要利用方式为发电，首次提出利用海水温差发电的是法国物理学家阿松瓦尔，1926 年，阿松瓦尔的学生克劳德试验成功海水温差发电。1930 年，克劳德在古巴海滨建造了世界上第一座海水温差发电站，获得了 10kW 的功率。

温差能利用的最大困难是温差小，能量密度低，其效率仅有 3%左右，而且换热面积大，建设费用高，目前各国仍在积极探索中。

（4）海（潮）流能。海流能是指海水流动的动能，主要是指海底水道和海峡中较为稳定的流动以及由于潮汐导致的有规律的海水流动所产生的能量，是另一种以动能形态出现的海洋能。

海流能的利用方式主要是发电，其原理和风力发电相似。全世界海流能的理论估算值约为 10^8kW 量级。利用中国沿海 130 个水道、航门的各种观测及分析资料，计算统计得到中国沿海海流能的年平均功率理论值约为 1.4×10^7kW。属于世界上功率密度最大的地区之一，其中辽宁、山东、浙江、福建和台湾沿海的海流能较为丰富，不少水道的能量密度为

15~30kW/m³，具有良好的开发价值。特别是浙江舟山群岛的金塘、龟山和西堠门水道，平均功率密度在20kW/m³以上，开发环境和条件很好。

（5）盐度差能。盐度差能也称盐差能，是指海水和淡水之间或两种含盐浓度不同的海水之间的化学电位差能，是以化学能形态出现的海洋能。主要存在于河海交接处。同时，淡水丰富地区的盐湖和地下盐矿也可以利用盐差能。盐差能是海洋能中能量密度最大的一种可再生能源。

据估计，世界各河口区的盐差能达30TW，可能利用的有2.6TW。我国的盐差能估计为1.1×10^8kW，主要集中在各大江河的出海处，同时，我国青海省等地还有不少内陆盐湖可以利用。盐差能的研究以美国、以色列的研究为先，中国、瑞典和日本等国也开展了一些研究。但总体上，对盐差能这种新能源的研究还处于实验室水平，离示范应用还有较长的距离。

11.1.2.2 海洋能的特点

（1）海洋能在海洋总水体中的蕴藏量巨大，而单位体积、单位面积、单位长度所拥有的能量较小。这就是说，要想得到大能量，就得从大量的海水中获得。

（2）海洋能具有可再生性。海洋能来源于太阳辐射能与天体间的万有引力，只要太阳、月球等天体与地球共存，这种能源就会再生，就会取之不尽，用之不竭。

（3）海洋能有较稳定与不稳定能源之分。较稳定的为温度差能、盐度差能和海流能，不稳定能源又分为变化有规律与变化无规律两种。属于不稳定但变化有规律的有潮汐能与潮流能，人们根据潮汐潮流变化规律，编制出各地逐日逐时的潮汐与潮流预报，预测未来各个时间的潮汐大小与潮流强弱，潮汐电站与潮流电站可根据预报表安排发电运行。既不稳定又无规律的是波浪能。

（4）海洋能属于清洁能源，也就是海洋能一旦开发后，其本身对环境污染影响很小。

（5）海洋能缺点是获取能量的最佳手段尚无共识，大型项目可能会破坏自然水流、潮汐和生态系统。

11.1.3 海洋能的开发

人类开发利用海洋能的历史与水能利用差不多。大约在11世纪就有了潮汐磨坊，当时在欧洲有些国家兴建的潮汐磨坊功率可达几十千瓦，有的一直使用到20世纪初。后来随水力发电技术的发展，潮汐发电也同时问世。

海洋温差发电从20世纪30年代法国人开始试验起，到20世纪70年代美国人在夏威夷建立海洋热能转换试验基地，至今仍未实现商业化开发。

海洋能的开发具有巨大的潜力。首先，因为海洋能可再生，在未来能源替换的时代，可作为新能源开发，保证人类长期稳定的能源供应。其次，因为海洋能开发对环境无污染，能保护大气、防止气候和生态环境恶化以及满足社会发展对能源的要求。最后，海洋能开发作为未来的海洋产业，将给海洋经济的发展带来新的活力。如潮汐能发电，可与海水养殖业、滨海旅游业相结合；波浪能发电和海洋温差发电，都可与海水淡化、深海采矿业相结合。目前海洋能开发尽管存在着投资大、经济性差的问题，但随着科学技术的发展，这些问题必将迎刃而解，海洋能发电将会实现商业性开发，成为21世纪实用的新能源之一。

11.2 海洋能利用

11.2.1 波浪发电

水在风和重力的作用下发生的起伏运动称为波浪。江、河、潮、海都有波浪现象，因为海洋的水面最广阔，水量巨大，更容易产生波浪，故海洋中的波浪起伏最大。波浪能是由风把能量传递给海洋产生的，是海洋能源的一个主要能源种类。它主要是海面上的风吹动以及大气压力变化引起的海水有规则的周期性运动。根据波浪理论，波浪能量与波高的平方成比例。波浪功率不仅与波浪中的能量有关，而且与波浪到达某一给定位置的速度有关。按照 Kinsman1965 年提出的公式，一个严格简单正弦波单位波峰宽度的波浪功率 P 为

$$P=\rho g h^2 T/(32\pi) \tag{11-1}$$

式中，ρ 为海水密度，kg/m^3；g 为重力加速度，$g=9.8m/s^2$；h 为波高，m；T 为周期，s；P 为功率，W。

习惯上把海浪分为风浪、涌浪和近岸浪三种。风浪是在风直接作用下生成的海水波动现象，风越大，海浪就越高，波浪的高度基本与风速成正比，风浪瞬息万变，波面粗糙，周期较短。涌浪是在风停以后或风速风向突然变化，在原来的海区内剩余的波浪，还有从海区传来的海浪。涌浪的外形圆滑规则，排列整齐，周期比较长。风浪和涌浪传到海岸边的浅水地区变成近岸浪。在水深是波长的一半时，海浪发生触底，波谷展宽变平，波峰发生破碎。为了表示海浪的大小，按照海浪特征和波高把海浪分成 10 级，如表 11-2 所示。

表 11-2 海浪波级

波级	波高 h/m	波浪名称	波级	波高 h/m	波浪名称
0	0	无浪	5	$5.0>h\geq3.0$	大浪
1	$h<0.1$	微浪	6	$7.5>h\geq5.0$	巨浪
2	$0.5>h\geq0.1$	小浪	7	$11.5>h\geq7.5$	狂浪
3	$1.5>h\geq0.5$	轻浪	8	$18>h\geq11.5$	狂浪
4	$3.0>h\geq1.5$	中浪	9	$h>18$	怒浪

利用波浪能发电的系统在技术方面的主要要求有两点：一是能有效利用波浪能的转换技术，二是采用具有可靠性高、寿命长、造价和维护费用低廉等特点的大型设备系留技术。

11.2.1.1 波能转换的基本原理

波能利用的原理主要有三个基本转换环节，即第一级转换、中间转换和最终转换，如图 11-1 所示。

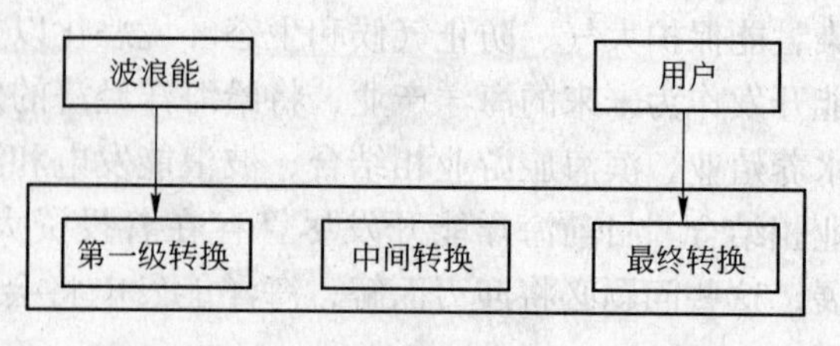

图 11-1 波浪能转换的基本形式示意图

(1) 第一级转换。第一级转换是指将波能转换为装置实体所特有的能量。因此，要有一对实体，即受能体和固定体。

受能体必须与具有能量的海浪相接触，直接接受从海浪传来的能量，然后转换为本身的机械运动；固定体是相对固定的，它与受能体形成相对运动。

第一级转换受能体可以是波力装置，波力装置有多种形式，如浮子式、鸭式、筏式、推板式、浪轮式等。图 11-2 是几种常见的受能体示意图。此外，还有蚌式、气袋式等受能体，是由柔性材料构成的。水体本身也可直接作为受能体，而设置库室或流道容纳这些受能水体，例如波浪越过堤坝进入水库，然后以位能形式蓄能。但是通常的波能利用，大多靠空腔内水柱振荡运动作为第一级转换。

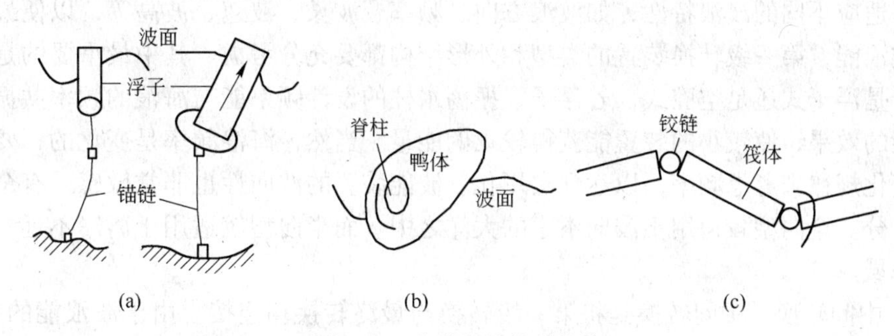

图 11-2　几种常见的受能体

(a) 浮子式；(b) 鸭式；(c) 筏式

按照第一级转换的不同原理，波能的利用形式可分为活动型、振荡水柱型、水流型、压力型四类。其中活动型最早是以鸭式为代表，因为其形状和运动特点像鸭子点头，故也称点头鸭式。这种装置在波浪的作用下绕轴线摇动，把波浪的动能和位能转换为回转的机械能，机构较复杂，但转换效率高达 90%，在完成模型试验后获得广泛实际应用。振荡水柱型采用空气作介质，利用吸气排气压缩空气，使发电机旋转做功，实际应用较广。水流型是利用波能的位差。压力型主要是利用波浪的压力使气袋压缩和膨胀，然后通过压力管道做功。常见的几种波能转换形式见表 11-3。

表 11-3　几种常见的波能转换形式

类型	一级转换	研制国家	原理及特征
活动型	鸭式	英国	浮体似鸭，液压传动，转换效率 90%，用于发电
	筏式	英国	铰接三面筏，随波摆动，液压传动，用于发电
	蚌式	英国	软袋浮体，压缩空气驱动发电机发电
	浮子式	英国	浮体起伏运动，带动油泵，用于发电
震荡水柱型	鲸鱼式	日本	浮体似鲸鱼，震荡水柱驱动空气发电机发电
	海明式	日本	波力发电船，12 个气室，长 80m，宽 12m
	浮标式	日本、英国、中国	浮标中心管水柱震荡，汽轮机发电
	岸坡式	挪威	多共震荡水柱，汽轮机发电
水流型	收缩水道	挪威	采用收缩水道将波浪引入水库，水轮机发电
	推板式	日本	波浪推动摇板，液压传动，用于发电
	环礁式	美国	波浪折射引入环礁中心，水轮机发电
压力型	柔性袋	美国	海床上固定气袋，压缩空气，汽轮机发电

从波能发电的过程看，第一级收集波能的形式是先从漂浮式开始，要想获得更大的发电功率，用岸坡固定式收集波能更为有利，并用收缩水道的办法提高集波能力。所以大型波力发电站的第一级转换多为坚固的水工建筑物，如集波堤、集波岩洞等。

在第一级波能转换中，固定体和浮体都很重要。由于海上波高浪涌，第一级转换的结构体必须非常坚固，要求能经受最强的浪击并具有耐久性。浮体的锚泊也十分重要。

固定体通常采用两种类型：一是固定在近岸海床或岸边的结构；二是在海上的锚泊结构。前者称为固定式波能转换，后者则称为漂浮式波能转换。

为了适应不同的波浪特性，如波浪方向、频率、波长、波速、波高等，以便最大限度地利用波浪能，第一级转换装置的类型和外形结构都要充分考虑。其中最重要的是频率因素，无论是浮子式还是空腔式，若浮子、振荡水柱的设计频率能与海浪的频率共振，则能达到聚能的效果，使较小的装置能获得较大的能量。当然，海浪频率是变化的，要按不同海域的变化规律来考虑频率，以达到实用化。波能装置的波向性也非常敏感，有全向型和半向型之分。全向型较适用于波向不定的大洋之中。而半向型较适用于离岸不远、波向较固定的海域。

（2）中间转换。中间转换是将第一级转换与最终转换相连接。由于波浪能的水头低，速度也不高，经过第一级转换后，往往还不能达到最终转换的动力机械要求。在中间转换过程中，将起到稳向、稳速和增速的作用。此外，第一级转换是在海洋中进行的，它与动力机械之间还有一段距离，中间转换能起到传输能量的作用，中间转换的种类有机械式、液动式和气动式等。早期多采用机械式，即利用齿轮、杠杆和离合器等机械部件。液动式（见图 11-3）波浪能发电主要是采用鸭式、筏式、浮子式以及带转臂的推板等，将波浪能均匀地转换为液压能，然后通过液压马达发电。这种液动式的波浪能发电装置，在能量转换、传输、控制及储能等方面比气动式使用方便，但是其机器部件较复杂，材料要求高，机体易被海水腐蚀。气动式（见图 11-4）转换过程是通过空气运动，先将机械能转换为空气压能，再经整流气阀和输气道传给汽轮机，即以空气为传能介质，这样对机械部件的腐蚀较用海水作介质大为减少。目前的研究与应用多为气动式，因为空气泵是借用水体作活塞，只需构筑空腔，结构简单。同时，空气密度小，限流速度高，可使汽轮机转速高，机组的尺寸也较小，输出功率可变。在空气的压缩过程中，空气实际上是起着阻尼的作用，

图 11-3 液动式波浪能发电示意图

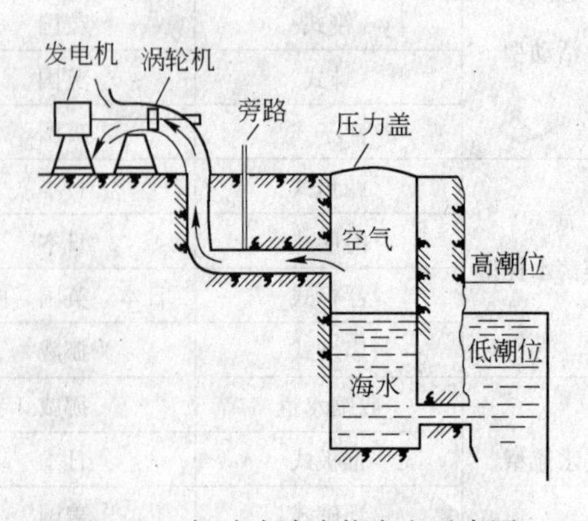

图 11-4 气动式波浪能发电示意图

使波浪的冲击力减弱，稳定机组的波动。近年来采用无阀式汽轮机，如对称翼形转子、S形转子和双盘式转子等，在结构上将其进一步简化。

（3）最终转换。为适应用户的需要，最终转换多为机械能转换为电能，即实现波浪发电。这种转换基本上采用常规的发电技术，但是作为用于波浪能的发电机，首先要适应有较大幅度变化的工况。一般小功率的波浪发电都采用整流输入蓄电池的办法，较大功率的波力发电站一般与陆地电网并联。

最终转换若不以发电为目的，也可直接产生机械能，如波力抽水或波力搅拌等。也有波力增压用于海水淡化的实例。

11.2.1.2　波浪能发电装置

（1）航标用波力发电装置。海上航标用量很大，其中包括浮标灯和岸标灯塔，波力发电的航标灯具有市场竞争力。因为需要航标灯的地方，往往波浪也较大，一般航标工人也难到达，所以航运部门对设置波力发电航标很感兴趣。目前波力航标价格已低于太阳能电池航标，很有发展前景。

波力发电浮标灯是利用灯标的浮桶作为第一级转换的吸能装置，固定体就是中心管内的水柱，由于中心管伸入水下4~5m，水下波动较小，中心管内的水位相对海面近乎于静止。当灯标浮桶随浪漂浮时产生上下升降，中心管内的空气就受到挤压，气流则推动汽轮机旋转，并带动发电机发电。发出的电不断输入蓄电池，蓄电池与浮桶上部的航标灯接通，并用光电开关控制航标灯的关启，以实现完全自动化，航标工只需适当巡回检查，使用非常简便。图11-5为波能发电浮标灯。

目前，世界上生产波力发电装置的国家还不多，其中日本的产品种类较多，已有系列化商品自用以及向世界各国输出，如表11-4所示。表11-5列出了我国部分产品的主要参数。

(a)

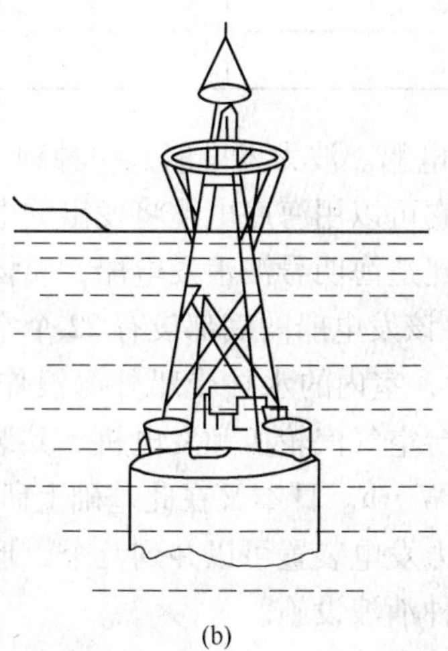

(b)

图11-5　波能发电浮标灯

（a）实物图；（b）示意图

表 11-4 日本波力发电装置主要参数

主要参数	型号			
	TG-1	TG-2	TG-101	TG-103
吸能过程	吸气和排气时	吸气和排气时	排气时	排气时
功率/W	大于 30	大于 30	大于 30	大于 15
整机质量/kg	149	73	53	20
尺寸/mm×mm×mm	710×350×1112	535×535×725	ϕ300mm×700mm	ϕ310mm×800mm
阀	玻璃钢 4 阀	玻璃钢 4 阀	氯丁橡胶单阀	氯丁橡胶单阀
汽轮机	冲动式汽轮机，截面积 19cm^2，30 个铝合金叶片			
发电机	三相交流永磁电机，12V，60W，5000r/min			
整流机	硅二极管，三相全波整流			
控制器	过充电保护 13.3V 断开，过电压保护 18V 断开			
蓄电池	低放电型，12V，500A · h			

表 11-5 国产波力发电装置主要参数

主要参数	型号	
	BD101 型	BD102 型
整机质量/kg	26	16.5
尺寸/mm×mm	342×574	342×500
吸能过程	吸气和排气时	
汽轮机	对称翼形汽轮机，10 个叶片	
发电机	三相交流永磁电机，12V，60W，4000r/min	
整流器	三相桥硅整流器	
阀	无阀	
控制器	过充电保护 15.6V 断开，过电压保护 18V 断开	
蓄电池	镉镍碱性蓄电池，12.5V，100A · h	

（2）波力发电船。波力发电船是一种利用海上波浪发电的大型装置，实际上是漂浮在海上的触电厂，它可以用海底电缆将发出的电输送到陆地并网，也可以直接为海上加工厂提供电力。日本建造海明号波浪发电船，船体长 80m，宽 12m，高 5.5m，大致相当于一艘 2000t 级的货轮。该发电船的底部设有 22 个空气室，作为吸能固定体艇空腔。每个空气室占水面面积 25m^2，室内的水柱受船外海浪作用而升降，使室内空气受压缩或抽吸。每 2 个空气室安装 1 台空气汽轮机和发电机。共装 8 台 125kW 的发电机组，总计 1000kW，年发电量 1.9×10^5kW · h。日本又在此基础上研究出冲浪式浮体波力发电装置，如图 11-6 所示。这种浮体波力发电装置可以并列几个，形成一排波力发电装置，以减轻强大波浪的冲击，因此也是一种消浪设施。

（3）岸式波力发电站。为避免采用海底电缆输电和减少锚泊设施，一些国家正在研究岸式波力发电站。日本建立的岸式波力发电站，采用空腔振荡水柱气动方式，如图 11-7 所示。电站的整个气室设置在天然的岩基上，宽 8m，纵深 7m，高 5m，用钢筋混凝土制成。空气汽轮机和发电机安装在一个钢制箱内，置于气室的顶部。汽轮机为对称翼形转子，机组为卧式串联布置，发电机居中，左右各一台汽轮机，借以消除轴向推力。机组额定功率为40kW，在有效波高0.8m时开始发电，有效波高为4m时，出力可达44kW。为使电力平稳，采用飞轮进行蓄能。

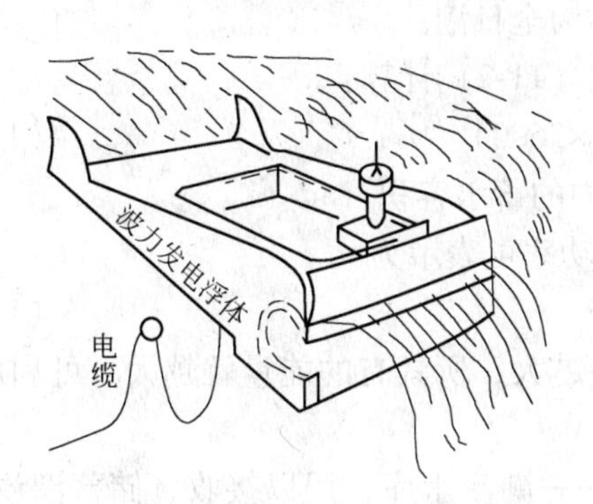

图11-6 冲浪式浮体波力发电装置

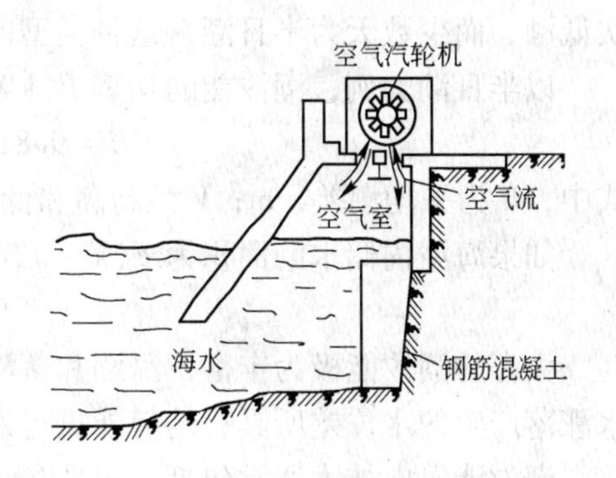

图11-7 日本山形县岸式波力发电装置

英国建成一座大型波力发电站，设计容量为5000kW，年发电量 1.646×10^7kW·h。我国已建成一座装机容量为20kW的岸式波力发电站。

11.2.2 潮汐发电

潮汐是海水受太阳、月球和地球引力相互作用后所发生的周期性涨落现象。如图11-8所示。海水上涨的过程称为涨潮，涨到最高位置称高潮。在高潮时会出现既不上涨也不下落的平稳现象，称为平潮。平潮时间的长短各地不同，有的地方为几分钟，有的地方可达几个小时，通常取平潮中间时刻为高潮时，平潮时的高度称为高潮高。海水下落的过程称为落潮，落到最低点位置时称低潮。在低潮时也出现像高潮时的情况，海水不上涨也不下落，称为停潮。取停潮的中间时刻为低潮时间，停潮的高度称为低潮高度。从低潮时到高潮时的时间间隔称为涨潮时，由高潮时到低潮时的时间间隔称为落潮时。相邻高潮与低潮的潮位高度差称潮差。从高潮到相邻的低潮的潮差称落潮差，由低潮到相邻的高潮的潮差称涨潮差。高潮和低潮的潮高和潮时是一个地点潮汐的主要标志，它们是随时间变化的，根据它们的变化规律，可以绘出当地的潮汐现象。

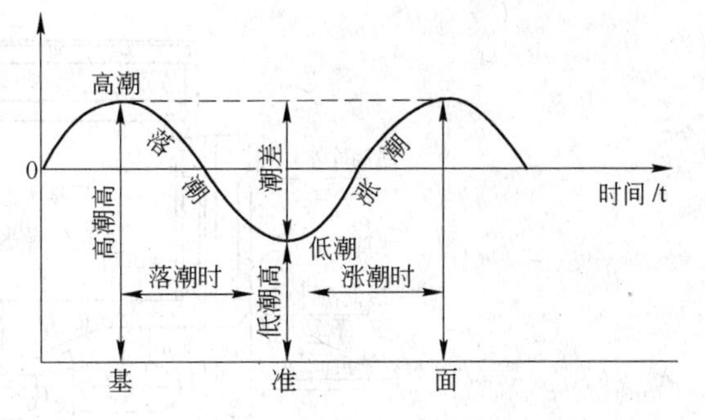

图11-8 潮汐过程线

根据潮汐涨落周期和相邻潮差的不同，可以把潮汐现象分为以下三种类型：

（1）正规半日潮。一个地点在24小时50分内（天文学上称一个太阴日），发生两次高潮和两次低潮，两次高潮和低潮的潮高近似相等，涨潮时和落潮时也近似相等，这种类型的潮汐称正规半日潮。

（2）混合潮。一般可分为不正规半日潮和不正规日潮两种情况。不正规半日潮是在一个太阴日内也有两次高潮和两次低潮，但两次高潮和低潮的潮高均不相等，涨潮时和落潮时也不相等；不正规日潮是在半个月内，大多数天数为不正规半日潮，少数天数在一个太阴日内会出现一次高潮和一次低潮的日潮现象，但日潮的天数不超过七天。

（3）全日潮。在半个月内，有连续1/2以上天数，在一个太阴日内出现一次高潮和一次低潮，而少数天为半日潮，这种类型的潮汐，称为全日潮。

以半日潮为例，潮汐能的功率 P(kW) 可由式（11-2）计算：

$$P=9.81VH/(12.4\times3600) \tag{11-2}$$

式中，H 为平均潮差，m；V 为高潮和低潮之间湾内的蓄水容积，m^3。

如果海湾内储水的面积为 $F(km^2)$，则潮汐的功率可表示为

$$P=220H^2F \tag{11-3}$$

大海的潮汐能极为丰富，涨潮和落潮的水位差越大，所具有的能量就越大。可利用潮水涨落产生的水位差所具有的势能进行发电。

潮汐能发电技术通常包括：接收能量的设施——潮汐水库，用以接收、储蓄潮汐能；传输能量的技术——灯泡贯流式水轮机组或全贯流式水轮机组；把能量转换成电能的技术——发电机。如图11-9所示。当海水上涨时，闸门外的海面升高，打开闸门，海水向库内流动，水流冲动水轮机并带动发电机发电；当海水下降时，把先前的闸门关掉，把另外的闸门打开，海水从库内向外流动，又能推动水轮机带动发电机继续发电。潮汐发电的类型一般分为单库单向型、单库双向型和双库单向型三种。

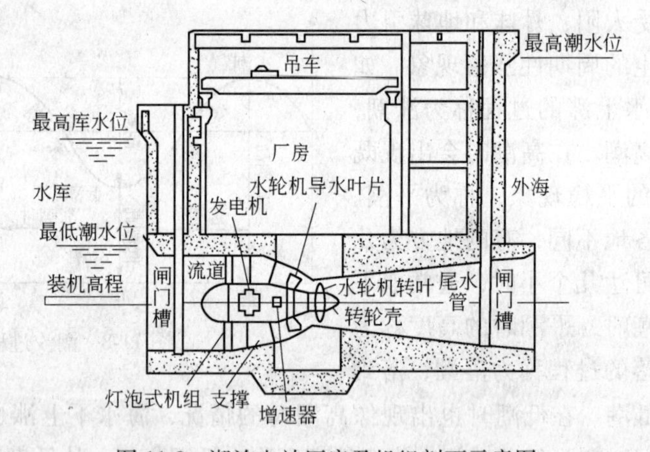

图11-9 潮汐电站厂房及机组剖面示意图

11.2.2.1 潮汐电站的分类

潮汐电站分为以下几类：

（1）单库单向型潮汐电站。这种潮汐电站一般只有一个水库，水轮机采用单向式。这种电站只需建一个水库，在水库大坝上分别建一个进水闸门和一个排水闸门，发电站的厂房建在排水闸门处。当涨潮时，打开进水闸门，关闭排水闸门，这样就可以在水库内容纳大量海水。当落潮时，打开排水闸门，关闭进水闸门，使水库内外形成一定的水位差，水从排水闸门流出时，冲动水轮机转动并带动发电机发电。由于落潮时水库容量和水位差较大，因此通常选择在落潮时发电。如图11-10、图11-11所示。在整个潮汐周期内，电站运行按以下四个工况进行：

充水工况：电站停止发电，开启水闸，潮水经水闸和水轮机进入水库，至库内外水位齐平时为止；

等候工况：关闭水闸，水轮机停止过水，保持水库水位不变，海洋侧水位则因落潮而下降，直至库内外水位差达到水轮机组的启动水头；

发电工况：开动水轮发电机组进行发电，水库的水位逐渐下降，直至库内外水位差小于机组发电所需的最小水头为止；

等候工况：机组停止运转，水轮机停止过水，保持水库水位不变，海洋侧水位因涨潮而逐步上升，直至库内外水位齐平，转入下一个周期。

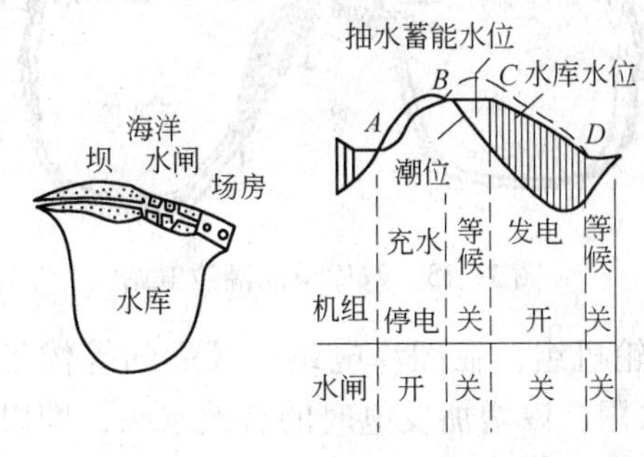

图 11-10 单库单向潮汐电站运行工况

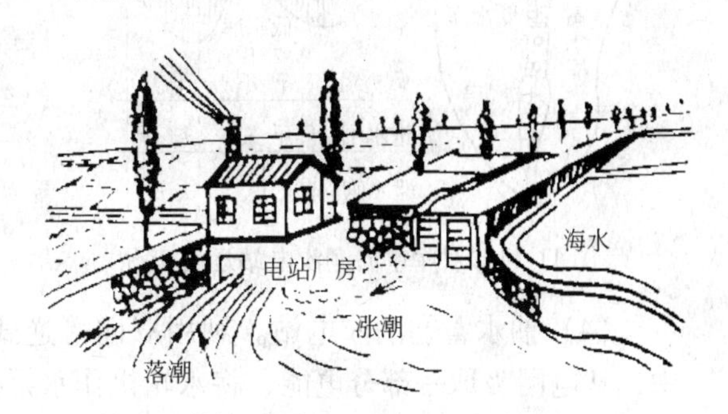

图 11-11 单库单向潮汐电站

这类电站只要求水轮发电机组满足单方向的水流发电，所以机组结构和水工建筑物较简单，投资较少。由于只能在落潮时发电，每天有两次潮汐涨落的时候，一般发电仅有10~20h，所以潮汐能未被充分利用，电站效率低，只有22%。

（2）单库双向型潮汐电站。这种潮汐电站采用一个单库和双向水轮机，涨潮和落潮都可进行发电，其特点是水轮机和发电机组的结构较复杂，能满足正、反双向运转的要求。一般每天可发电16~20h。单库双向型潮汐电站有等待—涨潮发电—充水—等待—落潮发电—泄水六个工况。如图 11-12、图 11-13 所示。

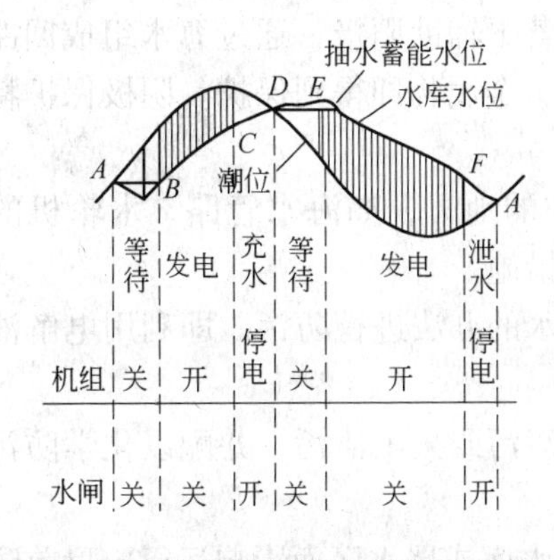

图 11-12 单库双向潮汐电站运行工况

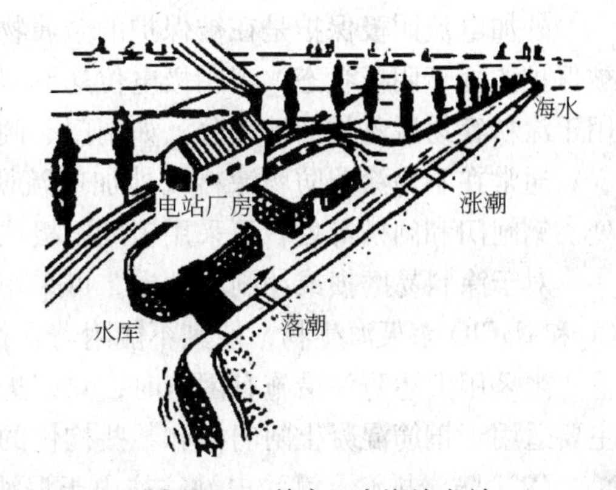

图 11-13 单库双向潮汐电站

（3）双库单向型潮汐电站。为了提高潮汐能的利用率，可建立双库单向型潮汐电站，如图 11-14、图 11-15 所示。电站需要建立两个相邻的水库，一个水库仅在涨潮时进水，称上水库或称高位水库，另一个只在退潮时放水，称下水库或称低位水库。电站建在两水库之间。涨潮时，打开上水库的进水闸，关闭下水库的泄水闸，上水库的水位不断增高，超过下水库水位形成水位差，水从上水库通过电站流下水库时，水流冲动水轮机带动发电机发电；落潮时，打开下水库的泄水闸，下水库的水位不断降低与上水库仍保持水位差。水轮发电机可全日发电，提高了潮汐能的利用率。但由于需建两个水库，投资较大，经济上并不合算。

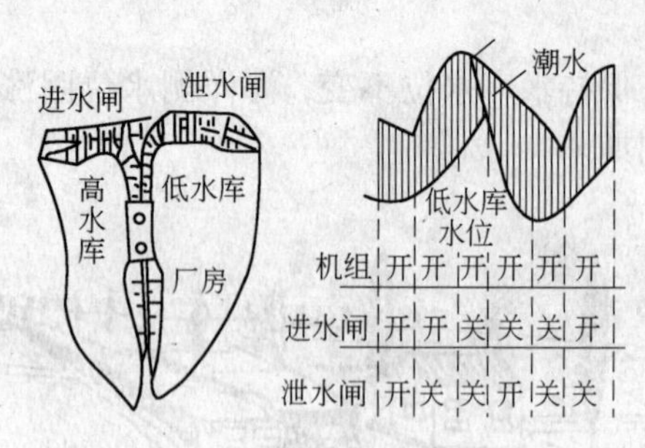

图 11-14　双库单向潮汐电站运行工况

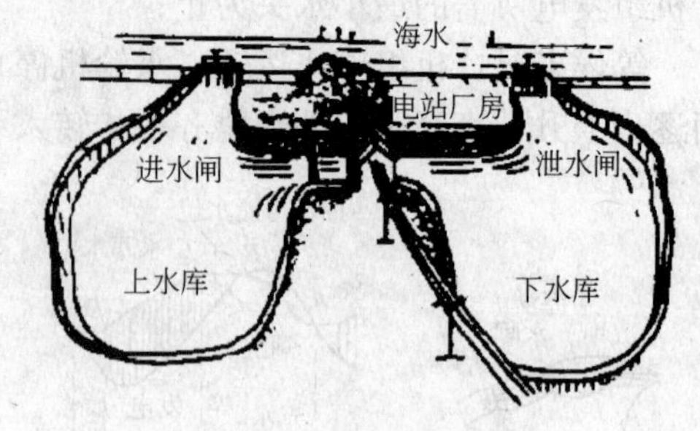

图 11-15　双库单向潮汐电站

（4）抽水蓄能潮汐电站。利用双向可逆式水轮机组，在潮汐电站平潮后的等候工况中，从电网吸取一部分电能，将水轮机作水泵抽水用，以增加发电时的有效水头，即以蓄能方式增加电站的发电效益。因为平时抽水，水坝两侧的水位差很小，抽水时所耗电力不大，但是增添的水头到机组发电时却能获得很大的电量。

11.2.2.2　潮汐电站的特殊技术

（1）防腐防浊。潮汐电站在海洋环境中与河川电站不同，金属材料很容易被海水腐蚀，在结构物上又有海生物附着。为此，常采用防腐涂料和阴极保护措施，并选用耐腐蚀材料，有时还要采取人工清污。

实践证明，环氧沥青防腐涂料比较经济实用；以氧化亚铜为主的防污漆可避免海生物附着；氯化橡胶涂覆在金属物构件和钢筋混凝土的表面，可减轻灯泡体、流道和喇叭口的污损。

外加电流阴极保护是在被保护的金属物上安装若干辅助阳极，通过海水组成回路，使被保护体处于阴极状态，当阴极电位达到-0.8V 时，金属物即得到保护。阴极保护特别适用于涂料容易脱落的活动部分，如闸门、闸槽等。

通常在不易涂覆防腐涂料或外加电流阴极保护的地方，如海水管路、水轮机的密封处、钢闸门和闸槽等处，可采用辅助阳极法的防腐措施。

对于涂料易磨损或冲刷的地方，可采用电解海水的办法进行防污。即利用电解液中的 Cl_2 和 NaClO 杀灭海生物，使其不能附着在构件上。

当采用上述防污措施有困难时，只好进行机械清污或人工清污，并配以化学防污，这主要适用于钢筋混凝土闸门槽和某些构件的死角处。

（2）防淤排淤。潮汐电站往往由于泥沙淤积于水库或尾水区而影响运行。目前防淤的方法主要有：加设淤海堤或沉沙池。对于已经形成的淤积现象，排淤的办法是集中水头冲刷，设置冲沙闸或高低闸门。也有用机械耙沙的办法，在落潮时掀起库底的淤沙，使其随潮水排出水库。对于特别严重的淤积现象，则只有采用挖沙的办法，同时采用防淤的补救措施。

（3）潮汐电站与综合利用。潮汐电站与其他形式发电站的区别之一，就是综合利用条件较好。一些潮汐能丰富的国家，都在进行潮汐能发电的研究工作，使潮汐电站的开发技术趋于成熟，建设投资有所降低。现已建成的国内外具有现代化水平的潮汐电站，大多采用单库双向型。

我国已建成八座小型潮汐电站。目前江厦潮汐电站是我国最大的潮汐电站，装五台机组，总装机容量3200kW，是单库双向型电站。该电站位于浙江省乐清湾，这里的最大潮差为8.39m，电站水库面积约$5km^2$，坝长670m，坝高15.5m。水闸为五个孔，每孔净宽3m，共15m。采用电脑控制作业，保证了发电质量，提高了经济效益。该电站年发电量超过10^7kW·h，加上围垦耕种和海水养殖等综合利用项目，年净收入可达240万元。

表11-6和表11-7是国内外典型潮汐发电站的现状。

表11-6 国外大型潮汐电站

相关参数	国家及电站名称				
	朗斯（法国）	基斯洛（俄罗斯）	安纳波利斯（加拿大）	坎伯兰（加拿大）	赛汶（英国）
装机容量/MW	240	2	20	4080	4000
单机容量/MW	10	0.4	20	40	25
机组台数/台	24	5	1	106	160
年发电量/kW·h	5.6×10^8	7.20×10^5	5.0×10^7	1.17×10^{10}	1.7×10^{10}
机组形式	灯泡转浆	灯泡增速	全贯流	全贯流	未定
运行方式	双向	双向	单向	单向	未定
设计水头/m	5.6	1.35	5.5	5.5	4.8
建成时间	1967年	1968年	1983年	建设中	规划中

表11-7 我国运行的潮汐电站

相关参数	地点及站名						
	沙山（浙江温岭）	岳浦（浙江象山）	海山（浙江玉环）	刘河（江苏太仓）	白沙口（山东乳山）	江夏（浙江温岭）	幸福洋（福建平潭）
装机容量/MW	40	300	150	150	960	3200	1280
单机容量/MW	40	75	75	75	160	500~700	320
机组台数/台	1	4	2	2	6	5	4
机组形式	轴流式	贯流式	轴流式	贯流式	贯流式	灯泡式	贯流式
运行方式	单向	单向	单向	单向	单向	双向	单向
设计水头/m	2.5	3.5	3.4	1.25	1.2	2.5	3.2
投产时间	1964年	1971年	1975年	1977年	1978年	1980年	1990年

11.2.3 海洋温差发电

海洋吸收并储存了大量的太阳能，但海洋总是处于热量不平衡中，这使海水出现了温差。在地球赤道附近，表层的海水温度为23~29℃，而在900~1000m深处的水温则为 4~6℃。

11.2.3.1 海洋热能转换的原理

海洋热能转换是将海洋吸收的太阳能转换为机械能，再把机械能转换为电能。在第一步热能转换中，它借助于海底冷水与表层水的温差，构成一种动力循环。目前主要采用朗肯（Rankine cycle）循环。

A 朗肯循环

朗肯循环是一个典型的热力循环，在海水热能转换中，是利用流体在饱和区实现等温加热和等温放热的特性来实现的。图 11-16 为海水温差朗肯循环温熵图及循环原理示意图。循环由液态工质压缩过程 1→2、液态吸热过程 2→3、等温加热过程 3→4、绝热膨胀过程 4→5 和等温冷凝过程 5→1 组成。这样的循环对于常见的海水温差，其热效率为 3%左右，相应海水温差电站的净热效率为 2%左右。根据所用的工质和流程的不同，朗肯循环又分为闭式循环、开式循环和混合式循环 3 种。

（1）闭式循环。闭式循环系统示意图如图 11-17 所示，由蒸发器、汽轮发电机、冷凝器和泵组成。工作液为氨、氟利昂等低沸点物质。在蒸发器里通过海洋表层热水，在冷凝器里通过海洋深层冷水，当泵把液态氨或其他工作液从冷凝器泵入蒸发器时，液态氨因受热而变成高压低温的蒸气，驱动汽轮机带动发电机发电。而从汽轮机出来的低压气态氨又回到冷凝器，重新冷凝成液态氨，再用泵把液态氨泵入蒸发器中蒸发，变成高压低温的蒸气，继续做功。这样构成一个完整的闭路循环系统。

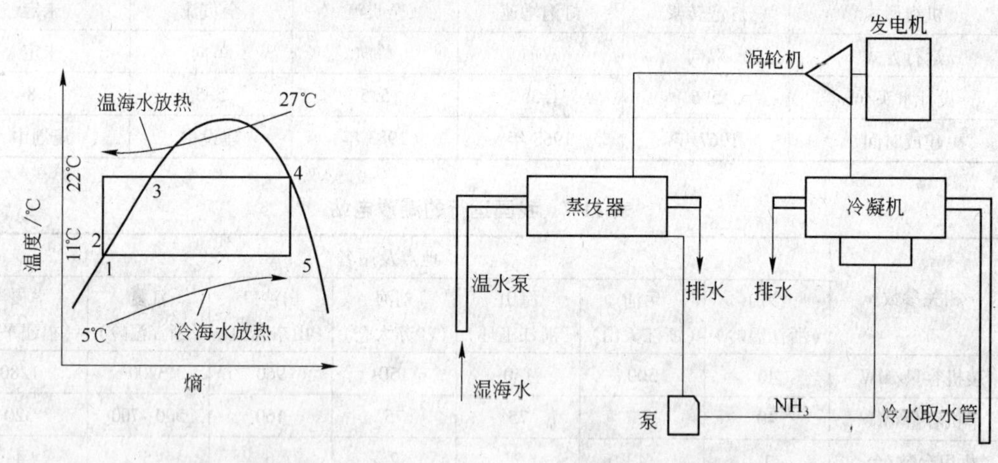

图 11-16 朗肯循环温熵图　　图 11-17 闭式循环系统示意图

（2）开式循环。在朗肯循环中，开式循环也称闪蒸扩容法。开路循环系统示意图如图 11-18 所示，把表层热海水引入低压或真空的闪蒸器中，由于压力大幅度下降，海水沸腾变为蒸气，从而驱动汽轮机带动发电机发电。使用过的低压蒸气再进入冷凝器中冷却，冷凝的脱盐水或回收，或排入海洋。这种开式循环系统以海水为工作液，它不仅能发电，而且能得到大量的淡水及副产品。

（3）混合式循环。混合式循环系统如图 11-19 所示，具有开路循环和闭路循环的特点，即保留工作液整个循环的回路。所不同的是在蒸发器中工作液不是用海水直接加热，而是用热海水扩容变成的蒸气来加热。这样可以避免蒸发器受到海生物的玷污，同时蒸发器高温侧也由原来的液体对流换热变为冷凝放热，使换热系数提高。但由于增加了闪蒸环节，整个循环效率并不高。

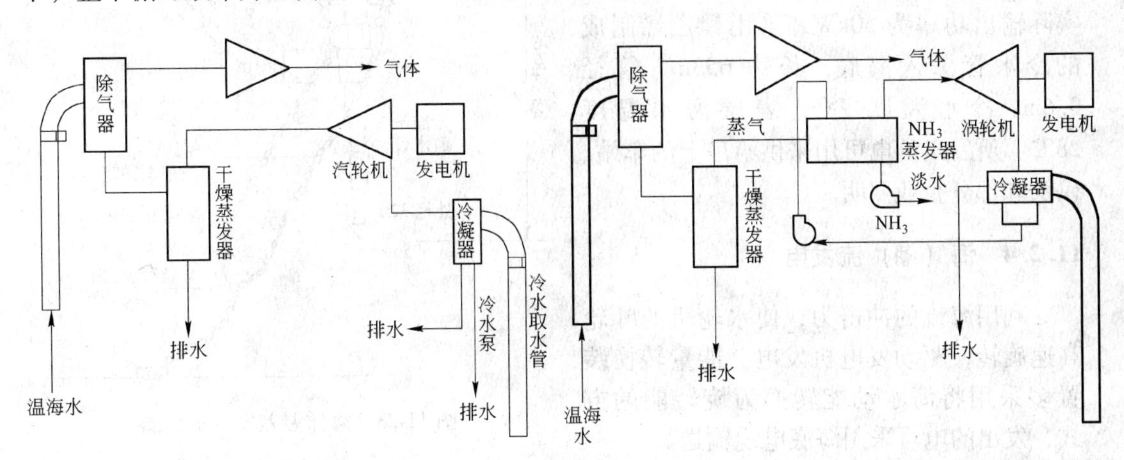

图 11-18　开式循环系统示意图　　图 11-19　混合式循环系统示意图

B　全流热力循环

全流热力循环是近年来在利用低温水热能时提出的一种新循环概念。其循环的温熵图如图 11-20 所示。循环由热液体直接在膨胀机中膨胀做功的过程 1→2、膨胀机排出的汽水混合物的冷凝过程 2→3、冷凝水的升压过程 3→4 以及加热过程 4→1 组成。在海水温差发电中，只有 1→2，2→3，3→4 这三个过程，4→1 过程是在自然界中自然完成的。这种循环的好处是能充分利用热水中的热量。

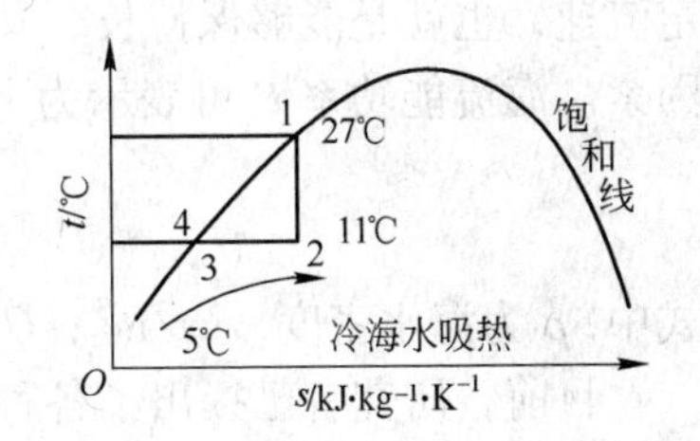

图 11-20　全流循环温熵图

为了实现全流循环人们提出了多种方法，如泡沫提水循环（见图 11-21）和雾滴提升循环（见图 11-22）等。这些方法都以水轮机代替汽轮机，使设备简化。

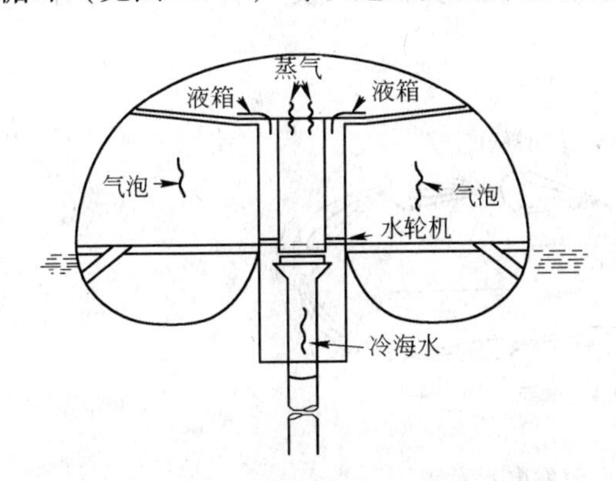

图 11-21　泡沫型海洋温差发电设备原理

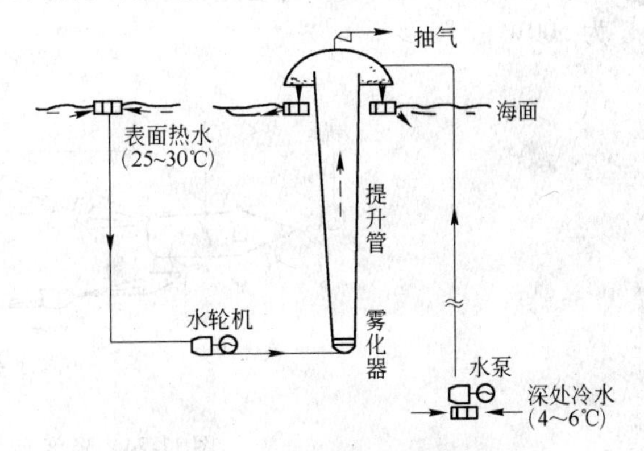

图 11-22　雾滴提升法原理

11.2.3.2　海洋温差发电

海洋热能转换的核心是温差发电。图 11-23 为海洋温差发电示意图。目前世界上最具有代表性的海洋温差发电装置是美国夏威夷建立的海洋温差发电试验装置。该电站采用朗肯闭式循环系统，安装在一艘重268t的驳船上。发电机组的额定功率为53.6kW，实际输出功率为50kW，采用聚乙烯制成的冷水管深入海底，长达653m，管径0.6m，冷水温度7℃，表层海水温度28℃。所发出的电可用来供给岛上的车站、码头和部分企业照明。

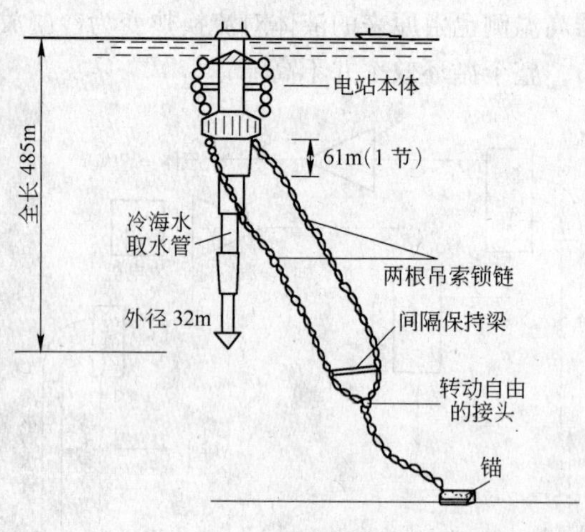

图 11-23 海洋温差发电示意图

11.2.4 海（潮）流发电

利用海流的冲击力，使水轮机的叶轮高速旋转，驱动发电机发电。能量转换装置多采用将海水动能转换为旋转能的方式，发出的电可采用海底电缆输送。

海流能的特点是：在流速变动的同时，流向随时间也有很大变动，因此对转换系统来说如何适应和如何对海流能加以有效的转换是一个重要的课题。其中选择能够保持某一恒定流速，也就是能够保持长时间流速恒定的海域安装海流能发电设备是利用海流能的关键因素。海流能功率 P 可表示为

$$P = \frac{1}{2}\rho Q v^2 \tag{11-4}$$

式中，ρ 为海水密度，kg/m^3；Q 为海水流量，m^3/s；v 为海流流速，m/s。

目前，研究者已提出了各种各样的海流发电装置设计方案，如降落伞式、科里欧利斯式（Coriolis）以及贯流式方案等。

降落伞式海流发电装置，也可把它称为低流速能量变换器，如图 11-24 所示。这种装置是用50只直径为0.6m的降落伞串缚在一根150m长的绳子上，然后将相连的绳子套在固定于船尾的轮子上，在海中，由于海流带动降落伞，将伞冲开，带降落伞的绳子驱动船上的轮子不停地转动，再通过增速系统带动发电机发电。该装置每天工作4h，发电功率约为500W。

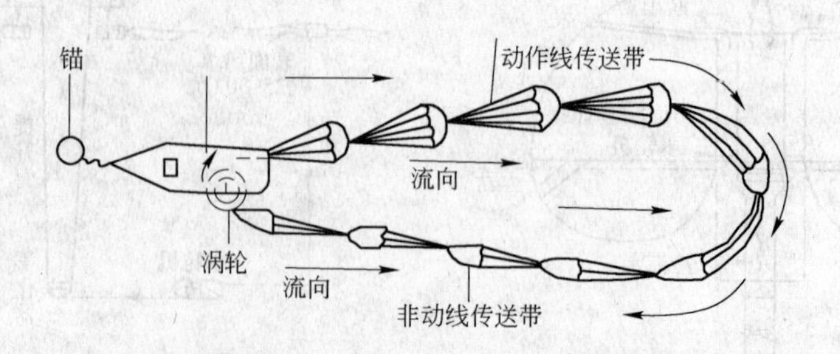

图 11-24 降落伞式海流发电示意图

科里欧利斯式发电装置是一套拥有外径171m、长110m、重 6×10^3kg 的大型管道的大规模海流发电系统，外形如图 11-25 所示，该系统的设计能力是在海流流速为2.3m/s的条件下输出功率为83MW。其原理是在一个大型轮缘罩中装有若干个发电装置，中心大型叶片的轮缘，在海流能的作用下缓慢转动，其轮缘通过摩擦力带动发

电机驱动部分运动，经过增速传动装置后，驱动发电机旋转，以此将大型叶片的转动能转变成电能。

贯流式发电装置是放在海面以下，使海流的进口流道都呈喇叭形，用以提高水轮机的效率。发电机是密封的，发出的电通过海底电缆输送到陆地上的变电站。

11.2.5 海洋盐差能发电

在江河淡水与海洋咸水交汇处，产生一种物理化学能，可将其转化为渗透压、浓差电池、蒸气压差、机械转动的形式，然后再转换为电能，海水盐差能的输出功率 P(W) 可表示为

$$P = \Delta pQ \tag{11-5}$$

式中，Δp 为渗透压力差，Pa；Q 为渗透流量，m^3/s。

如图 11-26 所示，在渗透压的作用下，水塔中水位逐渐升高，一直升到两边压力相等为止。如果在水塔顶端安装一根水平导管，海水就会从导管中喷射出来，冲动水轮机叶片转动，进而带动发电机发电。以色列建立了一座 150kW 的盐差能发电试验装置。

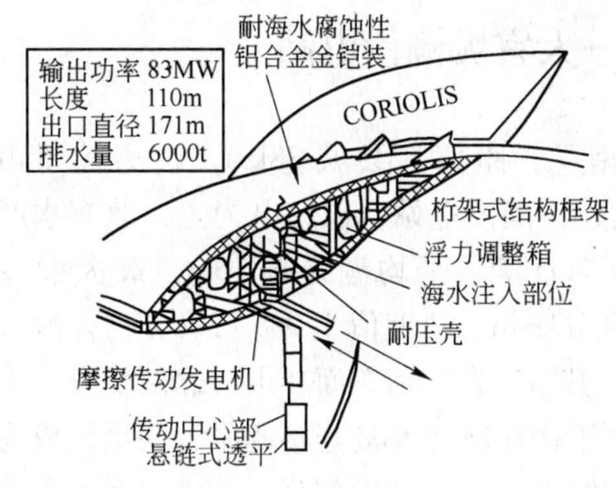

图 11-25 科里欧利斯式发电示意图

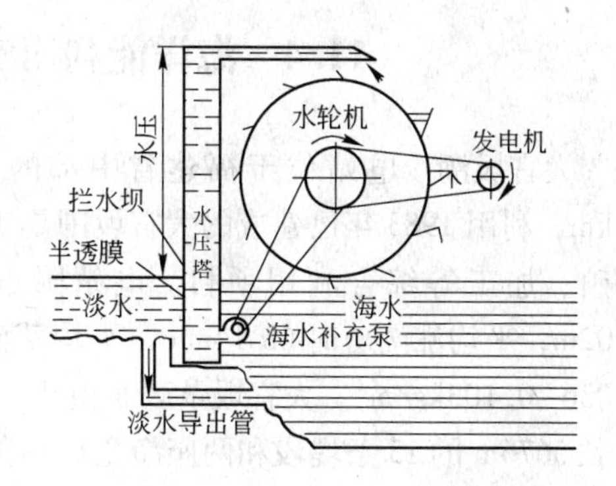

图 11-26 海洋盐差能发电示意图

11.3 海洋能发电的趋势

11.3.1 潮汐能发电

潮汐能发电工程技术正向着大、中型发展。到 2020 年，全世界潮汐发电量将达$(1\sim3)\times10^{11}$kW·h。

11.3.2 波浪能发电

波浪能发电技术日趋成熟，正向着实用化、商业化发展。由于波浪能发电站适用于岛屿、航标灯浮标、航标灯船，因此具有广阔的应用前景。

11.3.3 海洋温差发电

到 2010 年，全世界有 1030 个海洋温差发电站问世，其中 10%的发电功率达 100MW 以上，50%的发电功率在 10MW 以下。

11.3.4 海洋能开发技术发展的总趋势

（1）规模大型化。海洋能作为可再生新能源，在未来的社会发展中，愈来愈引起人们的关注，着眼点是用海洋能发电解决海岛居民的生活及工农业用电问题。其关键是电站的发电能力要提高，这要求电站的规模大型化，对发电技术的要求也相应提高。从潮汐能、波浪能、海洋温差能等发电技术看，电站规模大型化是未来发展的必然趋势。

（2）产品商用化。世界上一些发达国家已开始关注海洋能发电技术的潜在市场。因为常规能源使用寿命是有限的，为了今后的经济可持续发展，必须开发新能源。沿海发展中国家的海洋能源较丰富，是一个强大的技术输出市场。

（3）用途综合化。海洋能发电在经济上与常规能源相比，成本还是较高的。为了提高竞争力，必须降低发电成本。这不仅要求发电技术必须进一步改进，而且要走综合开发利用之路，如将潮汐发电与海水养殖业或旅游业相结合，海洋温差发电与淡水生产、海水养殖和深海采矿相结合，波能发电与建造防波堤相结合。这是今后发展的重要方向。

11.4 海洋能利用实例——大官坂潮汐电站

大官坂潮汐电站位于福建省中部的罗源湾南隅，距离江县城 28km，距离福州市 83km，利用 1983 年已建成的大官坂围垦工程，改建为潮汐电站，以发电为主，兼有水产养殖、加工等综合利用项目。电站附近潮型为半日潮，平均潮差 3.16m，最大潮差 5.02m，平均涨潮历时 6h 14min，平均落潮历时 6h 11min。盐度值 1.9%~3.0%，含沙量 $0.036 \sim 0.103\mathrm{kg/m^3}$。大官坂垦区面积共 $2735\mathrm{km^2}$，其东、西、南三面环山，北面临海，由总长 5676m 的 15 条堤段和两座净宽 65m 的水闸将海中的 13 个小岛连接起来，使垦区成为一座人工湖。垦区内有一条长 4950m 的内隔堤将垦区分为东、西两部分。其中东区面积为 $1900\mathrm{km^2}$，西区面积为 $853\mathrm{km^2}$。当蓄水位为 3.5m（频率为 5%的大潮位）时，东区库容为 $5921\times10^4\mathrm{m^3}$，西区库容为 $3635\times10^4\mathrm{m^3}$。

内隔堤的建成，不仅可以组成多种开发方案，同时也为此潮汐电站的分期开发创造了条件。拟定的四种基本开发方案如下：

方案一：东、西库单向发电，在东、西库区各建一座单向退潮发电站，需增建水闸的总净宽为 300m，电站总装机容量 80MW，平均年发电量为 $2.185\times10^8\mathrm{kW\cdot h}$，平均年发电小时数为 3690~3900h。

方案二：东、西库双向不连续发电，东、西库区各建一座双向发电站，需增设水闸总净宽 670m，电站总装机容量为 80MW，平均年发电量 $2.185\times10^8\mathrm{kW\cdot h}$，平均年发电小时数 6950~7000h。

方案三：东、西库双向连续发电，该方案的电站规模、枢纽布置、机电设置等与方案二相同。两者的差别是：东库（大库）电站仍按照常规发电，而西库（小库）电站在东库电站接近最小发电水头时才开机发电，以弥补东库电站发电的间歇性。平均年发电量为 $1.604\times10^8\mathrm{kW\cdot h}$，年平均发电小时数为 8640h。

方案四：高、低库单向连续发电，西库作为高库，东库作为低库，电站厂房置于东、西库区之间。为了实现昼夜连续发电，运行中需控制高、低库之间的水位差，满足不小于机组的最小发电水头，因而需严格调节高库水量，控制开机台数。共需增建水闸总净宽300m，电站总装机 2×25.6MW，平均年发电量 8.26×10^7 kW · h，平均年发电小时数为8400h。

上述四种方案出力随时间的变化规律如图11-27所示。对上述四种方案进行分析比较后，方案一作为推荐方案，其理由如下：

（1）方案三和方案四虽然基本达到昼夜连续发电的目的，但最大出力与最小出力相差悬殊，且运行管理也较复杂，不利于电网调度，方案四不能充分利用潮汐能资源。方案三的单位电能投资在四种方案中最高，比方案一高出90%。方案四处于次高，比方案一高64%。

（2）方案二虽然年发电量最多，年发电小时数较长，出力也规律，但总投资和单位电能投资比方案一增加较多，且多工况的灯泡贯流式机组效率相对较低，维护和运行管理也较复杂。

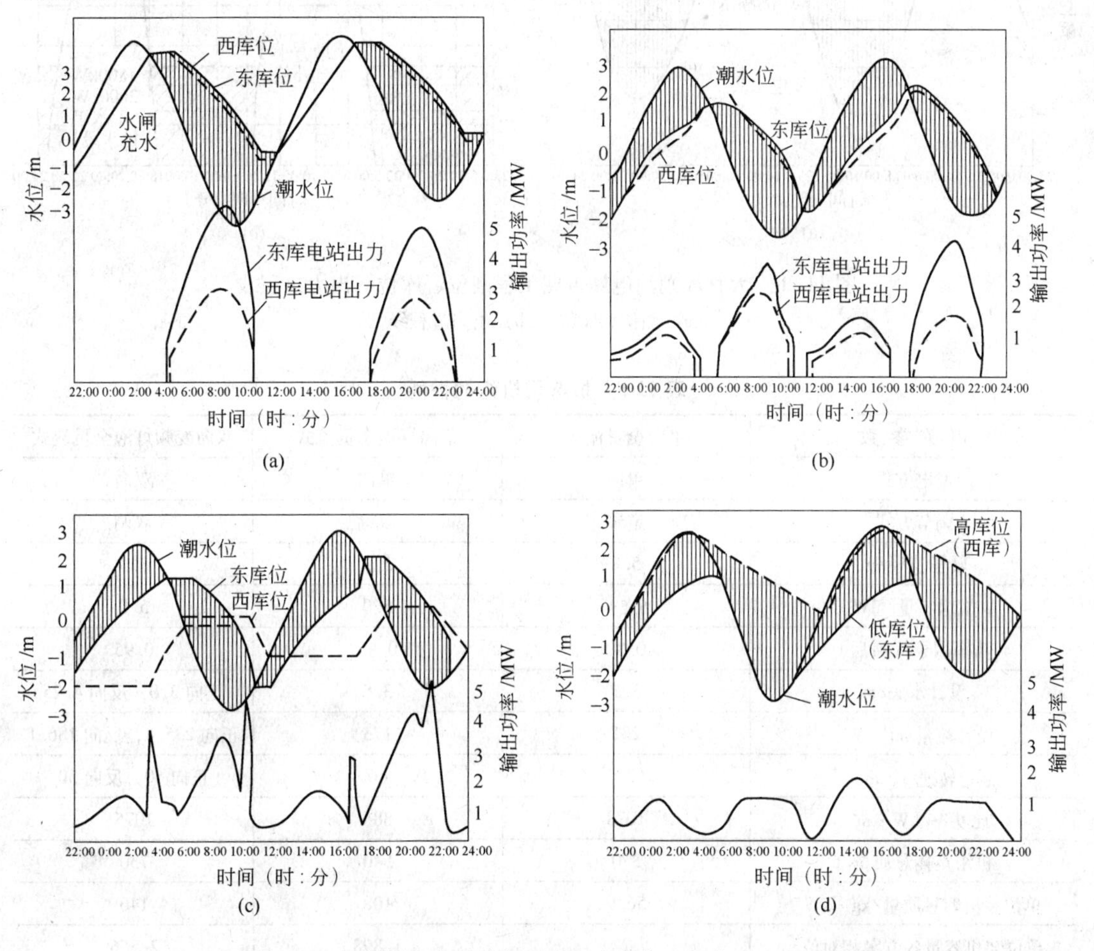

图11-27 大官坂潮汐电站各开发方案潮位、库位及出力过程线

（a）东、西库单向发电（中潮）；（b）东、西库双向不连续发电（中潮）；

（c）东、西库双向连续发电（中潮）；（d）高、低库单向连续发电（中潮）

（3）方案一投资最省，经济指标最好。其发电量虽比方案二少9%，但其总投资仅为方案二的63%。单向发电平均出力大，潮汐能资源可得到有效利用。且方案一可分期开发，有利于项目资金的筹措。

经过技术方案论证，决定采用方案一进行分期开发。第一期工程的装机容量为14MW，年发电量4.5×10^7kW·h，出力过程线如图11-28所示。电站厂房设在内隔堤的北端，厂房长46.2m、宽19.8m，两台7MW机组的中心距为15.6m。拟采用的单向全贯流式机组、单向灯泡贯流式机组和双向变频灯泡贯流式机组的有关技术参数如表11-8所示。双向变频灯泡贯流式机组在正（反）向发电水头小于预定值时，机组的转速由60r/min变为30r/min，通过变频使电压和频率分别保持在6300V和50Hz，使水轮机保持在高效率区运行。

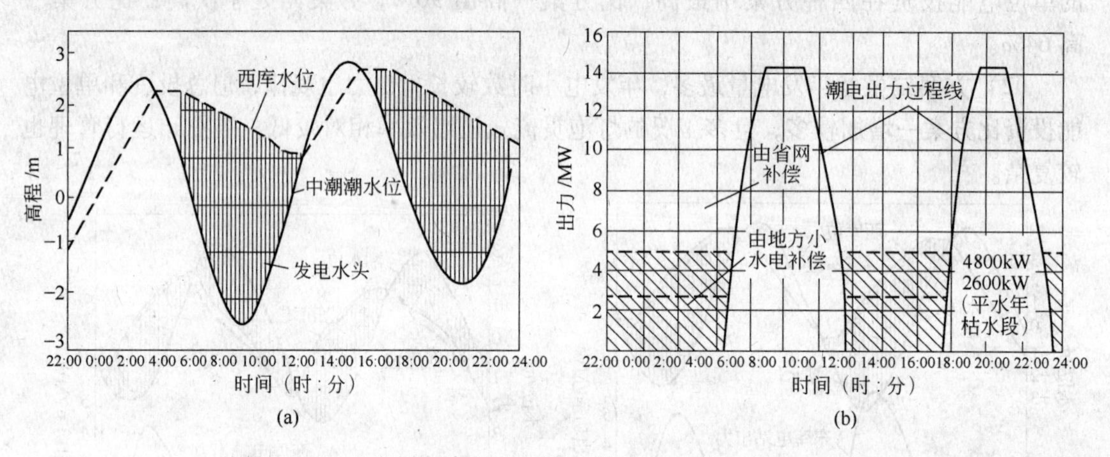

图11-28 大官坂潮汐电站近期工程潮位、库位、出力过程线

（a）潮位和库位；（b）出力过程线

表11-8 拟选用机组的性能

相关参数	单向全贯流式	单向灯泡全贯流式	双向变频灯泡全贯流式
发电方式	单向	单向	双向
调节方式	定桨	双调	双调
转子直径/m	5.8	5.5	6.3
机组容量/MW	6.5①	5.0	5.0
功率因子（滞后）	0.80	0.95	0.95
设计水头/m	3.5	3.5	正向3.0，反向4.25
设计流量/$m^3\cdot s^{-1}$	231	173	正向235.8，反向186.1
额定转速/$r\cdot min^{-1}$	62.5	60	正向60，反向30
比功率/$kW\cdot m^{-1}$	1078	886	1075
机组本体总质量/t	370	540	730
单位装机容量质量/$kg\cdot kW^{-1}$	56.9	108	146
单位装机容量各方案相对值②	1	1.898	2.566
机组成套价格/万元	550	550	950
机组成套价格各方案相对值②	1	1	1.73

续表 11-8

相关参数	单向全贯流式	单向灯泡全贯流式	双向变频灯泡全贯流式
单位重量价格/元 · t^{-1}	14865	10185	13014
单位重量价格各方案相对值②	1	0.68	0.80
单位装机容量价格/元 · kW^{-1}	846.2	1100	1900
单价装机容量价格各方案相对值②	1	1.299	2.247
有无变频装置	无	无	有

①表示设计水头提高到 3.7m 时，单机容量为 7.0MW。

②计算各方案相对值时，均假设该物理量在单向全贯流式时为 1。

在设计工况点，水轮机效率双向比单向的低 18%（正向发电时）~31%（反向发电时）。双向机组发电时间虽比单向机组延长较多，但发电总量仅增加约 10%。机组双向运行的要求使机组结构复杂，单位装机容量的机组重量增加 35%。双向机组的能量指标较低，使机组、流道和厂房等部分尺寸相应加大，主厂房土建费增加 30%，故选择单向发电机组。在单向发电的两种机组中，虽然单向全贯流式机组比单向灯泡贯流式机组少发电 3.3%，但全贯流式机组结构紧凑，机组重量相对较轻，装机台数少，水工建筑物尺寸相对较小，使总投资减少约 31%，经过比较后选择单向全贯流式机组两台作为大官坂潮汐电站第一期开发的发电机组。第一期电站设在西库区，西库区将因发电使库区内水位涨落幅度加大，内外海水交换量增加，这不仅使库区具有与库外相近的水质和环境条件，并且不断地从外海向库区输入营养盐和饵料生物，为海产品养殖提供了良好的条件，利用库区的优越条件发展海产品养殖和加工等产业，可以提高该潮汐电站的综合经济效益。

复习思考题

11-1 什么是海洋能？开发海洋能具有哪些重要意义？

11-2 海洋能具有什么特点？

11-3 海洋能可分为哪些种类？各类海洋能开发的技术现状和发展趋势是怎样的？

11-4 海洋能中的波浪能、潮汐能、海流能和盐差能如何进行计算？

11-5 常见的波浪能发电装置有哪些类型，分别有何特点？

11-6 潮汐能电站有哪些种类，它们有何运行特点？

12 生物质能

12.1 概　述

12.1.1 生物质

生物质（Biomass）是指利用大气、水、土地等通过光合作用而产生的各种有机体，即一切有生命的可以生长的有机物质统称为生物质。它包括植物、动物和微生物。广义的生物质包括所有的植物、微生物、以植物、微生物为食物的动物以及由它们产生的废弃物。有代表性的生物质如农作物、农作物废弃物、木材、木材废弃物和动物粪便。狭义的生物质主要是指农林业生产过程中除粮食、果实以外的秸秆、树木等木质纤维素（简称木质素）、农产品加工业下脚料、农林废弃物及畜牧业生产过程中的禽畜粪便和废弃物等物质。生物质的特点是可再生、污染低且分布广泛。

12.1.2 生物质的组成与结构

生物质是由多种复杂的高分子有机化合物组成的复合体，主要含有糖类、醛类、酸类、酚类、醇类、苯类、酯类和胺类等。如图 12-1 所示。

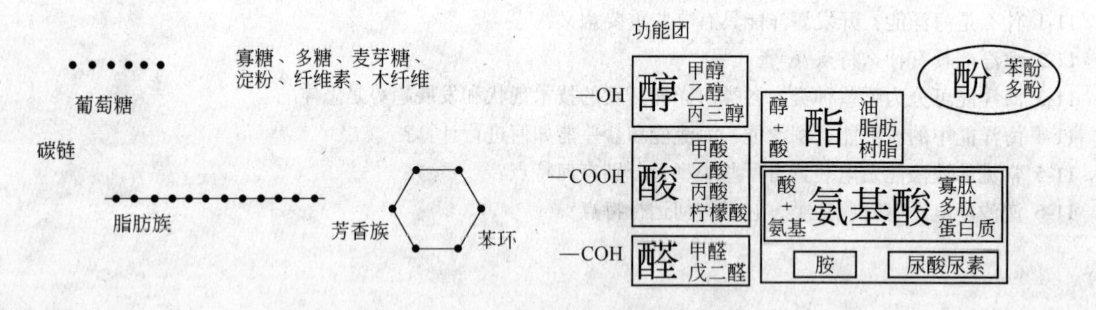

图 12-1　生物质分类图

（1）糖类。糖类主要有纤维素、淀粉、麦芽糖和葡萄糖。两个葡萄糖分子脱水后，它们的分子就会连到一起，成为淀粉，有利于贮存。更多的葡萄糖分子脱水后聚集起来就形成了一个更大的集团——纤维素，这个物质就相对比较稳定了，自然界中只有某些细菌类（如沼气菌）能把它分解成为淀粉或葡萄糖。有的葡萄糖则被细胞转化为其他物质，参与各种生命活动，在不同的条件下与不同的物质组成为不同的碳框架物质。

纤维素是分子量最大的糖类，人的消化系统不能将它分解，所以它不能为人体提供能量，但是现代研究发现，它有利于肠内有益细菌的生存，能促进肠胃的蠕动，对人体健康有利。自然界中有的细菌能够将它分解成为简单的葡萄糖。

淀粉是比纤维素简单的糖类，是人类重要的食物和原材料，它在人的口腔里在唾液淀粉酶的作用下，被分解为麦芽糖，所以人在多次咀嚼米、面时，会感觉有点甜。它可分解为简单的葡萄糖供人体吸收利用。

麦芽糖在常见的啤酒中含有，它是淀粉分解后的比葡萄糖复杂一些的糖类。

葡萄糖是最简单的糖类，能够直接为人体细胞所用，在生物体内，和氧反应生成二氧化碳和水，同时释放出能量，为生命活动提供能量。同时，也参与构成细胞，如核糖。

（2）醛类。一个羰基（C ═ O）基团和一个氢基（—H）基团，可以组合成为一个新的基团，称为醛基（—CHO）基团，有这个基团的物质叫醛，我们相当熟悉的甲醛，是碳框架中只有一个碳的醛类，甲醛的重要特点就是它能使蛋白质稳定，具有防腐作用。甲醛又是一种重要的化工原料，广泛应用于工业和化妆品行业，但过量的非天然甲醛可以致癌。自然界中的甲醛对人体是有益的，如西红柿是很好的抗衰老食品，它里面就含有微量甲醛，这个含量就决定了它清除自由基的特性。植物燃烧不充分时产生的烟中也有甲醛，所以用烟熏过的肉，能够长久保存。在人工心脏瓣膜移植手术中，把牛的心脏瓣膜经过一种醛（叫戊二醛）的处理后，再移植到人的心脏中，可以使人获得健康。甲醛给人类带来的伤害也不少，据美国有关部门统计，全世界每年生产 220 多万吨甲醛。装修材料中超标，化妆品中超标，非法用于食品防腐等事件也常有报道。

（3）酸类。一个羰基（C ═ O）基团和一个羟基（—OH）基团，可以组合成为羧基（—COOH）基团，有这个基团的物质称为酸，甲酸、乙酸、丙酸、脂肪酸、氨基酸都是与我们的生活有密切关系的“酸”。甲酸又称蚁酸，蜜蜂蜇人时，向人体注入了一点蚁酸，会引起局部皮肤红肿和疼痛。乙酸就是醋酸，用粮食做的，因为粮食中的淀粉可分解成为葡萄糖，再在一定的条件下转化成食醋，它连在一起的碳框架碳的个数是两个，所以食醋学名为乙酸。如果连在一起的碳框架碳的个数为三个，则称为丙酸，人们熟悉的乳酸就是一种丙酸，葡萄糖在一定条件下还可转化为乳酸，如人体运动时，由于供氧不足，葡萄糖分解不完全，肌肉处会产生大量乳酸，使肌肉感到酸痛，人体对酸都是比较敏感的，会产生不舒服的反应，只有胃中有盐酸，保持强酸性。如果碳框架中的碳的个数是多个，并且是首尾相接排成一列的，则统称为脂肪酸。如果再结合一个氨基，就成为大家熟悉的氨基酸。这些酸是人体不可缺少的营养物质。从人体对酸的反应可以知道，现代人们食用高脂肪高蛋白食物，人体就摄入了大量的脂肪酸和氨基酸，就形成了酸性体质。

（4）醇类。葡萄糖在一定的条件下还可以变成醇，醇是碳框架中含有羟基（—OH）的物质，如乙醇，就是酒精。在自然界中，熟透的水果可能有酒精的味道，就是由于葡萄糖变成了乙醇，酿酒就是利用了这一变化。自然界中很多醇都有特殊的香味，现在人们常说的植物精油，有些就是醇。

陆地上的动植物都要保持水分，保持水分离不开一种物质，即甘油，它与酒精乙醇是同一个家族的，称为丙三醇，都有羟基（—OH）基团，只是甘油碳框架的每个碳原子上都有三个基团，所以才称为“丙三醇”。甘油是食品加工业中通常使用的甜味剂和保湿剂，大多出现在运动食品和代乳品中。由于甘油可以增加人体组织中的水分含量，所以可以增加高热环境下人体的运动能力。甘油也是一种重要的化工原料，它和硝酸可以制取“硝酸甘油”，硝酸甘油是一种烈性炸药，同时，也是一种良药，常用作强心剂和抗心绞痛药。

曾经报道的“齐二药”事件中，就涉及了一种醇，即二甘醇，它与丙三醇（甘油）

一样能保持水分，曾在牙膏、化妆品和工业中广泛代替甘油使用。然而这两种醇在人体内的代谢结果是完全不同的，之后国家也禁止了在牙膏中用二甘醇代替丙三醇。“齐二药”事件中那些因二甘醇导致肾衰竭而死去的受害者们，让更多的人深刻认识到了二甘醇的危害。

（5）酯类。生物体内的酸和醇会生成酯，这种物质广泛存在于自然界中。例如乙酸和乙醇可以生成乙酸乙酯，在酒、食醋和某些水果中就有这种特殊香味的物质，所以陈年的老酒和老醋都十分香；乙酸异戊酯存在于香蕉、梨等水果中；苯甲酸甲酯存在于丁香油中；脂肪酸的甘油酯是动植物油脂的主要成分；蜡的主要成分是酯。

三条脂肪酸链与甘油组合，形成甘油三酸酯，这是一种脂肪类物质，我们平时食用的油的成分都是甘油三酸酯，它们经人体消化后，被分解成甘油和脂肪酸，被人体吸收。胆固醇、维生素 D 和生物体内的很多激素如性激素都是脂肪类物质。

人体皮肤分泌的皮脂，也是一种酯，它能保护和滋润我们的皮肤，并具有一种独特的体香味。有些动物能分泌特殊的酯类，如麝分泌的麝香。天然的酯类大多对人体有益，并具有特殊的香味，人们从中提取出的植物精油和香精，大多都是酯。

当构成酯的脂肪酸链很长时，这种酯就不再是液体油了，而成了固体蜡。脂肪链越长，分子量越大，就成了树脂，如松香、桐油和天然橡胶等，这些都是天然树脂。人类根据这个自然规律，制造出了各种各样的人工树脂和高分子材料，如人们熟悉的聚氨酯树脂和丙烯酸树脂，并做成了各种塑料制品。然而它们都无法或很难被大自然中的生物所分解，给生态环境造成了巨大的影响，如二噁英，白色污染等。

（6）苯类。苯也广泛存在于生物体内，它的碳框架结构为六个碳围成一个环，称为苯环，含有苯环的物质，大多有特殊的香味，被称为“芳香族”物质，在脂肪酸一类物质中，碳没有形成环状，被称为“脂肪族”物质。大多数围成环的碳框架物质对人体都是有害的，它能使蛋白质沉淀变性，如甲苯、三聚氰胺，这些都是有“环”的物质，会对人体造成伤害。

我们已经知道有些酯和醇也有香味，有香味的酯和醇一般对人体是有益的。所有芳香族物质，虽然也有香味，可由于苯环的存在，一般对人体都是有害的。这两类不同的香味物质，价格和作用都相差很大，在市场经济的今天，不乏有人用便宜但有害的芳香族人工香料混到昂贵却有益的天然香料中，人们在消费时应注意。

（7）酚类。植物体内的苯环如果和一个羟基（—OH）基团组合起来，就不再是醇了，而是酚。在自然界中酚广泛存在于植物的树皮和果实中，是单宁的主要组分，它能使植物的花和果实显示各种不同的颜色，也是许多染料的主要组成成分。酚类物质能和氨基结合，使蛋白质稳定，适量的酚类物质对人体有利。如现代人们常提到的茶多酚、花青素等有抗氧化作用能清除“自由基”的物质，就是这类物质。自然界中存在的天然的酚，对人体是有益的。

通过化学方法从石油中提炼的苯类酚类等物质，多半能使人致病，如绝大多数染料中都含有苯环，前几年欧美学者提出，某些染料可以致癌，并列出一些禁用的染料。所以有些专家提出不染色的内衣对健康有利，各种彩棉制品也因此开始流行，反映出人们对环保和健康的重视。

（8）胺类。胺在自然界中分布很广，其中大多数是由氨基酸脱羧生成的。工业上多采用氨与醇或卤代烷反应制备胺，产物为各级胺的混合物，分馏后得到纯品。由醛、酮在氨存在下催化还原也可得到相应的胺。工业上也常用硝基化合物、腈、酰胺或含氮杂环化合物催化还原制取胺类化合物。

胺的用途很广，最早发展起来的染料工业就是以苯胺为基础的。有些胺是维持生命活动所必需的，但也有些对生命十分有害，不少胺类化合物有致癌作用，尤其是芳香胺，如萘胺、联苯胺等。

12.1.3 生物质能

生物质能（Biomass Energy），就是太阳能以化学能形式贮存在生物质中的能量形式，即以生物质为载体的能量。它直接或间接地来源于绿色植物的光合作用，可转化为常规的固态、液态和气态燃料，取之不尽、用之不竭，是一种可再生能源，同时也是唯一一种可再生的碳源。生物质能的原始能量来源于太阳，所以从广义上讲，生物质能是太阳能的一种表现形式。目前，很多国家都在积极研究和开发利用生物质能。生物质能蕴藏在植物、动物和微生物等可以生长的有机物中，它是由太阳能转化而来的。有机物中除矿物燃料以外的所有来源于动植物的能源物质均属于生物质能，通常包括木材、森林废弃物、农业废弃物、水生植物、油料植物、城市和工业有机废弃物及动物粪便等。地球上的生物质能资源较为丰富，而且是一种无害的能源。地球每年经光合作用产生的物质有 1730 亿吨，其中蕴含的能量相当于全世界能源消耗总量的 10~20 倍，但目前的利用率不到 3%。

12.1.4 生物质能的特点

（1）可再生性。生物质能属可再生资源，生物质能由于通过植物的光合作用可以再生，与风能、太阳能等同属可再生能源，资源丰富，可保证能源的永续利用。

（2）低污染性。生物质的硫含量、氮含量低、燃烧过程中生成的 SO_x、NO_x 较少。生物质作为燃料时，由于它在生长时需要的二氧化碳相当于它排放的二氧化碳的量，因而对大气的二氧化碳净排放量近似于零，可有效地减轻温室效应。

（3）广泛分布性。缺乏煤炭的地域，可充分利用生物质能。

（4）生物质燃料总量十分丰富。生物质能是世界第四大能源，仅次于煤炭、石油和天然气。根据生物学家估算，地球陆地每年生产 1000~1250 亿吨生物质，海洋每年生产 500 亿吨生物质。生物质能源的年生产量远远超过全世界总能源需求量，相当于目前世界总能耗的 10 倍。我国可开发为能源的生物质资源在 2010 年已达 3 亿吨。随着农林业的发展，特别是薪林的推广，生物质资源还将越来越多。

12.2 生物质资源

生物质是指由光合作用而产生的有机体。光合作用将太阳能转化为化学能并储存在生物质中。光合作用是生命活动中的关键过程，植物光合作用的简单过程为：

$$\text{水}+\text{二氧化碳}\xrightarrow[\text{太阳能}]{\text{植物}}\text{有机体}+\text{氧} \qquad (12\text{-}1)$$

在太阳能直接转换的各种过程中，光合作用是效率最低的。光合作用的转化率约为

0.5%~5%。据估计，温带地区植物光合作用的转化率按全年平均计算约为太阳全部辐射能的0.5%~1.3%，亚热带地区则为0.5%~2.5%，整个生物圈的平均转化率为0.25%。在最佳田间条件下，农作物的转化率可达3%~5%。据估计，地球上每年植物光合作用固定的碳达2×10^{11} t，含能量达3×10^{21} J，相当于世界能耗的10倍以上。

世界上生物质资源数量庞大，种类繁多。它包括所有的陆生、水生植物、人类和动物的排泄物以及工业有机废物等。通常将生物质资源分为以下几大类：

（1）农作物类：主要包括产生淀粉的甘薯、玉米等，产生糖类的甘蔗、甜菜、果实等。

（2）林作物类：主要包括白杨、棕树等树木及苜蓿、象草、芦苇等草木。

（3）水生藻类：主要包括海洋生的马尾藻、海带等巨型藻类，淡水生的布袋草、浮萍、小球藻等。

（4）光合成微生物类：主要包括硫细菌、非硫细菌等。

（5）其他类：主要包括农产品的废弃物（如稻秸、谷壳等）、城市垃圾、林业废弃物、畜业废弃物等。

各类生物质燃料的热值如表12-1所示。

表12-1　各类生物质燃料的热值

生 物 质	热值/$kJ \cdot kg^{-1}$	生 物 质	热值/$kJ \cdot kg^{-1}$
纤维素	17.5×10^3	粪便	13.4×10^3
木炭	$(12\sim22.4)\times10^3$	甲醛	22.4×10^3
草类	18.7×10^3	乙醇	29.4×10^3
藻类	10.0×10^3	生物烃油	$(36\sim42)\times10^3$
城市垃圾	12.7×10^3		

我国是农业大国，生物质资源丰富，每年产生的生物质总量为50多亿吨（干重），相当于20多亿吨油当量，约为我国目前一次能源总消耗量的3倍。仅以农作物秸秆为例，某年我国农作物秸秆总量为5.9×10^8 t，其中水稻、小麦、玉米、薯类、油菜、豆类、棉花七大类秸秆所占比例分别为33.9%、27.93%、22.76%、2.87%、4.04%、5.35%和2.86%。

我国又是一个畜牧和饲养家禽的大国，大、中型的奶牛场、猪场和鸡场排放的粪便和污水即达百万吨。表12-2给出了我国畜禽养殖业的发展及预测，城市的固体废弃物也有类似的情况，表12-3为我国各城市生活垃圾的增长情况。

表12-2　中国畜禽养殖业的发展及预测

年　份	2000	2010	2020
牛/万头	16615.2	23783.3	28890
猪/万头	65834.0	99894.6	99000
商品鸡/万只	470435.4	834575.8	1180000

表 12-3 我国城市生活垃圾的增长情况

年 份	生活垃圾的清运量/t	年 份	生活垃圾的清运量/t
1991	7636×10^4	1998	11302×10^4
1992	8262×10^4	1999	11415×10^4
1993	8791×10^4	2000	11819×10^4
1994	9952×10^4	2001	13470×10^4
1995	10748×10^4	2002	13650×10^4
1996	10825×10^4	2003	14857×10^4
1997	10982×10^4	2004	15509×10^4

畜禽养殖业的排泄物及城市垃圾已成为我国重要的生物质资源。我国生物质资源虽然丰富，但生物质能源的商品化程度很低，仅占一次能源消费的0.5%左右。据估计，农作物秸秆等废弃物除了40%用作饲料、肥料及工业原料外，还有60%可作为能源使用。但目前主要采用简单燃烧，甚至田头焚烧的方式，不但浪费了能量，而且造成环境污染，例如，某些机场附近秸秆焚烧产生的烟已严重影响了飞机的正常起降。

12.3 生物质能利用技术

生物质能的转换技术主要包括直接氧化（燃烧）、热化学转换和生物转换。图12-2为各种生物质能的转换技术及其产品。

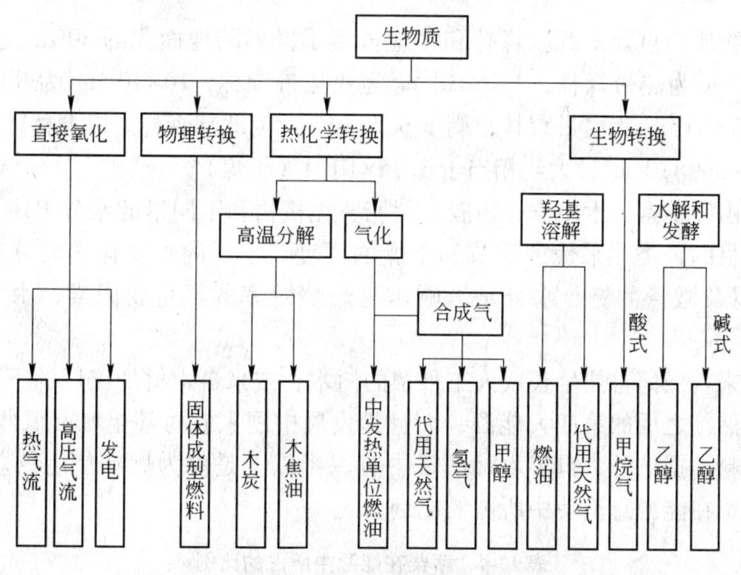

图 12-2 生物质能的转换技术及其产品示意图

直接氧化（即燃烧）是生物质能最简单又应用最广的利用方式，目前亚洲、非洲的大多数发展中国家，用直接燃烧方式所获得的生物质能约占该国能源消费总量的40%以上。1996年中国从薪柴、秸秆直接燃烧获得的能量相当于2.2×10^8t（标煤），约占全国能源消耗总量的14%，占农村地区能源消耗量的34%，占农村生活用能的59%。普通炉灶直接燃烧生物质的热效率很低，一般不超过 20%，在农村推广的节能灶，其热效率可提高到 30%以上。推广城市废弃物直接燃烧的垃圾电站，则可以大大提高生物质能的利用效率。

热化学转换方法主要是通过化学手段将生物质能转换成气体或液体燃料。其中高温分解法既可通过干馏技术获得像木炭这样的优质固体燃料，又可通过生物质的快速热解液化技术直接获得液体燃料和重要的化工副产品。而生物质的热化学气化，则是将生物质有机燃料在高温下与气化剂作用获得合成气，再由合成气获得其他优质的气体或液体燃料。

生物转换主要借助于厌氧消化和生物酶技术，将生物质转换为液体或气体燃料，厌氧消化包括小型的农村沼气池和大型的厌氧污水处理工程，生物酶技术则可将一些含有糖分、淀粉和纤维素的生物质转化为乙醇等液体燃料。

目前生物质能利用中的主要问题是能量利用率很低，使用上也很不合理。除直接燃用木材、秸秆造成资源的巨大浪费外，热化学转换和生物转换的转化效率低、生产成本高也影响了生物质能的大规模有效利用。但由于生物质能的巨大潜力，世界各国均已把高效利用生物质能摆到重要位置。例如，欧洲目前生物质能约占总能源消费量的 2%，预计 2015 年后将达 15%；欧盟能源发展战略绿皮书更预计到 2020 年生物质能燃料将代替 20%的化石燃料；美国在生物质能利用方面发展较快，目前生物质发电量已装机 9000MW，预计到 2020 年将达 30000MW。21 世纪，科学技术迅猛发展，生物质能的利用必将上一个新台阶，并在解决发展中国家的农村能源问题中发挥重要作用。

12.3.1 生物质燃料

12.3.1.1 薪柴

树木是生物质的重要来源。森林和林地覆盖了世界陆地面积的 30%，达 $38\times10^{12}m^2$，其中 $14.6\times10^{12}m^2$ 为热带森林，$2.2\times10^{12}m^2$ 为亚热带森林，$10\times10^{12}m^2$ 为开阔的热带稀树草原森林，$4.5\times10^{12}m^2$ 为温带森林，剩下 $6.7\times10^{12}m^2$ 为北部森林。以上林区木材的总蕴藏量达 $340\times10^9\sim360\times10^9m^3$，大约相当于 $1.75\times10^{11}t$（标煤）。

木材主要由纤维素、木质素、树胶、树脂、无机物和不同量的水分组成。木材水分的含量取决于木材的种类、采伐的季节和干燥的程度。木材的主要化学成分有碳 50%、氢 6%、氧 44%以及微量的氮。水分是影响木材燃烧效率的最重要因素，水分越少，热值越高。

薪柴可以来自任何自然生长或人工种植的树木，或来自木材加工厂的下脚料。它是继石油、煤和天然气之后的第四大能源，而且是发展中国家农村甚至城市低收入居民烹饪、取暖的重要燃料。据估计，世界木材产量中有一半以上是作为燃料使用的。表 12-4 是世界不同地区薪柴在能源总消费中所占的比例。

表 12-4 薪柴在能源中所占的比例

地 区	比例/%	地 区	比例/%
非洲	60	西欧	0.7
亚洲	20	世界	10
拉丁美洲	20		

薪柴通常取自当地的自然资源，但过度的采伐会导致水土流失和土壤沙化，不但造成河流淤塞、洪水泛滥，而且使全球气候恶化。因此，合理使用森林资源，建设“能源农场”，是生物质能利用中非常重要的一环，世界各国均高度重视。

森林是一种可更新的能源。“能源农场”就是指以种植可快速生长的林木或植物（它们被称为能源植物）获取能源为目的的农场。这种农场的优点是能够储存能量、可随时提供使用，能保持生态平衡、净化环境，能为21世纪生物质能大规模的生物和化学转换提供原料；投资少、管理费用低，每千焦耳燃料的生产成本仅为柴油的一半。由于“能源农场”是种植薪柴林，和用材林的营造目的不同，因此在选择树种和经营措施上均有自己的特点，其中根据当地的自然条件选择速生、密植、高产、高发热值及固氮能力强的树种尤为重要。例如，在我国东北地区，可选择杨树、桦树、松树；西北地区则以沙柳、沙枣、沙棘、柠条为优，华北和中原地区刺槐、紫穗槐最好，华南以栎、合欢树为主。除了树木外，某些草本植物也是很好的能源植物。薪柴林作为一种绿色植被，也同其他树木一样，能起到防风固沙、保持水土、保护农田和草原，改善生态环境的作用。正因为如此，美国、加拿大、法国、韩国等国家在20世纪50年代已开始实施大规模的薪柴林营造计划，并取得显著效果。美国更是从1978年开始积极研究能源植物，目前已筛选出200多个品种，其试验的杨树林的生长量折合成发热量，每年每公顷达430桶石油当量。我国也应在生产承包责任制的基础上，在荒山、河滩、沙漠上大规模地建设“能源农场”，以解决十分严重的农村能源问题，并保护日益恶化的生态环境。

值得一提的是，由木柴干馏获得的木炭是一种优质的固体燃料。木炭的使用历史悠久，它含碳量高，含硫和含灰量低，既适于家庭取暖，又是冶金工业的优质燃料。例如木材大国巴西，其木炭产量的38%用于生铁冶炼，而木炭中70%产自原始森林，30%产自人工林场。为了减少原始森林的退化，巴西一方面引进现代化的高炉，另一方面也大力实施“能源农场”计划。

12.3.1.2 醇能

醇能是由纤维素通过各种转换而形成的优质液体燃料，其中最重要的是甲醇和乙醇。

（1）甲醇。甲醇是一种优质的液体燃料，其突出优点是燃烧时效率高，而碳氧化合物和一氧化碳排放量却很小。如用甲醇作燃料汽车发动机输出的功率可比汽油、柴油车高17%左右，而排出的氮氧化物只有汽油、柴油车的50%，一氧化碳只有汽油车、柴油车的12%。美国环保局的研究表明，如汽车改烧由85%甲醇和15%无铅汽油组成的混合燃料，仅美国城市的碳氢化合物的排放量就可减少20%~50%，如使用纯甲醇作燃料，碳氢化合物的排放量可减少85%~95%，一氧化碳的排放量可减少30%~90%。正因为如此，美、日等汽车大国都制订了大力发展甲醇汽车的计划。美国政府批准使用100万辆甲醇燃料汽车来减少空气污染。日本则早在1991年，就将由日本甲醇汽车公司生产的首批甲醇汽车在东京正式投入营运。

甲醇不但可以作为车用燃料，而且正在进入发电领域。甲醇发电的工艺是先将甲醇加热，使之气化，气化的甲醇与水蒸气发生反应而产生氢气，然后以氢作燃料，在燃烧室中燃烧成高温燃气，再驱动燃气轮发电机组。这种发电方法既可完全避免甲醇直接燃烧所带来的污染问题，又能提高发电效率。早在1990年，日本就兴建了一座1000kW级的甲醇发电试验站。目前10000kW级的试验电站也在建设之中。利用甲醇发电为醇能的应用开辟了更为广阔的前景。

甲醇最早是作为生产木炭过程中的副产品。20世纪20年代发明了高温、高压下由氢和一氧化碳通过催化剂合成甲醇的工艺。由于天然气的大量发现，现在甲醇生产主要是以天然气为原料，通过重整而获得的。然而为了利用生物质能，变废为宝，用树木及城市废物大量生产甲醇仍是世界各国研究的重点。目前采用的主要方法是，先用热化学转换的方法将固体生物质气化，获得合成气后再用其制甲醇。此法目前的主要问题是生产成本高，但随着科技的进步，“植物甲醇”将成为替代燃料的主角之一。

（2）乙醇。乙醇又称酒精，人们常将用作燃料的乙醇称为“绿色石油”，这是因为各种绿色植物（如玉米芯、水果、甜菜、甘蔗、甜高粱、木薯、秸秆、稻草、木片、锯屑、草类及许多含纤维素的原料）都可以用作提取乙醇的原料。生产乙醇的方法主要包括利用含糖的原料（如甘蔗）直接发酵，间接利用碳水化合物或淀粉（如木薯）发酵，将木材等纤维素原料酸水解或酶水解。随着现代生物技术的发展，发达国家已普遍采用淀粉酶代替麸曲和液体曲。现在用酶法糖化液生产乙醇发酵率高达93%，大大提高了出酒率。图12-3为发酵法生产乙醇的流程图，某些作物的乙醇产量见表12-5。

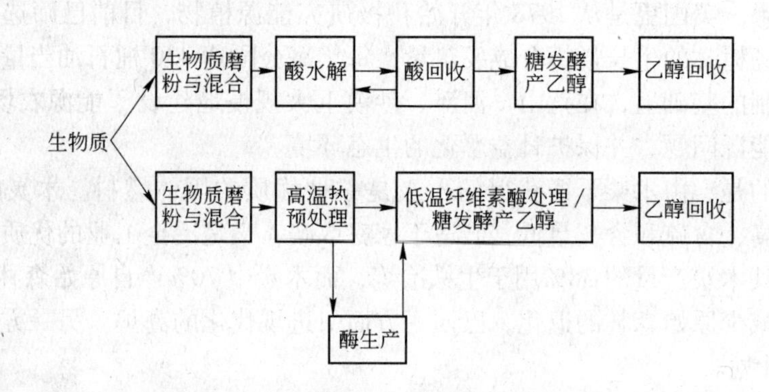

图12-3 发酵法生产乙醇的流程图

表12-5 某些作物的乙醇产量

作物	每公顷作物产量/t	每公顷乙醇产量/L	每吨作物乙醇产量/L
甘蔗（巴西）	54.2	3631.4	67.0
甜高粱（美国）	46.5	3534	76.0
木薯（巴西）	11.9	2142	180.0
玉米（美国）	5.7	2200.2	386.0

虽然乙醇的发热值比汽油低30%左右，但乙醇密度高，因此，以纯乙醇作燃料的机动车功率比燃用汽油的机动车还高18%左右。采用乙醇作燃料，对环境的污染比汽油和柴油小得多，而生产成本却和汽油差不多。用20%的乙醇和汽油混合使用，汽车的发动机可以不必改装。因此，作为化石燃料，特别是汽油、柴油的最佳替代能源，醇能有良好的应用前景。

世界各国对利用生物质能制备醇类燃料十分重视，例如，20世纪80年代以后，美国在使用非粮食类生物质（如能源植物、草类、秸秆等）生产甲醇和乙醇方面取得很大进步，美国2005年生产90×10^8 L乙醇，每升价格仅为0.2美元，至2030年则要达到850×10^8 L乙醇，价格也降至每升0.14美元。巴西更是发展乙醇燃料最快的国家，其生产的乙醇燃料已占汽车燃料的62%，目前至少有800万辆汽车使用乙醇汽油。我国是农业大国，绿色资源丰富，进入21世纪，随着我国汽车数量的急剧增加以及随之而来的环境恶化问题，大力发展乙醇燃料势在必行。

12.3.1.3 沼气

沼气是一种无色、有臭味、有毒的混合气体。它的主要成分是甲烷（CH_4），通常占总体积的60%～70%，其次是二氧化碳，约占总体积的25%～40%，其余硫化氢、氮气、氢气和一氧化碳等气体占总体积的5%左右。甲烷是一种良好的气体燃料，燃烧时火焰呈蓝色，最高温度可达1400℃左右。甲烷的发热值很高，达36840kJ/m^3。甲烷完全燃烧时仅生成二氧化碳和水，并释放出热能，是一种清洁燃料。

由于沼气中甲烷含量的不同，沼气的发热值约为20930～25120kJ/m^3，其着火温度为800℃。沼气中因含有二氧化碳等不可燃气体，其抗爆性能好，辛烷值较高，又是一种良好的动力燃料。

沼气是有机物质在厌氧条件下经过多种细菌的发酵作用而最终生成的产物。沼气发酵过程一般要经历三个阶段，即液化、产酸和气化。各种有机的生物质，如秸秆、杂草、人畜粪便、垃圾、污水、工业有机废物等都可以作为生产沼气的原料。沼气池中为保证细菌的厌氧消化过程，要使厌氧细菌能够旺盛地生长、发育、繁殖和代谢。这些细菌的生命越旺盛，产生的沼气就越多。因此，创造良好的厌氧分解条件，为厌氧细菌的生命活动创造适宜的环境是多产沼气的关键。为此应采取以下措施：

（1）严格的厌氧环境。分解有机质并产生沼气的细菌都是厌氧的，在有氧气存在的环境中，它们根本无法进行正常的生命活动，因此生产沼气的沼气池应当严格密封。

（2）足够的菌种。沼气发酵原料成分十分复杂，因此发酵过程需要足够的菌种，包括产酸菌和甲烷菌。这些菌种大量存在于阴沟、粪池、沼泽和池塘，因此一定要用阴沟、粪坑污泥或沼气池脚渣作为菌种，以保证正常产气。

（3）合适的碳氮比。生产沼气的原料也是厌氧菌生长、繁殖的营养物质。这些营养物质中最重要的是碳元素和氮元素两种营养物质。在厌氧菌生命活动过程中，需要一定比例的氮元素和碳元素。根据经验，最佳的碳氮比约为20：1～30：1。表12-6给出了常用沼气发酵原料的碳氮比。配料时可根据表中的数值和最佳碳氮比来确定各种原料的数量。

（4）适宜的发酵液浓度。投入沼气池的原料实际上是原料、菌种和水的混合物，适宜的发酵液浓度十分重要。水分太少不利于厌氧菌的活动，且影响原料的分解；水分太多，发酵液浓度降低，减少了单位体积的沼气产量，使沼气池得不到充分利用。

（5）适当的pH值。厌氧菌适于在中性或弱碱性环境中生长和繁殖，故发酵液的pH值一般保持在6.5～7.5。过酸、过碱对厌氧菌的生命活动均不利。如酸性过大，可在发酵液中加入适量的石灰或草木灰；如碱性过大，则应加入若干鲜草、水草、树叶和水。

（6）适宜的温度。适宜的温度是保持和增强菌种活化能力的必要条件。通常发酵温度在5～60℃范围内均能正常产气。在一定的温度范围内，随着发酵液温度的升高，沼气产量可大幅度增加。根据采用发酵温度的高低，可以分为常温发酵、中温发酵和高温发酵。

表 12-6 常用沼气发酵原料的碳氮比

原料	碳元素占原料比例/%	氮元素占原料比例/%	碳氮比
鲜牛粪	7.3	0.29	25 : 1
鲜马粪	16	0.42	24 : 1
鲜羊粪	16	0.55	29 : 1
鲜猪粪	7.8	0.60	13 : 1
鲜人粪	2.5	0.85	2.9 : 1
干稻草	42	0.63	67 : 1
干麦草	46	0.52	87 : 1
玉米秆	40	0.75	53 : 1
香蕉叶	36	3.00	12 : 1
地瓜藤叶	36	5.30	6.8 : 1
花生藤叶	38	2.10	18.1 : 1
落叶	41	1.00	41 : 1
野草	14	0.54	27 : 1

常温发酵的温度为 10~30℃，其优点是沼气池不需升温设备和外加能源，建设费用低，原料用量少。但常温发酵原料分解缓慢，产气少，特别在冬季，许多沼气池不能正常产气。

中温发酵的温度为35℃左右，这是沼气发酵的最适宜温度，其产气量比常温发酵高出许多倍。但中温发酵原料消耗比常温发酵也多许多倍。因此在原料来源充足，又有余热可供利用的地方，如酒厂、屠宰场、纺织厂、糖厂附近，可优先采用中温发酵。

高温发酵温度为55℃左右。这种发酵的特点是原料分解快，产气量高，但沼气中的甲烷含量略低于中温和常温发酵，并需消耗热能。

目前利用太阳能来提高沼气池温度，增加产气率是新能源综合利用的方向之一。

沼气池的种类很多，有池-气并容式沼气池及池-气分离式沼气池，固定式沼气池及浮动储气罐式沼气池。用来建造沼气池的材料也多种多样，有砖、混凝土、钢、塑料等。最常用的池-气并容固定式的沼气池如图 12-4 所示。通常沼气池都修建成圆形或近似圆形，主要是因为圆形池节约材料、受力均匀且易解决密封问题。

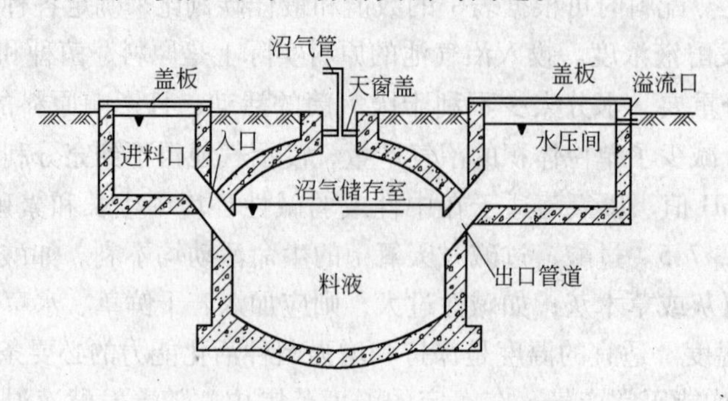

图 12-4 池-气并容固定式沼气室

中国畜禽场沼气工程的产气水平见表12-7。

表12-7　中国畜禽场沼气工程的产气水平

原料种类	规模装置/m^3	发酵温度/℃	产气率/$m^3 \cdot m^{-3} \cdot d^{-1}$
鸡粪	2×160	35~50	2.4~4.0
	100	50	3.0~3.6
猪粪	300	35~38	1.7~2.2
	2×130	16~33	0.8~1.3
牛粪	120	35	1.5

沼气的用途很广，除用作燃料外，生产沼气的副产品——发酵后的残余物（废渣和废水）也是优质的有机肥料。试验研究证明，沼气池的粪水比农村普通敞口池中的粪水全氮含量高14%，氨态氮含量高19.4%。将上述两种粪水分别施于水稻、玉米、小麦、棉花、油菜等农作物上，田间试验表明，施有沼气池粪水的农作物分别增产6.5%~17.5%。此外，沼气粪渣中的磷含量也较高，对提高土壤肥力也有明显的作用。

在发展中国家的农村地区大力推广沼气池还会产生巨大的社会效益。人畜粪便集中到沼气池，在池中发酵后，大多数的寄生虫卵会沉淀到池底，在缺氧和高温条件下大部分死去。卫生部门的检验报告证明，人畜粪便经发酵后寄生虫卵平均减少95%，钩蚴数减少99%。因此发展沼气能源不但能较好地解决农村能源的短缺问题，而且能改善农村卫生环境，提高大众的健康水平。同样，沼气在解决城市垃圾和废水、污水处理方面也能发挥重要作用。

进入21世纪，人类对生物质能的利用寄予了更大的希望。随着现代生物技术的发展，生物质能的开发必将出现质的飞跃。

12.3.2　生物质能发电

生物质发电技术是以生物质及其加工转化成的固体、液体、气体为燃料的热力发电技术，其发动机可以根据燃料的不同、温度的高低、功率的大小分别采用煤气发动机、斯特林发动机、燃气轮机和汽轮机等。

12.3.2.1　生物质能的发电形式

下面介绍几种典型的生物质能发电形式。

（1）直接燃烧发电技术。目前在发达国家、生物质燃烧发电占可再生能源（不含水电）发电量的70%。例如，在美国与电网连接以木材为燃料的热电联产总装机容量已经超过了7GW。输出电力中一部分按照公用事业调整政策法（PURPA）规定，以0.065~0.080美元/(kW·h)的价格销售给电网。此外，在偏远的地区也有相当数量以木材为燃料的自备热电联产。

我国生物质发电也具有一定的规模，主要集中在南方地区，许多糖厂利用甘蔗渣发电。例如，广东和广西两省共有小型发电机组300余台，总装机容量800MW，云南省也有一些甘蔗渣发电厂。

生物质燃烧发电技术根据不同的技术路线可分为汽轮机、蒸汽机和斯特林发动机等。各种生物质燃烧发电技术对比如表12-8所示。

表 12-8 生物质燃烧发电技术对比

工作介质	发电技术	装机容量/MW	发展状况
水蒸气	汽轮机	5~500	成熟技术
水蒸气	蒸汽机	0.1~1	成熟技术
气体（无相变）	斯特林发动机	0.02~0.1	发展和示范阶段

生物质直接燃烧发电是一种最简单也最直接的方法，但是由于生物质燃料密度较低，其燃烧效率和发热量都不如化石燃料，因此通常应用于有大量工、农、林业生物废弃物需要处理的场所，并且大多与化石燃料混合或互补燃烧。显然，为了提高热效率，也可以采取各种回热、再热措施和各种联合循环方式。

（2）甲醇发电技术。甲醇作为发电站燃料，是当前研究开发利用生物能源的重要课题之一。日本专家采用甲醇气化—水蒸气反应产生氢气的工艺流程，开发了以氢气作为燃料驱动燃气轮机带动发电机组发电的技术。日本已建成一座1000kW级甲醇发电实验站并于1990年6月正式发电。甲醇发电的优点除了低污染外，其成本也低于石油发电和天然气发电，因此很具有吸引力。利用甲醇的主要问题是燃烧甲醇时会产生大量的甲醛（比石油燃烧多5倍），一般认为甲醛是致癌物质，且有毒，刺激眼睛，目前对甲醇的开发利用存在分歧，因此应对其危害性进一步研究观察。

（3）城市垃圾发电技术。当今世界，城市垃圾的处理是一个非同小可的问题。垃圾焚烧发电最符合垃圾处理的减量化、无害化、资源化原则。此外还有一些其他方式。例如，1991年德国建成欧洲最大的处理 1×10^5t 城市垃圾的凯尔彭市垃圾处理场。该处理场采用筛网和电磁铁等高技术机械设备，把废纸、木料和有机物运到沼气发酵场生产沼气，再用于发电。1992年加拿大建成第一座下水道淤泥处理工厂，把干燥后的淤泥无氧条件下加热到450℃，使50%的淤泥气化，并与水蒸气混合转变成为饱和碳氢化合物，作为燃料供低速发动机、锅炉、电厂使用。

（4）生物质燃气发电技术。生物质燃气（木煤气）发电中的关键技术是气化炉及热裂解技术。

生物质燃气发电系统如图12-5所示，它主要由气化炉、冷却过滤装置、煤气发动机、发电机四大主机构成，其工作流程为：首先将生物燃气冷却过滤送入煤气发动机，将燃气的热能转化为机械能，再带动发电机发电。

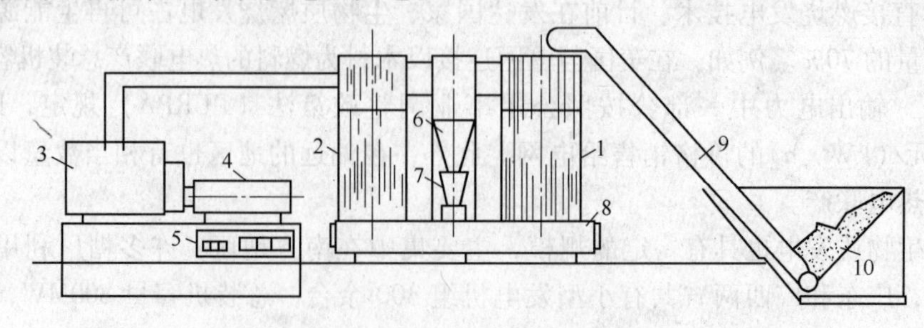

图 12-5 生物质燃气发电系统

1—煤气发生炉；2—煤气冷却过滤装置；3—煤气发动机；4—发电机；5—配电盘；6—离心过滤器；7—灰分收集器；8—底座；9—燃料输送带；10—生物质燃料

1）气化炉。目前，世界各国研究开发制造的生物可燃气体发生器有多种形式，通常分为热裂解装置和气化炉两大类。

常压下，生物质原料在气化炉中经过氧化还原一系列反应生成可燃性混合气体。由于空气中含有大量氮气，因此生物煤气中可燃气体所占比例较低，热值较低，一般为4000~5800kJ/m^3。气化炉的工作过程为：生物质原料进入炉内，加一定量燃料后点燃，同时通过进气口向炉内鼓风，通过一系列反应形成煤气。期间可分为氧化层、还原层、热解层、干燥层4个区域。

气化炉一般分为流化床、移动床和固定床3种。

流化床：流化床技术是近20年发展起来的新型燃烧炉，借助于流化物质，例如加热到上千摄氏度的细砂与研细的生物质原料混合，在强大空气流的作用下，形成气固多相流，喷入燃烧室，炙热的细砂将细碎的生物质原料加热燃烧，从而产生出木煤气，通过管道引出。

移动床：将生物质原料置于燃烧室中移到加热面上，连续送入，连续不断地燃烧。

固定床：这是历史最久的气化装置，按照气体在燃烧炉内的流动方向，固定床可分为上吸式、下吸式和平吸式3种。

上吸式气化炉如图12-6（a）所示，生物质原料从炉上方加入，热空气从炉栅下方通入，在运行过程中原料不断被加热，氧化还原形成木煤气、干馏产物及干燥出的水分。它们由煤气收集器或上方的煤气管引出。由于上吸式气化炉形成的煤气与热气流的流动方向一致，引出煤气阻力较小，煤气中混有较多的干馏挥发物质和水蒸气，因此上吸式气化炉热转化效率较高，但不适于含水分和焦油过多的生物质原料。

下吸式气化炉如图12-6（b）所示，生物原料也是从炉上方加入，空气从炉体中下部某一位置沿圆周方向通过风嘴通入炉内。由于风嘴附近有大量空气，因此原料点燃后急剧氧化，体积不断缩小，新加入的原料不断下移，形成连续不断的进料过程。充分氧化的原料降到炉栅上的碳层并被不断还原成煤气，同时，大量的焦油、水蒸气被炙热的碳分解后，

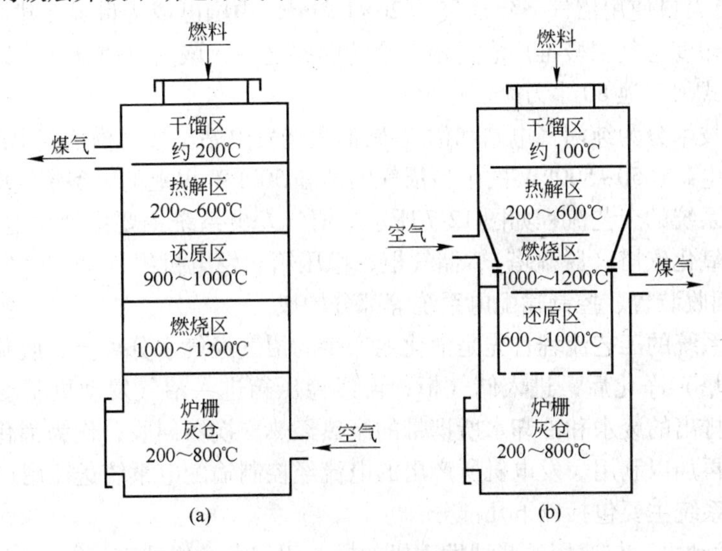

图12-6　上吸式和下吸式气化炉结构示意图
（a）上吸式；（b）下吸式

又参加反应生成可燃气体、煤气、焦油蒸气和水蒸气等，从炉栅下部经管道收集引出炉外。下吸式气化炉有效层（指氧化层、还原层）高度不变，工作稳定性好，水蒸气和干馏产物全都通过氧化层高温区，容易被分解并参加反应生成可燃气体。但由于所有气体通过炉栅，使得生成的可燃气体混有较多的灰分和杂质，因此必须加强过滤。

2）冷却过滤装置。木煤气从气化炉引出后，含有大量的灰分杂质，其中煤焦油、水蒸气的温度高达100~300℃，在送入煤气发动机前必须很好地过滤和冷却。因为煤气发动机的气门、活塞、活塞环等运动部件配合间隙要求很高，焦油和灰尘极易造成粘连和磨损，高温气体和水蒸气则会影响机器的换气质量和数量，造成直接功率损失。这些都直接关系到发动机的运行特性和使用寿命。

冷却过滤装置分粗滤和细滤两种。粗滤多采用离心式和加长管路多次折返，从而将大颗粒炭灰杂质清除。细滤多采用瓷环、棕榈火柴杆、玻璃纤维、毛毡和棉纱细密物质，并在过滤的同时喷淋洁净的冷水，将煤气冷却到常温。一般采用三级过滤，即一次粗滤和两次细滤。经过滤清后的煤气其清洁程度应达到专业标准规定，即含灰分杂质量为40mg/m^{3}以下，温度为环境温度。

3）煤气发动机。滤清后的煤气与洁净空气在混合器中按一定比例混合进入煤气发动机。煤气发动机由汽油机或柴油机改装而成，其压缩比与汽油机或柴油机不同，这是由于煤气的热值远比石油燃料热值低，因此发动机的功率会下降30%左右。

4）发电机。发动机运转会带动发电机工作。对于小型发电机，为简化机构，多采用相同转速，以节省一套变速机构。

稻壳发电装置在中国得到了一定程度的开发利用，其技术的关键在于稻壳气化炉的设计和制造。

（5）沼气发电技术。沼气应用已有80多年的历史，尤其是广大农村“因地制宜”的家用沼气发生装置，不仅解决了广大农村长期以来缺乏燃料的困难，还大大改善了农民的居住环境和生活环境。据不完全统计，到2000年底中国农村已有家用沼气池764万个，共有3500多万人口使用沼气，年产气达26×10^8m^3，中国已成为世界上建设沼气发酵装置最多的国家。印度也是积极推广农村沼气池的国家之一，该国目前已建成以牛粪为原料的典型农家戈巴式沼气池80多万个。

沼气发电技术分为纯沼气电站和沼气-柴油混烧发电站。按规模沼气电站分为50kW以下的小型沼气电站、50~500kW的中型沼气电站和500kW以上的大型沼气电站。

沼气发电系统的工艺流程如图12-7所示。沼气发电系统主要由消化池、气水分离器、脱硫化氢及二氧化碳塔（脱硫塔）、储气柜、稳压箱、发电机组（即沼气发动机和沼气发电机）、废热回收装置、控制输配电系统等部分构成。

沼气发电系统的工艺流程首先是消化池产生的沼气经气水分离器、脱硫化氢及二氧化碳的塔（脱硫塔）净化后，进入储气柜，再经稳压箱进入沼气发动机驱动沼气发电机发电。发电机所排出的废水和冷却水所携带的废热经热交换器回收，作为消化池料液加温热源或其他热源再加以利用。发电机所产出的电流经控制输配电系统送往用户。

沼气发电系统主要包括以下几部分：

1）沼气发动机。与通用的柴油发动机一样，沼气发动机的工作循环包括进气、压缩、燃烧膨胀做功、排气4个基本过程。沼气的燃烧热值和特点与柴油、汽油不同，沼气发动

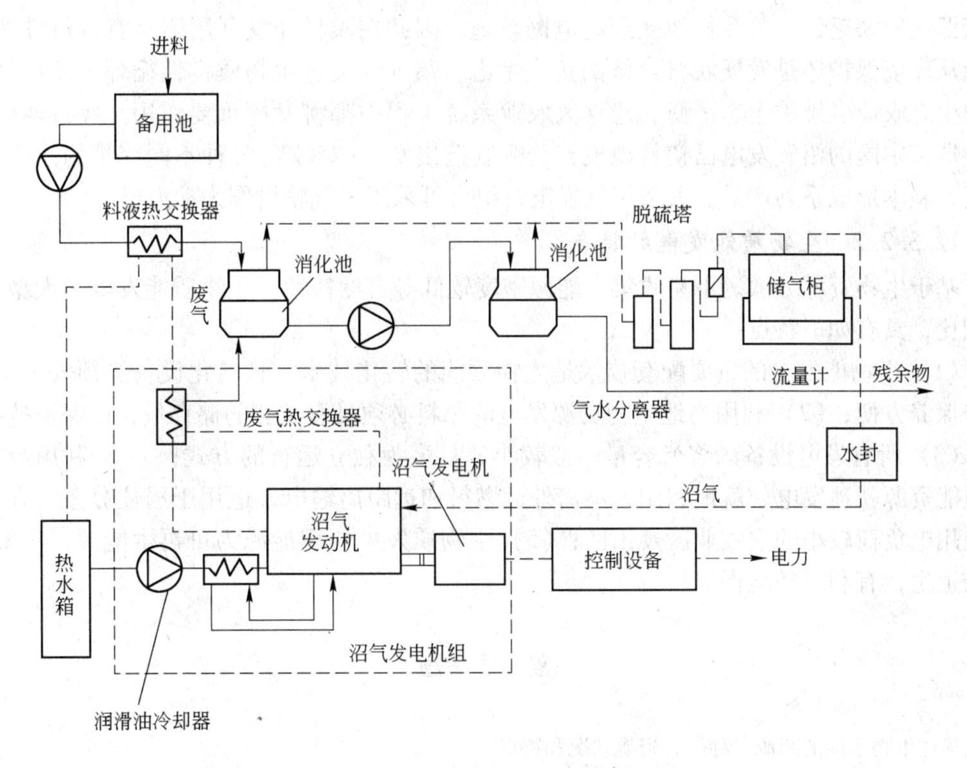

图 12-7　沼气发电系统的工艺流程图

机的关键技术在于压缩比、喷嘴设计和点火技术。其特点如下：

①沼气是甲烷、二氧化碳及少量的一氧化碳、氢气、硫化氢和碳氢化合物等组成的混合气，是抗爆性很高的气体，沼气发动机可采用较高的压缩比。②密闭条件下，沼气与空气的混合比在5%~15%之间，一遇火种即引燃并迅速燃烧、膨胀，从而获得沼气发动机理想的工作范围。③沼气在低速燃烧（0.268~0.428m^3/s）时液化困难，需考虑将沼气发动机的点火期提前。④沼气中含有硫化氢等有害成分，会对金属设备造成腐蚀，故在进入发动机前必须进行脱硫化氢、脱二氧化碳净化处理，且金属管道和发动机部件要采用耐腐蚀材料制造。

2）发电机。根据具体情况可选用与外接励磁电源配用的感应发电机和将自身作为励磁电源的同步发电机，与沼气发动机配套使用。上述发电机为通用发电机，无特殊要求。

3）废热回收装置。采用水-废气热交换器、冷却排水-空气热交换器及余热锅炉等废热回收装置来回收利用发动机排出的沼气废热（约占燃烧热量的65%~70%）。通过该措施可使机组总能量利用率达到65%~68%。废热回收装置所回收的余热可用于消化池料液升温或采暖空调。

4）气源处理。气源需进行疏水、脱硫化氢处理，将硫化氢含量降到500mg/m^3以下，并且要经过稳压器使压强保持在1470~2940Pa再输入发动机。同时，为保证安全用气，在沼气发动机进气管上必须设置水封装置，以防止水进入发动机。沼气发电也适用于城市环卫部门垃圾发酵及粪便发酵处理。广东省佛山市环卫处军桥沼气电站采用的就是粪便发酵处理。沼气电站适于建在远离大电网、少煤缺水的山区农村地区。中国是农业大国，商品能源比较缺乏，一些乡村地区距离电网较远，因此在农村开发利用沼气有着特殊意义。无论从环境保护还是发展农村经济的角度考虑，沼气在促进生物质良性循环、发展经济、建立生态农业、维护生态平衡、建立大农业系统工程中都将发挥重要作用。经过40余年的发展，中国的沼气发电已初具规模，研究制造出0.5~250kW各种不同容量的沼气发电机组，基本形成系列产品。大型沼气发电机组也可采用燃气轮机作为动力机。

12.3.2.2 生物质能发电的特点

基于生物资源分散、不易收集、能源密度较低等自然特性，生物质能发电与大型发电厂相比，具有如下特点：

(1) 生物能发电的重要配套技术是生物质能的转化技术，且转化设备必须安全可靠、维修保养方便；(2) 利用当地生物资源发电的原料必须具有足够的储存量，以保证持续供应；(3) 所有发电设备的装机容量一般较小，且多为独立运行的方式；(4) 利用当地生物质能资源就地发电、就地利用，不需外运燃料和远距离输电，适用于居住分散、人口稀少、用电负荷较小的农牧业区及山区；(5) 生物质发电所用能源为可再生能源，污染小、清洁卫生，有利于环境保护。

复习思考题

12-1 简述生物质能的来源、种类、资源状况和特点。
12-2 生物质能转换利用的途径是怎样的？
12-3 生物质能的利用方式有哪些？简述生物质能在利用过程中的污染物排放状况。
12-4 简述生物质燃烧的基本原理和生物质的燃烧方式及特点。
12-5 简述除尘的原理和各种除尘器的特点。
12-6 简述生物质气化与热解的原理、特点和常见的工艺过程。
12-7 简述生物质液化的原理和工艺过程。
12-8 简述生物质发电技术的特点和影响该技术商业化推广的因素。
12-9 简述生物质沼气化的特点和常见的沼气发生装置。
12-10 简述生活垃圾的组成、特点和常见的处理方式。
12-11 简述填埋场气体的成分，能源化利用的方式和特点。
12-12 简述生物质能利用的现状和发展趋势。

13 地　热　能

13.1 概　　述

地热能（Geothermal Energy）是地球内部蕴藏的能量，是驱动地球内部一切热过程的动力源，其热能以传导形式向外输送。地热能是由地壳抽取的天然热能，这种能量来自地球内部的熔岩，并以热力形式存在，是引致火山爆发及地震的能量。地球内部的温度高达7000℃，而在80~100km的深度处，温度会降至650~1200℃。透过地下水的流动和熔岩涌至离地面1~5km的地壳，热力得以被转送至较接近地面的地方。高温的熔岩将附近的地下水加热，这些加热了的水最终会渗出地面。运用地热能最简单和最合乎成本效益的方法，就是直接取用这些热源，并抽取其能量。地热能是可再生资源。

热能（Thermal Energy）又称热量、能量等，它是生命的能源。人的每天劳务活动、体育运动、上课学习和从事其他一切活动，以及人体维持正常体温、各种生理活动都要消耗能量。就像蒸汽机需要烧煤、内燃机需要用汽油、电动机需要用电一样。

地热能是来自地球深处的可再生性热能，它起于地球的熔融岩浆和放射性物质的衰变。地下水的深处循环和来自极深处的岩浆侵入到地壳后，把热量从地下深处带至近表层。其储量比目前人们所利用能量的总量多很多，大部分集中分布在构造板块边缘一带，该区域也是火山和地震多发区。它不但是无污染的清洁能源，而且如果热量提取速度不超过补充的速度，那么热能是可再生的。

怎样利用这种巨大的潜在能源呢？意大利的皮也罗·吉诺尼·康蒂王子于1904年在拉德雷罗首次把天然的地热蒸汽用于发电。地热发电是利用液压或爆破碎裂法把水注入岩层，产生高温蒸汽，然后将其抽出地面推动涡轮机转动使发电机发出电能。在这过程中，将一部分没有利用到的或者废气，经过冷凝器处理还原为水送回地下，这样循环往复。1990年安装发电机的发电能力达到6000MW，直接利用地热资源的总量相当于4.1Mt油当量。

13.1.1 地球的内部构造

地球本身就是一座巨大的天然储热库。所谓地热能，就是地球内部蕴藏的热能。有关地球内部的知识是从地球表面的直接观察、钻井的岩样、火山喷发以及地震等资料推断而得到的。根据目前的认识，地球的构成首先是在约2800km厚的铁-镁硅酸盐地幔上有一薄层（厚约30km）铝-硅酸盐地壳，地幔下面是液态铁-镍地核，其内还含有一个固态的内核。在6~10km厚的表层地壳和地幔之间有个分界面，称为莫霍不连续面，莫霍界面会反射地震波。从地表到深100~200km的部分为刚性较大的岩石团。由于地球内圈和外圈之间存在较大的温度梯度，所以其间有黏性物质不断循环。

大洋壳层厚约6~10km，由玄武岩构成，大洋壳层会延伸到大陆壳层下面。大陆壳层则是由密度较小的钠钾铝-硅酸盐的花岗石组成，典型厚度约为35km，但是在造山地带其厚度可能达70km。地壳和地幔最简单的模型如图13-1所示。地壳好像一个“筏”放在刚性岩石圈上，岩石圈又漂浮在黏性物质构成的软流圈上。由于软流圈中的对流作用，会使大陆壳“筏”向各个方向移动，从而导致某一大陆板块与其他大陆板块或大洋板块碰撞或分离。它们就是造成火山喷发、造山运动、地震等地质活动的原因。在图13-1中的箭头表示了板块和岩石圈的运动及其下面黏性物质的热对流。

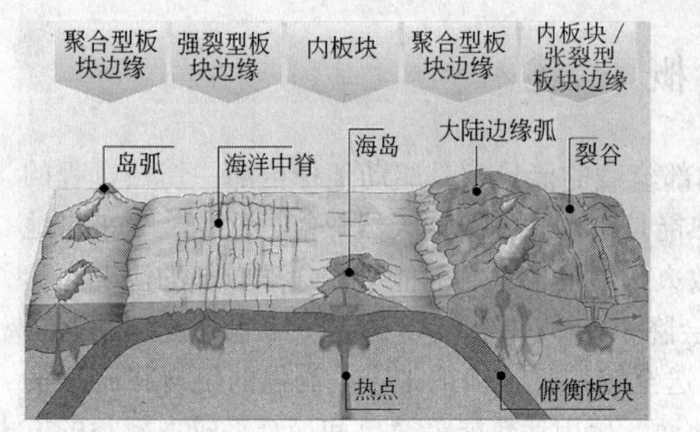

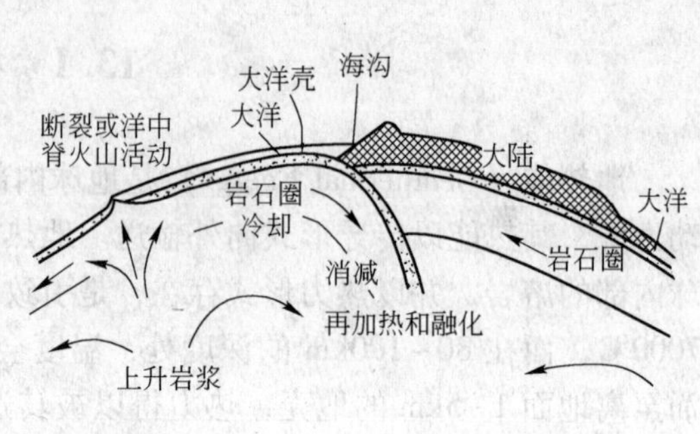

图13-1　地壳和地幔模型示意图

地幔中的对流把热能从地球内部传到近地壳的表面地区，在那里，热能可能绝热储存达百万年之久。虽然这里储热区的深度已大大超过了目前钻探技术所能达到的深度，但由于地壳表层中含有游离水，这些水有可能将储热区的热能带到地表附近，或穿出地面而形成温泉，特别在所谓的地质活动区更是如此。

13.1.2　地热资源

据估计，在地壳表层10km的范围内，地热资源就达12.6×10^{23}kJ，相当于4.6×10^{16}t标准煤，即超过全世界煤技术和经济可采储量热值的70000倍。全球各地区的地热资源估计如表13-1所示。

表13-1　全球各地区的地热资源估计　　（Mt石油当量）

地区 \ 温度/℃	<100	100~150	150~250	>250	总　计
北美洲	160	23	5.9	0.4	189
拉丁美洲	130	27	28	0.5	186
西欧	44	4.8	0.8	0.01	49.6
东欧和独联体	160	5.8	1.5	0.1	167
中东和北非	42	2.1	0.5	0.11	44.7
撒哈拉以南非洲	110	7.4	2	0.1	119
太平洋地区（不包括中国）	71	6.2	4	0.2	81.2
中国	62	13	3.3	0.2	78.3
中亚和南亚	88	5	0.6	0.04	93.6
总　计	870	95	47	1.7	1000

中国地处欧亚板块的东南边缘，在东部和南部与太平洋板块和印度洋板块连接，是地热资源丰富的国家之一。据国土资源部资料，地热资源的远景储量为1353.5×10^2Mt（标煤），推测储量为116.6×10^2Mt（标煤），探明储量为31.6×10^2Mt（标煤）。中国的高温地热主要分布在西藏南部、云南西部、福建、广东、台湾等地；中低温地热遍及全国各地，仅自然露头就有3000多处。迄今中国已发现的温度最高的地热钻井为西藏羊八井2004号钻井，温度高达329.8℃，属世界少有的高温地热。台湾的高温地热达224℃。

地质学上常把地热资源分为蒸汽型、热水型、干热岩型、地压型和岩浆型五大类。

（1）蒸汽型。蒸汽型地热田是最理想的地热资源，它是指以温度较高的干蒸汽或过热蒸汽形式存在的地下储热。形成这种地热田要有特殊的地质结构，即储热流体上部被大片蒸汽覆盖，而蒸汽又被不透水的岩层封闭包围。这种地热资源最容易开发，可直接送入汽轮机组发电，但蒸汽田很少，仅占已探明地热资源的0.5%。

（2）热水型。它是指以热水形式存在的地热田，通常既包括温度低于当地气压下饱和温度的热水和温度高于沸点的有压力的热水，又包括湿蒸汽。90℃以下称为低温热水田，90~150℃称为中温热水田，150℃以上称为高温热水田。中、低温热水田分布广，储量大，我国已发现的地热田大多属于这种类型。

（3）干热岩型。干热岩是指地层深处普遍存在的没有水或蒸汽的热岩石，其温度范围很广，在150~650℃之间。干热岩的储量十分丰富，比蒸汽、热水和地压型资源大得多。目前大多数国家都把这种资源作为地热开发的重点研究目标。

（4）地压型。它是埋藏在深为2~3km的沉积岩中的高盐分热水，被不透水的页岩包围。由于沉积物的不断形成和下沉，地层受到的压力越来越大，可达几十兆帕，温度处在150~260℃范围内。地压型热田常与石油资源有关。地压水中溶有甲烷等碳氢化合物，形成有价值的副产品。

（5）岩浆型。它是指蕴藏在地层更深处，处于黏弹性状态或完全熔融状态的高温熔岩。火山喷发时常把这种岩浆带至地面。据估计，岩浆型资源约占已探明地热资源的40%左右。

上述五类地热资源中，目前应用最广的是热水型和蒸汽型。

13.1.3　地热能的利用

人类很早以前就开始利用地热能，例如，利用温泉沐浴、医疗，利用地下热水取暖、建造农作物温室、水产养殖及烘干谷物等。但真正认识地热资源并进行较大规模的开发利用，却是始于20世纪中叶。

地热能的利用可分为地热发电和直接利用两大类。对于不同温度的地热流体，可能利用的范围如下：

（1）200~400℃：直接发电及综合利用；（2）150~200℃：双循环发电，制冷，工业干燥，工业热加工；（3）100~150℃：双循环发电，供暖，制冷，工业干燥，脱水加工，回收盐类，罐头食品；（4）50~100℃：供暖，温室，家庭用热水，工业干燥；（5）20~50℃：沐浴，水产养殖，饲养牲畜，土壤加温，脱水加工。

为提高地热利用率，现在许多国家采用梯级开发和综合利用的办法，如热电联产联供、热电冷三联产、先供暖后养殖等。

13.1.4 地热能利用中的环境问题

地热能是一种可再生能源，虽然与常规能源相比，其对环境的影响较小，但随着人们环境意识的提高和环境法规的日益严格，在地热能的利用中仍然要重视环保问题。

地热能开发的早期，蒸汽是直接排放到大气中的，热水直接排入江河，使用地下热水后也不采用回灌等。这些粗放的利用方式引起了一些环境问题，因为地热蒸汽中经常含有硫化氢和二氧化碳，地热水的含盐量通常都很高。为保护环境，在地热能利用中必须采用回灌技术，这不但有助于减少地面的沉降，还可对地热田补充水源。

由于地热能常常蕴藏在风景优美的地区或偏远地区，因此，在利用地热能特别是建设地热电站时，要对选址、利用规模和设计进行精心考虑，尽量减少对环境的影响。又由于地热水中含盐量高，在进行钻井站布置和钻井时，要避免其对清洁水源的影响。

13.2 地 热 发 电

地热发电是利用地下热水和蒸汽为动力源的一种新型发电技术。其基本原理与火力发电类似，也是根据能量转换原理，首先把地热能转换为机械能，再把机械能转换为电能。

1904 年，意大利托斯卡纳的拉德瑞罗，第一次用地热驱动 552W 的小发电机投入运转，并提供 5 个 100W 的电灯照明，随后建造了第一座 500kW 的小型地热电站。

地热发电至今已有百年的历史了，新西兰、菲律宾、美国、日本等国都先后投入到地热发电的大潮中，其中美国地热发电的装机容量居世界首位。在美国，大部分的地热发电机组都集中在盖瑟斯地热电站，盖瑟斯地热电站位于加利福尼亚州旧金山以北约 20km 的索诺马地区。1920 年在该地区发现温泉群、喷气孔等地热表征，1958 年投入多个地热井和多台汽轮发电机组，至 1985 年电站装机容量已达到 1361MW。20 世纪 70 年代初，在国家的大力支持下，我国各地也涌现出大量地热电站。

随着化石能源的紧缺、环境压力的加大，人们对于清洁可再生的绿色能源越来越重视。地热发电是利用液压或爆破碎裂法将水注入岩层中，产生高温水蒸气，然后将蒸汽抽出地面推动涡轮机转动，从而发电。在这过程中，将一部分未利用的蒸汽或者废气经过冷凝器处理还原为水回灌到地下，循环往复。简而言之，地热发电实际上就是把地下的热能转变为机械能，然后再将机械能转变为电能的能量转变过程。针对温度不同的地热资源，地热发电有 4 种基本发电方式，即直接蒸汽发电法、扩容（闪蒸）发电法、中间介质（双循环式）发电法和全流循环式发电法。

13.2.1 地热发电分类

目前开发的地热资源主要是蒸汽型和热水型两类，因此地热发电也分为两大类。

13.2.1.1 地热蒸汽发电

（1）一次蒸汽法。一次蒸汽法直接利用地下的干饱和（或稍具过热度）蒸汽，或者利用从汽、水混合物中分离出来的蒸汽发电。

（2）二次蒸汽法。二次蒸汽法有两种含义，一种是不直接利用比较脏的天然蒸汽（一次蒸汽），而是让它通过换热器汽化洁净水，再利用洁净蒸汽（二次蒸汽）发电。第二种含义是，将从第一次汽、水分离出来的高温热水进行减压扩容生产二次蒸汽，压力仍高于当地大气压力，和一次蒸汽分别进入汽轮机发电。

13.2.1.2 地热水发电

地热水中的水，按常规发电方法是不能直接送入汽轮机去做功的，必须以蒸汽状态输入汽轮机做功。用温度低于100℃的非饱和态地下热水发电有两种方法。一是减压扩容法，利用抽真空装置，使进入扩容器的地下热水减压汽化，产生低于当地大气压力的扩容蒸汽然后将汽和水分离、排水、输汽充入汽轮机做功，这种系统称“闪蒸系统”。低压蒸汽的比容很大，因而汽轮机的单机容量受到很大的限制，但运行过程中比较安全。二是利用低沸点物质，如氯乙烷、正丁烷、异丁烷和氟利昂等作为发电的中间工质，地下热水通过换热器加热，使低沸点物质迅速汽化，利用所产生气体进入发电机做功，做功后的工质从汽轮机排入凝汽器，在其中经冷却系统降温，又重新凝结成液态工质后再循环使用，这种方法称“中间工质法”，这种系统称“双流系统”或“双工质发电系统”。这种发电方式安全性较差，如果发电系统的封闭不严，稍有泄漏，工质逸出后很容易发生事故。

13.2.1.3 混合蒸汽法

20世纪90年代中期，以色列奥玛特（Ormat）公司把上述地热蒸汽发电和地热水发电两种系统合二为一，设计出一个新的被命名为联合循环地热发电系统的机组，该机组已经在世界一些国家安装运行，效果很好。联合循环地热发电系统的最大优点是，可适用于温度高于150℃的高温地热流体（包括热卤水）发电，经过一次发电后的流体，在温度不低于120℃的工况下，再进入双工质发电系统，进行二次做功。这充分利用了地热流体的热能，既提高了发电的效率，又能将以往经过一次发电后排放的尾水进行再利用，大大节约了资源。

13.2.2 地热发电系统

地热发电是地热能利用的最主要方式。高温地热流体应首先应用于发电。根据地热流体的类型，目前有两种地热发电方式，即蒸汽型地热发电和热水型地热发电。

13.2.2.1 蒸汽型地热发电

蒸汽型地热发电是把蒸汽田中的干蒸汽直接引入汽轮发电机组发电，但在引入发电机组前，应把蒸汽中所含的岩屑和水滴分离出去。这种发电方式最为简单，但干蒸汽地热资源十分有限，且多存于较深的地层，开采技术难度大，故发展受到限制。

13.2.2.2 热水型地热发电

热水型地热发电是地热发电的主要方式，目前热水型地热电站有两种循环系统。

（1）闪蒸系统：闪蒸系统如图13-2所示，当高压热水从热水井中抽至地面，由于压力降低，部分热水会沸腾并“闪蒸”成蒸汽，蒸汽送至汽轮机做功。而分离后的热水可继续利用后排出，当然最好是再回注入地层。

（2）双循环系统：双循环系统的流程如图13-3所示，地热水首先流经热交换器，将地热能传给另一种低沸点的工作流体，使之沸腾而产生蒸汽，蒸汽进入汽轮机做功后进入凝汽器，再通过热交换器而完成发电循环，地热水则从热交换器回注入地层，这种系统特别适合于含盐量大、腐蚀性强和不凝结气体含量高的地热资源，发展双循环系统的关键技术是开发高效的热交换器。

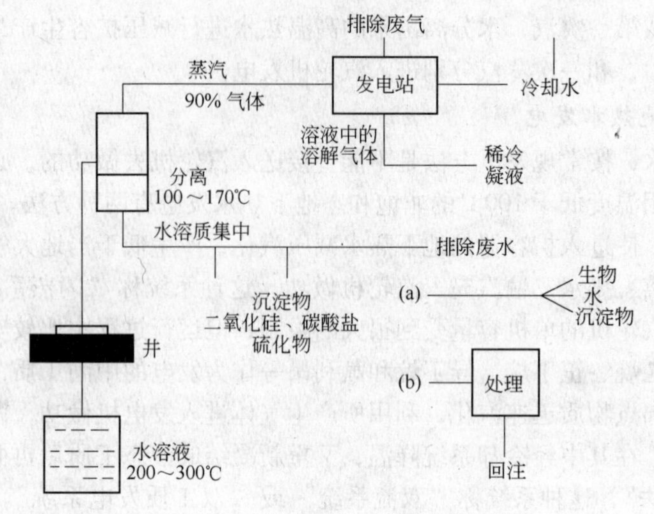

图 13-2 热水型地热发电的闪蒸系统

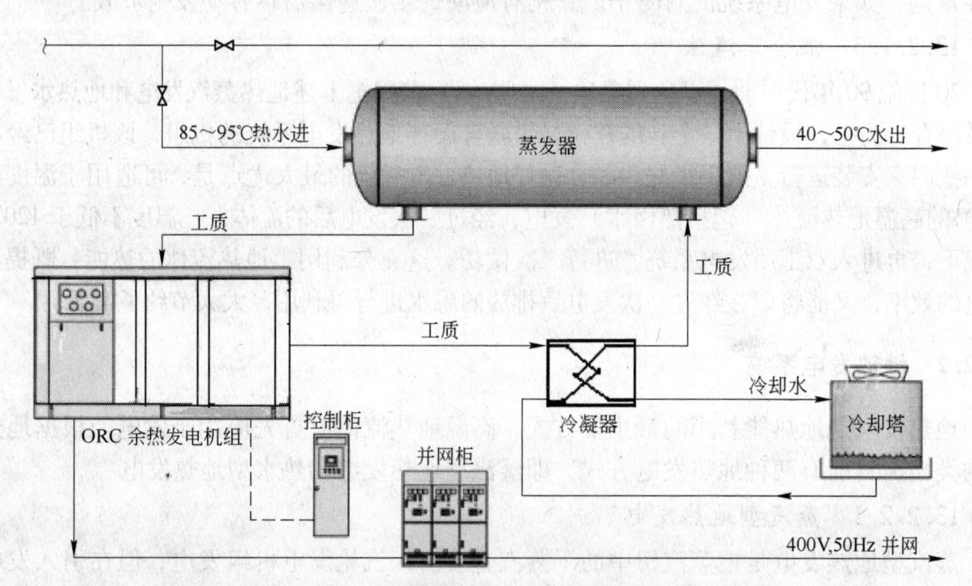

图 13-3 热水型发电的双循环系统

地热发电的前景取决于如何开发利用地热储量大的干热岩资源，图 13-4 是利用干热岩发电的示意图。其关键技术是能否将深井打入热岩层中，美国新墨西哥州的洛斯阿拉莫科学实验室正在对这一系统进行远景试验。

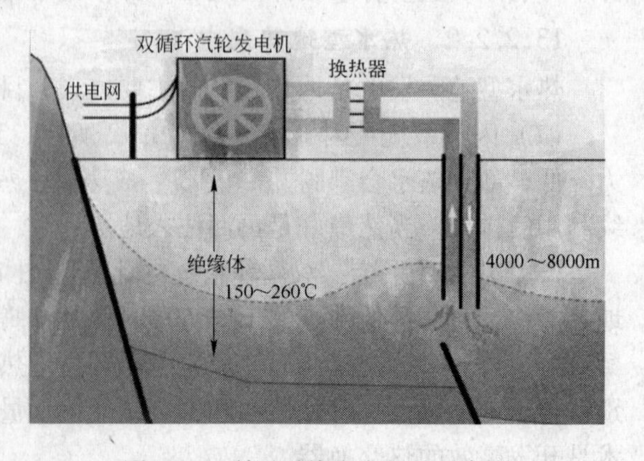

图 13-4 利用干热岩发电的示意图

13.2.3 地热发电发展现状

在各种可再生能源的应用中，地热能显得较为低调，人们更多地关注来自太空的太阳能量，却忽略了地球本身赋予人类的丰富资源，地热能将有可能成为未来能源的重要组成部分。

相对于太阳能和风能的不稳定性，地热能是较为可靠的可再生能源，这让人们相信地热能可以作为煤炭、天然气和核能的最佳替代能源。另外，地热能确实是较为理想的清洁能源，蕴藏丰富并且在使用过程中不会产生温室气体，对地球环境不产生危害。

美国的地热能使用仅占全国能源组成的0.5%。麻省理工学院的一份报告指出，美国现有的地热系统每年只采集约3000MW能量，而保守估计，可开采的地热资源达到10^5MW。相关专家指出，倘若给予地热能源相应的关注和支持，在未来几年内，地热能很有可能成为与太阳能、风能等量齐观的新能源。和其他可再生能源起步阶段一样，地热能形成产业的过程中面临的最大问题来自于技术和资金。地热产业属于资本密集型行业，从投资到收益的过程较为漫长，一般来说较难吸引到商业投资。但可再生能源的发展一般能够得到政府优惠政策的支持，例如税收减免、政府补贴以及获得优先贷款，相信在相关优惠政策的指引下，未来投资者们对地热项目进行投资建设将更有兴趣。

地热能的利用在技术层面上发展的重点主要是对于开采点的准确勘测，以及对地热蕴藏量的预测。由于一次钻探的成本较高，找到合适的开采点对于地热项目的投资建设至关重要。地热产业引进勘测石油、天然气等常规能源的设备，为地热能寻找准确的开采点。

世界各国家和各地区都在为地热能的发展提供更多的便利和支持。全球大约40多个国家已经将地热能发展列入议程。

据美国地热能协会（GEA）公布的数字，全球地热能发电，过去的10年增长了50%，这种新能源正在全世界为4700万人服务。新世界又有21个国家开发了地热发电。

地热资源在全球的分布主要集中在3个地带。第一个是环太平洋带，东边是美国西海岸，南边是新西兰，西边有印尼、菲律宾及日本；第二个是大西洋中脊带，大部分在海洋，北端穿过冰岛；第三个是地中海到喜马拉雅山脉，包括意大利和我国西藏。

就全球来说，由于地热资源分布的不平衡，各国地热利用情况也不同。

（1）美国南卫理公会大学地热实验室的研究人员最新测绘发现，美国境内地热发电能力超过3×10^6MW，是燃煤的10倍。美国地热资源协会统计数据表明，美国利用地热发电的总量为2200MW，相当于4个大型核电站的发电量。虽然美国地热资源储量大得惊人，但利用率不足1%，主要原因是现有的地热开发技术成本太高，平均每钻入地下1.6km就需要几十个金刚石钻头，而一个钻头至少要2000美元，因此地热的发展相对较为缓慢。

（2）菲律宾过去只有高温地热可以作为能源利用，借助于科技发展，人们已经可以利用热泵技术将低温地热用于供暖和制冷。菲律宾政府给予可再生能源项目的优惠政策包括赋税优惠期和免税政策。2008年，地热能源占菲律宾总能源产出的17%，总装机容量达到2000MW。2009年，该国政府就10处地热资源开发项目进行招标，同时还有9项合作正在与公司直接进行商讨，这些合作总共将开发620MW的地热能源。

（3）印尼地热能源已探明储量达2.7×10^4MW，占全球地热能源总量的40%。政府大力倡导使用地热能，政府已经定下指标，到2025年利用多样化能源，其中石油的使用量占20%，远远低于现在的52%，地热用量将增至5%。为了加快地热能源的开发利用，印尼不仅出台了专门的政府法令，同时也积极吸引投资。2008年，总统苏西洛宣布了4项热力发电站工程正式启动，总投资额3.26亿美元。

（4）冰岛所有电力都来自水电、地热发电等清洁能源，同时该国还建起了完整的地热利用体系，所有供暖系统也都使用地热。利用地热还有助于减少二氧化碳排放。按照冰岛国家能源局的数据，如果每年用在取暖上的石油为 64.6 万吨，用地热取代石油，冰岛可以减少 40%的二氧化碳排放。得益于水力和地热资源的开发，冰岛现在已成为世界上最洁净的国家之一。

(5) 日本作为火山岛国，地热资源量为 2.347×10^4MW，是全球第三大地热资源国。东日本大地震引发的核电站事故以来，日本为了确保国内电力供应，大幅增加海外燃料用资源进口，随着国际能源价格的上涨，电力公司不得不上调电价。为了缓解企业和居民的用电负担，日本出台《再生能源法案》，鼓励自主发电的同时，加快了地热发电等再生能源开发利用的步伐。

(6) 德首座地热发电厂将在德国西部巴符州建成。当地公用事业部门宣布德环境部为此投资 650 万欧元。据悉，该电厂将从地下 4600m 深处采集热量。由于该地地质结构特殊，这一深度的地下岩石温度达 170℃。

(7) 中国地热资源多为低温地热，主要分布在西藏、四川、华北、松辽和苏北。有利于发电的高温地热资源，主要分布在滇、藏、川西和台湾。据估计，喜马拉雅山地带高温地热有 255 处，资源量共计 5800MW。迄今运行的地热电站有 5 处共 27.78MW，中国尚有大量高、低温地热，尤其是西部地热亟待开发。

地热发电在我国某些地区发展很快，例如，在西藏有羊八井电站（装机容量 25.18MW）、朗久电站（装机容量 1MW）、那曲电站（装机容量 1MW），它们已成为西藏电力的主要供应电站。

中国最著名的地热发电站在西藏羊八井镇。羊八井地热位于拉萨市西北 90km 的当雄县境内，据介绍，这里有规模宏大的喷泉与间歇喷泉、温泉、热泉、沸泉和热水湖等，地热田面积达 17.1km^2，是我国目前已探明的最大高温地热湿蒸汽田，这里的地热水温度保持在 47℃左右，是我国开发的第一个湿蒸汽田，也是世界上海拔最高的地热发电站。过去，这里只是一块绿草如茵的牧场，从地下汩汩冒出的热水奔流不息、热气日夜蒸腾。1975 年，西藏第三地质大队用岩心钻在羊八井打出了我国第一口湿蒸汽井，第二年我国第一台兆瓦级地热发电机组在这里成功发电。

羊八井地热电厂，是我国目前最大的地热试验基地，也是当今世界唯一利用中温浅层热储资源进行工业性发电的电厂，同时，羊八井地热电厂还是藏中电网的骨干电源之一，年发电量在拉萨电网中占 45%。

2012 年 7 月，国家发展改革委发布《可再生能源发展“十二五”规划》指出，“十二五”期间可再生能源投资需求估算总计约 1.8 万亿元。而地热能“十二五”发展目标是，到 2015 年，各类地热能开发利用总量达到 1500 万吨（标煤），其中，地热发电装机容量争取达到 100MW，浅层地温能建筑供热制冷面积达到 500km^2。

总之，从 1980 年以来，世界地热电站也发展很快，表 13-2 给出了一些国家的地热电站的装机容量。

表 13-2 一些国家的地热电站的装机容量 (MW)

国家		冰岛	意大利	日本	美国	菲律宾	印度尼西亚	墨西哥
装机容量	1980 年	3.2	44.0	16.8	92.3	44.6	0.25	15.0
	2000 年	6.8	80.0	366.8	584.2	122.5	9.2	400

地热电站与常规电站相比，除可减少污染物，特别是CO_2的排放外，另一个突出的优点是占地面积远小于采用其他能源的电站。表 13-3 为以 30 年发电期计算，每年每发出 10^6kW · h 电力，采用各种不同能源所占用的土地面积。

表 13-3 采用各种不同能源所占用的土地面积（30 年发电期，每年发电 10^6kW · h）

采用能源的类型	占地面积/m^2	采用能源的类型	占地面积/m^2
煤炭（包括采煤）	3642	风能（包括风力机和道路）	1335
太阳热能	3561	地热能	404
光电能	3237		

在世界各国鼓励可再生能源利用的政策影响下，地热发电将有一个很大的发展。表 13-4 给出了世界各地区地热发电的前景预测。

表 13-4 世界各地区地热发电的发展趋势 （MW）

地区 \ 年份	1990 年	2000 年	2010 年	2020 年
北美洲	2842	6000	12000	24000
拉丁美洲	866	1700	3000	6000
西欧	625	1400	2500	4500
东欧	12	350	1400	3000
中东和北非	0. 3	—	100	300
撒哈拉以南非洲	45	200	500	1000
太平洋和中国	1594	3120	6400	11000
中亚和南亚	—	50	200	500
总计	5894. 3	12820	26100	50300

13. 2. 4 促进产业发展

审时度势，要推进我国地热产业健康发展，需从四个方面入手。

一是合理规划地热资源的开发利用，引导和规范产业发展。地热能资源虽属可再生资源，但再生需要一定条件，而且不能无限再生。要保持能源的长期稳定性，让人民群众永享大自然的福赐，就必须把节约性保障措施放在优先位置统筹考虑，大力倡导“在保护中开发、在开发中保护”的发展模式。这就需要有关部门必须做好地热产业产能布局和产业链的规划工作，将重点放在高精尖技术的突破上，避免地热产业链盲目集中于技术含量不高的环节，造成局部产能过剩、全行业整体竞争力不强。同时，在国家发展规划中要明确地热资源的利用率比例、地热资源在能源消费中的比例等指标，并与节能减排目标相结合。此外，要协调好地方政府发展规划和地热发展的相关规划，使之与国家总体规划保持一致，避免地方政府盲目建设项目、过度投资。

二是积极开展浅层地热能资源勘查评价，促进产业可持续发展。地热能特别是浅层地热能资源，采用何种方式开发、可能利用的量、长期利用后对环境的影响程度等，受到当地具体水文地质条件（地下水埋藏条件、地层结构、含水地层的渗透性和地下水水质等）的限制，只有将这些条件查清楚，才能对浅层地热能的利用方式做出正确的选择。因此，当前应先从平原区的重点城市起步，开展以1：100000比例尺精度为主体的勘查评价工作。以原来开展的水文地质勘查成果为基础，补充必要的获取岩土体热传导率、渗透率等参数的勘查工作。在勘查评价的基础上，编制浅层地热能开发利用规划，进行合理布局，确定适宜开发利用的地区、圈定不同利用方式（地下水、地埋管）的地段、提出合理的开发利用规模以及防治地质灾害和环境地质问题的措施。

三是创造良好的政策环境，支持地热产业发展。地热能特别是浅层地热能开发利用，最初投资较高，但运行管理费用低并具有清洁、高效、节能的特点，是具有很好的开发前景和可持续利用的清洁能源。为此，政府可以通过建立地热能资源专项资金、补贴、投资退税或生产减税等优惠政策，降低地热产业发展的前期资金成本。当然，从地热产业的可持续发展考虑，这些支持措施既要适度又要适时，要根据产业发展周期采取不同的优惠措施，从而促使地热产业从依靠政策扶持发展到具有自身竞争机制的成熟产业。此外，要理顺体制机制，加强政府各部门的组织协调，建立良好的制度环境。

四是加大地热开发利用的技术创新，完善技术支撑体系。要尽快建立国家级研发平台，加强技术研发工作以提高创新能力；要将地热资源的有效利用列入各级政府的产业发展和科研攻关计划，增加投入，纳入预算；要促进企业和科研单位结成战略伙伴关系、建立创新联盟，使创新覆盖整个产业链的所有重要环节；要制定相关的技术标准、规范，规范地热能资源的开发利用；要在技术上吸收国外成功的先进经验（如开采与回灌技术、发电与热利用技术），引进用于中、低温地热利用的热泵技术，实现地热资源的梯级综合利用，提高地热能源的利用率，进而保护生态平衡，实现可持续发展。

13.2.5 发展前景

能源专家们认为，环保的地热发电将在今后有强劲的发展势头。瑞士能源学家威利·格尔甚至认为，地热发电量在20年后将占世界总发电量的10%。

据德国媒体报道，格尔推崇的一项新的地热发电法叫做“热干岩过程法”。与那些只从火山活动频繁地区的温泉中提取热能的方法相比，这种“热干岩过程法”将不受地理限制，可以在任何地方进行热能开采。首先将水通过压力泵压入地下4~6km深处，此处岩石层的温度大约200℃。水在高温岩石层被加热后通过管道加压被提取到地面并输入一个热交换器中。热交换器推动汽轮发电机将热能转化成电能，而推动汽轮机工作的热水冷却后再重新输入地下供循环使用。

格尔介绍，运用这种新方法发电的首座商用发电厂将于5年后在瑞士城市巴塞尔建成，该电站将能为周边的5000个家庭提供30MW热能和3MW电能。格尔强调，这种地热发电成本与其他再生能源的发电成本相比是有竞争力的，而且这种方法在发电过程中不产生废水、废气等污染，所以它是一种未来的新能源。另一个优点是，地热几乎是取之不尽、用之不竭的，并能随时随地被利用。

这位能源专家同时也提出，与技术问题相比，地热的广泛利用更是一个意识问题。他说：“我们明知是坐在一个几乎取之不尽的能量源上，却不愿意在我们脚下挖上几公里，而更喜欢从几千公里远处背回石油、天然气和煤炭。”

13.3 地热供暖

将地热能直接用于采暖、供热和供热水是仅次于地热发电的地热利用方式。因为这种利用方式简单、经济性好，备受各国（特别是位于高寒地区的西方国家）重视，其中冰岛开发利用得最好。该国早在1928年就在首都雷克雅未克建成了世界上第一个地热供热系统，如今这一供热系统已发展得非常完善，每小时可从地下抽取7740t 80℃的热水，供全市11万居民使用。由于没有高耸的烟囱，冰岛首都已被誉为“世界上最清洁无烟的城市”。

此外，利用地热给工厂供热，如用作干燥谷物和食品的热源，用作硅藻土、木材、造纸、制革、纺织、酿酒、制糖等生产过程的热源，也是大有前途的。目前世界上最大的两家地热应用工厂就是冰岛的硅藻土厂和新西兰的纸浆加工厂。

我国利用地热供暖和供热水发展也非常迅速，在京津地区已成为地热利用中最普遍的方式。例如，早在20世纪80年代，天津市就有深度大于500m、温度高于30℃的热水井356口，其热水已广泛用于工业加热、纺织、印染造纸和烤胶等。目前全国地热供暖面积已达$800\times10^4m^2$，温室$70\times10^4m^2$。图13-5是明家庄园住宅小区供热系统示意图。

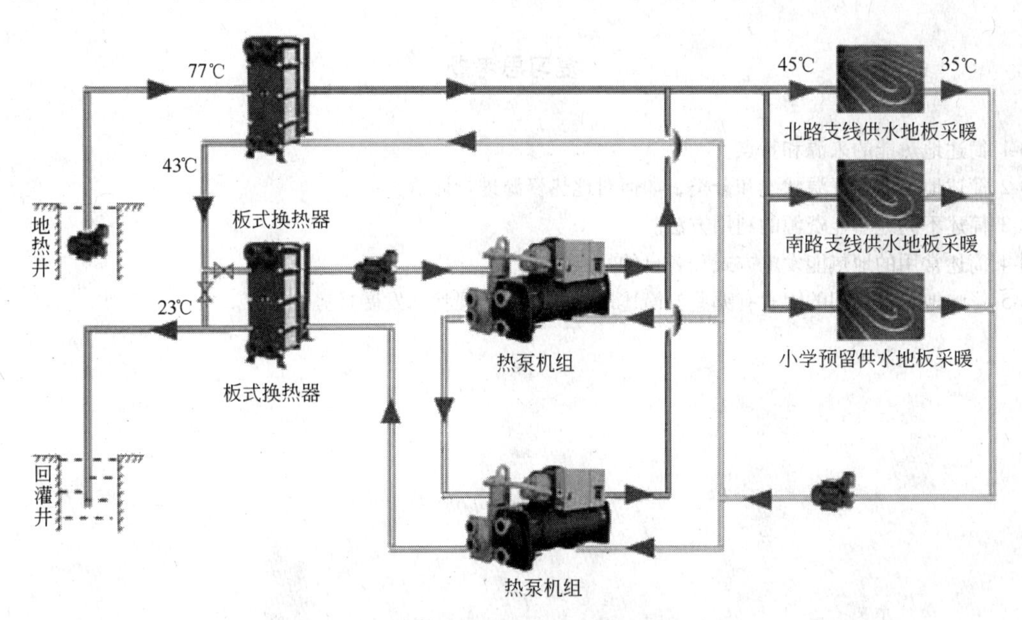

图13-5 明家庄园住宅小区供热系统示意图

13.4 地热务农

地热在农业中的应用范围十分广阔。如利用温度适宜的地热水灌溉农田，可使农作物早熟增产；利用地热水养鱼，在28℃水温下可加速鱼的育肥，提高鱼的出产率；利用地热建造温室，育秧、种菜和养花；利用地热给沼气池加温，提高沼气的产量等。

将地热能直接用于农业在我国日益广泛，北京、天津、西藏和云南等地都建有面积大小不等的地热温室。各地还利用地热大力发展养殖业，培养菌种、养殖非洲鲫鱼、鳗鱼、罗非鱼、罗氏沼虾等。例如，湖北英山县有300m深热水井5口，建造温室1129m^2，温水养鱼2000m^2，并进行育种和培育水生饲料。现在全国地热养殖池已达300×10^{4}m^2。

13.5 地热行医

地热在医疗领域的应用有诱人的前景，目前热矿水就被视为一种宝贵的资源，世界各国都很珍惜。由于地热水从很深的地下提取到地面，除温度较高外，常含有一些特殊的化学元素，从而使它具有一定的医疗效果。如含碳酸的矿泉水供饮用，可调节胃酸、平衡人体酸碱度；含铁矿泉水饮用后，可治疗缺铁贫血症；氢泉、硫化氢泉洗浴可治疗神经衰弱和关节炎、皮肤病等。

由于温泉的医疗作用及伴随温泉出现的特殊的地质、地貌条件，使温泉常常成为旅游胜地，吸引大批疗养者和旅游者。在日本就有1500多个温泉疗养院，每年吸引1亿人到这些疗养院休养。

我国利用地热治疗疾病历史悠久，含有各种矿物元素的温泉众多，因此充分发挥地热的行医作用，发展温泉疗养行业是大有可为的。

复习思考题

13-1 简述地热能的来源和特点。

13-2 简述地热能的资源状况和分类，如何对地热资源进行评价？

13-3 简述不同地热能资源的利用方法。

13-4 简述常用的地热能发电方式和各自的特点。

13-5 影响地热能利用的因素有哪些？简述地热能利用的现状和发展趋势。

14 风　能

14.1 概　述

14.1.1 大气的组成

大气是由多种气体混合组成的气体和悬浮其中的水分及杂质组成。

14.1.1.1 干洁空气

大气中除去水汽和各种杂质以外的所有混合气体统称干洁空气。干洁空气的主要成分是氮气、氧气、氩气和二氧化碳。这四种气体占空气总容积的 99.98%，而氖气、氦气、氪气、氩气、氙气、臭氧等稀有气体的总含量不足 0.02%（见表 14-1）。干洁空气各成分间的百分比数从地面直到 85km 高度间，基本上稳定不变。这是由于这层大气中对流、湍流运动盛行，使得不同高度、不同地区间气体得到充分交换和混合。而到 85km 以上的高层大气中，对流、湍流运动受到抑制，分子的扩散作用超过湍流扩散作用，大气的组分受地球重力分离作用，氢、氦等较轻成分的百分比数相对增多，气体间的混合比趋于不稳定。表 14-1 表明，干洁空气各成分的临界温度很低，在自然界大气的温度、压力变化范围内都呈气态。

表 14-1　干洁空气中的成分（85km 以下）

气体成分	在干洁空气中含量		相对分子质量	临界温度/℃
	体积分数/%	质量分数/%		
氮气(N_2)	78.09	75.52	28.02	-147.2
氧气(O_2)	20.95	23.15	30.00	-118.9
氩气(Ar)	0.93	1.28	39.88	-122.0
二氧化碳(CO_2)	0.03	0.05	44.00	31.0
氖气(Ne)	1.8×10^{-3}	—	20.18	-228.0
氦气(He)	5.24×10^{-4}	—	4.00	-257.9
氪气(Hr)	1.0×10^{-4}	—	83.75	-63.0
氢气(H_2)	5.0×10^{-5}	—	2.02	-240.0
氙气(Xe)	8.0×10^{-6}	—	131.10	16.6
臭氧(O_3)	1.0×10^{-6}	—	48.00	-5.0
氡气(Rn)	6.0×10^{-18}	—	222.00	—
甲烷(沼气 CH_4)		—	16.04	—
干洁空气	100	100	28.97	

（1）氮气占干洁空气容积的78.09%，是大气中最多的成分，由于其化学性质不活泼，在自然条件下很少同其他成分进行化合作用而呈氮化合物状态存在，只有在豆科植物根瘤菌的作用下才能变成能被植物体吸收的化合物。氮是地球上生命体的重要成分，是工业、农业化肥的原料。

（2）氧气占空气总容积的20.95%，是大气中的次多成分。它的化学性质活泼，大多数以氧化物形式存在于自然界中。氧是一切生物体生命过程所必需的成分。

（3）二氧化碳在大气中含量甚少，平均为空气总容积的0.03%。它是通过海洋和陆地中有机物的生命活动、土壤中有机体的腐化分解以及化石燃料的燃烧而进入大气的，因此主要集中在大气低层（11~20km以下），20km以上就很少了。它是植物进行光合作用的原料，据统计，每年因光合作用消耗去的二氧化碳占全球二氧化碳总量的3%。它对太阳短波辐射的吸收性能较差，而对于地面长波辐射却能强烈吸收，同时它本身也向外放射长波辐射，因而对大气中的温度变化具有一定的影响。近年来，由于工业蓬勃发展，化石燃料燃烧量迅速增长，森林覆盖面积减少，二氧化碳在大气中的含量有增加趋势。

（4）臭氧在大气中含量很少，主要集中在15~35km间的气层中，尤以20~30km处浓度最大，称臭氧层。大气中臭氧主要是由于大气中的氧分子在太阳紫外辐射（0.1~0.24μm波段）照射下发生光解作用（$O_2+hr \rightarrow O+O$，hr为作用光线的能量），光解的氧原子又同其他氧分子发生化合作用而形成的（$O+O_2+M \rightarrow O_3+M$，M为第三种中性分子）。臭氧在太阳紫外线（大于0.2μm波段）照射下也不稳定，它可能同光解的氧原子相互碰撞再解离为氧分子（$O_3+O \rightarrow O_2+O_2$）。因而臭氧的形成和解离过程是同时进行、相互联系的，并大体处于平衡状态。在臭氧层以上的高空，随着高度的增加，太阳短波辐射的强度明显增大，氧分子光解的强度也随之增大，到55~60km高度，氧分子几乎完全光解，以致数量太少，难以形成臭氧。而臭氧层以下的大气中，又因太阳紫外辐射的大部分已被上层氧分子吸收，透射过来的紫外线强度大大减弱，可光解的氧分子数量便迅速减少，可能生成的臭氧数量也明显减少。因此只有在20~30km间，氧分子和光解的氧原子的数量大体相当，形成臭氧浓度最大的臭氧层。臭氧层能大量吸收太阳辐射中的紫外波段，这不仅增加了高层大气热能，同时也保护了地面的生命免受紫外线辐射伤害，得以繁衍生息。

14.1.1.2　水汽

水汽是低层大气中的重要成分，含量不多，只占大气总容积的0%~4%，是大气中含量变化最大的气体。大气中水汽主要来自地表海洋和江河湖等水体表面蒸发和植物体的蒸腾，并通过大气垂直运动输送到大气高层。因而大气中水汽含量自地面向高空逐渐减少，到1.5~2km高度，大气中水汽平均含量仅为地表的一半，到5km高度，就已减少到地面的1/10，到10~12km，含量就微乎其微了。大气中水汽含量在水平方向上也有差异，一般而言，海洋上空多于陆地，低纬多于高纬，湿润、植物茂密的地表多于干旱、植物稀疏的地表。

14.1.1.3　杂质

杂质是悬浮在大气中的固态、液态的微粒，主要来源于有机物燃烧的烟粒、风吹扬起的尘土、火山灰尘、宇宙尘埃、海水浪花飞溅起的盐粒、植物花粉、细菌微生物以及工业排放物等。大多集中在大气底层。其中大的颗粒很快降回地表或被降水冲掉，小的微粒通过大气垂直运动可扩散到对流层高层，甚至平流层中，能在大气中悬浮1~3年，甚至更长时间。大气杂质对太阳辐射和地面辐射具有一定的吸收和散射作用，影响着大气温度变化。杂质大部分是吸湿性的，往往成为水汽凝结核心。

现代大气成分以氮、氧为主，而且各种气体成分的百分比基本维持不变，这是大气长期演化的结果。我们现在还不能确切地说明地球形成初期的原始大气与现代大气形成间的联系，以及大气的演化过程。一些学者认为地球大气的演化经历了三个阶段。(1) 原始大气。当地球生成初期，由于相对体积小、质量小、引力也小，由原始星云物质、气体、尘埃构成的原始大气在太阳热力、光压作用下消失殆尽。随着地球质量逐渐增大，引力增强，地球内部放射性物质受到激发，温度升高以致地球外壳物质熔融成液体状态. 通过频繁活跃的火山活动，喷发出水汽、二氧化碳、一氧化碳、硫化氢、盐酸和多种化学元素。碳与氢作用生成甲烷，氮与氢作用生成氨。水汽在太阳紫外辐射作用下通过水解过程（光致离解）产生氢和氧，产生的氢逸出地球，留下的氧一部分以自由态存在，另一部分与甲烷作用形成二氧化碳和水。(2) 二氧化碳为主要成分的大气。氧以自由态形式积累起来，并在高层形成一层薄薄的臭氧层，阻碍着紫外辐射进入低层大气，结果水解过程大为减弱。以二氧化碳为主的大气是相当稳定的，这就是第二阶段大气。(3) 现代大气。当地表植物体日益繁茂，自由氧数量迅速增多，不仅为臭氧层逐渐形成准备了物质基础，而且为生命有机体的进化提供了条件，同时也加速了地球表层的氧化过程以及生物体的呼吸分解过程。丰富的二氧化碳除了成为植物体进行光合作用的原料外，还有相当部分溶于海洋或其他水体，最终成为海洋生物的成分。在地球演化过程中有大量碳化合物（动植物遗体）等被埋藏在岩石中暂时脱离碳素循环过程，导致大气中的二氧化碳大量减少，只占干洁空气容积的 0.03%，而氧的含量明显增多。同时，由火山喷发释放入大气中的氮气（占总容积的 4%~6%）仍保留在大气中，由于它是惰性气体，不易同其他成分化合，在大气中得到累积，以至成为大气中数量最多的成分。这样，以二氧化碳为主的还原大气就转化成地球第三代以氮气、氧气为主的大气了。

近百年来，由于工业迅猛发展，大量埋藏在岩石层中的化石燃料被开发出来进行燃烧，使大气中二氧化碳的容量有所增大。随着能源需用量的增多，可能还会迅速增大，进而可能影响到自然界二氧化碳循环过程的平衡以及大气中温度的变化。因此，近年来许多科学家和政界人士呼吁人们注意这个引起大气中一系列连锁反应的重要课题。

14.1.2 大气垂直结构

大气层位于地球的最外层，介于地表和外层空间之间，它受宇宙因素（主要是太阳）作用和地表过程影响，形成了特有的垂直结构和特性。根据大气层垂直方向上温度和垂直运动的特征，一般把大气层划分为对流层、平流层、中间层、热层和散逸层五个层次。见图 14-1。

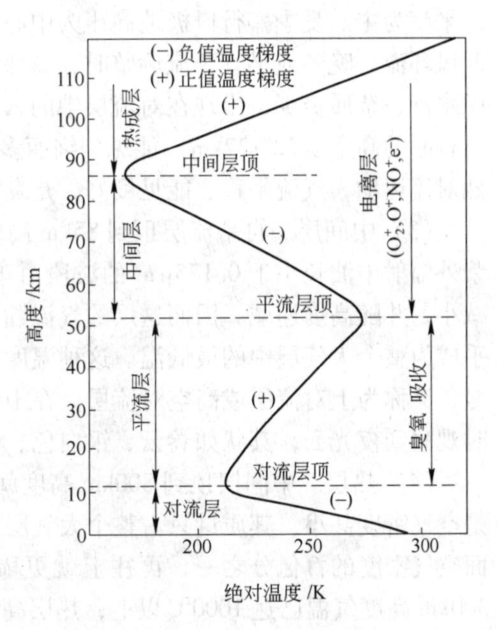

图 14-1 大气圈的层状结构

（1）对流层。对流层是深厚大气的最底层，厚度只有十几千米，是各层中最薄的一层。但是，它集中了大气质量的3/4和几乎整个大气中的水汽和杂质。同时，对流层受地表种种过程影响，其物理特性和水平结构的变化都比其他层次复杂。

对流层的温度随高度升高而递减。平均每上升100m气温下降0.65℃，这称为气温直减率。按这个递减率，到对流层顶部气温减至-53℃（极地）和-83℃（赤道）。气温随高度递减主要是因为对流层大气的热能来源除直接吸收一小部分太阳辐射外，绝大部分来自地面。因而愈近地表就愈近热源，大气获得的热量就多，气温就愈高；相反，愈远离地表，气温就愈低。自然界高空中的云滴多由冰晶组成，而低空云滴多液态水滴。这种现象就是气温随高度递减的生动例证。对流层大气有强烈的对流运动，对流层由此得名。造成这层大气对流的原因，有地表（主要海、陆）受热不均引起的热力对流、地表起伏不平引起的动力湍流以及冷暖空气交汇引起的强迫升降等。这些对流运动在大气温度垂直递减的形势下得到加强和发展。对流运动的强度和伸展的高度随纬度、季节而变化，平均来说，对流层的高度在低纬地区大约17~18km，中纬度地区大约10~12km，高纬地区仅有8~9km。一般是夏季高、冬季低。

对流层中云、雨、雷、电等天气现象非常活跃。这一方面是由于空气的对流运动把地表的水汽、杂质经常向高空输送，另一方面是高空的低温利于水汽的凝结和云滴成长为雨滴。

（2）平流层。平流层是自对流层顶到55km高度间的气层。气温的垂直分布除下层随高度变化不大外，自25km向上明显递增，到平流层顶达到-3℃左右。温度递增的主要原因是平流层的热能主要来源于对太阳辐射（主要是紫外辐射）的吸收，特别是臭氧的吸收。虽然臭氧的浓度自25km向上有所减小，但紫外辐射的强度随高度逐渐增强，而且空气密度随高度升高迅速减小，这就导致高层吸收的有限辐射可以产生较大的温度增量。

平流层大气由于温度垂直分布是递增的，不利于气流的对流运动发展，因而气流运动以平流为主。夏季盛行以极地高压为中心的东风环流，冬季中高纬度则是以极涡为中心的西风环流。晚冬或早春环流调整时，高纬度往往出现下沉气流并造成爆发性增温。平流层中水汽、杂质极少，出现在对流层中的云、雨现象，在这里近于绝迹。有时在中、高纬度晨昏时的高空（22~27km）能见到绚丽多彩的珠母云（由细小冰晶组成）。平流层没有强烈对流运动，气流平稳、能见度好，是良好的飞行层次。

（3）中间层。自平流层顶到85km高度间气层称中间层。这一层已经没有臭氧，而且紫外辐射中波长小于0.175μm的波段由于上层吸收已大为减弱，以致吸收的辐射能明显减小，并随高度递减，因而这层的气温随高度升高迅速下降，到顶部降到-83℃以下，几乎成为整个大气层中的最低温。这种温度垂直分布有利于垂直运动发展，因而垂直运动明显，又称为上对流层或高空对流层。在中间层顶附近（80~85km）的高纬地区黄昏时，有时观察到夜光云，其状如卷云、银白色、微发青，十分明亮，可能是水汽凝结物。

（4）热层。中间层顶到800km高度间气层称为热层。这是一个比较深厚的层次，但是空气密度甚小，其质量只占整个大气层质量的0.5%。在270km高度上空气密度仅是地面空气密度的百亿分之一，再往上就更稀薄了。热层气温随高度迅速升高。据测定，在300km高度气温已达1000℃以上，热层高温的形成和维持主要是吸收了太阳外层（色球和日冕层）发射的辐射的结果。虽然这些辐射只占太阳总辐射中很小的比例，但被质量极小的气层吸收，实际上相当于单位质量大气吸收了非常巨大的能量，因此而产生高温，被称为热层。热层中的 N_2、O_2、O_3气体成分在强烈太阳紫外辐射（主要是波长小于0.1μm 波段）和宇宙射线作用下，处于高度电离状态，因而又称电离层。热层中不同高度电离程度不均匀。在100~200km 间的E层和200~400km 间的F层电离程度最强，而位于60~90km 高度的D层电离程度较弱。电离层的结构和强度随太阳活动的变化有强烈的脉动。电离层具有吸收和反射无线电波的能力，能使无线电波在地面和电离层间经过多次反射，传播到远方。

（5）散逸层。散逸层是指800km 高度以上的大气层。这一层的气温随高度增高而升高。高温使这层上部的大气质点运动加快，而地球引力却大大减少，因而大气质点中某些高速运动分子不断脱离地球引力场而进入星际空间。这一层也可称为大气层向星际空间的过渡层。散逸层的上界也就是大气层的上界，上界到底有多高，还没有公认确切的定论。以前研究者把极光出现的最大高度作为大气层上界，因为极光是太阳辐射产生的带电离子流与稀薄空气相撞，原子受激发产生的发光现象。极光出现过的最大高度大约在1200km，因而大气上界应该不低于1200km。据现代卫星探测资料分析，大气上界大体为2000~3000km。

14.1.3 风的形成

风是人类最熟悉的自然现象之一，它是由太阳辐射热引起的。太阳照射到地球表面，地球表面各处受热不同而产生温差，从而引起大气的对流运动而形成风。地球南北两极接受太阳辐射能少，所以温度低，气压高；而赤道接受热量多，温度高，气压低。另外地球昼夜温度、气压都在变化，这样由于地球表面各处的温度、气压变化，气流就会从压力高处向压力低处运动，形成不同方向的风，并伴随不同的气象条件而变化。图14-2表示了地球上风的运动方向。

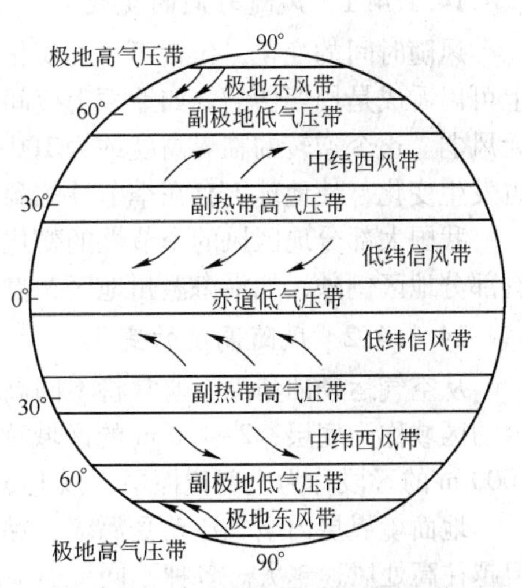

图14-2 地球上风的运动方向

地球上各处的地形、地貌也会影响风的形成，如海水由于热容量大，接受太阳辐射能后，表面升温慢，而陆地热容量小，升温比较快。于是在白天，由于陆地空气温度高，空气上升而形成海面吹向陆地的海陆风；反之在夜晚，海水降温慢，海面空气温度高，空气上升而形成陆地吹向海面的陆海风（见图14-3）。

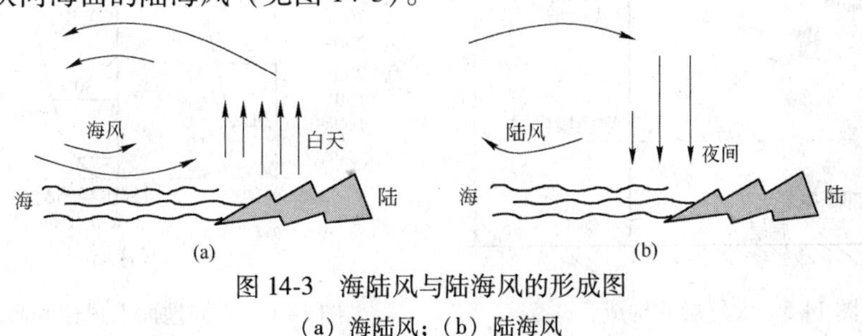

图14-3 海陆风与陆海风的形成图
（a）海陆风；（b）陆海风

同样，在山区，白天太阳使山上空气温度升高，随热空气上升，山谷冷空气向上运动，形成“谷风”。相反到夜间，由于空气中的热量向高处散发，气体密度增加，空气沿山坡向下移动，又形成所谓的“山风”，如图 14-4 所示。

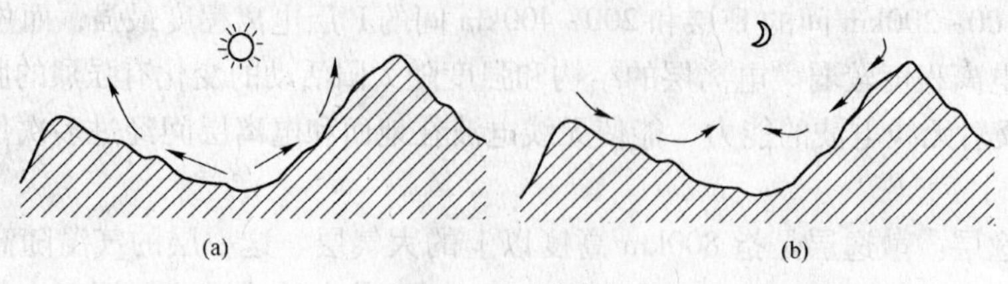

图 14-4　山谷风
（a）白天“谷风”；（b）夜间“山风”

14.1.4　风的变化

风向和风速是两个描述风的重要参数。风向是指风吹来的方向，如果风是从北方吹来，就称为北风。风速是表示风移动的速度，即单位时间内空气流动所经过的距离。风向和风速这两个参数都是在变化的。

14.1.4.1　风随时间的变化

风随时间的变化，包括每日的变化和季节的变化。通常一天之中风的强弱在某种程度上可以看成是周期性的。如地面上夜间风弱，白天风强；高空中正相反，是夜里风强，白天风弱。这个逆转的临界高度约为 100~150m。由于季节的变化，太阳和地球的相对位置也发生变化，使地球上存在季节性的温差。因此风向和风的强弱也会发生季节性的变化。

我国大部分地区风的季节性的变化情况是：春季最强，冬季次之，夏季最弱。当然也有部分地区例外，如沿海温州地区，夏季季风最强，春季季风最弱。

14.1.4.2　风随高度的变化

从空气运动的角度，通常将不同高度的大气层分为 3 个区域（图 14-5）。离地 2m 以内的区域称为底层；2~100 m 的区域称为下部摩擦层，二者总称为地面境界层；从 100~1000 m 的区段称为上部摩擦层，以上 3 个区域总称为摩擦层。摩擦层之上是自由大气。

地面境界层内空气流动受涡流、黏性和地面植物及建筑物等的影响，风向基本不变，但越往高处风速越大。各种不同地面情况下，如城市、乡村和海边平地，其风速随高度的变化如图 14-6 所示。

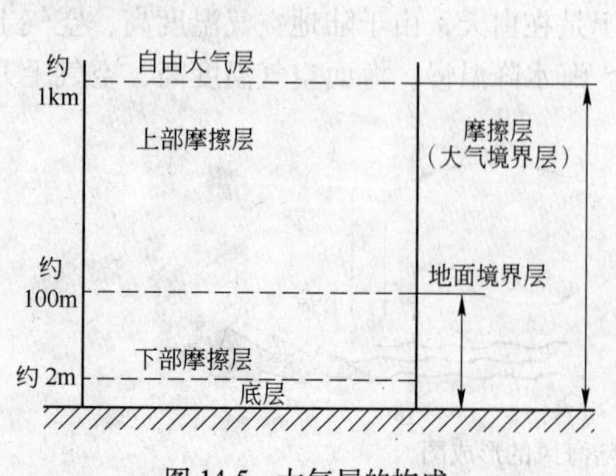

图 14-5　大气层的构成

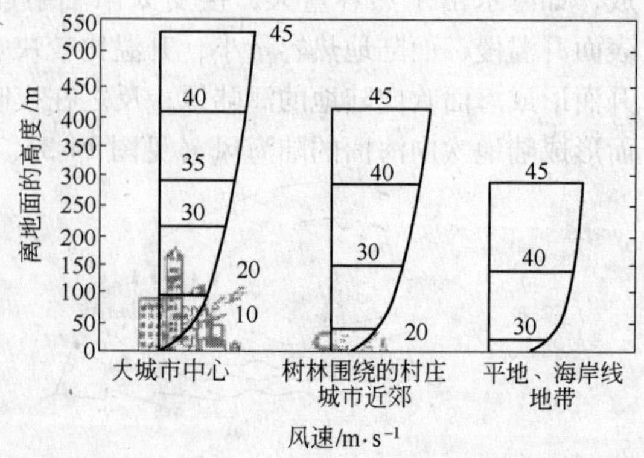

图 14-6　不同地面上风速和高度的关系

关于风速随高度而变化的经验公式很多，通常采用指数公式，即

$$v = v_1 \left(\frac{h}{h_1} \right)^n \tag{14-1}$$

式中，v 为距地面高度为 h 处的风速，m / s；v_1 为距地面高度为 h_1 处的风速，m/s；n 为经验指数，它取决于大气稳定度和地面粗糙度，其值约为 1/2~1/8。

对于地面境界层，风速随高度的变化则主要取决于地面粗糙度，如表 14-2 所示。此时计算近地面不同高度的风速时仍采用式（14 -1），只是用 α 代替式中的指数 n。

表 14-2　不同地面情况下的粗糙度

地面情况	粗糙度 α	地面情况	粗糙度 α
光滑地面，硬地面，海洋	0.10	树木多，建筑物极少	0.22~0.24
草地	0.14	森林，村庄	0.28~0.30
城市平地，有较高草地，树木极少	0.16	城市有高层建筑	0.40
高的农作物，篱笆，树木少	0.20		

14.1.4.3　风的随机性变化

如果用自动记录仪来记录风速，就会发现风速是不断变化的，一般所说的风速是指平均风速。通常自然风是一种平均风速与瞬间激烈变动的紊流相重合的风。紊乱气流所产生的瞬时高峰风速也叫阵风风速。图 14-7 表示了阵风和平均风速的关系。

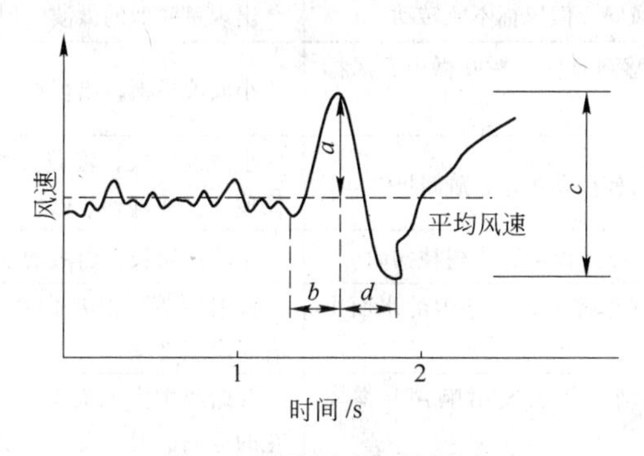

图 14-7　阵风和平均风速

a—阵风振幅；b—阵风的形成时间；c—阵风的最大偏移量变；d—阵风消失时间

14.1.4.4　风向观测

风向是不断变化的，观测陆地上的风，一般采用 16 个方位见图 14-8（a），观测陆海上的风，一般采用 32 个方位。通常用“风玫瑰图”来表示一个给定地点一段时间内的风向分布。最常见的风玫瑰图如图 14-8（b）所示，它是一个圆，圆上引出 16 条放射线，分别代表 16 个不同的方向，每条直线的长度与这个方向的风的频度成正比，静风的频度放在中间。风玫瑰图上还指出了各风向的风速范围。

14.1.5　风力等级

世界气象组织将风力分为 13 个等级，如表 14-3 所示，在没有风速计时，可以根据它来粗略估计风速。

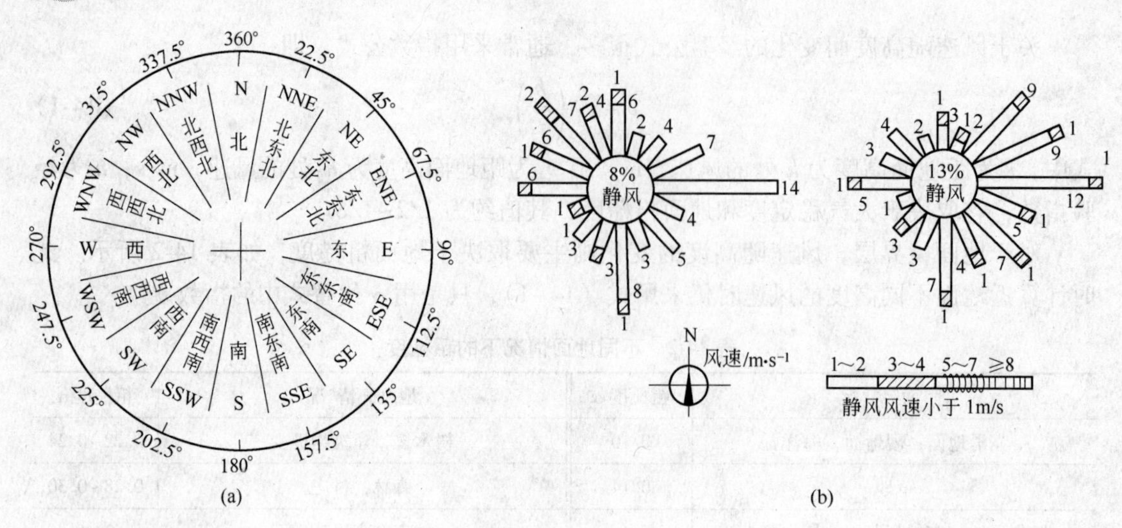

图 14-8 风玫瑰图

（a）风向的16个风位；（b）风玫瑰的示意图

表 14-3 气象风力等级表

级别	风速 /m·s⁻¹	陆 地	海 上	海上浪高 /m
0	小于0.3	静烟直上	海面如镜	—
1	0.3~0.6	烟能表示风向，但风标不能转动	出现鱼鳞似的微波，但不能构成浪	0.1
2	0.6~3.4	人的脸部感到有风，树叶微响，风标能转动	小波浪清晰，出现浪花，但不能翻浪	0.2
3	3.4~5.5	树叶和细树枝摇动不息，旌旗展开	小波浪增大，浪花开始翻浪，水泡透明像玻璃，并且到处出现白浪	0.6
4	5.5~8.0	沙尘风扬，纸片飘起，小树枝摇动	小波浪增长，白浪增多	1
5	8.0~10.8	有树叶的灌木摇动，池塘内的水面小波浪	波浪中等，浪延伸更清楚，白浪更多，有时出现飞沫	2
6	10.8~13.9	大树枝摇动，电线发出响声，举伞困难	开始产生大的波浪，到处呈现白沫，浪花的范围更大，飞沫更多	3
7	13.9~17.2	整个树木摇动，人迎风行走不便	浪大，浪翻滚，白沫像带子一样随风飘动	4
8	17.2~20.8	小的树枝折断，迎风行走困难	波浪加大变长，浪花顶端出现水雾，泡沫像带子一样随风飘动	5.5
9	20.8~24.5	建筑物有轻微损坏（如烟囱倒塌，瓦片飞出）	出现大的波浪，泡沫呈粗的带子随风飘动，浪前倾，翻浪，倒卷，飞沫挡住视线	7
10	24.5~28.5	陆上少见，可使树木连根拔起或将建筑物严重损坏	浪变长，形成更大的波浪，大块的泡沫像白色带子随风飘动，整个海面呈白色，波浪翻滚	9
11	28.5~32.7	陆上很少见，有则必引起严重破坏	浪大高如山（中小船舶有时被波浪挡住而看不见），海面被随风流动的泡沫覆盖，浪花顶端刮起水雾，视线受到阻挡	11.5
12	32.7以上		空气里面充满水泡和飞沫，海面由于溅起的飞沫变成一片白色，影响视线	14

14.2 风能资源

14.2.1 风能

风能（wind energy）是地球表面大量空气流动所产生的动能。由于地面各处受太阳辐照后气温变化不同和空气中水蒸气的含量不同，因而引起各地气压的差异，在水平方向高压空气向低压地区流动，即形成风。风能资源决定于风能密度和可利用的风能年累积小时数。风能密度是单位迎风面积可获得的风的功率，与风速的三次方和空气密度成正比关系。

人类利用风能的历史可以追溯到公元前，但数千年来，风能技术发展缓慢，没有引起人们足够的重视。但自1973年世界石油危机以来，在常规能源告急和全球生态环境恶化的双重压力下，风能作为新能源的一部分才重新有了长足的发展。风能作为一种无污染和可再生的新能源有着巨大的发展潜力，特别是对沿海岛屿、交通不便的边远山区、地广人稀的草原牧场，以及远离电网和近期内电网还难以达到的农村、边疆，是解决生产和生活能源的一种可靠途径，开发利用风能有着十分重要的意义。即使在发达国家，风能作为一种高效清洁的新能源也日益受到重视，美国能源部就曾经调查过，单是德克萨斯州和南达科他州两州的风能密度就足以供应全美国的用电。

14.2.2 世界风能资源

地球上风能资源十分丰富，据世界能源理事会估计，在地球$107\times10^6\text{km}^2$的陆地面积中，有27%的地区年平均风速高达5m/s（距地面10m处）。表14-4给出了地面风速高于5m/s的陆地分布，这部分的面积总共约为$3\times10^7\text{km}^2$。

表14-4 世界风能资源估计

地区/国家	陆地面积/km^2	风力3~7级所占的面积/km^2	风力为3~7级所占陆地面积的比例/%
北美洲	19339×10^3	7876×10^3	41
拉丁美洲和加勒比海地区	18482×10^3	3310×10^3	18
西欧地区	4742×10^3	1968×10^3	42
东欧地区	23049×10^3	6783×10^3	29
中东和北非	8142×10^3	2566×10^3	32
撒哈拉以南非洲	7255×10^3	2209×10^3	30
太平洋地区	21354×10^3	4188×10^3	20
中国	9597×10^3	1056×10^3	11
中亚和南亚	4299×10^3	243×10^3	6
总　计	106660×10^3	29143×10^3	27

如果将地面平均风速大于5.1m/s的陆地用作风力发电场，则每平方千米的发电能力为8MW，据此推算上述陆地面积的总装机容量可达24×10^7MW。显然这只是个假想数字，因为这部分陆地还有其他的用途。美国和荷兰有关风力发电潜力的研究表明，上述面积中只有约4%可用作风力发电。如果再考虑风力发电机的利用率，则全球陆上风力发电能力估计可达2.3×10^6MW，每年可发电20×10^{12}kW·h。表14-5给出了世界各国风力发电的估计潜力和目标。

表14-5 世界各国风力发电的估计能力和目标

国 家	估 计 能 力	目标（装机容量）/MW
中 国	1600GW	100~200（2000年）
丹 麦		1000（2000年），2000（2010年）
芬 兰	11~16TW·h/a	20~35（2000年），800（2010年）
德 国	2.7GW（经济潜力）	250（1995年）
希 腊	6.4TW·h/a	150（2000年）
印 度	20GW	
意大利		300（2000年）
约 旦		50（2010年）
荷 兰		1000（2000年），2000（2010年）
挪 威	14TW·h/a	
西班牙		100（1993年）
瑞 典	30TW·h/a	100（1996年）
英 国	45TW·h/a（岸上） 230TW·h/a（海上）	
美 国	2500GW	4000~8000（2000年）

值得注意的是，上述全球风力发电的估计潜力是对大规模联网风力发电场而言。实际上年平均风速在4.4~5.1m/s之间的陆地面积约占地球陆地总面积的一半，而对于平均风速为3m/s地区，风力泵也是一种很经济的风能利用方式。这表明小型风力发电机和风力泵可应用于世界上的许多地区。

14.2.3 中国风能资源

中国是季风盛行的国家，风能资源量大面广。风能理论总储量约为16×10^5MW，可利用的风能资源约2.5×10^5MW。据气象部门多年观测资料，中国风能资源较好的地区为东部沿海及一些岛屿，内陆沿东北、内蒙古、甘肃至新疆一带，风能资源也较丰富。平均风能密度150~300W/m^2，一年中有效风速超过3m/s的时间为4000~8000h。

中国主要风能地区的风能资源见表14-6。

表 14-6 中国主要风能地区的风能资源

省、自治区	地 点	年平均风速/m·s^{-1}	风能密度/W·m^{-1}
福 建	平 潭	6.8~6.7	200~300
	东 山	7.3	200
	马 祖	7.3	200
	九仙山	6.9	200
	祟 武	6.8	200
	台 山	8.3	200
台 湾	马 公	7.3	150
广 东	南澳岛	7.0	200
海 南	东 方	6.4	150
浙 江	岱山岛	7.0	200
	大陈岛	8.1	200
	嵊泗岛	7.1	200
	括苍山	6.0	150
山 东	朝连岛	6.4	150
	青山岛	6.2	150
	砣矶岛	6.9	200
	成山头	7.8	200
辽 宁	海洋岛	6.1	15
	长 海	6.0	150
内蒙古	宝音图	6.0	150
	前达门	6.0	150
	朱日和	6.8	150

14.3 风 能 利 用

14.3.1 风能利用发展史

我国是世界上最早利用风能的国家之一。公元前数世纪，我国人民就利用风能提水、灌溉、磨面、舂米，用风帆推动船舶前进。在国外，公元前2世纪，古波斯人就利用风能碾米，10世纪伊斯兰人用风能提水，11世纪风力机已在中东获得广泛的应用。13世纪风力机传至欧洲，14世纪已成为欧洲不可缺少的原动机，除了汲水外还用于榨油和锯木。在19世纪，风力机更为荷兰、丹麦、美国等国的经济发展做出了重要贡献。例如，19世纪初荷兰大约有1万台叶片长达28m的大型风力机。19世纪后半叶，风力机在丹麦还很流行，当时约有3000多台风力机还在运行，总功率达150~200GW，当时丹麦工业界约1/4的能源依赖于风能。

工业革命后，特别是到了20世纪，由于煤炭、石油、天然气的开发，农村电气化的逐步普及，风能利用呈下降趋势，风能技术发展缓慢，直到20世纪70年代中期，能源危机才使人们重新重视风力机的研究和发展。30年来风能利用技术已取得了显著的进步。可以用下面的简单公式来估算风能。

风速为 v 的流动空气的动能 E 为：

$$E = \frac{1}{2}mv^2 \tag{14-2}$$

式中，m 为流体空气的质量。

如果用 ρ 表示流动空气的密度，则每平方米面积上流过的空气质量为 ρv，因此每平方米面积上风速为 v 的风的能量密度 P 为：

$$P = \frac{1}{2}\rho v \cdot v^2 = \frac{1}{2}\rho v^3 \tag{14-3}$$

显然，风速 v 愈大，风力机可能获得的风能 P 也愈大，因此风力机应安装在风速大的地方，而且风力机的迎风面积越大，所获得的风能也越多。值得注意的是，由于流经风力机后，风速不可能为零，因此风所拥有的能量并不能完全被利用，也就是说，只有风能的一部分被转换成风力机桨叶的机械能，然后这一机械能再被用来提水、碾米或转换成电能。

由于空气的密度仅仅是水密度的1/813，因此与水能相比，在相同的流速下，风能的能流密度是很低的。风能和其他能源的能流密度见表14-7。由于风能能流密度低，给其利用带来了一定的困难。

表14-7　不同能源的能流密度

<table>
<tr><th>能 源 类 别</th><th>能流密度/kW·m^{-2}</th><th colspan="2">能 源 类 别</th><th>能流密度/kW·m^{-2}</th></tr>
<tr><td>风能（风速3m/s）</td><td>0.02</td><td colspan="2">潮汐能（潮差10m）</td><td>100</td></tr>
<tr><td>水能（流速3m/s）</td><td>20</td><td rowspan="2">太阳能</td><td>晴天平均</td><td>1.0</td></tr>
<tr><td>波浪能（波高3m）</td><td>30</td><td>昼夜平均</td><td>0.16</td></tr>
</table>

14.3.2　风力发电

14.3.2.1　简介

风力发电已逐渐成为风能利用的主要形式，受到世界各国的高度重视，而且发展速度最快。风力发电通常有三种运行方式：一是独立运行方式，通常是一台小型风力发电机向一户或几户提供电力，它用蓄电池蓄能，以保证无风时的用电；二是风力发电与其他发电方式（如柴油机发电）相结合，向一个单位、一个村庄或一个海岛供电；三是风力发电并入常规电网运行，向大电网提供电力，常常是一处风场安装几十台甚至几百台风力发电机，这是风力发电的主要发展方向。

利用风力发电的尝试，早在20世纪初就已经开始了。30年代，丹麦、瑞典、前苏联和美国应用航空工业的旋翼技术，成功地研制了一些小型风力发电装置。这种小型风力发电机，广泛在多风的海岛和偏僻的乡村使用，它所获得的电力成本比小型内燃机的发电成本低得多。不过，当时的发电量较低，大都在5kW以下。

目前，据了解，国外已生产出15kW、40kW、45kW、100kW以及225kW的风力发电机了。1978 年 1 月，美国在新墨西哥州的克莱顿镇建成的 200kW 风力发电机，其叶片直径为 38m，发电量足够 60 户居民用电。1978 年初夏，在丹麦日德兰半岛西海岸投入运行的风力发电装置，其发电量则达 2000kW，风车高 57m，所发电量的 75%送入电网，其余供给附近的一所学校使用。

1979 年上半年，美国在北卡罗来纳州的蓝岭山，又建成了一座世界上最大的发电用的风车。这个风车有十层楼高，风车钢叶片的直径 60m，叶片安装在一个塔型建筑物上，因此风车可自由转动并从任何一个方向获得电力，风力时速在 38km/h 以上时，发电能力也可达 2000kW。由于这个丘陵地区的平均风力时速只有 29km/h，因此风车不能全部运动。

我国风力发电发展迅速，自 1986 年山东省荣成第一个风力发电场并网发电以来，到 1999 年末全国共有 24 个风力发电场，装机容量达 268. 3MW。2000 年末我国风力发电场的装机容量为 344MW。2008 年到 2009 年我国风力发电有了跨越式发展，截止到 2009 年 12 月 31 日，中国风电累计装机超过 1000MW 的省份超过 9 个，其中超过 2000MW 的省份 4 个，分别为内蒙古（9196. 2MW）、河北（2788. 1MW）、辽宁（2425. 3MW）和吉林（2063. 9MW）。内蒙古 2009 年当年新增装机 5545. 2MW，累计装机 9196. 2MW，实现 150%大幅度增长，如表 14-8 所示。

表 14-8　中国部分省、市、自治区主要的风力发电 2008~2009 年发展情况

省、市、自治区	2008 年累计/MW	2009 年累计/MW
内蒙古	3650. 99	9196. 316
河北	1107. 7	2788. 1
辽宁	1224. 26	2425. 31
吉林	1066. 46	2063. 86
黑龙江	836. 3	1659. 75
山东	562. 25	1219. 1
甘肃	639. 95	1187. 95
江苏	645. 25	1096. 75
新疆	576. 81	1002. 56
宁夏	393. 2	682. 2
广东	366. 89	569. 34
福建	283. 75	567. 25
山西	127. 5	320. 5
浙江	190. 63	234. 17
海南	58. 2	196. 2
北京	64. 5	152. 5
上海	39. 4	141. 9
云南	78. 75	120. 75
江西	42	84
河南	48. 75	48. 75
湖北	13. 6	26. 35

续表 14-8

省、市、自治区	2008 年累计/MW	2009 年累计/MW
重庆		13.6
湖南	1.65	4.95
广西		2.5
香港	0.8	0.8
台湾	358.15	436.05
总 计	12377.75	26341.35

尽管风力发电具有很大的潜力，但目前它对世界电力的贡献还是很小的，这是因为风力发电的大规模发展仍受到许多因素的影响，如风力机的效率不高，寿命还有待延长，风力机在大型化上仍存在困难，风力发电的高投资和发电成本仍高于常规发电方式，由于风能资源区远离主电网，联网的费用较大等。另外公众和政府部门对风力发电的认识也在某种程度上影响风力发电的发展（如认为建风力发电场妨碍土地在其他方面的使用）。随着风力发电技术的进步，在风能资源好的地区，其发电成本可与常规电厂一样，加上替代能源的需求，风力发电将会有一个较大的发展。

14.3.2.2 风力发电原理

把风的动能转变成机械动能，再把机械能转化为电力动能，这就是风力发电。风力发电的原理，是利用风力带动风车叶片旋转，再透过增速机将旋转的速度提升，来促使发电机发电。依据目前的风车技术，大约是 3m/s 的微风速度（微风的程度），便可以开始发电。风力发电正在世界上形成一股热潮，因为风力发电不需要使用燃料，也不会产生辐射或空气污染。

风力发电所需要的装置，称为风力发电机组。这种风力发电机组，大体上可分风轮、发电机和铁塔三部分。其中风轮包括尾舵，大型风力发电站基本上没有尾舵，一般只有小型（包括家用型）才会有尾舵。风力发电装置如图 14-9 所示。

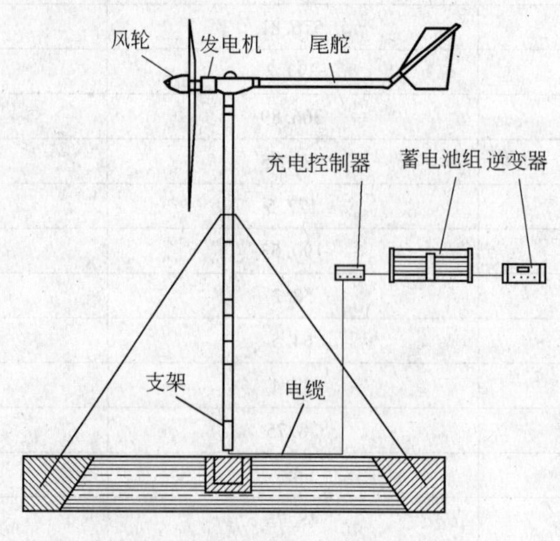

图 14-9 小型风力发电示意图

风轮是把风的动能转变为机械能的重要部件，它由两只（或更多只）螺旋桨型的叶轮组成。当风吹向桨叶时，桨叶上产生气动力驱动风轮转动。桨叶的材料要求强度高、质量轻，目前多用玻璃钢或其他复合材料（如碳纤维）来制造。现在还有一些垂直风轮、S形旋转叶片等，其作用也与常规螺旋桨型叶片相同。

由于风轮的转速比较低，而且风力的大小和方向经常变化着，这又使转速不稳定。所以，在带动发电机之前，还必须附加一个把转速提高到发电机额定转速的齿轮变速箱，再加一个调速机构使转速保持稳定，然后再连接到发电机上。为保持风轮始终对准风向以获得最大的功率，还需在风轮的后面装一个类似风向标的尾舵。

铁塔是支撑风轮、尾舵和发电机的构架。它一般修建得比较高，为的是获得较大的和较均匀的风力，一般还要有足够的强度。铁塔高度视地面障碍物对风速影响的情况，以及风轮的直径大小而定，一般在6~20m范围内。

发电机的作用，是把由风轮得到的恒定转速，通过升速传递给发电机构均匀运转，把机械能转变为电能。

风力发电在芬兰、丹麦等国家很流行，中国也在西部地区大力提倡。小型风力发电系统效率很高，但它不是只由一个发电机头组成的，它是一个有一定科技含量的小系统，由风力发电机、充电器和数字逆变器组成。风力发电机由机头、转体、尾翼和叶片组成。每一部分都很重要，叶片用来接受风力并通过机头转为电能，尾翼使叶片始终对着来风的方向从而获得最大的风能，转体能使机头灵活地转动以实现尾翼调整方向的功能，机头的转子是永磁体，定子绕组切割磁力线产生电能。

一般说来，三级风就有利用的价值。但从经济合理的角度出发，风速大于4m/s才适宜于发电。据测定，一台55kW的风力发电机组，当风速为9.5m/s时，机组的输出功率为55kW，当风速8m/s时，功率为38kW，风速6m/s时，只有16kW；而风速5m/s时，仅为9.5kW。可见风力愈大，经济效益也愈大。

在我国，现在已有不少成功的中、小型风力发电装置在运转。我国的风力资源极为丰富，绝大多数地区的平均风速都在3m/s以上，特别是东北地区、西北地区、西南高原和沿海岛屿，平均风速更大，有的地方，一年1/3以上的时间都是大风天。在这些地区，发展风力发电是很有前途的。

14.3.2.3 风力发电的前景

中国新能源战略开始把大力发展风力发电设为重点。按照国家规划，未来15年，全国风力发电装机容量将达到20~30GW。以每千瓦装机容量设备投资7000元计算，根据《风能世界》杂志公布的数据，未来风电设备市场投资将高达1400~2100亿元。

中国风力等新能源发电行业的发展前景十分广阔，预计未来很长一段时间都将保持高速发展，同时盈利能力也将随着技术的逐渐成熟稳步提升。2009年该行业的利润总额将保持高速增长，经过2009年的高速增长，预计2010年、2011年增速会稍有回落，但增长速度也将达到60%以上。

风电发展到目前阶段，其性价比正在形成与煤电、水电的竞争优势。风电的优势在于，能力每增加一倍，成本就下降15%，近几年世界风电增长一直保持在30%以上。随着中国风电装机的国产化和发电的规模化，风电成本可望再降。因此风电开始成为越来越多投资者的逐金之地。

14.3.3 风力泵水

风力泵水从古至今一直得到较普遍的应用。至 20 世纪下半叶时，为解决农村、牧场的生活，灌溉和牲畜用水以及为了节约能源，风力泵水机有了很大的发展。现代风力泵水机根据用途可以分为两类：一类是高扬程、小流量的风力泵水机，它与活塞泵相配提取深井地下水，主要用于草原、牧区，为人畜提供饮水；另一类是低扬程、大流量的风力泵水机，它与螺旋泵相配，可提取河水、湖水或海水，主要用于农田灌溉、水产养殖或制盐。

14.3.4 风力致热

随着人民生活水平的提高，家庭用能中对热能的需求越来越大，特别是在高纬度的欧洲和北美，家庭取暖、煮水等的能耗占有极大的比重。为解决家庭及低品位工业热能的需要，风力致热有了较大的发展。风力致热是将风能转换成热能，目前有三种转换方法，一是风力机发电，再将电能通过电阻丝发热，变成热能，虽然电能转换成热能的效率是100%，但风能转换成电能的效率却很低，因此从能量利用的角度看，这种方法是不可取的。二是由风力机将风能转换成空气压缩能，再转换成热能，即由风力机带动一离心压缩机，对空气进行绝热压缩而放出热能。三是将风力机直接转换成热能，这种方法致热效率最高。

风力机直接转换成热能也有多种方法。最简单的是搅拌液体致热，即风力机带动搅拌器转动，从而使液体（水或油）变热（见图 14-10）。液体挤压致热是用风力机带动液压泵，使液体加压后再从狭小的阻尼小孔中高速喷出而加热工作液体。此外还有固体摩擦致热和涡电流致热等方法。

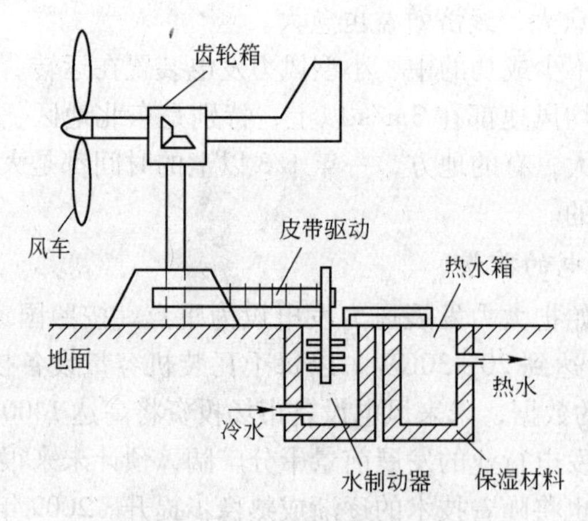

图 14-10 风力热水装置示意图

风力机还有多种用途，表 14-9 给出了风能利用装置的不同用途、类型和大小。

14.3.5 风帆助航

在机动船舶发展的今天，为节约燃油和提高航速，古老的风帆助航也得到了发展。航运大国日本已在万吨级货船上采用电脑控制的风帆助航，节油率达 15%。

表 14-9 风能利用装置的用途、类型和大小

用途	电力			热变换			机械力（除热外）			其他		
	大	中	小	大	中	小	大	中	小	大	中	小
山区住房及野营地用电源			○									
灯塔、航标电源			○									
车站电源			○									
通信中继站电源			○									
高尔夫球场氖灯照明用电			○									
电瓶车充电		○	○									
捕虫灯			○									
海洋、森林、隧道工程用电		○	○									
农场、牧场灌溉用电								○	○			
养鱼场、河池的增氧								○	○			
提取井水									○			
谷物和水产品的干燥					○	○						
谷粒粉碎								○	○			
温室取暖					○							
畜舍取暖					○							
垃圾、净水厂的沉淀物干燥					○							
家庭照明用电			○									
家庭空调用电						○						
教育旅游用电											○	○
孤岛、偏僻地方用电		○	○									
海水淡化用电		○	○									
水的电解（氢）		○										
道路的融雪					○							
港湾内冷冻仓库用电					○							
电力系统用电	○											
提水系统用电	○											

14.3.6 风力机

风力机又称风车，是一种将风能转换成机械能、电能或热能的能量转换装置。风力机的类型很多，通常将其分为水平轴风力机、垂直轴风力机和特殊风力机三大类，应用最广的是前两种类型的风力机。

（1）水平轴风力机。水平轴风力机是目前国内外最常见的一种风力机。图 14-11 为目前应用最广的各种不同迎风式水平轴风力机的示意图。

（2）垂直轴风力机。垂直轴风力机叶轮的转动与风向无关，因此不需要像水平轴风力

机那样采用迎风装置，但其输出功率一般比水平轴风力机小。图 14-12 为各种不同的垂直轴风力机的示意图。

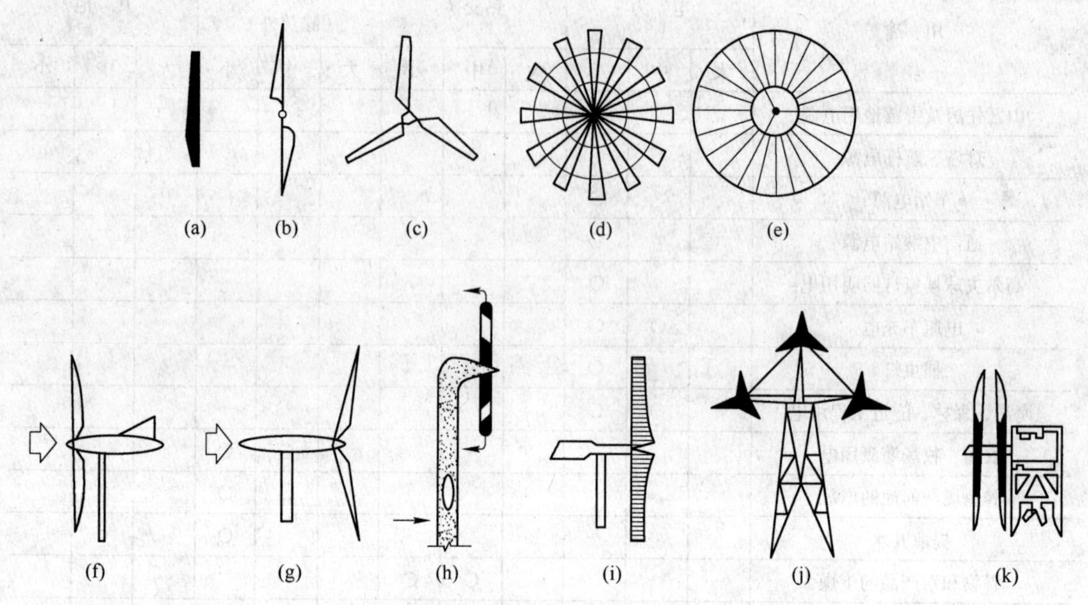

图 14-11 各种不同迎风式水平轴风力机示意图

（a）单叶片；（b）双叶片；（c）三叶片；（d）美国农场式多叶片风机；（e）车轮式多叶片风机；（f）迎风式；（g）被风式；（h）空心压差式；（i）帆翼式；（j）多转子；（k）反转叶片式

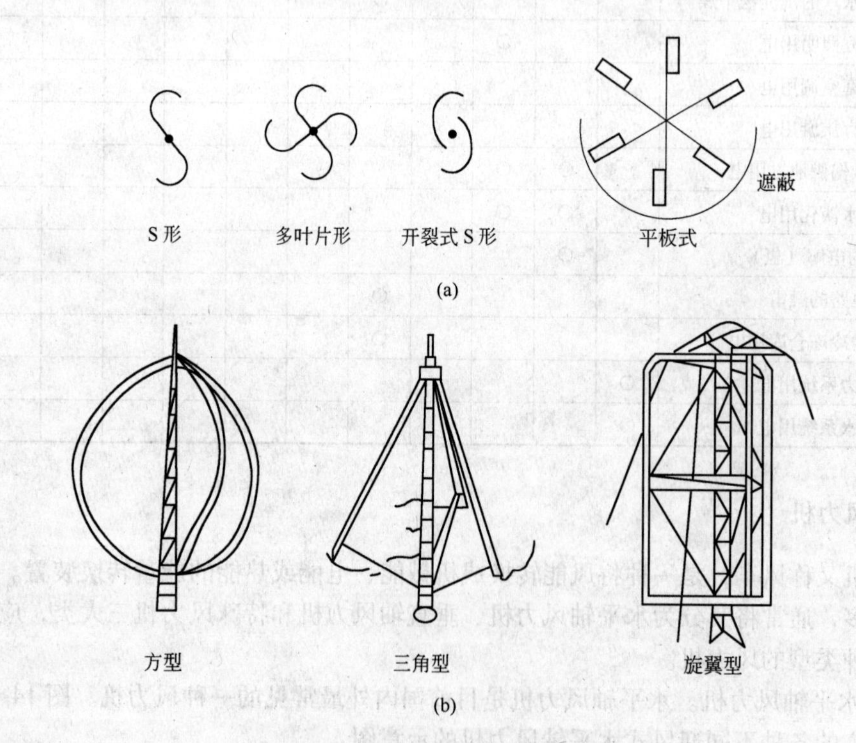

图 14-12 各种不同垂直轴风力机示意图

（a）阻力型（竖轴风机）；（b）升力型（竖轴风机）

由于风力机安装地点的风力和风速是不断变化的，为了使风力机能稳定的工作，并有效地利用风能，风力机上都必须有调向和调速装置。调向装置的作用是使风力机风轮的迎风面始终正对来流方向，常用的调向装置有尾舵调向、侧风轮调向、自动调向和伺服电机调向等。调速装置的作用是使风力机在风速变化时能保持不变，此外在风速过高时还能起过速保护作用。常用的调速装置有固定叶片调速装置和可变桨距调速装置等。

风力机的效率主要取决于风轮效率、传动效率、储能效率、发电机和其他工作机械的效率。图 14-13 给出了各种不同用途风力机各主要构成部分的能量转换和储存效率。

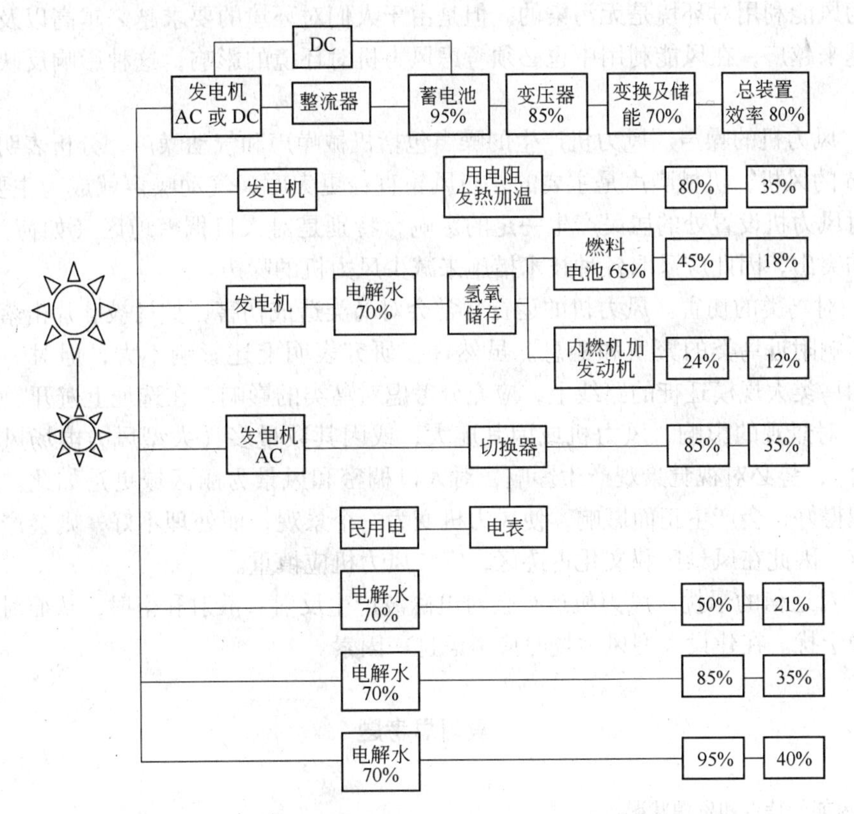

图 14-13　风能利用装置中各主要部分的能量转化和储存效率

14.4　风能利用中的问题

风能利用前景广阔，但在风能利用中有两个问题需要特别注意：一是风力机的选址；二是风力机对环境的影响。

14.4.1　风力机的选址

无论是哪一种用途的风力机，选择设置地点都是十分重要的。选址合适不但能降低设备费用和维修成本，还能避免事故的发生。除了考虑设置地点的风况外，还应考虑其他自然条件的影响，如雷击、结冰、烟雾和沙尘等。

在平坦地形上设置风力机时应考虑的条件是：

（1）距设置地点方圆1km内，无较高的障碍物；（2）如有较高的障碍物（如小山坡）时，风力机的高度应比障碍物高2倍以上，在山丘的山脊或山顶设置风力机时，山脊不但可以作为巨大的塔架，而且风经过山脊时还会加速，因此山顶和山脊的肩部（即两端部）是安装风力机的好场所。

14.4.2 风力机对环境的影响

如果不考虑风能利用中所采用材料（如钢铁、水泥等）在生产过程中对环境的污染，通常认为风能利用对环境是无污染的。但是由于人们对环境的要求越来越高以及环境保护的含义越来越广，在风能利用中也必须考虑风力机对环境的影响，这种影响反映在以下几方面：

（1）风力机的噪声。风力机产生的噪声包括机械噪声和气动噪声，分析表明风轮直径小于20m的风机，机械噪声是主要的。当风轮直径更大时，气动噪声就成为主要的噪声。噪声会对风力机设置处的居民产生一定的影响，特别是对人口稠密地区（如荷兰），噪声问题更加突出，因此应采取各种技术措施来减少风力机的噪声。

（2）对鸟类的伤害。风力机的运行常常会对鸟类造成伤害，如鸟被叶片击落。大型风力场也影响附近鸟类的繁殖和栖息。虽然许多研究表明上述影响不大，但对一些特殊地区，例如鸟类大规模迁徙的路线上，应充分考虑对鸟类的影响，在选址上避开。

（3）对景观的影响。风力机或因其庞大，或因其数量多（大型风力电场风力机可多达数百台），势必对视觉景观产生影响，对人口稠密和风景秀丽区域更是如此。对这一问题，处理得好，会产生正面影响，使风力机变为一个景观；而处理不好，则会产生严重的负面效应。因此在风景区和文化古迹区，安装风力机应慎重。

（4）对通信的干扰。风力机运行会对电磁波产生反射、散射和衍射，从而对无线通信产生某种干扰。在建设大型风力场时应考虑这一因素。

复习思考题

14-1 简述风能的特点和资源状况。
14-2 简述风的形成原因以及风的变化特点。
14-3 已知某森林中，距森林地面50m处的风速为9.8m/s，求距地面380m处的风能密度。
14-4 简述风能的特点和风能密度的计算方法。
14-5 简述风的级别和不同级别风的特点。
14-6 简述风能利用的方式和特点。
14-7 简述风力发电系统的总成本、风力发电的现状和发展趋势，以及影响风力发电发展的因素。
14-8 风力发电对环境有何影响？

15 核　　能

15.1 概　　述

15.1.1 核能发展简史

核能（Nuclear Energy），又称原子能。是由于原子核内部结构发生变化而释放出的能量，是核反应或核跃迁时释放的能量，例如重核裂变、轻核聚变时释放的巨大能量。核能是人类历史上的一项伟大发明，这离不开早期西方科学家的探索发现，他们为核能的应用奠定了基础。

19 世纪末英国物理学家汤姆逊发现了电子；1895 年德国物理学家伦琴发现了 X 射线；1896 年法国物理学家贝克勒尔发现了放射性；1898 年居里夫人与居里先生发现新的放射性元素钋；1902 年居里夫人经过 4 年的艰苦努力又发现了放射性元素镭；1905 年爱因斯坦提出质能转换公式；1914 年英国物理学家卢瑟福通过实验，确定氢原子核是一个正电荷单元，称为质子；1935 年英国物理学家查得威克发现了中子；1938 年德国科学家奥托·哈恩用中子轰击铀原子核，发现了核裂变现象；1942 年 12 月 2 日美国芝加哥大学成功启动了世界上第一座核反应堆；1945 年 8 月 6 日和 9 日美国将两颗原子弹先后投在了日本的广岛和长崎；1954 年前苏联建成了世界上第一座核电站——奥布灵斯克核电站。

在 1945 年之前，人类在能源利用领域只涉及物理变化和化学变化。“二战”时，原子弹诞生了。人类开始将核能运用于军事、能源、工业、航天等领域。美国、俄罗斯、英国、法国、中国、日本、以色列等国相继展开对核能应用前景的研究。

15.1.2 核能的来源

人类生活中利用的大多是化学能。化石燃料燃烧时，燃料中的碳原子和空气中的氧原子结合，同时放出一定的能量。这种原子结合和分离使得电子的位置和运动发生变化，从而释放出的能量称为化学能。显然它与原子核无关。

如果设法使原子核结合或分离，是否也能释放出能量呢？近百年来科学家持之以恒的努力给予的答案是肯定的。这种由于原子核变化而释放出的能量，早先通俗地称为原子能。因为原子能实际上是由于原子核发生变化而引起的，因此应该确切地称之为原子核能。经过科学家们多年的宣传，现在广大公众已了解原子能实际上是“核”的功劳，于是现在简洁的称呼“核能”取代了“原子能”，“核弹”、“核武器”取代了“原子弹”和“原子武器”。

核能来源于将核子（质子和中子）保持在原子核中的一种非常强的作用力——核力。试想，原子核中所有的质子都是带正电的，当它们挤在一个直径只有 10^{-13} cm 的极小空间内时，其排斥力该有多么大！然而质子不仅没有飞散，相反还和不带电的中子紧密地结合在一起。这说明在核子之间还存在一种比电磁力要强得多的吸引力，科学家称这种力为核力。核力和人们熟知的电磁力以及万有引力完全不同，它是一种非常强大的短程作用力。当核子间的相对距离小于原子核的半径时，核力显得非常强大；但随着核子间距离的增加，核力迅速减小，一旦超出原子核半径，核力很快下降为零。而万有引力和电磁力都是长程力，它们的强度虽会随着距离的增加而减小，但却不会为零。

科学家在研究原子核结合时发现，原子核结合前后核子质量相差甚远。例如氦核是由4个核子（2个质子和2个中子）组成，对氦核的相对质量测量时发现，其相对质量为4.002663相对原子质量单位，而若将4个核子的相对质量相加，则应为4.032980相对原子质量单位。这说明氦核结合后的相对质量发生了“亏损”，即单个核的相对质量要比结合成核的核子相对质量数大。这种“相对质量亏损现象”正是缘于核子间存在的强大核力。核力迫使核子间排列得更紧密，从而引发相对质量减少的“怪”现象。正如第一章中指出的，根据爱因斯坦的质能关系，这一部分亏损相对质量转换为能量，相对质量和能量之间的关系则由式（15-1）确定。

$$E = mc^2 \tag{15-1}$$

氦核的相对质量亏损所形成的能量为E=28.30MeV。当然就单个氦核而言，相对质量亏损所形成的能量很小，但对1g氦而言，它释放的能量就大得惊人，达6.78×10^{11}J，即相当于19×10^4kW·h的电能。由于核力比原子核与外围电子之间的相互作用力大得多，因此核反应中释放的能量就要比化学能大几百万倍。科学家将这种由核子结合成原子核时所放出的能量称为原子核的总结合能。由于各种原子核结合的紧密程度不同，原子核中核子数不同，因此总结合能也会随之变化。由于结合能上的差异，产生了两种利用核能的不同途径：核裂变和核聚变。

核裂变又称核分裂，它是将平均结合能比较小的重核设法分裂成两个或多个平均结合能大的中等质量的原子核，同时释放出核能。重核裂变一般有自发裂变和感生裂变两种方式。自发裂变是重核本身不稳定造成的，故其半衰期都很长，如纯铀自发裂变的半衰期约为45亿年，因此要利用自发裂变释放出的能量是不现实的。感生裂变是重核受到其他粒子（主要是中子）轰击时裂变成两块质量略有不同的较轻的核，同时释放出能量和中子。一个铀核受中子轰击发生感生裂变时所释放的能量如表15-1所示。核发生感生裂变释放出的能量才是人们可以加以利用的核能。

表15-1 铀核裂变时所放出的能量

能量组成		能量/MeV	质量分数/%
核裂变碎片的动能	重核	69	32.9
	轻核	98	48.1
瞬发γ射线的能量		7.8	3.8
裂变中子的动能		4.9	2.4
裂变碎片及其衰变产物β粒子的能量		9	4.4
裂变碎片及其衰变产物γ粒子的能量		7.2	3.5
中微子的能量		10	4.9
总计		203.9	100

图 15-1 是核裂变链式反应的示意图。从图上可以看出，每个铀核裂变时会产生 2～3 个中子，这些中子又会轰击其他铀核，使其裂变并产生更多的中子，这样一代一代发展下去，就会形成一连串的裂变反应。这种连续不断的核裂变过程就称为链式反应。显然，控制中子数的多寡就能控制链式反应的强弱。最常用的控制中子数的方法是用善于吸收中子的材料制成控制棒，并通过控制棒位置的移动来控制维持链式反应的中子数目，从而实现可控核裂变。镉、硼、铬等材料吸收中子能力强，常用来制作控制棒。

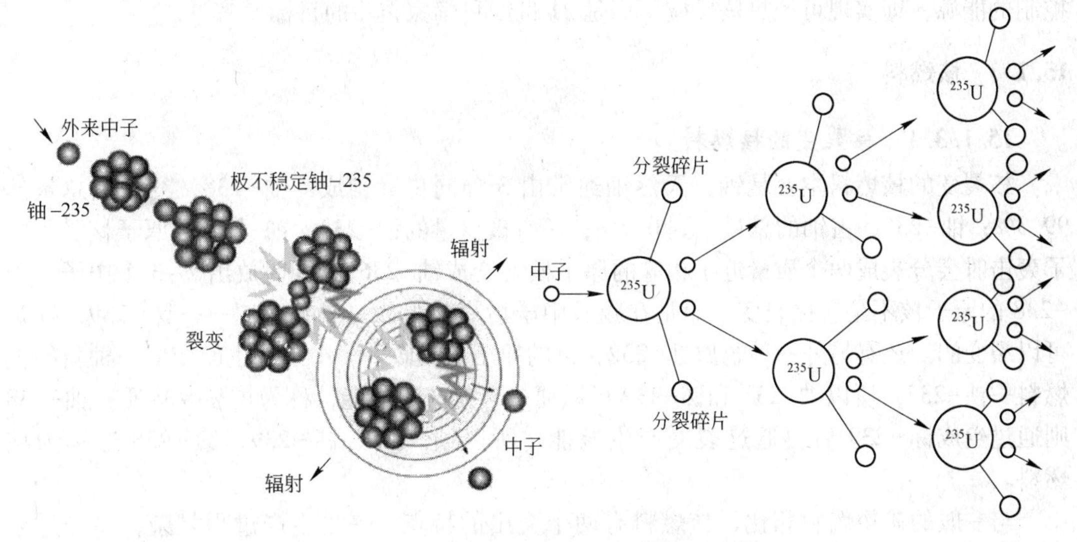

图 15-1 核裂变链式反应的示意图

核聚变又称热核反应，它是将平均结合能较小的轻核（如氘和氚）在一定条件下聚合成一个较重的平均结合能较大的原子核，同时释放出巨大的能量，如图 15-2 所示。由于原子核间有很强的静电排斥力，一般条件下发生核聚变的概率很小，只有在几千万摄氏度的超高温下，轻核才有足够的动能去克服静电斥力而发生持续的核聚变。由于超高温是核聚变发生必需的外部条件，所以又称核聚变为热核反应。

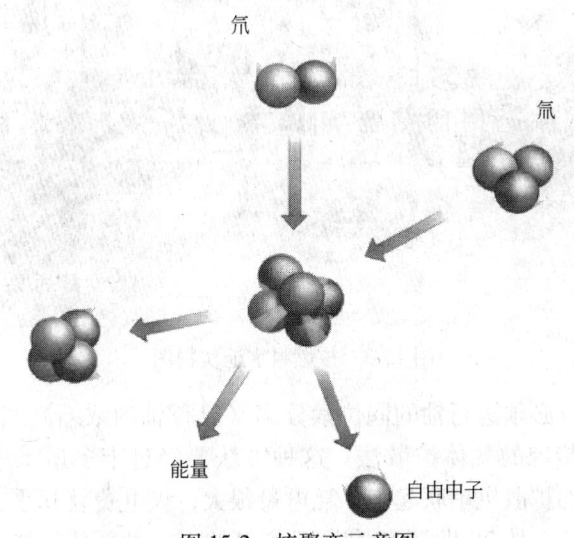

图 15-2 核聚变示意图

由于原子核的静电斥力同其所带电荷的乘积成正比，所以原子序数越小，质子数越少，聚合所需的动能就越少，温度就越低。因此，只有一些较轻的原子核（如氢、氘、氚、氦、锂等）才容易释放出聚变能。最常见的聚合反应是氘和氚的反应：

$$_{1}^{2}\mathrm{H}+_{1}^{3}\mathrm{H}\longrightarrow_{2}^{4}\mathrm{He}+_{0}^{1}\mathrm{n} \tag{15-2}$$

它释放的能量是铀裂变反应的5倍。由于核聚变要求很高的温度，目前只有在氢弹爆炸和由加速器产生的高能粒子的碰撞中才能实现。使聚变能能够持续地释放，成为人类可控制的能源，即实现可控热核反应，仍是21世纪科学家奋斗的目标。

15.1.3 核燃料

15.1.3.1 核裂变的核燃料

核裂变的核燃料主要是铀。天然铀通常由3种同位素构成：铀-238，约占铀总量的99.3%；铀-235，占铀的总量不到0.7%；还有极少量的铀-234。铀-235的原子核受到中子轰击时会分裂成两个质量近于相等的原子核（变成铀-236），同时放出2~3个中子。铀-238的原子核不是直接裂变，而是在吸收中子后变成另外一种核燃料——钚-239，钚是可以裂变的。还有另外一种金属钍-232，它的原子核吸收一个中子后也能变成一种新的核燃料—铀-233。所以铀-235和钚-239可以通过裂变产生核能，称为核裂变物质；铀-238则通过生成钚-239后再通过裂变产生核能。所以铀-235、钚-239、铀-238通称为核燃料。

与一般的矿物燃料相比，核燃料有两个突出的特点：一是生产过程复杂，要经过采矿、加工、提炼、转化、浓缩、燃料元件制造等多道工序才能制成可供反应堆使用的核燃料；二是还要进行"后处理"。基于以上原因，目前世界上只有为数不多的国家能够生产核燃料。图15-3为核燃料水池实物图。

图15-3 核燃料水池实物图

为了生产浓缩铀，必须进行铀的同位素分离（又称铀的浓缩）。目前世界各国使用的铀浓缩方法基本上是传统的气体扩散法。这种方法要经过十多道工序，才能获得最终产品，且需使用成千台的扩散机串联起来，耗电量很大，仅电费就几乎占总成本的一半，而且建厂投资大，周期长。从20世纪70年代后期开始，一种新的气体离心法问世。这种方法是使铀气体在离心机的高速旋转中把铀-235和铀-238分离。离心机转子的转速很高，达$(5\sim10)\times10^4$r/min。这种方法的优点是耗电量小，只需气体扩散法的1/10，此外单机分离效率高。

激光分离法是一种很有前途的铀浓缩方法。它是采用两种不同波长的激光照射铀蒸气，使铀-235优先电离而从铀的同位素中分离出来。这种方法成本低，据估计其造价仅为采用气体离心法的1/3。

核燃料的另一特征是能够循环使用。化石燃料燃烧后，剩下的是不能再燃烧的灰渣。而核燃料在反应堆中除未用完剩下部分核燃料外，还能产生一部分新的核燃料，这些核燃料经加工处理后可重新使用。所以为了获得更多的核燃料，也为了妥善处理这些核废料，从用过的核燃料中回收这一部分核燃料就显得特别重要。

所谓核燃料循环，就是指对核燃料的反复使用。当然在反复使用过程中核燃料也是逐步消耗的。具体而言，核燃料循环可分为三步：第一步是从铀矿开采直至制成核反应堆的燃料元件，称为“前处理过程”；第二步是核燃料在反应堆中的使用过程，在使用过程中一部分核燃料残留下来需要后处理，还有一部分铀-238转化成钚-239、钚-241等新的核燃料；第三步是“后处理过程”，即反应堆中使用过的核燃料送往特殊的后处理工厂进行化学处理，以回收未燃尽的铀-235和新生的燃料钚-239。目前在后处理工厂中通常采用一种以磷酸三丁酯为萃取剂的水法工艺流程。通过后处理还可以获得一些贵金属和放射性同位素，它们在工农业和医学上都有着广泛的用途。

地球上的铀储量有限，已探明的仅500×10^4t，其中有经济开采价值的仅占一半，为此人们想方设法地在寻找铀资源。经过多年的研究，人们发现海水中也含有铀，据估计，虽然每1000t海水中仅含铀3g，但全球有15×10^{14}t海水，因而含铀总量高达45×10^8t，几乎比陆地上的铀含量多千倍。如按热值计算，45t铀裂变约相当于10^8t优质煤，比地球上全部煤的地质储量还多千倍。因此从20世纪70年代开始，一些发达国家已开始着手研究海水提铀技术。目前各国开发的海水提铀工艺技术有沉淀法、吸附法、浮选法和生物浓缩法等，其中吸附法比较成熟。它是利用一种特殊的吸附剂将海水中的铀富集到吸附剂上，然后再从吸附剂上分离出铀。但海水提铀在现阶段还存在一些经济和技术上的问题，特别是提铀的成本太高。不过随着科学的发展，如将海水提铀和波浪发电、海水淡化、海水化学资源的提取等结合起来，海水提铀的前景是非常光明的，而且还将为海洋的综合利用开辟更广阔的天地。

15.1.3.2　核聚变的核燃料

科学家们经过多年的努力，发现最容易实现核裂变反应的是原子核中最轻的核，如氢、氘、氚、锂等。其中最容易实现的热核反应是氘和氚聚合成氦的反应。据计算，1g重氢（氘）和超重氢（氚）燃料在聚变中所产生的能量相当于8t石油，比1g铀-235裂变时产生的能量要大5倍。因此氘和氚是核聚变最重要的核燃料。

作为核燃料之一的氘，地球上的储量特别丰富，每升海水中即含氘0.034g（虽然每6000个氢原子里只有1个氘原子，但一个水分子里有2个氢原子），地球上有15×10^{14}t海水，故海水中的氘含量即达450×10^8t，因此几乎是取之不竭的。作为另一种核燃料氚就是另外一种情况，海水里的氚含量极少，因此不能像氘一样从海水里分离出来，而只能从地球上藏量很丰富的锂矿里分离出来。此外还有另一种获得氚的方法，即把含氘、锂、硼或氮原子的物质放到具有强大中子流的原子核反应堆中，或者用快速的氘原子核去轰击含有大量氘的化合物（如重水），也可以得到氚。值得注意的是，海水中也含有丰富的锂，每立方米海水中锂的含量多达 0.17g。

正由于核聚变的核燃料丰富，释放的能量大，聚变中的氢及聚变反应生成的氦都对环境无害，因此尽快实现可控的核聚变反应是 21 世纪人类面临的共同任务。

15.1.4　世界核能利用的现状

从前苏联建成第一座核电站至今，世界核电得到了迅速发展。特别是 20 世纪 70 年代后，核电技术的成熟和中东战争引发的石油危机，更促成了核电发展的高潮，截至 1999 年，全世界有 29 个国家的 433 座核电站在运行。其中美国 104 座，法国 59 座，日本 53 座，分别居前 3 位。从核电占电能的比例看，法国以 75%居首位，超过 40%的国家还有立陶宛、比利时、保加利亚、斯洛伐克、瑞典、乌克兰和韩国。目前全世界核电提供的电能占世界电力供应的 17%，为此每年可以减少 23×10^8 tCO_2的排放量，这意味着如果不使用核电，全世界 CO_2的排放量将增加 10%。

然而在过去 10 年中，核电变成了一个备受争议的话题，它已从世界发展最快的能源变为发展最慢的能源，远远落后于石油甚至煤炭之后。例如，欧洲许多国家不但不建核电站，反而讨论如何迅速关闭核电站。究其原因，主要是美国三里岛和前苏联切尔诺贝利核电站事故引起公众对核的恐惧。但是这种恐核心理导致的核电发展停滞，已带来严重的负面影响，例如，1999 年瑞典核电占 47%，因为关闭核电站，只能被迫向丹麦燃煤电厂购电，不但电费上涨，而且导致西欧 CO_2的排放总量超标。现在德国、瑞士等国也不得不暂缓关闭核电站。由于电力紧张，美国也中止了暂停建核电站的规定，重新启动核电站建设计划。

与欧美发达国家相反，亚洲由于经济迅速崛起，核电发展方兴未艾，亚洲目前共有 90 座核电站在运行，其中 2/3 集中在日本。韩国、中国、印度、巴基斯坦等仍有许多座新核电站在建设之中。由于先进堆型的开发，核电技术的不断完善，核安全程度越来越高，加上全球经济的迅速发展，以及为了解决温室气体排放及酸雨等环境问题，核电在未来 20 年又将有一个新的发展，对发展中国家更是如此。美国能源部统计，1999 年底工业化国家、东欧和俄罗斯等国、发展中国家占世界核电的比例分别为 79.7%、13.0%、7.3%，而到 2020 年这一比例将变为 70.1%、10.8%、19.0%。表 15-2 为 2015~2025 年世界核电能力的预测。

表 15-2　2015~2025 年世界核电能力的现状及预测　　(kW)

地　区	2015 年	2020 年	2025 年
美国	79.5×10^6	71.6×10^6	69.6×10^6
法国	64.3×10^6	63.1×10^6	62.1×10^6
英国	8.1×10^6	5.3×10^6	4.0×10^6
东欧	10.6×10^6	10.6×10^6	10.1×10^6
俄罗斯	17.6×10^6	13.1×10^6	12.3×10^6
乌克兰	13.1×10^6	13.1×10^6	13.1×10^6

续表 15-2

地　区	2015 年	2020 年	2025 年
日本	56.6×10^6	56.6×10^6	56.6×10^6
韩国	19.4×10^6	22.1×10^6	25.0×10^6
其他国家	81.4×10^6	76.6×10^6	87.8×10^6
世界总计	362.3×10^6	350.9×10^6	340.6×10^6

我国核电现有装机容量不足 900×10^4kW，由于经济的发展和煤炭供应紧张，我国的核电将有一个很大的发展。估计到 2020 年，我国核电装机容量有可能达到（3600~4000）×10^4kW，约占全国电力装机容量（9.23×10^8kW）的 4%。核电在我国虽然起步较晚，但已取得良好的效益。仅以目前投入运行的大亚湾核电站、岭澳核电站一期为例，与同等规模的燃煤电站相比，每年能减少燃煤消耗 1200×10^4t，只需要 120t 核燃料，不仅大大缓解了日益严重的交通运输压力，而且大大降低了导致温室效应和酸雨的气体年排放量，包括二氧化碳 2400×10^4t、二氧化硫 20×10^4t、氮氧化物 12×10^4t。

关于核电与煤电的成本，国际上对此已做过比较，法国的煤电成本是核电的 1.75 倍，德国为 1.64 倍，意大利为 1.57 倍，日本为 1.51 倍，韩国为 1.7 倍，美国的核电成本早在 1962 年就低于煤电了。

15.2 原子核物理基础

核能的理论基础是原子核物理，在世界第一座核反应堆建成以前的几十年，原子核物理经历了快速发展的黄金时期，其研究成果大都代表当时物理学前沿方向的最新进展。本书简述原子核的裂变与聚变相关的核物理理论基础。

15.2.1 原子和原子核的结构与性质

15.2.1.1 原子与原子核的结构

现代物理知识已清楚世界上一切物质都是由原子构成。任何原子都是由原子核和围绕原子核旋转的电子构成。原子核比较重，带有正电荷；电子轻带有负电荷，它们位于围绕原子核的满足量子态条件的轨道上。原子核本身由带正电荷的质子和不带电的中子两种核子组成。质子的电荷量与电子的电荷量相等而符号相反。原子核中的质子数称为原子序数，它决定原子属于何种元素，质子数与中子数之和称为该原子核的质量数，用符号 A 表示。

15.2.1.2 原子与原子核的质量

原子质量采用原子质量单位，记作 u（是 unit 的缩写）。一个原子质量单位的定义是 $1\text{u}={}^{12}\text{C}$ 原子质量/12，称为原子质量碳单位。原子质量单位与 kg 之间的换算关系为 $1\text{u}=12/(2N_A)=1.6605387\times10^{-27}\text{kg}$。其中 $N_A=(6.0221367\pm0.0000036)\times10^{23}\text{mol}^{-1}$，是阿伏伽德罗常量。

核素用下列符号表示：${}^A_Z\text{X}_N$，其中 X 表示核素符号，A 是质量数，Z 是质子数，N 是中子数，且 $A=N+Z$。质子数相同，中子数不同的核素称为同位素，如 ${}^{235}\text{U}$ 和 ${}^{238}\text{U}$ 是铀的两种天然同位素。

15.2.1.3 原子核的半径与密度

实验表明，原子核是接近于球形的。通常采用核半径表示原子核的大小，其宏观尺度很小，数量级为 $10^{-13} \sim 10^{-12}$ cm。核半径是通过原子核与其他粒子相互作用间接测得的，有两种定义，即核力作用半径和电荷分布半径。实验测得核力作用半径 R_N 可近似为：

$$R_N \approx r_0 A^{1/3} \tag{15-3}$$

式中，$r_0 = (1.4 \sim 1.5) \times 10^{-13}$ cm $= (1.4 \sim 1.5)$ fm。

核内电荷分布半径就是质子分布半径 R_c，实验得到的经验关系表示为：

$$R_c \approx 1.1 \times A^{1/3} \text{fm} \tag{15-4}$$

显然，电荷分布半径 R_c 比核力作用半径 R_N 要小一些。

15.2.2 放射性与核的稳定性

15.2.2.1 放射性衰变的基本规律

1896 年，贝可勒尔（Hendrik Antoon Becquerel）发现铀矿物能发射出穿透力很强、能使照相底片感光的不可见的射线。在磁场中研究该射线的性质时，发现它是由下列三种成分组成：

（1）在磁场中的偏转方向与带正电的离子流偏转相同的射线；

（2）在磁场中的偏转方向与带负电的离子流偏转相同的射线；

（3）K 发生任何偏传的射线。

这三种成分的射线分别称为 α、β 和 γ 射线。α 射线是高速运动的氦原子核（又称 α 粒子）组成的，它在磁场中的偏转方向与正离子流的偏转相同，电离作用大，穿透本领小；β 射线是高速运动的电子流，它的电离作用较小，穿透本领较大；γ 射线是波长很短的电磁波，它的电离作用小，穿透本领大。

原子核自发地放射出 α 射线或 β 射线等粒子而发生的核转变称为核衰变。在 α 衰变中，衰变后的剩余核 Y（通常叫子核）与衰变前原子核 X（通常叫母核）相比，电荷数减少 2，质量数减少 4。可用下式表示：

$$^{A}_{Z}\text{X} \longrightarrow {}^{A-4}_{Z-2}\text{Y} + {}^{4}_{2}\text{He} \tag{15-5}$$

β 衰变可细分为三种，放射电子的称为 β^- 衰变，放射正电子称为 β^+ 衰变，俘获轨道电子的称为轨道电子俘获。子核和母核的质量数相同，只是电荷数相差 1，是相邻的同量异位素。三种 β 衰变可分别表示为：

$$^{A}_{Z}\text{X} \longrightarrow {}^{A}_{Z-1}\text{Y} + e^- \tag{15-6}$$

$$^{A}_{Z}\text{X} \longrightarrow {}^{A}_{Z-1}\text{Y} + e^+ \tag{15-7}$$

$$^{A}_{Z}\text{X} + e^- \longrightarrow {}^{A}_{Z-1}\text{Y} \tag{15-8}$$

其中，e^- 和 e^+ 分别代表电子和正电子。γ 放射既与 γ 跃迁相联系，也与 α 衰变或 β 衰变相联系。α 和 β 衰变的子核往往处于激发态。处于激发态的原子核要向基态跃迁，这种跃迁称为 γ 跃迁。γ 跃迁不导致核素的变化。

实验表明，任何放射性物质在单独存在时都服从指数衰减规律：

$$N(t) = N_0 e^{-\lambda t} \tag{15-9}$$

式中，比例系数 λ 称为衰变常量，是单位时间内每个原子核的衰变概率；N_0是在时间 $t=0$ 时的放射性物质的原子数。放射性衰变的指数衰减规律只适用于大量原子核的衰变，对少数原子核的衰变行为只能给出概率描述。实际应用感兴趣的是放射性活度 $A(t)$，且有：

$$A(t)=\frac{\mathrm{d}N(t)}{\mathrm{d}t}=\lambda N(t)=\lambda N_0\mathrm{e}^{-\lambda t}=A_0\mathrm{e}^{-\lambda t} \tag{15-10}$$

放射性活度和放射性核数具有同样的指数衰减规律。半衰期 $T_{1/2}$是放射性原子数衰减到原来数目的一半所需的时间，平均寿命 τ 是放射性原子核平均生存的时间。$T_{1/2}$、τ、λ 不是各自独立的，有如下关系：

$$T_{1/2}=\frac{\ln 2}{\lambda}=\tau\ln 2=0.693\tau \tag{15-11}$$

原子核的衰变往往是一代又一代地连续进行，直到最后达到稳定为止，这种衰变称为递次衰变，或称为连续衰变，例如：Thorium（钍）—Radium（镭）—Actinium（锕）

$$^{232}\mathrm{Th}\xrightarrow{\alpha}{}^{228}\mathrm{Ra}\xrightarrow{\beta^-}{}^{228}\mathrm{Ac}\xrightarrow{\beta^-}{}^{228}\mathrm{Th}\xrightarrow{\alpha}\cdots\longrightarrow{}^{208}\mathrm{Pb} \tag{15-12}$$

在任何一种放射性物质被分离后都满足式（15-9）的指数规律，但混在一起就很复杂，按如下递次规律衰变：

$$N_1(t)=N_1(0)\mathrm{e}^{-\lambda_1 t},\ N_2(t)=\frac{\lambda_1}{\lambda_2-\lambda_1}N_1(0)(\mathrm{e}^{-\lambda_1 t}-\mathrm{e}^{-\lambda_2 t}),\ \cdots$$

$$N_n(t)=N_1(0)\left[\sum_{i}^{n}h_i\mathrm{e}^{-\lambda_i t}\right] \tag{15-13}$$

$$h_i=\prod_{j=1}^{n-1}\lambda_j\Big/\prod_{j\in(1,\ \cdots,\ n),\ j\neq i}(\lambda_j-\lambda_i),\ i=1,\ 2,\ \cdots,\ n$$

人们关注放射性物质的多少通常不用质量单位，而是其放射性活度，即单位时间的衰变数的大小。由于历史的原因，过去放射性活度的常用单位是居里（Curie，简记为 Ci）。1950 年以后硬性定义：1Ci 放射源每秒产生 3.7×10^{10} 次衰变。因此，$1\mathrm{Ci}=3.7\times10^{10}\ \mathrm{s}^{-1}$。国际标准 SI 制用 Becequerel 表示放射性活度的单位．简记为 Bq，表示每秒的衰变次数，它与居里的换算关系是 $1\mathrm{Ci}=3.7\times10^{10}\mathrm{Bq}$。

在实际应用中，经常用到“比活度”和“射线强度”这两个物理量。比活度是放射源的放射性活度与其质量之比，它的大小表明了放射源物质的纯度的高低。射线强度是指放射源在单位时间放出某种射线的个数。如果某放射源（$^{32}\mathrm{P}$）一次衰变只放出一个粒子，那么射线强度与放射性活度相等。对某些放射源，一次衰变放出多个射线粒子，如$^{60}\mathrm{Co}$，一次衰变放两个 γ 光子，则它的射线强度是放射性活度的两倍。

15.2.2.2 原子核的结合能

根据相对论，具有一定质量 m 的物体，它相应具有的能量 E 可以表示为：

$$E=mc^2 \tag{15-14}$$

式中，c 是真空中的光速和粒子运动速度的极限，称为质能联系定律。该粒子的静止质量为 m_0。以速度 u 运动的粒子动量 p 的表达式为：

$$p=mu \tag{15-15}$$

联立式（15-14）和式（15-15），可导出，

$$E^2 = p^2c^2 + m_0^2c^4 \tag{15-16}$$

此式表示运动粒子的总能量 E、动量 p 和静止质量 m_0 之间的关系，是相对论的重要公式。以速度 u 运动的粒子的动能 E_k 是总能量 E 与静止质量对应的能量 m_0c^2 之差：

$$E_k = E - m_0c^2 \tag{15-17}$$

对于运动速度远小于光速（$u \ll c$）的经典粒子，可导出 $p^2c^2 \ll m_0^2c^4$，与经典力学结论相同。

$$E_k = E - m_0c^2 = m_0c^2\left[\left(1 + \frac{p^2c^2}{m_0^2c^4}\right)^{1/2} - 1\right] \approx \frac{p^2}{2m_0} \tag{15-18}$$

对于光子，它的静止质量为零（$m_0=0$），有：

$$E_k = E = cp \tag{15-19}$$

虽然光子的静止质量为零，但它的质量不为零，由光子的能量 E 所确定，即有 $m=E/c^2$。对于高速电子，它的静止质量虽不为零，但 $u \approx c$，它的能量很大 $E \gg m_0c^2$，它的动能 E_k 近似等于 pc，与光子的情况相近。

考虑到光速是一个常量，对式（15-14）中第一等式两边取差分，可得：

$$\Delta E = \Delta mc^2 \tag{15-20}$$

上式表明物质的质量和能量有密切关系，只有其中一种属性的物质是不存在的。1u 质量对应的能量很小。原子核物理中，通常用电子伏特（eV）作为能量单位，它与焦耳（J）的换算关系是：$1\text{eV}=1.60217646\times10^{-19}\text{J}$。可以算出 $1\text{u}=931.494\text{MeV/C}^2$，对静止质量 $m_e=5.4858\times10^{-4}u=0.51100\text{MeV/C}^2$，或者 $E_e=m_ec^2=511.0\text{keV}$。实验发现，原子核的质量总是小于组成它的核子的质量和。具体计算总涉及核素的原子质量，通用的表示规则是：

$$\Delta M(Z, A) = m(Z, A) + Zm_e - Be(Z)/c^2 \tag{15-21}$$

式中，M 是核素对应的原子质量，m 是核的质量；$Be(Z)$ 是电荷数为 Z 的元素电子结合能。因为电子结合能对总质量亏损的贡献很小，一般不考虑电子结合能的影响。通常把组成某一原子核的核子质量与该原子核质量之差称为原子核的质量亏损，即：

$$\Delta M(Z, A) = ZM(^1\text{H}) + (A - Z)m_n - M(Z, A) \tag{15-22}$$

实验发现，所有的原子核都有正的质量亏损，$M(Z, A)>0$。质量亏损 ΔM 对应的核体系变化前后的动能变化是：

$$\Delta E = \Delta Mc^2 \tag{15-23}$$

$\Delta M>0$，变化后质量减少，$\Delta E>0$，称放能变化。对 $\Delta M<0$ 的情况，体系变化后静止质量增大，相应有 $\Delta E<0$，这种变化称吸能变化。自由核子组成原子核所释放的能量称为原子核的结合能。核素的结合能通常用 $B(Z, A)$ 表示，根据相对论质能关系：

$$B(Z, A) = \Delta M(Z, A)c^2 \tag{15-24}$$

不同核素的结合能差别很大，一般核子数 A 大的原子核结合能 B 也大。原子核平均每个核子的结合能称为比结合能，用 ε 表示：

$$\varepsilon \equiv B(Z, A)/A \tag{15-25}$$

比结合能的物理意义是，如果要把原子核拆成自由核子，平均对每个核子所需要做的功。对稳定的核素 ^A_ZX，以 ε 为纵坐标，A 为横坐标作图，可连成一条曲线，称为比结合能曲线（见图 15-4）。从比结合能曲线的特点来看，可以找到核素比结合能的一些规律，总结如下：

（1）当 $A<30$ 时，曲线的趋势是上升的，但有明显的起伏（$A<25$ 时的横坐标刻度拉长了），有峰的位置都在 A 为 4 的整倍数处，称为偶偶核，它们的 Z 和 N 相等，表明对于轻核可能存在 α 粒子的集团结构；

（2）当 $A>30$ 时，比结合能 ε 约为 8MeV 左右，B 几乎正比于 A，说明原子核的结合是很紧的，而原子中电子被原子核的束缚要松得多；

（3）曲线的形状是中间高，两端低，说明当 A 为 50~150 的中等质量时，比结合能 ε 较大，核结合得比较紧，很轻和很重的核（$A>200$）结合得比较松，正是根据这样的比结合能曲线，物理学家推测了原子能的利用。

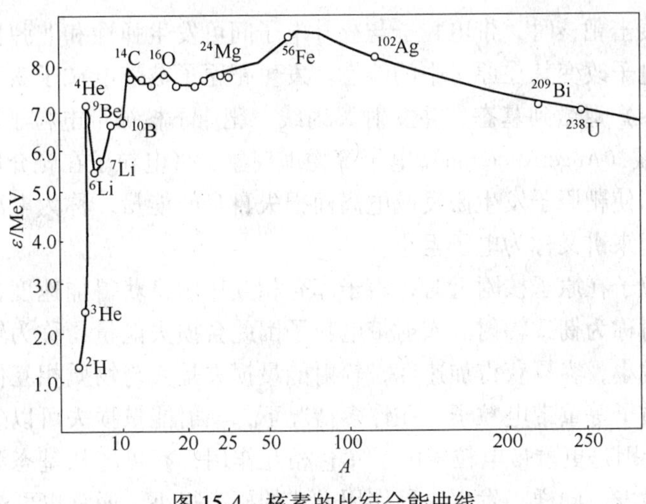

图 15-4 核素的比结合能曲线

15.2.2.3 原子核的稳定性规律

众所周知，原子结合能稳定的核素有一定的分布规律。对 $A<40$ 的原子核，β 稳定线近似为直线，$Z=N$，即原子核的质子数与中子数相等，或 $N/Z=1$。对 $A>40$ 的原子核，β 稳定线的中质比 $N/Z>1$。β 稳定线可用下列经验公式表示：

$$Z = \frac{A}{1.98 + 0.0154A^{2/3}} \tag{15-26}$$

在 β 稳定线左上部的核素，具有 β^- 放射性。在 β 稳定线右下部的核素，具有电子俘获 EC 或在 β^+ 放射性。如 ^{57}Ni 经过 EC 过程或放出 β^+ 转变成 ^{57}Co。再要过 EC 过程转变成 ^{57}Fe，成为稳定核。

β 稳定线表示原子核中的核子有中子、质子对称相处的趋势，即中子数 N 和质子数 Z 相等的核素具有较大的稳定性，这种效应在轻核中很显著。对重核，因核内质子增多，库仑排斥作用增大了，要构成稳定的原子核就需要更多的中子以抵消库仑排斥作用。

稳定核素中有一大半是偶偶核。奇奇核只有 5 种，^{2}H、^{6}Li、^{10}B、^{14}N 和丰度很小的 $^{180}_{73}$Ta。A 为奇数的核有质子数 Z 为奇数和中子数 N 为奇数两类，稳定核素的数目差不多，介于稳定的偶偶核和奇奇核之间。这表明质子、中子各有配对相处的趋势。

15.2.3 射线与物质的相互作用

射线与物质的相互作用与射线的辐射源和辐射强度有关。核辐射是伴随原子核过程发射的电磁辐射或各种粒子束的总称。

15.2.3.1 带电粒子与物质的相互作用

具有一定动能的带电粒子射进靶物质（吸收介质或阻止介质）时，会与靶原子核和核外电子发生库仑相互作用。如带电粒子的动能足够高，可克服靶原子核库仑势垒而靠近到核力作用范围（约 10fm），它们也能发生核相互作用，其作用截面（约 $10^{-26}cm^2$）比库仑相互作用截面（约 $10^{-16}cm^2$）小很多，在分析带电粒子与物质相互作用时，往往只考虑库仑相互作用。

用带电粒子轰击靶核时，带电粒子与核外电子间可发生弹性和非弹性碰撞，这种非弹性碰撞会使核外电子改变其在原子中的能态。发生靶原子被带电粒子激发、受激发的原子很快（10^{-9} ~ 10^{-6}s）退激到基态，并发射 X 射线，靶原子核被带电粒子电离，并出现发射特征 X 射线或俄歇（Auger electron）电子等物理现象。带电粒子在靶介质中，因与靶核外电子的非弹性碰撞使靶原子发生激发或电离而损失自身的能量，称为电离损失，从靶介质对入射离子的作用来讲又称为电子阻止。

当入射带电粒子在原子核附近时，由于库仑相互作用将获得加速度，伴随发射电磁辐射，这种电磁辐射称为韧致辐射。入射带电粒子因此会损失能量，称为辐射能量损失。电子的静止质量非常小，容易获得加速度，辐射能量损失是其与物质相互作用的一种重要能量损失形式。对质子等重带电粒子，在许多情况下，辐射能量损失可以忽略。靶原子核与质子、α 粒子，特别是更重带电粒子由于库仑相互作用，有可能从基态激发到激发态，这个过程称为库仑激发，同样，发生这种作用方式的概率很小，通常也可忽略。

带电粒子还可能与靶原子核发生弹性碰撞，碰撞体系总动能和总动量守恒，带电粒子和靶原子核都不改变内部能量状态，也不发射电磁辐射。但入射带电粒子会因转移部分动能给原子核而损失自身动量，而靶介质原子核因获得动能发生反冲，产生晶格位移形成缺陷，称辐射损伤。入射带电粒子的这种能量损失称为核碰撞能量损失，从靶核来讲又称核阻止。

带电粒子受靶原子核的库仑相互作用，速度 v 会发生变化而发射电磁辐射。由于电子的质量比质子等重带电粒子小三个量级以上，如果重带电粒子穿透靶介质时的辐射能量损失可以忽略的话，那么必须考虑电子产生的辐射能量损失。电子在靶介质铅中，电离和辐射两种能量损失机制的贡献变得大致相同，差不多都为 1.45keV/μm，对能量大于 9MeV 的电子，在铅中的辐射能量损失迅速变成主要的能量损失方式。现在已知，带电粒子穿过介质时会使原子发生暂时极化。当这些原子退出极化时，也会发射电磁辐射，波长在可见光范围（湛蓝色），称为契仑柯夫辐射，γ 在水堆停堆过程中很容易观察到。

15.2.3.2 γ 射线与物质的相互作用

γ 射线、X 射线、正负电子结合发生的湮没辐射、运动电子受阻产生的韧致辐射构成了一种重要的核辐射类别，即电磁辐射。它们都由能量为 E 的光子组成。从与韧质相互作用的角度看，它们的性质并不因起源不同而异，只取决于其组成的光子的能量。本节只以

γ射线与物质的相互作用为例，可推广到其他类似光子的情况。

γ射线与物质相互作用原理明显不同于带电粒子，它通过与介质原子核或核外电子的单次作用损失很大一部分能量或完全被吸收。γ射线与物质相互作用主要有三种：光电效应、康普顿散射和电子-正电子对产生。其他作用如瑞利散射、光核反应等，在通常情况下截面要小得多，所以可以忽略，高能时才须考虑。准直γ射线透射实验发现，经准直后进入探测器的γ相对强度服从指数衰减规律：

$$I/I_0 = e^{-\mu d} \tag{15-27}$$

式中，I/I_0 是穿过吸收介质 d 后γ射线的相对强度，μ 是γ穿过吸收介质的总线性衰减系数（cm^{-1}），包括γ真正被介质吸收和被散射离开准直束两种贡献。总衰减系数 μ 可以分解为光电效应、康普顿散射和电子对效应三部分，即：$\mu=\tau+\sigma+k$。通常采用半衰减厚度 $\chi_{1/2}$ 描述γ射线穿过吸收介质被吸收的行为。$\chi_{1/2}$ 是使初始γ光子强度减小一半所需某种吸收体的厚度，它与总线性衰减系数 μ 之间有如下关系：

$$\chi_{1/2} = \ln 2/\mu = 0.693/\mu \tag{15-28}$$

在实际应用中，常使用质量厚度 $d=\rho\chi$（g/cm^2）描述靶介质对γ射线的吸收特性，而 μ 转换成 μ/ρ（cm^2/g）。因为正电子在介质中只有很短的寿命，当它被减速到静止时会与介质中的一个电子发生湮没，从而在彼此成 180°方向发射两个能量各为 0.511MeV 的γ光子，探测湮没辐射是判断正电子产生的可靠实验证据。

15.2.4 原子核反应

15.2.4.1 原子核反应概述

原子核与其他粒子（例如中子、质子、电子和γ光子等）或者原子核与原子核之间相互作用引起的各种变化叫做核反应，其能量变化可以高达几百 MeV。核反应发生的条件是：原子核或者其他粒子（中子、γ光子）充分接近另一个原子核，一般来说需要达到核力的作用范围（量级为 10^{-13}cm）。可以通过三个途径实现核反应：（1）用放射源产生的高速粒子轰击原子核；（2）利用宇宙射线中的高能粒子来实现核反应，其能量很高，但强度很低，主要用于高能物理的研究；（3）利用带电粒子加速器或者反应堆来进行核反应，是实现人工核反应的主要手段。核反应一般表示为：

$$\mathrm{A+a \longrightarrow B+b} \quad [\text{或简写为 } \mathrm{A(a,b)B}] \tag{15-29}$$

式中，A，a 为靶核与入射粒子；B，b 为剩余核与射出粒子。

按射出的粒子不同，核反应可以分为核散射和核转变两大类。按粒子种类不同，核反应又可分为中子核反应（包括中子散射、中子俘获）、带电粒子核反应以及光核反应和电子引起的核反应。此外，核反应还可根据入射粒子的能量分为低能、中能和高能核反应。在包括加速器驱动清洁核能系统（ADS）在内的新型核能的可利用范围，通常只涉及低、中能核反应。大量实验表明，核反应过程遵守的主要守恒规律有：电荷守恒、质量数守恒、能量守恒、动量守恒、角动量守恒以及宇称守恒。

15.2.4.2 核反应的反应能

核反应过程释放出来的能量，称为反应能，常用符号 Q 来表示。$Q>0$ 的反应是放能反应，$Q<0$ 的反应称吸能反应。考虑了反应能后的核反应可表示为：

$$A+a \longrightarrow B+b+Q \tag{15-30}$$

可利用质量亏损 Δm 计算 Q：

$$Q = \Delta mc^2 = (M_A + M_a - M_B - M_b)c^2 \tag{15-31}$$

每次裂变反应产生的平均反应能大约为 200MeV，因为裂变碎片衰变成裂变产物和过剩中子非裂变俘获都要产生能量，1g ^{235}U 完全裂变所产生的能量为 0.948MW·d。

15.2.4.3 核反应截面与产额

当一定能量的入射粒子轰击靶核时，可能以各种概率引发多种类型的核反应。为了建立分析核反应过程的理论和进行实验测量，引入反应性截面的概念。对一个厚度很小的薄靶，入射粒子垂直通过靶子，其能量变化可以忽略。假设单位面积内的靶核数为 $N_s cm^{-2}$，单位时间的入射粒子数为 Is^{-1}，单位时间内入射粒子与靶核发生的反应数 $N's^{-1}$可表示为：$N'=\sigma IN_s$。比例系数 σ 就称为核反应截面或有效截面，量纲为 cm^2，其物理意义为一个入射粒子同单位面积靶上一个靶核发生反应的概率。σ 是一个很小的量，大多数情况它都小于原子核的横截面，约为 $10^{-24}cm^2$ 的数量级，用靶恩（或靶）为单位，记为 barn 或 b（$1b=10^{-24}cm^2$）。

入射粒子在靶中引起的反应数与入射粒子数之比，称为核反应产额 Y，与反应截面、靶的厚度、纯度、靶材等有关。对大于粒子在靶中的射程 R 的厚靶，有时用平均截面来标反应产额，其定义为 $Y = NR\overline{\sigma(E)}$，其中 $\overline{\sigma(E)} = \int_0^R \sigma(E)\mathrm{d}x/R$。

15.2.4.4 核反应过程和反应机制

韦斯科夫（V. F. Weisskcp）于 1957 年提出了核反应过程分为三阶段描述的理论，如图 15-5 所示。它描绘了核反应过程的粗糙图像。核反应的三个阶段是：独立粒子阶段、复合系统阶段、复合系统分解阶段。直接作用机制作用时间较短，一般为 10^{-22} ~ 10^{-20}s，发射粒子的能谱为一系列单值的能量，角分布不具有对称性，复合核作用时间较长，可长达 10^{-15}s。发射出粒子的能谱接近于麦克斯韦分布，角分布各向同性的或有 90°对称性。

图 15-6 描述了核反应过程各种截面之间的关系。其中，σ_t是总的有效截面，σ_{pot}是势散射截面，σ_{SC}是弹性散射截面，σ_{res}是共振散射截面，σ_a是进入复合系统的吸收截面，σ_{CN}是复合核形成截面，σ_r是反应截面或称为去弹性散射截面，σ_D是直接反应截面。由图，$\sigma_t=\sigma_{pot}+\sigma_{ta}$；$\sigma_t=\sigma_{SC}+\sigma_r$；$\sigma_{SC}=\sigma_{pot}+\sigma_{res}$；$\sigma_a=\sigma_{CN}+\sigma_D$。$\sigma_{CN}$一般不等于 σ_r，只有当 σ_{res}和 σ_D可忽略时，两者才相等。玻耳于 1936 年提出的复合核模型的思路与描述核结构的液滴模型相似，把原子核比拟成液滴，并假设低能核反应分为两个独立的阶段，即复合核形成与复合核衰变，则：

$$\begin{gathered} A_i + a_i \rightarrow C \rightarrow B_j + b_j \\ \sigma_{a_ib_j} = \sigma_{CN}(E_{a_i})W_{b_j}(E^*) \end{gathered} \tag{15-32}$$

式中，C 为复合核，下标 i 和 j 分别对应所有可能的入射反应道和核衰变道，σ_{ab}是反应的截面，$\sigma_{CN}(E_a)$是复合核的形成截面，$W_b(E^*)$为复合核通过发射粒子 b 的衰变概率。利用复合核模型可解释核反应共振现象，计算共振峰处的反应截面，复合核反应过程，以及发射粒子能谱等。

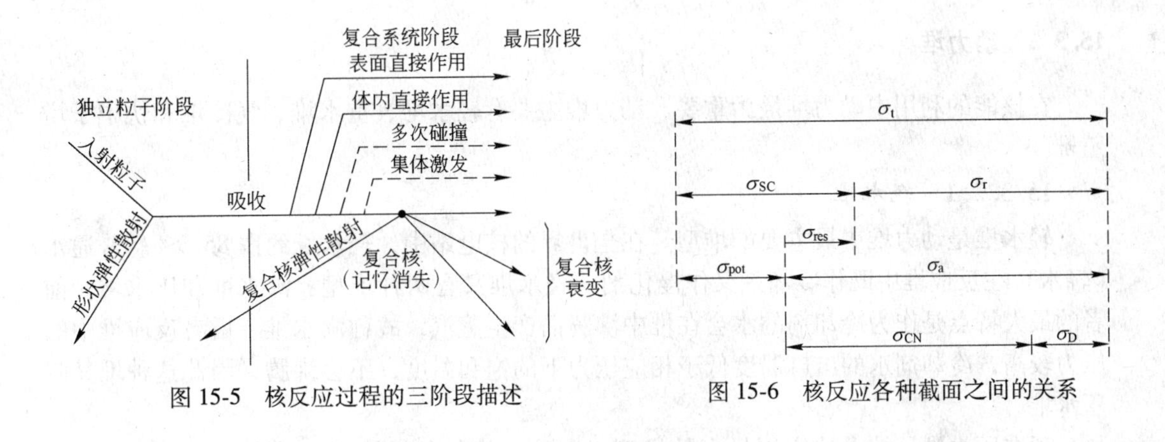

图 15-5　核反应过程的三阶段描述　　　　图 15-6　核反应各种截面之间的关系

15.3 核 反 应 堆

15.3.1 反应堆的分类

实现大规模可控核裂变链式反应的装置称为核反应堆，简称为反应堆，它是向人类提供核能的关键设备。根据反应堆的用途、所采用的燃料、冷却剂与慢化剂的类型以及中子能量的大小，反应堆有许多分类的方法。

（1）按反应堆的用途可分为生产堆、动力堆和试验堆：

1）生产堆：这种堆专门用来生产易裂变或易聚变物质，其主要目的是生产核武器的装料钚和氚；2）动力堆：这种堆主要用作发电和舰船的动力；3）试验堆：这种堆主要用于试验研究，它既可进行核物理、辐射化学、生物、医学等方面的基础研究，也可用于反应堆材料，释热元件、结构材料以及堆本身的静、动态特性的应用研究；4）供热堆：这种堆主要用作大型供热站的热源。

（2）按反应堆采用的冷却剂可分为水冷堆、气冷堆、有机介质堆和液态金属冷却堆：

1）水冷堆：采用水作为反应堆的冷却剂；2）气冷堆：采用氦气作为反应堆的冷却剂；3）有机介质堆：采用有机介质作反应堆的冷却剂；4）液态金属冷却堆：采用液态金属钠作反应堆的冷却剂。

（3）按反应堆采用的核燃料可分为天然铀堆、浓维铀堆和钚堆：

1）天然铀堆：以天然铀作核燃料；2）浓缩铀堆：以浓缩铀作核燃料；3）钚堆：以钚作核燃料。

（4）按反应堆采用的慢化剂可分为石墨堆、轻水堆和重水堆：

1）石墨堆：以石墨作慢化剂；2）轻水堆：以普通水作慢化剂；3）重水堆：以重水作慢化剂。

（5）按核燃料的分布可分为均匀堆和非均匀堆：

1）均匀堆：核燃料均匀分布；2）非均匀堆：核燃料以燃料元件的形式不均匀分布。

（6）按中子的能量可分为热中子堆和快中子堆：

1）热中子堆：堆内核裂变由热中子引起；2）快中子堆：堆内核裂变由快中子引起。

15.3.2 动力堆

在核能的利用中动力堆最为重要。动力堆主要有轻水堆、重水堆、气冷堆和快中子增殖堆。

15.3.2.1 轻水堆

轻水堆是动力堆中最主要的堆型。在全世界的核电站中，轻水堆约占85.9%。普通水（轻水）在反应堆中既作冷却剂又作慢化剂。轻水堆又有两种堆型：沸水堆和压水堆。前者的最大特点是作为冷却剂的水会在堆中沸腾而产生蒸汽，故称沸水堆。后者反应堆中的压力较高，冷却剂水的出口温度低于相应压力下的饱和温度，不会沸腾，因此这种堆又叫压水堆。

现在压水堆是核电站应用最多的堆型，在核电站的各类堆型中约占61.3%。图15-7是压水堆实物图。图15-8是压水堆结构的示意图。由燃料组件组成的堆芯放在一个能承受高压的压力壳内。冷却剂从压力壳右侧的进口流入压力壳，通过堆芯筒体与压力壳之间形成的环形通道向下，再通过流量分配器从堆芯下部进入堆芯，吸收堆芯的热量后再从压力壳左侧的出口流出。由吸收中子材料组成的控制棒组件在控制棒驱动装置的操纵下，可以在堆芯上下移动，以控制堆芯的链式反应强度。

图15-7 压水核反应堆实物图

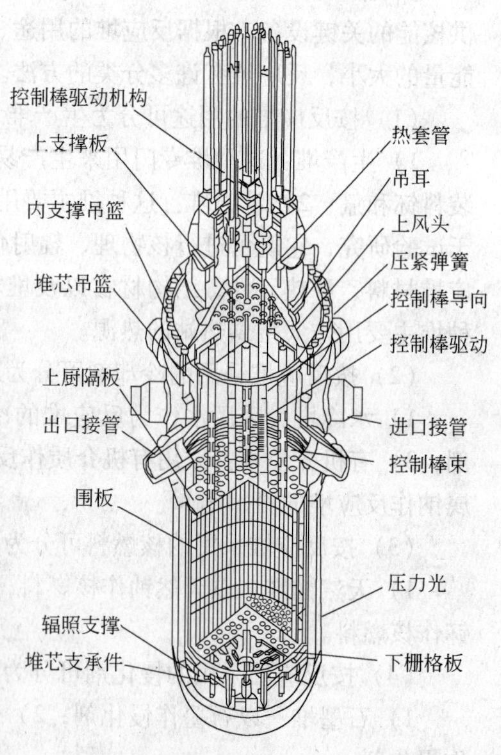

图15-8 压水核反应堆示意图

15.3.2.2 重水堆

重水堆以重水作为冷却剂和慢化剂。由于重水对中子的慢化性能好，吸收中子的概率小，因此重水堆可以采用天然铀作燃料。这对天然铀资源丰富而又缺乏浓缩铀能力的国家是一种非常有吸引力的堆型，在核电站中重水堆约占4.5%。重水堆中最有代表性的加拿大坎杜堆如图15-9所示。

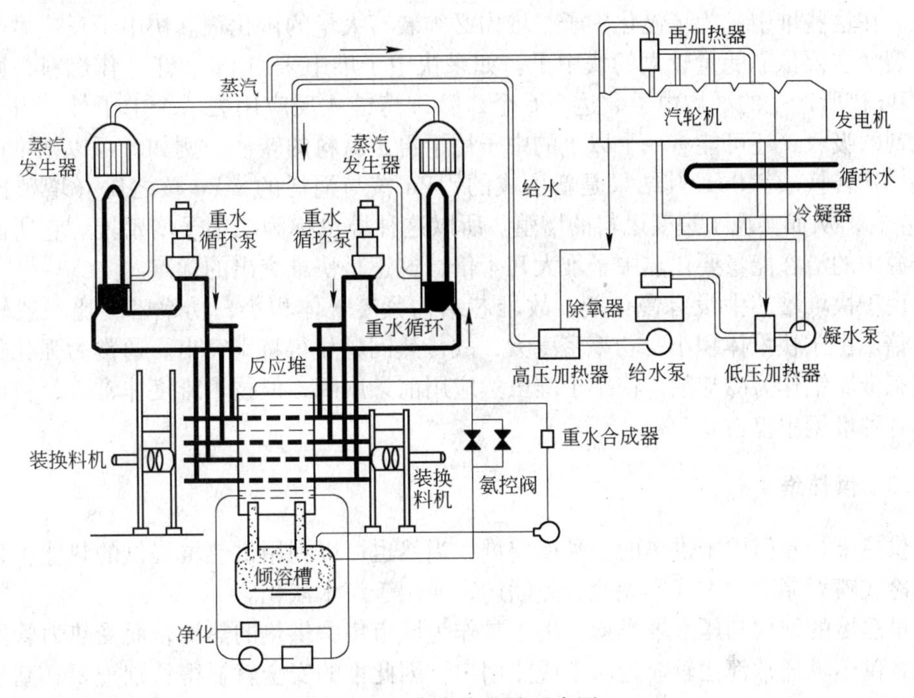

图15-9　加拿大坎杜堆示意图

15.3.2.3　气冷堆

气冷堆是以气体作冷却剂，石墨作慢化剂。气冷堆经历了三代。第一代气冷堆是以天然铀作燃料，石墨作慢化剂，二氧化碳作冷却剂。这种堆最初是为生产核武器装料钚而产生的，后来才发展为产钚和发电两用。这种堆型早已停建。第二代气冷堆称为改进型气冷堆，它是采用低浓缩铀作燃料，慢化剂仍为石墨，冷却剂亦为二氧化碳，但冷却剂的出口温度已由第一代的400℃提高到650℃。第三代为高温气冷堆，其与前两代的区别是采用高浓缩铀作燃料，并用氦作为冷却剂。由于氦冷却效果好，燃料为弥散型无包壳，且堆芯石墨能承受高温，所以堆芯气体出口温度可高达800℃，故称为高温气冷堆。核电站的各种堆型中气冷堆约占2%~3%。除发电外，高温气冷堆的高温氦气还可直接用于需要高温的场合，如炼钢、煤的气化和化工过程等。图15-10是用于发电的高温气冷堆的示意图。

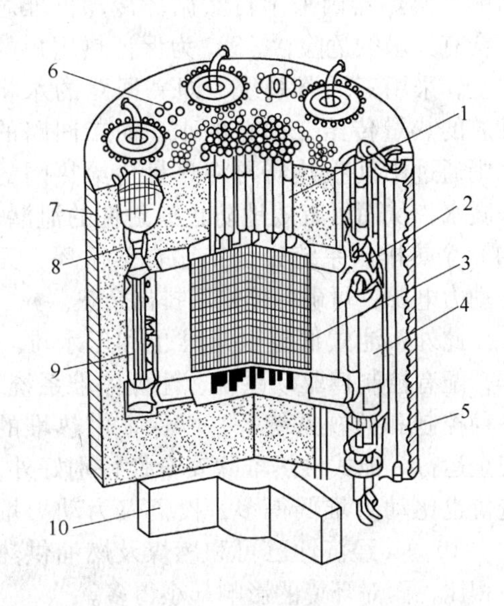

图15-10　发电的高温气冷堆的示意图

1—装卸料通道；2—循环鼓风机；3—反应堆堆芯；4—蒸汽发生器；5—垂直预应力钢筋；6—氦气净化阱；7—预应力混凝土壳；8—辅助循环鼓风机；9—辅助热交换器；10—压力壳支座

15.3.2.4 快中子增殖堆

前述的几种堆型中，核燃料的裂变主要是依靠能量比较小的热中子，都是所谓的热中子堆。在这些堆中，为了慢化中子，堆内必须装有大量的慢化剂。快中子反应堆不用慢化剂，裂变主要依靠能量较大的快中子。如果快中子堆中采用 Pu（钚）作燃料，则消耗一个^{239}Pu 核所产生的平均中子数达 2.6 个，除维持链式反应用去一个中子外，由于不存在慢化剂的吸收，还可能有一个以上的中子用于再生材料的转换。例如，可以把堆内天然铀中的^{238}U 转换成^{239}Pu，其结果是新生成的^{239}Pu 核与消耗的^{239}Pu 核之比（增殖比）可达 1.2 左右，从而实现了裂变燃料的增殖。所以这种堆也称为快中子增殖堆。它所能利用的铀资源中的潜在能量要比热中子堆大几十倍，这正是快堆突出的优点。

由于快堆堆芯中没有慢化剂，故堆芯结构紧凑、体积小，功率密度比一般轻水堆高 4~8 倍。由于快堆体积小，功率密度大，故传热问题显得特别突出。通常为强化传热都采用液态金属钠作为冷却剂。快中子堆虽然应用前景广阔，但技术难度非常大，目前在核电站的各种堆型中仅占 0.7%。

15.3.3 供热堆

供热堆是专门用于供热的一种反应堆，当然也可以利用供热堆提供的热能，采用吸收式制冷或喷射制冷的方式实现冷、热联产，或用于海水淡化。

供热堆的结构和压水堆类似，由于是作为城市集中供热的热源，而受热力管网散热的限制，供热堆通常都比较靠近城市或热用户，因此堆的安全就显得特别重要。基于以上原因，池式低温供热堆就成为供热堆的主要形式，池式低温供热堆有以下特点：

（1）堆芯通常为常压，一回路采用自然循环，结构简单；（2）反应堆的堆芯和一回路的主换热器因采用自然循环冷却，堆芯不会有失水的危险；（3）为保证热用户的安全，采用三回路系统，即一回路的水将堆芯的热量传给二回路的水，而二回路的水则通过中间换热器再将热量传给热网的采暖水，从而可有效地防止放射性的泄漏；（4）余热排放系统完全依靠自然循环，无需动力电源，可确保停堆后排出余热。

此外，池式低温供热堆也和压水堆一样，配有控制棒驱动系统、注硼停堆系统、各种控制和监视系统等，以保证供热堆的安全运行。池式供热堆除安全性特别好外，造价也比动力堆低得多，投资仅为动力堆的 1/10，其经济性已可和燃煤及燃油供热站相比，而对环境的影响却小得多。

我国 5MW 的供热堆 1989 年已开始在清华大学运行，至今取得了良好的经济效益。200MW 的供热站也正在建设之中。图 15-11 为我国自行设计的 200MW 供热堆的系统图。

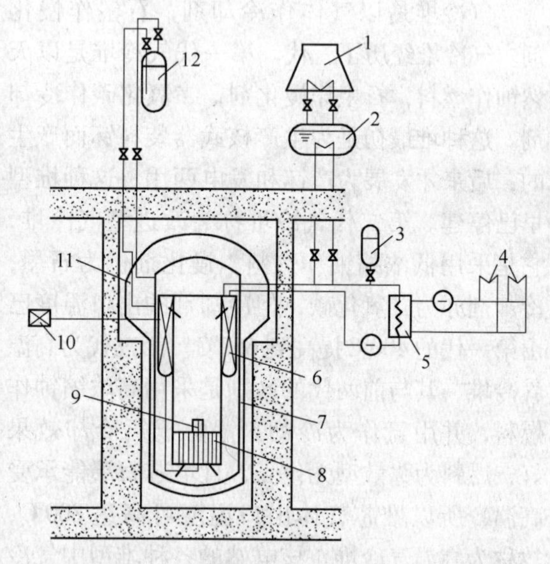

图 15-11 200MW 供热堆系统图

1—冷却塔；2—余热蒸发器；3—稳压器；4—采暖系统；5—中间换热器；6—主换热器；7—反应堆压力壳；8—堆芯；9—控制棒；10—控制棒驱动系统；11—安全壳；12—注硼停堆系统

15.4 核电站

15.4.1 核电站的组成

核能最重要的应用是发电。由于核能能量密度高，作为发电燃料，其运输量非常小，发电成本低。例如，一座1000MW的火电厂每年约需三四百万吨原煤，相当于每天需8列火车用来运煤。同样容量的核电站若采用天然铀作燃料只需130t，采用3%的浓缩铀^{235}U作燃料则仅需28t。利用核能发电还可避免化石燃料燃烧所产生的日益严重的温室效应。作为电力工业主要燃料的煤、石油和天然气又都是重要的化工原料。基于以上原因，世界各国对核电的发展都给予了足够的重视。图15-12为奥布灵斯克核电站鸟瞰图。

图15-12 奥布灵斯克核电站鸟瞰图

核电站和火电厂的主要区别是热源不同，而将热能转换为机械能，再转换成电能的装置则基本相同。火电厂靠烧煤、石油或天然气来获得热量，而核电站则依靠反应堆中的冷却剂将核燃料裂变链式反应所产生的热量带出来。

核电站的系统和设备通常由两大部分组成：核的系统和设备，又称为核岛；常规的系统和设备，又称为常规岛。目前核电站中广泛采用的是轻水堆，即压水堆和沸水堆。表15-3给出了2001年世界核电站中各种堆型发电机组的概况。

表15-3 世界核电机组概况

堆　型	运行中机组	运行中净功率/MW	总计机组	总计净功率/MW
压水堆	256	227690	289	259492
沸水堆	92	79774	98	86866
各种气冷堆	32	10850	32	10850
各种重水堆	43	21839	52	27241
轻水冷却石墨慢化堆	13	12545	14	13470
液态金属块中子增殖堆	2	739	5	2573
合　计	438	353491	490	400492

图 15-13 是压水堆核电站的示意图。压水堆核电站的最大特点是整个系统分成两大部分，即一回路系统和二回路系统。一回路系统中，压力为 15MPa 的高压水被冷却剂泵送进反应堆，吸收燃料元件的释热后，进入蒸汽发生器下部的 U 形管内，将热量传给二回路的水，然后再返回冷却剂泵入口，形成一个闭合回路。二回路的水在 U 形管外部流过，吸收一回路水的热量后沸腾，产生的蒸汽进入汽轮机的高压缸做功。高压缸的排气经再热器再热提高温度后，再进入汽轮机的低压缸做功。膨胀做功后的蒸汽在凝汽器中被凝结成水，然后再送回蒸汽发生器形成另一个闭合回路。一回路系统和二回路系统是彼此隔绝的，一旦燃料元件的包壳破损，只会使一回路水的放射性增加，而不致影响二回路水的品质，这样就大大增加了核电站的安全性。

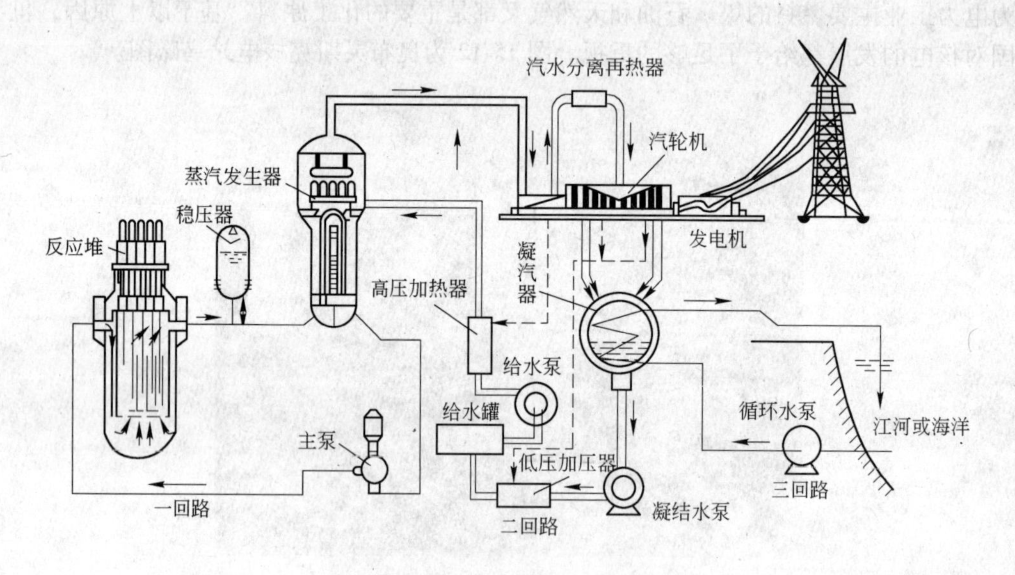

图 15-13 压水堆核电站的示意图

稳压器的作用是使一回路水的压力维持恒定。它是一个底部带电加热器，顶部有喷水装置的压力容器，其上部充满蒸汽，下部充满水。如果一回路系统的压力低于额定压力，则接通电加热器，增加稳压器内的蒸汽，使系统的压力提高。反之，如果系统的压力高于额定压力，则喷水装置喷冷却水，使蒸汽冷凝，从而降低系统压力。

通常一个压水堆有 2~4 个并联的一回路系统（又称环路），但只有一个稳压器。每一个环路都有 1 台蒸发器和 1~2 台冷却剂泵。压水堆的主要参数如表 15-4 所示。

表 15-4 压水堆的主要参数

主要参数	环路数		
	2	3	4
堆热功率/MW	1882	2905	3425
静电功率/MW	600	900	1200
一回路压力/MPa	15.5	15.5	15.5
反应堆入口水温/℃	287.5	292.4	291.9
反应堆出口水温/℃	324.3	327.6	325.8

续表 15-4

主要参数	环路数		
	2	3	4
压力容器内径/m	3.35	4	4.4
燃料转载量/t	49	72.5	89
燃料组件数	121	157	193
控制棒组件数	37	61	61
回路冷却剂流量/$t \cdot h^{-1}$	42300	63250	84500
蒸汽量/$t \cdot h^{-1}$	3700	5500	6860
蒸汽压力/MPa	6.3	6.71	6.9
蒸汽含湿量/%	0.25	0.25	0.25

压水堆核电站由于以轻水作慢化剂和冷却剂，反应堆体积小，建设周期短，造价较低。另外由于一回路系统和二回路系统分开，运行维护方便，需处理的放射性废气、废液、废物少，因此在核电站中占主导地位。

15.4.2 核电站系统

核电站是一个复杂的系统工程，它集中了当代的许多高新技术。为了使核电站能稳定、经济地运行，以及一旦发生事故时能保证反应堆的安全和防止放射性物质外泄，核电站设置有各种辅助系统、控制系统和安全设施。以压水堆核电站为例，主要有以下系统：

（1）核岛的核蒸汽供应系统，它包括以下子系统：

1）一回路主系统：它包括压水堆、冷却剂泵、蒸汽发生器、稳压器和主管道等；2）化学和容积控制系统：它的作用是实现对一回路冷却剂的容积控制和调节冷却剂中的硼浓度，以控制压水堆的反应性变化；3）余热排出系统：又称停堆冷却系统，它的作用是在反应堆停堆、装卸料或维修时，导出燃料元件发出的余热；4）安全注射系统：又称紧急堆芯冷却系统，它的作用是在反应堆发生严重事故，如一回路主系统管道破裂而引起失水事故时为堆芯提供应急的和持续的冷却；5）控制、保护和检测系统：它的作用是为上述4个系统提供检测数据，并对系统进行控制和保护。

（2）核岛的辅助系统，它包括以下主要的子系统：

1）设备冷却水系统：它的作用是冷却所有位于核岛内的带放射性水的设备；2）硼回收系统：它的作用是对一回路系统的排水进行贮存、处理和监测，将其分离成符合一回路水质要求的水及浓缩的硼酸溶液；3）反应堆的安全壳及喷淋系统：核蒸汽供应系统大都置于安全壳内，一旦发生事故，安全壳既可以防止放射性物质外泄，又能防止外来的袭击，如飞机坠毁等，安全壳喷淋系统则保证事故发生引起安全壳内的压力和温度升高时能对安全壳进行喷淋冷却；4）核燃料的装换料及贮存系统：它的作用是实现对燃料元件的装卸料和贮存；5）安全壳及核辅助厂房通风和过滤系统：它的作用是实现安全壳和辅助厂房的通风，同时防止放射性外泄；6）柴油发电机组：它的作用是为核岛提供应急电源。

（3）常规岛的系统，常规岛系统与火电厂的系统相似，它通常包括：

1）二回路系统：又称汽轮发电机系统，它由蒸汽系统、汽轮发电机组、凝汽器、蒸汽排放系统、给水加热系统及辅助给水系统等组成；2）循环冷却水系统；3）电气系统。

15.4.3 核电站的安全性

15.4.3.1 核电与核弹

在核电迅猛发展的今天，公众最关心的仍是核电的安全问题。公众首先提出的问题是：核电站的反应堆发生事故时会不会像核武器一样爆炸？回答是否定的。核弹是由高浓度（大于90%）的裂变物质（几乎是纯^{235}U或纯^{239}Pu）和复杂精密的引爆系统组成的，当引爆装置点火起爆后，弹内的裂变物质被爆炸力迅猛地压紧到一起，大大超过了临界体积，巨大核能在瞬间释放出来，于是产生破坏力极强的、毁灭性的核爆炸。

核电站反应堆的结构和特性与核弹完全不同，既没有高浓度的裂变物质，又没有复杂精密的引爆系统，不具备核爆炸所必需的条件，当然不会产生像核弹那样的核爆炸。核电站反应堆通常采用天然铀或低浓度（约3%）裂变物质作燃料，再加上一套安全可靠的控制系统，核能可缓慢地有控制地释放出来。

15.4.3.2 核电站放射性影响

核电站的放射性也是公众最担心的问题。其实人们生活在大自然与现代文明之中，每时每刻都在不知不觉地接受来自天然放射源的本底和各种人工放射性辐照。据法国资料，人体每年受到的放射性辐照的剂量约为1.3mSv，其中包括：

（1）宇宙射线，约0.4~1mSv，它取决于海拔高度；（2）地球辐射，约0.3~1.3mSv，它取决于土壤的性质；（3）人体，约0.25mSv；（4）放射性医疗，约0.5mSv；（5）电视，约0.1mSv；（6）夜光表盘，约0.02mSv；（7）烧油电站，约0.02mSv；（8）烧煤电站，约1mSv；（9）核电站，约0.01mSv。

此外，饮食、吸烟、乘飞机都会使人们受到辐照的影响。从以上资料看，核电站对居民辐照是微不足道的，比起燃煤电站要小得多，因为煤中含镭，其辐照甚强。

15.4.3.3 防止放射性泄漏的屏障

为了防止放射性裂变物质泄漏，核安全规程对核电站设置了如下7道屏障：

（1）陶瓷燃料芯块：芯块中只有小部分气态和挥发性裂变产物释出；（2）燃料元件包壳：它包容燃料中的裂变物质，只有不到0.5%的包壳在寿命期内可能产生针眼大小的孔，从而有漏出裂变产物的可能；（3）压力容器和管道：200~250mm厚的钢制压力容器和75~100mm钢管包容反应堆的冷却剂，防止泄漏进冷却剂中的裂变产物的放射性；（4）混凝土屏蔽：厚达2~3m的混凝土屏蔽可保护运行人员和设备不受堆芯放射性辐照的影响；（5）圆顶的安全壳构筑物：它遮盖电站反应堆的整个部分，如反应堆泄漏，可防止放射性物质逸出；（6）隔离区：它把电站和公众隔离；（7）低人口区：把厂址和居民中心隔开一段距离。

有了以上7道屏障，加上核工业和核技术的进步，今后不再可能发生前苏联切尔诺贝利电站那样的事故。

15.4.4 可控核聚变

核聚变反应是在极高温度下发生的。在这种极高的温度下，参加反应的原子（氘原子、氚原子等）的核外电子都被剥离，成为裸露的原子核，这种由完全带正电的原子核（离子）和带负电的电子构成的高度电离的气体就称为等离子体。要实现可控核聚变，除了需要极高温度外，还需要解决等离子体密度和约束时间问题。众所周知，辐射传热与温度的四次方成正比，在发生核聚变的超高温下，等离子体以辐射的形式损失的热量是非常巨大的。如果聚变反应释放的能量小于辐射损失，热核反应就会中止。通常随着温度的增加，辐射损失和释能速度都迅速增加，只是释能速度增加得更快一些。因此存在某一临界温度，当超过这一温度时，聚变反应就能持续进行，这一临界温度被称为临界点火温度，对于氘-氚反应，临界点火温度约为4400×10^4℃，对于纯氘反应，点火温度约为2×10^8℃。要维持聚变反应堆的运转，需要比临界点火温度高得多的温度，例如，氘-氚反应堆的最低运转温度高达1×10^8℃，纯氘反应堆的温度为5×10^8℃。

从核物理可知，等离子体的密度越大，即单位体积内的原子核数目越多，核聚变反应越容易持续进行。密度增大10倍，聚变反应的可能性就增加100倍。除了等离子体密度外，等离子体的约束时间也是一个重要因素，约束时间越长，越有利于聚变反应。研究结果表明，等离子体的密度和约束时间的乘积必须大于某一数值，热核反应才能持续进行，在核物理中将这一条件称为劳逊条件，表15-5给出了可控核聚变反应堆需要满足的基本条件。

表15-5 可控核聚变反应堆需要满足的基本条件

反应堆类型	最低温度/K	等离子体密度 /个·cm^{-3}	最少约束时间 /s	劳逊条件 /s·个·cm^{-3}
氘-氚	10^5	$10^{14}-10^{16}$	0.01~1	10^{14}
氘-氘	5×10^8	$0.2\times10^{14}-0.2\times10^{35}$	5~500	10^{16}

核聚变反应的等离子体的温度极高，任何材料制成的器壁都承受不了如此高温，因此必须对等离子体进行约束，即将它与周围环境隔离开来，目前有两种不同的约束途径：磁约束和惯性约束。

15.4.4.1 磁约束系统

由于高温等离子体是由高速运动的荷电粒子（离子、电子）组成，因此人们最早想到的是用高强磁场对其进行约束。磁场越强，或者粒子的电荷越大，受到的约束也越强。如果利用设计的磁场来约束高温等离子体，使带电粒子不能自由地向四面八方运动，而只能沿着一个螺旋形的轨道运动，这样磁场的作用就相当于一个容器了。这就是磁约束系统的指导思想。

磁约束有各种不同的形式，其中一种叫托卡马克的系统是目前性能最好的磁约束装置，图15-14和图15-15分别是托卡马克系统示意图和托卡马克装置实物图。

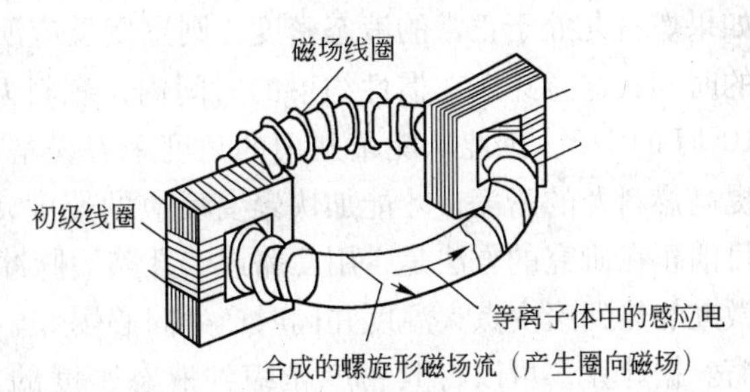

图15-14 托卡马克磁约束系统示意图

在托卡马克系统中，等离子约束在一个环形管中，环形管中同时存在由绕在环管上线圈所产生的环向磁场以及由等离子体感生电流所产生的圈向磁场。这两个磁场合起来，就形成了一个螺旋形的总磁场。目前国际联合的托卡马克项目（INTEL）已经进入到点火试验阶段，但要实现磁约束核聚变反应堆，还有很长的路要走，因为核聚变反应堆的任务不仅是连续地实现可控的核聚变反应，还必须不断地把聚变能变为电能输出，这就需要解决一系列复杂的工程问题，如等离子加热和控制、燃料注入、聚变能的取出、利用聚变反应释放的中子就地生产氚燃料以及核辐射防护等。因此它至少还要经历三个阶段，即反应堆工程物理实验阶段、示范反应堆阶段和商业化反应堆阶段，才能成为人类真正可利用的能源。

图 15-15 托卡马克装置实物图

15.4.4.2 惯性约束系统

激光的问世，使人们联想到用激光来实现核聚变的惯性约束，其基本设想是在原子核飞行的极短时间内完成聚变反应，无需采取什么措施来约束等离子体，这样等离子体将被自身惯性约束。惯性约束的关键是在极短的时间内能完成核聚变反应，为此需将燃料制成微型丸，丸的半径为1mm。

为了使这种微丸的温度升至10^8℃，即核聚变点火温度，需要向它提供约为10^5kJ的能量。另外，据计算，一个半径为1mm的燃料丸，在点火温度下的惯性约束时间约为2×10^{-10}s，要在这样短的时间内向如此小的微丸提供巨大的能量是非常困难的。激光束由于其高能量和短脉冲特性，无疑是向微丸提供能量的最好手段。但目前的激光技术还远达不到上述要求，这一方面是由于产生高能的短脉冲强激光需要耗费大量的能量。另一方面，如果燃料丸处于正常的液态密度，则聚变反应所需的时间为2×10^{-7}s，远远大于惯性约束的时间，这意味着在惯性约束的时间内，燃料丸只来得及反应掉0.1%，释放的能量仅为10^5kJ的1/3，因此从能量利用的角度来看，是得不偿失的。理论分析表明，只有极大地提高燃料丸的密度，才能加快聚变反应的速度，使惯性约束时间内释放的能量大大增加。目前正在研究的方法是，用几路或十几路短脉冲强激光从不同方向集中轰击氘氚微丸，使微丸加热到聚变点火温度并同时产生向心爆炸。这个向心爆炸的巨大压力将使燃料大大压缩。据计算，可以将其密度压缩到液态密度的10^4倍。这种激光引爆方法将获得净能量输出。

在惯性约束系统中，激光束引发的核聚变和氢弹中其核心的加热、压缩、聚合、起爆过程非常类似，因此其研究也常常和核武器计划相联系，公开资料甚少。但在新世纪，和平和发展仍是世界的主流，实现可控核聚变的和平利用也是人类的共同愿望。

以上情况都促使核科学家们寻求一种更高效的清洁的核能利用系统，特别是到21世纪20~30年代，将有一大批老的核电站到达其寿期而需要更换新的系统。这种高效清洁的核能系统就是加速器驱动的次临界系统。加速器驱动的洁净核能系统如图15-16所示。它的主要组成部分为中能强流加速器、外源中子产生靶和次临界反应堆。该系统的基本原理是：外源中子注入中子倍增因数为 k 的反应堆中，与热中子反应堆（如压水堆、沸水堆）不同的是，这种堆 k 小于1，被称为次临界堆，而热中子堆是所谓的临界堆，它们的 k 略大于1，快中子堆 k 则可达1.2，故又称为增殖堆。在这种外源中子驱动的次临界堆中，除了堆内燃料裂变提供的中子外，外源中子还会诱发裂变中子，因此其中子余额将大于临界堆。除了维持反应堆功率水平所需的中子数外，余下的中子则可用于嬗变核废料或转换核燃料。这种新系统既可大大提高核燃料的利用率，又可大大减少核废料。

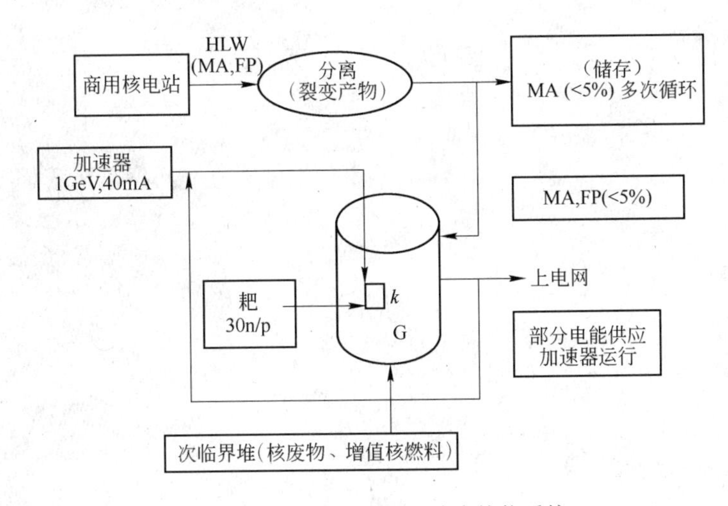

图15-16 加速器驱动的洁净核能系统

由于反应堆为次临界堆，它必须有外源中子的驱动才能维持裂变链式反应，当切断外源中子后，堆内的裂变反应立即中止，从而可以从根本上杜绝反应堆的临界事故，使反应堆更加安全。

实现上述洁净核能系统的关键是有产生外源中子的驱动器。中能质子散裂反应是已知产生中子的能量代价最少的核反应，因此质子加速器成为外源中子驱动器的首选。据估计，一台1GeV，20mA的质子加速器即可满足一个1000MW量级的核能系统的需要。

这种加速器驱动的次临界系统通常都会与目前的商用核电站相结合，一方面用它来嬗变商用反应堆排放的长寿命的次量锕系核素，另一方面，它也可向电网提供电能。在优化设计下，这种以次临界堆为核心的混合系统可以有嬗变8~10台相同功率的商用压水堆排放的次量锕系核素的能力，并可把这些核废料转化成可利用的核资源。

目前这种加速器驱动的洁净核能系统还处于研究之中，还有许多关键问题需要解决，但它无疑是21世纪核能利用的方向之一。

复习思考题

15-1 核能是如何应用的？核能的特点及其分类是怎样的？

15-2 重核裂变能的应用中存在哪些重要的技术问题？如何解决？

15-3 请简述核电厂的工作原理及其核能发电的生产过程。

15-4 核电厂的常规部分与火电厂相比有什么特点？

15-5 核电厂如何进行辐射防护和三废处理？

参考文献

[1] 张文保，倪生麟．化学电源导论［M］．上海：上海交通大学出版社，1992.

[2] 何士娟，张承宁，彭连云，孙逢春，谭建．水平铅酸电池的实验研究与性能分析［J］．车辆与动力技术，2003（4）：16~20.

[3] 许艳芳，司凤荣，钱志刚，彭元亭，郑克文．水平铅酸蓄电池［J］．电池，2003，33（1）：33~35.

[4] 张彦琴，周大森，程涛．水平铅酸电池放电特性的研究［J］．电池，2006，36（2）：137~138.

[5] H. A. kiehne. Battery Technology Handbook［M］. Second Edition，2003，USA.

[6] 徐海明，周艾兵．阀控密封铅酸蓄电池［M］．北京：中国电力出版社，2009.

[7] 马永刚．中国废铅蓄电池回收和再生铅生产［J］．电源技术，2000，243：165~168.

[8] 张正洁，祁国恕，李东红，等．废铅酸蓄电池铅回收清洁生产工艺［J］．环境保护科学，2004，30（1）：27~29.

[9] 李华明，潘志彦，林函，等．废铅蓄电池火法回收工艺及污染治理［J］．环境科学与技术，2007，30（S）：184~185.

[10] 马旭，王顺兴，李晓燕．从蓄电池中回收铅的技术进展［J］．中国材料科技与设备，2008，5（1）：26~29.

[11] 于同双．铅酸蓄电池制造、回收与环境［J］．蓄电池，2008（1）：31~33.

[12] 兰兴华．借鉴国外经验发展我国再生铅工业［J］．世界有色金属，1997（5）：14~18.

[13] 郭炳焜，徐徽，王先友，肖立新．锂离子电池［M］．长沙：中南大学出版社，2002.

[14] 吴宇平，戴晓兵，马军旗，程预江．锂离子电池：应用与实践［M］．北京：化学工业出版社，2004.

[15] 其鲁．电动池车用锂离子二次电池［M］．北京：科学出版社，2010.

[16] Suddhasatwa Basu. Recent Trends in Fuel Cell Science and Technology［M］. New Delhi，India：Anamaya Publisher，2007.

[17] S. R. Wenham，M. A. Green，M. E. Watt，R. Corkish. Applied Photovoltaics［M］. Second Edition，UK：Earthscan Publisher，2007.

[18] 黄素逸，高伟．能源概论［M］．北京：高等教育出版社，2004.

[19] 李方正．新能源［M］．北京：化学工业出版社，2007.

[20] 李传统．新能源与可再生能源技术［M］．南京：东南大学出版社，2005.

[21] 王革华，爱德生．新能源概论［M］．北京：化学工业出版社，2012.

[22] 高虹，张爱黎．新型能源技术与应用［M］北京：国防工业出版社，2007.

[23] 苏亚欣，毛玉如，赵敬德．新能源与可再生能源概论［M］．北京：化学工业出版社，2006.

[24] 惠晶，方光辉．新能源转换与控制技术［M］．北京：机械工业出版社，2011.

[25] 翟秀静．刘奎仁，韩庆．新能源技术［M］．北京：化学工业出版社，2005.

[26] 邢运民，陶永红．现代能源与发电技术［M］．西安：西安电子科技大学出版社，2007.

冶金工业出版社部分图书推荐

书　　名	作　者	定价(元)
现代生物质能源技术丛书——生物柴油科学与技术	舒　庆	38.00
现代生物质能源技术丛书——沼气发酵检测技术	苏有勇	18.00
现代生物质能源技术丛书——生物柴油检测技术	苏有勇	22.00
燃料电池（第2版）	王林山　李　瑛	29.00
太阳能级硅提纯技术与装备	韩至成	69.00
燃气安全技术与管理（本科教材）	谭洪艳	35.00
供热工程（本科教材）	贺连娟	39.00
能源与环境（本科教材）	冯俊小	35.00
热能转换与利用（第2版）	汤学忠	32.00
热能与动力工程基础（本科教材）	王承阳	29.00
工业企业节能减排技术丛书——大型循环流化床锅炉及其化石燃料燃烧	刘柏谦	29.00
传热学	任世铮	20.00
燃料及燃烧（第2版）	韩昭沧	29.50
物理化学（第4版）	王淑兰	45.00
晶格氧部分氧化甲烷制取合成气技术	王　华	20.00
化工安全分析中的过程故障诊断	田文德	27.00
工业分析化学	张锦柱	36.00
精细化学品分析与应用	张玉苍	29.00
流体流动与传热（高职高专教材）	刘敏丽	30.00
农田秸秆综合利用技术	宋振伟	12.00
材料的生物腐蚀与防护	吴进怡	28.00
大学化学（第2版）（本科教材）	牛　盾	32.00
无机化学（本科教材）	孙　挺	49.00